SCHOOL OF INTERNATIONAL BUSINESS
AND ENTREPRENEURSHIP
STEINBEIS UNIVERSITY BERLIN

WERNER G. FAIX | MICHAEL AUER
(Hrsg.)

KOMPETENZ. PERSÖNLICHKEIT. BILDUNG.

BAND 3

SCHOOL OF INTERNATIONAL BUSINESS AND ENTREPRENEURSHIP
STEINBEIS UNIVERSITY BERLIN

Werner G. Faix, Michael Auer (Hrsg.):
Kompetenz. Persönlichkeit. Bildung. Band 3. Steinbeis-Edition, 2011.

1. Auflage 2011, Steinbeis-Edition Stuttgart

Redaktion: Patricia Mezger, Sandra Flint, Julia Schulze
Satz und Umschlaggestaltung: Maren Tanke, www.marentanke.eu
Printed in Germany

ISBN 978-3-941417-74-8

www.steinbeis-edition.de | www.steinbeis-mba.de

GRUSSWORT FÜR DEN STUTTGARTER-KOMPETENZ-TAG 2010

Industrie- und Exportnationen wie Deutschland sehen sich einem immer stärkeren technologischen und ökonomischen Wettbewerbsdruck ausgesetzt, der nicht zuletzt von den Schwellenländern ausgeht. Immer deutlicher zeigt sich, wie sehr Kreativität und Innovationsfähigkeit der Motor für unsere ökonomische und gesellschaftliche Entwicklung und die Quelle unseres künftigen Wohlstands sind. Innovationen erobern vor allem dann Märkte, wenn technologische Entwicklungen eng mit optimierten Arbeitsprozessen verknüpft werden. Dafür sind die Unternehmen auf qualifizierte Mitarbeiterinnen und Mitarbeiter angewiesen.

Sie zu stärken ist das Ziel des vom Bundesministerium für Bildung und Forschung auf den Weg gebrachten Programms »Arbeiten – Lernen – Kompetenzen entwickeln«. Indem das Programm maßgebliche Impulse zur Entwicklung praxisorientierter betrieblicher Konzepte und Instrumente zur Förderung von Qualifikation, Gesundheit, Leistungsvermögen und Motivation von Beschäftigten gibt, leistet es einen entscheidenden Beitrag, um die Innovationsfähigkeit wirksam zu fördern. Dazu gehören Maßnahmen zur Verbesserung des betrieblichen Arbeits- und Gesundheitsschutzes sowie für alters- und familiengerechte Arbeitsbedingungen, die den Anteil älterer Menschen am Erwerbsleben erhöhen sollen. Gerade vor dem Hintergrund der demografischen Entwicklung unterstützt das Programm adäquate Beschäftigungs- und Lebensarbeitszeitmodelle sowie Konzepte zur berufsbegleitenden Qualifizierung über das gesamte Berufsleben hinweg.

Die besten Voraussetzungen für erfolgreiche Innovationsprozesse sind das Wissen und die Fähigkeiten von hochqualifizierten Fachkräften. Sie gilt es zu erhalten und zu nutzen. Der Stuttgarter Kompetenztag 2010 war deshalb ein wichtiges Forum für den intensiven Gedankenaustausch von Wissenschaft und Wirtschaft über Wege des Kompetenzerwerbs und seines Erhalts.

Prof. Dr. Annette Schavan, MdB
Bundesministerin für Bildung und Forschung

VORWORT

Die schnellen Entwicklungen der Märkte stellen hohe Anforderungen an Unternehmen und vor allem an Mitarbeiter und Führungskräfte. Eine inkompetente und statische Struktur kann nicht mehr Basis sein für die Zukunftsfähigkeit eines Unternehmens im heutigen Markt.

Im weltweiten Wettbewerb um die Besten, um gut ausgebildete Talente, werden Kompetenzen immer bedeutender. Sowohl Hochschulen als auch Wirtschaft haben realisiert, wie wichtig es ist, diese Talente zu erkennen und zu fördern sowie wertschöpfend einzusetzen, um so Deutschland als attraktiven und innovativen Wirtschaftstandort weiter entwickeln zu können. Es geht darum einen gemeinsamen Weg zu finden, Kompetenzen, Können und Wissen den richtigen gesamtgesellschaftlichen Stellenwert zuzuweisen und im Arbeitsalltag sowie in der Bildung einzubinden.

Die Beherrschung der fachlichen und methodischen Voraussetzungen der eigenen Arbeit hat nicht an Bedeutung verloren, wird aber als selbstverständlich angesehen. Der aktuelle Brennpunkt der Diskussionen liegt bei den Kompetenzen. Was sind Kompetenzen? Wie kann man sie erkennen? Welche Kompetenzen sind für das Unternehmen wichtig? Wie können Kompetenzen entwickelt und gemessen werden?

Vor diesem Hintergrund organisiert die Steinbeis-Hochschule Berlin, eine der größten wissenschaftlichen Business Schools in Deutschland, den jährlich stattfindenden Stuttgarter Kompetenz-Tag. Ehrgeiziges Ziel des Symposiums ist es, die verschiedenen Aspekte des Kompetenzmanagements aufzuzeigen und zu neuen Fragestellungen anzuregen.

Prof. Dr. Dr. h. c. mult. Johann Löhn
Präsident der Steinbeis-Hochschule Berlin

VORWORT DER HERAUSGEBER

»Volk und Knecht und Überwinder, Sie gestehn, zu jeder Zeit:
Höchstes Glück der Erdenkinder Sei nur die Persönlichkeit.«

Goethe: West-östlicher Divan

»Persönlichkeit« meint nach unserem Verständnis eine komplexe und dynamische Gesamtheit von angeborenen und erworbenen Elementen. Es ist das einzigartige Dasein und Sosein dieser Elemente, welche das Wesen eines Subjekts konstituieren, weshalb Platon daher in diesem Zusammenhang sehr treffend von »Seelenbestandteilen« spricht. Zu diesen Bestandteilen, die unser zutiefst Inneres und Eigenes ausmachen, zählen wir auch und vor allem Kompetenzen. Damit meinen wir die Fähigkeiten, einer ungewissen und dynamischen Umwelt aktiv und produktiv zu begegnen. Anders gesagt, sind Kompetenzen jene »Bestandteile« der Persönlichkeit, welche den Menschen dazu befähigen, sich auf eine offene Zukunft einzulassen, an ihr teilzuhaben und sie zu gestalten. Kompetenzentwicklung ist somit ein spezieller Teil der Bildung der Persönlichkeit und bedeutet einen Zugewinn an Handlungsfähigkeit und damit einen Zugewinn an der Teilhaftigkeit am Reichtum des Lebens und an der Reichhaltigkeit der Welt.

Viel und oft wurde gesprochen über jenes schillernde und vielschichtige Etwas namens »Persönlichkeit«. Wenig und selten war allerdings in solch interdisziplinärer Weise die Rede von jenem verheißungsvollen »höchsten Glück« der eigenen Individualität wie am 3. Stuttgarter Kompetenz-Tag der Steinbeis-Hochschule Berlin und der Steinbeis-Stiftung. Der vorliegende Band ist die Dokumentation dieses Symposiums. Er enthält neben den redigierten Vorträgen auch Beiträge, die aus den Diskussionen und Präsentationen am Tag entstanden sind.

Kompetenzen sind die Ursache und das Prinzip eines wahrhaft teilhaftigen Lebens – Dankbarkeit und Wertschätzung sind die Ursache und das Prinzip eines wahrhaft tugendhaften Lebens. Deshalb gilt es an dieser Stelle, diese Tugend zu beweisen und den folgenden Menschen herzlich zu danken: den Referenten des 3. Stuttgarter Kompetenz-Tages, allen Autoren der Beiträge, allen Personen, die durch Poster und Stände am Stuttgarter Kompetenztag mitgewirkt haben, Patricia Mezger, Sandra Flint, Julia Schulze und Maren Tanke für die Redaktion des vorliegenden Bandes, Ineke Blumenthal, Silke Keim, Anja Reinhardt, Annett Naumann und Jessica Höflacher für die Organisation dieses Stuttgarter Kompetenztages

Prof. Dr. Werner G. Faix, Prof. Dr. Michael Auer
Stuttgart im Oktober 2011

INHALTSVERZEICHNIS

WERNER G. FAIX | JENS MERGENTHALER

DIE SCHÖPFERISCHE KRAFT DER BILDUNG

ÜBER DIE ENTWICKLUNG (ZU) EINER SCHÖPFERISCHEN PERSÖNLICHKEIT ALS GRUNDLEGENDE BEDINGUNG FÜR INNOVATIONEN UND DEN UNTERNEHMERISCHEN ERFOLG.

INHALT

EINLEITUNG

Über die schöpferische Kraft der Bildung – der Titel dieser Arbeit mag zunächst entweder tautologisch oder als rhetorische Verstärkung anmuten: etwas bilden, das bedeutet doch nichts anders, als etwas zu schaffen, zu gestalten, kurzum: schöpferisch tätig zu sein. Formallogisch betrachtet, bedeutet der Titel jedoch weder eine Redundanz noch eine Stilfigur, sondern eine Kausalität: Bildung ist per se nicht dasjenige, was etwas schöpft, sondern die Ursache dieser Kraft; die schöpferische Kraft wäre also die Wirkung, die sich aus der Kraftquelle »Bildung« schöpft. Der vollständigere Titel vor dem Hintergrund dieses Kausalnexus würde daher lauten: »Über die schöpferische Kraft, die der Bildung entspringt«.

Manchem Leser wird der Titel irgendwie vertraut erscheinen und tatsächlich lehnt er sich an eine von Joseph A. Schumpeter geschaffene und heute wieder vielfach zitierte Phrase an: »die Kraft der schöpferischen Zerstörung« (Schumpeter 1946/1993: 136f.). Das Paradoxon einer Zerstörung, die zugleich schöpferisch ist, erhellt sich vor einem weiteren Begriff, den Schumpeter maßgeblich mitprägte, nämlich »Innovation«. Dieser Begriff fand seinen Platz im deutschen Sprachgebrauch mit der deutschen Übersetzung (1961b) des 1939 zuerst in den USA erschienen zweibändigen Werks von Joseph Schumpeter »Business Cycles«. Maßgeblich für eine Innovation ist nach Schumpeter, dass sie »Faktoren (z. B. Produkte oder Dienstleistungen, Einkaufs- oder Absatzmöglichkeiten) auf eine neue Art kombiniert oder dass sie in der Durchführung neuer Kombinationen besteht.« (Schumpeter 1961b, Bd.1: 95) Innovationen bezeichnen also jenes mitunter radikale (Um-)Gestalten des Bestehenden, jene tätige Kraft, die Neues schöpft, indem sie Bisheriges zerstört.

In unserem mechanistisch geprägten Weltbild verknüpfen wir jede Wirkung mit einer Ursache. Formallogisch betrachtet, stellt sich daher die Frage nach der Ursache für eben jenes zugleich schöpferische und zerstörerische Wirken. Schumpeter selbst brachte an dieser Stelle die Person des »Unternehmers« bzw. »Entrepreneurs« ins Spiel. Das bedeutet: Eine Innovation – plakativ: das Umsetzen einer Idee – entsteht erst und nur durch jenen die Idee umsetzenden Menschen. Der schöpferische Mensch wäre dann im Schumpeter'schen Kausalnexus die Ursache bzw. Bedingung von Innovationen, jene Kraftquelle, aus der sich die schöpferische Kraft der Zerstörung speist.

Unser mechanistisches Weltbild ist dadurch geprägt, dass wir eine unendliche Serie von Ursache und Wirkung annehmen, jede Ursache zugleich als Wirkung einer vorangegangenen Ursache betrachten: Die Ursache einer Bewegung wie des Laufens bei Wirbeltieren ist die Kontraktion der Muskeln; die Kontraktion der Muskeln wird hervorgerufen durch Signale, welche aus dem peripheren Nervensystem stammen; die Ursache dieser Signale sind Operationen im zentralen Nervensystem (ZNS, die Gesamtheit aus Rückenmark und Gehirn). In den Naturwissenschaften endet hier die Suche nach der Ursache bzw. es wird an dieser Stelle detaillierter auf die Operationen eingegangen. Das letzte Glied, die erste Ursache im naturwissenschaftlichen Sinne ist daher immer ein Konkretum, z. B. eine mess- und beobachtbare Tätigkeit im ZNS. Die Frage aller Fragen ist jedoch: Was ist die Ursache der Operationen im ZNS? Freilich mangelt es hier nicht an Hypothesen, was die erste Ursache bzw. den ersten Verursacher betrifft. Eine imaginierte transzendente Ursache wäre – je nachdem welchen »Inhalt« eine Bewegung hätte – Gott oder Teufel. Eine imaginierte immanente Ursache wäre der Wille (Schopenhauer), das Unbewusste (Hartmann, Freud), das Ich, das Selbst.

Auf den Schumpeter'schen Kausalnexus der Innovation übertragen, muss man sich also nun fragen: Was ist die Ursache dafür, dass der schöpferisch tätige Mensch ist bzw. dass er so ist, wie er ist? Prinzipiell ließen sich hierbei zwei Ursachen denken: 1. Er ist (so), weil er so geboren worden ist, weil das schöpferische Zerstören ihm im Blute oder moderner: in seinen Genen liegt. 2. Er ist (so), weil er sich so unter dem Einfluss der Dynamik seines Daseins entwickelt hat. Es ist unserer Ansicht nach müßig, über die eine oder die andere Möglichkeit als absolute und ausschließliche Wahrheit zu diskutieren. Nach unserer Ansicht – und der Meinung von Myriaden anderer – liegt die Antwort auf die Frage, was die Persönlichkeit eines Menschen formt, in einem dynamischen Verhältnis zwischen den beiden Prinzipien Angeboren und Erworben.

Als Vertreter einer Bildungsinstitution wollen wir uns aber auf jenen erworbenen Anteil der Persönlichkeit beschränken, auf den wir auf die eine oder andere Weise irritierend Einfluss nehmen können. An dieser Stelle erklärt sich endlich endgültig der Titel »Die schöpferische Kraft der Bildung« als vollständige Kausalität: Innovationen sind die Wirkung der schöpferischen Kraft, deren Ursache der schöpferische Mensch ist. Und der schöpferische Mensch ist die Wirkung, deren Ursache u. a. Bildung ist.

Freilich kann und darf bei Menschen nicht mechanistisch mit Ursache und Wirkung argumentiert werden. Dennoch besteht doch zweifelsohne ein enger Zusammenhang, dass ein Mensch, nachdem er etwas gelernt hat, sich verändert hat, danach etwas mehr oder etwas Neues weiß, kann und sich mitunter sogar in seinen psychischen Tiefenschichten (Ziele, Charakter, Werte etc.) verwandelt hat.

1 ÜBER DIE BEDEUTUNG UND DIE RAHMENBEDINGUNGEN VON INNOVATION HEUTE

Nach Adam Smith, dem geistigen Mitbegründer des Kapitalismus, besteht die Ursache und das Prinzip des Kapitalismus hierin: Ein vom Eigennutz getriebenes, von der Sympathie[1] für den Mitmenschen beeinflusstes und vom Staat in gute und richtige Bahnen gelenktes Handeln aller Marktteilnehmer führe zu allgemeinen Wohlstand. Diesen allgemeinen Wohlstand erklärt Joseph A. Schumpeter, »Erfinder« des Begriffs Innovation hierdurch: Das Prinzip des Kapitalismus bestehe nicht darin, für einige wenige Privilegierte innovativ anmutende Luxusgüter einführen. Vielmehr bestehe das kapitalistische Prinzip darin, die breite Masse mit Gütern zu versorgen, die einst Luxusgüter gewesen sind. Erst und nur durch eine Massenproduktion können Unternehmer nämlich ihren Profit maximieren. Darüber hinaus sei es der allgemeine Wohlstand, den der Kapitalismus geschaffen hat, der die Einführung umfassender sozialer Leistungen überhaupt erst finanzierbar gemacht hat. Dementsprechend führe der Kapitalismus zum einen insgesamt zu einem steigenden allgemeinen Wohlstand und zum anderen zu einer gerechteren Verteilung dieses allgemeinen Wohlstandes. (Schumpeter 1946/1993) Die originäre Bestimmung eines durch Moral und Regeln gezähmten Kapitalismus als etwas, durch das der »Wohlstand der Nationen« (Smith 1778/1994) gemehrt werden soll, wird oftmals vergessen sowohl von Kapitalismuskritikern aber auch von so genannten »Raubtier- oder Turbokapitalisten«. In seiner ureigenen Bedeutung des Kapitalismus nach Adam Smith ist der Kapitalismus gezähmt, indem er eine gewissermaßen »bigamistische Ehe« eingegangen ist mit einer auf Sympathie gegründeten Moral und einer durch den Wohl- und Rechtsstaat gegründeten Ordnung. Der Kapitalismus selbst könne somit weder die Grundlage für das Zusammenleben sein noch sich selbst regulieren. Genau das ist es allerdings, was Menschen weltweit vielfach getan haben und noch immer tun: den Kapitalismus zum alleinigen Prinzip des Miteinanders, zur Religion und zum Richter über sich selbst erhoben. Daher noch einmal deutlich:

Der Kapitalismus – ganz gleich ob in einer liberalen, sozialen oder irgendwie anders gearteten Marktwirtschaft – ist auf Wachstum ausgelegt – nicht um seiner selbst, sondern um des Wohlstands aller Menschen willen. Wachstum erhöht prinzipiell den materiellen Wohlstand und schafft

1 In seinem Werk »The Theory of Moral Sentiments« (1759/2010) grenzt Adam Smith sich von einem extrem egoistischen Menschenbild deutlich ab. Menschen sind nicht nur von egoistischen Antrieben bestimmt, sondern ebenso von einer gegenseitigen »Sympathie«. Menschen könnten sich grundsätzlich in ihre Mitmenschen hineinversetzen und seien daher auch in der Lage, an deren Schicksal Anteil zu nehmen, also mitzufühlen. Es sei diese Fähigkeit und eben nicht nur das Gewaltmonopol eines Staates, welches in erster Linie für den Zusammenhalt einer Gesellschaft sorge. Zudem habe der Mensch durch »Sympathie« die Möglichkeit zur Selbstkritik, indem er sein eigenes Handeln aus der Sicht seiner Mitmenschen betrachte.

damit die Möglichkeit für die materielle Unabhängigkeit der gesamten Bevölkerung. Materieller Wohlstand meint, dass die Bevölkerung mit privaten und öffentlichen Gütern besser versorgt ist. Erst und nur wenn die Produktion von Gütern über das Maß hinausgeht, welches das gesellschaftliche Existenzminimum absichert, besteht ein gewisser Grad an Freiheit, welche Mittel bei der Bedürfnisbefriedigung gewählt werden. Darüber hinaus ist es nur durch Wachstum möglich, bei einer steigenden Weltbevölkerungszahl den Lebensstandard aller Menschen zu erhalten bzw. zu erhöhen. Das gesellschaftspolitische Ziel der Verteilungsgerechtigkeit ist weiterhin durch Wachstum leichter zu erreichen, steht durch Wachstum doch eine zusätzliche Verteilungsmasse zur Verfügung, so dass jede Gruppe, wenn auch in unterschiedlichem Maße, mehr erhalten kann – bei einer Stagnation sind hingegen Verteilungskonflikte beinahe unvermeidlich. Des Weiteren wird durch Wachstum Strukturwandel erleichtert und damit strukturelle Arbeitslosigkeit eingedämmt: Arbeitskräfte, die in einem sterbenden Wirtschaftszweig / einer schrumpfenden Branche nicht mehr benötigt werden, können eine neue Beschäftigung finden in einem prosperierenden Wirtschaftszweig / einer expandierenden Branche. Wachstum erleichtert ebenso die Finanzierung des technischen Fortschritts und des Umweltschutzes. Ohne ausreichendes wirtschaftliches Wachstum stoßen zudem der Sozialstaat und dessen soziale Sicherungssysteme an die Grenzen der Finanzierbarkeit. In der Regel hat Wachstum schließlich zur Folge, dass die Arbeitsnachfrage und damit die Beschäftigung erhöht werden. (Vgl. Edling 2008: 259)

Für ein Unternehmen besteht in einem kapitalistischen und damit einem auf Wachstum ausgerichteten Wirtschaftssystem der Zwang, selbst zu wachsen, um nicht relativ zu schrumpfen. Und noch einmal deutlich: Ein Unternehmen, das langfristig in einem kapitalistischen Markt überleben und erfolgreich sein will, muss wachsen. Die Frage ist jedoch: Wie? Unsere Antwort – und die vieler anderer – lautet: Innovationen.

Prinzipiell gibt es für Unternehmen zwei Möglichkeiten, um zu wachsen. Die erste besteht im **organischem Wachstum**, d. h. in der Expansion durch **Innovationen**. Eine weitere Möglichkeit besteht im **Akquisitionswachstum**, d. h. in der Expansion durch den Kauf eines neuen Unternehmens. Welcher von diesen beiden Wegen verspricht größeren Erfolg? Die Ergebnisse einer Analyse der Fortune Global 500 Unternehmen (Raisch, Probst, Gomez 2007) zeigen, dass organisches Wachstum einen deutlich höheren Wertbeitrag liefert als Akquisitionswachstum: »Die meisten nachhaltig wachsenden Unternehmen setzen auf eine organische Wachstumsstrategie, in der Akquisitionen eine nachgeordnete Rolle einnehmen. Das primäre Ziel ist dabei, aus eigener Kraft schneller als der Wettbewerb zu wachsen.« (Ebd. 44)

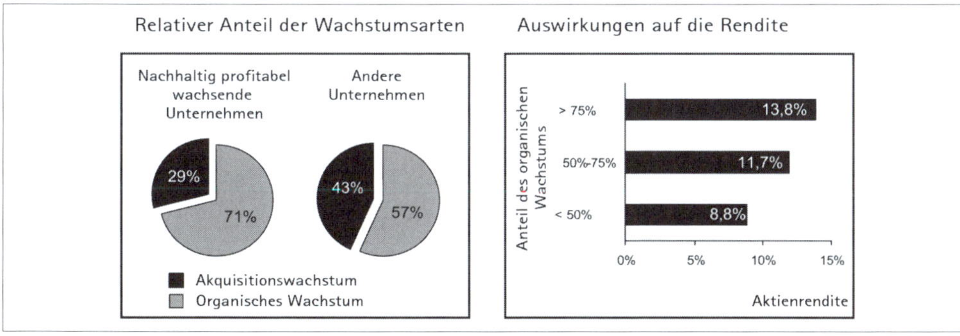

1 | Verhältnis organisches vs. Akquisitionswachstum bei den Fortune Global 500 Unternehmen (1995–2004)

Akquisitionen sind nicht grundsätzlich falsch: Nachhaltig profitabel wachsende Unternehmen setzen den Schwerpunkt klar auf organisches Wachstum; gleichzeitig nutzen sie ergänzend Akquisitionen auf zwei Weisen, um dadurch neues organisches Wachstum zu ermöglichen:

1. Erfolgreich wachsende Unternehmen steigen mit Hilfe von Zukäufen in neue Märkte ein, um dadurch schnell eine wettbewerbsfähige Größe und Marktposition zu erreichen.

2. Erfolgreich wachsende Unternehmen kaufen bzw. beteiligen sich an Unternehmen mit hoher Innovationskraft. (Ebd. 43f.) Und noch einmal deutlich: »Akquisitionswachstum ist die zweitbeste Strategie. Die beste ist organisches Wachstum. Wir setzen auf Innovation und sehen Akquisitionen als reine Ergänzung«. (Henning Kagermann, Vorstandssprecher der SAP AG zitiert in ebd.: 40)

Diese Ergebnisse spiegeln sich in den Entscheidungen der CEOs wider, die im Rahmen der IBM Global CEO Study 2008 befragt wurden: Zwei Drittel der CEOs passen das Geschäftsmodell ihres Unternehmens an und verwirklichen Innovationen in großem Umfang. (IBM 2008a: 7) Die Autoren dieser Studie schließen aus den Aussagen der CEOs, dass sich das Unternehmen der Zukunft u. a. hierdurch auszeichne: (Vgl. im Folgenden IBM 2008a: 8f. und 54f.)

- Das Unternehmen der Zukunft ist in der Lage, sich schnell und erfolgreich zu verändern.
- Das Unternehmen der Zukunft übertrifft die Erwartungen seiner immer anspruchsvolleren Kunden.
- Das Unternehmen der Zukunft stellt sein Geschäftsmodell radikal in Frage und definiert so die Grundlagen des Wettbewerbs neu.
- Das Unternehmen der Zukunft verändert sich kontinuierlich, doch aufgrund seiner Unternehmenskultur haben die Mitarbeiter kein Problem mit der daraus resultierenden Unberechenbarkeit.

- Das Unternehmen der Zukunft ist der richtige Ort für Visionäre – Menschen, die überkommene Annahmen in Frage stellen und radikale Alternativen vorschlagen, auch wenn deren Umsetzung auf den ersten Blick unmöglich erscheinen mag.
- Das Unternehmen der Zukunft richtet Prozesse und Strukturen ein, die die Innovation und Transformation des Unternehmens fördern.
- Das Unternehmen der Zukunft denkt kreativ und unkonventionell. Es möchte Innovationen anregen, indem es sich vorstellt, ganz von vorne anzufangen.
- Das Unternehmen der Zukunft studiert andere Branchen genau, weil es weiß, dass sich bahnbrechende Ideen wie ein Lauffeuer verbreiten. Es hält Ausschau nach Kunden- und Technologietrends, die andere Marktsektoren und -segmente verändern, und überlegt, wie es diese Trends auf das eigene Branchen- und Geschäftsmodell anwenden kann.
- Das Unternehmen der Zukunft erprobt häufig Geschäftsmodelle auf dem Markt.
- Das Unternehmen der Zukunft führt das Unternehmen von Heute, während es mit dem Geschäftsmodell von Morgen experimentiert.

Für den CEO selbst bedarf es in diesem Unternehmen der Zukunft eines neuen, kreativen Selbstverständnisses:[2]

> *Kreative Führungskräfte heißen revolutionäre Innovationen willkommen, ermutigen andere, ausgetretene Pfade zu verlassen, und gehen kalkulierte Risiken ein. Sie sind offen und einfallsreich, wenn es um die Ausweitung ihres Führungs- und Kommunikationsstils geht, vor allem im Austausch mit einer neuen Generation von Mitarbeitern, Partnern und Kunden. (IBM 2010b: 10)*

> *Kreative Führungskräfte ziehen völlig neue Wege in Betracht, um ihr Unternehmen radikal zum Besseren zu verändern und so die Grundlage für Innovationen zu schaffen. (Ebd. 21)*

> *»Kreativität wird häufig als Fähigkeit definiert, etwas Neues oder Anderes zu schaffen. Die CEOs haben diese Definition jedoch ausgeweitet. Kreativität ist die Grundlage für »radikale Innovation und ständige Neuerfindung«, wie es der CEO eines Beratungsunternehmens aus den USA formulierte. Das erfordert mutige, bahnbrechende Ideen. Laut den von uns befragten CEOs müssen Führungskräfte bereit sein, den Status quo zu ändern, selbst wenn er erfolgreich ist. Sie müssen sich dafür einsetzen und bereit sein, ständig zu experimentieren. (Ebd.: 24f.)*

> *Die CEOs herausragender Unternehmen haben so gut wie keine Angst davor, ihre eigenen Kreationen oder bewährte strategische Ansätze auf den Prüfstand zu stellen. Tatsächlich wenden 74 Prozent von ihnen einen iterativen Strategieprozess an, verglichen mit nur 64 Prozent der übrigen CEOs. Standouts verlassen sich mehr darauf, ihre Strategie kontinuierlich zu hinterfragen und ggf. neu zu konzipieren, anstatt sie*

starr für einen langen Zeitraum festzulegen. (Ebd.: 26)

CEOs von herausragenden Unternehmen wissen, dass kontinuierliche Veränderungen heute die Norm sind. Es reicht jedoch nicht, wenn nur sie selbst auf diese Veränderungen eingestellt sind. Sie müssen ihr ganzes Unternehmen zum Katalysator für Kreativität machen. Die meisten Führungsteams benötigen dafür völlig neue Fähigkeiten. Ein CEO aus der Medien- und Unterhaltungsbranche in den USA brachte dies wie folgt auf den Punkt: »Wir müssen Kreativität nicht nur erkennen, sondern auch belohnen.« Die CEOs haben erkannt, dass sie Kreativität im gesamten Unternehmen fördern müssen, anstatt nur einzelne kreative Köpfe in bestimmten Abteilungen wie dem Produktdesign herauszupicken. Um von der Vielfalt an Ideen zu profitieren, mit denen jeder Mitarbeiter seinen Beitrag für das Unternehmen leisten kann, unterstützen Standouts eine neue Einstellung, die alles in Frage stellt. Sie fordern ihre Mitarbeiter auf allen Ebenen auf, Annahmen zu hinterfragen, die auf Erfahrungen aus der Vergangenheit basieren, und Vorgehensweisen, die »schon immer« praktiziert wurden, auf den Prüfstand zu stellen. Der CEO eines Versicherungsunternehmens aus den USA räumte ein, dass sein Unternehmen nicht immer wirklich gut im Umgang mit Komplexität war, und fügte hinzu: »Ich bin begeistert von unserer neuen Generation von Führungskräften und dem neuen Schwung, den sie mitbringen.« (Ebd.: 30)

Die Autoren der Global CEO Study 2010 von IBM sind daher überzeugt, dass CEOs die Unternehmen der Zukunft dann zu nachhaltigem Wachstum führen, wenn sie u. a. folgende Handlungsempfehlung umsetzen:

Überwinden Sie Barrieren. Holen Sie kreative Elemente Ihres Unternehmens aus abgeschotteten Bereichen heraus und integrieren Sie sie, um sie allen zugänglich zu machen. Gehen Sie unkonventionelle Partnerschaften ein. Sorgen Sie für den proaktiven Wissensaustausch und die Zusammenarbeit mit Beteiligten innerhalb und außerhalb des Unternehmens. Beseitigen Sie alle Hürden, die der Kommunikation im Wege stehen, damit Sie besser mit dem Unbekannten umgehen können. (IBM 2010b: 32)

Seien Sie Vorbild für bahnbrechende Ideen. Praktizieren und fördern Sie Experimentierfreude auf allen Ebenen des Unternehmens. Drängen Sie mit revolutionären Innovationen, die Ihr Unternehmen von der breiten Masse abheben, an die Spitze. Analysieren und hinterfragen Sie, was andere tun – spüren Sie Technologie- und Kundentrends auf. Erarbeiten Sie Szenarien, um Reaktionen auf verschiedene künftige Gegebenheiten zu planen. (IBM 2010b: 32)

---

2 Nach den drei wichtigsten Führungsqualitäten in der neuen Wirtschaftswelt gefragt, waren die häufigsten Antworten der CEOs in der Global CEO Study 2010 Kreativität (60%), Integrität (56%) und globales Denken (35%). (IBM 2010b: 24)

> *Erproben Sie radikale Innovationen. Animieren Sie das Managementteam dazu, das Muster vorhandener Geschäftsmodelle aufzubrechen. Verfolgen Sie den Green-Field-Ansatz – Was würden Sie tun, wenn Sie neu wären und nichts von traditionellen »Altlasten« wüssten? Stellen Sie scheinbar unstrittige Branchenpraktiken in Frage. Auch wenn Sie glauben, die Antwort schon zu kennen, fragen Sie nochmals »warum«.*
>
> *Hinterfragen Sie bewährte Erfolgsmodelle. Steigern Sie die individuelle Anpassung ins Extreme. Bewerten Sie Ihr Unternehmens-, Branchen- und Umsatzmodell ständig neu, um herauszufinden, was am besten funktioniert. Schauen Sie stets nach vorne und seien Sie bereit, bei Bedarf Anpassungen in alle Richtungen vorzunehmen. Fördern Sie eine Einstellung, die sich niemals mit dem Ergebnis »gut genug« zufrieden gibt.*
>
> *Lernen Sie von den Erfolgen anderer Branchen. Lernen Sie von den kreativen Leistungen außerhalb Ihrer Branche und lassen Sie sich davon inspirieren. Besprechen Sie regelmäßig Fallbeispiele aus anderen Branchen bei den Meetings Ihres Managementteams. Bleiben Sie immer auf dem Laufenden im Hinblick auf Kunden- und Technologietrends, die andere Branchen grundlegend verändern, und überlegen Sie, wie Sie sich diese Trends zunutze machen könnten. (Ebd.: 32f.)*
>
> *Nutzen Sie die Chancen innovativer Kommunikation. Ersetzen Sie verstärkt die hierarchische Kommunikation von oben nach unten durch weniger formelle, innovativere Kommunikationswege. Akzeptieren Sie es, dass für Kunden und Mitarbeiter gleichermaßen Blogs, Internetseiten, Instant Messaging und soziale Netzwerke glaubwürdiger – und oft auch schneller – als die traditionelle Top-down-Kommunikation sind. Seien Sie offener, wenn es darum geht, Interessengruppen den Kontakt zu Ihnen zu ermöglichen. (Ebd.: 33)*

Empirisch untermauert werden solche Überzeugungen durch eine Reihe von Untersuchungen. Smolny und Schneeweis (1999: 468) kommen so zu der Einschätzung: »Innovatoren weisen eine deutlich günstigere Umsatz- und Beschäftigungsentwicklung auf als Nicht-Innovatoren; sowohl Produkt- als auch Prozessinnovationen führen auf Unternehmensebene zu höherem Umsatz und höherer Beschäftigung.« Die Ergebnisse dreier Studien des Instituts für Wirtschaftsforschung zu diesem Thema bestätigen den positiven Zusammenhang zwischen der Innovationstätigkeit in einem Land und dessen wirtschaftlicher Situation bzw. dessen Arbeitsmarkt. (Lachenmaier, Woessmann 2004; Lachenmaier, Rottmann 2007a und b) Die Autoren dieser Studien kommen daher zu dem Schluss: »industrialized countries may have to continually innovate if they want to remain competitive on global markets and maintain their living standards.« (Lachenmaier, Woessmann 2004: 25)

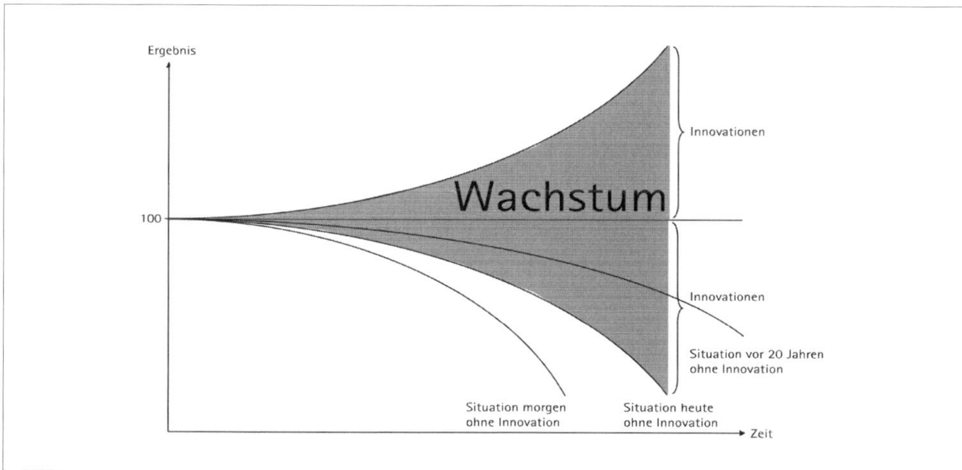

2 | Wachstum durch Innovation

Das Ziel »nachhaltiges Wachstum« lässt sich am besten durch organisches Wachstum, d. h. durch Innovationen erreichen. Was bedeutet nun aber der Begriff Innovation? Einer der »Erfinder« des Begriffs Innovation, Joseph A. Schumpeter, definiert die »Innovation« als: »the doing of new things or the doing of things that are already done, in a new way« (Schumpeter 1947: 151)[3] Entscheidend an dieser Definition ist das Verb »doing«: Es geht nämlich nicht alleine darum Ideen, Vorstellungen eines Zukünftigen im Kopf zu haben; es geht darum, diese Ideen in die Tat umzusetzen, neues oder so nicht angewandtes Wissen wertschöpfende Wirklichkeit werden zu lassen. Damit reicht die Innovation weiter als die eigentliche Idee oder Erfindung, beinhaltet sie doch darüber hinausgehende Aktivitäten, die über den Erfolg auf dem Markt entscheiden.

Viele assoziieren mit dem Begriff »Innovation« technische Erfindungen. Innovationen können jedoch zum einen nicht nur in der Wirtschaft, sondern auch in der Bürgergesellschaft und im Staat gefunden bzw. eingeführt werden. Gerade bei sozialen Innovationen wird dies deutlich. So gelten z. B. Umweltbewegung, nicht-eheliche Lebensgemeinschaften, Sozialversicherung und neue pädagogische Konzepte auch als Innovationen. Im Bereich der Wirtschaft sind es zum anderen nicht alleine die großen technischen Neuerungen, die Schumpeter meint, wenn er von Innovationen spricht – und wie Studien zeigen, sind es auch nicht zwingend diese neuen Techniken, die einem Unternehmen einen Vorsprung vor seinen Konkurrenten garantieren. (Collins 2001: 162) Schumpeter weist stattdessen darauf hin, dass es folgende Wege gibt, um radikal zu innovieren, d. h. etwas völlig Neues einzuführen.

3 »[...] dass die Innovation Faktoren auf eine neue Art kombiniert oder dass sie in der Durchführung neuer Kombinationen besteht.« (Schumpeter 1961b, Bd.1: 95)

> *(1) The introduction of a new good – that is one with which the consumers are not yet familiar – or a new quality of a good. (2) The introduction of a new method of production, that is one not yet tested by experience in the branch of manufacture concerned, which need by no means be founded upon a discovery scientifically new, and can also exist in a new way of handling a commodity commercially. (3) The opening of a new market, that is a market into which the particular branch of manufacture of the country in question has not previously entered, whether or not this market existed before. (4) The conquest of a new source of supply of raw materials or half-manufactured goods, again irrespective of whether this source already exists or whether it has first to be created. (5) The carrying out of the new organisation of any industry, like the creation of a monopoly position (for example trough trustification) or the breaking up of a monopoly position. (Schumpeter 1961a: 65f.)*

Wie vorausschauend diese Sichtweise ist, zeigen die Ergebnisse der IBM Global CEO Study 2010:

> *Die erfolgreichsten Unternehmen wenden völlig neue Methoden an, um neue Chancen zu nutzen und Hürden zu überwinden, die Wachstum im Wege stehen. […] Das gelingt ihnen, indem sie Abläufe und Produkte vereinfachen und geschickter dabei vorgehen, Arbeitsweisen zu ändern, Zugang zu Ressourcen zu erhalten und weltweit in neue Märkte einzutreten. Diese geschickter agierenden CEOs erwarten künftig 20 Prozent mehr Umsatz aus neuen Quellen als andere CEOs. (IBM 2010a: 2f.)*

> *Die CEOs richten ihr Augenmerk wieder auf Wachstum, und viele von ihnen gaben an, dass ihr Erfolg davon abhängt, in den nächsten fünf Jahren den Umsatz aus neuen Quellen zu verdoppeln. Der CEO eines Telekommunikationsunternehmens in Brasilien gab folgende Prognose ab: »Die Services, die heute 80 Prozent unseres Umsatzes ausmachen, werden in fünf Jahren nur noch an zweiter Stelle der Umsatzquellen stehen.«*

> *Die Suche nach neuen Wachstumsfeldern ist nicht einfach in einem Umfeld, das von unzähligen einzelnen Märkten, immer mehr Produkt- und Servicekategorien und immer stärker individualisierten Kundensegmenten geprägt ist. Für CEOs bedeutet dies, dass sie ihr Portfolio, ihr Geschäftsmodell, ihre Arbeitsweise und lang gehegte Meinungen grundlegend verändern müssen. Sie müssen stärker berücksichtigen, was Kunden heute wichtig ist, und die Art und Weise der Wertschöpfung neu bewerten. Abgesehen von wenigen Ausnahmen erwarten die CEOs weitere radikale Veränderungen. Die neue Wirtschaftswelt ist, wie die CEOs übereinstimmend sagen, sehr viel dynamischer, ungewisser, komplexer und strukturell anders. (IBM 2010b: 14)*

Nichtsdestotrotz sollen an der ursprünglichen Definition Schumpeters folgende Modifikationen vorgenommen werden: Auf die heutige Sicht übertragen wird der Faktor »Einführung neuer Produktionsmethoden« um die Einführung neuer Geschäftsprozesse erweitert und der Faktor »Neuorganisation von Wirtschaftszweigen« durch den Faktor »Entwicklung und Einführung neuer Organisationsstrukturen« ersetzt. Letzterer beinhaltet all diejenigen Neuerungen, die die Organisationen eines Unternehmens betreffen, wie Mergers & Acquisitions, Joint Ventures, Kooperationen usw. aber auch interne Neuorganisationen. Der Faktor »Erschließung neuer Bezugsquellen von Rohstoffen und Halbfabrikaten« bezieht sich auch auf den »Aufbau neuer (internationaler) Lieferanten zur Erschließung einer neuen Bezugsquelle von Rohstoffen oder Halbfabrikaten«. Radikale Innovationen nach Schumpeter bedeuten aus Sicht von Unternehmen heute daher dies:

- Entwicklung und Einführung eines neuen Produkts und Entwicklung und Bereitstellung einer neuen Dienstleistung
- Entwicklung und Einführung neuer Produktionsmethoden und Entwicklung und Einführung neuer Geschäftsprozesse
- Erschließung neuer Absatzmärkte
- Erschließung neuer Einkaufsmärkte
- Entwicklung und Einführung neuer Organisationsstrukturen

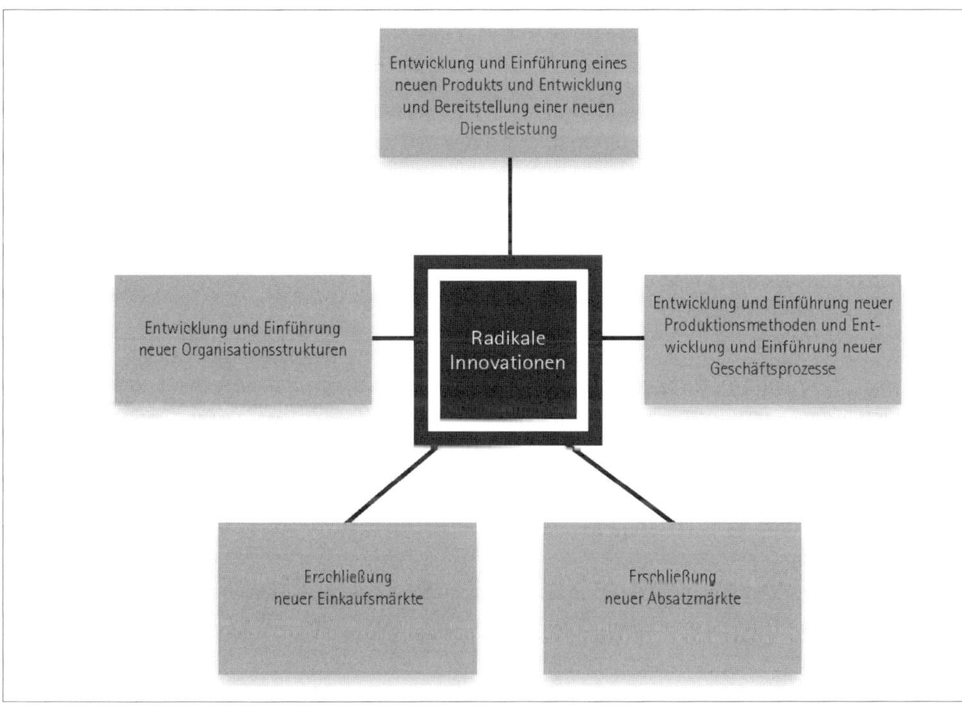

3 | Radikale Innovationen

Zu diesen fünf Innovationstypen könnte man heute noch diese hinzu zählen bzw. aus den von Schumpeter genannten ausdifferenzieren: Zunächst seien Veränderungen im Humanbereich einer Organisation genannt (soziale Innovation), also vom vorher gewohnten Schema abweichende Regelungen von Tätigkeiten und Vorgehensweisen; ein bekanntes Beispiel für eine soziale Innovation ist die Fließbandarbeit. (Gillwald 2000) Weiterhin sollte man noch explizit das bedeutende Gebiet der Finanzinnovationen nennen (Organisation von Kapitalmärkten, Bezahlmöglichkeiten etc.). Wir möchten an dieser Stelle anmerken, dass es bei solchen Finanzinnovationen um solche geht, welche mit der Realwirtschaft zu tun haben, welche die Finanzierung von und Investition in Unternehmen und Unternehmungen betreffen. Es geht hier nicht um Innovationen aus dem Bereich der Finanzwirtschaft und hierbei vor allen Dingen nicht um solche obskuren Spekulationsobjekte und Geschäftsmodelle des Kasino-Kapitalismus, welche das klassische marktwirtschaftliche System zutiefst deformiert haben (Leerverkäufe, Banken, die fast ohne Eigenkapital und damit ohne eigene Haftung arbeiten). Ferner sollte man – u. a. angesichts der heute fundamentalen Bedeutung des Internet – auch Infrastruktur-Innovationen nennen (Verkehr, Kommunikation etc.). Schließlich soll von Innovationen gesprochen werden, wenn das Geschäftsmodell, also die folgenden Schlüsselfaktoren eines Unternehmens verändert werden: Veränderungen des Nutzens für eine bestimmte Kunden- oder Lieferantengruppe; Veränderungen bei Bestandteilen der internen und externen Architektur der Leistungserstellung; Veränderungen bei der Auswahl bzw. dem Mix der Quellen, aus denen die Erträge eines Geschäftsmodells generiert werden.[4]

So könnte man die Innovationstypen nach Schumpeter also ergänzen durch:

- **Soziale Innovation**
  Entwicklung und Einführung neuer Regelungen von Tätigkeiten und Vorgehensweisen

- **Finanzinnovation**
  Entwicklung und Einführung neuer an Geld-, Kredit- und Kapitalmärkten bisher nicht verfügbaren Anlage- und Finanzierungsinstrumenten sowie Verfahrensweisen der Marktteilnehmer

- **Infratrukturinnovation**
  Entwicklung und Einführung neuer Instrumente sowie Verfahrensweisen einerseits für die Mobilität von Menschen, Gütern und Informationen sowie andererseits für den Zugang zu oder Logistik von Gütern und Informationen

- **Geschäftsmodellinnovation**
  Entwicklung und Einführung neuer Geschäftsmodelle (Nutzenversprechen/Wertschöpfungsarchitekturen/Ertragsmodellen)

Schumpeter selbst postuliert Innovation als »schöpferische Zerstörung« (Schumpeter 1946/1993: 136f.), als Substituierung des Alten durch das mitunter radikal Neue. Innovationen sind hier also dasjenige völlig Andere, das Bestehendes ersetzt. Bisweilen bewirken solche radikalen Neuerungen große Wachstumssprünge. Die Öffentlichkeit nimmt solche Innovationen auch naturgemäß als »Innovationen an sich« wahr, als Innovation im eigentlichen Sinne. Dies mag erstens am Wesen solcher radikalen Neuerungen liegen, werden durch diese doch oftmals wichtige und/oder dringliche

4 Ein Beispiel eines Innovators des Nutzenversprechens ist der Online-Auktionator eBay. Das Nutzenversprechen von eBays Geschäftsmodell ist die Bereitstellung von Liquidität für jegliche Art von austauschbaren Leistungen. Als Marktführer hat eBay eine solche Liquidität, dass selbst Güter wie die Jahresarbeitsleistung von Softwareentwicklern oder Spendernieren angeboten wurden und auch auf eine entsprechende Nachfrage gestoßen sind. Bei eBay ist das Nutzenversprechen für Kunden und Wertschöpfungspartner gleich, da die Wertschöpfung selbst durch die Kunden erbracht wird. eBay stellt nur die Vermittlungsplattform zur Verfügung. Die Abwicklung der Transaktion übernehmen die Transaktionspartner selbst und bedienen sich dort bestehender Anbieter wie der Post oder Banken. Die Innovation des Nutzenversprechens durch eBay besteht darin, da vor eBay für einen Großteil der dort gehandelten Güter keine liquide Austauschplattform existierte. Traditionelle Austauschformen für Trödel- und Gebrauchtwaren zeichneten sich durch eine sehr geringe Liquidität aus, da die räumlichen und zeitlichen Barrieren das Aufeinandertreffen von Anbietern und Nachfragern für Waren z. B. mit einem relativ niedrigen Wert verhinderten. (Vgl. Stähler 2002: 79f.)
Ein Beispiel eines Innovators der Wertschöpfungsarchitektur ist Dell, der zweitgrößte Hersteller von PCs. Dells Geschäftsmodell weicht in zwei Punkten vom traditionellen Modell der PC Industrie ab: Erstens verkauft Dell seine PCs nur direkt und schliesst Wiederverkäufer, Einzelhändler und Systemintegratoren vom Kaufprozess aus. Die zweite Änderung des Geschäftsmodells betrifft den Koordinationsmechanismus bei der Produktion der PCs. Während beim klassischen Modell die Produktion nach Verkaufsprognosen erfolgt und eine Lagerhaltung von ca. 90 Tagen damit einhergeht, produziert Dell erst nach Auftragseingang. Dells Geschäftsmodell, insbesondere mit seinen Veränderungen der Wertschöpfungsarchitektur und der Koordinationsprozesse, hat zu Wettbewerbsvorteilen geführt, da es besser geeignet ist, auf die kurzen Produktlebenszyklen der Computerindustrie von ca. 6 Monaten zu reagieren. Das Built-to-Order Verfahren ermöglicht einerseits den Verzicht auf Lagerhaltung, andererseits bietet Dell so seinen Kunden immer die neueste Computertechnik an. Dies führt zu niedrigeren Kosten, da Dell keinen Wertverlust auf den Lagerbestand erleidet (Wertverlust pro Monat ca. 10% in der Computerindustrie), und höheren Erträgen, da der Markt bei neuester Technik höhere Margen akzeptiert. (Vgl. Stähler 80f.)
Ein Beispiel für eine Innovation bei Ertragsmodellen findet sich in den Prepaid-Tarifen diverser Telekommunikationsanbieter. Das traditionelle Geschäftsmodell der Telekommunikationsindustrie geht von einem »bekannten« Kunden aus, dem für ca. zwei Monate die Gesprächsgebühren vorgestreckt werden, bevor er sie dann per Überweisung oder Lastschrift zahlt. Dieses Modell führt zu einem hohen Forderungsausfallrisiko, was zur Folge hat, dass Telekommunikationsunternehmen ein ausgeklügeltes Forderungsmanagement inklusive Kreditmanagement entwickelt haben. Dies schliesst Kreditprüfungen vor Vertragsabschluss und Hinterlegung von Kautionen z. B. für potentielle Risikogruppen ein. Dieses Verfahren schliesst automatisch größere potentielle Kundengruppen z. B. Jugendliche aus. An diesem Punkt setzt eine Ertragsmodellinnovation ein, die zwar keinen Wettbewerbsvorteil für ein einzelnes Unternehmen gebracht hat, aber zu einer starken Ausweitung des Gesamtmarktes für Mobiltelephonie geführt hat. Anstatt eine Grundgebühr für den Anschluss zu berechnen und nachträglich für einen gewissen Zeitraum eine Rechnung zu stellen, bezahlt der Kunde im Vorhinein eine gewisse Summe, die er dann abtelefonieren kann. Er hat jederzeit den Überblick, wieviel Guthaben er noch zur Verfügung hat. Die Grundgebühr entfällt und wird durch höhere Gesprächsgebühren kompensiert. (Vgl. Stähler 2002: 84f.)

Probleme gelöst. Dies mag zweitens am Wesen des Menschen liegen, sich für Neuartiges zu interessieren. Dies mag drittens daran liegen, dass im Zuge von radikalen Neuerungen neue Unternehmen, mitunter sogar neue Wirtschaftszweige herausgebildet haben. Nichtsdestotrotz gilt: Für das langfristige Überleben und den nachhaltigen Erfolg des Unternehmens bedarf es der kontinuierlichen Revolution bzw. Erneuerung, d. h. der fortwährenden Schaffung **radikaler Innovationen**.

Wie eine Analyse der Fortune Global 500 Unternehmen zeigt (Raisch, Probst, Gomez 2007: 46f.), bedarf es jedoch für nachhaltigen wirtschaftlichen Erfolg zugleich einer komplementären Strategie: kontinuierliche Reformation bzw. Optimierung, d. h. der fortwährenden Schaffung **inkrementeller Innovationen**. Insofern können Innovationen unterschieden werden in das Neue und das Bessere. Obschon Optimierungen freilich weniger radikal wirken als Erneuerungen, sind sie doch immer auch schöpferisch jedoch weniger in einem revolutionären und zerstörerischen als vielmehr in einem evolutionären und permutierenden Sinne. Optimierungen sind Innovationen, bei denen das Bestehende durch das (hoffentlich) Verbesserte ersetzt/ergänzt wird. Der Definition nach Schumpeter folgend bedeuten solche Innovationen: »the doing of better things or the doing of things that are already done, in a better way«.[5] Und den fünf Wegen folgend, die laut Schumpeter zu einer wertschöpfenden Wirklichkeit führen, bedeutet dies, dass Wachstum hierdurch entsteht:

- Entwicklung und Einführung einer neuen Produktqualität und Entwicklung und Bereitstellung einer neuen Dienstleistungsqualität
- Optimierung bestehender Produktionsmethoden und Optimierung bestehender Geschäftsprozesse
- Durchdringung/Reaktivierung/Ausbau bestehender (internationaler) Absatzmärkte
- Verbesserung/Reaktivierung/Ausbau bestehender (internationaler) Einkaufsmärkte
- Verbesserung/Reorganisation/Ausbau bestehender Organisationsstrukturen

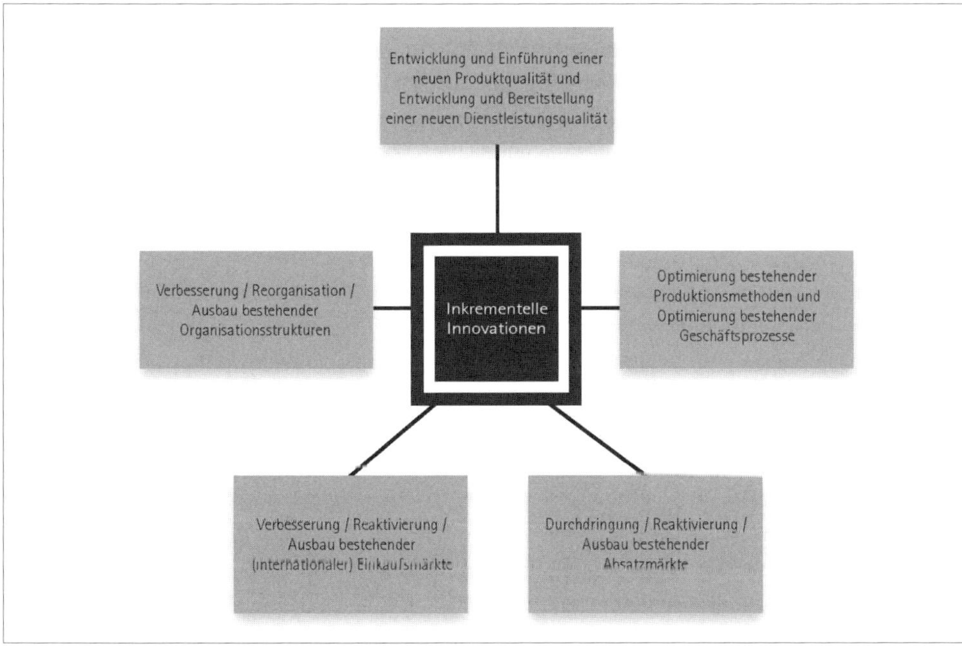

4 | Inkrementelle Innovationen

Für die oben genannten neuen bzw. ausdifferenzierten Innovationstypen bedeutet das:

- Verbesserung / Reorganisation / Ausbau bestehender Regelungen von Tätigkeiten und Vorgehensweisen
- Optimierung von an Geld-, Kredit- und Kapitalmärkten bereits verfügbaren Anlage- und Finanzierungsinstrumenten sowie Verfahrensweisen der Marktteilnehmer
- Verbesserung / Reorganisation / Ausbau bestehender Instrumente sowie Verfahrensweisen einerseits für die Mobilität von Menschen, Gütern und Informationen sowie andererseits für den Zugang zu oder Logistik von Gütern und Informationen
- Reformation / Ergänzung bestehender Geschäftsmodelle (Nutzenversprechen / Wertschöpfungsarchitekturen / Ertragsmodellen)

5 Obschon Schumpeter selbst nicht von einer solchen Strategie spricht, lässt seine Definition durchaus diesen Schluss zu: Der erste Teil der Definition, das »doing of new things«, meint die Einführung des (radikal) Neuen; der zweite Teil, das »doing of things, that are already done, in a new way«, kann interpretiert werden als Restrukturierung bzw. Weiterentwicklung.

Durch Innovationen im Sinne Schumpeters lassen sich der Absatz und die Produktion eines Unternehmens ständig erhöhen und optimieren, sodass mit zunehmender Zeit eine immer höhere Quantität und/oder Qualität und somit der Erhalt bzw. der ständige Ausbau der Wettbewerbsfähigkeit sowie ein permanentes Wachstum gewährleistet wird. Um ein stetiges unternehmerisches Wachstum gewährleisten zu können, ist es unbedingte Voraussetzung, dass das Innovationsbestreben eines Unternehmens in jedem unternehmerischen Segment verinnerlicht und mitgetragen wird. Der gesamte Unternehmensentwicklungsprozess sollte auf Innovationen ausgerichtet sein. Weder Innovationen im Sinne des radikal Anderen noch Innovationen im Sinne des fortlaufend Besseren sind dabei auf Dauer ausreichend für nachhaltig profitables Wachstum. Ein nachhaltiges Wachstum entsteht erst und nur durch Innovationen, welche gleichsam und zugleich dies bedeuten: »the doing of new and better things or the doing of things, that are already done, in a new and better way«. Erfolgreiche Innovationen sind weder nur das Bessere noch nur das Neue, sondern das bessere Neue und das neue Bessere.

Neue Unternehmen und Unternehmungen entstehen, indem eine Innovation basierend auf den genannten Innovations-Faktoren bzw. einer Kombination aus mehreren dieser tatsächlich umgesetzt wird neue Unternehmen bzw. Unternehmungen sind also das Ergebnis von Veränderungen auf Ebene der Geschäftsstrategien und operationellen Praktiken, die sich ergeben aus der Zielsetzung »do new things or do things that are already done, in a new way«. Die Grundlage, d. h. die Ideen für neue Unternehmen bzw. Unternehmungen, muss dabei wohlgemerkt nicht immer selbst generiert werden: Es gibt tausende von Patenten, die noch nicht vermarktet worden sind, tausende von Geschäftskonzepten, die adaptiert und weitergeführt werden könnten.

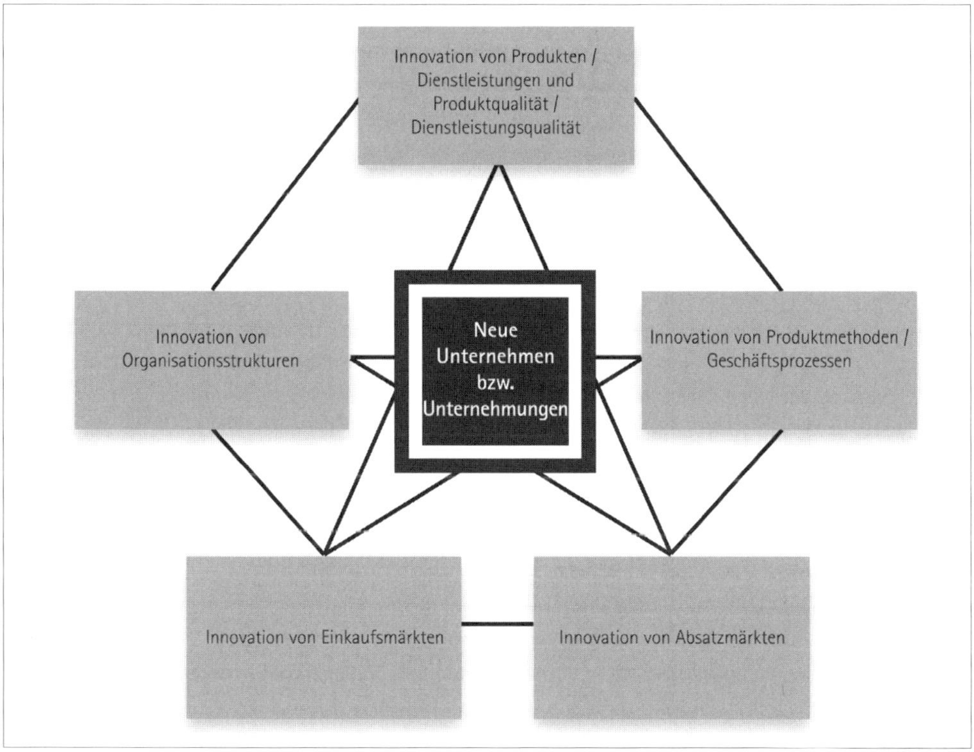

5 | Neue Unternehmen bzw. Unternehmungen

FAZIT

Ganz gleich wie pervertiert die Vorstellung von wirtschaftlichem Wachstum auch wurde und wird an verschiedenen Orten und zu verschiedenen Zeiten: Im Kern bedeutet das Wachstum in kapitalistischen Wirtschaftssystemen die Mehrung des Wohlstands aller Menschen. So gesehen ist Kapitalismus immer auf Wachstum ausgerichtet – sowohl auf quantitatives und heute immer mehr auch auf qualitatives. Um in einer solch wachsenden Umgebung nicht relativ zu schrumpfen ergibt sich für Unternehmen gleichsam die Notwendigkeit zu Wachstum. Und als beste aller möglichen Strategien zur Verwirklichung der unternehmerischen Ziele »langfristiges Überleben« und »nachhaltiger Erfolg« gilt das Wachstum durch Innovationen. Um nachhaltiges, d. h. bleibendes und für die Zukunft ebenfalls andauerndes Wachstum zu generieren, sollte diese Notwendigkeit zu Wachstum an wenigstens einem der fünf Schumpeter'schen Faktoren ausgerichtet sein.

2 ÜBER DIE BILDUNG (ZU) EINER PERSÖNLICHKEIT

Ohne den unternehmerisch handelnden Menschen bleibt eine Idee nur ein Hirngespinst. Gefordert sind deswegen Innovatoren, also Menschen, die Ideen verwirklichen. Wie können Gesellschaften jedoch sicherstellen, dass ihre Mitglieder sich zu eben Innovatoren entwickeln? Allgemein danach gefragt, was es braucht, um Menschen zu »guten und tüchtigen Naturen« zu entwickeln, gibt Platon diese Antwort:

> *Fürwahr [...] versetzte ich, nicht viele und große Dinge sind es, die wir [Gesellschaften] hier auftragen, wie jemand glauben könnte, sondern lauter geringe, [...]. Und was ist dies? [...] Die Bildung, antwortete ich, und die Erziehung. [...] Denn tüchtige [...] Bildung, wenn sie bewahrt wird, schafft gute Naturen; und andererseits tüchtige Naturen, wenn sie an einer solchen Bildung festhalten, werden noch besser als die früheren wie zu den andern Dingen so auch zum Zeugen, gerade wie auch bei den andern Geschöpfen. (Platon, »Der Staat« in: Sämtliche Werke Bd. 2: 129)*

Bildung[6] – das ist die allgemeine und umfassende Antwort darauf, wie Gesellschaften sicherstellen können, dass sich ihre Mitglieder zu »guten und tüchtigen Naturen« im Allgemeinen und zu Innovatoren im Speziellen entwickeln.

Viel und oft wurde und wird in der Geistesgeschichte über Bildung nachgedacht. Eine altehrwürdige und heute wieder vielgenannte Weise, wie von diesem Begriff gesprochen werden könnte/sollte, stammt von Wilhelm von Humboldt:

> *Im Mittelpunkt aller besonderen Arten der Thätigkeit nemlich steht der Mensch, der ohne alle, auf irgend etwas Einzelnes gerichtete Absicht, nur die Kräfte seiner Natur stärken und erhöhen, seinem Wesen Werth und Dauer verschaffen will. Da jedoch die blosse Kraft einen Gegenstand braucht, an dem sie sich üben, und die blosse Form, der reine Gedanke, einen Stoff, in dem sie, sich darin ausprägend, fortdauern könne, so bedarf auch der Mensch einer Welt ausser sich. Daher entspringt sein Streben, den Kreis seiner Erkenntnis und seiner Wirksamkeit zu erweitern, und ohne dass er sich selbst deutlich dessen bewusst ist, liegt es ihm nicht eigentlich an dem, was er von jener erwirbt, oder vermöge dieser ausser sich hervorbringt, sondern nur an seiner inneren Verbesserung und Veredlung, oder wenigstens an der Befriedigung der innern Unruhe, die ihn verzehrt. Rein und in seiner Endabsicht betrachtet, ist sein Denken immer nur ein Versuch seines Geistes, vor sich selbst verständlich, sein Handeln ein Versuch seines Willens, in sich frei und unabhängig zu werden, seine ganze äussre Geschäftigkeit überhaupt aber nur ein Streben, nicht in sich müssig zu bleiben. Bloss weil beides, sein*

> *Denken und sein Handeln nicht anders, als nur vermöge eines Dritten, nur vermöge des Vorstellens und des Bearbeitens von etwas möglich ist, dessen eigentlich unterscheidendes Merkmal es ist, Nicht-Mensch, d. i. Welt zu seyn, sucht er, soviel Welt, als möglich zu ergreifen, und so eng, als er nur kann, mit sich zu verbinden.*
>
> *Die letzte Aufgabe unsres Daseyns: dem Begrif der Menschheit in unsrer Person, sowohl während der Zeit unsres Lebens, als auch noch über dasselbe hinaus, durch die Spuren des lebendigen Wirkens, die wir zurücklassen, einen so grossen Inhalt, als möglich, zu verschaffen, diese Aufgabe löst sich allein durch die Verknüpfung unsres Ichs mit der Welt zu der allgemeinsten, regesten und freiesten Wechselwirkung. (Humboldt 1793/1986: 33f.)*

Der Begriff »Bildung« schließt hierbei zwei Bedeutungsebenen ein: Bildung ist zugleich Prozess, das Bilden, und Produkt, die Bildung.[7] Sich bilden bedeutet also: Sich an so viel Welt als möglich abzuarbeiten, um es in die eigene Menschheit zu verwandeln. Bildung – also das Produkt des Bildens – steht für jenen Teil der Welt, den der Mensch durch sein aktives Zuwenden ergriffen und damit auch zutiefst begriffen hat.

2.1 BILDUNG UND PERSÖNLICHKEIT

Eine zentrale Bestimmung eines so verstandenen Bildungsbegriffs besteht darin, Bildung als »Allgemeinbildung« zu verstehen. Mit Allgemeinbildung meinen wir, dass »für die Bildung aller Seelenbestandteile zusammen Sorge« getragen werden muss, (Platon, »Der Staat« in: Sämtliche Werke Bd. 2: 361) dass sich also das bildende Subjekt nicht damit begnügen darf und kann z. B. »nur« (kanonische) Informationen zu lernen, um sich den potenziellen Wissenszugewinn hiernach prüfen und zertifizieren zu lassen. Bildung als Allgemeinbildung ist ganzheitlich, d. h. auf das humanistische Ideal des »uomo universale«, des allseitig entwickelten Menschen gerichtet.

6 Wir verwenden einen sehr umfassenden Bildungsbegriff, unter den auch Begriffe wie Erziehung, Sozialisation etc. untergeordnet werden.

7 Wie schon Information und Wissen schließt auch Bildung mehrere Bedeutungsebenen ein: Sie ist zugleich Prozess, das Bilden, und Produkt, die Bildung. Bildung dient der Befähigung anderer Menschen, stellt zugleich aber auch Selbstbefähigung der/des Einzelnen dar. Bildung ist zum einen auf ein Ziel gerichtet (Persönlichkeit, Vollkommenheit), lässt aber auch Optionen offen (Freiheit, Glück). Definiert man Bildung als reflektiertes Denken und darauf aufbauendes Handeln, dann ist Bildung eindeutig mehr als Informationsaufnahme und Verarbeitung von Wissen. Bildung enthält vielmehr die Vorstellung der Entfaltung einer Persönlichkeit mit aufrechtem Gang und freiem Entscheidungswissen, die versucht, möglichst allen menschlichen Rollen (eben nicht nur der Erwerbstätigkeit, wie derzeit häufig in Zusammenhang mit lebenslangem Lernen argumentiert wird) gerecht zu werden (Vgl. Gruber 2002, S. 280).

Wir sehen den in dieser Weise ganzheitlich zu verstehenden Bildungsbegriff aufs engste verbunden mit dem Begriff »Persönlichkeit«. Vermutlich genauso oft und viel wie über den Begriff Bildung wurde auch über den Begriff »Persönlichkeit« gesprochen – nicht nur im wirtschaftlichen Umfeld, sondern überhaupt im gesamten Laufe der Geistesgeschichte der Menschheit. Dergestalt wurde dieser Begriff auch myriadenhaft definiert. Nichtsdestotrotz wagen wir es, dieser Vielzahl noch eine weitere Definition hinzuzufügen. Persönlichkeit bezeichnet nach unserem Verständnis sowohl ein **Persönlichkeit-Haben** wie auch **Persönlichkeit-Sein**, d.h. man kann sowohl eine Persönlichkeit haben wie auch eine Persönlichkeit sein.

2.1.1 DIE ELEMENTE DES PERSÖNLICHKEIT-HABEN

Im ersten Fall – dem Haben – ist der Begriff »Persönlichkeit« in einem weiten Sinne und wie in der Psychologie heute üblich wertfreien Sinn definiert. Persönlichkeit besteht demgemäß aus einer zutiefst individuellen Gesamtheit von angeborenen und erworbenen Elementen. Hierzu zählen wir folgende Elemente:[8]

- Wissen
- Kompetenzen
- Temperament
- Charakter
- Werte.

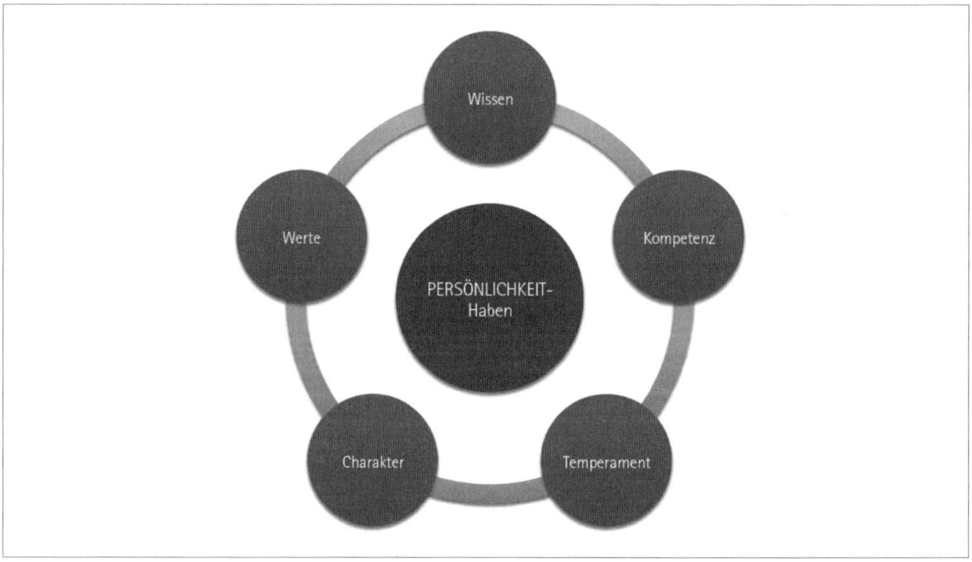

6 | Persönlichkeit-Haben

WISSEN Unter diesem Begriff versteht man »das Ergebnis eines Verstehensprozesses, der sich durch die Einordnung von Informationen in einen Kontext auf Basis individueller Erfahrungen vollzieht.« (Klein 2001: 73) Damit aus Informationen – das sind Zeichen (Buchstaben, Zahlen, Symbole), die in einen Bedeutungs- und Problemkontext gestellt sind – »Wissen« entsteht, muss ein Mensch sie in seinen Erfahrungskontext aufnehmen, d. h. in seine Denk-, Gefühls-, Handlungs- und Willensstruktur. Anders gesagt: aus Informationen wird Wissen, indem ein Mensch die Informationen auswählt, bewertet und sie mit im Gedächtnis abgespeichertem Wissen vergleicht und vernetzt. (Vgl. Wiater 2007: 15f.)

8 Wir orientieren uns bei dieser Definition des Begriffs »Persönlichkeit« nach Dittmann und Stieglitz (1996: 220): »Im psychologisch-psychiatrischen Sprachgebrauch kann Persönlichkeit definiert werden als die Gesamtheit der (psychischen) Eigenschaften und Verhaltensweisen, die dem einzelnen Menschen eine eigene, charakteristische, unverwechselbare Individualität verleihen. Es handelt sich dabei um eine weitgehend stabile oder doch lange Zeit überdauernde Struktur individueller Eigenschaften in Bezug auf Charakter, Temperament, Intelligenz und körperliche Grundbedingungen eines Menschen.«
Bei dem Einschluss von Wissen und Kompetenzen orientieren wir uns an der Definition nach Fiedler (2007: 2): »Persönlichkeit und Persönlichkeitseigenschaften eines Menschen sind Ausdruck der für ihn charakteristischen Verhaltensweisen und Interaktionsmuster, mit denen er gesellschaftlich-kulturellen Anforderungen und Erwartungen zu entsprechen und seine zwischenmenschlichen Beziehungen auf der Suche nach einer persönlichen Identität mit Sinn zu füllen versucht.« Nach Bunk (1994) sowie Heyse und Erpenbeck (1997: 53f.) lassen sich Kompetenzen topologisch betrachtet, »unterhalb« von Persönlichkeitseigenschaften (in diesem Fall: Temperament, Charakter und Werte) und »oberhalb« von situationsspezfischem Verhalten ansiedeln. Auch wenn es eher ungewöhnlich anmutet, soll Wissen ebenso als ein Element von Persönlichkeit beschrieben sein – zumindest bildet implizites wie explizites Wissen die Grundlage für viele Derivate wie z. B. Meinungen, Vorurteile über sich, andere und die Welt an sich sowie für Kompetenzen, also für Aspekte, die vielfach in Zusammenhang mit Persönlichkeit genannt werden.
Der Begriff »Temperament« könnte als ein Element des Charakters definiert werden. Die Differenzierung zwischen diesen beiden Begriffen ist vor allem dem Umstand geschuldet, dass wir weiter unten in dieser Arbeit das Temperament als ein wesentliches Element einer »schöpferischen Persönlichkeit« oder anders gesagt: eines Entrepreneurs betrachten.
Freilich stellt die obige Aufzählung an Elementen eine – nämlich unsere – Auswahl an den Myriaden an Elementen und Kategorien dar, die man ebenfalls dem Begriff »Persönlichkeit« zuordnen könnte. Elemente wie Intelligenz, Vorurteile, Meinungen, Einstellungen, der eigene Körper bzw. das Bewusstsein desselben gehören natürlich ebenso zur Persönlichkeit wie viele weitere Elemente auch. Die obige Auswahl und überhaupt unser gesamtes Verständnis des Begriffs »Persönlichkeit« ist dementsprechend nur ein weiteres Provisorium, welches im Rahmen dieser Arbeit seinen Dienst tut.

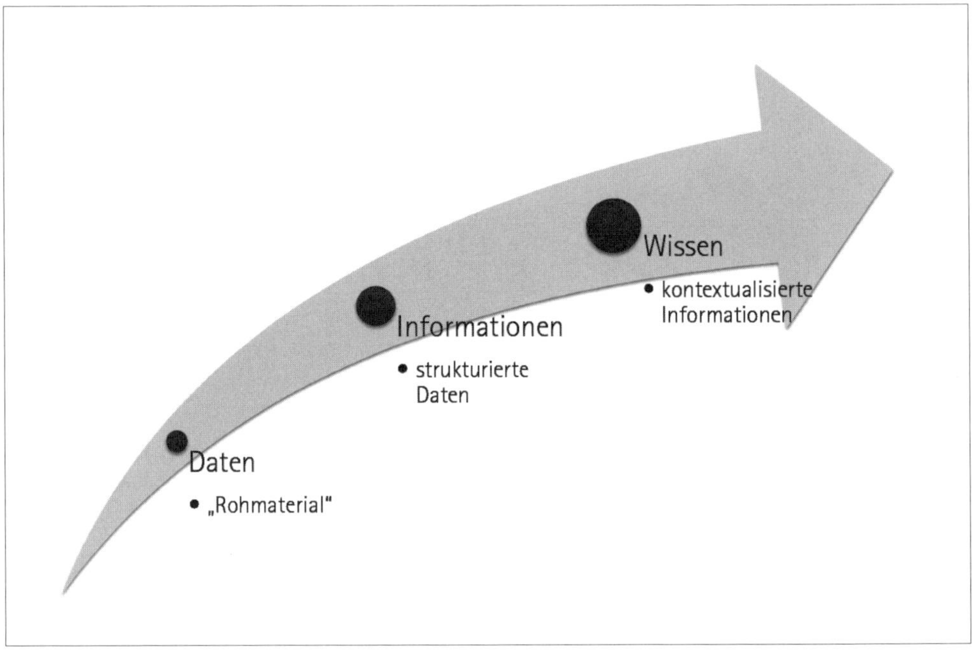

7 | Daten, Informationen und Wissen

Insofern es sich bei diesem Wissen um ein kanonisches Wissen handelt, welches für die Ausübung eines bestimmten Berufs obligatorisch ist, entwickelt der Studierende Qualifikationen und damit Berufsfertigkeit. Erpenbeck und Sauter (2007a) definieren Qualifikationen als »klar zu umreißende Komplexe von Wissen im engeren Sinne, Fertigkeiten und Fähigkeiten, über die Personen bei der Ausübung beruflicher Tätigkeiten verfügen müssen, um anforderungsorientiert handeln zu können.« Baethge (2010) definiert in ähnlicher Weise: »Qualifikation ist das individuelle Arbeitsvermögen, d.h. die Gesamtheit der subjektiv-individuellen Fähigkeiten, Kenntnisse und Verhaltensmuster, die es dem Einzelnen erlauben, die Anforderungen in bestimmten Arbeitsfunktionen auf Dauer zu erfüllen.« (Zitiert in Gabler Wirtschaftslexikon, Stichwort: Qualifikation) Eine Qualifikation bezeichnet kurzum das, was ein Mensch wissen und können muss, um eine bestimmte berufliche Tätigkeit auszuüben bzw. ausüben zu dürfen. In diesem Sinne kann der der Begriff »Qualifikation« auch als Synonym verstanden werden zum Begriff der »Berufsbefähigung«. Qualifikationen sind abprüfbar (typischerweise durch eine Abschlussarbeit, ein Examen, eine Fallstudie o.ä.) und daher wird die Qualifikation einer Person durch erworbene Bildungsabschlüsse dokumentiert. Der Begriff »Qualifikation« meint daher, dass bei einem Menschen bestimmte Kenntnisse, Leistungen, Fähigkeiten im Rahmen einer Prüfung festgestellt worden sind.

KOMPETENZEN Seit den 1960ern ist eine verstärkte Auseinandersetzung mit dem Bildungsziel »Kompetenzentwicklung« zu beobachten. Dies ist wohl hierauf zurückzuführen: Bildung bedeutet

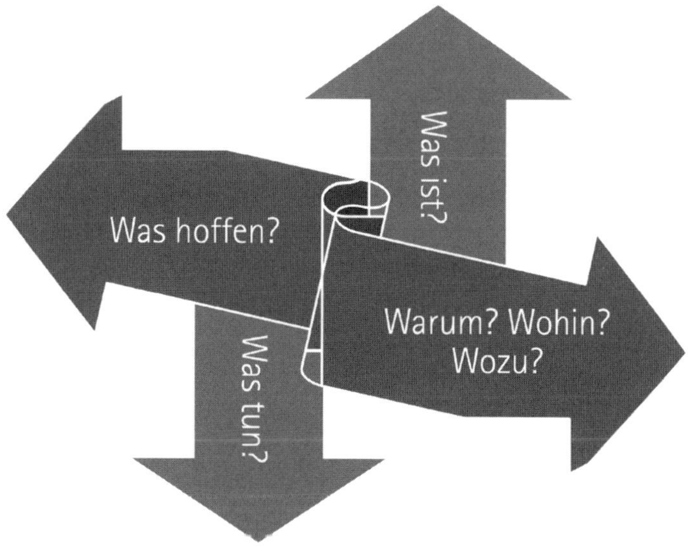

8 | Komplexität, Unübersichtlichkeit, Unsicherheit und Chaos als Ausgangssituation für die Notwendigkeit der Entwicklung von Kompetenzen

im Sinne Humboldts vor allem, dass Menschen sich in und an dieser Welt abarbeiten, um sich dadurch als ein Subjekt entfalten zu können. Wenn diese Welt aber nun zunehmend komplex, unüberschaubar, unsicher und chaotisch wird, dann besteht ein entscheidender Bildungsauftrag darin, Menschen die Fähigkeiten zu geben, sich in und an solchen Unsicherheiten, Unüberschaubarkeiten sowie komplexen und chaotischen Zuständen abzuarbeiten. Genau diese Fähigkeiten werden mit dem Begriff »Kompetenz« zusammengefasst.

Allgemein ausgedrückt, bezeichnet der Begriff Kompetenz jene Leistungsvoraussetzungen[9] (Anlagen, Fähigkeiten und Bereitschaften) eines Individuums, die sich zeigen in dessen selbstorganisierter Bewältigung solcher Situationen, die sich auszeichnen durch Komplexität, Ambiguität, Problemhaltigkeit und Handlungsbezug. In solchen Situationen muss das Individuum Wissen kontextbezogen bewerten oder erzeugen, um handlungsfähig zu sein oder zu werden. Kompetenz ist also kurzum die »Disposition selbstorganisierten Handelns«, welche sich besonders dann konkretisiert, wenn es neue und nicht routinierte Situationen zu bewältigen gilt. (Erpenbeck, Rosenstiel 2003: XI; dies. 2007: XXIII).

9 Diese Leistungsvoraussetzungen sind multimodaler Art nämlich kognitiv, sozialkommunikativ, volitional, aktional/motorisch sowie emotionalmotivational. Die Anforderungen, in denen sich diese Bereitschaft zeigt, sind demach v. a. kognitiver, sinnlich-erfahrungsorientierter, sozial-interaktiver und emotionalmotivationaler Natur.

Wenn ein System selbstorganisiert ist, dann ist es nicht durch »top-down« Regeln beherrscht. Stattdessen entstehen neue, stabile, effizient erscheinende Strukturen und Verhaltensweisen spontan und aus dem System heraus. Durch Selbstorganisation[10] ist es einem System möglich, mit Kontingenz umzugehen, d. h. spontan auf Unbekanntes und sich plötzlich Veränderndes einzustellen. Selbstorganisation drückt sich ferner aus in der vom System selbst initiierten Weiterentwicklung von Leistungsvoraussetzungen sowie der Fähigkeit zur Anpassung von Leistungsvoraussetzungen angesichts veränderter Aufgaben und Anforderungssituationen. (Bergmann 1998) Konkret: Kompetent ist ein Mensch dann, wenn er auf der Basis von Wissen und Erfahrungen in Eigenregie radikal und/oder inkrementell neue Lösungen für bisher unbekannte Situationen entwickelt.

Im beruflichen Kontext bezeichnet der Begriff Kompetenz solche »Fähigkeiten und Fertigkeiten, welche nicht unmittelbaren und begrenzten Bezug zu bestimmten, disparaten Tätigkeiten erbringen, sondern vielmehr die Eignung für eine große Zahl von Positionen und Funktionen und für die Bewältigung einer Sequenz von (meist unvorhersehbaren) Änderungen von Anforderungen im Laufe des Lebens.« (Mertens 1974: 40)[11] Kompetenz im Beruf zu beweisen, bedeutet somit, »die zunehmende Komplexität seiner beruflichen Umwelt zu begreifen und durch ziel- und selbstbewusstes, reflektiertes und verantwortliches Handeln zu gestalten.« (Sonntag 1996: 56)

Angesichts der neuen Unübersichtlichkeit wird der Mensch erst wirklich handlungsfähig, indem er für neue Situationen und Herausforderungen eine persönliche Handlungsstrategie entwickelt. Es geht nicht mehr nur allein darum, Wissen im Kopf zu haben oder bei einer Prüfung zu reproduzieren; es geht nunmehr darum, Wissen zu transferieren, aus Wissen etwas Neues in der Wirklichkeit entstehen zu lassen. Es geht darum, auf der Basis von Wissen und Erfahrungen Handlungen zielgerichtet und in Eigenregie durchführen zu können. »Wenn man nicht mehr wissen kann, welche beruflichen Anforderungen auf einen zukommen, wenn man sich auf ganz unterschiedliche kulturelle Bedingungen wird einstellen müssen, dann ist die Entwicklung einer starken, zu selbstverantwortetem Handeln und Urteilen befähigten Persönlichkeit von überragender Bedeutung« (Nida-Rümelin 2006: 44)

Eine differenzierte Systematik von allgemeinen bzw. Grundkompetenzen liefern Erpenbeck und Rosenstiel (2003 und 2007b; vgl. dazu auch Faix u.a 1991: 37). Sie unterscheiden zunächst folgende Kompetenzklassen: fachlich-methodische Kompetenz, personale Kompetenz, sozial-kommunikative Kompetenz. (Vgl. Erpenbeck, Heyse 2007b: 159)

- **Fachlich-methodische Kompetenzen**
  Disposition einer Person, bei der Lösung von sachlich gegenständlichen Problemen geistig und physisch selbstorganisiert zu handeln, d. h. mit fachlichen und instrumentellen Kenntnissen, Fertigkeiten und Fähigkeiten kreativ Probleme zu lösen, Wissen sinnorientiert einzuordnen und zu bewerten; das schließt die Disposition ein, Tätigkeiten, Aufgaben und Lösungen methodisch selbstorganisiert zu gestalten, sowie die Methoden selbst kreativ weiterzuentwickeln.

- **Personale Kompetenzen**
  Disposition einer Person reflexiv, selbstorganisiert zu handeln, d. h. sich selbst einzuschätzen, produktive Einstellungen, Werthaltungen, Motive und Selbstbilder zu entwickeln, eigene Begabungen, Motivationen, Leistungsvorsätze zu entfalten und sich im Rahmen der Arbeit und außerhalb kreativ zu entwickeln und zu lernen.

- **Sozial-kommunikative Kompetenzen**
  Dispositionen einer Person, kommunikativ und kooperativ selbstorganisiert zu handeln, d. h. sich mit anderen kreativ auseinander- und zusammenzusetzen, sich gruppen- und beziehungsorientiert zu verhalten und neue Pläne, Aufgaben und Ziele zu entwickeln.

Als eine vierte Grundkompetenz sehen wir die **unternehmerische Kompetenz**:[12]

> *Unternehmerische Kompetenz ist die [Disposition], Ideen [selbstorganisiert] in die Tat umzusetzen. Dies erfordert Kreativität, Innovations- und Risikobereitschaft sowie die Fähigkeit, Projekte zu planen und durchzuführen, um bestimmte Ziele zu erreichen. Unternehmerische Kompetenz hilft dem Einzelnen in seinem täglichen Leben zu Hause oder in der Gesellschaft, ermöglicht Arbeitnehmern, ihr Arbeitsumfeld bewusst wahrzunehmen und Chancen zu ergreifen. Sie ist die Grundlage für die besonderen Fähigkeiten und Kenntnisse, die Unternehmer benötigen, um eine gesellschaftliche oder gewerbliche Tätigkeit zu begründen. (Kommission der europäischen Gemeinschaften 2005: 21)*[13]

---

10 Für eine weitere und tiefer gehende Auseinandersetzung mit dem Begriff »Selbstorganisation« verweisen wir auf das Werk des Begründers der Synergetik Hermann Haken (u. a. Haken 2004).

11 Mertens definiert im obigen Zitat eigentlich den Begriff »Schlüsselqualifikationen«. Wir bevorzugen hier den Begriff »Kompetenzen«, schon allein deshalb weil die Verwendung eines völlig anderen Wortes die Unterschiede zum Begriff »Qualifikationen« deutlicher erscheinen lassen als ein bloßes Kompositum.

12 Erpenbeck und Heyse sprechen in diesem Zusammenhang von aktivitäts- und umsetzungsbezogenen Kompetenzen: Disposition einer Person, aktiv und gesamtheitlich selbstorganisiert zu handeln und dieses Handeln auf die Umsetzung von Absichten, Vorhaben und Plänen zu richten – entweder für sich selbst oder auch für andere und mit anderen, im Team, im Unternehmen, in der Organisation. (Vgl. Erpenbeck, Heyse 2007b: 159) Andere Autoren nennen dies Aktivitäts- oder Handlungskompetenz. Der besonderen Stellung, welche die Begriffe »Innovation« und »Entrepreneur« für uns haben, sei es geschuldet, dass wir hier von »unternehmerischen Fähigkeiten« bzw. »unternehmerischen Kompetenzen« sprechen.

13 2005 schlägt die EU-Kommission acht Schlüsselkompetenzen vor, die als besonders relevant gelten im mit der Lissabon-Strategie angestrebten wissensbasierten europäischen Wirtschaftsraum. Die acht Schlüsselkompetenzen sind: muttersprachliche Kompetenz, fremdsprachliche Kompetenz, mathematische Kompetenz und grundlegende naturwissenschaftlich-technische Kompetenz, Computerkompetenz, Lernkompetenz, interpersonelle, interkulturelle und soziale Kompetenz und Bürgerkompetenz, kulturelle Kompetenz sowie eben unternehmerische Kompetenz. (Kommission der europäischen Gemeinschaften 2005: 15)

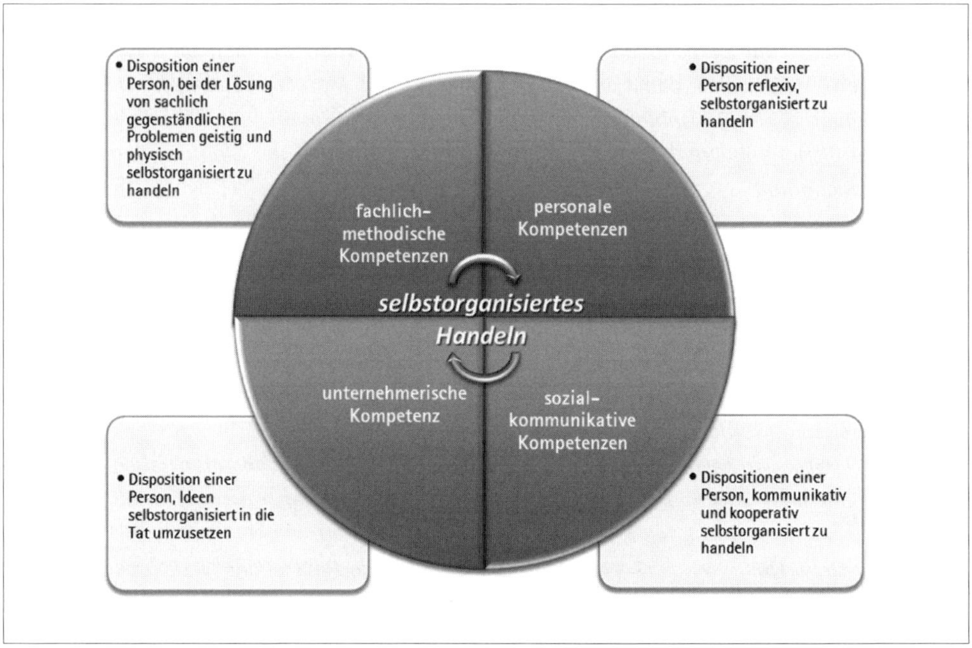

9 | Kompetenzen als Disposition zur Handlungsfähigkeit im Angesicht des Neuen und Unbekannten

TEMPERAMENT Der Begriff »Temperament« meint »die Art des Antriebs und der Aktivität, die sich in Form von Gefühlen, Willensbildung und Triebleben zeigen.« (Dittmann, Stieglitz 1996: 220) Eine wesentliche Quelle bzw. Bedingung für das je spezifische Temperament liegt dabei in der je spezfischen Disposition der menschlichen Triebe. Diese sind v. a. charakterisiert durch ein spontanes Ansteigen der Handlungsbereitschaft und eine Endhandlung, die mit Lust erlebt wird. Anders gesagt, schaffen und verschaffen Triebe Lust an Leistung (Cube 1998). Die vier Triebe des Menschen sind: Nahrungstrieb, Sexualtrieb, Aggressionstrieb und Explorationstrieb bzw. »Neugiertrieb« (Cube 1998). Diese schaffen und verschaffen Lust an Leistung auf verschiedene Weisen. Aggression ist so der »Trieb zum Sieg, der Trieb nach Macht, nach Rang, nach Anerkennung« (Cube 1998 12). Gerade bei Innovationen, dem Verwirklichen des Neuen erscheint der Explorationstrieb bzw. Neugiertrieb eine besondere Rolle zu spielen:

> *[Neugiertrieb:] Schon höhere Tiere sind neugierig: Hunde, Katzen, Ratten, Raben, Affen usw. Der Mensch ist sicher das neugierigste »Tier«. [...] Es klingt paradox, aber bei näherer Betrachtung wird es ganz klar: Der Mensch sucht das Neue auf, um Sicherheit zu gewinnen. Worin liegt denn der Sinn des Erkundens neuer Länder? Er liegt im Kennenlernen dieser Länder, im Bekanntmachen des Unbekannten, im Gewinn an Sicherheit! Auch wenn wir einen neuen Menschen*

kennenlernen, vergrößern wir unsere Sicherheit: Der Unbekannte wird zum Bekannten, zum Berechenbaren, zum Vertrauten. Warum will man ein Problem lösen? Man löst es, damit es kein Problem mehr ist. Man macht aus dem Unbekannten etwas Bekanntes, aus dem Neuen etwas Vertrautes, aus der Unsicherheit Sicherheit. Das Neue ist also der Reiz der Neugier – der Sinn der Neugier ist Sicherheit.

Auffallend an der Neugier ist – das sagt schon der Name – ein besonders starkes Appetenzverhalten. Wir suchen ständig Neues auf, neue Probleme, neue Menschen, neue Abenteuer. Gewiss – das Neue, das Unbekannte ist mit Risiko behaftet, mit Unsicherheit. Aber der Einsatz lohnt sich: Je größer die erforschte Umgebung ist, je mehr Probleme gelöst sind, je mehr Wissen man hat, je mehr Neues zu Bekanntem geworden ist, desto größer ist die erreichte Sicherheit. In einer bekannten Umgebung bewegen wir uns sicher, wir wissen, was wir zu erwarten haben, wir können unsere Aufmerksamkeit wiederum auf Neues richten.

Wir stellen fest: Neugier ist ein Trieb! Der auslösende Reiz ist das Neue, das Unbekannte, Unsichere. Ist der Reiz nicht vorhanden, suchen wir ihn auf. Wir sind »gierig« auf das Neue, wir strengen uns an, Neues zu finden. Haben wir es gefunden, machen wir es uns bekannt, es wird unserem Sicherheitssystem einverleibt, wir verwandeln Unsicherheit in Sicherheit! Der Neugiertrieb ist in Wirklichkeit ein Sicherheitstrieb!

Für die Anstrengung, die mit dem Aufsuchen des Neuen und mit der Verwandlung von Unsicherheit in Sicherheit verbunden ist, werden wir mit Lust belohnt: Jeder kennt die Lust, die mit der Lösung eines Problems oder der Bewältigung einer Gefahr verbunden ist: Sie reicht vom Aha-Erlebnis bis zum Freudentanz. […]
Der Bergsteiger empfindet das Klettern selbst schon als lustvoll, nicht erst das Erreichen des Gipfels. […] [Man bezeichnet dieses] »holistische Gefühl« bei völligem Aufgehen als »Flow«. […] Das Flow-Erlebnis ist die Lust des Sicherheitstriebes!
Damit wird nicht nur verständlich, dass das Flow-Erlebnis in den unterschiedlichsten Bereichen auftreten kann – in Arbeit und Freizeit, in Sport und Spiel – es wird auch klar, dass der Mensch die Lust dieses Triebes zu steigern versucht: Er sucht ständig neue und höhere Reize, neue und schwierigere Abenteuer, neue und größere Herausforderungen. Diese Art des Lustgewinns ist ganz »natürlich«, sie ist mit Anstrengung verbunden und kann durch Anstrengung gesteigert werden. (Cube 1998: 20f.)

CHARAKTER Der Begriff »Charakter« bezieht sich auf »die im Laufe des Lebens weitgehend konstanten Einstellungen, Handlungsweisen, die individuelle Besonderheit [...] eines Menschen.« (Dittmann, Stieglitz 1996: 220)

WERTE Persönlichkeit im Sinne eines Habens zeigt sich im Handeln; Persönlichkeit im Sinne eines Seins verwirklicht sich erst im Handeln. Nach Max Weber versteht man unter Werten die allerersten »Weichensteller« des Denkens und Handelns, welche die Bahnen bestimmen, »in denen die Dynamik der Interessen das Handeln fortbewegte.« (Weber 1988/I: 252) Angesichts der immensen Macht von Werten über individuelles und kollektives Handeln müssen Werte auch die von ihnen abgeleiteten Normen und Regeln zu jenen Elementen gerechnet werden, aus denen sich Persönlichkeit konstituiert.

2.1.2 DIE ELEMENTE DES PERSÖNLICHKEIT-SEIN

Vor dem Hintergrund der Manifestation dieser Elemente im konkreten Handeln eines Individuums bedeutet der Begriff Persönlichkeit im Sinne eines Haben folgende Trias: Handlungsfähigkeit (Wissen, Kompetenz), Handlungsbereitschaft (Temperament) sowie Handlungsweise, Handlungsintention und Handlungsreflexion (Charakter, Werte). Im zweiten Fall – dem Sein – bezeichnet der Begriff »Persönlichkeit« ein sozial determiniertes Konzept. Um eine Persönlichkeit zu sein, muss nach unserer Auffassung folgendes zusammenfallen: Ein Mensch besitzt dadurch, dass und wie er handelt **Charisma**, **Ansehen** und **Autorität**.

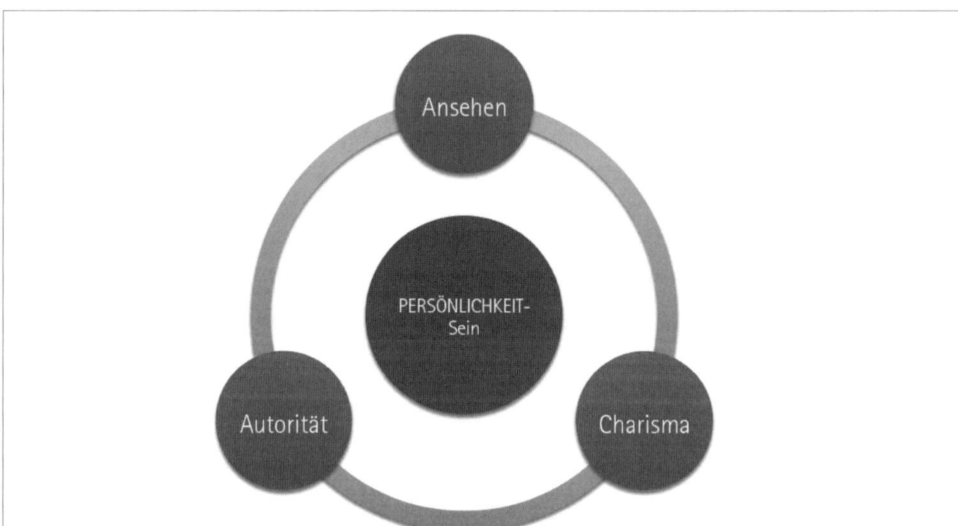

10 | Persönlichkeit-Sein

ANSEHEN Der Begriff »Ansehen« impliziert eher einen Fokus auf die Handlung und drückt sich eher aus in sachlich begründetem Lob und Anerkennung durch andere. Ansehen meint also, dass andere das nutzenstiftende Handeln besonders wertschätzen. Im Mittelpunkt der Wertschätzung stehen somit die Handlungspläne, die Handlung selbst sowie die Handlungsfolgen.

CHARISMA Der Begriff »Charisma« impliziert eher einen Fokus auf den Handelnden und drückt sich eher aus in einer emotionalen Ergriffenheit der anderen. Charisma meint hier, dass andere den nutzenstiftenden Handelnden besonders wertschätzen. Im Mittelpunkt der Wertschätzung stehen somit, dass und wie der Handelnde sich einer Sache annimmt, sein Tun nach außen hin vertritt und für sein Handeln wie auch für die Folgen einsteht.

AUTORITÄT Der Begriff »Autorität« bedeutet, dass eine Sozietät einer Person (oder Institution) u. a. aufgrund ihrer Leistung einen besonderen Einfluss auf die Sozietät einräumt. (Vgl. Der Duden, Das große Wörterbuch der deutschen Sprache, Stichwort: Autorität) Eine unweigerliche Folge der Wertschätzung durch eine Sozietät – in Form von Ansehen oder/und Charisma – ist somit ein Zugewinn an Macht über diese Sozietät.

Persönlichkeit-Sein ist damit das Ergebnis eines zweigliedrigen sozialen Prozesses: Der erste Teil dieses Prozesses besteht darin, dass der Handelnde und dessen Handlungen durch eine Sozietät bewertet werden. Das Bewertungskriterium hierbei ist der Nutzenbeitrag, welcher sich für die Sozietät durch die Handlung ergibt. Der zweite Teil des Prozesses besteht darin, dass der Handelnde durch diese Bewertung der Sozietät Einfluss auf diese gewinnt.

FAZIT

In der folgenden Darstellung wird unser Konzept von Persönlichkeit-Haben und Persönlichkeit-Sein zusammengefasst.

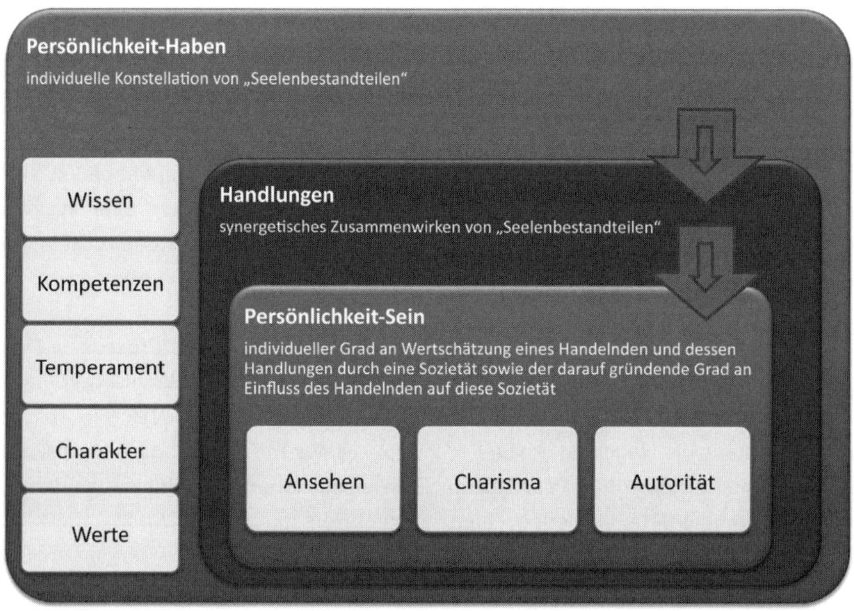

11 | Das Konzept von Persönlichkeit-Haben und Persönlichkeit-Sein

2.2 BILDUNG UND KOMPETENZENTWICKLUNG

Der Begriff »Persönlichkeit« ist nach unserem Verständnis eine Gesamtheit solcher »Seelenbestandteile«, welche der Mensch (aus)bilden kann.[14] Dementsprechend wären die Begriffe Bildung und Persönlichkeitsentwicklung Synonyme und Wissenserwerb, Kompetenzentwicklung etc. Teilaspekte von Bildung. Nichtsdestotrotz soll im Folgenden dem Element »Kompetenz« – der Disposition, angesichts des Neuen und Unbekannten handlungsfähig zu sein – und dem speziellen Bildungsbegriff im Sinne von »Kompetenzentwicklung« eine herausragende Rolle eingeräumt werden. Kompetenz war und ist jener Teil der Persönlichkeit, welcher den Menschen dazu befähigt, »an der Reichhaltigkeit einer vielgestaltigen Welt teilzuhaben. [...] Gebildetsein in einem solchen

Sinne wäre die Möglichkeit, mit Reichhaltigkeit produktiv umgehen zu können« (Fohrmann 2010: 176), um damit in jedem gesellschaftlichen Bereich – nicht nur in der Wirtschaft – schöpferisch tätig zu sein, die Zukunft der Welt aktiv mit zu gestalten. Ein Zugewinn an Bildung im Sinne eines Zugewinns an Kompetenzen bedeutet einen Zugewinn an Handlungsfähigkeit und damit einen Zugewinn an der Teilhaftigkeit am Leben und an der Welt.[15]

Für ein Subjekt bedeutet Bildung somit im Allgemeinen die Entwicklung der eigenen Persönlichkeit im Sinne eines Habens und Seins. Besonders bedeutsam hierbei ist jener Teilaspekt von Bildung, welcher die Entwicklung der eigenen Handlungsfähigkeit bzw. Handlungskompetenz umfasst. Dies meint die Fähigkeit, einer ungewissen und dynamischen Umwelt aktiv zu begegnen, d.h. sich in diese einzuarbeiten oder sie zu gestalten. Im beruflichen bzw. unternehmerischen Kontext spricht man hier auch von »Berufsfähigkeit«. Ein herausragender Bildungsauftrag besteht daher darin, »Persönlichkeiten mit ausgeprägter Individualität [zu] fördern, damit diese mit den erworbenen Kenntnissen und Fähigkeiten an der Gestaltung unserer Welt mitwirken, im eigenen wie im gesellschaftlichen Interesse Leistungen erbringen und wertebewusst Verantwortung in Unternehmen, im öffentlichen Leben sowie im privaten Kreis übernehmen wollen und können.« (Spoun 2005: 293)

2.3 DER WEG DER PERSÖNLICHKEITSENTWICKLUNG

Der Ausgangspunkt für eine Persönlichkeit im Sinne eines Habens und Seins, das der Persönlichkeitsentwicklung zu Grund liegende Potenzial heißt Personalität. Der Weg zum work-in-progress-Zustand des Persönlichkeit-Habens und Persönlichkeit-Seins, also gewissermaßen das »Aufbauen« und »Werden«, heißt »Bildung«. Wie bei jedem gut geplanten Vorhaben so gilt es auch bei der Bildung vier Elemente zu beachten: 1. Was ist die Ist-Situation des Vorhabens? 2. Unter welchen Rahmenbedingungen findet das Vorhaben statt? 3. Was ist der erwünschte Soll-Zustand? 4. Welche Strategie lässt sich ableiten, wenn vor dem Hintergrund der Analysen von Ist-Zustand und Rahmenbedingungen ein bestimmter Soll-Zustand erreicht werden soll?

14 Wie neueste Erkenntnisse der so genannten Epigenetik zeigen, gehört dazu dieser Gesamtheit, die der Mensch aktiv durch sein Handeln beeinflussen kann, auch seine Gene. Diese sind nämlich nicht (gänzlich) als Schicksal mitgegeben, sondern werden durch äußere Einflüsse zum Teil eklatant umgestaltet. (Blech 2010)

15 Vgl. dazu die Definition des Begriffs »soziale Kompetenz« bei Faix, Laier 1991: 62.

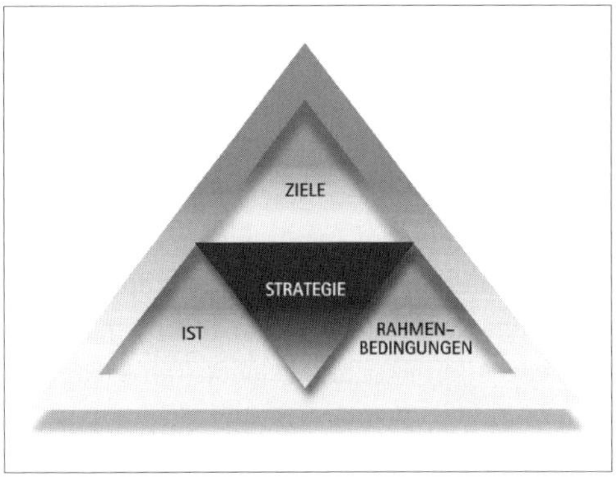

12 | Das strategische Dreieck der (Unternehmens)Entwicklung

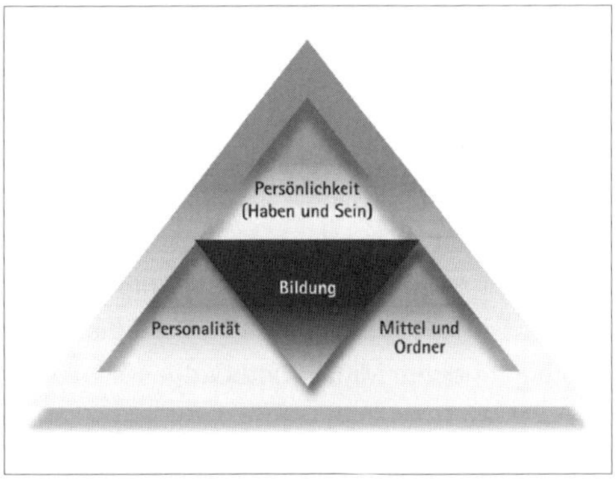

13 | Das strategische Dreieck der Persönlichkeitsentwicklung[16]

Auf die Begriffe Bildung und Persönlichkeitsentwicklung übertragen bedeutet dies:

1. **Ist-Zustand**
   Was und wie ist die Personalität des zu entwickelnden Menschen?

2. **Rahmenbedingungen**
   Mit welchen Mitteln und Ordnern tritt die Gesellschaft bzw. Gemeinschaft an den Menschen heran, d. h. mit welchen etablierten Werten, Normen, Regeln etc. sieht sich der zu entwickelnde Mensch konfrontiert?[17]

3. **Soll-Zustand**
   Wie ist die Persönlichkeit beschaffen, die der Mensch entwickeln bzw. werden soll?

4. **Strategie**
   Welche pädagogischen Bedingungen müssen gegeben sein, damit ein Mensch angesichts seines eigenen und des gesellschaftlichen Soseins die angestrebte Persönlichkeit entwickelt bzw. wird?

Der Begriff »Personalität« bezeichnet den Ausgangspunkt der Persönlichkeitsentwicklung; dies bedeutet jedoch nicht, dass Personalität eine bloße Vorstufe von Persönlichkeit bedeutet: Der Begriff »Personalität« meint vielmehr stets jene »ursprüngliche Persönlichkeit« im Sinne eines Habens und Seins, auf deren Grundlage die nachfolgende Persönlichkeitsentwicklung stattfindet. Der Mensch entwickelt sich bis zu seinem Tod in seiner Persönlichkeit weiter- und fort; Persönlichkeit ist damit Zeit des irdischen Lebens niemals ein End- sondern immer nur ein Zwischenzustand. Die aktive Auseinandersetzung mit sich im Sinne der eigenen Persönlichkeitsentwicklung ist somit ein lebenslanges »Wechselspiel zwischen heutigem Ist-Zustand, dem zukünftigem Soll-Zustand und den Mitteln und Ordnern [...], die diesen Veränderungsprozess gestalten.« (Rasner, Füser, Faix 1997: 346) Daher ergibt sich idealtypisch folgende Bildungsgeschichte:

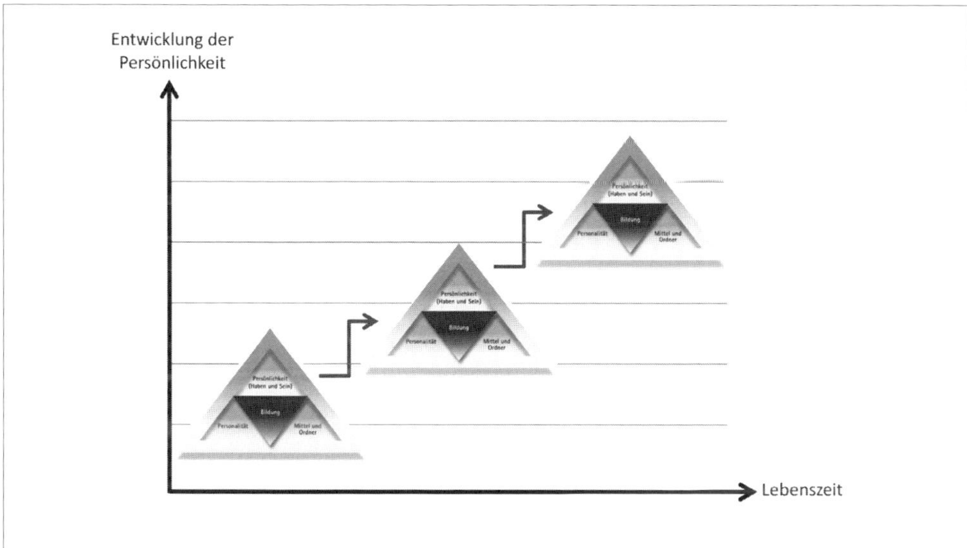

14 | Idealtypischer Verlauf einer Bildungsgeschichte

16 Eine ähnliche Darstellung findet sich bei Faix, Rütter, Wollstand 1995. Entwickelt wurde dieses Dreieck der »personalen Entwicklung« auf Basis der ethnologischen Kulturdefinition. Als Soll-Zustand gilt in dieser Darstellung das »gute / bessere Leben«.

17 Bildung ist »immer ein Balanceakt zwischen Selbstverwirklichung und gelungener Anpassung an die Normen, Werte und Anforderungen, die Dritte an uns stellen.« (Faix, Laier 1996: 64)

Die Frage nach den gesellschaftlichen Rahmenbedingungen soll in dieser Arbeit ausgeblendet sein. Es geht in dieser Arbeit weder um eine soziologische Analyse der Werte und Normen einer bestimmten Gesellschaft; noch geht es in dieser Arbeit darum, ein Utopia zu entwerfen, in dem die optimalen gesellschaftlichen Bedingungen herrschen, unter denen Persönlichkeiten am besten gedeihen können.[18] Einen kleinen Wink wollen wir hier freilich dennoch geben, indem wir in einem folgenden Kapitel »unternehmerische Werte« und »unternehmerische Ethik« beschreiben. Im Mittelpunkt des folgenden stehen die Fragen nach Ist- und Soll-Zustand sowie nach der Ausgestaltung von Bildungsangeboten, der pädagogischen Strategie. Diese Fragen sollen vor dem Hintergrund der Eingangsfrage beantwortet werden, nämlich: Wie können Gesellschaften sicherstellen, dass ihre Mitglieder sich zu Innovatoren entwickeln?

3 ÜBER SICH SELBST: (SELBST)ERKENNTNIS

Der Philosoph Odo Marquard formulierte das Bonmot: »Zukunft braucht Herkunft«. (Siemens AG 1994) Schumpeter meinte hierzu einst, dass jede konkrete Entwicklung eines Unternehmens auf vorangehenden Entwicklungen beruhe, dass auch der eifrigste Unternehmer mit den bereits vorhandenen Fakten eines Unternehmens rechnen und seine Entscheidungen aus diesen ableiten müsse und dass die Zukunft nichts anderes hervorbringen könne, als wozu in der Gegenwart und Vergangenheit bereits die Basis geschaffen wurde. (Schumpeter 1952) Die Entwicklung eines Unternehmens kann demnach nur stattfinden, indem sich die Planung der Zukunft des Unternehmens auf Betrachtungen der Herkunft, d.h. der Vergangenheit und der Gegenwart stützt. Wer nicht weiß, woher er kommt und wo er ist, kann nicht oder zumindest nur sehr dilettantisch ausgestalten, wohin er gehen will/kann/darf/muss und welcher Mittel und Wege es bedarf, um dorthin zu gelangen. Unternehmensentwicklung ist dabei zu verstehen als ein jederzeit dynamischer, fortschreitender Prozess.

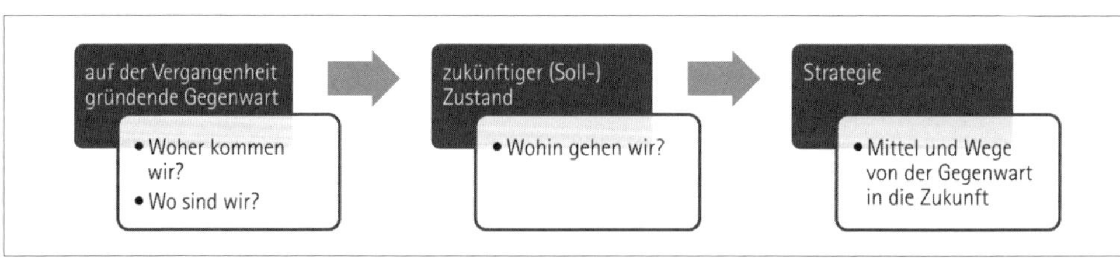

15 | Zukunft braucht Herkunft

Der Prozess der Unternehmensentwicklung ist symptomatisch für jeglichen Entwicklungsprozess so auch für personale Entwicklung: Persönlichkeit im Sinne eines Habens und Seins zu entwickeln bedeutet so zum einen niemals eine Schaffung aus dem Nichts, sondern eine fortwährende (Um)Gestaltung dessen, was ist. Und genau wie bei der Unternehmensentwicklung besteht ein planvoller Umgang mit der eigenen Persönlichkeit darin, sich zum anderen fortlaufend mit dem eigenen vergangenen und gegenwärtigen Haben und Sein zu beschäftigen. Anders ausgedrückt: Um sich in seiner Persönlichkeit zu entwickeln, gilt es (fortlaufend) die eigene Personalität, den eigenen Status quo des Persönlichkeit-Habens, d. h. den »Bestand« von Wissen, Kompetenz, Temperament, Charakter und Werten sowie den Status quo des Persönlichkeit-Seins, d. h. die eigene Wirkung auf andere (Ansehen, Charisma, Autorität) zu reflektieren.

Im folgenden Kapitel liegt der Fokus auf dem Persönlichkeit-Haben, da dessen Entwicklung – mehr oder weniger – bewusst und willentlich vom Subjekt gestaltet werden kann: Wissen kann man sich aneignen, Kompetenzen lassen sich trainieren und an (un)liebsamen Charaktereigenschaften kann man arbeiten. Das Persönlichkeit-Sein hingegen ist eine soziale Zuschreibung durch andere, d. h. es geschieht dem Subjekt, dass ihn andere als charismatisch erleben, ihn als Autorität ansehen. Diese soziale Zuschreibung geschieht unseres Erachtens nicht zufällig, sondern ist die (zwangsläufige) Folge jener Wertschätzung durch andere, dass und wie das Subjekt durch das Zusammenwirken seiner »Seelenbestandteile« aktiv in die Welt eingreift, dass und wie das Subjekt also handelt. Das Persönlichkeit-Sein lässt sich somit nicht erzwingen, jedoch kann man an den Grundlagen für dessen Entwicklung arbeiten. Grundsätzlich gestaltet sich die (Selbst)Erkenntnis des Persönlichkeit-Seins nach demselben Prinzip, wie jene des Persönlichkeit-Seins. Der Begriff »(Selbst)Erkenntnis« impliziert, dass die Einsicht in das zutiefst eigene Haben und Sein die Folge eines lebenslangen Nachdenkens über das eigene Selbst- und Fremdbild ist: (Selbst)Erkenntnis das sind kurzum die sich ein Leben lang verändernden Antworten auf die beiden komplementären Fragestellungen:

1. Was weiß ich, was kann ich, wer bin ich und was will ich?
2. Wen und was sehen andere in mir?

18 Zur Diskussion dieses Aspekts verweisen wir an dieser Stelle auf Nida-Rümelin 2006.

3.1 (SELBST)ERKENNTNIS DES EIGENEN WISSENS UND DER EIGENEN KOMPETENZEN

Wie ist (Selbst)Erkenntnis der eigenen Personalität des eigenen Wissens und der eigenen Kompetenzen möglich? Zunächst bleibt festzuhalten, dass sich die (Selbst)Erkenntnis des jeweiligen Wissens und der jeweiligen Kompetenzen grundlegend voneinander unterscheidet. Dass jemand Wissen besitzt, zeigt sich darin, dass erlernte Inhalte abgefragt werden, z. B. sprachlich oder durch konkrete Handlungen reproduziert wird. Reproduziert bedeutet, dass die zuvor gelehrten Inhalte gleichlautend (»1 zu 1«) oder in semantisch ähnlicher Weise (»in eigenen Worten«) wiedergegeben bzw. angewendet werden. Die typische Situation, in der eine solche Wissensabfrage geschieht, ist eine standardisierte Prüfsituation (Klausur, praktische Tests etc.). Kompetenzen zeigen sich ausschließlich im Denken und Handeln im Angesicht von offenen und dynamischen Situationen. Dergestalt vollzieht sich die (Selbst)Erkenntnis der eigenen Kompetenzen auch ausschließlich in solchen Situationen. Anders gesagt: Kompetenzen können im Prinzip nur erfasst werden durch das Denken und Handeln am Ort des Geschehens und nicht in bzw. durch vor- oder nachgelagerte Wissenstests oder Wissensabfragen.

Dass Wissen und Kompetenzen sich auf unterschiedliche Weise zeigen und dementsprechend unterschiedlich geprüft/gemessen werden müssen, ist der eine Aspekt, den es bei der (Selbst)Erkenntnis dieser Aspekte der eigenen Personalität zu beachten gilt. Ein zweiter Punkt hierbei ist, inwieweit man in einem bestimmten Bereich »nur« Wissen oder »bereits« Kompetenzen besitzt. Um diesen Punkt besser zu verstehen, sei ein kleiner Exkurs in die gegenwärtige Bildungsdiskussion in Europa erlaubt: Im Zuge der Integration zu einem gesamteuropäischen Bildungsbereich, dem so genannten Bologna-Prozess, wird zunehmend gefordert, dass während eines Studiums auch die Befähigung, im ihrem späteren Beruf zu handeln, mit einem Wort: die Berufsbefähigung der Studierenden auf- und ausgebaut werden soll. In einem weiteren Verständnis ist damit gemeint:

> *Die Arbeitswelt der Zukunft wird neue und sehr hohe Anforderungen an das sich reduzierende Arbeitskräftepotenzial unserer Gesellschaft stellen. Gerade die Intensivierung von kreativer Denk-, Koordinations-, Orientierungs- und Kommunikationsarbeit über längere Zeiträume setzt neben sich ständig wandelnden fachlichen und sozialen Fähigkeiten ein hohes Maß an körperlicher und mentaler Leistungsfähigkeit und -bereitschaft voraus. Als negative Folgeerscheinung dieser Entwicklungen – für viele Menschen eine Überforderung – lässt sich bereits heute unter anderem eine Zunahme der psychischen Belastungen und Erkrankungen in der Arbeitswelt beobachten.*
>
> *Die zentrale Herausforderung der Zukunft besteht demnach darin, die Potenziale jedes Einzelnen effektiver zu entdecken, zu fördern und zu nutzen, ohne die Menschen dabei zu überfordern, sondern vielmehr ihr Wohlergehen zu gewährleisten. So wird sich die Beschäftigungsfähigkeit einer Person in Zukunft auch nicht mehr ausschließlich an ihrem generellen Bildungs- oder Qualifikationsstand messen.*

»Moderne [Berufsbefähigung]« in diesem Verständnis wird sich in Zukunft vielmehr daran messen, inwieweit eine Person zu jeder Zeit ihres Lebens über die physischen und mentalen Voraussetzungen, die geistigen und kreativen Fähigkeiten und die fachlichen und sozialen (Schlüssel-)Kompetenzen verfügt, die es ihr ermöglichen, sich aktiv und kreativ auf dem Arbeitsmarkt zu engagieren und gleichzeitig an anderen gesellschaftlichen Wertschaffungsprozessen zu beteiligen. (Bertelsmann-Stiftung 2010)

Im Folgenden wollen wir beim Begriff Berufsbefähigung analytisch unterscheiden zwischen einer heuristischen »Berufsfähigkeit« und einer epistemologischen »Berufsfertigkeit«, welche einen spezifischen Beruf im Blick hat.[19]

Ziel [...] akademischer Ausbildung ist nicht die Berufsfertigkeit in dem Sinne, dass der Absolvent oder die Absolventin unmittelbar einen bestimmten Arbeitsplatz voll kompetent wahrnehmen kann, sondern »Berufsfähigkeit« nämlich die Befähigung, sich in spezifische, aber auch sich wandelnde berufliche Anforderungen dauerhaft einzufinden, die Fähigkeit zu haben, sich in der Praxis wissenschaftsgeleitet selbstständig weiterzuentwickeln. Die jeweils konkrete »Berufsfertigkeit« verschleißt sehr rasch, die »Berufsfähigkeit«, sofern wissenschaftsbasiert und dies auf hohem Fachniveau, verschleißt nicht. (Weber, Merx 2005: 21)[20]

Ein Hauptziel der Bologna-Erklärung von 1999 ist die Optimierung der Effizienz und Effektivität des tertiären Bildungssektors in Europa. Als wichtiger Schritt hierzu sollen alle Studienmodule auf der Basis von Lernergebnissen beschrieben werden.[21] Dies geschieht vor dem Hintergrund eines Paradigmenwechsels in den Bildungswissenschaften weg vom traditionellen »lehrzentrierten Ansatz« zu einem »studien- bzw. lernzentrierten Ansatz«. Neu an diesem studien- bzw. lernzentrierten Ansatz ist, dass nicht mehr der Input des Lehrenden im Fokus steht; vielmehr geht es um den Output des Lernenden, um das Lernergebnis. Lernen soll hier definiert sein als psychischer Prozess, bei dem eine Person eine Information bzw. eine Reihe von Informationen (= der Input z. B. in Form von tertiärer »Lehre«) in ihrer Innenwelt verarbeitet und hierdurch eben diese Innenwelt auf irgendeine Weise modifiziert wird. Das Ergebnis dieser Modifizierung der Innenwelt ist, dass die Person hiernach etwas weiß, versteht und / oder in der Lage ist, etwas zu tun, was diese Person vorher noch nicht oder nicht dergestalt wusste, verstand oder tun konnte.

19 Der Steinbeis-Hochschule ist gerade dieser Aspekt besonders wichtig. Dies wurde von der FIBAA bereits an anderer Stelle besonders hervorgehoben und gelobt.

20 Vgl. dazu: »Denn alle diese Gegenstände lerntest du nicht zum Zwecke ihrer gewerbsmäßigen Ausübung, um einst selber als Meister in ihnen aufzutreten, sondern zum Zwecke deiner Bildung, wie es sich für einen freien Mann geziemt, welcher ganz aus eigenen Mitteln und seinen eigenen Zwecken lebt. (Platon, »Protagoras«, in: Sämtliche Werke Bd. 1: 61)

21 Der Begriff »Studienmodul« bzw. »Modul« soll verstanden sein als ein in sich abgeschlossener, formal strukturierter Lernprozess mit: thematisch bestimmten Lernen und Lehren; festgelegten kohärenten Lernergebnissen; vorgegebener Arbeitsbelastung (ausgedrückt in Leistungspunkten); eindeutigen Beurteilungskriterien.

Übertragen auf die Beschreibung von Studienmodulen, bedeutet dies: Ein traditionelles Lehrziel gibt die allgemeine Absicht oder Intention des Moduls an. Ein Lernziel beschreibt hingegen, dass die Innenwelt eines Studierenden potenziell am Ende eines Moduls in einer bestimmten Weise umgestaltet worden ist und sich diese Umgestaltung darin zeigt, dass der Studierende nunmehr etwas weiß, versteht und/oder in der Lage ist, etwas zu tun, was diese Person vorher noch nicht oder nicht dergestalt wusste, verstand oder tun konnte.

Als Referenz für den Umgang mit Lernzielen im tertiären Bildungsbereich soll im Folgenden der DAAD (Deutscher akademischer Austauschdienst) dienen. Der DAAD bezieht sich beim Formulieren und Bewerten von Lernzielen auf die Erkenntnisse des Bildungsforschers Benjamin Bloom. Dessen bekanntester Beitrag zur Bildungsdiskussion war die Darstellung der Niveaustufen des Denkverhaltens, von der einfachen Wiederholung von Fakten auf der untersten Stufe bis zum Evaluationsprozess auf der höchsten Stufe. (Bloom 1972) Blooms Taxonomie ist kein einfaches Klassifikationsschema: In seiner Hierarchie wird jede Niveaustufe durch die Befähigung bestimmt, auf der oder den Ebenen darunter operieren zu können. Damit ein Lernender z. B. Wissen auf der Stufe 3 anwenden kann, muss er/sie die Stufe 2 genommen haben also sowohl über das notwendige Wissen verfügen als auch verstehen. Die Taxonomie nach Bloom enthält folgende, aufeinander aufbauende Stufen:

1. **Stufe »*Wissen*«**
   Die Fähigkeit, sich an Informationen erinnern zu können.

2. **Stufe »*Verstehen*«**
   Die Fähigkeit, erinnerte Informationen zu begreifen.[22]

3. **Stufe »*Anwenden*«**
   Die Fähigkeit, begriffene Informationen nutzen zu können.

4. **Stufe »*Analysieren*«**
   Die Fähigkeit, Informationen in ihre Bestandteile zu zerlegen, um z. B. Zwischenbeziehungen und Vorstellungen herauszuarbeiten.

5. **Stufe »*Synthetisieren*«**
   Die Fähigkeit, Teile zusammenzufügen.

6. **Stufe »*Evaluieren*«**
   Die Fähigkeit, den Wert von Lehrmaterialen für einen bestimmten Zweck zu beurteilen.

Für die Taxonomie nach Bloom gilt: Indem ein Studierender die Stufen 1 bis 3 nimmt, entwickelt er Wissen bzw. Qualifikationen und damit Berufsfertigkeit. Indem ein Studierender die Stufen 4 bis 6 erreicht, entwickelt er Kompetenzen und damit im eigentlichen Sinne erst »Berufsfähigkeit«.[23] Der Begriff »Berufsbefähigung« umfasst daher die Elemente Wissen, Qualifikation und Kompetenzen. Durch die Taxonomie wird so ein Zusammenhang zwischen Wissen, Qualifikation und Kompetenzen deutlich: Kompetenz kann nur entwickeln, wer Wissen erworben und Qualifikationen ausgebildet hat.[24] In diesem Sinne könnte man »Wissen« und »Qualifikationen« als epistemischen und Kompetenzen als heuristischen Teil einer ganzheitlichen Bildung verstehen.

16 | Der Zusammenhang zwischen Wissen, Qualifikation und Kompetenz

22 Im eigentlichen Sinne kann hier erst von »Wissen« gesprochen werden, insofern Wissen dadurch entsteht, dass eine Mensch Informationen in seinen Erfahrungskontext aufnimmt, d. h. in seine Denk-, Gefühls-, Handlungs- und Wollensstruktur.

23 Da an der Steinbeis-Hochschule durch das Projekt-Kompetenz-Studium vor allem Kompetenzen entwickelt werden sollen, liegen die Schwerpunkte der Lernziele folgerichtig auf den Stufen 4, 5 und 6.

24 Qualifikationen sind heute freilich noch aus einem weiteren Grund nicht vollkommen obsolet geworden; solange es kein adäquates und allgemein anerkanntes Instrument zur Kompetenzmessung gibt, bleibt eine durch ein Zeugnis/Zertifikat etc. belegte Qualifikation bis auf Weiteres die Zugangsvoraussetzung zu bestimmten Berufen bzw. Tätigkeiten.

An dieser Stelle wird weiterhin ersichtlich, dass die Entwicklung von Berufsfähigkeit und hier vor allem die Entwicklung (hin zu) einer unternehmerischen Persönlichkeit nicht durch ein Lehr-/Lern-Paradigma geleistet werden kann, das den Fokus der Ausbildung allein auf die Stufen 1 bis 3 setzt. Erst ein kompetenzorientiertes Lehr-/Lern- Paradigma, bei dem der Schwerpunkt auf den Stufen 4 bis 6 liegt, kann dies leisten.[25]

Wir verwenden in dieser Arbeit die Systematik nach Erpenbeck und Heyse (2007b: 159), um die verschiedenen Ausprägungen von Kompetenzen zu unterscheiden. Erpenbeck und Heyse differenzieren hierbei zunächst zwischen: fachlich-methodische Kompetenz, personale Kompetenz, sozial-kommunikative Kompetenz. Als Modifizierung der von ihnen genannten vierten Kompetenzklasse, der aktivitäts- und umsetzungsbezogenen Kompetenz, sprechen wir von »unternehmerischer Kompetenz«. Vor dem Hintergrund der Taxonomie nach Bloom und der Komplementarität von Wissen, Qualifikationen und Kompetenzen kann so auch von fachlich-methodischer, personaler, sozial-kommunikativer und unternehmerischer Befähigung gesprochen werden, welche bei Individuen unterschiedlich ausgebildet sein können. Um Lernziele bezüglich der Berufsbefähigung angemessen formulieren und beurteilen zu können, muss die oben erläuterte Taxonomie nach Bloom ergänzt bzw. modifiziert werden. Auch bei der nun folgenden Taxonomie gilt: Nur dann, wenn das Lernziel einer Stufe erreicht worden ist, kann der Studierende sich dem Erreichen der nächsten Stufe annehmen. Eine solche Taxonomie, mittels derer Lernziele in Bezug auf die Berufsbefähigung formuliert und bewertet werden können, enthält dabei folgende Stufen: (Vgl. Mergenthaler 2009)

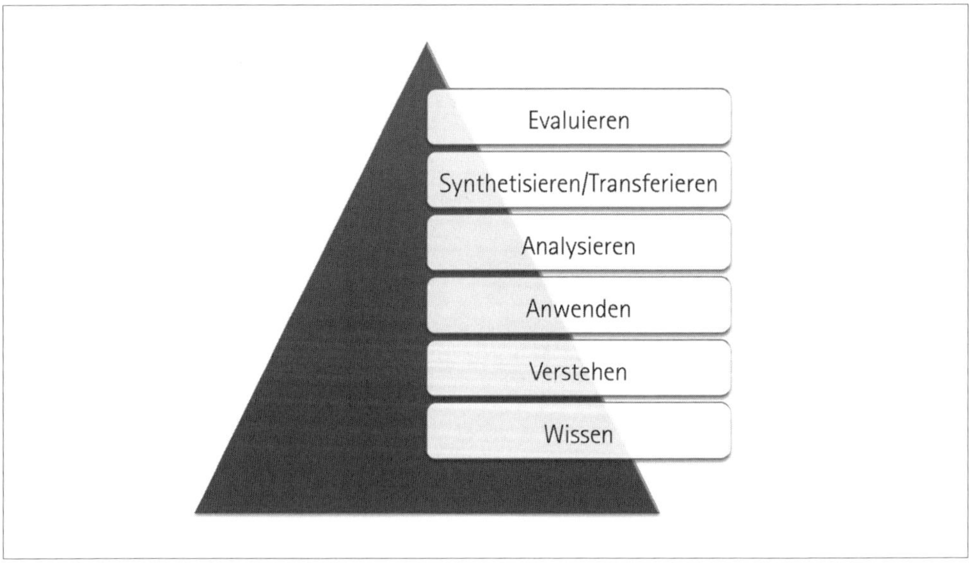

17 | Taxonomie von Berufsfertigkeit und Berufsfähigkeit

Die Taxonomie bei der »unternehmerischer Befähigung« hat dabei folgende Gestalt:

unternehmerische Befähigung

1. Stufe „*Wissen*": Die Befähigung, ein Handlungsmuster angesichts einer bekannten Situation zu reproduzieren.
2. Stufe „*Verstehen*": Die Befähigung, den Inhalt und den Zweck, das Wie und Wozu eines Handlungsmusters zu begreifen.
3. Stufe „*Anwenden*": Die Befähigung, Aufgaben also phänomenologisch ähnlichen Situationen (d.h. solche Situationen, die eine gewisse Ähnlichkeit zu bekannten Situationen haben) mit begriffenen Handlungsmustern zu begegnen.
4. Stufe „*Analysieren*": Die Befähigung, ein Problem zu erkennen und zu klären, d.h. eine neue oder eine zumindest so noch nicht aufgetretene Situation, für die kein oder kein angemessenes Handlungsmuster besteht, als eine solche Situation zu begreifen und auf der Grundlage begriffener methodologischer Handlungsmuster zu untersuchen.
5. Stufe „*Transferieren*": Die Befähigung, der neuen bzw. so noch nicht aufgetretenen Situation zu begegnen auf der Grundlage der durch die Analyse gewonnen Ergebnisse. Diese Stufe kann wiederum unterteilt werden in:
   - 5.1. „*Ziele definieren*": Die Befähigung, neue oder so noch nicht formulierte Soll-Zustände festzulegen, welche sich angesichts der auf Stufe 4 entstandenen Analyseergebnisse ergeben.
   - 5.2. „*Strategien ableiten*": Die Befähigung, neue Handlungsmuster zu generieren, mit denen die auf Stufe 5.1. neu formulierten Ziele erreicht werden können.
6. Stufe „*Evaluieren*": Die Befähigung, die auf der Stufe 4 entstandenen Analyseergebnisse und die auf Stufe 5 entstandenen neuen Ziele und Handlungsmuster qualitativ, quantitativ aber auch normativ zu beurteilen.

Analog gestaltet sich die Taxonomie der weiteren Befähigungen:[26]

fachlich-methodische Befähigung

1. Stufe „*Wissen*": Die Befähigung, Informationen reproduzieren zu können.
2. Stufe „*Verstehen*": Die Befähigung, diese erinnerten Informationen zu begreifen und hieraus ein Denkmuster zu generieren.
3. Stufe „*Anwenden*": Die Befähigung, das Denkmuster nutzen zu können.
4. Stufe „*Analysieren*": Die Befähigung, ein Problem zu erkennen und zu klären, d.h. eine neue oder eine zumindest so noch nicht aufgetretene Situation, für die kein oder kein angemessenes Denkmuster besteht, als eine solche Situation zu begreifen und auf der Grundlage begriffener methodologischer Handlungsmuster zu untersuchen.
5. Stufe „*Transferieren*": Die Befähigung, der neuen bzw. so noch nicht aufgetretenen Situation zu begegnen auf der Grundlage der durch die Analyse gewonnen Ergebnisse. Diese Stufe kann wiederum unterteilt werden in:
   - 5.1. „*Ziele definieren*": Die Befähigung, neue oder so noch nicht formulierte Soll-Zustände festzulegen, welche sich angesichts der auf Stufe 4 entstandenen Analyseergebnisse ergeben.
   - 5.2. „*Strategien ableiten*": Die Befähigung, neue Denkmuster zu generieren, mit denen die auf Stufe 5.1. neu formulierten Ziele erreicht werden können.
6. Stufe „*Evaluieren*": Die Befähigung, den Wert von Fremdinformationen und den Wert der Stufe 4 entstandenen Analyseergebnisse und die auf Stufe 5 entstandenen neuen Synthesen qualitativ, quantitativ aber auch normativ zu beurteilen.

---

25 Heute rückt verstärkt der auf Stufe 6 erwähnte normative Aspekt (soziales, ökologisches Folgebewusstsein) beim Beurteilen von Handlungsmöglichkeiten in den Mittelpunkt.

26 Da Bloom die Ausprägung allgemeiner akademischer Fähigkeiten zu fassen versucht, verwundert es nicht, dass es große Übereinstimmungen gibt zwischen seiner Taxonomie und der folgenden Taxonomie fachlich-methodischer Fähigkeiten.

personale Befähigung

1. Stufe *„Wissen"*: Die Befähigung, Informationen reproduzieren zu können.
2. Stufe *„Verstehen"*: Die Befähigung, diese erinnerten Informationen zu begreifen und hieraus ein Denkmuster zu generieren.
3. Stufe *„Anwenden"*: Die Befähigung, das Denkmuster nutzen zu können.
4. Stufe *„Analysieren"*: Die Befähigung, ein Problem zu erkennen und zu klären, d.h. eine neue oder eine zumindest so noch nicht aufgetretene Situation, für die kein oder kein angemessenes Denkmuster besteht, als eine solche Situation zu begreifen und auf der Grundlage begriffener methodologischer Handlungsmuster zu untersuchen.
5. Stufe *„Transferieren"*: Die Befähigung, der neuen bzw. so noch nicht aufgetretenen Situation zu begegnen auf der Grundlage der durch die Analyse gewonnen Ergebnisse. Diese Stufe kann wiederum unterteilt werden in:
   - 5.1. *„Ziele definieren"*: Die Befähigung, neue oder so noch nicht formulierte Soll-Zustände festzulegen, welche sich angesichts der auf Stufe 4 entstandenen Analyseergebnisse ergeben.
   - 5.2. *„Strategien ableiten"*: Die Befähigung, neue Denkmuster zu generieren, mit denen die auf Stufe 5.1. neu formulierten Ziele erreicht werden können.
6. Stufe *„Evaluieren"*: Die Befähigung, den Wert von Fremdinformationen und den Wert der Stufe 4 entstandenen Analyseergebnisse und die auf Stufe 5 entstandenen neuen Synthesen qualitativ, quantitativ aber auch normativ zu beurteilen.

sozial-kommunikative Befähigung

1. Stufe *„Wissen"*: Die Befähigung, ein sozial-kommunikatives Handlungsmuster als ein solches zu erkennen.
2. Stufe *„Verstehen"*: Die Befähigung, den Inhalt und den Zweck, das Was und Wozu eines sozial-kommunikativen Handlungsmusters zu begreifen.
3. Stufe *„Anwenden"*: Die Befähigung, Aufgaben also phänomenologisch ähnlichen sozialen Situationen (d.h. solche sozialen Situationen, die eine gewisse Ähnlichkeit zu bekannten Situationen haben) mit begriffenen sozial-kommunikativen Handlungsmustern zu begegnen.
4. Stufe *„Analysieren"*: Die Befähigung, ein sozial-kommunikatives Problem zu erkennen und zu klären, d.h. eine neue oder eine zumindest so noch nicht aufgetretene soziale Situation, für die kein oder kein angemessenes sozial-kommunikatives Handlungsmuster besteht, als eine solche Situation zu begreifen und auf der Grundlage begriffener methodologischer Handlungsmuster zu untersuchen.
5. Stufe *„Transferieren"*: Die Befähigung, der neuen bzw. so noch nicht aufgetretenen soziale Situation zu begegnen auf der Grundlage der durch die Analyse gewonnen Ergebnisse. Diese Stufe kann wiederum unterteilt werden in:
   - 5.1. *„Ziele definieren"*: Die Befähigung, neue oder so noch nicht formulierte Soll-Zustände festzulegen, welche sich angesichts der auf Stufe 4 entstandenen Analyseergebnisse ergeben.
   - 5.2. *„Strategien ableiten"*: Die Befähigung, neue sozial-kommunikative Handlungsmuster zu generieren, mit denen die auf Stufe 5.1. neu formulierten Ziele erreicht werden können.
6. Stufe *„Evaluieren"*: Die Befähigung, die auf der Stufe 4 entstandenen Analyseergebnisse und die auf Stufe 5 entstandenen neuen Ziele und Denk- und Handlungsmuster qualitativ aber auch normativ zu beurteilen.

Die Befähigung zu handeln bedeutet, dass Menschen durch ihre Fertigkeiten und Fähigkeiten im unternehmerischen, fachlich-methodischen, personalen und sozial-kommunikativen Bereich am Leben und an der Welt aktiv und gestaltend Teil haben können. Berufsbefähigung bedeutet, dass Menschen durch ihre Fertigkeiten und Fähigkeiten im unternehmerischen, fachlich-methodischen, personalen und sozial-kommunikativen Bereich in ihrem Beruf Nutzen stiften können. Dabei ist zu beachten, dass von Berufsfähigkeit im engerem Sinne erst dann gesprochen kann, wenn ein Mensch Kompetenzen in diesen Bereichen besitzt, d. h. ein Verhalten zeigt, das den jeweiligen Stufen 4 mit 6 zugeordnet werden kann. Die Stufen 1 mit 3 kennzeichnen hingegen jenen Zustand, der weiter oben als »Berufsfertigkeit« beschrieben worden ist. Wie bereits oben besprochen, kann eine Stufe erst und nur dann erreicht werden, wenn man bereits die vorhergehende(n) Stufe(n) genommen hat. Dies impliziert, dass zu einer ausgesprochenen Berufsfähigkeit auch eine ausgesprochene Berufsfertigkeit gehört. Durch die Fähigkeit selbstorganisiert neue Denk- und Handlungsmuster zu generieren und in sein Gedächtnis zu speichern, gerät jedoch die eigene Berufsfertigkeit zu einem fortlaufenden und selbstorganisierten work-in-progress.

18 | (Selbst)Erkenntnis von Personalität (Teil 1)

FAZIT

Bei der (Selbst)Erkenntnis der eigenen Personalität hinsichtlich der Aspekte Wissen und Kompetenzen gilt es zweierlei zu beachten: 1. Wissen und Kompetenzen müssen auf unterschiedliche Weise geprüft/gemessen werden. 2. Wissen und Kompetenzen können als Ausprägungen auf einem Kontinuum der Berufs- bzw. Handlungsbefähigung gesehen werden, das von »Wissen reproduzieren« über »Wissen transferieren/synthetisieren« bis zu »Wissen evaluieren« reicht. Je nachdem, wo sich ein Mensch mit seinen Dispositionen in diesem Kontinuum befindet, kann dieser Mensch bezüglich dieser Dispositionen z. B. als »Kenner« oder »Könner« bzw. als »Laie« oder »Experte« bezeichnet werden.

Berufsbefähigung bedeutet, dass Menschen durch ihre Fertigkeiten (=Qualifikationen) und Fähigkeiten (=Kompetenzen) in ihrem Beruf Nutzen stiften können. Dabei werden Fähigkeiten bzw. Kompetenzen und dabei eben vor allem unternehmerische Kompetenz in Zukunft v.a. immer wichtiger: Die befragten CEOs in der Global CEO Study 2010 (IBM 2010a und b) rechnen damit, dass die Welt im Allgemeinen und das Wirtschaftsleben im Speziellen eklatant dynamischer, unsicherer, komplexer und strukturell anders werden. (IBM 2010b: 15) Um in dieser Situation Nutzen stiften zu können, bedarf es zunehmend der Befähigung heuristisch zu denken und zu handeln, d.h. der Befähigung dem Neuen und Anderen selbstorganisiert entgegen zu treten. Angesichts einer zunehmend dynamischen Wirtschaft werden auch Lebensläufe in Zukunft immer dynamischer und bunter verlaufen: Freie Mitarbeit in einem Projekt (Open Innovation), Festanstellung, partielle oder vollständige Selbstständigkeit – so könnte ein prototypischer Lebenslauf in Zukunft aussehen. Vor diesem Hintergrund erhellt sich, warum wir in diesem Kapitel von »Berufsbefähigung« und nicht von »Beschäftigungsbefähigung« bzw. »Employability« sprechen: Wer im Arbeitsmarkt der Zukunft erfolgreich sein will, muss sich darauf einstellen, nicht immer eingestellt zu sein, muss darauf gefasst sein, dass er sein selbstständiges Handeln und Urteilen bisweilen oder dauerhaft auch rechtlich als Selbstständiger vollzieht. »Employability« ist ein Teilbereich der »Berufsbefähigung«, welcher eben auch selbstständige Tätigkeiten mit einbezieht; »Employability« ist eine, aber eben nicht die einzige Folge davon, dass ein Mensch allgemeine akademische und allgemeine unternehmerische Kompetenzen entwickelt hat.

Innovationen stellen den größtmöglichen unternehmerischen Nutzen dar, werden durch sie doch die gegenwärtige und zukünftige Wettbewerbsfähigkeit gesichert und ausgebaut. Der größte Beitrag zur Steigerung der eigenen Berufsfähigkeit besteht daher darin, zum einen die Disposition zu innovieren, d.h. die eigenen unternehmerischen Kompetenzen zu stärken und diese Disposition auch tatsächlich durch Innovationen zu zeigen.[27]

3.2 DIE (SELBST)ERKENNTNIS DES EIGENEN TEMPERAMENTS, DES EIGENEN CHARAKTERS UND DER EIGENEN WERTE

Für die Bestimmung der Ausprägung der Elemente Temperament, Charakter und Werte sind zahlreiche Werkzeuge und Testverfahren erfunden worden. Wir wollen an dieser Stelle nicht noch ein Verfahren hinzufügen, sondern grundsätzlich klären, welche Fragestellungen bzw. Konzepte bezüglich der genannten Elemente uns am fruchtbarsten erscheinen.

Temperament kann man auch verstehen als inneren Antrieb nach dem eigenen Mündig-Sein. Das spezifische Temperament eines Menschen ergibt sich daraus, wie groß das im Menschen selbst zu verortende Anliegen ist, sich in die Welt einzubringen. Eine wirkliche Messung bzw. Darstellung des jeweiligen Temperaments kann sich ausschließlich aus den Taten und niemals nur aus den Worten eines Menschen ergeben.

Der Charakter eines Menschen, d.h. dessen konstante Einstellungen, Handlungsweisen und individuelle Besonderheiten ist das Ergebnis des synergetischen Zusammenwirkens folgender Aspekte: (Vgl. Faix, Rütter, Wollstadt 1995: 75)

- der Mensch als Naturwesen (der Mensch in seiner Naturalität),
- der Menschen als Gattungswesen (der Mensch in seiner Gattung),
- der Menschen als Kulturwesen (der Mensch in seiner Kultur),
- der Menschen als Gesellschaftswesen (der Mensch in der Gesellschaft),
- der Mensch als Geisteswesen (Betrachtung der geistesgegebenen Potenzen wie Rationalität, Intellektualität, Intuitivität, Kreativität, Verstand, Vernunft, Bewusstsein, Selbstbewusstsein, Reflexivität, Selbsttranszendenz, Religiosität),
- der Mensch als Eigenwesen (der Mensch in seiner Individualität).

Der Mensch durchläuft bei der Entwicklung seines je spezifischen Charakters in der Regel immer eine ähnliche Stufenabfolge: Der Mensch wird als Artgenosse geboren, entwickelt sich im Laufe des Lebens zu einem rollenbehafteten, eingepassten Bürger, um sich schließlich aus dieser Eingepasstheit herauszubewegen und selbst zu verwirklichen:

Um den je spezifischen Charakter eines Menschen in seiner Ganzheit zu erfassen, sollte er über den gesamten zugleich menschengemeinsamen und je spezifischen Bildungsweg reflektieren, den sein Charakter gegangen ist. Anders gesagt, sollte der Mensch ein ganzheitliches **Selbst-Bewusst-Sein** über sich selbst im Sinne eines Natur-, Kultur- und Geisteswesen entwickeln. (Vgl. im Folgenden Faix, Laier 1991: 110f.)[29]

---

27 Denn: »Wenn an Ihrer Arbeit nichts Besonderes ist, können Sie sich noch so sehr anstrengen – Sie werden nicht wahrgenommen und letzten Endes immer weniger Geld dafür erhalten.« (Peters 2007: 237)

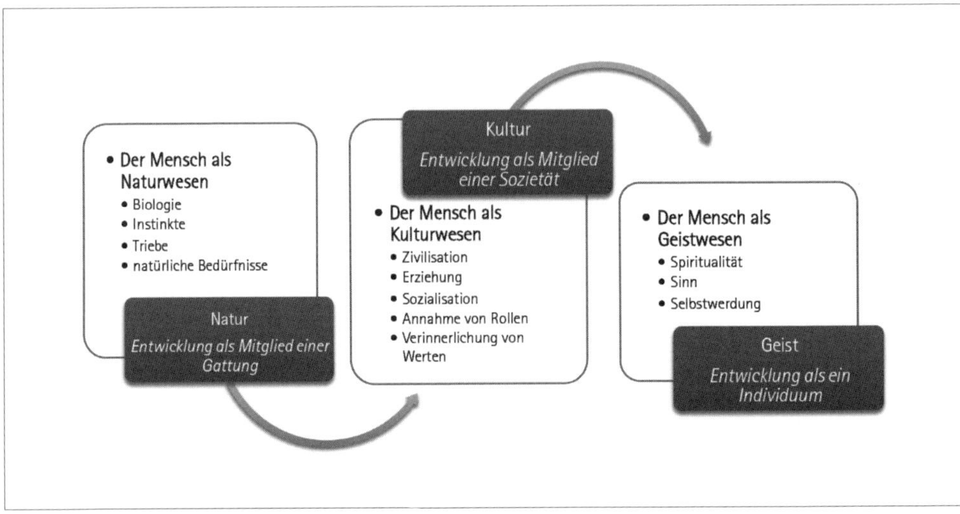

19 | Der Bildungsweg des Charakters[28]

- *Selbst-Bewusst-Sein über sich im Sinne eines Naturwesen*: Der Mensch ist eingebettet in seine Natur: in seine Emotionen, Instinkte, Triebe. Diese muss er verstehen und wahrnehmen. »[Konrad] Lorenz hat die evolutionäre Situation des Menschen treffend charakterisiert: ›Die Selektion hat den Menschen unter die Arme gefasst und ihn auf die Füße gestellt und dann die Hände von ihm weggezogen. Und jetzt: Stehe oder falle – wie es dir gelingt!‹ Der Mensch fällt aber nur dann nicht, wenn er die Gesetze der Natur, insbesondere auch seiner eigenen Natur besser versteht.« (Cube 1998: 14) Selbst-Bewusst-Sein in diesem Sinne ermöglicht es dem Menschen zudem, aktiv auf seine Instinkte Einfluss zu nehmen, handelt es sich dabei doch um reine Verhaltensdispositionen.

- *Selbst-Bewusst-Sein über sich im Sinne eines Kulturwesen*: Neben seiner Natur wird der Mensch immer auch beeinflusst von seiner Kultur. Sein Verhalten ist abhängig von den jeweiligen sozialen Rollen, die er einnimmt. Als Führungskraft verhält der Mensch sich z. B. anders als Mitarbeiter in einem Stab. Zudem wird sein Wertesystem kontinuierlich durch Umwelterfahrung beeinflusst. Selbst-Bewusst-Sein ermöglicht demnach eine bewusste Wahrnehmung der eigenen Rollen und Werte. Auf dieser Basis kann eine Zusammenarbeit mit anderen durch aktives Zutun bzw. Steuern konfliktfrei und effektiv ablaufen.

- *Selbst-Bewusst-Sein über sich im Sinne eines Geisteswesen*: Schließlich muss der Mensch sich als Geistes- und Eigenwesen begreifen. Er muss sich seiner Spiritualität bewusst werden, seine Ziele wie zum Beispiel Weisheit aktiv in der Welt verfolgen und verantwortlich handeln.

Durch eine Stärkung des Selbst-Bewusst-Seins kann der Mensch seine Bedürfnisse intensiver erkennen, darauf aufbauend für sich fruchtbringende Ziele definieren und sich schließlich wirksamer in die Welt einbringen. Er weiß, wie er selber seiner Natur, Kultur und seinem Geist nach funktioniert und kann sich dem entsprechend besser verorten und die angemessenen Maßnahmen ergreifen und somit auch die Nachhaltigkeit seiner Handlungen garantieren.

Der Mensch ist nicht als ein in sich geschlossenes System zu verstehen. Er steht in ständiger Interaktion mit seiner Umwelt. Die eigenen Werte und Ziele haben einen Einfluss auf die Gemeinschaft. Deren Werte und Ziele wiederum wirken zurück auf das einzelne Individuum. Unter Moral ist letztendlich das verantwortliche und nutzbringende Handeln zu verstehen. Früher konnte die Moral als soziale Norm erheblichen Einfluss auf den Menschen nehmen. Heute, wo der Mensch vor allem nach (scheinbarer) Selbstverwirklichung strebt und sich weniger von Institutionen wie der Kirche und ähnlichen prägen lässt, muss dieses moralische Handeln aus ihm selber kommen.

---

28 An dieser Stelle sollen jene Menschen genannt sein, die an dem genannten Buch und dem zugrunde liegenden Konzept mitgearbeitet haben: Hartmut Binder, Andrea und Stefan Fischer-Fels, Katrin Himmel-Heimisch, Brigitta Sticher-Gil sowie Theodor Rütter.

29 Faix und Laier (1991: 109) definieren dies auch als »Soziale Kompetenz«, als »der rote Faden, der sich durch sämtliche Lebensbereiche zieht und uns erst das Zusammenleben mit anderen ermöglicht.« Die vier Stufen dieser so verstandenen sozialen Kompetenz gestalten sich dabei so: 1. Selbst-Bewusst-Sein als Mensch – der in die Natur eigebettet ist und von seinen Genen, Trieben und Instinkten immer wieder ge- und verleitet wird – der in einem bestimmten Umfeld aufgewachsen ist und einem Kulturkreis angehört, der seine Denk- und Verhaltensweisen prägt – der im Laufe seiner Sozialisation Werte gebildet hat – der individuelle Bedürfnisse hat 2. Verantwortungs-Bewusst-Sein – Vernunft entwickeln: sich als Teil der menschlichen Gemeinschaft und der Natur erkennen und bei sämtlichen Handlungen die Auswirkungen auf andere Menschen – auch auf zukünftige Generationen – und die Natur mitbedenken – Eine lebenswerte Moral entwickeln als fortwährenden Prozess der aktiven Auseinandersetzung der eigenen, inneren Werte mit den Werten der Gesellschaft und überlieferten ethischen Werten – Individuelle Bedürfnisse und Ziele in Übereinstimmung mit der eigenen Moral bringen 3. Mündig-Sein – Seine Gedanken, Wünsche, Empfindungen und Einstellungen selbst-bewusst und zielstrebig in die Welt einbringen – Fähig sein, sich in den verschiedenen sozialen Situationen angemessen zu präsentieren. Dazu gehören grundlegende Kenntnisse der Kommunikation und Rhetorik genauso wie Kenntnisse über mögliche Störungen des Kommunikationsprozesses, Unterschiede zwischen Eigen- und Fremdbild, Sensibilisierung der Wahrnehmungsfähigkeit und ein gezielter Vertrauensaufbau 4. Selbst-Wirklich-Werden und sozial kompetent handeln – Aus den kognitiven und psychischen Erkenntnissen des Bewusstseins, gerüstet mit dem Handwerkszeug der Mündigkeit eine Handlungsstrategie entwickeln, bei der die persönlichen Werte, die innere Verantwortung mit den ureigensten Bedürfnissen und den Ansprüchen, die die unterschiedlichen menschlichen Gemeinschaften (Familie, Betrieb, Freundeskreis etc.) an jeden von uns stellen, in Einklang gebracht werden.

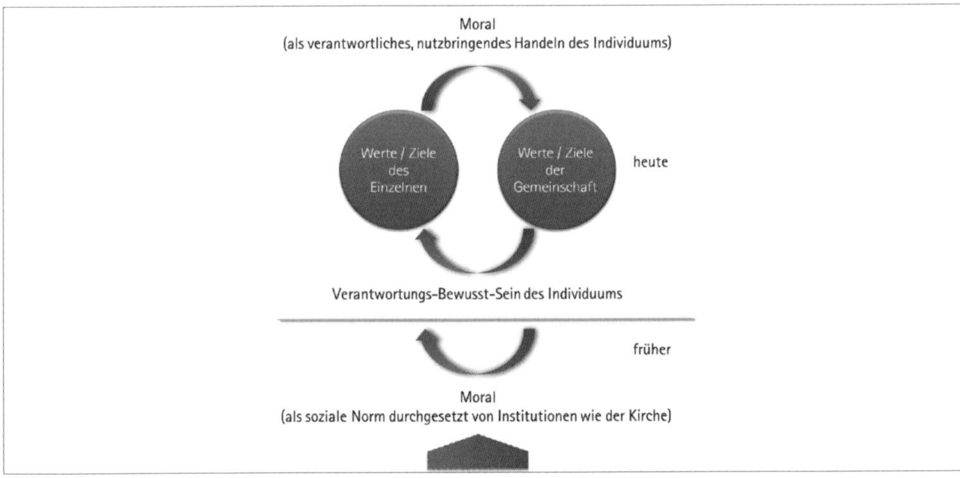

20 | Die Entwicklung von Verantwortungs-Bewusst-Sein früher und heute

Die Erkenntnis bzw. Definition eigener Werte ergibt sich heute durch zwei ineinander verwobene Prozesse, dessen Ziel **Verantwortungs-Bewusst-Sein** heißt: Zunächst gilt es die eigenen Ziele als Ergebnis der eigenen Bedürfnisse als Natur-, Kultur- und Geisteswesen wahrzunehmen. Hiernach gilt es zu klären, wie diese Bedürfnisse in Einklang zu bringen sind mit dem Auftrag, moralisch, d. h. der Gemeinschaft gegenüber verantwortlich und nutzenbringend zu handeln.

FAZIT

Die (Selbst)Erkenntnis der eigenen Personalität im Sinne des eigenen Temperaments, des eigenen Charakters und der eigenen Werte ergibt sich aus den Fragestellungen bzw. Konzepten Mündig-Sein, Selbst-Bewusst-Sein und Verantwortungs-Bewusst-Sein.

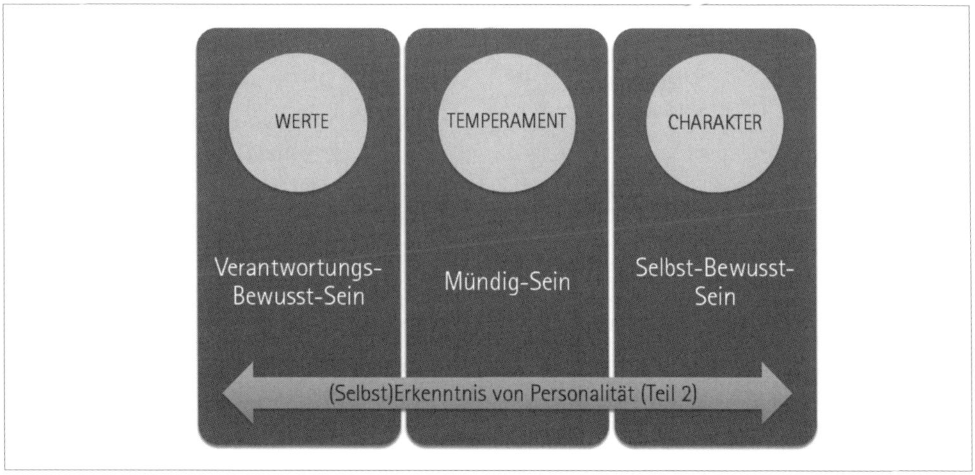

21 | (Selbst)Erkenntnis von Personalität (Teil 2)

4 ÜBER DAS BILDUNGSIDEAL »SCHÖPFERISCHE PERSÖNLICHKEIT«

Um Projekte im Sinne der Schumpeter´schen Unternehmensentwicklung überhaupt entwickeln und durchführen zu können, braucht es Menschen, welche die Fähigkeit besitzen, auf Unbekanntes bzw. Neues mit der (Aus)Gestaltung und Umsetzung des so noch nicht bzw. nie Dagewesenen zu reagieren. Die Wettbewerbsfähigkeit eines Unternehmens nachhaltig zu sichern und auszubauen obliegt den Menschen, die sich den Innovations-Projekten annehmen und zwar in allen Bereichen im Unternehmen, nicht nur den Mitarbeitern aus der Abteilung »Forschung und Entwicklung«. Als besonders wertvoll gelten dabei jene Menschen, welche neuerdings als »Talente« bezeichnet werden.

Es sei an dieser Stelle darauf hingewiesen, dass der Begriff »Talent« gerade in der deutschen Geistesgeschichte eine völlig andere, durchaus negative Bedeutung inne hat. So hat die Herabsetzung des Begriffs »Talent« zu Gunsten des Begriffs des »Genies« eine lange Tradition; »Das Genie unterscheidet sich von dem Talente weniger durch die Menge neuer Gedanken, als dadurch, dass es dieselben fruchtbringend macht und sie immer auf der rechten Stelle hat; mit einem Wort, dass bei ihm alles zum Ganzen wird, indes das Talent lauter, wenn auch schöne, Teile hervorbringt«. (Grillparzer zitiert in Eisler Bd. 1: 373) Für Schopenhauer ist Genie die überschießende Fähigkeit der Intuition, durch die ein Mensch die Welt objektiver und reiner aufzufassen vermag; der Vorzug des Talents liegt »mehr in der größern Gewandtheit und Schärfe der diskursiven [...] Erkenntnis« der Welt. Entspringen die Werke des Genies aus der Anschauung, so gehen die des Talents aus Begriffen, d. h. aus »Teilvorstellungen«, hervor, bleiben deshalb dem

»gegenwärtige[n] Bedürfnis« und der »Zeitgenossenschaft« verhaftet und somit bloß subjektiv. (Schopenhauer, Die Welt als Wille und Vorstellung Bd. 4: 445f.) Kurzum: Ein Genie zeigt durch seine Ganzheitlichkeit »jene produktive Kraft, wodurch Taten entstehen, die vor Gott und der Natur sich zeigen können und die eben deswegen Folge haben und von Dauer sind«. (Goethe, Gespräche mit Eckermann vom 11. 3. 1828) Ein Talent hingegen schafft zwar auch Großartiges, dabei jedoch immer nur Kurzlebiges und auf seinen Bereich Beschränktes.

Weiterhin sei darauf hingewiesen, dass der inflationäre Gebrauch des Begriffs »Talent« – am besten noch in seiner anglizistischen Ausprägung und Aussprache – womöglich eine Modeerscheinung ist, ein publikumswirksames Schlagwort (»Buzz-Wort«), das vielleicht bald als abgedroschen gelten wird. Es seien an dieser Stelle noch folgende Einwände gegen den Begriff »Talent« angeführt: Der Begriff »Talent« transportiert – zumindest in der deutschen Sprache – auch diese Bedeutungen: Talente zeigen sich oftmals in dem, was man schon immer gut konnte, bezeichnen Fähigkeiten, die einem »in die Wiege gelegt worden«, von Geburt an einem Menschen eigen sind. Freilich wiegt dieses Erbe sehr schwer; wir sind jedoch der festen Überzeugung, dass Menschen bestimmte Fähigkeiten ebenso im Laufe seines Lebens aneignen, erlernen können, wenngleich dies mitunter viel Beharrlichkeit und Selbstdisziplin verlangt. Das deutsche Wort »Talente« impliziert weiterhin, dass Fähigkeiten »schlummern«, auch ein Leben lang »verborgen« bleiben, also vorhanden sein und sich in einem stillen Wollen zeigen können, aber sich nicht in Taten, nicht in »Performance« zeigen.

Als Business School legen wir bei unserem Bildungsauftrag den Fokus auf die Bildung von und zu Entrepreneuren, also auf Innovatoren reinster Güte. Nach unserer Ansicht zeichnen sich Entrepreneure vor dem Hintergrund des oben beschriebenen Persönlichkeitsbegriffs dadurch aus, dass sie »**schöpferische Persönlichkeiten**« haben und sind. Eine schöpferische Persönlichkeit im Sinn eines Habens und Seins entwickelt sich dabei unserer Ansicht nach erst und nur aus dem synergetischen Zusammenwirken folgender Elemente:

- unternehmerisches Wissen / Qualifikationen
- unternehmerisches Kompetenzprofil
- unternehmerisches Temperament
- unternehmerischer Charakter
- unternehmerische Ethik.

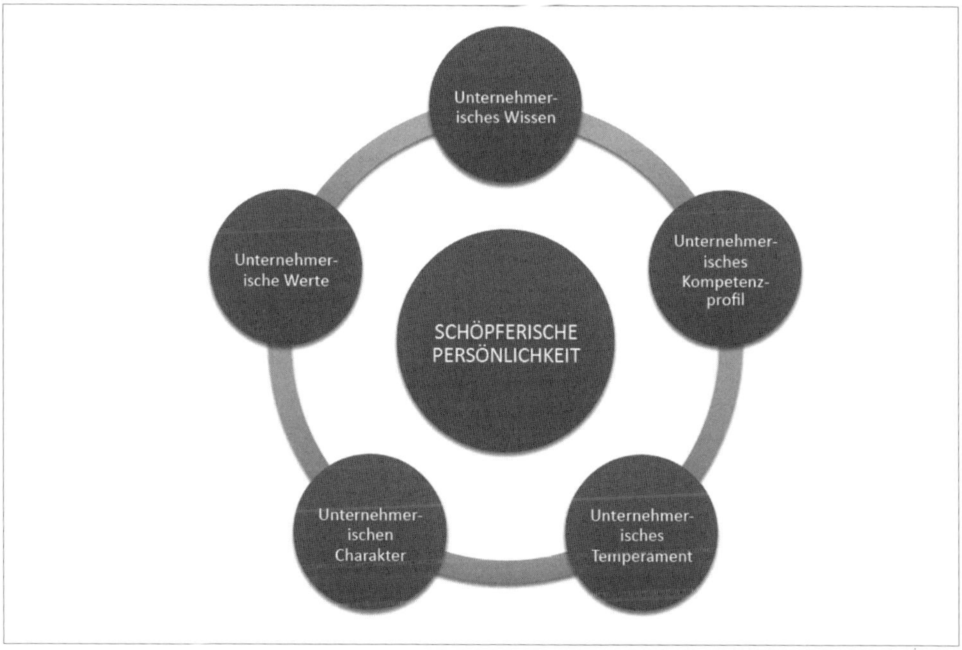

22 | Elemente einer schöpferischen Persönlichkeit

Die Manifestation des synergetischen Zusammenwirkens aller oben genannten Elemente sind Handlungen, welche von einer Sozietät dahingehend beurteilt werden, welchen Nutzenbeitrag diese Handlungen für die Sozietät darstellen. Die Folge dieses sozialen Prozesses besteht zum einen darin, dass der Handelnde und dessen Handlungen durch die Sozietät eine bestimmte Wertschätzung erfahren (Ansehen, Charisma); zum anderen gewinnt der Handelnde durch sein Tun Einfluss auf diese Sozietät (Autorität).

In diesem Sinne kann der Begriff »schöpferische Persönlichkeit« in einem zweifachen, dabei komplementären Sinne verstanden werden: 1. Alle oben genannten Aspekte in sich zu vereinen, bedeutet, dass man eine schöpferische Persönlichkeit hat. 2. Die sachlich-emotionale Wertschätzung von Handlung und Handelnden durch andere bedeutet, dass man eine schöpferische Persönlichkeit ist.

4.1 SCHÖPFERISCHE PERSÖNLICHKEITEN?

In einem ersten Schritt wollen wir zunächst fragen: Wer sind schöpferische Persönlichkeiten und wo lassen sie sich finden? Zunächst sei gemutmaßt, dass schöpferische Persönlichkeiten zum einen etwas sehr Kostbares besitzen bzw. sind und zum anderen sehr rar sind. Es sei weiter angenommen, dass die Kostbarkeit von schöpferischen Persönlichkeiten darin besteht, dass sie eine außergewöhnliche Befähigung haben und daher Außergewöhnliches leisten. Es gibt jedoch unzählige Weisen, den Begriff »schöpferische Persönlichkeit« zu fassen, da es unzählige Bereiche gibt, wo man außergewöhnliche Befähigung zeigen kann; nachfolgend eine kleine Auswahl:

- Technik
- Handwerk
- Wissenschaft und Bildung (Forschung und Lehre)
- Medizin (Ärzte, Pflegepersonal etc.)
- sozio-politischer Bereich (Politik, Einrichtungen des Gemeinwohls, NGOs etc.)
- Kultur (Musik, Malerei, Literatur, Film, Theater etc.)
- Sport
- Unternehmen (Manager, Unternehmer, Fach- und Führungskräfte)
- etc. pp., das heißt: überall...

Ebenso unzählig sind die Begabungen/Befähigungen, die man als »außerordentlich« bezeichnen könnte. Noch stärker als beim verwandten Begriff »Intelligenz« kann Begabung in vielfacher und dabei unterschiedlichster Form auftreten.[30]

Schöpferische Persönlichkeiten gelten als außerordentlich befähigte Menschen, welche Außerordentliches bewirken, indem sie Außerordentliches leisten – dies scheint die allgemeinste aller möglichen Definitionen zu sein. In dieser Arbeit geht es darum, den Begriff »schöpferische Persönlichkeit« in Zusammenhang mit dem Begriff »Innovation« zu bringen. Daher soll die nun folgende Definition von »schöpferischer Persönlichkeit« als eine Definition im engeren Sinne verstanden werden, nämlich aus Sicht von Unternehmen, welche durch Innovationen ihre Wettbewerbsfähigkeit nachhaltig sichern und steigern wollen.[31]

Eine erste Annäherung an eine Realdefinition eines so verstandenen Begriffs »schöpferische Persönlichkeit« ergibt sich durch folgende Überlegung: Die (westliche) Gesellschaft wandelt sich seit Mitte des 20. Jahrhunderts in einem rasanten Tempo. »In welcher Gesellschaft befinden wir uns eigentlich gerade?«, mag sich der ein oder andere fragen angesichts der sich rasch wechselnden Etiketten, die der Gesellschaft angeheftet werden: Risikogesellschaft, Erlebnisgesellschaft, Non-stop-Gesellschaft, Multioptionsgesellschaft, Mediengesellschaft oder...? Inmitten all dieser auf einen einzigen Namen verdichteten (und mehr oder weniger angebrachten) soziologischen Zeitdiagnosen ragt ein Begriff heraus, der so treffend wie kein anderer diese unsere Gesellschaft beschreibt: Wissensgesellschaft. Was bedeutet dieser Begriff? Eine der zentralen Entwicklungen der vergangenen Jahrzehnte in entwickelten Volkswirtschaften wie z. B. in Deutschland ist der Wandel von der Industrie- zur Dienstleistungsgesellschaft. Dieser wirtschaftliche Strukturwandel führt zu einer Ausweitung des Dienstleistungssektors bei gleichzeitigem Rückgang von Landwirtschaft und Industrie.

Mit dem Strukturwandel verschieben sich auch die Tätigkeitsstrukturen: So beträgt der Arbeitskräftebedarf für produktionsorientierte Tätigkeiten und primäre Dienstleistungen, welcher in den 90er-Jahren noch drei Viertel des Gesamtbedarfs ausmachte, bereits 2010 nur noch zwei Drittel. In dem gleichen Umfang werden sekundäre Dienstleistungen wie Betreuung, Beratung, Lehre, Management sowie Forschung und Entwicklung an Bedeutung gewinnen.

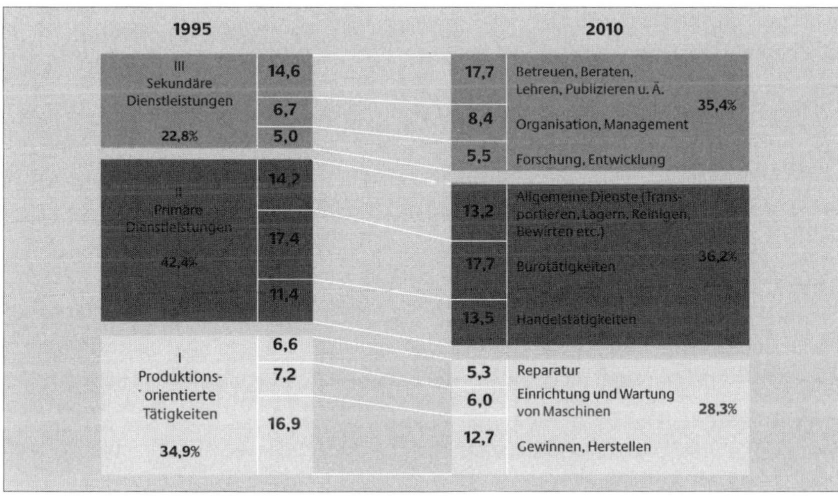

23 | Arbeitsplätze in Deutschland: Entwicklungen nach Tätigkeiten 1995–2010

30 Bisweilen wird heute von »multiplen Intelligenzen« gesprochen; neben dem klassischen Intelligenz-Quotienten, der v. a. sinnbildlich für analytische Fähigkeiten steht, existieren heute bis zu 120 verschiedene Formen von Intelligenzen.

31 Wie bereits gesagt, ist unsere Definition des Begriffs »schöpferische Persönlichkeiten« eine enge, mit dem Begriff »Innovation« verknüpfte Definition. Selbstredend sind außerordentlich fähige und befähigte Menschen in Organisationen (Unternehmen, Verwaltung, Parteien, Gewerkschaften, NGOs etc.) auch in anderen Bereichen und Tätigkeitsfeldern zu finden.

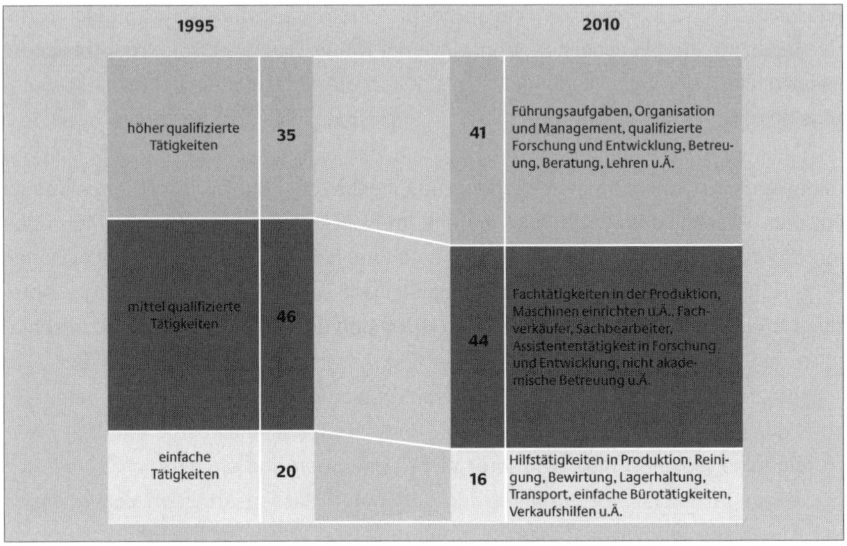

24 | Arbeitsplätze in Deutschland: Entwicklung nach Qualifikationsniveau 1995–2010

Mit dem Strukturwandel von der Industrie- zur Dienstleistungsgesellschaft steigen ebenso die Anforderungen an das Qualifikationsniveau der Arbeitskräfte. 2010 macht der Anteil der höher qualifizierten Tätigkeiten (Führungsaufgaben, Organisation, qualifizierte Forschung und Entwicklung etc.) bereits über 40% sämtlicher Berufstätigkeiten aus; der Anteil mittel qualifizierter Tätigkeiten bleibt währenddessen weitgehend stabil, der Anteil der einfachen (Hilfs-) Tätigkeiten geht zurück. Kurzum bedeutet das: »Die für entwickelte Gesellschaften relevante Form der Arbeit wird daher Wissensarbeit sein!« (Oelsnitz u. a. 2007: 37)

Der Wissensarbeiter ist die Leitfigur der fortgeschrittenen Gesellschaften des 21. Jahrhunderts. Nonaka und Takeuchi (1997: 171) unterscheiden hierbei zunächst drei Typen von Wissensarbeitern. 1. Der Wissenspraktiker, der aufgrund seines Expertenstatus, wegen besonderer Erfahrung oder Außenkontakten den »operativen Kern« der Wissensarbeit bildet. 2. Der Wissensingenieur, der die Schnittstelle zum Wissenspraktiker bildet und dafür sorgt, dass Wissen auch genutzt werden kann. 3. Der Wissensverwalter (oder besser »Wissensmanager«), der die Ziele und den Rahmen der Wissensteuerung wahrnimmt, d. h. die anderen beiden Wissensarbeiter-Gruppen koordiniert. Als vierte Gruppe sollten noch die Wissensvermittler, Wissensberater und Wissensschaffer hinzugefügt werden; diese leisten »symbolanalytische Dienste«, d. h. sie stellen nicht-standardisierte Produkte her, die auf Symbolen (Daten, Wörtern, audio-visuelle Darstellungen) basieren. Zu diesem Wissensarbeiter-Typus gehören u. a. Wissenschaftler, Anwälte, Journalisten, PR-Manager, Investment-Banker, Unternehmensberater, also Menschen, die Probleme lösen, beraten oder vermitteln, somit Tätigkeiten ausüben, die mit analytischen oder rhetorischen »Werkzeugen« ausgeübt werden. (Vgl. Reich 1993: 194f.)[32]

Manchmal wird heute noch zwischen »Wissensarbeiter« und »Kreativarbeiter« unterschieden. Diese Unterscheidung ist eher analytischer denn wirklicher Natur: Das Werk von Kreativarbeitern ist kein Creatio ex nihilo, keine Schöpfung aus Nichts. Kreativität bedeutet die Fähigkeit schöpferischen Denkens also die Fähigkeit Ideen zu haben. Insofern man nicht annimmt, dass Ideen dem Menschen von göttlicher Seite eingegeben werden, von einem elysischen Ort in das menschliche Bewusstsein einfallen, muss angenommen werden: Die Eingabe, der Einfall ist das Ergebnis eines Prozesses, bei dem Wissen, das ein Mensch bereits im Kopf hat, von eben jenem Menschen auf eine neue oder so noch nicht kombinierte Weise verknüpft wird. Der Unterschied zwischen dem »klassischen« und dem kreativen Wissensarbeiter liegt somit darin, dass sie zum einen auf verschiedene Weisen mit Wissen umgehen und dass sie zum anderen jeweils an verschiedenen Stellen in den Innovationsprozess eingreifen. Die Arbeit des Kreativarbeiters steht vor dem Innovationsprozess, ist dieser Prozess doch definiert als die Verwirklichung von Ideen. So wichtig die Arbeit des Kreativarbeiters ist: Eine Idee – und sei sie auch noch so grandios – bleibt wirkungs- und folgenlos, solange man sich ihrer nicht annehmen und sie Wirklichkeit werden lässt. Als schöpferische Persönlichkeiten unter den genannten Wissensarbeitern verstehen wir all jene Menschen, welche Innovationsprozesse in Gang setzen, gestalten und daher zu einem wertschöpfenden Ende führen.

So gesehen besitzt der Begriff der »schöpferischen Persönlichkeit« große Übereinstimmung hinsichtlich der Begriffe »Entrepreneur« und »Entrepreneurship«: Entrepreneurship bedeutet in einem engeren Sinn den Gründungsprozess neuer Unternehmen. In einem weiteren und in dieser Arbeit so verstandenen Sinn bedeutet Entrepreneurship allgemein unternehmerisches Denken und Handeln. Nach unserer Meinung ist dies vor allem ein Denken und Handeln, durch das Innovationen im Sinne Schumpeters entstehen oder anders gesagt: Unternehmerisches Denken und Handeln bezeichnet die »Imagination, Entwicklung und Realisierung eigener Ziele und Visionen [im Sinne Schumpeters] in einem durch Wettbewerb bestimmten Umfeld.« (Diensberg 2001: 65). Entrepreneure sind daher nach unserer Ansicht vor allem (potenzielle) »Agenten des Wandels« (Fueglistaller, Müller, Volery 2008: 3), die Ressourcen aller Art neu kombinieren und auf den Markt bringen. Nach unserem Verständnis ist Entrepreneurship dabei weder abhängig von Stelle oder Status: »Entrepreneurship is a process by which individuals – either on their own or inside organisation – pursue opportunities without regard to the resources they currently control. [...] It is typical of the entrepreneur to find a way.«. (Stevenson, Jarillo 1990: 23)

32 Das Institut für Arbeitsmarkt- und Berufsforschung der Bundesanstalt für Arbeit schätzt den Anteil der »Knowledge Workers« im Jahr 2010 auf 40% (IAB 1999: 3). Ein OECD-Bericht vermutet Steigerungsraten in den EU-Ländern und USA von jährlich 3,3% (OECD 2001: 56). Oelsnitz u. a. (2007: 35) gehen davon aus, dass rund ein Drittel der Arbeitsplätze als wissensbasiert bezeichnet werden können Tendenz steigend: So prognostiziert das »Zukunftsinstitut«, dass in naher Zeit nur noch ein Drittel der Arbeitsplätze »traditionell« d. h. nach dem industriegesellschaftlichen Modell organisiert sein werden; dagegen werden rund zwei Drittel der Arbeitsplätze in irgendeiner Weise mit dem Produktionsfaktor »Wissen« zu tun haben.

Eine differenzierte Definition eines so verstandenen Begriffs einer »schöpferischen Persönlichkeit« bietet die folgende Darstellung:

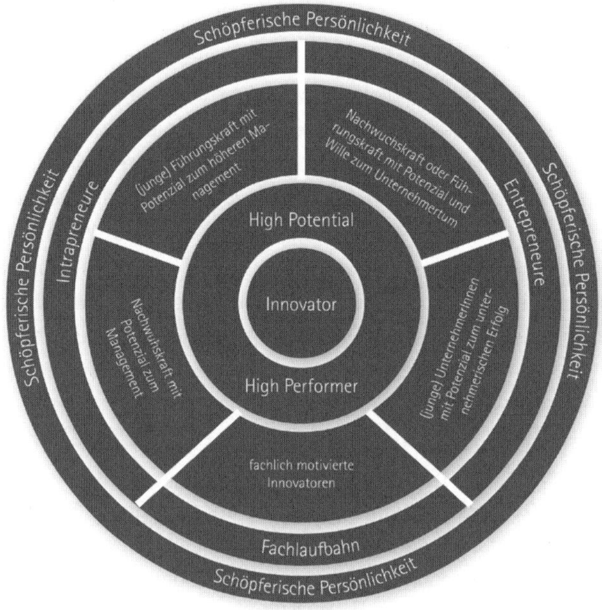

25 | Schöpferische Persönlichkeit und Innovation: eine differenzierte Sichtweise

Schöpferische Persönlichkeiten können zunächst unterschieden werden in »High Potentials« und »High Performer«. Der Unterschied zwischen diesen beiden Gruppen besteht hierin: High-Potentials sind Menschen, die in Konturen haben erkennen lassen, dass sie das Zeug zum Entrepreneur hätten, dass sie innovativ sein könnten, wenn ihnen die Chance dazu gegeben wird.[33]

High-Performer sind Menschen, die ihre Befähigung zum Entrepreneur bereits (mehrfach) bewiesen haben, d. h. schon (mehrfach) Innovationsprozesse initiiert, geleitet und verantwortet haben. Neben der Unterscheidung, in welchem Ausmaß Menschen bereits innovativ tätig waren, lässt sich noch unterscheiden, in welcher Rolle sie dies getan haben. Zunächst lässt sich hier differenzieren zwischen Menschen, die aktiv am Innovationsprozess beteiligt sind und Menschen, die darüber hinaus diese Innovationsprozesse leiten. Es geht also auf der einen Seite um Menschen, die als Mitglied eines Teams, als Inhaber einer Stabsstelle etc. ihr Wissen, Können und Wollen einsetzen, um Innovationen hervorzubringen. Auf der anderen Seite geht es um Menschen, die Innovationsprozesse initiieren, steuern und anführen, die Innovationen letztlich zu verantworten haben.

Die Mitglieder der ersten Gruppe können idealtypisch danach unterschieden werden, wann bzw. wo sie am Innovationsprozess aktiv beteiligt sind. Im Falle der Innovation eines Produkts oder einer Dienstleistung böten sich beispielsweise folgende Phasen für das innovative Tätigwerden von schöpferischen Persönlichkeiten dieses Typus: Ideengenerierung oder Ideensammlung (Scouting), Ideenbewertung, Entwicklung, Tests mit Kunden, Marketing, Vertrieb. Die zweite Gruppe kann noch einmal unterschieden werden in Intrapreneure und Unternehmer.

Der Intrapreneur ist »Innovationsmanager«, der »Unternehmer im Unternehmen«. Er setzt Innovationen im Sinne des Unternehmens um und steht in einem abhängigen Verhältnis zum Unternehmen, trägt aber auch keine existentiellen Risiken. Im Gegensatz hierzu wird der Entrepreneur im engeren Sinne verstanden, der Unternehmer, der seine Ideen in einer eigenen Unternehmung realisiert und auch das existenzielle Risiko trägt. (Higgins, Wiese 2009: 240) Überspitzt ausgedrückt: Während der Intrapreneur sich vor allem dadurch auszeichnet, dass er in einem Unternehmen nach großen und innovativen Herausforderungen sucht, sucht der Unternehmer auf eigene Faust und in der gesamten Welt nach diesen »dicken Brettern«.

4.2 WAS ZEICHNET SCHÖPFERISCHE PERSÖNLICHKEITEN AUS?

»Wer sind schöpferische Persönlichkeiten und wo sind sie zu finden?« Die Antworten, welche im vorigen Kapitel gegeben wurden, bilden den ersten Teil einer Realdefinition des Begriffs »schöpferische Persönlichkeit«. In diesem Kapitel wird die Realdefinition nun vervollständigt, indem eine Antwort darauf gegeben werden soll auf die Frage: »Was braucht es, um eine schöpferische Persönlichkeit zu sein bzw. zu werden?

Eine weitere Annäherung an eine Realdefinition des Begriffs »schöpferische Persönlichkeit« ergibt sich durch folgende Überlegung: Erste Auswertungen eines ifo-Innovationstests zur Ausbildungsstruktur belegen signifikante Zusammenhänge zwischen dem Wachstum und dem Humanvermögen von Unternehmen. (Falck 2008) Unternehmen, die erfolgreich innovieren, haben einen

33 Ein wesentliches Merkmal von Mitgliedern der Gruppe der High Potentials ist ihre eher geringe Berufserfahrung. Während und auch kurz nach ihrer Ausbildung stellt sich ihnen oft die Frage, ob sie denn tatsächlich in der Position für Innovationen sind und ob sie in ihrer Rolle z. B. als ein nach dem dualen Prinzip Studierender denn über genug Macht verfügten, Innovationsprojekte tatsächlich umzusetzen. Aufgrund der vielen positiven Erfahrungen mit unseren Studierenden schließen wir uns hierbei dem – zugegeben etwas reißerischen und nicht immer leicht umzusetzenden Aufruf von Tom Peters an: »Um etwas »auf die Beine zu stellen«, braucht man keine ›Macht‹ und keine ›Position‹. SONDERN LEIDENSCHAFT, FANTASIE und BEHARRLICHKEIT.« (Peters 2007: 203) Darüber hinaus wollen wir uns an dieser Stelle auch diesem – ebenso etwas reißerischen und nicht immer leicht umzusetzenden – Appell von Peters anschließen: »Um eine große Chance zu nutzen, braucht man kein offizielles Projekt.« Entrepreneurship bedeutet auch, dass man sich die »dicken Bretter«, die man bohren will, um es sich selbst und anderen zu beweisen, selbst suchen muss.

hohen Anteil an hoch gebildeten Beschäftigten. Auch wenn die Befunde nicht kausal gedeutet werden dürfen,[34] scheint es einen engen Zusammenhang zu geben zwischen erfolgreichen Innovations-Projekten sowie dem Wissen und der Kompetenz der Menschen, die an diesen Projekten beteiligt sind. Insofern es einen engen Zusammenhang zu geben scheint zwischen Wachstum und dem Wissen und der Kompetenz der Menschen, die in Unternehmen beschäftigt sind; und insofern schöpferische Persönlichkeiten deshalb so gesucht sind, da sie einen wesentlichen Anteil an der Entwicklung und Verwirklichung von Innovationen und damit am Wachstum eines Unternehmens haben, gilt zunächst: Schöpferische Persönlichkeiten sind Menschen, die über mehr/größeres Wissen und mehr/größere Kompetenzen als der Durchschnitt verfügen.

4.2.1 UNTERNEHMERISCHES WISSEN, UNTERNEHMERISCHE QUALIFIKATIONEN

Die Basis für Innovationen bildet Wissen. Für Innovationen bedarf es dabei vor allem der Wissensarten Allgemeinwissen, interkulturelles Wissen und Fachwissen.

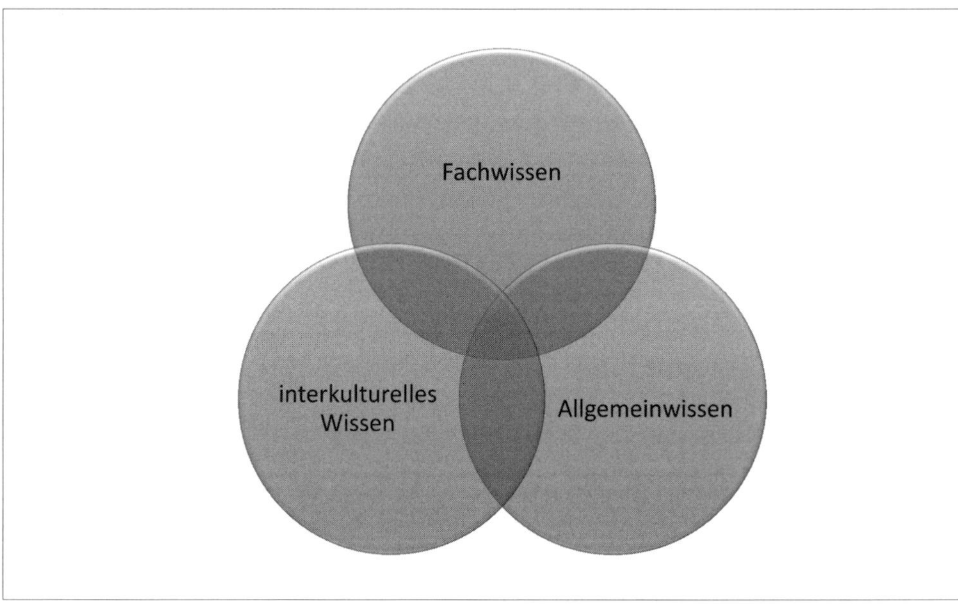

26 | Unternehmerisches Wissen

Die Reihenfolge der verschiedenen Wissensbegriffe ist nicht zufällig, sondern orientiert sich an dem Bildungsverständnis von Wilhelm von Humboldt. Dieses versteht sich aus historischer Perspektive als Gegenreaktion auf einen überzogenen Utilitarismus der späteren Aufklärungspädagogik.

»Erziehung« im Geiste der Aufklärung galt und gilt immer noch einem pädagogischen, zweckgerichteten Prozess: Durch Erziehung sollen Menschen vor allem zielgerichtet und standeskonform brauchbar gemacht werden für Wirtschaft, Staat und Gesellschaft. »Bildung« hingegen war und ist mehr, denn Bildung soll zur Vollkommenheit, zu Freiheit und Glück führen, zu einem höheren Zweck – nämlich zur Emanzipation des Menschengeschlechts. Nach Humboldt soll der Mensch hierzu zuerst allgemein und dann beruflich gebildet werden. Eine Humboldt fälschlicherweise zugewiesene Ablehnung von Fachwissen bzw. beruflicher Bildung ist hier nicht zu erkennen, sehr wohl aber eine Wertigkeit und Stufenfolge von Allgemeinbildung und Spezialbildung (wie es bei ihm heißt). Erst spätere Generationen von Pädagogen entwerfen daraus die radikale und bis heute oft unversöhnliche Frontstellung von Vollkommenheit und Brauchbarkeit, von Allgemeinwissen und berufsbezogenem, d. h. fachlichem Wissen. (Vgl. Gruber 2005: 2)

Ein breites Allgemeinwissen ist gerade bei Innovationstätigkeiten von enormer Wichtigkeit. Erst durch diese Allgemeinbildung ist es nämlich möglich, unterschiedliche Zugänge zu einem Problem zu nutzen oder verschiedene Wirkungen einer Entscheidung / Handlung etc. zu erkennen. Ohne eine mehrdimensionale Denkweise wird man komplexen Realphänomenen nicht gerecht, wird man diese nicht in ihrer Ganzheit verstehen können.

Innovationen sind heute in der Regel das Ergebnis von Teamarbeit. Im Zuge der Globalisierung kommen die Mitglieder solcher Teams einerseits immer häufiger aus verschiedenen Ländern mit bisweilen völlig verschiedenen Kulturen. Zum anderen sollen diese Teams oftmals Innovationen hervorbringen, die immer häufiger in Länder mit bisweilen völlig anderen Kulturen als der eigenen Kultur exportiert werden sollen. In beiden Fällen ist eine spezielle Form des Allgemeinwissens, nämlich interkulturelles Wissen also das Wissen um die Verschiedenheit und mitunter diametrale Andersartigkeit der Kulturen von großer Wichtigkeit, um erfolgreiche Innovationen zu schaffen. Zum interkulturellen Wissen gehört darüber hinaus die Möglichkeit, mit Menschen anderer Kulturen zu interagieren d. h. interkulturelles Wissen umfasst ebenso Sprachkenntnisse und das Wissen um Gepflogenheiten, Etiketten etc.

Unzweifelhaft brauchen Menschen, um Innovationen hervorbringen zu können, ein tiefes fachliches Verständnis von dem Objekt, das Realität werden soll. Unter Fachwissen sollen alle jene in den eigenen Erfahrungskontext aufgenommenen Informationen gelten, welche berufstypischen Aufgaben und Sachverhalte zuzuordnen sind. Hierzu gehören: (Vgl. Pirntke 2010: 168)

34 Bei der Interpretation der Befunde muss berücksichtigt werden, dass es sich bei den hier berichteten Zusammenhängen zwischen den Innovationsaktivitäten der Unternehmen einerseits und der Qualifikationsstruktur und den Kompetenzen ihrer Mitarbeiter andererseits um rein deskriptive Zusammenhänge handelt.

- Kenntnis der fachspezifischen Ausdrücke und Fachtermini (Fachsprache)
- Kenntnis der fachspezifischen Methoden und Verfahren, Hilfsmittel und Werkzeuge und deren sachgemäße Verwendung.
- Kenntnis der in einem Fach behandelten Themen und Sachverhalte (Sachkunde, Überblick über das ganze Fachgebiet)
- Kenntnis der das Sachgebiet betreffenden Standards und des Rechtsrahmens
- Kenntnis der vom Umgang mit der Sache ausgehenden Gefahren und Risiken, und die daraus resultierenden Vorsichts-, Schutzmaßnahmen und Vorkehrungen, und das Bewusstsein der Verantwortung und Haftung.

Da es bei Innovationen um mehr geht als um die reine Entwicklung, sondern eben auch um die erfolgreiche Vermarktung, reicht fundiertes und aktuelles Fachwissen im engeren Sinne nicht aus. Im Falle einer Produktinnovation ist so rein technisches Wissen zu wenig für eine erfolgreiche Innovation: Es reicht nicht aus, zu wissen, wie ein innovatives Produkt hergestellt werden kann; für Innovationen muss das Fachwissen im engeren Sinne ergänzt werden um betriebswirtschaftliches Wissen bzw. Erkenntnisse aus der Managementlehre.

Als unternehmerische Qualifikationen gelten alle Elemente, welche bereits weiter oben unter dem Aspekt »unternehmerisches Wissen« genannt worden sind. In Abgrenzung zum vollumfänglich selbstorganisiert erschlossenen unternehmerischen Wissen, unterliegen unternehmerische Qualifikationen einer gewissen Kanonisierung. Das bedeutet: Inhalt und Umfang des Wissens sowie die Kontrolle des Lernerfolgs sind beim Aspekt »unternehmerisches Wissen« vom Lernenden mehr oder minder selbst und frei wählbar; Inhalt und Umfang des Wissens beim Aspekt »unternehmerische Qualifikationen« werden von Institutionen vorgegeben z. B. in Form von Lehrplänen und Prüfungsordnungen.

4.2.2 UNTERNEHMERISCHES KOMPETENZPROFIL

Um Innovationen hervorzubringen, benötigen Menschen mehr als »nur« Qualifikationen. Eine Qualifikation ist ein Beleg darüber, dass ein Mensch ein bestimmtes Wissen bzw. Können in einer arrangierten und damit künstlichen Situation gezeigt hat. Qualifikationen waren gerade im Industriezeitalter der Schlüssel zu Arbeit und Aufstieg:

> *In der Industriegesellschaft der letzten 200 Jahre dominiert standardisierte Arbeit. Das charakteristische, fordistisch-tayloristische Produktions- und Arbeitsregime prägt einen kulturellen Typus des Lernens, der sich aus dem arbeitsteiligen Verständnis der Fließbandarbeit ableitet. [...] Die Aufteilung des Arbeitsprozesses in viele kleinteilige Module und die Zuweisung einzelner Module an einzelne Personen bringt eine eigene Lernkultur hervor. Eine Lernkultur der Qualifizierung, in dem Sinne, dass Menschen sich mit dem, wofür sie sich qualifizieren an die*

> *geforderten Tätigkeiten anpassen müssen. (Qualifizierung als Anpassungsleistung). [...] D. h. Lernen findet in der Regel innerhalb von Leitplanken statt. Die Leitplanken markieren einen Entwicklungspfad, der für den Einzelnen (und seine Umwelt) schon zu Beginn klar ist und dessen Ende und Ergebnis mehr oder weniger bekannt ist. Hierbei besteht die Vorstellung, dass der Mensch sich nur einmal qualifiziert – nämlich im Übergang von Schule zu Beruf (Ausbildung), um sich dann weiter im vorgegeben Rahmen fein zu justieren. In separierten, normierbaren und »Position für Position abzuarbeitenden Prüfungssituationen« werden die Qualifikationen sichtbar. Sie spiegeln das jeweils aktuelle (am Input angelehnte) Wissen und die jeweils gegenwärtig trainierten Fertigkeiten wider. Wie mechanische Leistungsparameter kann man beide Merkmale messen, werten, abfallende Leistungspositionen identifizieren und durch Weiterbildungsmaßnahmen erneuern, auffrischen, aktualisieren. Qualifikationen sind »Positionen eines gleichsam mechanisch abgeforderten Prüfungshandelns, sind Wissens- und Fertigkeitspositionen. (Borner 2007: 1)*

Eine Qualifikation beweist, dass dieser Mensch in einer phänomenologisch ähnlichen Situation mit eben diesem Wissen und Können aufwarten könnte. Das Problem ist nun aber: 1. Angesichts des Phänomens der Gegenwartsschrumpfung verfällt Gelerntes und sicher Geglaubtes immer schneller. 2. Genau in diesen Situationen, da man Neuem gegenübersteht und darauf reagieren oder gar Neues hervorbringen soll, reichen Qualifikationen nicht (mehr) aus.[35] Vielmehr hängt die Fähigkeit zu innovieren, aufs Engste zusammen mit dem Begriff »Kompetenz«.[36]

> *Von der Qualifikation zur Kompetenz – so lautet seit einigen Jahren das Credo der Lernforscher. Nach wie vor sind zwar Qualifikationen gefragt, aber nicht mehr als Endprodukt von Ausbildung, sondern als Eintrittskarte für eine Kompetenzentwicklung. Was ist nun das Besondere an Kompetenzen? Kompetenzen kann man nur selbst – in neuartigen, offenen Problemsituationen kreativ handelnd – erwerben. Ja, man kann Kompetenzen geradezu als die Fähigkeiten beschreiben, in solchen*

35 Ein ähnliches Schicksal wie der Begriff »Qualifikation« haben auch »Traditionen«: Die formelhafte Begründung eines Tuns, das »so wird das gemacht, weil es immer so gemacht worden ist« verliert an Bedeutung in einer posttraditionalen Sozialordnung.

36 Der Begriff Kompetenz hat neben der oben im Text genannten Bedeutung noch eine andere: Kompetenz bedeutet auch für etwas zuständig oder verantwortlich zu sein. Insofern könnte man sagen, dass Qualifikationen dazu führen, dass man Kompetenzen also Befugnisse erhält (z. B. ist ein MBA Titel eine mögliche formale Qualifikation, die zu einer Führungsposition führt). Staudt und Kriegesmann (1999: 3) zufolge konstituiert sich Handeln aus einer Trias: 1. Handlungsfähigkeit als kognitive Basis, 2. Handlungsbereitschaft als motivationale Grundlage und schließlich 3. Zuständigkeit als organisatorische Legitimation. Letzteres, also die Positionierung des Menschen innerhalb der Unternehmensorganisation, die Zuweisung von Zuständigkeiten, ist ein entscheidendes Merkmal einer arbeitsteiligen Organisation bzw. Gesellschaft.

unsicheren, offenen Situationen selbstorganisiert handeln zu können, ohne bekannte Lösungswege »qualifiziert« abzuarbeiten, ohne das Resultat schon von vornherein zu kennen. (Erpenbeck, Sauter 2007b)

Schöpferische Persönlichkeiten zeichnen sich nach unserem Verständnis dadurch aus, dass ihre fachlich-methodischen, personalen und sozial-kommunikativen Kompetenzen ausgesprochen ausgebildet sind. Neben diesen[37] sind bei schöpferischen Persönlichkeiten jedoch auch und vor allem die unternehmerischen Kompetenzen besonders ausgeprägt. Es sind nämlich gerade diese unternehmerischen Kompetenzen, welche Entrepreneure auszeichnen, also jene Menschen, die nach Schumpeter die Conditio sine qua non, die Verursacher von Innovationen und damit von organischem und damit nachhaltigem Wachstum sind.

Wir kommen [zu dem, was…] als das eigentliche Grundphänomen der wirtschaftlichen Entwicklung bezeichnet werden kann, zum Wesen der Unternehmerfunktion und des Verhaltens der Wirtschaftssubjekte, die ihre Träger sind. Unternehmung nennen wir die Durchsetzung neuer Kombinationen […], Unternehmer [bzw. Entrepreneure] die Wirtschaftssubjekte, deren Funktion die Durchsetzung neuer Kombinationen ist und die dabei das aktive Element sind. (Schumpeter 1952: 109)

Von Unternehmern und auch von Führungskräften erwartet man durch selbstorganisiertes Handeln Problemlösungen zu entwickeln (Anpassung an die Umwelt); darüber hinaus erwartet man von ihnen, selbstorganisiert Neues hervorzubringen (Veränderung der Umwelt). »Die neuen Managementaufgaben fokussieren auf die Entwicklung von neuem Wissen zur Lösung neuer Probleme.« (Prahalad, Krishnan 2009: 288)[38] Neben der Entwicklung allgemeiner unternehmerischer Kompetenzen haben wir als Business School darüber hinaus eine Vorstellung darüber, welche speziellen Kompetenzen in welchem Ausmaß solche schöpferischen Persönlichkeiten haben sollen, die Innovationsprozesse initiieren, steuern und anführen, die also Innovationen letztlich zu verantworten haben. Aus eigenen Erfahrungen und den Anforderungsprofilen von Führungskräften von Großunternehmen wurden hierzu an unserer Business School, der School of International Business and Entrepreneurship (SIBE), 16 Teilkompetenzen ermittelt (Vgl. Faix, Schulten, Auer 2009: 157).

Diese Teilkompetenzen sind:

27 | Das spezielle Kompetenzprofil einer schöpferischen Persönlichkeit

37 Freilich bilden die vier Fähigkeits-Bereiche eine Ganzheit. Dass der Komplex »unternehmerische Fähigkeiten« bzw. »unternehmerische Kompetenzen« hier gesondert dargestellt werden, liegt daran, dass wir den Begriffen »Innovation« und Entrepreneur herausragende Rollen in dieser Arbeit reserviert haben.

38 Vgl. dazu folgende Empfehlung aus der IBM Global CEO Studie 2010: »Seien Sie Vorbild für bahnbrechende Ideen. Praktizieren und fördern Sie Experimentierfreude auf allen Ebenen des Unternehmens. Drängen Sie mit revolutionären Innovationen, die Ihr Unternehmen von der breiten Masse abheben, an die Spitze. Analysieren und hinterfragen Sie, was andere tun – spüren Sie Technologie- und Kundentrends auf. Erarbeiten Sie Szenarien, um Reaktionen auf verschiedene künftige Gegebenheiten zu planen.« (IBM 2010: 32)

Um diese Begriffe nicht als zutiefst erklärungsbedürftige Schlagwörter stehen zu lassen, sind diese Begriffe an der SIBE in folgender Weise definiert worden: (Vgl. Keim, Wittmann 2009: 430f.)

ergebnisorientiertes Handeln	▪ Verfolgt und realisiert Ziele bewusst mit großer Willensstärke, Beharrlichkeit und Aktivität und gibt sich erst zufrieden, wenn klare Ergebnisse vorliegen. ▪ Nimmt auf alle Teilaspekte des zum Ziel führenden Handelns aktiv Einfluss. ▪ Legt bei zeitweiligen Schwierigkeiten bei der Sicherung der Ergebnisse eine große Ausdauer an den Tag. ▪ Wird durch die Erwartung von konkreten Ergebnissen motiviert.
Loyalität / Integrität	▪ Steht klar zum Unternehmen und zu den Mitarbeitern / Kollegen – sowohl in positiven als auch in kritischen Situationen. ▪ Ist gegenüber Führungskräften offen und kooperationsbereit. ▪ Setzt sich für das Unternehmen und seine Ziele ein, identifiziert sich mit den Produkten / Dienstleistungen des Unternehmens und vertritt diese mit Überzeugung. ▪ Vertritt das Unternehmen in der Öffentlichkeit aktiv und hält eigene Unzufriedenheiten mit dem Unternehmen zurück.
analytische Fähigkeiten	▪ Besitzt eine rasche Auffassungsgabe, beherrscht Methoden des abstrakten Denkens und kann sich klar ausdrücken. ▪ Kann Wesentliches von Unwesentlichem unterscheiden, die Informationsflut verdichten, Sachverhalte schnell auf den Punkt bringen, Tendenzen und Zusammenhänge erkennen und richtige Schlüsse und Strategien daraus ableiten. ▪ Versteht es mit Zahlen, Daten und Fakten sicher umzugehen und aus der Informations- und Datenvielfalt ein klar strukturiertes Bild zu zeichnen.
Problemlösungsfähigkeit	▪ Identifiziert problematische Situations-, Prozess- und Zielstrukturen, löst Aufgaben und Probleme intensiv zupackend durch Rückgriff auf den eigenen sowie auf den im Unternehmen vorhandenen fachlichen und methodischen Wissens. ▪ Bringt die erkannten Probleme in kreative Diskussionen der Arbeitsgruppe oder des Unternehmens ein. Gestaltet Kommunikations- und Leitungsstrukturen dem erkannten Problemtyp entsprechend effektiv. ▪ Initiiert systematisch-methodische Vorgehensweisen bzw. Prozesse soweit Problemlösungsprozesse mit einzelnen Personen oder (Projekt-)Gruppen. Grenzt dabei Risiken systematisch ein und löst komplexe Probleme in bearbeitbare Teilprobleme bzw. schritte auf.
Zuverlässigkeit	▪ Entwickelt eine hohe Eigenverantwortung und (Arbeits-)Disziplin, ein starkes Pflichtgefühl und Aufgabenbewusstsein und ist vertrauenswürdig. Hat eine idealorientierte Arbeitseinstellung und handelt wertgeleitet, mit hohen Ansprüchen an sich selbst und andere, setzt sich dafür ein, wichtige Werte in der Unternehmenskultur zu verankern. ▪ Setzt als richtig Erkanntes möglichst schnell und energisch durch und hält dabei Emotionen und Wertungen aus sachlichen Aussagen heraus. ▪ Unterstützt die Wahrung der Unternehmensinteressen durch eigenes wirtschaftliches Verhalten und hohe Loyalität, thematisiert Fehler und Probleme, wenn diese das Unternehmen gefährden.

Entscheidungsfähigkeit	▪ Ist gerne bereit, Entscheidungen zu treffen und sie konsequent umzusetzen. ▪ Nimmt alternative Handlungsmöglichkeiten aktiv wahr, ist fähig, Alternativen erkenntnismäßig und wertmäßig zu beurteilen. ▪ Kann sich in Fällen nicht berechenbarer Entscheidungen sowohl auf eine Analyse als auch auf seine Intuition beziehen. ▪ Kann klare Prioritäten setzen.
Gestaltungswille	▪ Hat Freude daran, Systeme und Prozesse aktiv zu gestalten. Lässt sich durch Herausforderungen motivieren und besitzt den Willen, Lösungen auch gegen Widerstände durchzusetzen. ▪ Kann Projekte bedarfsgerecht auswählen, setzt klare Prioritäten in der Entwicklung von Lösungen. ▪ Ist in der Lage, systematisch ganzheitliche Problemlösungen zu entwickeln, kann dabei Wissen und Ideen anderer systematisch generieren, weiterentwickeln und in die Lösung integrieren. ▪ Kann komplexe Vorhaben termingerecht, kostengünstig und in hoher Qualität umsetzen und ist in der Lage komplexe Prozesse zu koordinieren und zu organisieren.
Kommunikationsfähigkeit	▪ Knüpft gerne Kontakte und kommuniziert mit Menschen, geht offen und wohlwollen, aber mit der notwendigen Distanz, auf andere Menschen zu. ▪ Respektiert die Mitmenschen, hört gut zu und geht auf die Gesprächspartner ein, begegnet Einwänden sachlich und mit Frustrationstoleranz. ▪ Besitzt eine hohe Überzeugungsfähigkeit. ▪ Kann seine Kommunikation der Zielgruppe anpassen, kann den Prozess der Zielfindung überzeugend steuern und vermittelt Ziele plausibel; achtet darauf, dass die Mitarbeiter und Kollegen die Ziele kennen und verinnerlichen.
Initiative	▪ Zeigt im gesamten Arbeitsprozess, aber auch im Privatleben, hohes persönliches Engagement. ▪ Entwickelt eigene Zielvorstellungen und Ideen und setzt sich aktiv und erfolgreich dafür ein. ▪ Eignet sich das dafür notwendige Wissen an. ▪ Die eigenen Aktivitäten finden bei anderen hohe Akzeptanz.
Einsatzbereitschaft	▪ Setzt sich selbstlos und verantwortungsbewusst für gemeinsame Unternehmens- und Arbeitsziele sowie im Privatleben ein. ▪ Stellt hohe Forderungen an die eigenen Anstrengungen und die der Mitarbeiter und Kollegen. ▪ Wirkt durch sein Handeln für andere als Vorbild. ▪ Kann andere zu tatkräftigen Handlungen bewegen.

ganzheitliches Denken	▪ Richtet das Denken nicht nur auf fachlich-methodische Details der eigenen Arbeit, sondern auf deren umfassende Inhalte, Zusammenhänge und Hintergründe. ▪ Kann über die eigene Arbeitsgruppe und das eigene Unternehmen hinausgehen; erkennt und betrachtet das nähere und weitere Umfeld der Aufgabenstellung. ▪ Beachtet dabei nicht nur die im engeren Sinne fachlichen, sondern auch die die ethischen, ökonomischen, politischen, sozialen und ökologischen Wechselbeziehungen des eigenen Handelns. ▪ Die Persönlichkeit integriert das Fachliche und ordnet sich ihm nicht einfach unter.
Konfliktlösungsfähigkeit	▪ Erkennt die Interessensgegensätze anderer und kennt die eigene Interessenlage. ▪ Besitzt die nötige Einsicht und Toleranz, andere Interessen unvoreingenommen zu prüfen und die eigenen kritisch zu hinterfragen. ▪ Führt konfliktäre Gespräche mit Kollegen, Führungskräften, Kunden etc. sensibel und hält Konflikte aus. Besitzt Überzeugungsfähigkeit, löst Widerstände und Blockaden durch überzeugende Argumentation auf, schafft Vertrauen und wirkt sicher im Auftreten. ▪ Löst Konflikte nicht auf Kosten der widerstreitenden Parteien, sondern so, dass deren Eigenverantwortung, Kreativität und soziale Kommunikation zunimmt, ist deshalb eine Persönlichkeit, die in Konfliktfällen, gerne als Vermittler aufgesucht wird.
Teamfähigkeit	▪ Ist bereit und in der Lage, in Gruppen/Teams zu arbeiten, geht auf andere offen und wohlwollend, aber ohne Distanzlosigkeit zu. ▪ Veranlasst die offene Darlegung anderer Sichtweisen und Meinungen, hört gut zu und geht auf Gesprächspartner ein, begegnet Einwände sachlich und frustrationstolerant; hält andere Sichtweisen und Meinungen aus und ist in der Lage, sie in die Gruppenprozesse einzubinden. ▪ Ist konsensfähig und setzt sich auch bei Differenzen für gemeinsame Lösungen ein, überzeugt durch Argumente. ▪ Wirkt vermittelnd zwischen eigenem Leistungsniveau, durchschnittlichem Leistungsniveau der Gruppe und sozialen Leistungs- und Wertvorgaben.
Akquisitionsstärke	▪ Geht auf andere Personen aktiv und initiativreich zu; versteht und beeinflusst andere durch intensive und kontinuierliche Kommunikation. ▪ Entwickelt spezifische Lösungsvorschläge und vermittelt das Gefühl der vollen Einbeziehung der Personen, auf die sich seine Arbeit bezieht. ▪ Erkennt schnell Wesentliches und setzt sich dafür selbstständig ein, kann Personen und Kontakte nach ihrer Bedeutsamkeit priorisieren. ▪ Stellt sich auf Besonderheiten seines Gegenüber ein; beendet Gespräche mit konkreten Vereinbarungen (weiteres Vorgehen, Termin etc.)

Belastbarkeit	■ Organisiert bei Unbestimmtheiten, Schwierigkeiten, Widerständen und unter Stress für einen überschaubaren Zeitraum. ■ Hält auch unter solchen komplizierten Bedingungen an Vorhaben fest und fühlt sich durch erhöhte Anforderungen herausgefordert und aktiviert. ■ Macht durch sein Verhalten auch anderen Mut, sich Belastungen zu stellen und dies als Herausforderungen für die Entwicklung der eigenen Person oder der Gruppe, Abteilung etc. anzunehmen. ■ Betrachtet zurückliegende Konflikte und kritische Bewährungssituationen als persönliche Entwicklungs- und Reifeimpulse und versucht, sachlich zu handeln; ist psychisch stabil genug, um auftretenden Stress positiv zu verarbeiten.
Innovationsfreudigkeit	■ Sucht und realisiert aktiv positive Veränderungen von Produkten / Dienstleistungen, Produktions- und Organisationsmethoden, Marktbeziehungen und übergreifende Vernetzungen, stellt sich Problem- und Handlungssituationen mit offenem Ausgang bewusst und gern. ■ Ist Neuem gegenüber auch außerhalb der Arbeitssphäre, im sozialen Umfeld im Freizeitbereich, in der Privatsphäre aufgeschlossen, setzt Neuerungen gern aktiv um. ■ Erbringt in Situationen, die für Veränderungen offen sind, oft die besten und kreativsten Leistungen. ■ Erweitert durch den intensiven Gewinn von Erfahrungen, durch Lernen und Umweltexploration kontinuierlich die Voraussetzungen, um innovativ wirken zu können.

4.2.3 UNTERNEHMERISCHES TEMPERAMENT, UNTERNEHMERISCHER CHARAKTER UND UNTERNEHMERISCHE WERTE / ETHIK

Nach unserem Verständnis zeichnen sich all jene Menschen, welche (schöpferische) Persönlichkeiten sind, auch und gerade dadurch aus, dass sie Individuen im positivsten aller Sinne sind. (Schöpferische) Persönlichkeiten sind nicht nur wertvoll, sondern auch widerspenstig, sie strotzen nicht nur so von Qualität, sondern auch von Querköpfigkeit.[39] In ihren Werken stecken immer auch Werte und in ihrem Nachdenken spiegelt sich immer auch Nachhaltigkeit. Sie sind Individualisten, die ihr Wissen, Können und Wollen einsetzen, um für sich und für andere, die Vision des »guten Lebens« möglich zu machen. Als solche Individualisten besitzen schöpferische Persönlichkeiten ein **unternehmerisches Temperament, unternehmerischen Charakter** und **unternehmerische Werte** bzw. eine **unternehmerische Ethik**.

Temperament hat seinen wesentlichen Ursprung in der je spezifischen Disposition der Triebe des Menschen. Gerade der Explorations- bzw. Neugiertrieb scheint eine wesentliche Bedingung für das unternehmerische Temperament, schafft und verschafft der Neugiertrieb doch Lust daran, Neues zu finden, Unbekanntes in Bekanntes zu verwandeln und – »da das Unbekannte mit

39 In den USA spricht man von diesen Menschen auch als »Wild Ducks«.

Unsicherheit verbunden ist – Unsicherheit in Sicherheit« (Cube 1998: 12). Unternehmerisches Temperament zeigen nach unserer Auffassung daher Menschen, die aus Möglichkeiten Wirklichkeit machen wollen, die ihre Komfortzonen verlassen, sich dem Neuen stellen, ohne von Angst überwältigt zu werden, um ihre schöpferischen Kräfte zu entfalten.[40] (Vgl. Horx 2009, 301) Es ist genau dieses unternehmerische Temperament, welches Schumpeter meint, wenn er den Entrepreneur in dieser Weise beschreibt:

> *Der Entrepreneur ist aus anderem Holz geschnitzt. Wo andere vor Unbekanntem zurückweichen, macht er sich daran, neue Wege zu beschreiten. Dass er sich dabei ständig in unsicheren, undurchsichtigen Situationen bewegt, schreckt ihn nicht. [...] Sein starker Wille, seine überdurchschnittliche Energie verhindert, dass sich der Entrepreneur der allzumenschlichen Bequemlichkeit und Abneigung gegen Neues geschlagen gibt. So schafft er inmitten der alltäglichen Plackerei noch Raum und Zeit, um seine [innovativen] Pläne [...] Wirklichkeit werden zu lassen, selbst wenn seine Umwelt ihn für einen Träumer [...] hält. (Schäfer 2008: 59–60)*

Während der Manager über das notwendige Handwerk, das Wissen, die Qualifikationen und die Kompetenzen verfügt, hat der Entrepreneur zudem ein unternehmerisches Temperament, hat also neben dem entsprechenden Wissen und Können vor allem auch das Wollen, die Leidenschaft zum Handeln und zum Umsetzen. (Vgl. Baschera 2008)

> *The manager administers, the [entrepreneur] innovates.*
> *The manager is a copy, the [entrepreneur] is an original.*
> *The manager maintains; the [entrepreneur] develops.*
> *The manager focuses on system and structure; the [entrepreneur] focuses on people.*
> *The manager relies on control, the [entrepreneur] inspires trust.*
> *The manager has a short-range view; the [entrepreneur] has a long-range perspective.*
> *The manager asks how and when, the [entrepreneur] asks what and why.*
> *The manager has his or her eye always on the bottom line; the [entrepreneur] eye is on the horizon.*
> *The manager imitates; the [entrepreneur] originates.*
> *The manager accepts the status quo; the [entrepreneur] challenges it.*
> *The manager is the classic good soldier; the [entrepreneur] is his or her own person.*
> *The manager does things right; the [entrepreneur] does the right thing.*
> *(Bennis 2009: 42).*

Ein »unternehmerischer Charakter« zeichnet sich nach unserer Meinung vor allem durch folgende Aspekte aus:

- Ein Mensch mit einem unternehmerischen Charakter, kann Veränderungen standhalten, ohne sich selbst zu verlieren: Ein solcher Mensch besitzt jenes Potenzial, sich trotz aller

Stürme des Lebens im Innersten gleich zu bleiben; ein Mensch mit einem unternehmerischen Charakter besitzt also jene Fähigkeit, sich einen Kern bestehend aus Regeln, Normen, Werten, Überzeugungen und Glaubenssätzen aufrecht zu erhalten, auch wenn sich im Laufe des Lebens die Anforderungen und Erwartungen grundlegend ändern.

- Ein Mensch mit einem unternehmerischen Charakter besitzt eine ausgeprägte Individualität und beteiligt sich aktiv mit seinen angeborenen Begabungen und seinen erworbenen Kenntnissen und Fähigkeiten an der Gestaltung unserer Welt. Ein solcher Mensch erbringt im eigenen wie im gesellschaftlichen Interesse Leistungen und übernimmt wertebewusst Verantwortung in Unternehmen, im öffentlichen Leben sowie im privaten Kreis. (Vgl. Spoun, Wunderlich 2005: 293)[41]
- Ein Mensch mit einem unternehmerischen Charakter ist artikulationsfähig, kann sich selbst ein Urteil bilden und stellt sich auf verschiedene Situationen (soziale, kulturelle, wirtschaftliche, private) ein. (Vgl. Nida-Rümelin 2006: 36)

Warum braucht es diesen unternehmerischen Charakter ausgerechnet bei Innovationen? Das Neue schafft die Verantwortung, sich mit den Risiken[42] des Neuen auseinander zu setzen, d. h.: Wer Neues schafft muss die möglichen (oftmals irreversiblen) intendierten und unintendierten Folgen (und mitunter Katastrophen!) seiner Entscheidung, dieses Neue zu schaffen, antizipieren und beurteilen.[43] Wie soll man sich entscheiden, wenn es keine standardisierte Patentlösung, kein Manual gibt? Entscheidungen für oder gegen eine Handlung können in solchen Situationen alleine von Menschen getroffen werden, die fähig sind, Zusammenhänge nicht nur analytisch, sondern auch und vor allem normativ zu erfassen, sich eigenständig ein Urteil zu bilden und Entscheidungen zu verantworten.

---

40 So verstanden weißt der Begriff »unternehmerisches Temperament« große Übereinstimmung zum Begriff der »aktivitätsbezogenen Kompetenz« nach Erpenbeck und Heyse: »[Die aktivitätsbezogene Kompetenz ist dafür verantwortlich], wie tatsächliche Handlungen willensmäßig aktiviert werden. Man kann diese Kompetenz daher im Sinne eines eigenständigen Aktivitätsniveaus (wie bei einem Lautstärkeregler) verstehen.« (Erpenbeck, Rosenstiel 2003: XVI) Die Autoren scheinen die allzu große Nähe zu Begriffen wie Temperament oder Motivation erkannt zu haben und haben diese Passage in ihrer aktuellen Definition der aktivitätsbezogenen Kompetenz gestrichen. (Vgl. dazu Erpenbeck, Heyse 2007b: 159)

41 Für die soziale Rolle »Mitarbeiter in einem Unternehmen« sind schöpferische Persönlichkeiten so v. a. unter jenen Menschen zu finden »with the ability, engagement, and aspiration to rise and succeed in more senior, more critical position«. (Corporate Leadership Council 2005: 5)

42 Von einem Risiko soll gesprochen werden, »wenn eine Entscheidung ausgemacht werden kann, ohne die es nicht zu dem Schaden kommen könnte«. (Luhmann 1991: 25)

43 Ulrich Beck, der »Schöpfer« des Begriffs »Risikogesellschaft«, spricht mittlerweile von einer »Weltrisikogesellschaft« (Beck 2007), bei der die Entscheidungsträger nicht nur regionale, sondern globale Folgen bedenken müssen – eine schier unmenschliche Komplexität!

Schöpferische Persönlichkeiten gelten als diejenigen, welche maßgeblich an Innovationen, d. h. am besseren Neuen oder neuen Besseren beteiligt sind. Daher müssen schöpferische Persönlichkeiten nicht nur Wissen erwerben und Kompetenzen entwickeln, sondern auch ein kohärentes Welt- und Selbstbild für sich entwickeln (können), sich auf Grundlage von Selbsterkenntnis und eigenen Werten erreichbare Ziele setzen (können) und die Kraft und den Mut entwickeln (können), diese Ziele auch zu erreichen.

Im Kontext von Innovationen und unternehmerischen Handelns erachten wir die Werte Vertrauen, Toleranz, Nachhaltigkeit, Konsequenz, Respekt für besonders wichtig:

- Vertrauen ist jene »Hypothese künftigen Verhaltens« (Simmel 1908 / 1992: 393) jener »mittlere Zustand zwischen Wissen und Nichtwissen um [die Handlungen des vertrauten] Menschen« (ebd.); Vertrauen ist kurzum jener Glaube an einen Menschen, der immer dann besonders bedeutsam wird, wenn dieser Mensch, dem man Vertrauen schenkt, in einer neuen oder so noch nicht dagewesene Situation handeln muss.
- Toleranz soll hier verstanden werden im Sinne von »to honour the otherness in the other« (Bauman 1991: 235). Toleranz ist besonders gefragt in Situationen, für die es keine Matrize, keinen Standard, kein Richtig oder Falsch gibt. Denn in solchen Situationen können Menschen nicht gemäß (allgemein) geltender Regeln und Normen handeln, sondern nur selbstorganisiert vor dem Hintergrund von zutiefst subjektiven Vorstellungen des Erwünschten.
- Nachhaltigkeit soll verstanden sein als ein Streben, den sozialen, ökologischen, wirtschaftlichen Wohlstand jetziger und zukünftiger Generation zu erhalten und auszubauen. Alle diese Formen des Wohlstands sind angesichts unserer rapide und tiefgreifend verändernden Welt letztlich von der Innovationsfähigkeit und –tätigkeit von Menschen angewiesen, vom fortlaufenden Prozess, bei dem neues oder so noch nicht angewandtes Wissen soziale, ökologische und / oder wirtschaftliche Wirklichkeit wird.
- Konsequenz bedeutet zweierlei: 1. das unbedingte Wollen, dass wissenschaftliches Wissen unternehmerische Folgen hat; 2. das Folgebewusstsein, das Antizipieren, dass und welche unternehmerischen, sozialen und ökologischen Auswirkungen dieser Transfer haben könnte.
- Auch und gerade in multikulturellen Teams sind gegenseitiges Vertrauen und gegenseitiger Respekt wichtige Elemente für innovatives Denken und Handeln. Daher gehört zum interkulturellen Wissen auch eine tiefe Überzeugung, nämlich: Wir müssen zum einen das kulturelle Anderssein kennen, das uns auf der Oberfläche vermeintlich voneinander unterscheidet; zum anderen müssen wir uns aber auch vor allem jener menschengemeinsamen Rechte und Pflichten des Zusammenlebens und auch das Zusammenarbeitens bewusst werden und unser Handeln danach ausrichten. Niemand mag betrogen, belogen, ausgenutzt, ohne Respekt behandelt werden, ganz gleich, welchem Kulturkreis er oder sie entstammt; und jeder Mensch auf diesem Planeten mag Ehrlich- und Aufrichtigkeit, Anerkennung, Wertschätzung.

Ein System, das sich aus den eben beschriebenen Werten und daraus abgeleiteten Normen und Regeln ergibt, nennen wir **unternehmerische Ethik**.

FAZIT

Innovationen sind keine anonymen Vorgänge. Um Projekte im Sinne der Schumpeter'schen Unternehmensentwicklung überhaupt entwickeln und durchführen zu können, ist es von entscheidender Bedeutung, dem wesentlichen Erfolgsfaktor für die Unternehmensentwicklung besondere Beachtung zu schenken: jenen Menschen, die eine schöpferische Persönlichkeit haben und sind, also jenen Menschen, durch die der Innovationsprozess überhaupt erst initiiert, vollzogen und abgeschlossen wird:

28 | Schöpferische Persönlichkeiten im Innovationsprozess

Vor dem Hintergrund des Begriffs Innovation lautet die Definition unseres Bildungsideals »schöpferische Persönlichkeit« zusammengefasst: *Als schöpferische Persönlichkeiten können all jene Menschen bezeichnet werden, welche, nachdem sie durch ihre breite Bildung umsichtig die möglichen komplexen Folgen ihrer Entscheidungen durchdacht und vor dem Hintergrund ihrer Werte beurteilt haben, die Kompetenzen und auch die Kraft und den Mut haben, mit ihrem reichhaltigen, selbstorganisiert erarbeiteten, ständig wachsenden Wissen, Ziele zu formulieren und in der Lage sind, Wissen*

Wirklichkeit werden zu lassen in Situationen, für die es keine Matrize, keinen Standard, kein Richtig oder Falsch gibt. Durch ihr Wissen, Können und Wollen sowie durch ihr Wesen und ihr Tun nehmen schöpferische Persönlichkeiten innerhalb von Gemeinschaften zwangsläufig eine führende Rolle ein. (Vgl. Faix, Mergenthaler 2009: 15)[44]

An dieser Stelle möchten wir noch zwei Dinge ganz deutlich betonen:

1. Schöpferische Persönlichkeiten gelten im ökonomischen Kontext als besonders wertvolle, da wertschaffende Menschen. Das evolutionäre und revolutionäre Potenzial von schöpferischen Persönlichkeiten ist jedoch nicht alleine auf diesen Kontext beschränkt. Alle gesellschaftlichen Bereiche wie Kultur, Politik, Sport, Gemeinwesen etc., ja auch die Gesellschaft insgesamt sind auf Innovationen und damit auf Menschen angewiesen, welche das Wissen, das Können und das Wollen besitzen, Ideen in die Tat umzusetzen.

2. Überspitzt ausgedrückt lautet die Definition des Begriffs »schöpferische Persönlichkeit«: Schöpferische Persönlichkeiten sind Menschen, die über mehr/größeres Wissen und mehr/größere Kompetenzen als der Durchschnitt und darüber hinaus über die Persönlichkeit eines »Machers« verfügen und diese ihnen mitgegebenen und selbst erarbeiteten reichen Gaben dazu einsetzen, Ideen und Wissen wertschöpfende Wirklichkeit werden zu lassen. Einer solchen Definition könnte man die Instrumentalisierung von Menschen vorwerfen, werden Menschen doch hier alleine als »Wissens- und Potenzialträger« betrachtet, die allein deshalb so wertvoll sind, weil sie ihr exorbitantes Wissen und ihre grandiosen Kompetenzen Werkzeugen gleich zur Wertschöpfung einsetzen. Mitunter kommt hier der Verdacht auf, dass hier Individuen reduziert werden auf Objekte, die all jene von außen als notwendig erachteten Fähigkeiten reichlich besitzen, die all jene von außen herangetragenen Anforderungen übererfüllen.

Wir bekennen hier ganz deutlich: Jeder Mensch ist durch die Würde seines Menschseins unersetzlich und unmessbar. Mit unserer Definition des Begriffs »schöpferische Persönlichkeit« wollen wir Menschen nicht zu bloßen Funktionsträgern degradieren. Wir erwehren uns dagegen, dass Menschen auf »totale Anschlussfähigkeit ans System getrimmt« (Grigat 2010: 250) werden. Wir erwehren uns dagegen, dass Menschen alleine durch ihre Funktionalität für gesellschaftliche Zwecke definiert werden, dass sie als Subjekt jenseits der aktuellen gesellschafts- oder marktrelevanten Anforderungen nicht existieren.[45] Gleichwohl wollen wir – und das verstehen wir als einen unserer Aufträge als Bildungsinstitution – ein uns erstrebenswert erscheinendes Bildungsziel vorstellen. Dass wir hierbei das Bildungsziel »schöpferische Persönlichkeit« entwerfen, hat viel damit zu tun, weil wir uns der Meinung des britischen Schriftstellers Joseph Addison anschließen: »Die wesentlichen Dinge, um in diesem Leben Glück zu erlangen, sind: etwas zu vollbringen, etwas zu lieben und auf etwas zu hoffen.« Für den erstgenannten Aspekt eines geglückten Lebens – das Vollbringen von etwas – ist das Haben und Sein einer »schöpferischen Persönlichkeit« sicherlich sehr zuträglich.

5 ÜBER EINE GANZHEITLICHE BILDUNG (ZU) EINER SCHÖPFERISCHEN PERSÖNLICHKEIT

Bei der Bildung des Menschen gilt es zu beachten, dass sie von außen zwar zu befördern, aber nur vom Subjekt selbst zu verwirklichen ist. Bildung an Menschen weiterzugeben bedeutet folgerichtig Bedingungen zu schaffen, unter denen es Menschen möglich ist, z. B. eine schöpferische Persönlichkeit im Sinne eines Habens und Seins zu entwickeln. Diesem Aspekt bewusst, soll im folgenden Kapitel ein Modell angerissen sein, das nach unserer Ansicht die Entwicklung (zu) einer schöpferischen Persönlichkeit befördert. Ein Bildungsmodell wird dabei nach unserer Definition durch folgende Bestandteile gebildet: 1. eine theoretische Grundlage in Form einer Bildungsphilosophie, 2. eine Methodologie, gebildet aus einzelnen Bildungsmethoden und 3. ein Messverfahren, das den Bildungserfolg Lernenden und damit auch die Wirksamkeit des gesamten Bildungsmodells evaluiert.

Vorausschicken mochten wir Folgendes: Zum einen lassen sich nicht alle Unterrichtsinhalte auf der Grundlage dieses Modells sachgerecht und praktikabel lehren und lernen. Zum anderen gilt es, auch und gerade bei der Bildung jenen berühmten Satz von C.G. Jung zu verinnerlichen, dass jeder Mensch eine Ausnahme von der Regel ist. Der beiden eben genannten Argumente eingedenk kann und soll das von uns genannte Konzept keinen Anspruch auf Allgemeingültigkeit erheben; dieses Konzept ist ausdrücklich keine Universalmethode, die immer und für jeden zutreffend ist. Die Wahl des Bildungskonzepts bzw. einzelner Bestandteile eines solchen muss den Inhalten und Zielen sowie dem Wesen und den Bedürfnissen der Lernenden entsprechen; vielfältige Inhalte und Probleme sowie die große Achtung vor der Individualität des Menschen erfordern Konzeptpluralität. Allerdings halten wir das vorgestellte Konzept durchaus für eines, das sich bei der Bildung (zu) einer schöpferischen Persönlichkeit als durchaus fruchtbar erweist.

---

44 Dieses Bildungsideal findet sich in Teilen in den obersten Bildungszielen vieler Bundesländer, so z. B. in jenen, welche vom Staatsinstitut für Schulqualität und Bildungsforschung 2003 veröffentlicht worden sind. (Vgl. ISB, 2003, 17). Bildung soll hier vor allem dies bewirken: Entwicklung von Verantwortungsbewusstsein, soziale Verantwortung, die Wahrung der Würde des Menschen und der Völkerverständigung, die Entfaltung der eigenen Person. Der junge Mensch soll dementsprechend: versuchen, sich selbst zu erkennen; sich selbst gegenüber aufrichtig sein; Selbstvertrauen gewinnen; erfahren, dass es glücklich machen kann, Schwierigkeiten zu meistern und etwas zu leisten; Selbstkontrolle und Selbstbeherrschung üben; lernen, Schuld einzugehen und anzunehmen; zu eigenen Überzeugungen gelangen und zu einer Sinngebung seines Lebens finden; zu seinen Gewissensentscheidungen stehen; den Anforderungen anderer gerecht werden, aber auch nach ihrer Berechtigung fragen und sie gegebenenfalls abweisen; eigene Wünsche, Ansprüche, Rechte gegen Angriffe verteidigen, aber auch auf sie verzichten können, über die eigene Rolle in verschiedenen Sozialbeziehungen und die damit verbundenen Anforderungen nachdenken.

45 Die Kritik am Kompetenzbegriff fällt vielfach ähnlich aus. Was dabei oft nicht beachtet wird: Kompetenzen zeigen sich freilich nicht nur in beruflichen Situationen, sondern im Prinzip überall im Leben: Als politischer Staatsbürger, als Teil einer Familie, als Mitglied einer Gruppe, im Urlaub – überall dort, wo Menschen dem Neuen erfolgreich gegenüberstehen, beweisen sie Kompetenz.

5.1 BILDUNGSPHILOSOPHIE: GEMÄSSIGTER PRAGMATISMUS

Im Mittelpunkt der philosophischen Denkrichtung des Pragmatismus stehen Handlungen: Sie bilden den Ursprung aller Dinge und aller Erkenntnisse. (Schreier 1986: 21, 24f.) Die praktischen Konsequenzen und Wirkungen einer Handlung (oder allgemeiner: eines Geschehens, Ereignens) bestimmen nicht nur alles konkrete Sein in der Lebenswelt der Menschen, sondern auch, was die Bedeutung oder die Wahrheit von Begriffen, Aussagen und Meinungen ausmacht. Kurzum: Die Praxis bildet das Fundament für alles. Dies gilt auch und gerade für Theorien, denn der Wert jeder Erkenntnis misst sich am Nutzen, den diese für das Handeln des Menschen und für die Praxis des Lebens besitzt (Jank/Meyer 1994: 119 f). Hauptvertreter des Pragmatismus sind Charles Sanders Peirce, William James, Herbert Mead und John Dewey. (Russel 1996: 398). Für Peirce rückte das Intersubjektive ins Zentrum des philosophischen Interesses, James widmete sich dem Partikularen und Mead der Sprachgeste. Dewey hingegen transferierte die Gedanken des Pragmatismus (und des psychologischen Funktionalismus) auf den Erziehungs– und Bildungsprozess. (Schreier 1986: 21)

Theorien bilden einen instrumentellen, nämlich einen an der Nützlichkeit für den Menschen gemessenen Charakter. Erkenntnisse, die dem Anspruch zur Bewältigung von Lebenssituationen nicht gerecht werden, gelten als irrelevant und unüberprüfbar. Die Erfahrung bildet stattdessen die zentrale philosophisch-pädagogischen Kategorie. Das Credo der Erziehungs- und Bildungsphilosophie nach Dewey lautet daher: »Ein Gramm Erfahrung ist besser als eine Tonne Theorie, einfach deswegen, weil jede Theorie nur in der Erfahrung lebendige und der Nachprüfung zugängliche Bedeutung hat« (Dewey 1949/2000: 193).

Der Begriff Erfahrung betont das subjektive Element der Auseinandersetzung des Individuums mit der jeweils spezifisch erlebten Welt. Das Bildungsobjekt begegnet dem Subjekt so nicht nur als rein gedankliche Vorstellung oder als symbolischer Inhalt (als Text, Bild- oder Tonaufnahme etc.); und das Subjekt verarbeitet das Objekt dementsprechend nicht bloß passiv konsumierend. Vielmehr rückt das Objekt dem Subjekt buchstäblich auf den Leib: Das Subjekt sieht sich tatsächlich in seiner Lebenswelt mit dem Objekt konfrontiert, reagiert auf dieses und erlebt das Objekt damit durch sein eigenes Handeln. Erfahrungen entstehen somit im Wirkungskreislauf zwischen der Welt und dem Menschen. Aus und durch Erfahrungen zu lernen bedeutet daher, dass der Mensch aus diesen tatsächlichen Begegnungen Erkenntnisse zieht und diese dafür nutzt, sein Repertoire von Denk- und Handlungsmustern auszubauen.

Konflikthafte oder neue Situationen bei der Interaktion zwischen Mensch und Welt können durch deren »projective Erfahrung« also durch geistige Vorstellung, Probehandeln und im Spiel bewältigt werden. (Knoll 1984: 664) Von besonderer Bedeutung betrachten wir dabei die projective Erfahrung während eines Spiels. Den Begriff »Spiel« wollen wir in Anlehnung an Hunzinga (1938/1991) und Eibl-Eibesfeldt (1986) definieren. Ein Spiel besteht so aus mehr oder minder selbstgewählte Handlung oder Beschäftigung, die vollzogen wird innerhalb gewisser festgesetzter

Grenzen von Zeit und Raum und nach mehr oder minder freiwillig angenommenen, aber unbedingt bindenden Regeln. Das Eingehen in einem Spiel geht dabei einher mit einem Gefühl der emotionalen Labilisierung, der Spannung und Freude und einem Bewusstsein des »Andersseins« als das »gewöhnliche Leben«. (Vgl. Hunzinga 1939/2004: 37) Eine wesentliche Voraussetzung für das Spielen ist, »dass die dem Ernstverhalten zugrunde liegenden motivierenden Systeme nicht durch starke physiologische Bedürfnisse (Hunger) und/oder äußere Umstände (Angst) aktiviert werden, denn sonst ist es dem Tier oder dem Menschen nicht möglich, seine Handlungen von den sie normalerweise aktivierenden Instanzen abzuhängen.« (Eibl-Eibesfeldt 1986: 725) Eine weitere Voraussetzung des Spielens ist, dass dieses in einem mehr oder minder geschützten Rahmen, auf einem etwas »entspannten Feld« (Bally 1945) stattfindet.

Spiele dienen funktional gesehen der Einübung von Fähigkeiten. Sie bieten weiterhin eine Möglichkeit, das eigene Selbst kreativ zu erproben, die eigene Persönlichkeit zu erfahren, so dass sich Prozesse der Identitätsfindung und der entwicklungspsychologischen Reifung vollziehen können. Spiele ermöglichen weiterhin die Aneignung und Neuprägung sozialer Verhaltensweisen. Speziell in der Form des »Rollen-Spiels« (vgl. hierzu v.a. Goffman 1959/1991) wird das spielende Subjekt dazu angeleitet, Rollen zu übernehmen (z.B. die Rolle des Managers) und diese im entfaltenden sozio dramatischen Zusammenhang darzustellen. Schließlich vermitteln Spiele Einblick in Regeln und normative Schemata. (Vgl. Schäfers 1995: 335f.) Auch wenn das Subjekt vollkommen im Spiel aufgehen kann, besteht dennoch die Möglichkeit, über sich als Spieler und das Spiel selbst zu reflektieren. Darüber hinaus impliziert der Begriff »Spiel« auch, dass es prinzipiell möglich ist, aus dem Spiel auszusteigen – auch wenn dieser Ausstieg mitunter große Anstrengung und Opfer kosten kann.

Bildung darf nach Dewey nicht nur auf eine »Diät aus vorverdauten Stoffen« reduziert werden (Dewey 1963: 58). Lerninhalte sind nicht nur zu verstehender Lernstoff, sondern zugleich Objekt, an dem die Subjekte ihre Erfahrungen machen können, um daran zu wachsen. (Vgl. Walterscheid 1998: 11) Anders gesagt: Das Subjekt begreift zum einen das Bildungsobjekt in der konkreten oder projectiven Konfrontation mit diesem. Zum anderen erarbeitet sich das Subjekt neue und verbesserten Anschlusshandlungen über die denkende Verknüpfungen von konkreten oder projectiven Handlungen und deren Folgen. Ein Unterricht in diesem Sinne besteht so gesehen zum großen Teil darin, Menschen die Möglichkeit zu bieten, reale sowie projective Erfahrungen zu machen. Und die Kunst des Unterrichtens in diesem Sinne besteht so gesehen zum großen Teil darin, bei der denkenden Erfahrung Anregung und Unterstützung zu geben. Dabei sind die neuen Problemstellungen ausreichend groß zu machen, dass sie das Denken anregen; zugleich sind sie so klein zu halten, dass sie die Lernenden nicht überfordern (Dewey 2000: 209f).

Die aus »realen« oder projectiven – Erfahrungen erarbeiteten Denk– und Handlungsmuster sind dabei zutiefst transferierbar, d.h. die im Rahmen der Bewältigung von Situationen erworbenen Fähigkeiten und Fertigkeiten bilden Instrumente des wirksamen Verstehens und Behandelns nachfolgender Situationen. Anders gesagt, fügt der Mensch durch Erfahrungen seinem Repertoire innovative Denk- und Handlungsmuster hinzu.

Wir bezeichnen unsere Bildungsphilosophie als »gemäßigten Pragmatismus«: Gemäßigt bedeutet, dass man sich nicht alleine darauf beschränken soll, Möglichkeiten zu bieten, um Erfahrungen zu machen. Gleichfalls sollte in das Curriculum das objektivierbare Wissen der Gesellschaft eingehen. (Knoll 1984: 665) Durch ein solch gleichrangiges Nebeneinander soll vor allem vermieden werden, dass der Lernende sich ausschließlich auf die Gewissheit seiner eigenen – mitunter verzerrten – Erinnerungen beruft, um eine aktuelle Situation zu interpretieren.

Anders gesagt, besteht eine ganzheitliche Bildung (zu) einer schöpferischen Persönlichkeit in der Synthese dem objektivistischen und dem subjektivistischen Bildungs-Paradigma. (Vgl. hierzu z. B. Walterscheid 1998) Beim objektivistischen Bildungs-Paradigma steht der Transfer sachlichen Wissens und fachlicher Konzepte im Vordergrund. Im Falle der Bildung (zu) einer schöpferischen Persönlichkeit bedeutet dies u. a. den Erwerb von Wissen zu den Themen Unternehmertum / Management:

> *Das materiale Bildungsverständnis der alten Schule schlägt sich in ihrer Orientierung an der Betriebswirtschafts- bzw. Managementlehre als zuständiger Fachwissenschaft nieder. Gemeint ist jene mainstream-Ausprägung der Betriebswirtschaftslehre, die in der Tradition einer Ontologie der »gefesselten Natur« ihren Betrachtungsgegenstand als nomologisch verfasst begreift. Von ihr wird erwartet, dass sie jenen Kanon objektiven Wissens liefert, mit dem eine Unternehmensgründung [bzw. allgemein Management-Aufgaben] erfolgreich gestartet und fortgeführt werden [können]. (Walterscheid 1998: 8)*

Beim subjektivistischen Bildungs-Paradigma geht es um die Entwicklung einer Reihe an die Person gebundenen Fähigkeiten und Eigenschaften. Kurzum geht es bei der Bildung (zu) einer schöpferischen Persönlichkeit aus objektivistischer Sicht u. a. darum, dass Menschen die vielen und vielgestaltigen Aspekte von Unternehmertum / Management verstehen; beim subjektivistischen Bildungs-Paradigma geht es bezüglich der Bildung (zu) einer schöpferischen Persönlichkeit u. a. um die Entwicklung zu einem unternehmerisch denkenden und handelnden Individuum, also einem Menschen, der seine Ideen in die Tat umsetzt – sei es im eigenen Unternehmen oder als Angestellter. (Walterscheid 1998: 13).

Es ist nach unserer Auffassung, wenn nicht unmöglich, so doch auf jeden Fall schwierig, ohne ausreichendes Wissen über Unternehmertum / Management sich zu einer schöpferischen Persönlichkeit zu entwickeln. (Unternehmerisches) Wissen bildet gewissermaßen den Treibstoff, die elementare Grundlage jeder (unternehmerischen) Erfahrung. Ein Mensch, der ein bestimmtes Wissen besitzt – etwa über den Gegenstand des Innovationsprozesses – entwickelt sich hierdurch jedoch nicht automatisch zu einer schöpferischen Persönlichkeit. Zum – nichtsdestotrotz – obligatorischen Wissen muss dieser Mensch eine Reihe subjektiver Eigenheiten entwickeln.

FAZIT

Die Bildungsphilosophie des Pragmatismus bedeutet im Kern, dass Lernen am besten über Erfahrungen gelingt. Komplementär zu dieser subjektiven Auseinandersetzung mit der Welt sollte sich der Lernende mit objektivierten Lerninhalten beschäftigen. Ein in unserem Sinne gemäßigt zu nennender Pragmatismus bedeutet zusammengefasst,

- eine Synthese zwischen Theorie und Praxis, zwischen »Wissen erwerben« und »Erfahrungen machen«,
- eine Verflechtung des kognitiven Lernens mit emotionalen und sozialen Komponenten,
- und somit: eine Verringerung der Kluft zwischen Schule und Leben, zwischen Lernwelt und Lebenswelt.

Speziell für die Bildung (zu) einer schöpferischen Persönlichkeit bedeutet ein gemäßigter Pragmatismus: Es geht zugleich um den Erwerb von Fachwissen und um die Entwicklung der Bewusstheit und Verantwortlichkeit unternehmerischer Lebensperspektiven. (Panoke 2003: 27)

5.2 DIE BILDUNGSMETHODIK: FORSCHENDES LERNEN UND PROJEKTLERNEN

Die Bildungsmethodik umreißt in allgemeinen Zügen, wie sich Lehren und Lernen, so wie es in einer Bildungsphilosophie abstrakt gedacht wird, vollziehen könnten. Bei der Bildung (zu) einer schöpferischen Persönlichkeit erscheinen uns dabei vor allem folgende Bildungsmethoden als sehr fruchtbar: forschendes Lernen, Projektlernen und arbeitsintegriertes Lernen.

5.2.1 FORSCHENDES LERNEN

Im Begriff »forschendes Lernen« werden die beiden wesentlichen Aufgabenbereiche im hochschulischen Kontext, eben Lernen und Forschen, zusammengefügt, die Trennung zwischen diesen beiden für gewöhnlich institutionell voneinander getrennten Elementen aufgehoben. Dabei impliziert der Begriff »forschendes Lernen«, dass der Fokus dieser Synthese darin besteht, dass sich der Prozess des Lernens anders gestaltet, nämlich nunmehr zutiefst vom Geiste und den Prinzipien der Wissenschaftlichkeit durchdrungen sei.

Diese Durchdringung äußert sich auf zweifache Weise: 1. Lehrinhalte sollen in und durch Forschung generiert und begründet werden. 2. Wissenschaftsorientierung wird verstanden als generelles Unterrichtsprinzip – und nicht als Privileg bestimmter Fächer wie z. B. Naturwissenschaften. Der erste Aspekt besagt somit, dass das, was gelehrt und gelernt wird, vollkommen auf wissenschaftlicher Evidenz gegründet sein soll. So sehr der erste Aspekt aus wissenschaftstheoretischer Hinsicht Probleme bereitet[46], so selbsterklärend ist doch, was damit gemeint ist: das Objekt von Lehre und Forschung soll vollkommen auf wissenschaftlicher Evidenz gegründet sein. Der zweite Aspekt hingegen bedarf einer weiteren Erläuterung.

Im Prinzip besagt forschendes Lernen in diesem Sinne zweierlei: 1. In Bezug auf das Objekt des Lernens, den Lernstoff, bedeutet forschendes Lernen, dass dieser nicht von einem Lehrenden präsentiert wird, sondern von den Lernenden selbst erforscht und erkundet wird. 2. In Bezug auf das Subjekt des Lernens, den Lernenden, bedeutet forschendes Lernen, dass diese den Forschungsprozess als »bildende Erfahrung« (Dewey 1949/2000) erleben. Lernen beschränkt sich beim forschenden Lernen nicht auf das Aufnehmen und Abspeichern eines wissenschaftlich gesicherten Wissensvorrates. Vielmehr liegt dem forschenden Lernen die Überzeugung zu Grunde, dass Lernende zugleich auch Wissenschaftler sind, d. h. (wissenschaftliches) Wissen selbst schaffen können und durch diesen Prozess in mehrfacher Hinsicht vertieftes Lernen ermöglicht wird. Eine Lehre bzw. ein Curriculum im Sinne eines so verstandenen Lernens bedeutet, Forschung als einen Handlungsrahmen zu gestalten, (vgl. Wildt 2006) in dem sich Lernende am Lernstoff mittels wissenschaftlicher Methoden und Prinzipien abarbeiten, um ihn zu begreifen. In diesem Sinne könnte man forschendes Lernen auch beschreiben als ein »learning by scientific doing« oder als »learning by doing science«. Nach John Dewey konstituiert sich ein solches Lernen dadurch:

> *1. dass der Schüler eine wirkliche, für den Erwerb von Erfahrungen geeignete Sachlage vor sich hat – dass eine zusammenhängende Tätigkeit vorhanden ist, an der er um ihrer selbst willen interessiert ist; 2. dass in dieser Sachlage ein echtes Problem erwächst und damit eine Anregung zum Denken; 3. dass er das nötige Wissen besitzt und die notwendigen Beobachtungen anstellt, um das Problem zu behandeln; 4. dass er auf mögliche Lösungen verfällt und verpflichtet ist, sie in geordneter Weise zu entwickeln; 5. dass er die Möglichkeit und die Gelegenheit hat, seine Gedanken durch praktische Anwendungen zu erproben, ihren Sinn zu klären und ihren Wert selbständig zu entdecken. (Dewey 1949/2000: 218)*

Als didaktische Methode ist forschendes Lernen fachunspezifisch; jedes Fach bietet die Möglichkeit, dass sich ihm Lernende forschend nähern. Der Archäologe lernt sein Fach bei Ausgrabungen; der Biologe lernt die Biologie besser kennen, indem er verhaltensbiologische Experimente durchführt; und der angehende Manager begreift die Theorien, Methoden und Prinzipien der Managementwissenschaft, indem er sich an einer unternehmerisch authentischen, relevanten und konkreten Herausforderung abarbeitet.

Ganz offenkundig ist es dabei der stillschweigende Auftrag eines schöpferisch tätigen Menschen, dass er durch forschendes Lernen, innovatives Wissen hervorbringt. Unter dem Gesichtspunkt des Lernens ist es jedoch zunächst unerheblich, ob innovatives und nachhaltiges oder bereits in Lehrbüchern verzeichnetes Wissen selbst erarbeitet wird. Und wenn man selbst, ohne Kenntnis eines fremden Wissens, durch eigenes Forschen selbst die gleichen Erkenntnisse schafft, so fügt man der Welt vielleicht nichts Neues hinzu; gleichwohl müsste man hierbei ebenso von einem schöpferischen Akt sprechen.

Forschendes Lernen ist damit zusammengefasst mitnichten eine Unterrichtsmethode, mit der ausschließlich Wissenschaftler ausgebildet werden. Vor dem Hintergrund der sehr plausiblen verhaltensbiologischen Hypothese des Neugiertriebs (u. a. Cube 1998), der angeborenen Lust, welches das Begreifen von und Abarbeiten am Neuen schafft und verschafft, bedeutet forschendes Lernen im wahrsten Sinne lustvolles Lernen, eine Befreiung aus jenem Zölibat, welches durch die klassischen Rollenaufteilung in Lehrer und Schüler entstanden ist. Der Drang, seine eigene Neugier durch explorative Tätigkeiten und durch spielerisches Explorieren zu befriedigen, ist ein zutiefst menschliches Verhalten und gewiss die Wurzel der Forschung. (Eibl-Eibesfeldt 1986: 720) »Es gehört zu den schrecklichsten Strafen, wenn man uns diese Möglichkeiten, Neugier zu befriedigen, nimmt.« (Eibl-Eibesfeldt 1986: 716) Und es ist u. a. die Methode des forschenden Lernens, welche uns die Lust am und im Lernen zurückgeben kann.

Weiterhin ist forschendes Lernen »gerade nicht ein Luxus, der nur einem wissenschaftsbezogenen oder Aufbaustudium zu reservieren ist, sondern ein notwendiges Element komplexer Qualifizierung«. (Huber 1998: 6) Gerade vor dem Hintergrund der Verdichtung, Verriegelung und Vervielfachung der Lehr- und Prüfungsanforderungen beim G8-Abitur und der Kanonisierung, Verschulung und Entwissenschaftlichung bei den Bachelorstudiengängen, scheint das forschende Lernen das Prinzip des begreifenden-sich-an-der-Welt-Abarbeitens, diesen altehrwürdigen wie stets aktuellen Bildungsgedanken Humboldts ein wenig zurückzubringen in alle Bildungsinstitutionen.[47]

46 Man denke zum einen nur an den Paradigmenbegriff von Thomas Kuhn, den Begriff der Ideologie nach Karl Mannheim oder den Begriff der Macht nach Michel Foucault. Zum anderen sei an die vielen verschiedenen Forschungsbereiche der Geisteswissenschaften gedacht, die zwar wissenschaftlich erforschbar, aber niemals evidenzbasiert und damit niemals »absolute« oder »letzte« Wahrheiten sind – es ihrem Wesen nach in einer freien Gesellschaft auch niemals sein dürfen.

47 In der Schule reicht es dabei aus, die wissenschaftlichen Methoden richtig anzuwenden. Zur Bewertung des forschenden Lernens in der Schule gehört dementsprechend nicht die Richtigkeit der wissenschaftlichen Ergebnisse, sondern die Gründlichkeit und Logik, mit der die wissenschaftliche Methode angewendet worden ist. In Hochschulen sollte neben die Richtigkeit bei der Anwendung natürlich auch die Richtigkeit der Ergebnisse als gleichrangiges Bewertungskriterium treten.

5.2.2 EXKURS: DAS KONZEPT DES STRATEGISCHEN DREIECK DER UNTERNEHMENSENTWICKLUNG UND SEINE ANWENDUNG BEIM FORSCHENDEN LERNEN

Ein probates Mittel, wie die Methode des forschenden Lernens bei unternehmerischen Fragestellungen angewandt werden kann, bietet das Konzept des weiter oben bereits erwähnten »strategischen Dreiecks der Unternehmensentwicklung«. Die grundlegenden Elemente der Unternehmensentwicklung sind nach diesem Konzept (Faix 2008; Faix, Buchwald, Wetzler 1994; Rasner, Füser, Faix 1999; Faix, Rasner Schuch, 1996):

1. **Die Ist-Situation,**
   d. h. die gegenwärtige Situation des Unternehmens.

2. **Die Rahmenbedingungen**
   unter denen das Unternehmen agiert.

3. **Der Soll-Zustand,**
   d. h. ein angestrebtes und daher noch zu erreichendes in der Zukunft liegendes Ziel des Unternehmens.

4. **Der Weg**
   um von der gegebenen, aktuellen Ist-Situation des Unternehmens und vor dem Hintergrund der gegebenen Rahmenbedingungen zum Soll-Zustand des Unternehmens zu gelangen. Dieser Weg ist die Strategie des Unternehmens.

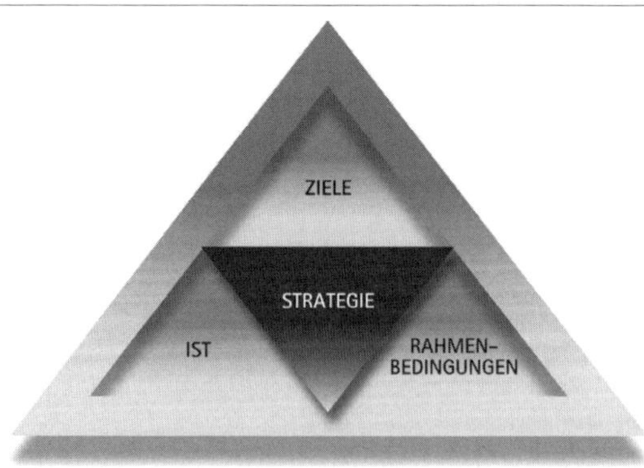

29 | Das strategische Dreieck der Unternehmensentwicklung

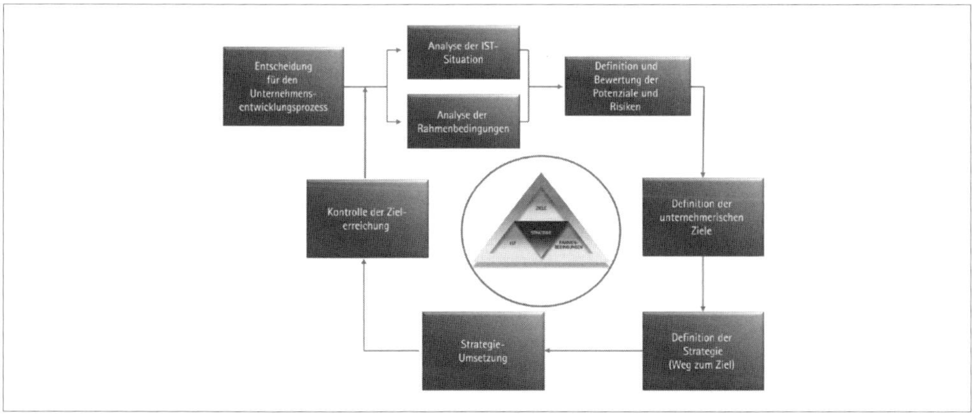

30 | Entwicklungsprozess eines Unternehmens bzw. einer Unternehmung

Der sich aus diesen Elementen ergebende Entwicklungsprozess eines Unternehmens bzw. einer Unternehmung umfasst acht Schritte.

Schritt 1	Die Entscheidung für den Unternehmensentwicklungs-Prozess. Das Unternehmen muss sich aktiv für den Entwicklungsweg entscheiden.
Schritt 2	Analyse der Ist-Situation des Unternehmens und Analyse der Rahmenbedingungen des Unternehmens.
Schritt 3	Aus den Analyse-Ergebnissen abgeleitet die Definition und Bewertung der Potenziale und Risiken des Unternehmens.
Schritt 4	Definition der unternehmerischen Ziele. Nach Formulierung des Unternehmenszieles werden die Ziele für die einzelnen Bereiche der Unternehmenshierarchie gesetzt.
Schritt 5	Definition der Strategie, d.h. des Vorgehensplanes, um die unternehmerischen Ziele zu erreichen. Auch hier wird erst die generelle Strategie entwickelt und dann Teilstrategien für die unterschiedlichen Unternehmenshierarchieebenen.
Schritt 6	Die Umsetzung der Strategie in allen Hierarchieebenen des Unternehmens.
Schritt 7	Die Kontrolle der Zielerreichung, d.h. wurde genau das erreicht, was mit den Zielen vorgegeben wurde und wenn nein, wo liegen die Abweichungen und/oder Defizite
Schritt 8	Der Neueintritt in den Prozess. Wie anfangs betont, ist es für ein Unternehmen aufgrund der Notwendigkeit zum unternehmerischen Wachstum (Schumpeter, 1912), unabdingbar, sich ständig weiterzuentwickeln.

Am Beispiel der Schritte 2 bis 5 soll kurz verdeutlicht werden, wie die Methode des forschenden Lernens beim Konzept des strategischen Dreiecks angewandt werden kann. (Vgl. im Folgenden Faix 2008)

Die für das Unternehmen passenden Ziele und die richtige Strategie zur Zielerreichung können erst definiert werden, wenn die Ist-Situation, also der gegenwärtige Stand des Unternehmens und die Rahmenbedingungen, d. h. die Veränderung der Unternehmensumwelt, bekannt und zu Annahmen zusammengefasst worden sind. (Macharzina 2003) Diese Analysen und Synthesen sollten mit einer hohen Intensität durchgeführt werden, da von ihnen alle weiteren Entscheidungen abhängen. Dabei kann es sehr fruchtbar sein, die bestehenden Wege und Meinungen zu verlassen und das bisherige Unternehmen und Wettbewerbsumfeld aus anderen Blickwinkeln zu betrachten.[48]

Durch die Analyse der unternehmensinternen Faktoren und den Vergleich mit bereits in der Unternehmensvergangenheit durchgeführten ähnlichen Analysen kann ein mehr oder minder genaues und aussagefähiges Gegenwartsprofil des Unternehmens erstellt werden. Um eine solche Analyse mit einem möglichst präzisen Ergebnis zu erreichen, existiert eine Vielzahl von Methoden bzw. Werkzeugen. Häufig angewandte und bewährte Methoden bzw. Werkzeugen bei der Analyse dieser Ist-Situation sind dabei:

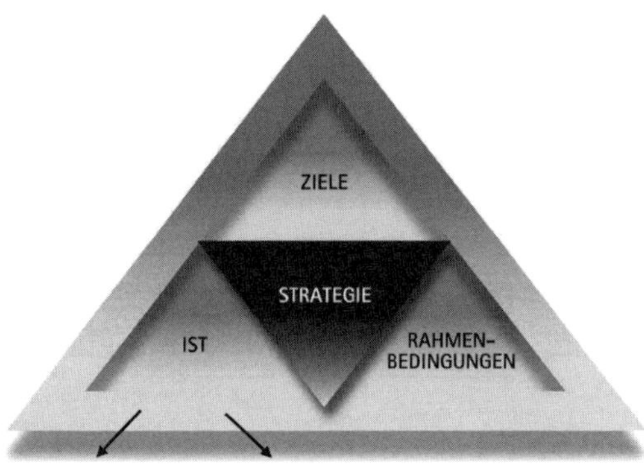

Unternehmensanalyse

- Bilanzanalyse
- Stakeholder Value
- Wertschöpfungskette
- BCG-Matrix
- McKinsey-Portfolio
- 8-Stunden Analyse
- Generelle Erfolgsfaktoren
- Technologie-Portfolio
- Produktlebenszyklus-Konzept
- Geschäftsprozess-Analyse
- Kompetenzstern-Analyse
- etc.

31 | Analyse der Ist-Situation

Nach der endogenen Analyse des Unternehmens selbst folgt als nächstes Element im Unternehmensentwicklungsprozess die Analyse der exogenen Rahmenbedingungen. Diese können analytisch unterschieden werden in »unternehmensbezogenes Umfeld« und »allgemeines Umfeld«. Die Analyse des unternehmensbezogenen Umfelds befasst sich speziell mit der engeren ökonomischen Umwelt eines Unternehmens wie Rivalität unter den Anbietern im Markt, Kundensituation oder Lieferantensituation. Die Analyse des allgemeinen Umfelds umfasst allgemeine Umweltbedingungen wie soziokulturelle, technologische, politisch-rechtliche oder makroökonomische Faktoren. Häufig angewandte und bewährte Methoden bzw. Werkzeuge bei der Analyse dieser Rahmenbedingungen sind dabei:

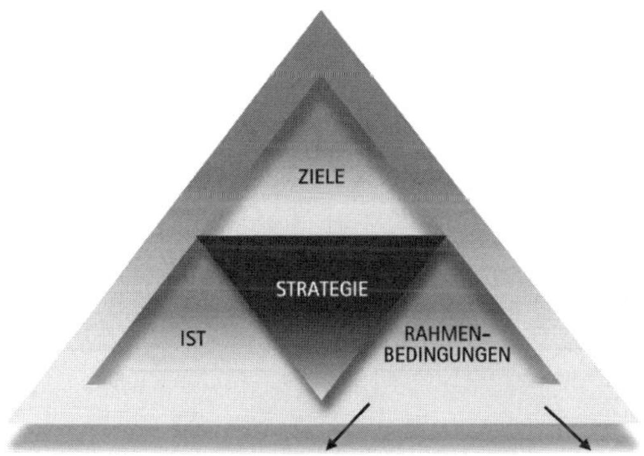

<u>Unternehmensbezogene Umfeldanalyse</u>

- Analyse der Wettbewerbskräfte nach M.E. Porter
- Marktanalysen
- Strategische Frühaufklärung
- Ressourcenverfügbarkeit
- etc.

<u>Allgemeine Umfeldanalyse</u>

- Globale Märkte
- Wachstumsmärkte
- Politische Rahmenbedingungen lokal / global
- Finanzmärkte
- PEST-Analyse
- etc.

32 | Analyse der Rahmenbedingungen

48 Eine neue, unbelastete Sichtweise auf ein Unternehmen und das Wettbewerbsumfeld ergibt sich dabei geradezu zwangsläufig, wenn ein neuer Betrachter ins Spiel kommt, wenn also ein Außenstehender (z. B. ein externer Berater) oder ein neuer Mitarbeiter damit beauftragt werden.

Aus der Vereinigung der Analysen von Ist-Situation und Rahmenbedingungen können die sogenannten strategischen Konzepte abgeleitet werden (Simon, v.d. Gathen, 2002), d.h. aus der Synthese der beiden Analysen ergeben sich die Potenziale und Risiken eines Unternehmens bzw. einer Unternehmung. Strategische Konzepte haben einen stärker prognostizierenden Charakter als bloße Analysetools. Häufig angewandte und bewährte Methoden bzw. Werkzeuge bei der Definition und Bewertung strategischer Konzepte sind dabei:

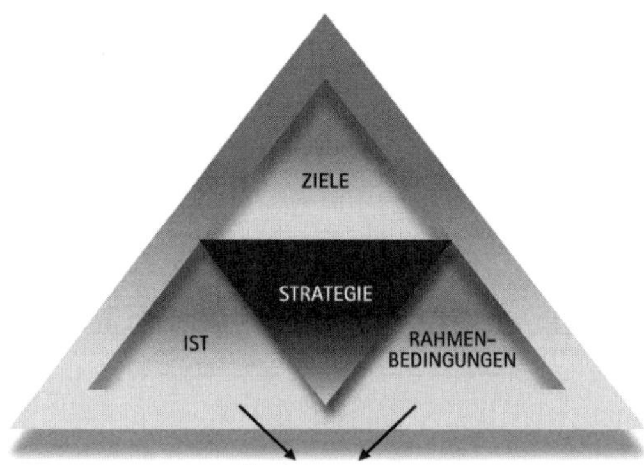

Vereinigung von
Unternehmensanalyse, Umfeldanalyse: strategische Konzepte

- SWOT-Analyse
- Benchmarking
- Das strategische Dreieck nach Ohmae
- Success-Ressource-Development
- Ansoff-Matrix
- etc.

33 | Ableitung strategischer Konzepte

Im nächsten Schritt werden die Ergebnisse der Analysen von Ist-Situation und Rahmenbedingung sowie deren Synthese in Form der strategischen Konzepte zu einem ganzheitlichen Prozess verknüpft. Hierdurch lassen sich realistische Unternehmensziele ableiten. Die in der folgenden Abbildung gezeigten Instrumente zur Ableitung von Unternehmenszielen sind als Auswahl zu betrachten. Je nach Unternehmenssituation und in Abhängigkeit der geplanten Ziele sind andere Instrumente zusätzlich oder alternativ anzuwenden.

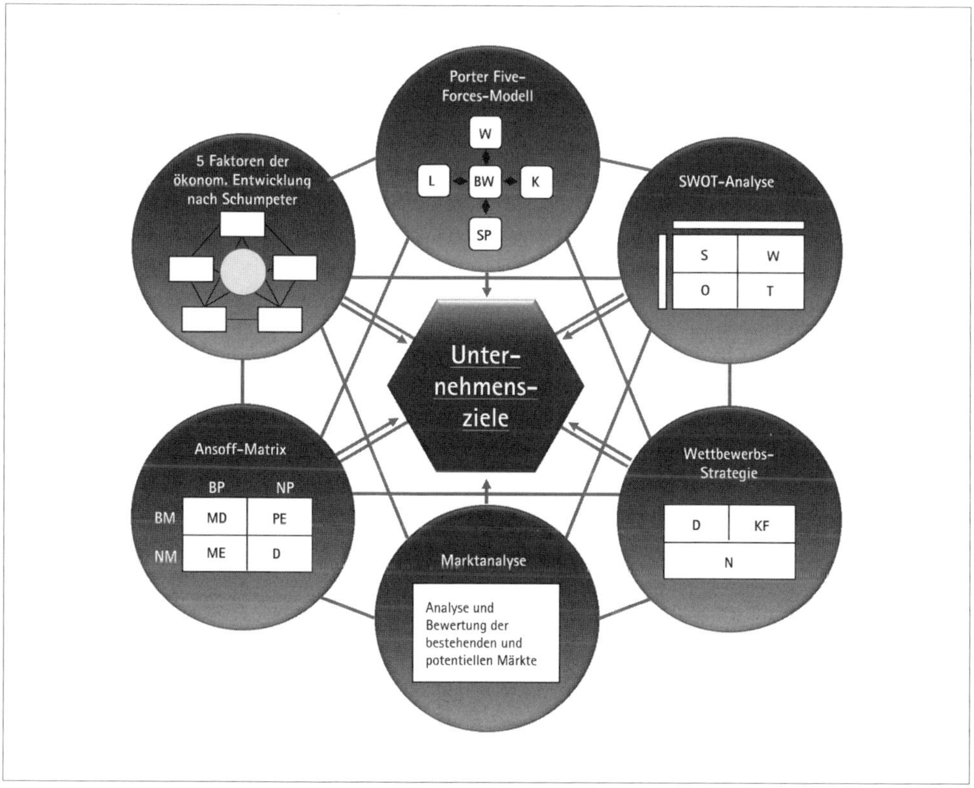

34 | Definition von Unternehmenszielen

Der nächste Schritt, die Definition einer Strategie, bedeutet schließlich, unter den jeweils gegebenen Bedingungen (Ist-Situation, Rahmenbedingungen) einen geeigneten Weg zu schaffen, um das gesetzte Ziel zu erreichen.

Wissenschaftstheoretisch gesehen, werden mit diesen Schritten die Grundlagen für eine Theorie- bzw. Modellbildung geschaffen: Die Analyse der Ist-Situation und der Rahmenbedingungen bildet dabei den Teil der im weitesten Sinne als »Empirie«, als primäre und/oder sekundäre empirische Forschung bezeichnet werden kann. Die Ableitung der strategischen Konzepte entspricht wissenschaftstheoretisch der Bildung von Hypothesen. Die Strategie könnte nach dieser Lesart dann z. B. als Theorie bezeichnet werden, die dadurch verifiziert oder falsifiziert werden kann, indem man durch sie das angestrebte Unternehmensziel erreicht oder nicht. Der gesamte, je nach Unternehmen bzw. Unternehmung spezifisch ausgestaltete Entwicklungsprozess könnte dementsprechend als Modell bezeichnet werden.

5.2.3 PROJEKTLERNEN

Ein Projekt ist ein umfangreiches, einmaliges, zeitlich begrenztes Vorhaben zur Bewältigung neuartiger, komplexer Problemstellungen.[49] Lernen meint nach unserem Verständnis ein Begreifen von und ein Abarbeiten an der Welt. Projektlernen meint demgemäß, dass Lernende unter vorgegebenen Bedingungen (Zeit, Personen etc.), vollständig, planvoll, zielgerichtet, interdisziplinär und selbstständig ein relevantes authentisches Problem aus der Lebenswelt begreifen und sich an ihm abarbeiten, indem sie einen Lösungsvorschlag für das Problem erarbeiten und ihn in die Tat umsetzen. Sowohl für den Prozess wie auch für das Ergebnis der Projektarbeit stehen dem Lernenden dabei keine Lösungsroutinen zur Verfügung. Weiterhin ist das Begreifen und Abarbeiten, also der Lern- und Arbeitsprozess, »der durch die Projektidee ausgelöst und organisiert wird, ebenso wichtig wie das Handlungsergebnis oder das Produkt, das am Ende des Projektes stehen soll.« (Meyer 1987: 144) Bei der Bearbeitung von unternehmerischen Problemen gilt es dabei zu beachten, dass es zumeist zu Abweichungen von den Merkmalen pädagogischer Projekte kommt: So werden die Ziele der Projektgruppe eindeutig vom Management oder den Geldgebern vorgegeben. Weiterhin ist die Souveränität über die Projektorganisation und Projektarbeit nicht immer vollständig gegeben. Schließlich gilt: Bei projektpädagogischen Lehr-/Lernprozessen führt ein abgebrochenes Projekt durch angemessene Analyse und Reflexion der Rahmenbedingungen und Ursachen für den Misserfolg trotzdem zu einem positiven Ergebnis. Der Schaden bei einem Abbruch eines marktwirtschaftlichen Projektes ist von weitaus beträchtlicher Natur. (Vgl. Jung 2002) Idealtypische Merkmale des Projektlernens sind daher: (in Anlehnung an Gudjons 1986: 58-68)

VOLLSTÄNDIGKEIT Projekte zeichnen sich beim Projektlernen dadurch aus, dass die Projektbeteiligten eine »vollständige Handlung« vollziehen können, für alle Phasen eines Projekts verantwortlich sind. Vollständigkeit bedeutet demnach, dass die Projektorganisation wie auch die strategische und operative Projektarbeit selbstorganisiert und selbstverantwortlich durch die Lernenden vollzogen werden. Die Lernenden erhalten somit die Souveränität über wie auch die Verpflichtung für die Metakommunikation und den Inhalt folgender Handlungsphasen: Informieren, Analysieren, Planen, Entscheiden, Ausführen, Kontrollieren und schließlich Auswerten. Indem die Lernenden vollständige Handlungen vollziehen, werden sie mit komplexen und variierenden Aufgaben konfrontiert so z. B. Diagnose der aktuellen Situationsbedingungen, Diskussion erreichbarer Ziele und Gestaltung und Durchführen geeigneter Problemlösungen. Die Folge von vollständigen Handlungen ist, dass die Projektbeteiligten lernen, Verantwortung zu übernehmen. Schließlich entsteht durch die Komplexität der vollständigen Beteiligung an Projekten die Möglichkeit zur Entwicklung metakognitiver Fähigkeiten: So wird durch entsprechende Selbstreflexion die Qualität tätigkeitsregulierender Denkstrukturen sowie von Handlungsprogrammen kritisch überprüft. (Vgl. Stegmaier 2000: 77)

AUTHENTISCHES PROBLEM Bezeichnend für Projektlernen ist die Abkehr von rein wissenschaftlich geprägten Rekursen und Reflexionen, d. h. die Abwendung von rein akademischen Diskursen und Fallstudien. Das Bildungsobjekt, mit welchem das lernende Subjekt konfrontiert wird, ist ein tatsächliches, gegebenenfalls aktuelles und akutes Problem aus der Lebenswelt des Lernenden. Ein authentisches Problem bietet die Möglichkeit, »Leben, Lernen und Arbeiten« (Meyer 1987: 144) zusammenzubringen. Dergestalt bringt ein authentisches Problem den Vorteil, dass dem Lernenden die Arbeit an und mit diesem Lernstoff per se sinnvoll erscheint.

BETONUNG DER WICHTIGKEIT DES ARBEITS- UND LERNPROZESSES Das Projektlernen kennzeichnet sich dadurch, dass es v. a. »weniger auf die reine Vermittlung fachspezifischer Erkenntnisse als auf die Ermöglichung von problemorientiertem Handeln zielt«. (Jung 1997: 22f.) Es geht beim Projektlernen auch aber nichtsdestotrotz nicht ausschließlich darum, hiernach mehr zu wissen; vielmehr geht es darum dass »Lernende zum Lösen komplexer Aufgabenstellungen befähigt werden, was sie zur Bewältigung von Lebenssituationen qualifiziert«. (Kaiser 1999: 329). Die Probleme stammen aus der Lebenswelt des Lernenden; sie ermöglichen den Lernenden so tatsächlich Erfahrungen mit diesen zu machen, wirklich mit diesen konfrontiert zu werden. Solche konkreten Auseinandersetzungen bieten Momente von emotionaler Labilisierung, d. h. Situationen, die geprägt sind von schmerzhaften Vorgängen, von anrührenden und/oder irritierenden Situationen, von Situationen, die zum Aufbrechen und Umorientieren führen. Erst und nur während solcher Momente von zum Teil tiefster, ja existenzieller Betroffenheit können Bildungsprozesse initialisiert werden wie z. B. Kompetenzentwicklung und die Interiorisierung, d. h. die Verinnerlichung von Werten. Hierdurch stellt sich für das Projektlernen nur zu einem gewissen Teil das Problem der Unsicherheit, was heute zum Wissenskanon gehören sollte, was wir zukünftigen Generationen an Wissen mitgeben müssten, damit sie ein gutes und erfülltes Leben führen können. Hierzu gehört auch, dass der Lernende beim Projektlernen das Bewusstsein für die Initiative und die Verantwortung für den eigenen Lernprozess entwickelt, er also lernt, sich selbstorganisiert solche Wissensbereiche zu erschließen, die einmal für sein eigenes Leben wichtig sein werden.

BEGREIFEN VON UND ABARBEITEN AN EINEM PROBLEM Wissenserwerb und Wissenstransfer werden beim Projektlernen parallelisiert. Durch die tatsächliche Übertragung von Wissen auf ein Problem wird Wissen im wahrsten Sinne konkret, begreifbar und sinnhaft. Der Lernstoff bleibt so nicht bloß theoretisch-abstrakte Information, welche vermeintlich irgendwann in der Zukunft relevant werden könnte.

49 Der Reformpädagoge William entwickelte für den Unterricht das Projektschema: Purposing (Zielsetzung), Planning (Planung), Executing (Ausführung) und Judging (Beurteilung) (dazu Bossing 1942: 124). Ebenfalls erweitert er den Projektbegriff über praktische Tätigkeiten hinausgehend auf die selbstorganisierte Bewältigung theoretischer Aufgabenstellungen (»ernsthaftes absichtsvolles Tun«). Ein Projekt definiert sich als »jedes von einer Absicht geleitete Sammeln von Erfahrungen, jedes zweckgerichtete Handeln, bei dem die beherrschende Absicht als innerer Antrieb 1. das Ziel der Handlung bestimmt, 2. ihren Ablauf ordnet und 3. ihren Motiven Kraft verleiht. (Bossing 1944: S. 117f.)

> *Der Weg vom Novizen zum Professional ist ein weiter, unwegsamer und bisweilen ein einsam zu bewältigender Weg, obwohl formal die Wegmarken [zum Beispiel] für die Lehrerausbildung nach dem Abitur eindeutig sind: Wahl des Lehramtes und der Fächerkombination, Grundstudium (BA), Hauptstudium (MA), 1. Staatsexamen, Referendariat, 2. Staatsexamen, Berufseingangsphase, lebenslängliche Berufsausübung. Innerhalb dieses formalen Grundgerüsts – Wissenschaft – begleitet Praxis – Praxisernstfall – Ernstfall Praxis – obliegt es den Studierenden selbst, aus den Wissensbeständen hochschulischer Fachdisziplinen das Wissen zu entnehmen und zu erwerben, das sie befähigt, sich zwischen den unterschiedlichen Bezugssystemen von Wissenschaft und pädagogischer Praxis zu bewegen. Wann es aber zu dieser Bewegung bzw. der erhofften Beweglichkeit kommt, ob es überhaupt dazu kommt, bleibt weiterhin eine offene Frage. In der nach Phasen aufgebauten Lehrerbildung findet sich eine Antwort erst dann, wenn die formale Ausbildung bereits abgeschlossen ist und das »fertige« Berufsleben beginnt. Dann erst verbindet sich das (irgendwie) auf Vorrat erworbene wissenschaftliche Wissen mit dem angeeigneten Handlungswissen in einem Lehrerbewusstsein. Dieser scheinbar lineare Weg vom Wissen zum Handeln ist auf die Vorstellung einer einfachen Transformationsmechanik zurückzuführen, welche der Überführung von theoretischem Wissen in berufsqualifizierendes Handlungswissen einen Automatismus unterstellt, der, wenn nicht technologisch verstanden, doch eine Art Rationalitätskontinuum zuweist. (Schneider 2008: 70f.)*

Wissen auf Vorrat zu speichern, weil unter Umständen irgendwann der Moment der Wissensabfrage kommt – das ist zwar heute immer noch die gängige und vielfach auch durchaus notwendige Art und Weise, wie gelernt wird. Diese Methode ist allerdings zum einen keine, die besonders motivierend erscheint und zum anderen ist sie nicht diejenige, welche von der Natur unseres Gedächtnisses präferiert wird: Denn Gedächtnisinhalte, die nie oder kaum benutzt werden, unterliegen dem Schicksal, dass sie vergessen, die zugehörigen neuronalen Strukturen also zersetzt werden. Im Gegensatz zu dieser Methode werden beim Projektlernen der Lernstoff für den Lernenden im Jetzt und Hier bedeutsam und durch den Transfer als eine eigene Erfahrung im Gedächtnis gespeichert.

PLANVOLLER LERNPROZESS Das Lernen ist dadurch gekennzeichnet, dass es einerseits strukturiert ist und andererseits eben durch diese Struktur eine große Freiheit beim Lernen gewährt. So erscheint es z. B. sinnvoll im Vorfeld zur eigentlichen Projektarbeit, dass sich der Lernende damit auseinandersetzt, wie sich die Projektarbeit am besten organisieren lässt (Stichwort: Projektmanagement). Wie diese Projektarbeit letztlich dann organisiert wird, bleibt dem Lernenden überlassen. Ebenso sinnvoll erscheint es, dass die Phasen des Wissenserwerbs und der Wissenstransfer inhaltlich wie auch und organisatorisch systematisch aufeinander abgestimmt werden. Wie der konkrete Wissenstransfer und damit auch der vertiefende Wissenserwerb erfolgt, liegt in der Eigenverantwortung des Lernenden.

INTERDISZIPLINÄRER ZUGANG Ohne eine mehrdimensionale und fachübergreifende Denkweise wird man komplexen Realphänomenen nicht gerecht, wird man diese nicht in ihrer Ganzheit verstehen können.

> *Die Wirklichkeit macht vor Disziplingrenzen nicht Halt. Interdisziplinäre Öffnung anstelle innerdisziplinärer Verweise, offenes Interpretieren anstelle begrenzter Beobachtungen – das ist nicht nur ergiebig, das ist unumgänglich, wenn nicht nur Wissen sondern Erkenntnis das Ziel ist. Im Überschreiten der eigenen Sichtweise und der Beobachtung anderer Beobachtungen kann aus tiefem Wissen so etwas werden wie breites Verstehen. (Mergenthaler 2008: 17)*

SELBSTSTÄNDIGES LERNEN Ein Grund, warum das Projektlernen gerade bei der Bildung (zu) einer schöpferischen Persönlichkeit besonders lohnend erscheint, bezieht sich u. a. auf motivationale und emotionale Momente. Zunächst gilt uns als sicher, dass die Selbstständigkeit des Lernenden gefordert wird, wenn er an der Auswahl der Inhalte oder doch wenigstens an den Methoden der Problemlösung beteiligt ist – und Selbstständigkeit erscheint als eine Eigenschaft, die freilich aufs Engste verbunden erscheint mit dem Begriff des »Entrepreneurs«. Das Gefühl bzw. die Entwicklung von Selbstständigkeit wird dabei verstärkt durch Lernformen, die eigenständiges Entdecken und Problemlösen ermöglichen. Aufgrund einer so gestalteten mehr oder minder großen Selbstständigkeit werden sowohl der Prozess des Lernens an sich wie auch die gelernten Inhalte als sinnhaft erlebt. Sinnhaftigkeit ist wiederum ein bedeutendes Moment der Motivation, also der Bereitschaft, Anstrengungen auf sich zu nehmen und Leistungsbereitschaft zu entwickeln. (Vgl. Bildungsportal NRW, Stichwort: Projekt/Projektunterricht)

OFFENHEIT VON LÖSUNGSWEGEN UND LÖSUNGEN Eines der wesentlichen Bildungsziele besteht unserer Ansicht darin, Kompetenzen zu entwickeln, d. h. die Fähigkeiten zu entfalten und zu schärfen, sich in neuen und unüberschaubaren, in komplexen und dynamischen Situationen selbstorganisiert (aus sich heraus) zurechtzufinden und aktiv zu handeln. Die allgemeine Bedeutung dieser Fähigkeit ergibt sich daraus, dass solche Situationen heute immer mehr zunehmen im Angesicht globaler ökonomischer, ökologischer und sozio-kultureller Komplexität und Dynamik und unvorhersehbarer Veränderungen. (Vgl. Heyse 2010: 55; IBM 2010a und b) Speziell bei der Bildung (zu) einer schöpferischen Persönlichkeit bildet Kompetenz die Grundlage dafür, Innovationen zu schaffen: 1. Innovationen sind Reaktionen auf neue oder so nicht gegebene Situationen. Innovationen sind so einerseits notwendige Anpassungen auf Veränderungen des bisher Gegebenen. 2. Innovationen haben stets den Charakter des irgendwie-anders-Gearteten, sei es im Sinne eines radikal Anderen, sei es im Sinne eines von Grund auf Verbesserten. Innovationen dienen so andererseits der Veränderung des bisher Gegebenen. Bei Innovationen geht es nicht mehr nur allein darum, sich vorgegebenes Wissen anzueignen, um es bei einer Prüfung zu reproduzieren; es geht nunmehr darum, Wissen zu transferieren, aus Wissen etwas Neues oder Verbessertes in der Wirklichkeit entstehen zu lassen. Bei Innovationen geht es also vielmehr darum, neues Wissen zu entwickeln oder so bestehendes Wissen auf neuartige Weise zu verknüpfen, um neue oder so noch nicht gestellte Probleme zu lösen. Ein Unterricht, bei dem es darum geht, auf einem allgemeingültigen Lösungsweg zu einer einzigen richtigen und Lösung zu kommen, wäre daher zum einen ein Anachronismus und würde zum anderen die Entwicklung des kreativen Potenzials der Lernenden zu großen Teilen stören.

5.2.4 ARBEITSINTEGRIERTES LERNEN

Der Begriff »arbeitsintegriertes Lernen« impliziert dreierlei: Erstens wird damit ausgedrückt, dass ein Ort des Lernens zusammenfällt mit dem Ort, an dem gearbeitet wird. Der Begriff »integriert« deutet zweitens an, dass dieser Ort jedoch nicht der einzige Ort des Lernens ist, sondern drittens systematisch verbunden ist mit einem oder mehreren anderen. Duales Lernen bzw. Bildung bedeutet kurzum die systematische Integration von Wissenserwerb und Wissenstransfer durch die systematische Zusammenarbeit der beiden »Lehrer« Bildungsinstitution und Betrieb. Dualität bedeutet dabei nicht allein ein quantitatives Mehr an Praxis, sondern ein qualitatives Anderes des Lernens. Die zwei wesentlichen Aspekte dieses Anderen sind dabei:

1. Duales Lernen bedeutet zum einen, dass positives, d. h. Fachwissen über arbeitsrelevante Inhalte, Prozesse, Methoden etc. erworben wird. Duales Lernen bedeutet zum anderen jedoch auch den Prozess der Enkulturation in eine »community of practice«, bei dem Denkstile, Know-how, Überzeugungen sowie ethische Standards erworben werden. (Collins, Brown, Newmann 1989; Lave, Wenge 1991)

2. Duales Lernen beschränkt sich nicht darauf, dass Wissen erworben wird. Duales Lernen bedeutet für den Lernenden vielmehr die unmittelbare Möglichkeit und Pflicht des Wissenstransfers in einer authentischen da realen sowie komplexen da offenen und dynamischen Situation.

Duales Lernen bedeutet kurzum, dass der Lernende den geschützten Raum, den Seminare, Übungen und Fallstudien bieten, verlassen muss. Zwar wird dem dual Lernenden ein Rahmen gegeben – in der Regel durch Verträge, Zusagen etc. –, in dem er mehr oder minder gefahrlos agieren und auch Fehler machen darf. Nichtsdestotrotz erscheinen die existenzielle Labilisierung und damit auch die Möglichkeit für tiefgreifende Entwicklungen aller Elemente der Persönlichkeit (Wissen, Kompetenz, Temperament, Charakter, Werte) ungleich größer im Vergleich zu Seminaren, Übungen, Fallstudien.

FAZIT

Die beiden Methoden – forschendes Lernen und Projektlernen– entspringen einer gemeinsamen Tradition: Lernen durch Selbsterkenntnis. Der gedankliche Ansatz ist seit dem antiken Griechenland bekannt; die sokratische Fragestellung bezeugt sprichwörtlich diesen Ursprung. Gemeinsam ist beiden Methoden, dass der Lernende, seine eigens gedachten Gedanken, seine eigenmotivierten Handlungen und überhaupt die eigenaktivierte Entwicklung seiner gesamten Persönlichkeit im Mittelpunkt der Betrachtung stehen. Der Fokus beim forschenden Lernen liegt dabei eher darauf, die Fähigkeit zu entwickeln, einen richtigen und guten Gedanken vollständig zu denken und zu begründen. Der Fokus beim Projektlernen liegt eher darauf, die Fähigkeit zu entwickeln, einen so gedachten Gedanken, vollständig in die Tat umzusetzen.

Für die Bildung (zu) einer schöpferischen Persönlichkeit erscheint uns die gleichzeitige Anwendung der Methoden des forschenden Lernens und des Projektlernens ein sehr probates Mittel, um die Fähigkeit zu entwickeln, Innovationen hervorzubringen: Denn wenn Innovationen das wesentlich Neue und das wesentliche Bessere darstellen, dann gilt es bei Innovationen also darum, dass Menschen sich aufmachen, der Welt etwas zu geben, woran bisher noch keiner gedacht und was bisher noch keiner gemacht hat.

Diese beiden Methoden sollten – zumindest bei Entreprneur-Bildung – verknüpft werden mit der Methode des arbeits- bzw. berufsintegrierten Lernens. Zum einen wird durch eine solche Integration erreicht, dass die »Fragmentierung des Wissens« überwunden wird, der Lernende in seiner Lebenswelt Zusammenhänge herstellt. (Negt 1997: 89) Zum anderen bietet das arbeitsintegrierte Lernen die Möglichkeit für umfassende und tiefgreifende Entwicklungen der Persönlichkeit.

5.3 EVALUATION: DIE MESSUNG DES BILDUNGSERFOLGS

Im Prinzip gestaltet sich die Messung des Bildungserfolgs nach den gleichen Prinzipien, mittels derer man über die Personalität nachdenkt. Bei einer ganzheitlich zu nennenden Bildung geht es somit um die beiden komplementären Fragestellungen: 1. Was weiß ich, was kann ich, wer bin ich und was will ich? 2. Wen und was sehen andere in mir? Die Messung des Bildungserfolgs erfolgt dabei zum einen als eine Vergangenheits-Gegenwartsbetrachtung. Insofern sich das Subjekt selbst oder andere ein Bildungsziel, z. B. in Form von Lernzielen oder Bildungsidealen, gesetzt haben, erfolgt die Messung des Bildungserfolgs zum anderen als ein Soll-Ist-Vergleich. Zusammengefasst ergeben sich dann folgende Fragestellungen bei der Messung des Bildungserfolgs: Wie lauteten die Antwort des Subjekts auf die Fragen 1 und 2 vor einem Bildungsprozess und wie lauten sie nach Abschluss dieses Prozesses

Bei vielen Bildungsprozessen ist zum einen auch heute noch eine Verengung auf die Wissensvermittlung zu beobachten und damit eine Fokussierung auf die Entwicklung des Seelenbestandteils »Wissen«. Zum anderen dient die Wissensabfrage vielerorts als alleinige Methode, um zu überprüfen, ob und wie sehr ein Bildungsprozess eine positive Veränderung beim Lernenden ausgelöst hat. Diese Form der Bildung wie auch die Form der Messung des Bildungserfolgs hat auch heute noch durchaus Berechtigung: Bildung ist nach unserem Ermessen zum einen darauf ausgerichtet, alle Elemente zu gestalten, die eine Persönlichkeit konstituieren – und hierzu gehört eben auch das Element »Wissen«. Bildung sollte zum anderen darauf ausgerichtet sein, durch die Gestaltung dieser Elemente den Menschen in die Lage zu versetzen, solche Handlungen auszuführen, die ihn in den Augen anderer zu einer Persönlichkeit machen. Eine solche Handlung, die bei anderen eine Wertschätzung auslöst, kann dabei durchaus auch darin bestehen, bei einer Wissensabfrage besonders gut abzuschneiden. Es bleibt jedoch zum einen festzuhalten: Wissen ist nur eines der Elemente, die durch Bildung entwickelt werden sollen; und das Bestehen einer Wissensabfrage ist nur ein Beleg darüber, dass der Lernende sein Persönlichkeit-Haben im Bereich Wissen weiterentwickelt hat. Zum anderen gilt nach unserer Ansicht: Die Wertschätzung durch andere, die ein Mensch aufgrund einer bestandenen Prüfung erhält, ist nicht besonders nachhaltig. Solch nachhaltige Wertschätzung erfahren Individuen, die der Sozietät durch ihr Handeln einen nachhaltigen Nutzenbeitrag stiften; einen solchen Nutzenbeitrag stellen u. a. Innovationen aller Art dar. Solch ein Handeln wiederum ist die Folge des synergetischen Zusammenwirkens aller Seelenbestandteile. Kurzum bedeutet dies: Wenn Bildung bedeutet, dass sich der Mensch in seiner Ganzheit entwickelt, dann muss auch das Messen des Bildungserfolgs methodisch so gestaltet sein, diese ganzheitliche Entwicklung sichtbar und wenn möglich objektivierbar zu machen.

Eine solche Messung besteht nach unserer Ansicht aus drei komplementären Methoden, die sich an jenen beiden komplementären Fragestellungen orientieren, welche zu Beginn dieses Kapitels vorgestellt worden sind:

- **Was weiß ich:**
  klassisches Abfragen von Wissen.

- **Was kann ich:**
  Integration der Messung in die gesamte Handlung.

- **Wer bin ich, was will ich und was sehen andere in mir:**
  Möglichkeit der Reflexion von Selbst- und Fremdbild.

Das Abfragen von Wissen kann mittels schriftlicher, mündlicher oder praktischer Prüfung etc. durchgeführt werden. Diese Praktiken – so althergebracht sie erscheinen mögen – haben auch heute nichts von ihrer Bedeutung verloren. Allerdings sollten diese Praktiken sich nicht darin erschöpfen, nach Auswendiggelerntem zu fragen. Vielmehr sollten solche Prüfungen überprüfen, ob der Lernende den Lernstoff vollständig begriffen hat, d. h. den Inhalt, denKontext und die Relevanz des Lernstoffs verstanden hat.

Handlungen sind gewissermaßen die Manifestation des synergetischen Zusammenwirkens des eigenen Persönlichkeit-Habens und die Grundlage für das Persönlichkeit-Sein. Dementsprechend sollte eine ganzheitliche Messung des Bildungserfolgs sich vor allem mit den Handlungen eines Individuums auseinandersetzen. Mit der Integration der Messung in die gesamte Handlung ist gemeint, dass die Messung des Bildungserfolgs alle Phasen einer Handlung umfassen sollte: Informieren, Analysieren, Planen, Entscheiden, Ausführen, Kontrollieren und schließlich Auswerten.

Bei der vorangegangen Praktik steht die Handlung im Mittelpunkt. Bei der Reflexion des Selbst- und Fremdbildes geht es um die einzelnen Bestandteile, aus denen sich die Modelle »Persönlichkeit-Haben« und »Persönlichkeit-Sein« zusammensetzen: Es geht also zum einen um jene Bedingungen, welche der Handlung vorangehen und zum anderen um jene soziale Folgen, welche sich ihr anschließen – auch wenn diese beiden Aspekte freilich zutiefst mit der Handlung verbunden sind, sich im Prinzip nur in diesen zeigen oder durch diese ergeben. Konkret geht es also darum, die eigenen Seelenbestandteile (Wissen, Kompetenz, Temperament, Charakter, Werte) und die entgegengebrachte Wertschätzung (Ansehen, Charisma, Autorität) durch andere vollständig zu reflektieren. Vollständig bedeutet zum einen, dass diese Reflexion eine Selbst- wie auch eine Fremdeinschätzung umfassen sollte. Vollständig bedeutet zum anderen, dass der Lernende auch reflektiert, ob er das gesetzte Lernziel bzw. das gesetzte Bildungsideal erreichen kann – und es auch will.

6 SCHLUSSWORT

Nach unserem Verständnis zielt Bildung auf die Gestaltung und Verfeinerung der Persönlichkeit im Sinne eines Habens und Seins. Im Sinne eines Habens »besteht« Persönlichkeit nach unserer Auffassung aus den Aspekten Wissen, Kompetenz, Temperament, Charakter und Werten. Diese Aspekte zeigen sich in den Taten eines Menschen oder anders gesagt: die Persönlichkeit eines Menschen spiegelt sich in seinen Handlungen wider. Im Sinne eines Seins »entsteht« Persönlichkeit, indem andere die Handlungen eines Menschen sowie den handelnden Menschen selbst derart wertschätzen, dass dieser Ansehen erhält, Charisma ausstrahlt und Autorität gewinnt. Persönlichkeit steht sowohl im Sinne eines Habens wie auch eines Seins für ein verwirklichtes Momentum, für eine zwischenzeitliche Entelechie.

Unser Bildungsideal ist das Haben und Sein einer schöpferischen Persönlichkeit. Dass ein Mensch eine schöpferische Persönlichkeit hat, bedeutet unseres Erachtens, dass er sich neben seiner zutiefst individuellen Eigenheit dadurch auszeichnet, dass folgende Elemente sein Wesen bestimmen: unternehmerisches Wissen, ein unternehmerisches Kompetenzprofil, ein unternehmerisches Temperament, einen unternehmerischen Charakter und unternehmerische Werte. Die Manifestation des synergetischen Zusammenwirkens aller oben genannten Elemente sind Handlungen, welche von einer Sozietät dahingehend beurteilt werden, welchen Nutzenbeitrag diese Handlungen für die Sozietät darstellen. Die Folge dieses sozialen Prozesses besteht zum einen darin, dass der Handelnde und dessen Handlungen durch die Sozietät eine bestimmte Wertschätzung erfahren (Ansehen, Charisma); zum anderen gewinnt der Handelnde durch sein Tun Einfluss auf diese Sozietät (Autorität). Vor dem Hintergrund der immensen Bedeutung von Innovationen erscheint die (erwünschte, geforderte) Einnahme einer Führungsrolle in einer Sozietät aufs Engste verbunden mit der Entwicklung einer schöpferischen Persönlichkeit. Anders gesagt: Das Haben und Sein einer schöpferischen Persönlichkeit erscheint uns nicht nur unausweichliche Folge, sondern auch als der gerechteste und gerechtfertigtste aller Wege, dass jemand eine Führungsrolle in einer Sozietät einnimmt bzw. dies von ihm von der Gemeinschaft gefordert wird.

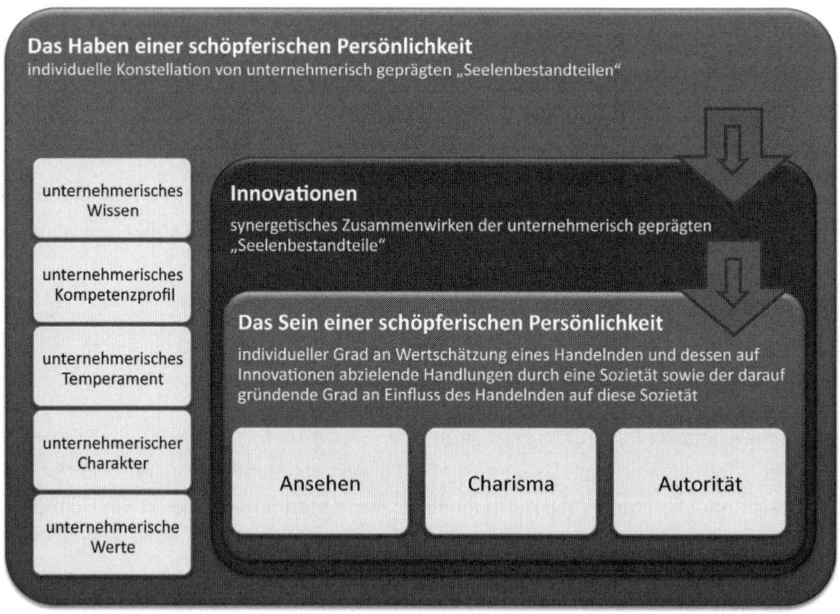

35 | Das Haben und Sein einer schöpferischen Persönlichkeit

Ein Bildungsmodell, das zur ganzheitlichen Entwicklung (zu) einer schöpferischen Persönlichkeit beiträgt, ist dabei unserer Ansicht nach von der Bildungsphilosophie geprägt, dass positives Wissen gelernt und zugleich Erfahrungen gemacht werden können. Eine fruchtbare Bildungsmethodik hierzu besteht in der Verknüpfung der Methoden forschendes Lernen, Projektlernen und handlungsintegriertes Lernen. Dieses Bildungsmodell ist zum einen wesentlich davon geprägt, dass sich der Lernende zwar mehr oder minder beschützt, jedoch immer konkret an der Welt abarbeitet, um sie besser zu begreifen. Ein weiteres wesentliches Prinzip dieses Bildungsmodells ist, dass dem Lernenden die Möglichkeit zur Betroffenheit sowie zur Reflexion seines zutiefst eigenen Habens, Seins, Tuns und Wollens und damit zu tiefgreifenden Veränderungen seiner gesamten Persönlichkeit gegeben wird:Es braucht eine Betroffenheit. Ohne Betroffenheit gibt es kein Engagement. Vielleicht machst du zwar einmal irgendwo mit, aber ohne Betroffenheit bleibt es bei einer belanglosen

Mitwirkung. Betroffenheit fragt nach den Ursachen. Nur Betroffenheit führt zu einem anderen Bewusstsein. Und nur das andere Bewusstsein führt zu einem anderen Verhalten. (Pestalozzi 1989: 8f.)

Die Sachverhalte, die in den ersten beiden Teilen dieser Arbeit aufgegriffen worden sind, sind von höchster Relevanz für Staaten bzw. Volkswirtschaften, für Unternehmen sowie für Individuen. Für Staaten bzw. Volkswirtschaften bedeutet das Gesagte u. a.,

- dass Bildung in der heutigen Zeit nicht mehr (nur) bedeuten darf, Menschen darauf vorzubereiten, Wissen bei einer Prüfung zu reproduzieren; Bildung muss heute bedeuten, Bedingungen zu schaffen, unter denen Menschen sich optimal Wissen aneignen und vor allem ihre Kompetenzen und ihre Persönlichkeit entwickeln können;
- dass der Bildung – im Sinne einer ganzheitlichen Persönlichkeitsentwicklung – vor allen anderen Dingen ein Vorrang eingeräumt werden muss, denn die Aneignung von Wissen und Entwicklung von Kompetenzen und Persönlichkeit ist nun einmal die notwendige Bedingung für Innovationen, welche wiederum eine wesentliche Bedingung für wirtschaftliches Wachstum ist;
- dass in allen Bildungseinrichtungen »Unternehmertum« entwickelt werden muss und zwar in dem Sinne, dass bei Menschen das Wissen, Können und Wollen gebildet wird, ihre Ideen in die Tat umzusetzen;

Für Unternehmen bedeutet das Gesagte u. a.,

- dass sich nachhaltiger Erfolg dann einstellt, wenn man fortlaufend die an Schumpeter angelehnten Innovations-Möglichkeiten verwirklicht
- dass eine ausgewogene Mischung zwischen inkrementellen und radikalen Innovationen angestrebt werden muss;
- dass Innovations- und Talentmanagement miteinander integriert und auf der obersten Hierarchieebene angesiedelt werden müssen;
- dass man nicht nur auf das staatliche Bildungswesen vertrauen darf, sondern Bildung zugleich privat organisiert, realisiert und finanziert werden muss (durch Unternehmen, durch Organisationen, durch Individuen).

Für Individuen bedeutet das Gesagte u. a.,

- dass Bildung im Sinne einer ganzheitlichen Persönlichkeitsentwicklung die wichtigste womöglich sogar die einzige persönliche Ressource ist, die auf dem gegenwärtigen und noch mehr auf dem zukünftigen Arbeitsmarkt von Wert ist;
- dass Bildung nicht mit der Erlangung irgendwelcher formalen Abschlüsse aufhört, sondern ein Leben lang an der eigenen Persönlichkeit im Sinne eines Habens und Seins gearbeitet werden muss;

- dass jeder auf die eine oder andere Weise ein Unternehmer in eigener Sache werden muss, jeder jenes Wissen und Können und Wollen entwickeln muss, um seine Ideen oder die Ideen anderer Wirklichkeit werden zu lassen.
- dass eine wissens- und informationsbasierte Ökonomie ein immer höheres Ausbildungsniveau und höhere Flexibilität erfordert;
- dass vor allem Folgendes von Individuen verlangt wird: (Vgl. BMBF 2009: 18)
  - Eigenverantwortung in der projektzentrierten Arbeitsorganisation
  - Kooperationsfähigkeit zur Arbeit in interdisziplinären und interkulturellen Teams
  - Selbstorganisation in flexibilisierten Unternehmensorganisationen
  - nachhaltige Berufsfähigkeit und lebenslange Lernfähigkeit zur erfolgreichen Gestaltung diskontinuierlicher Erwerbsbiografien.

Hervorheben möchten wir am Ende noch einmal die immense Bedeutung des Faktors Bildung für den nachhaltigen Erfolg von Volkswirtschaften, Unternehmen und Individuen. Und noch einmal drastischer ausgedrückt: Erst und nur durch Bildung ist nachhaltiger Erfolg möglich, denn Bildung ist das Alpha, der erste Grund für das Omega »Nachhaltigkeit«.

- Erst und nur durch Bildung – im Sinne von Wissenserwerb, Kompetenz- und Persönlichkeitsentwicklung – können sich Menschen zu schöpferischen Persönlichkeiten entfalten.
- Erst und nur durch das Wissen, Können und Wollen von schöpferischen Persönlichkeiten können aus bloßen Ideen Innovationen werden.
- Erst und nur durch Innovationen ist ein gesundes qualitatives und quantitatives Wachstum möglich.
- Erst und nur durch ein solches Wachstum ist nachhaltig die Sicherung und die Mehrung eines allumfassenden Wohlstands (sozial, ökonomisch, ökologisch) aller Menschen möglich.
- An diesem Punkt schließt sich der Kreis, denn solange wir über Nachhaltigkeit und damit über das Wohl einer zukünftigen Generation nachdenken dürfen und müssen, solange bedarf es fortlaufender innovativer Entwicklungen, welche stets ihren Ursprung in der »Bildung« von Menschen haben. Um nun diesen evolutionären Kreislauf am Leben zu halten, müssen der Bildung konsequent bei jedem erneuten Durchlaufen des Kreislaufes Mittel aus der zuvor erzielten Wohlstandssteigerung zugeführt werden.

Prinzipiell gilt, dass die Entwicklung (zu) einer Persönlichkeit eine lebenslange Angelegenheit bedeutet; erst der Tod setzt (wohl) jenen markanten Schlusspunkt hinter jenen Prozess der eigenen personalen Entwicklung. Angesichts des von uns angenommenen engen begrifflichen Zusammenhangs zwischen Persönlichkeit und Bildung ergibt sich zwangsläufig, dass Menschen jenen Moment, da sie sich nicht mehr bilden, auf einen Zeitpunkt außerhalb ihrer irdischen Existenz legen müssen. Alle Elemente, aus denen Persönlichkeit als Haben und Sein be- und entsteht, unterliegen zeitlebens und fortlaufend einem Bildungsprozess. Allerdings belegen empirische Studien wie auch uns allen zutiefst eigene Erfahrungen, dass manche »Seelenbestandteile« zu jeder Zeit sehr flüssig und andere ab einem bestimmten Zeitpunkt im Leben vermeintlich träge erscheinen. So sind die Elemente Wissen und Kompetenzen wohl ein Leben lang sehr wandlungsfähig; wohingegen sich spätestens ab der Adoleszenz die Elemente Temperament, Charakter und Werte eher als einigermaßen resistent und persistent erweisen. Nichtsdestotrotz der biografisch bedingten Flüssigkeit und Trägheit der verschiedenen Elemente, aus denen Persönlichkeiten »bestehen«, können wir als Hochschule sehr wohl einen beträchtlichen Beitrag dazu leisten, dass Menschen die Welt besser verstehen und souveräner in ihr agieren können. Da die Hochschule erst relativ spät im Bildungsleben von Menschen eine Rolle spielt, müssen wir uns allerdings bescheiden und demütig geben, was die Entwicklung der »tieferen Schichten« der Persönlichkeit anbetrifft. Und noch einmal deutlich: Hochschulen können bei ihren Studierenden sehr tiefen und großen Einfluss nehmen auf die Persönlichkeitselemente Wissen und Kompetenzen. Eher beschränkt – wenn auch freilich dennoch vorhanden – ist hier der Einfluss von Hochschulen auf die Persönlichkeitselemente Temperament, Charakter und Werte.

Vor dem Hintergrund dieser Erkenntnis ergibt sich, dass die Bildung (zu) einer schöpferischen Persönlichkeit eine übergreifende und gesamtheitliche Aufgabe ist, eine Aufgabe also, die weder von einer einzelnen Einrichtung (z. B. der Universität) noch einem einzelnen Segment (z. B. dem tertiären Bildungsbereich) alleine zu leisten ist. Zur Bildung (zu) einer schöpferischen Persönlichkeit bedarf es dem synergetischen Zusammenwirken sämtlicher Bildungsinstitutionen – der formellen (»Lehre«) wie auch informellen (»Erziehung«).

ANHANG

LITERATUR

BALLY, G. (1945): Vom Ursprung und von den Grenzen der Freiheit. Eine Deutung des Spiels bei Tier und Mensch. Basel.

BASCHERA, P. (2008): Unternehmensführung - Leidenschaft oder Handwerk, Einführungsvorlesung am 20.10.2008 an der Eidgenössischen Technischen Hochschule Zürich.

BAUMAN, Z. (1991): Modernity and ambivalence. London.

BECK. U. (2007): Wo aber Risiko ist, wächst das Rettende auch. Interview mit der Zeitung »Die Welt«. http://www.welt.de/kultur/article780539/Wo_aber_Risiko_ist_waechst_das_Rettende_auch.html>

BERGMANN, B. (1998). Aufgaben-, Arbeits- und Organisationsgestaltung als Wege der Kompetenzentwicklung von Mitarbeitern in Organisationen. In: Forschungsbericht Institut für Allgemeine Psychologie und Methoden der Psychologie Nr. 64, Technische Universität Dresden.

BERTELSMANN-STIFTUNG (2010): Employability: Beschäftigungsfähigkeit als Schlüssel zur Teilhabe. http://www.bertelsmann-stiftung.de/cps/rde/xchg/SID-77E097BA-75A39757/bst/hs.xsl/90232_90235.htm

BLOOM, B. (1972) (Hrsg.): Taxonomie von Lernzielen im kognitiven Bereich. Weinheim, Basel.

BMBF (HRSG.): (2009): Auswirkungen von demographischen Entwicklungen auf die berufliche Ausbildung. http://www.bmbf.de/pub/auswirkungen_demografische_entwicklung_berufliche_ausbildung.pdf

BORNER, J. (2007): Die Entwicklung und Strukturierung des Kompetenzbegriffes. Von der Qualifikation zur Kompetenz. http://www.uinternacional.org/upload/pdf/KompetenzenJB__2.pdf

BOSSING, N. (1977): Die Projektmethode (orig.: Progressive Methods of Teaching, Boston 1944). In: Kaiser, A. / Kaiser, F.J. (Hrsg.): Projektstudium und Projektarbeit in der Schule. Bad Heilbrunn, S. 113–133.

BUNK, G. P. (1994): Kompetenzvermittlung in der beruflichen Aus- und Weiterbildung in Deutschland. In: Europäische Zeitschrift für Berufsbildung, 1, 9–15.

COLLINS, J. (2001): Good to Great. Why some companies make the leap and others don't... New York.

COLLINS, A. / BROWN / I. S. & NEWMAN, S. E. (1989). Cognitive apprenticeship: Teaching the crafts of reading, writing and mathematics. In: Resnick, C.B. (Hrsg.), Knowing, leaning and instruction. Hillsdale, NJ, S. 453–494

CORPORATE LEADERSHIP COUNSIL (2005): Realizing the Full Potential of Rising Talent. A Quantitative Analysis of the Identification and Development of High-Potential Employee, Volume 1. Washington und London.

CUBE, F. VON (1998): Lust an Leistung. Die Naturgesetze der Führung. München.

DEWEY, J. (1949 / 2000): Demokratie und Erziehung – Eine Einleitung in die philosophische Pädagogik, herausgegeben und übersetzt von E. Hylla. Braunschweig, Berlin, Hamburg.

DEWEY, J. (1938 / 1968): Erfahrung und Erziehung. In: Dewey, J. / Handlin, O. / Correll, W. (Hrsg.): Reform des Erziehungsgedankens, Weinheim, S. 29–99.

DIENSBERG, C. (2001): Wirtschaftspädagogische Aspekte des Entrepreneurship-Lernens. In: Anderseck, K. / Walterscheid, K. (Hrsg.): Entrepreneurship: gründungstheoretische, wirtschaftspädagogische und didaktische Positionen. Hagen.

DITTMANN, V. / STIEGLITZ, R.D. (1996): Persönlichkeits- und Verhaltensstörungen Erwachsener. In: Freyberger, J.H. / Stieglitz, R.D. (Hrsg.): Kompendium der Psychiatrie und Psychotherapie. 10., vollst. neu bearb. u. erw. Aufl., orientiert an der ICD. Basel, S. 217–232.

EDLING, H. (2008): Volkswirtschaftslehre. Schnell erfasst. Berlin Heidelberg.

EIBL-EIBESFELD, I. (1986): Die Biologie des menschlichen Verhaltens. Grundriss der Humanethologie. München.

EISLER, R. (1904): Wörterbuch der philosophischen Begriffe. Berlin.

ERPENBECK, J. (2004): Was kommt? – Kompetenzentwicklung als Prüfstein von E-Learning. In: Hohenstein, A.; Wilbers, K. (Hrsg.): Handbuch E-Learning. Köln 2004, S. 1–21.

ERPENBECK, J. / HEYSE, V. / MAX, H. (2004): Kompetenzen erkennen, bilanzieren und entwickeln. New York, München, Berlin.

ERPENBECK, J. / HEYSE, V. / MAX, H. (2007a): Kompetenz-Management. Methoden, Vorgehen, KODE®, KODE®X im Praxistest. New York, München, Berlin.

ERPENBECK, J. / HEYSE, V. / MAX, H. (2007b): Die Kompetenzbiografie. Wege der Kompetenzentwicklung. Münster.

ERPENBECK, J. / ROSENSTIEL L. (Hrsg.) (2003). Handbuch Kompetenzmessung. Stuttgart.

ERPENBECK, J. / ROSENSTIEL L. VON (Hrsg.) (2007): Handbuch Kompetenzmessung, 2. Auflage. Stuttgart.

ERPENBECK J. / SAUTER, W. (2007a): Kompetenzentwicklung im Netz. New Blended Learning mit Web 2.0. Köln.

ERPENBECK J. / SAUTER, W. (2007b): Eine Lernrevolution bahnt sich ihren Weg. http://www.blended-solutions.de/fileadmin/pdf/Eine_Lernrevolution_bahnt_sich_ihren_Weg_2_07.pdf

FAIX. W.G. (1995a): Der Erfolgsfaktor »Handlungskompetente Mitarbeiter und Führungskräfte«. In: Faix, W.G. / Rütter, T. / Wollstadt, E. (Hrsg.): Führung und Persönlichkeit: personale Entwicklung. Landsberg / Lech, S. 11–22.

FAIX. W.G. (1995b): Das Aufbaustudienseminar Personale Entwicklung (ASPE). In: Faix, W.G. / Rütter, T. / Wollstadt, E. (Hrsg.): Führung und Persönlichkeit: personale Entwicklung. Landsberg / Lech, S. 23–34.

FAIX, W.G. (2008): Die Unternehmensentwicklung zu Wachstum und Globalisierung. In: Faix, W.G. / Keck, G. / Kisgen, S. / Mezger, P. / Sailer, J. / Schulten, A. (Hrsg.): Management von Wachstum und Globalisierung. Best Practice Band 3. Stuttgart, S. 17–71.

FAIX, W.G. / BUCHWALD, C. / WETZLAR, R. (1991): Skill-Management: Qualifikationsplanung für Unternehmen und Mitarbeiter. Wiesbaden.

FAIX, W.G. / BUCHWALD, C. / WETZLER, R. (1994): Der Weg zum schlanken Unternehmen. Landsberg.

FAIX, W. G. / HOFMANN, L. / BUCHWALD, C. / WETZLER, R. (1989): Der Mitarbeiter in der Fabrik der Zukunft. Qualifikation und Weiterbildung. In: Beiträge zur Gesellschafts- und Bildungspolitik, Institut der deutschen Wirtschaft, 2 / 1989.

FAIX, W.G. / KISGEN, S. / LAU, A. / SCHULTEN, A. / ZYWIETZ, T. (2006): Praxishandbuch Außenwirtschaft. Erfolgsfaktoren im Auslandsgeschäft. Wiesbaden.

FAIX, W.G: / KURZ, R. / WICHERT, F. (1995): Innovation zwischen Ökonomie und Ökologie. Landsberg / Lech.

FAIX, W. G. / LAIER, A. (1989): Soziale Kompetenz. In: Beiträge zur Gesellschafts- und Bildungspolitik, Institut der deutschen Wirtschaft, 10 / 1989.

FAIX, W.G. / LAIER, A. (1991): Soziale Kompetenz. Das Potenzial zum unternehmerischen und persönlichen Erfolg. Wiesbaden.

FAIX, W. G. / LAIER, A. (1996): Soziale Kompetenz. Wettbewerbsfaktor der Zukunft, 2. Auflage, Wiesbaden.

FAIX, W. G. / LINDNER-VOGT, K. / ARNOLD, D. / MANNCHEN, K. / WIDMANN, JOSEFINA (1989): »Synergie-Effekte. Weiterbildungs-Projekt fördert Technologie- und Know-How-Transfer«. In: Materialfluß, April 1989.

FAIX, W.G. / MERGENTHALER, J. (2009): War for Talents. In: Faix, W.G. / Auer, M. (Hrsg.). Talent. Kompetenz. Management. Band 1. Berlin, S. 13–77.

FAIX, W.G. / MERGENTHALER, J. (2010a): Über die Kraft der schöpferischen Zerstörung. Die Rahmenbedingungen des unternehmerischen Erfolgs heute. In: Faix, W.G. / Auer, M. (Hrsg.): Talent. Kompetenz. Management. Global. Lokal. Band 2. Berlin, S. 11–102.

FAIX, W.G. / MERGENTHALER, J. (2010b). Die schöpferische Kraft der Bildung. Über Innovation, Unternehmertum, Persönlichkeit und Bildung. Berlin.

FALCK, O. / KIPAR, S. / WOSSMANN, L. (2008): Humankapital und Innovationstätigkeit von Unternehmen. Erste deskriptive Befunde neuer Fragen im ifo Innovationstest. http://www.cesifo-group.de/pls/guest/download/ifo%20 Schnelldienst/ifo%20Schnelldienst%202008/ifosd_2008_7_2.pdf

FIEDLER, P. (2007). Persönlichkeitsstörungen (völlig neu bearbeitete 6. Aufl.). Weinheim.

FUEGLISTALLER, U. / MÜLLER, C. / VOLERY, T. (2008): Entrepreneurship. Modelle – Umsetzung – Perspektiven. Mit Fallbeispielen aus Deutschland, Österreich und der Schweiz, 2. Auflage, Wiesbaden, 2008.

FOHRMANN, J. (2010): Was ist Bildung? Vom inflationären Gebrauch eine Begriffs und dem Verschwinden seiner tatsächlichen Bedeutung. In: Forschung und Lehre 3 / 10, S. 174–176.

GABLER WIRTSCHAFTSLEXIKON (2010). http://wirtschaftslexikon.gabler.de/Homepage.jsp

GOFFMAN, E. (1959 / 1991): Wir alle spielen Theater. München.

GRIGAT, F. (2010): Die Nacht, in der alle Kühe schwarz sind. Zur Kritik des Komptenz-Begriffs und des Deutschen Qualifikationsrahmens. In: Forschung & Lehre 4 / 10, S. 250–253.

GRUBER, E. (2002): Wissensgesellschaft: Modebegriff oder produktiver Reformansatz in der Erwachsenenbildung? In: Res Publica. Festschrift für Peter Schachner-Blazizek zum 60. Geburtstag. Graz.

GRUBER, E. (2005): Humboldt ist tot – es lebe Humboldt! Gedanken zu einer neuen (Allgemein)Bildung. http://wwwg.uni-klu.ac.at/ifeb/eb/Neue%20Allgemeinbildung_Humboldt

GUDJONS, H. (1986): Handlungsorientiert lehren und lernen: Projektunterricht und Schüleraktivität. Bad Heilbrunn.

HEYSE, V. / ERPENBECK, J. (1997): Der Sprung über die Kompetenzbarriere. Bielefeld.

HEYSE, V. / ERPENBECK, J. (2007): Kompetenzmanagement: Methoden, Vorgehen, KODE® und KODE®X im Praxistest. Münster.

HEYSE, V. / ERPENBECK, J. (2010): Qualitätsanforderungen an KODE®. In: Heyse, V. / Erpenbeck, J. / Ortmann, S. (Hrsg.): Grundstrukturen menschlicher Kompetenz. Praxiserprobte Konzepte und Instrumente. Münster, S. 21–54.

HEYSE, V. (2010): Verfahren zur Kompetenzermittlung und Kompetenzentwicklung. KODE® im Praxistest. In: Heyse, V. / Erpenbeck, J. / Ortmann, S. (Hrsg.): Grundstrukturen menschlicher Kompetenz. Praxiserprobte Konzepte und Instrumente. Münster, S. 55–99.

HIGGINS, J. M. / WIESE, G. G. (2009): Innovationsmanagement. Kreativitätstechniken für den unternehmerischen Erfolg, Berlin.

HORX, M. (2009): Das Buch des Wandels. München.

HUBER, L. (1998): Sozialisation in der Hochschule. In: Hurrelmann, K. / Ulich, D. (Hrsg.): Handbuch der Sozialisationsforschung, 5. Auflage, Weinheim / Basel, S. 417–441.

HUMBOLDT, W. VON (1793 / 1986): Theorie der Bildung des Menschen. Bruchstück. I. Klassische Problemformulierungen. In: Tenorth, H.E. (Hrsg.): Allgemeine Bildung: Analysen zu ihrer Wirklichkeit. Versuche über ihre Zukunft. Weinheim, München.

HUNZINGA, J. (1939 / 2004): Homo Ludens. Vom Ursprung der Kultur im Spiel. Reinbek.

IBM (2008a): IBM Global CEO Study. Das Unternehmen der Zukunft. www.ibm.com/services/de/bcs/html/ceostudy.html

IBM (2008b): Outsourcing und global integrierte Unternehmen: Von der Auslagerung der Basisdienste zur Wertschöpfung. https://www-935.ibm.com/services/de/cio/pdf/wp-cio-itopt-outsourcing.pdf

IBM (2010a): IBM Global CEO Study. Unternehmensführung in einer komplexen Welt. Executive Summary. http://www-935.ibm.com/services/de/ceo/ceostudy2010/

IBM (2010b): IBM Global CEO Study. Unternehmensführung in einer komplexen Welt. Gesamtausgabe. http://www-935.ibm.com/services/de/ceo/ceostudy2010/

Raisch, S. / Probst, G. / Gomez, P. (2007): Wege zum Wachstum. Wie Sie nachhaltigen Unternehmenserfolg erzielen. Wiesbaden.

ISB (Staatsinstitut für Schulqualität und Bildungsforschung) (Hrsg.): Oberste Bildungsziele in Bayern, Artikel 131 der bayerischen Verfassung in pädagogischer Sicht, 5. Auflage, München: 2003, Nachdruck 2005.

JANK, W. / MEYER, H. (1994): Didaktische Modelle. Frankfurt am Main.

JUNG, E. / JUCHLER, I. (2002): Sachanalyse Globalisierung. http://www.sowi-online.de/journal/2002-1/sachanalyse_jung_juchler.htm

KAISER, G. / SIEGRIST, J. / ROSENFELD, E. / WETZEL-VANDAI, K. (Hrsg.) (1996): Die Zukunft der Medizin – Neue Wege zur Gesundheit? Frankfurt a. M.

KEIM, S. / WITTMAN, P. (2009): Instrumente zur Kompetenzermittlung- und messung. In: Faix, W.G. / Auer, M. (Hrsg.): Talent. Kompetenz. Management. Band 1. Berlin, S. 415–441.

KLEIN, G. (2001): Wissensmanagement und das Management von Nichtwissen – Entscheiden und Handeln mit unscharfem Wissen. In: Graf, H. G. (Hrsg.) (2001): ...und in Zukunft die Wissensgesellschaft? Chur, S. 73–80.

KNOLL, M. (1984): Paradoxien der Projektpädagogik – Zur Geschichte und Rezeption der Projektmethode in den USA und in Deutschland. In: Zeitschrift für Pädagogik 5 / 84, S. 663–674.

KOMMISSION DER EUROPÄISCHEN GEMEINSCHAFTEN (2005): Vorschlag für eine Empfehlung des europäischen Parlaments und des Rates zu Schlüsselkompetenzen für lebenslanges Lernen ec.europa.eu/education/policies/2010/doc/keyrec_de.pdf

LACHENMAIER, S. / WOESSMANN, L. (2004): Does Innovation cause Exports? Evidence from exogenous Innovation impulses and obstacles using german micro data. CESIFO Working Papers No. 1178 Category 7: Trade Policiy. http://ideas.repec.org/a/oup/oxecpp/v58y2006i2p317-350.html

LACHENMAIER, S. / ROTTMANN, H. (2007a): Effects of Innovation on Employment: A dynamic panel analysis. CESIFO Working Papers No. 2015 Category 9: Industrial Organisation. http://ideas.repec.org/p/mse/cesdoc/r07036.html

LACHENMAIER, S. / ROTTMANN, H. (2007b): Employment Effects of Innovation at the Firm Level. Ifo Working Paper No. 27. http://ideas.repec.org/p/ces/ifowps/_27.html

LACHENMAIER, S. / WOESSMANN, L. (2004): Does Innovation cause Exports? Evidence from exogenous Innovation impulses and obstacles using german micro data. CESIFO Working Papers No. 1178 Category 7: Trade Policiy. http://ideas.repec.org/a/oup/oxecpp/v58y2006i2p317-350.html

LACHENMAIER, S. / ROTTMANN, H. (2007a): Effects of Innovation on Employment: A dynamic panel analysis. CESIFO Working Papers No. 2015 Category 9: Industrial Organisation. http://ideas.repec.org/p/mse/cesdoc/r07036.html

LACHENMAIER, S. / ROTTMANN, H. (2007b): Employment Effects of Innovation at the Firm Level. Ifo Working Paper No. 27. http://ideas.repec.org/p/ces/ifowps/_27.html

LAVE, J. / WENGER, E. (1991). Situated learning. Legitimate peripheral participation. Cambridge.

LUHMANN, N. (1991): Soziologie des Risikos. Berlin u. a..

MERGENTHALER, J. (2008): Sollbruchstellen der Seele. Die Multiple Persönlichkeit als Metapher im Identitätsdiskurs. Marburg.

MERTENS, D. (1974): Schlüsselqualifikationen. Thesen zur Schulung für eine moderne Gesellschaft. In: Mitteilungen aus Arbeitsmarkt und Berufsforschung, 7, 36–43

MEYER, HILBERT (1987): UnterrichtsMethoden. Band I: Theorieband; Band II: Praxisband. Frankfurt am Main.

NEGT, O. (1997). Gesellschaftliche Schlüsselqualifikationen. Sechs Kompetenzen zur Gesellschaftsveränderung. In: Widerspruch, 17 (33), S. 89–102.

NIDA-RÜMELIN, J. (2006): Humanismus als Leitkultur. Ein Perspektivenwechsel, München.

NONAKA, I. / TAKEUCHI, H. (1997). Die Organisation des Wissens. Wie japanische Unternehmen eine brachliegende Ressource nutzbar machen. Frankfurt a.M. 1997.

OELSNITZ, D. VON / STEIN, V. / HAHMANN, M. (2007): Der Talente-Krieg. Personalstrategie und Bildung im globalen Kampf um Hochqualifizierte. Bern u. a.

PESTALOZZI, H.A. (1989): Auf die Bäume ihr Affen. Bern.

PETERS, T. (2007): Re-imagine. Spitzenleistung in chaotischen Zeiten. Offenbach

PIRNTKE, G. (2010): Lernen nach der neuen Ausbildereignungsverordnung. Norderstedt.

PLATON (1940): Sämtliche Werke. Berlin.

PRAHALAD, C.K. / KRISHNAN, M.S. (2009): Die Revolution der Innovation. Wertschöpfung durch neue Formen in der globalen Zusammenarbeit. München.

RASNER, C. / FÜSER, K. / FAIX, W.G. (1999): Das Existenzgründerbuch. Von der Geschäftsidee zum sicheren Geschäftserfolg, 4. Auflage, Landsberg / Lech.

REICH, R. (1993): Die neue Weltwirtschaft. Das Ende der nationalen Ökonomie. Frankfurt a. M. u. a. 1993.

RUSSEL, B. (1996): Denker des Abendlandes – Eine Geschichte der Philosophie. Stuttgart.

SCHÄFER, A. (2008): Die Kraft der schöpferischen Zerstörung. Joseph A. Schumpeter. Die Biographie. Frankfurt am Main.

SCHÄFERS, B. (Hrsg.) (1995): Grundbegriffe der Soziologie. 4. verbesserte und erweiterte Auflage. Opladen.

SCHNEIDER, R. (2008): Forschendes Lernen in der Lehrerausbildung. Entwicklung einer Neukonzeption von Praxisstudien am Beispiel des Curriculumbausteins »Schulentwicklung«: Eine empirisch-qualitative Untersuchung zur Ermittlung hochschuldidaktischer Potentiale. https://eldorado.tu-dortmund.de/bitstream/2003/26029/2/RalfSchneider_Gesamt.pdf

SCHOPENHAUER, A.: Die Welt als Wille und Vorstellung. In: Ders.: Werke in zehn Bänden. Zürcher Ausgabe. (Der Text folgt der historisch-kritischen Ausgabe von Arthur Hübscher. Die editorischen Materialien besorgte Angelika Hübscher. Redaktion von Claudia Schmölders, Fritz Senn und Gerd Haffmanns). Zürich, Bd. 1–4.

SCHREIER H. (Hrsg.) (1986): Dewey, J.: Erziehung durch und für die Erfahrung (eingeleitet, ausgewählt und kommentiert). Stuttgart.

SCHUMPETER, J.A. (1946/1993): Kapitalismus, Sozialismus und Demokratie. Tübingen.

SCHUMPETER, J.A. (1947): The Creative Response in Economic History. The Journal of Economic History 7 (2), S. 149–159.

SCHUMPETER, J.A. (1952): Theorie der wirtschaftlichen Entwicklung, 5. Auflage, Leipzig.

SCHUMPETER, J.A. (1961a): The Theory of Economic Development. New York, S. 65–94.

SCHUMPETER, J.A. (1961b): Konjunkturzyklen, 2 Bde. Göttingen.

SIEMENS AG (1994): Zukunft braucht Herkunft. München.

SIMMEL, G. (1908 / 1992): Soziologie. Untersuchungen über die Formen der Vergesellschaftung. In: Ders.: Georg-Simmel-Gesamtausgabe. Bd. 11. (Hrsg. v. Otthein Rammstedt). Frankfurt a. M.

SIMON, H. / GATHEN, A. VON DER (2002): Das große Handbuch der Strategieinstrumente. Alle Werkzeuge für eine erfolgreiche Unternehmensführung. Frankfurt am Main.

SMITH, A. (1759 / 2010): The Theory of Moral Sentiments. New York.

SMITH, A. (1778 / 1994): The Wealth of the Nations. New York.

SMOLNY, W. / SCHNEEWEIS, T. (1999): Innovation, Wachstum und Beschäftigung. Eine empirische Untersuchung auf der Basis des ifo Unternehmenspanels. In: Jahrbücher für Nationalökonomie und Statistik 218, Heft 3 + 4, S. 457–472.

SONNTAG, K. (1996): Lernen im Unternehmen. München.

SPOUN, S. / WUNDERLICH, W. (2005) Studienziel Persönlichkeit. Beiträge zum Bildungsauftrag der Universität heute. Frankfurt / New York.

STÄHLER, P. (2002): Geschäftsmodelle in der digitalen Ökonomie. Merkmale, Strategien und Auswirkungen. Lohmar.

STAUDT, E. / KRIEGESMANN, B. (1999): Die Differenz zwischen Qualifikation und Kompetenz. In: Institut für angewandte Innovationsforschung (Hrsg.): Jahresbericht 1999. Bochum.

STEVENSON, H.H. / JARILLO, J.C. (1990): A Paradigm of Entrepreneurship : Entrepreneurial Management. In: Strategic Management Journal.

WALTERSCHEID, K. (1998): Entrepreneurship als universitäre Lehre. www.fernuni-hagen.de/GFS/pdf/entrepreneurship_lehre.pdf

WEBER, M. (1920): Gesammelte Aufsätze Religionssoziologie 1. Tübingen, 1988.

WEBER, H. / MERX, V. (2005): Dualität im Wandel der Zeit. In: Bund-Länder-Kommision für Bildungsplanung und Forschungsförderung (Hrsg.): Weiterentwicklung dualer Studienangebote im tertiären Bereich. Bonn. (= Materialen zur Bildungsplanung und Forschungsförderung Heft 132)

WILDT, J. (2006): Formate und Verfahren in der Hochschuldidaktik. In: Wildt, J. / Szczyrba, B. / Wildt, B. (Hrsg.): Consulting, Coaching, Supervision. Eine Einführung in Formate und Verfahren hochschuldidaktischer Beratung. Blickpunkt Hochschuldidaktik, Bd. 117. Bielefeld, S. 12–39.

ABBILDUNGEN

JULIAN NIDA-RÜMELIN

HUMANISMUS ALS LEITKULTUR[1]

1 Dieser Text beruht auf dem frei gehaltenen, aufgezeichneteten Vortrag am 1. Dezember 2010, im Rahmen des Stuttgarter Kompetenz-Tages 2010.

INHALT

1 EINLEITUNG

Die gegenwärtige Integrationsdebatte zeigt: Ohne die kulturelle Dimension kann Integration nicht funktionieren. Das uns allen Gemeinsame ist ein Kern von Einstellungen, Persönlichkeitsmerkmalen und Praxisformen, die kulturüberlappend sind und ihre Wurzeln in allen Kulturkreisen haben. Der Menschenrechtsdiskurs, der auf diesem Kern aufbaut, ist keinesfalls eine rein westliche Erfindung. Auch in anderen Kulturen sind seine Grundelemente angelegt: Die Allgemeine Erklärung der Menschenrechte vom 10. Dezember 1948 wurde gegen den Widerstand zumal Großbritanniens und des Pentagons durchgesetzt. Befürwortet wurde sie hauptsächlich von den jüdischen Organisationen, den südamerikanischen Staaten – die sich vor der Konferenz getroffen und einen Entwurf gemacht hatten, der im Wesentlichen in die Allgemeine Erklärung der Menschenrechte einging – und von Indien. Zu meinen, die Menschenrechte habe man in einer günstigen Phase kurz nach dem Zweiten Weltkrieg mit der Dominanz westlicher Staaten gegen den Rest der Welt durchgesetzt, ist eine Geschichtsklitterung gefährlichen Typs.

Der gesamte Menschenrechtsdiskurs beruht auf dem Humanismus. In welchem Sinne er das bereits in der griechischen Klassik getan hat und noch heute tut, wie der Begriff verstanden werden kann und was Humanismus mit Ökonomie, Bildung und Persönlichkeit zu tun hat, soll im Folgenden deutlich werden. Der humanistische Grundimpuls ist heute aktueller denn je zuvor: Dem Neuhumanismus verdankt unser Bildungswesen entscheidende Weichenstellungen, seit die wirtschaftliche Verwertbarkeit von Wissen durch die großen Bildungsreformer des 19. Jahrhunderts zugunsten des Ideals der Persönlichkeitsbildung an Bedeutung verloren hat. Im Folgenden soll aufgezeigt werden, dass die zentrale Aufgabe in der Ausbildung von theoretisch wie praktisch vernünftigen, freien und verantwortlichen Akteuren liegt. Humanistische Bildung darf keine Nische, darf kein Luxus sein; Bildung ist ein Teil des europäischen kulturellen Selbstverständnisses.

In einem weiteren Schritt soll deutlich werden, wieso der Glanz der deutschen Bildungs- und Kulturnation nach dem Ersten Weltkrieg verblasste. Die heutigen Befunde der Pisa-Studie, die intensiv geführte Debatte um die Bologna-Reform zeigen Deutschlands Wandlung. Doch bei einem fairen internationalen Vergleich zur Bedeutung der Kultur würde Deutschland auch heute noch auf einem vorderen Platz rangieren. Allerdings werden diese positiven Entwicklungen von einem Rückzug des Staates auf allen Ebenen seiner kulturellen Verantwortung überlagert. Die vorliegenden Überlegungen beschäftigen sich mit der Frage, ob Deutschland sich in Zukunft wieder als Bildungs- und Kulturnation definieren und die schleichende Marginalisierung von Bildung und Kultur beenden kann.

2 AUTARKIE, RATIONALITÄT UND UNIVERSALITÄT

Im Gegensatz zu anderen Kulturkreisen liegen die Wurzeln für unser Verständnis von Humanismus in der griechischen Klassik. Im Wesentlichen gibt es drei wichtige Impulse aus dieser Zeit.

Der erste ist die für die griechische Kultur zentrale Orientierung am Wert der Autarkie: unabhängig sein, sich von niemandem etwas vorschreiben lassen müssen, die eigenen Vorstellungen realisieren können. Die Geschichte dieser Idee hat ihren ersten Höhepunkt bei Platon. Ausgangspunkt ist letztlich die Idee, dass der Mensch nicht einfach so ist wie er ist, sondern dass er durch Anstrengung etwas werden und sich verändern kann. Dies ist die Idee eines Bildungsweges. Das berühmte Höhlengleichnis Platons bringt das metaphorisch auf den Punkt. Dieser Mythos ist bis heute, wenn man genau hinsieht, indirekt nach wie vor einflussreich. Wirkungsmächtig ist die Bildungsidee, dass der Mensch erst durch Erkenntnis zu sich selbst findet, dass er erst dann zum eigentlichen Menschen wird, wenn er sich diesem beschwerlichen Prozess der Erkenntnis aussetzt. Dahinter steht zweifelsohne eine kognitivistische Philosophie, man könnte auch sagen: eine intellektualistische Philosophie. Sie ist universalistisch, nicht an bestimmte örtliche, kulturelle oder politische Kontexte gebunden. Es geht um den Menschen als solchen, auch wenn Platon den griechischen Bürger des Stadtstaates vor Augen hatte.

Ich zögere, dieses Bildungsideal ein humanistisches Ideal zu nennen, weil Platon nämlich der Auffassung war, dass es von Natur aus solche Menschen gibt, die geeignet sind, für den Weg der Bildung und der Erkenntnis, und solche, die für ihn nicht geeignet sind. Erst in der Stoa entsteht etwas, das als »Humanismus« bezeichnet werden kann, nämlich eine erstaunliche Distanzierung vom jeweils kulturell Vorgegebenen. Man könnte sagen, die Stoa ist kosmopolitisch: Sie hat das Ideal des innenorientierten Menschen, der sich nicht beeinflussen lässt von Meinungen, Pressionen und Erwartungen anderer. Und die Menschheit kommt hier erstmals als Einheit, als *humanitas* in den Blick. Die Stoa entwickelt auch den Begriff einer spezifisch menschlichen Würde, die dem Menschen unabhängig von seinem sozialen Hintergrund eigen ist. Die großartige Erneuerungsbewegung gegen Ende des Mittelalters und zu Beginn der Neuzeit, die man üblicherweise als »Humanismus« bezeichnet, schöpft, was ihren normativen Gehalt angeht, ganz wesentlich aus der Quelle der Stoa.

Die Wurzeln der Autarkie gehen zurück bis zu Ilias und Odyssee, zur »Bibel« der griechischen Kultur. Die Ilias[2] beginnt mit einem Streit zwischen dem Heerführer Agamemnon und dem Kriegshelden Achill: Es geht um die politisch unkorrekte Frage, ob Achill weiterhin über seine Lieblingssklavin verfügen darf. Agamemnon nimm diese für sich in Anspruch (in seiner Position als Heerführer) und König, Achill zieht sich zurück. Diese Vorstellung von Autarkie ist archaisch, die Fürsten hatten sie geprägt. In der griechischen Klassik verbreitert sich diese Einstellung, allein Sklaven und Frauen bleiben ausgeschlossen. Diese einseitige, verkürzte Vorstellung von Autarkie ist so zentral, dass sich in der aristotelischen Konzeption der guten Polis[3] die Frage stellt: Wie kann man freie Bürger Athens dazu bringen, sich für die Polis zu engagieren? Wie kann eine Polis, ein Stadtstaat, überhaupt funktionieren, wenn niemand dazu bereit ist, seine Autarkie aufzugeben? Aristoteles beantwortet dies mit der *philia politike*. Gemeint ist keine Kumpelfreundschaft, sondern die Bereitschaft aller, sich ohne Unterordnung für das Gute der Stadt einzusetzen. Ein guter Staat zeichnet sich demnach dadurch aus, dass er nicht auf Interessen begründet ist, nicht auf Machterwerb, sondern auf Einsicht, Wissenschaft und Philosophie. In Aristoteles' Nikomachischer Ethik[4] heißt es zu Beginn: Es ist einfacher zu erkennen, was für den Einzelnen gut ist, wenn wir herausgefunden haben, was für die Stadt gut ist. Jeder trägt seinen Teil aus freien Stücken bei, ohne Zwang und ohne Unterordnung. Aristoteles kehrt damit die moderne Denkweise um, die vom Wohlergehen des Einzelnen auf das Funktionieren der Stadt schließt.

Der zweite wichtige Impuls des Humanismus ist Rationalität: Sie tritt beim Theaitetos-Dialog[5] deutlich zu Tage. Wie in fast allen Dialogen Platons setzt sich Sokrates mit seinen Diskussionsgegnern gelegentlich scharf, manchmal ironisch auseinander. Erörtert wird die Frage: Welche Rolle spielen Gründe für unser Wissen? Was ist Wissen eigentlich? Wenn wir heute von der Wissensgesellschaft sprechen, ist in Wirklichkeit etwas ganz anderes gemeint: die Informationsgesellschaft. Wenn Sie die Lottozahlen korrekt voraussagen, dann haben Sie es nicht gewusst. Ihre Meinung trifft rein zufällig zu, denn Sie haben keine guten Gründe für diese Überzeugung. Sokrates formuliert am Ende des Theaitetos-Dialogs: Wissen ist wohl begründete, wahre Meinung. Seit Edmund Gettier[6] dieser vorläufigen Definition in einem Aufsatz aus den sechziger Jahren des letzten Jahrhunderts widersprach, gibt es eine Debatte in der analytischen Philosophie. Was Wissen ist, ist zweifelsohne eine schwierige Frage, aber auch die aktuelle philosophische Debatte schließt eng an den platonischen Wissens-Begriff an und manche zeitgenössische Philosophen bekennen sich als »Platoniker«.

Der Humanismus beginnt mit der Aufforderung, Wissen um seiner selbst willen anzustreben. Die positiven Folgen, die Wissenserwerb hat, sind zu genießen; der Wissenserwerb als solcher soll allerdings nicht instrumentalisiert werden. Im Theaitetos-Dialog erklärt Sokrates, kein Wortstreitkünstler sein zu wollen, der sein Gegenüber in einem Wettstreit überredet; er wolle vielmehr herausfinden, wie sich ein Sachverhalt wirklich verhält. Mithilfe von Drohungen, Überredungen oder Manipulationen können Menschen zu bestimmten Meinungen gelenkt werden. Der Beginn der Autonomie von Wissenschaft liegt jedoch darin, einer Sache auf den Grund zu gehen. Sie beruht nicht allein darauf, autoritative Quellen gründlich zu lesen, wie die Scholastiker im Mittelalter meinten.

2 Homer: Ilias.
3 Aristoteles: Politik.
4 Aristoteles: Nikomachische Ethik.
5 Platon: Theaetetus.
6 Edmund Gettier (1963): Is Justified True Belief Knowledge?

Dieser humanistische Grundimpuls scheint derzeit aktueller zu sein denn je. Zugespitzt lässt sich folgende These formulieren: Unter den heutigen Informations- und Medienbedingungen, insbesondere vor dem Hintergrund der schnellen und allgegenwärtigen Zugänglichkeit von Informationen über das Internet, ist die Information als solche radikal entwertet. Sie ist eine punktuelle, partielle Kenntnis, die sich auf einen beliebigen Sachverhalt bezieht. Gleichzeitig nimmt die Bedeutsamkeit eines anderen Faktors zu: die Orientierung des Einzelnen in einer kaum überschau- und steuerbaren Vielfalt partieller Informationen zur Bildung eines belastbaren Urteils.

Ebenfalls in die Zeit der griechisch-römischen Antike, geschichtlich jedoch nach Platon und Aristoteles einzuordnen ist der dritte Impuls: die Entdeckung der Universalität in der Stoa. Die Stoiker sind der Auffassung, die Welt sei nach Gesetzen geordnet – eine Annahme, die bis heute die philosophische Grundlage der Naturwissenschaften bildet. Jedes Individuum, das Teil des kosmischen Gefüges ist, ist gleich viel wert. Obwohl sie selbst Sklaven halten, erkennen die Stoiker, dass dies ein Unrecht ist. Seneca[7] wirft folgerichtig die Frage auf: Kann jemand, der wohlhabend ist und Sklaven hält, überhaupt ein wahrer Stoiker sein? Er kann, wie Seneca zu zeigen bemüht ist, indem er seinem Leben in überzeugender, selbstbestimmter Weise und mit der Darstellung seiner Biographie als eine Art Kunstwerk ein Ende setzt. Damit überzeugt Seneca, ein wahrhaftiger Stoiker, die Skeptiker. In diesem Punkt liegt übrigens der große Konflikt zwischen stoizistischem und christlichem Denken, die sich ansonsten weitgehend überlappen: Während man der Stoa zufolge selbst bestimmt, auch über den eigenen Todeszeitpunkt, gesteht das christliche Ethos dem Individuum dies nicht zu.

3 DIE RENAISSANCE DES HUMANISTISCHEN DENKENS

Im Folgenden möchte ich zwei kurze Streiflichter setzen. Das erste ist die Wiedergeburt dieses antiken humanistischen Impulses in der Philosophie der Renaissance. Der Humanismus entdeckt, als Strang des Renaissancedenkens, die Idee der Humanität neu. Petrarca[8] etwa führt aus, dass das spezifisch Menschliche darin bestehe, *mitis et amabilis* zu sein, also sanft und umgänglich. Ethische Bindung steht im Zentrum, die würdevolle Selbstbeherrschung gilt als Ausdruck von Charakterstärke. Bildung heißt aus der Perspektive des Humanismus auch, Personen die Möglichkeit zu geben, sich von den in der jeweiligen Gesellschaft etablierten Umgangsformen zu distanzieren. Dabei hilft es, zu lesen und sich zu bilden. Dieser Gedanke stellt den Antipoden zum Kraft- und Gewaltmenschen in Machiavellis *Il Principe*[9] dar: Wenn du grausam sein musst, dann möglichst am Anfang und auf einen Streich. Dieses Gegenbild des Renaissancehumanismus stammt zwar fast aus der gleichen Zeit, verfolgt jedoch eine ganz andere Orientierung.

Als der Humanismus im Deutschland des Neunzehnten Jahrhunderts wieder ins Bewusstsein der Menschen rückt, wird er zu einer treibenden kulturellen Kraft, die sich in der Literatur, der Bildenden Kunst und der Malerei niederschlägt. Es kommt zu einer erneuten Renaissance humanistischen Denkens, in der Immanuel Kant als der vielleicht wichtigste und mutigste Aufklärungsphilosoph eine zentrale Rolle spielt. Persönlich ist er eher ängstlich und bescheiden, körperlich schwach und empfindlich, seine Heimatstadt Königsberg verlässt er nie – doch er verfolgt einen radikal neuen Ansatz. Das Zentrum in der Kantischen Philosophie besagt Folgendes: »Wir Philosophen sollten uns nicht als die Vormunde der empirischen Naturwissenschaften aufspielen. Sie haben ihre eigene Dynamik, die wir begrüßen und begleiten sollten. Der Mensch ist jedoch keinesfalls nur eine naturwissenschaftlich beschreibbare Entität. Durch seinen Status als Vernunftwesen steht er unter Freiheitsgesetzen und kann über die Regeln, nach denen er handelt, selbst bestimmen.« Dieses humanistische Menschenbild, wie es bei Kant zum Ausdruck kommt, wird heute hauptsächlich in den Feuilletons, vereinzelt auch in den wissenschaftlichen Disziplinen angegriffen. Es gibt die These, Verantwortung und Freiheit seien Illusionen, die vielleicht nützlich, aber naturwissenschaftlich nicht mehr haltbar sind. Kein Wissenschaftler kann dies m. E. verantwortlich behaupten. Die Befunde der Neurowissenschaften, die dort herangezogen werden, geben diese weitgehenden philosophischen Schlussfolgerungen nicht her.

Es gibt keinen und es kann keinen empirischen Befund geben, auch keinen neurophysiologischen Befund, der diese Erschütterung unseres humanistischen Selbstbildes rechtfertigt. Die Abwägung von Gründen ist konstitutiv dafür, wie wir uns selbst und wie wir andere wahrnehmen und versuchen, unser Handeln daran zu orientieren. Es gibt einen engen Zusammenhang zwischen Rationalität – nämlich Handeln und Urteilen auf der Grundlage der Abwägung von Gründen –, Freiheit – dass nämlich das, was ich tue, nicht *vor* der Abwägung der Gründe immer schon vorweg bestimmt ist – und Verantwortlichkeit – dass ich Rechenschaft ablegen kann und muss, warum ich so urteile und warum ich so handle und nicht anders.[10] Hierin liegen die Gründe für den Gegensatz zwischen Humanismus und Naturalismus: Auf diesem theoretischen Humanismus fußend kann sich ein *ethischer Humanismus*, also eine humane Einstellung gegenüber anderen Menschen entwickeln, die vielleicht in Europa am prägnantesten Immanuel Kant ausformuliert hat. Hierzu gehören Autonomie, Respekt, Menschenwürde im Sinne der Anerkennung der Eigenverantwortlichkeit für das jeweils eigene Leben und für das eigene Handeln. Das stellt den Kern der Menschenrechtsidee dar, die ja im Grunde eine Ausbuchstabierung dessen ist, was wir unter Menschenwürde verstehen und was auf der Basis eines *theoretischen Humanismus* entwickelt werden kann.

7 Seneca: Epistulae morales (47).
8 Franciscus Petrarca: De remediis.
9 Niccolò Machiavelli: Il Principe.
10 Nida-Rümelin, Julian: Strukturelle Rationalität (Stuttgart: Reclam, 2001), Über menschliche Freiheit (Stuttgart: Reclam, 2005), Verantwortung (Stuttgart: Reclam, 2011)

4 PHILOSOPHIE IST KEINE KÖNIGSWISSENSCHAFT

Kants Schüler entwickeln daraus eine neue Bildungstheorie, während Kant selbst sich mit seinem Fürsten und mit dessen Minister über die Frage streitet, welche Rolle der Staat an den Universitäten spielen sollte. Er plädiert für eine zentrale Rolle der Philosophischen Fakultät, neben den drei, die sich in irgendeiner Weise um das menschliche Wohl, um die menschliche Gesundheit verdient machen: die medizinische Fakultät vorneweg um das körperliche Wohl, dann die juristische um das staatliche Wohl und die theologische um das Seelenwohl. »Submissest« und als treuer Untertan gesteht Kant dem Staat die Regulierung dieser unmittelbaren Staatsaufgaben zu, indem er die Inhalte und die Kriterien, nach denen geprüft wird, bestimmt. Im Bereich der Forschung, der Wahrheitssuche habe der Staat allerdings nichts zu suchen. Wilhelm von Humboldt, ein Schüler Kants, aber auch gestützt auf Fichte und Schleiermacher, spitzt diese These zu. Humboldt, ein liberaler Denker in der politischen Theorie, fordert paradoxerweise vom Staat die Finanzierung der Bildung an Hochschulen und Universitäten, ohne ihm inhaltliches Mitspracherecht einzugestehen. Was ist die Folge dieser radikalen Position?

Humboldt, Sprachwissenschaftler, Philosoph und politischer Theoretiker, wird geradezu in ein politisches Amt gedrängt. Zunächst weigert er sich, verfasst jedoch schlussendlich einige Texte, die zu Blaupausen einer neuen Universität werden. In einem Text von 1810[11] charakterisiert er den Geist der höheren Lehranstalten, konkret gemeint ist die Universität zu Berlin. Als deutliche Entgegensetzung zum vorherigen Verständnis von Universitäten und Wissenschaft fordert Humboldt: Gebt Freiheit! Denn Kreativität entsteht nur, wenn nicht reglementiert und jahrzehntelang fertiges Lehrbuchwissen vermittelt wird, sondern durch den unmittelbaren Bezug zur Fortentwicklung und zur Dynamik der Forschung. Die zeitgenössischen Humboldt-Gegner behaupten fälschlicherweise, dass es Humboldt nur um die Pflege des wissenschaftlichen Nachwuchses gegangen sei. Natürlich ist Humboldt sich dessen bewusst, dass die allermeisten Absolventen der Universitäten schlussendlich nicht die Wissenschaft zu ihrem Beruf machen. Aber er ist der Meinung, dass die Konfrontation und das Selbstdenken eine Persönlichkeitsentwicklung fördern, die sich schließlich auch außerhalb der akademischen Welt bewährt. Diesem Neuhumanismus verdankt das deutsche Bildungswesen wesentliche Weichenstellungen. Ziel der Humboldt'schen Bildungsreform war es, die Menschen zu befähigen, sie selbst zu werden, Autonomie zu erlangen. Der noch in der frühen Neuzeit geltende Primat der wirtschaftlichen Verwertbarkeit des Wissens hatte sich immer deutlicher zum zentralen Kriterium des Erwerbs von Wissen entwickelt – nun weicht er dem Ideal der Persönlichkeitsbildung.

Seine radikale Forderung formuliert Humboldt als idealistische Philosophie: Menschen sind nach der Schule erwachsen und sollten folglich als Erwachsene, als Partner in der Wahrheitssuche und in der Forschung behandelt werden; nicht als eine tabula rasa, auf die man etwas einschreibt. Humboldt ist der Auffassung, dass auch die Mathematik eine zentrale Rolle an den Universitäten spielen sollte –

die oberste Wissenschaft sei aber die Philosophie. Die Erkenntnissuche darf nicht reglementiert, kontrolliert, instrumentalisiert oder finalisiert werden. Sonst entstehen keine Kreativitätspotentiale, die die Wissenschaft und die Forschung, die Bildung, aber auch die Technologie und die Ökonomie benötigen. Dennoch werden die Universitäten gegenwärtig nach diesem Muster umgebaut. Die Philosophie, einst propädeutisch und Begleitprogramm der eigentlichen Wissenschaften – Theologie, Jurisprudenz, Medizin – wird auf einmal zum Zentrum der Universität. Daraus spaltet sich die Vielfalt von Fächern ab, die wir heute kennen: Naturwissenschaften, Geisteswissenschaften, Sozialwissenschaften.

5 EINE TRIAS AUS FREIHEIT, VERANTWORTUNG UND VERNUNFT

Anfang des 19. Jahrhunderts gibt es den deutschsprachigen Raum Mitteleuropas, nachdem das »Heilige Römische Reich deutscher Nation« endgültig kollabiert ist. Dieser Raum liegt, was Musikkompositionen, Bildende Kunst oder Literatur angeht, an der Spitze, getragen von einem schichtenübergreifenden Selbstverständnis als Kulturnation; was Politik, Technologie und Wirtschaft angeht, ist der Raum dagegen ausgesprochen rückständig. Die Tatsache, dass dieses sich als Nationalstaat etablierende Gebilde einige Jahrzehnte später mit Abstrichen zur neben England führenden Industrienation, zur weltweit führenden Wissenschafts- und Techniknation wird, hängt eng mit diesem humanistischen Impuls der ersten Jahre des 19. Jahrhunderts zusammen. Noch heute ist dieser Impuls von Humboldt modernes Vorbild an der Universität zu Stanford.

Was ist der eigentliche Kern dieser humanistischen Idee, nicht historisch, sondern systematisch betrachtet? Im philosophischen Sinne ist die Trias aus Freiheit, Verantwortung und praktischer oder theoretischer Vernunft ein einziges Phänomen mit drei unterschiedlichen Aspekten, wie es bereits im Theaitetos-Dialog anklingt. Es erlaubt uns, Gründe abzuwägen, uns ein Urteil zu bilden oder eine Handlung zu vollziehen. Wir sind somit keinesfalls beliebige Massepünktchen, die sich unter Gravitationswechselwirkungen als bloßes Produkt von externen Wirkungen durch die Welt bewegen, wie Thomas Hobbes es in De Corpore[12] formuliert. Vielmehr sind wir dazu in der Lage, eigene Gründe zu entwickeln und abzuwägen und damit verantwortliche und freie Akteure. Die Tatsache, Gründe für unsere Entscheidung für oder wider eine Option angeben zu können, macht uns zu Vernunftwesen. Darin liegt die zentrale Aufgabe aller Bildung von der Krippe bis zur Universität: uns zu theoretisch wie praktisch vernünftigen, freien und verantwortlichen Akteuren heranzubilden.

11 Wilhelm von Humboldt (1810): Über die innere und äußere Organisation der höheren wissenschaftlichen Anstalten in Berlin.

12 Thomas Hobbes (1655): De Corpore.

Offensichtlich ist diese Grundorientierung humanistischer Bildung heute aktueller denn je. Arbeitsmarktdaten und soziologische Prognosen weisen darauf hin, dass die bloße Entwicklung spezifischer Fertigkeiten für bestimmte Berufstätigkeiten nicht durch ein ganzes Leben tragen kann, weil es manche dieser Berufe am Ende der Erwerbsbiographie nicht mehr geben wird. Der alle Grenzen zunehmend überschreitende wirtschaftliche Markt verändert die Lebensbedingungen, er verlangt ein zunehmendes Maß an Mobilität und die Fähigkeit, sich auf neue Entwicklungen einzustellen. Die wirtschaftliche Dynamik schafft immer neue berufliche Anforderungen, sie lässt alte Berufe verschwinden und neue entstehen. Die alte Forderung »Bildung vor Ausbildung« muss somit radikal umformuliert werden: Bildung ist unter den heutigen Bedingungen zur besten Ausbildung geworden. Der Arbeitsmarkt der Zukunft verlangt nicht nach Spezialisten, sondern nach Persönlichkeiten, die artikulationsfähig sind, die sich selbst ein Urteil bilden, die Ich-Stärke haben und sich auf verschiedene kulturelle Situationen einstellen können. Also all das, was der alte Humboldt als Persönlichkeitsbildung durch die Konfrontation mit der Wissenschaft und durch die eigene Praxis des Forschens beschrieben hat, Persönlichkeitsbildung durch die Konfrontation mit dem forschenden Geist und der Praxis des Forschens. Das ist die Grundidee der Humboldt'schen Universitätsreform, die so erfolgreich war, dass sie auf der ganzen Welt kopiert wurde. Was wir hier als Humanismus bezeichnet haben, kann sich nicht auf das Studium der Alten Sprachen beschränken, weil wir sonst einen Kontext herstellen, der diese humanistische Bildungstradition zu sehr auf ein oder zwei Schulfächer beschränkt, die nur noch eine Minderheit der zukünftigen Akademiker belegt.

Aber auch die Kultur hat ihre eigene Dynamik, sie stellt Traditionen in Frage und verlangt zunehmend nach der Fähigkeit, sich über unterschiedliche Herkünfte, Lebensformen und Weltanschauungen hinweg zu verständigen. Fast alle Gesellschaften der Welt, besonders aber die westlichen, sind zunehmend multikulturell verfasst: Unterschiedliche Kulturen leben auf einem Territorium zusammen, Einwanderung und Auswanderung verändern die kulturellen Bedingungen. Eine umfassende Persönlichkeitsbildung muss diesen neuen Herausforderungen gerecht werden.

6 HUMANISTISCHE BILDUNG DARF KEINE NISCHE SEIN

Die großen Bildungsreformer des 19. Jahrhunderts hatten die Persönlichkeitsbildung in den Mittelpunkt ihrer Überzeugungen gestellt. Ein Ideal, das vielen in der Wirtschaft und der Politik heute als überholt erscheint. Doch dieses Ideal ist gerade jetzt und in Zukunft in steigendem Maße aktuell. Wenn man nicht mehr wissen kann, welche beruflichen Anforderungen auf einen zukommen, wenn man sich auf ganz unterschiedliche kulturelle Bedingungen wird einstellen müssen, dann ist die Entwicklung einer starken, zu selbstverantwortetem Handeln und Urteilen befähigten Persönlichkeit von überragender Bedeutung.

Nur wer stark genug ist, Veränderungen standzuhalten, ohne sich selbst zu verlieren, kann es aushalten, wenn im Laufe seines Lebens die Anforderungen und Erwartungen sich grundlegend ändern. Nur wer in der Lage ist, sich in einer fremden Kultur zurechtzufinden, kann auch Jahre im Ausland zubringen und sich dort persönlich und beruflich bewähren. Ohne Empathie und Einfühlungsvermögen wird dies nicht gelingen. Respektvoller Umgang mit anderen, auch wenn sie aus einer anderen Kultur kommen oder andere Überzeugungen und Interessen haben, ist unverzichtbar. Nur wer Selbstvertrauen hat, kann Konflikte und Niederlagen ertragen, ohne andere herabzusetzen oder gar Gewalt anzuwenden.

Persönlichkeitsbildung allerdings kann in der Regel kein direktes Bildungsziel sein. Sie ergibt sich aus einer geeigneten Verbindung von Anforderungen, die auf andere Ziele gerichtet sind, deren Erfüllung aber die Entwicklung der Persönlichkeit voranbringt. Unsere Schulen haben eine kognitive Schlagseite: Sie vermitteln Wissensstoff und vernachlässigen die Praxis des sozialen Umgangs. Dies hängt auch damit zusammen, dass wir in Deutschland fast ausschließlich Halbtagsschulen haben, wo gemeinsame Aktivitäten, seien sie sportlicher, kultureller oder unterhaltender Art, kaum praktiziert werden. Damit tragen die Schulen, wie sie heute (noch) verfasst sind, weniger zu einer Bildung der Persönlichkeit bei, wie man es wünschen muss. Der Übergang zu Ganztagsschulen würde es erlauben, diese kognitive Schlagseite zu beheben und die Praxis des sozialen Umgangs, der Rücksichtnahme und der Kooperationsbereitschaft zu einem integralen Teil schulischer Erfahrung zu machen.

Eine unübersichtlichere, vielgestaltigere Lebenswelt verlangt vor allem die Fähigkeit, sich eigenständig ein Urteil zu bilden, Zusammenhänge zu erfassen und Entscheidungen zu verantworten. Ein gewisses Maß an Orientierungswissen ist dabei unverzichtbar. Dies ist kein Plädoyer für einen Kanon unverzichtbaren Bildungsgutes, aber doch ein Argument, in unserem Bildungswesen auf einen geteilten Minimalbestand von Kenntnissen und Wertungen abzuzielen. Eine humane Gesellschaft zeigt sich zwar auch an ihren politischen Institutionen, einer demokratischen Kontrolle der Regierenden und einer Gesetzgebung, die die Freiheitsrechte und die sozialen Bedürfnisse der Bürgerinnen und Bürger beachtet, aber sie zeigt sich vor allem anderen im Alltag.

Machen wir dann nicht einen Fehler, wenn wir den Studierenden nicht mehr die Möglichkeit geben, stundenlang in Bibliotheken zu sitzen und Bücher zu lesen? Im Grunde verfehlen wir auf diesem Wege das eigentliche Bildungsziel. Untersuchungen zeigen, dass Abiturienten ein Jahr später ihre Prüfungen nicht mehr bestehen würden. Wenn in der Schule, an der Hochschule und in der Universität keine Zeit bleibt, an bestimmten Stellen in die Tiefe zu gehen, selber denken zu lernen und sich einen allgemeinen Bildungshintergrund aufzubauen, verfehlen wir das Zentrum unserer Bildungsidee.

Der Aspekt der Selbstbestimmung bleibt immer der zentrale: Ein souveräner Umgang mit Differenz setzt umfassend gebildete, Ich-starke Persönlichkeiten voraus, durchaus im Sinne des althumanistischen *mitis et ambilis*. Vom einmal gelernten Wissen bleibt nur ein kleiner Teil, was bleibt, sind Fähigkeiten, Tugenden und im günstigsten Fall eine einfühlsame und souveräne Persönlichkeit, die sich Gelassenheit und Rücksichtnahme leisten kann. Humanistische Bildung ist keine Nische für die Wenigen, die sich den Luxus erlauben können, weil sie meinen, nicht an die berufliche Verwendbarkeit denken zu müssen. Vielmehr macht sie einen wichtigen Teil des europäischen kulturellen Selbstverständnisses aus; sie bewährt sich in Studium und Beruf. Wir sind Bürger mit einer gewissen Verantwortung für die *res publica*, wir sind Teil kultureller Gemeinschaften, wir stehen in einer historischen kulturellen Tradition, wir sind kulturell verfasste Wesen. Der Sinn des Lebens ergibt sich schließlich nicht primär aus ökonomischen Interessen.

Über einige Jahrzehnte definierte sich Deutschland in hohem Maße über seine Leistungen in Bildung und Kultur. Als verspätete Nation bot die nationale Geschichte nur wenig Identifikationsmöglichkeiten – dies galt schon vor der Schreckensherrschaft der Nazis. Deutschland wurde bewundert für seine wissenschaftlichen Leistungen, für seine Universitäten und Gymnasien, für seine Komponisten, Schriftsteller und Künstler. Schon der Erste Weltkrieg war eine Zäsur. Der Glanz einer Bildungs- und Kulturnation verblasste. Die Kämpfe um und innerhalb der Weimarer Demokratie banden allzu viel Energie, um an die besten Zeiten vor dem Ersten Weltkrieg, nun unter veränderten Vorzeichen einer demokratischen Ordnung, anzuknüpfen. Die nationalsozialistische Bildungs- und Kulturpolitik entfesselte alle, besonders im Kleinbürgertum verwurzelten antimodernen und antiaufklärerischen Reflexe. Das Werk des Völkermordes an den Juden, der Millionen Kriegstoten, der Verelendung und Verfolgung, der Exodus der jüdischen und kritischen Intelligenz und die Verstrickungen der verbliebenen intellektuellen und kulturellen Eliten mit dem Nazi-Regime haben nach dem Zweiten Weltkrieg ein geistiges Vakuum hinterlassen, das nur mühsam durch restaurative Rückbesinnung auf überkommene Familienideale, das Wiedererstarken der Kirchen als politische und geistige Kräfte, aber vor allem durch den ökonomischen Erfolg und den Stolz auf das deutsche »Wirtschaftswunder« gefüllt wurde. Die Identifikation mit der harten D-Mark ist nunmehr dahin und die Tatsache, dass der Euro schon wenige Jahre nach seiner Einführung von ähnlicher Härte ist, bietet angesichts europäischer und speziell deutscher Verzagtheiten keinen Ersatz. Die ökonomische Performance, um es im Jargon unserer Wirtschaftseliten auszudrücken, lässt zu wünschen übrig, und der Sozialstaat musste in einer Phase wirtschaftlicher Schwäche so kräftig umgebaut werden, dass auch dieses Erfolgsprodukt der jüngsten deutschen Geschichte wenig Halt bietet.

7 DIE PERSPEKTIVE EINER ERNEUERTEN BILDUNGS- UND KULTURNATION

Eine tief greifende Verunsicherung der deutschen Gesellschaft im Laufe der letzten Jahre ging vermutlich von den Pisa-Ergebnissen und ihrer Diskussion aus. Man hatte doch weithin als selbstverständlich angenommen, dass die deutschen Gymnasien und Universitäten zu den besten der Welt gehören. Man wusste wohl, dass es an manchen Schulen Schwierigkeiten gibt – schon deswegen, weil ein Gutteil der Schüler nur schlecht deutsch sprach –, aber dass auch die besten zehn Prozent der Schüler in Deutschland deutlich schlechter abschnitten als in vielen anderen Industrieländern, hatten die wenigsten erwartet. Es war ein schwacher Trost, dass Pisa den einen oder anderen Ansatzpunkt bot, alte Scharmützel wieder aufzugreifen, etwa den Streit zwischen Gesamtschulbefürwortern und ihren Gegnern oder zwischen den Befürwortern stärkerer leistungsbezogener Selektionen und denjenigen, die möglichst alle mitnehmen wollen. Merkwürdig deplatziert wirkten diese Debatten aus zwei Gründen: Zum einen, weil die Ergebnisse doch sehr deutlich machten, dass die Bildungspolitik in allen ihren bundesdeutschen Varianten mit Pisa ein schlechtes Zeugnis ausgestellt bekommen hatte und die innerdeutschen Leistungsdifferenzen zwar nicht zu verkennen sind, aber auch die besseren Bundesländer im internationalen Vergleich eben nur schwach abgeschnitten hatten. Vor allem aber, weil die so intensiv geführte Schuldebatte in Deutschland um die Organisationsform und um Strukturen des Bildungswesens an der Problematik ganz offenkundig vorbeigeht. Nähere Analysen der führenden Länder zeigen, dass es vor allem der Unterrichtsstil ist, der dort für die weit besseren Ergebnisse verantwortlich ist. Hinzu kommen ein kulturelles bildungsfreundliches Umfeld und der feste politische Wille, in die Zukunft der Kinder und Jugendlichen zu investieren. Der Pisa-Befund zeigt vor allem eins: Die Wandlung Deutschlands von der ehemaligen Bildungs- und Kulturnation zu einem politischen Zwerg, der sich fast ausschließlich über ökonomische Leistungen definiert, ist nicht ohne Folgen geblieben. Das Fundament dieses ökonomischen Erfolgs, die Kenntnisse und Fähigkeiten, die Tugenden und Einstellungen, die diesen Erfolg erst langfristig sichern können, erodiert.

Es gab bislang keinen Pisa-Test für die Kultur. Allerdings ist zu vermuten, dass Deutschland bei einem fairen internationalen Vergleich im Gegensatz zur Bildung auf einem der vordersten Plätze rangieren würde, vermutlich nach Österreich und nach Frankreich, aber weit vor Großbritannien, Italien, Spanien, von den USA oder Australien ganz zu schweigen. Bei einem solchen Test würde die kulturell interessierte Weltöffentlichkeit staunend feststellen, dass die Hälfte aller Theater- und Operbühnen dieser Welt in den drei deutschsprachigen Ländern steht. Auch die Kulturbürger in Deutschland würden sich wohl verwundert die Augen reiben, wenn sie erführen, dass jährlich rund zweihundert Museen in Deutschland neu gegründet werden oder dass die Zahl der Museumsbesucher in Deutschland fast zehnmal so hoch ist wie die Zahl der Besucher von Bundesligaspielen.

Bis heute zehrt dieses Land davon, dass seine kleinteiligen politischen Strukturen im größeren Rahmen des Heiligen Römischen Reiches Deutscher Nation und darüber hinaus bis zur Gründung des Klein-Deutschen Reiches 1871 in den glücklicheren Phasen eine Konkurrenz auch um die kulturellen Einrichtungen nach sich zog. Der Versuch einiger deutscher Fürsten, den Unmut des Volkes zu dämpfen und damit einer Revolution nach französischem Muster vorzubeugen, indem man Jagden und Immobilien dem allgemeinen Volk zugänglich machte, hat dazu beigetragen. Die Kunstsammlungen kleinerer und größerer Fürstentümer, von den deutschen Königen ganz zu schweigen, bilden den Nukleus einer Residenzkultur, von dem die Kommunen, die Länder und der Bund bis heute zehren. Die Neigung des deutschen Bürgertums, anders als dasjenige älterer europäischer Demokratien, in Lebensstil und Gesinnung den Adelsstand nachzuahmen, hat hier zu Lande die Kammermusik erblühen lassen, wovon bis heute Generationen von Jugendlichen zehren, die manchmal zu ihrem Leidwesen zu Violinunterricht und Klavierspiel angehalten werden. Auch diese gutbürgerliche Kultur des klassischen Musizierens, der besinnlichen Familienabende, der Lektüre klassischer Texte ist seit den 1960er Jahren deutlich zurückgegangen. Heute beklagen gelegentlich erfahrene Rockbarden und Popmusikexperten, dass mit diesem Niedergang auch das Nachwuchspotential in ihrer Branche schwindet. Immerhin, die Musikschulen erfreuen sich nach wie vor großer Beliebtheit und Innenminister Schily hatte Recht, als er sagte, »wer Musikschulen schließt, gefährdet die innere Sicherheit«.

8 STAATLICHE VERANTWORTUNG FÜR BILDUNG UND KULTUR

Die moderne Kunst und die moderne, so genannte »ernste Musik« hatten es auch im Deutschland der Jahrhundertwende schwer. Der Blaue Reiter in München war nicht die umjubelte Wende zum neuen Stil, sondern eine belächelte oder verachtete Randerscheinung des Kulturgeschehens der damaligen Kunstmetropole München. Dennoch konkurrierte die Stadt mit Berlin um die größte Attraktivität in Lebensstil und Attitüde für junge Intellektuelle und Künstler. Berlin wurde in der Zwischenkriegszeit möglicherweise zur weltoffensten, liberalsten und faszinierendsten europäischen Hauptstadt. Zwölf Jahre Nazi-Diktatur und die Restaurationszeit danach haben das Land zurückgeworfen, die Kunstrezeption retardieren lassen. In den vergangenen Jahren gab es jedoch eine deutliche Trendwende. Auch die bildungsferneren Teile der Bevölkerung öffnen sich den modernen Sprachen der Kunst. Es ist eine neue Offenheit für die zeitgenössische Kunst entstanden. Unter den weltweit erfolgreichsten Künstlern befinden sich auffällig viele Deutsche. Das Land hätte so gesehen durchaus Grund, sich wieder als Kulturnation zu definieren.

Aber diese positiven Entwicklungen werden verdeckt durch einen zumindest propagierten, oft genug aber auch praktizierten Rückzug des Staates auf allen seinen Ebenen aus der kulturellen Verantwortung. Die deutsche Kulturstaatstradition erodiert: teilweise gut gemeint in Gestalt neuer Organisationsmodelle mit Teilprivatisierung, Einrichtung von GmbHs, Outsourcing und Benchmarking, teilweise in Gestalt von Mittelkürzungen, fast überall durch Einfrieren der Etats und gelegentlich durch das brutalere Mittel der Schließung ganzer Einrichtungen. Begleitet wird diese Politik vom Alarmismus der Betroffenen, deren oft aggressive Kritik vergessen lässt, in welchem Umfang sich insbesondere die deutschen Kommunen trotz größerer Etatprobleme für ihre kulturellen Einrichtungen engagieren.

Steht Deutschland an einem Wendepunkt? Wird sich dieses Land in Zukunft wieder als Bildungs- und Kulturnation definieren und damit die langfristigen Grundlagen für sozialen Zusammenhalt, politische Gestaltungskraft und ökonomische Stärke legen? Reicht der Pisa-Schock aus, um die schleichende Marginalisierung von Bildung und Kultur zu beenden, eine Trendumkehr zu bewirken und die staatlichen und gesellschaftlichen Ressourcen wieder auf diese beiden, eng miteinander verkoppelten Bereiche zu konzentrieren? Jedenfalls wurde über Bildungsfragen in der Öffentlichkeit schon lange nicht mehr so intensiv diskutiert wie heute. Aber in welche Richtung?

Im Zuge des Bologna-Prozesses werden die neuen Studiengänge an den Universitäten unter zwei Gesichtspunkten konzipiert, was den staatlichen Vorgaben entspricht: solche, die berufsorientiert und solche, die wissenschaftsorientiert sind. Dies aber ist gerade die falsche Alternative. Der große Erfolg der Humboldt'schen Reformen an den deutschen Universitäten bestand gerade darin, dass die traditionelle, noch vom Mittelalter übernommene Ausbildungsorientierung durch eine Bildungsorientierung ersetzt wurde und – paradoxerweise – damit nicht nur eine wissenschaftliche Dynamik ausgelöst wurde, die in einer raschen Etablierung neuer Forschungseinrichtungen ihren deutlichsten Ausdruck fand, sondern die Studierenden befähigte, selbstständig zu denken. Die Abkehr von der bloßen Vermittlung von Lehrbuchwissen und die frühzeitige Konfrontation mit der Forschung formte Persönlichkeiten, die von Urteilskraft und Entscheidungsstärke geprägt waren. Jetzt dem größeren Teil der Studierenden kanonisiertes Bildungswissen zu vermitteln – in Modulbeschreibungen festgelegt – und den kleineren Teil zum wissenschaftlichen Nachwuchs auszubilden, das wäre mit Sicherheit der falsche Weg. Die gegenwärtig in den Bachelor- und Masterstudiengängen um sich greifende Praxis detaillierter Modul-Beschreibungen und die Erwartung der Studierenden, schon frühzeitig zu wissen, was sie jeweils in den nächsten Semestern gelesen haben müssen, um die Prüfung zu bestehen, stellt insofern einen Rückfall in die mittelalterliche und frühneuzeitliche Universität dar.

Es ist in den vergangenen Jahrzehnten versäumt worden, die Fachhochschulen deutlich auszubauen und dabei ihren spezifischen Charakter als Fachhochschulen zu bewahren. Diese Fehlentwicklung kann man nicht dadurch korrigieren, dass man nun die Universitäten zu großen Fachhochschulen umbaut. Eine weitere Angleichung dieser beiden Einrichtungen macht weder aus Sicht der Fachhochschulen noch der Universitäten Sinn. Das Ergebnis in einigen Jahren wird sehr davon abhängen, in welcher normativen Verfasstheit die europäische Universität sich den Herausforderungen stellt. Bleibt sie der humanistischen Substanz der europäischen Universitätsidee treu (Humboldt) oder gerät sie in den Sog einer umfassenden Ökonomisierung, an deren Ende nur ein zerklüftetes Trümmerfeld stehen könnte mit einzelnen, von der Industrie abhängigen, hoch dotierten und anwendungsorientierten Forschungszentren, einigen elitären »hohen Schulen«

und dem großen Rest provinzieller Colleges, deren Absolventen zwar einen »berufsbefähigenden« Bachelor-Abschluss vorweisen können, aber mit dem wissenschaftlichen Studium nicht in Berührung gekommen sind (McKinsey).

9 DIE CHANCE ZUR RÜCKBESINNUNG AUF TRADITIONELLE STÄRKEN

Früher war das Ziel der Vereinheitlichung von Fachhochschulen und Universitäten für sozialdemokratische Hochschulpolitiker charakteristisch. Heute scheint es unter der Hand zur gemeinsamen Zielsetzung der Wissenschaftspolitik geworden zu sein, die von vielen Professoren auch an den Universitäten schon deswegen unterstützt wird, weil ihnen dieses hohe Maß an Eigenverantwortung und die beständige Herausforderung, an der Spitze der Forschungsfront zu stehen, immer schon Unbehagen bereitet hat. Sie empfinden die Verschulung ganz offenkundig auch als eine Entlastung, die es ihnen ermöglicht, mit kanonisierten Lehrveranstaltungen ihren Vorbereitungsaufwand zu reduzieren, standardisierte Prüfungsfragen zu stellen, Komplexität zu reduzieren. Zu befürchten ist, dass dabei das Besondere der Universität – Lehre, die unmittelbar aus der Forschung hervorgeht, zu präsentieren, und Forschung zu leisten, die für die Lehre relevant ist – verloren geht. Man darf aber auch nicht darüber hinwegsehen, dass ein Gutteil der heute an den Universitäten Studierenden von ihren intellektuellen Möglichkeiten für ein wissenschaftliches Studium im hergebrachten Sinne im Grund nicht geeignet ist. Diejenigen Studierenden, die schon frühzeitig genau wissen wollen, was sie als Minimum lernen müssen, schließen am Ende ihr Studium erfolgreich ab. Viele werden nicht von Neugierde auf die Wissenschaft an die Universität geführt, sondern streben einen Abschluss lediglich deshalb an, weil sie glauben, sich damit besser im Erwerbsleben behaupten zu können. Die deutsche Wissenschaftspolitik – und es gibt hinreichend viele Äußerungen von Thomas Goppel bis Edelgard Bulmahn, mit denen sich dieses belegen ließe – erwartet von den Universitäten in erster Linie, eine große und effiziente Lehranstalt zu sein. Hier rächt sich, dass für die Wissenschaftspolitik meist Menschen Verantwortung tragen, die die Wissenschaft bestenfalls im Studium kennengelernt haben, die die »geistige Verfassung« der Wissenschaft aber nicht verstanden haben. Dies gilt in noch höherem Maße für die aus einem juristischen Blickwinkel erfolgende Politikberatung in den Abteilungen der Ministerien. Dass gerade diejenigen Wissenschaftler, deren Dienstpflichten auf ein Minimum beschränkt sind, die ihre acht Stunden Lehrverpflichtungen einzuhalten haben, aber thematisch und organisatorisch völlig frei sind, sich meist bis an die äußerste Grenze ihrer Belastbarkeit für die Wissenschaft und für ihre Studierenden engagieren, passt nicht in dieses Weltbild.

In den Geisteswissenschaften jedenfalls können Professoren wenig dazuverdienen, Gutachtertätigkeit gibt es kaum und die Möglichkeiten, durch Rufe und Rufabwendungen sein Gehalt aufzubessern, beschränken sich auf einen relativ kleinen Prozentsatz der Spitzenforscher. Der Anreiz für die Wissenschaftler ist demnach nicht ökonomischer Natur, sondern sie sind intrinsisch motiviert, was dem ökonomischen Denken und der durch dieses Denken geprägten Politik fremd erscheinen muss. Vielleicht hilft da ein Hinweis: Die Herabsetzung der Altersbegrenzung von 68 auf 65 Jahre im Zuge der Umstellung von Emeritierung auf Pensionierung haben fast alle der betroffenen Professoren kritisiert. Dies simple Faktum mag das hohe Maß an intrinsischer Motivation in der Wissenschaft illustrieren. Während andernorts alle Chancen für vorzeitigen Ruhestand genutzt werden und das durchschnittliche Ruhestandsalter unter 59 Jahren liegt, arbeiten Professoren meist bis über ihr siebzigstes Lebensjahr hinaus. Untersuchungen zeigen, dass die wöchentliche Arbeitslast dabei um die 60 Stunden pendelt. Wenn hier von Seiten der Wissenschaftspolitik Maßnahmen diskutiert werden, wie man Leistungsanreize geben kann, um Professoren zu einem stärkeren Einsatz zu bringen, dann zeigt dies lediglich, dass hier zwei Weltanschauungen aufeinander treffen: Die der intrinsischen Motivation durch die Wissenschaft einerseits, deren beredtester Ausdruck das Humboldt'sche Universitätsideal ist, und die in den Kategorien des *homo oeconomicus* denkende zeitgenössische Politik andererseits. Da es nicht sein kann, dass jemand hoch motiviert, intensiv und lange arbeitet, ohne entsprechende ökonomische Leistungsanreize zu haben, müssen diese gesetzt werden, um die Professoren erst dazu zu bringen, hoch motiviert, intensiv und lange zu arbeiten.

Das neue politische Interesse an Bildung bietet die Chance, sich in Deutschland auf seine traditionellen Stärken zu besinnen. Die Gefahr liegt in einer ökonomischen und politischen Instrumentalisierung zweier sensibler Kraftzentren der Gesellschaft, die sich nur aus sich selbst heraus entwickeln lassen und deren politische und ökonomische Steuerung großen Schaden anrichten kann. Eine geistige Perspektive, der es nicht um Organisationsformen, sondern um die Erneuerung dessen geht, was man als humanistische Substanz unseres Bildungswesens bezeichnen könnte, ist heute mehr denn je vonnöten.

Das staatliche Bildungswesen kann zur Ausprägung vieler wichtiger Tugenden einiges beitragen: durch das gelebte Beispiel, durch Auseinandersetzung mit unterschiedlichen Konfliktsituationen in der Praxis, aber auch in der Theorie, durch gelebte Verantwortlichkeit in der Schulgemeinschaft unter Einbeziehung der Eltern-, Lehrer- und Schülerschaft; aber die notwendigen Einsichten und Erfahrungen werden überwiegend außerhalb der staatlichen Bildungseinrichtungen gewonnen. Eltern haben da gegenüber ihren Kindern, aber auch die Älteren gegenüber den Jüngeren, eine besondere Verantwortung. Aktivitäten in Vereinen, im Sport, in der Freizeit, die Bereitschaft, verlässlich mit anderen zu kooperieren, müssen wachsen in der alltäglichen Praxis.

10 DIE HOHE KUNST DER BILDUNGS- UND KULTURPOLITIK

Das Verhältnis von Bildung und Kultur ist zugleich eng und komplex. Die unterschiedlichen Bildungskonzeptionen in der Geschichte spiegeln das Selbstverständnis der jeweiligen Kultur wider, die Bildungspraxis kann als Spiegel des Entwicklungsstandes der jeweiligen Kultur verstanden werden. Die gemeinsame und für beide Bereiche zentrale Problematik der Bildungs- und Kulturpolitik ist, dass die staatlichen und politischen Akteure Verantwortung für die kulturelle und die Bildungsentwicklung wahrnehmen müssen, zugleich aber die Eigengesetzlichkeit von Bildung und Kultur zu beachten haben. Eine nahe liegende Reaktion auf diese anhaltende Problematik besteht in der inhaltlichen Abstinenz der politischen Akteure, insbesondere der staatlichen Institutionen. Dann ginge es lediglich darum, entsprechende finanzielle und personelle Ressourcen zur Verfügung zu stellen, um diese beiden miteinander verkoppelten und komplexen Systeme sich ihren eigenen Gesetzlichkeiten entsprechend entwickeln zu lassen. Dies lässt sich aber aus zwei Gründen nicht durchhalten: Zum einen erwarten die steuerzahlenden Wahlbürger, dass ihre Mittel nach inhaltlichen Kriterien vergeben werden, dass mit ihrer Vergabe also ein politischer Geltungsanspruch verbunden ist. Politiker reagieren auf solche Erwartungen in der Regel dadurch, dass sie ihre Handlungskompetenz und ihre Möglichkeiten überzeichnen. Die steuernden Versuche der politischen Administration richten dann in sensiblen Bereichen von Bildung, Kunst und Wissenschaft umso mehr Schaden an. Hier eine gute Balance zu halten zwischen Gestaltungsanspruch und staatlicher Verantwortung und andererseits den Eigengesetzlichkeiten von Bildung, Wissenschaft und Kultur Rechnung zu tragen, ist die hohe Kunst der Bildungs- und Kulturpolitik.

In der Tat ist ein komplexes Gefüge von Institutionen seit dem Ende des 19. Jahrhunderts entstanden, um die Autonomie von Kunst, Wissenschaft und Forschung, die ausweislich Art. 5 Grundgesetz Verfassungsrang hat, zu sichern. Dieses hohe Maß an Autonomie hält die Politik auf Distanz – im Guten wie im Schlechten. Der Kulturdezernent einer Stadt oder der Kultusminister eines Landes wird von bedeutenden Kunstinstitutionen als Geldgeber und Investor geschätzt, als Kooperationspartner auf Distanz gehalten und als Repräsentant der Politik kritisiert. In keinem anderen Bereich der Politik gibt es ein so geringes Maß an Loyalität von Institutionen gegenüber dem jeweiligen Ressortchef. Dies sollte man als einen lebendigen Ausdruck erfolgreich praktizierter Autonomie der Kunst nicht nur aushalten können, sondern auch befürworten. Zugleich aber schwächt dies das Ressort Kulturpolitik gegenüber anderen politischen Ressorts, was nicht im Interesse der Bildungs- und Kulturinstitutionen sein kann. Gestaltungskraft insbesondere in der Wissenschafts- und Kunstpolitik verlangt nach einem verbindenden programmatischen Grundkonsens über Ziele, und dieser ist nicht innerhalb des politischen Systems allein herzustellen. Die Politik agiert an der Nahtstelle zwischen zwei Systemen, die nach ganz anderen inneren Gesetzmäßigkeiten funktionieren. Hier ist daher eine Vermittlungsleistung, um nicht zu sagen ein Brückenschlag, erforderlich, der die inneren Impulse aus der Kunst und aus der Wissenschaft aufnimmt und in eine Sprache übersetzt, die von einer breiteren Öffentlichkeit und insbesondere den politischen Institutionen verstanden wird. Umgekehrt bedarf es in den Kunst- und Wissenschaftsinstitutionen eines Verständnisses für die Erfordernisse politischer Handlungsrationalität.

Die Konkurrenz deutscher Fürstentümer um kulturelle Größe hat ein spätes Echo im Kulturföderalismus der Bundesrepublik. Wie damals sind die Akteure von ganz unterschiedlicher Größe und unterschiedlichem Gewicht, ihre finanziellen Ressourcen unterscheiden sich erheblich und der institutionelle Rahmen der Bildungs- und Kulturpolitik der Länder differiert von Land zu Land in hohem Maße. Einige Länder wie Bayern oder Sachsen haben eine starke Staatstradition der Kulturförderung, während Länder wie Nordrhein-Westfalen die kulturpolitische Kompetenz fast vollständig den Kommunen überlassen und in den Stadtstaaten kommunale und Länder-Aufgaben ineinander fließen. Wenn man die Stadtstaaten hinzurechnet, werden 60 Prozent aller Kulturausgaben in Deutschland von den Städten und Gemeinden geleistet. 30 Prozent entfallen auf die Länder und zehn Prozent auf den Bund, wenn man seine kulturellen Auslandsaktivitäten mit einbezieht. Kultur findet also vor Ort statt. Der viel gepriesene und viel kritisierte deutsche Kulturföderalismus hat einen Hauptakteur und dies sind die Kommunen und Stadtstaaten. Die in den meisten Fällen freiwilligen kulturellen Leistungen der Kommunen decken die kulturellen Grundbedürfnisse der Bürgerschaft in Deutschland, etwa in Gestalt von Stadtbibliotheken und Volkshochschulen. Das größte Kulturinstitut in München ist die Stadtbibliothek – nicht die Philharmonie und nicht die Kammerspiele. Wenn die Kommunen weiter an Finanzkraft einbüßen, heißt dies, dass nicht etwas Zusätzliches, was wünschenswert, aber entbehrlich ist, verloren ginge, sondern dass Deutschland Gefahr liefe, als Kulturstaat abzudanken. Durch die Unterordnung als »Länder« wird die kulturpolitische Realität in Deutschland verdeckt und die Rolle der Städte und Gemeinden systematisch minimiert. Nur in den Kommunen wird gelebte Demokratie, d. h. eine Demokratie, an der sich die Bürgerschaft beteiligt, für die sie sich engagiert, und die kulturelle Gestaltung unserer Lebensbedingungen so eng zusammenführt. Es gibt kaum ein anderes Land in der Welt, in dem Kommunen eine so starke politische Rolle spielen, und es gibt kaum ein anderes Land in der Welt, das auf die kulturellen Leistungen des Staats einen so großen Wert legt. In der Stadt, in der Gemeinde treffen diese beiden Stärken aufeinander und verbinden sich zu einem Ferment, das eine kulturell unterfütterte zivile Demokratie trägt. Dieses Ferment ist gegenwärtig bedroht. Um es zu bewahren, muss es erneuert werden. Eine solche Erneuerung bedarf aber einer Verständigung über Ziele und Gestalt staatlicher und speziell kommunaler Kulturpolitik.

Der große Unterschied zwischen dem ersten Umbruch in der Bildungslandschaft Anfang des 19. Jahrhunderts und dem zweiten, den wir jetzt erleben, liegt in den klaren kulturellen Leitideen, unter denen der erste Umbruch stand, und deren Verdrängung durch soziale nach 1968 und wirtschaftliche seit den 80er Jahren. Deutschland definiert sich im Grunde seit längerem nicht mehr als Kulturnation, mit unübersehbaren Auswirkungen auf den Status von Bildung. Mit der Bologna-Reform wurde ein substanzloser Prozess in Gang gesetzt, der nicht klar gesteuert ist, aber gleichzeitig weitreichende Folgen hat. Angesichts dessen ist eine inhaltliche Neubestimmung dringend erforderlich. Im Mittelpunkt sollte dabei eine Ausrichtung der Bildungspolitik an kulturellen Leitideen stehen. Die Bildungspraxis darf sich nicht nur an vordergründigen Erfordernissen der Sozial- und Wirtschaftspolitik orientieren, sondern muss grundlegende Dimensionen von Kultur in den Blick nehmen. Dazu zählt etwa die Dimension der gesellschaftlichen Interaktion. Verständigung wird umso wichtiger, je umfassender unsere Netzwerke in einer sich globalisierenden Welt greifen. Eine weitere zentrale Dimension – vielleicht die wichtigste – ist die der Selbstbestimmung. Menschen sind ihrem Wesen nach in der Lage und dazu gezwungen, ihrem Leben je eigene Prägung, einen spezifischen Sinn zu geben. Eine Konzeption umfassender Bildung muss daher den Aspekt der Selbstbildung in besonderem Maße berücksichtigen.

Diese Tatsache wirkt sich wiederum auf die ökonomische Praxis aus. Der wirtschaftliche Erfolg hängt in hohem Maße von spezifischen Charakter- und Persönlichkeitsmerkmalen wie Verlässlichkeit, Wahrhaftigkeit, Vertrauen und Kooperation ab. Ein Unternehmen, dessen Mitarbeiter sich permanent misstrauen, wird an den Märkten keinen Erfolg haben. Vertrauenskultur entsteht jedoch nur dort, wo Menschen nicht nur zu ihrem eigenen Nutzen kommunizieren, sondern aus einer begründeten Überzeugung heraus. Die zentralen Merkmale einer Persönlichkeit – Verlässlichkeit, Vertrauen, Wahrhaftigkeit, Kooperationsfähigkeit, Urteilskraft, Entscheidungsstärke – sind Grundbedingungen des täglichen Miteinanders, aber auch der ökonomischen Praxis. Der ökonomische Erfolg wird sich langfristig nicht einstellen, wenn diese Grundmerkmale einer im humanistischen Sinne gebildeten Persönlichkeit keine Rolle mehr spielen.

ANHANG

LITERATUR

HUMANISMUS ALS LEITKULTUR. München: C. H. Beck 2006, enthält Reden und Aufsätze zur Bildungs- und Kulturpolitik

ÜBER MENSCHLICHE FREIHEIT. Stuttgart: Reclam (Universalbibliothek) 2005, entwickelt die philosophische Konzeption einer humanistisch verstandenen Freiheit

VERANTWORTUNG. Stuttgart: Reclam (Universalbibliothek) 2011, setzt die Überlegungen aus »Über menschliche Freiheit«, nun fokussiert auf den Verantwortungsbegriff fort.

DIE OPTIMIERUNGSFALLE. Grundlagen einer humanen Ökonomie. München: Irisiana 2011

STRUKTURELLE RATIONALITÄT. Stuttgart: Reclam (Universalbibliothek) 2001

WOLFGANG HUBER

DAS ENDE DER BELIEBIGKEIT IN WIRTSCHAFTS-ORIENTIERTEM DENKEN

EIN PLÄDOYER FÜR AUTARKIE UND EMPATHIE

INHALT

1 DER MORALISCHE RISS IN UNSEREM WELTWIRTSCHAFTSSYSTEM: ES IST NOCH ZEIT ZUR UMKEHR

In den letzten Jahrzehnten ist der materielle Wohlstand in der Welt in beispielloser Weise gewachsen. Der Wohlstand kommt allerdings nur einem Teil der Menschen in dieser Welt zugute. Hunderte von Millionen leiden unter absoluter Armut. Unerträglich viele verlieren ihr Leben, weil ihnen das lebensnotwendige Mindestmaß an Nahrung und medizinischer Versorgung fehlt.[1]

Währenddessen wuchs der Umsatz an den Finanzmärkten in Regionen, die über alle Vorstellungskraft hinausreichen. Geld wurde mit Hilfe von Finanzderivaten selbstreferenziell vermehrt. Spekulationsblasen waren die Folge, welche ab 2007 donnernd platzten. Der moralische Riss hat sich durch unverantwortliches wirtschaftliches und politisches Handeln inzwischen so verbreitert, dass die Mauern des Weltwirtschaftssystems in ihrer Stabilität gefährdet sind. Zyniker behaupten, nun sei es zu spät. Ich glaube fest daran: Es ist noch Zeit zur Umkehr.[2]

Dazu brauchen wir nicht nur einen Konjunkturaufschwung, sondern auch einen Werteaufschwung. Wir brauchen nicht nur eine Erneuerung der unternehmerischen Initiative, sondern auch eine Erneuerung der Verantwortung. Wir brauchen nicht nur neue Regeln für die Finanzmärkte, sondern auch neue Regeln für das persönliche Verhalten in Wirtschaft und Gesellschaft.[3]

2 NEUE WERTEDEBATTE IN DER WIRTSCHAFTS- UND FINANZWELT

Ein wichtiges Ergebnis der Wirtschafts- und Finanzkrise ist ein äußerst überraschendes: Die Überraschung ist, dass in wirtschaftsorientiertem Nachdenken, nunmehr tatsächlich wieder die Frage nach Werten gestellt wird – und zwar nach denjenigen Werten, die eine Persönlichkeit ausmachen. Bisher, so schien es, kam es weniger darauf an, bestehende Werte zu achten, sondern eigene Werte zu schaffen. Der geforderte Werteaufschwung ist also in Gang gekommen. Es bleibt jedoch die Frage, wie nachhaltig dieser Aufschwung ist.

Dabei gilt es aber zu beachten, dass das Wort »Wert« hier zwei ganz verschiedene Dinge meint. Denn es ist ein Unterschied, sich darüber zu verständigen, was wir in unserem Leben mit Vorrangigkeit als gut anerkennen, oder zu fragen, wovon wir denken, dass es sich am meisten rentiert, dass es am meisten Profit bringt. Es stellt sich die Frage, was die Veränderung in der Wertedebatte der Wirtschaft bewirkt hat.

2.1 DIE ZWEI VERSCHIEDENEN VERSTÄNDNISSE DES BEGRIFFS »WERT« – EIN BEISPIEL AUS DER IMMOBILIENWIRTSCHAFT

Bei einem Gespräch mit einem Menschen, der in der Immobilienwirtschaft tätig ist, erklärte dieser, dass im Grunde die weichen Faktoren viel wichtiger sind als die harten. Anhand des Beispiels der Immobilienwirtschaft lässt sich dies wie folgt erläutern: Kauft jemand eine Eigentumswohnung, so hat er die harten Faktoren schnell bei der Hand. Die Größe der Wohnung, ihre Lage, den Preis pro Quadratmeter, einige zusätzliche Faktoren, die Finanzierungsbedingungen – die Überlegung ist leicht fertigzustellen; wirtschaftlich ist die Sache klar.

Erst nach dem Einzug jedoch lässt sich der wirkliche Wert der Wohnung für den Käufer bestimmen. Dieser bemisst sich an den weichen Faktoren: An den Mitbewohnern des Hauses (denn es ist kein Eigenheim, sondern eine Eigentumswohnung), an der Frage, ob man sich mit den anderen versteht, ob es Formen des rücksichtsvollen Zusammenlebens gibt, welche die Freiheit und den Drang nach Entfaltung der verschiedenen Wohneigentümer, übrigens vor allem der Kinder, nicht einschränken.

Die grundsätzliche Frage lautet, ob sich eine Lebensform entwickelt, um derentwillen er hinterher sagen wird: »Ja, das war die richtige Entscheidung!« Dann wird er nicht mehr über den Preis der Wohnung reden; er wird nicht die Quadratmeter nachrechnen; er wird nicht das Preis-Leistungs-Verhältnis beschreiben; er wird nicht sagen, »ich habe den falschen Finanzierer genommen«. Sondern er wird fragen, ob es sich dort zu leben lohnt. Dabei meint er mit »lohnen« etwas anderes als das, was sich rechnet.

2.2 DAS ENDE DER BELIEBIGKEIT

Ich erlebe plötzlich, dass gesamtgesellschaftlich vieles anders wird. Nach Jahrzehnten großer Beliebigkeit mit abgebrochenen Traditionen wird nun wieder nach tragenden Werten gefragt. Wir möchten, dass gemeinsames Leben gelingt. Wir suchen danach, wie man auch mit knapp gewordenen Mitteln Gerechtigkeit verwirklichen kann. Wir halten danach Ausschau, wie in einer alternden Gesellschaft alle Generationen die nötige Solidarität finden können: Alte sollen einbezogen sein, Junge sollen Chancen finden, der Mut zu Kindern soll wieder wachsen. Auch Glaube und Religion werden wieder zum Thema. Die Behauptung, moderne Gesellschaften seien eben säkular, hat an Überzeugungskraft verloren.[4]

1 Wolfgang Huber: Wenn ihr umkehrt, wird euch geholfen. Oder: Anmerkungen zur globalen Finanzmarkt- und Wirtschaftskrise, Frankfurt am Main 2010, S. 10f.

2 Huber, 2010, S. 10–12.

3 Huber, 2010, S. 13.

4 Wolfgang Huber: Position beziehen. Das Ende der Beliebigkeit, Lahr 2007, S. 6f.

Denn Beliebigkeit ist keine zureichende Antwort auf die großen Herausforderungen unserer Zeit. In grundlegenden Fragen des Zusammenlebens brauchen wir klare Orientierung. Das ist gemeint, wenn nach Werten gefragt wird, die unsere Gesellschaft zusammenhalten. Für sie allgemeine Zustimmung zu finden, ist schwer, aber zu kapitulieren gilt nicht.[5]

In Bezug auf die Wirtschafts- und Finanzwelt spielt die Frage nach neuen tragenden Werten eine besondere Rolle: Denn zum einen übt die wirtschaftliche Situation, die Arbeitswelt, in der sich ein Mensch befindet, einen erheblichen Einfluss, ob positiv oder negativ, auf sein gesamtes Leben aus, auf sein Glück oder Unglück. Zum anderen war gerade die Finanzmarktkrise mit der sich anschließenden Wirtschaftskrise ein wichtiger Impulsgeber dafür, dass Beliebigkeit im Sinne dessen, dass alles möglich ist – »anything goes« – , grundlegend in Frage gestellt wird.

Nun muss man die Befürchtung entwickeln, dass dieser wichtige Impuls bereits schon wieder ins Hintertreffen gerät. Denn die Krise scheint überwunden und Deutschland ist Vorreiter auf dem Weg nach oben. Die konjunkturellen Indikatoren legen momentan eine weiterhin positive Entwicklung der deutschen Wirtschaft nahe. Global gesehen sind die Folgen der Finanz- und Wirtschaftskrise allerdings noch immer klar spürbar, insbesondere in Form der viel diskutierten Notrettungen und Rettungsschirme für ins Trudeln geratene Banken und Staaten, die über immense öffentliche Kredite realisiert beziehungsweise abgesichert werden. Die Frage nach einer Veränderung der Weltwirtschaftsordnung ist also weiter hochaktuell. Zumal sich die Angst vor einer neuerlichen Wirtschaftskrise nach der Herabstufung der Kreditwürdigkeit der USA durch Standard & Poor's im August 2011 erneut verschärft hat.

Wenn man verhindern möchte, dass sich vergleichbare Krisen in immer kürzeren Zyklen wiederholen, dann darf man nach den Erfahrungen seit 2007 nicht einfach zur Tagesordnung übergehen. Um tatsächlich eine tragende Veränderung zu bewirken, muss man versuchen, die richtigen Konsequenzen zu ziehen. Diese Konsequenzen werden sich dann nicht nur, so wichtig das ist, auf die Regulierung von Finanzprodukten und -märkten beziehen, sondern auch auf die Frage nach der Identität der Akteure, nach dem Orientierungshorizont, in dem sie sich begegnen.

2.3 EIN WICHTIGES SIGNAL: DAS »LEITBILD FÜR VERANTWORTLICHES HANDELN IN DER WIRTSCHAFT«

Die Wertedebatte wurde in der Ökonomie noch vor wenigen Jahren als »Blümchenökonomie« bezeichnet, sozusagen als »Garnitur«, die man, wenn es ernst wurde, als überflüssig vernachlässigen konnte. Daran hat sich etwas geändert.

Ein Signal dafür ist die Veröffentlichung eines Leitbildes für verantwortliches Handeln in der Wirtschaft. Dies wurde von einer Gruppe führender Manager und Unternehmer in Deutschland initiiert. Mit der Unterstützung des Wittenberg-Zentrums für Globale Ethik ist es erstellt worden. Und plötzlich war es da: mit Unterschriften beispielsweise von Josef Ackermann, von Eckhard Cordes, von Franz Fehrenbach, von Jürgen Hambrecht, von Karl-Ludwig Kley, von Nicola Leibinger-Kammüller, von René Obermann, von Johannes Teyssen, von Martin Winterkorn, von Dieter Zetsche – eine kleine Auswahl dem Alphabet folgend. Plötzlich also hielten es führende Persönlichkeiten der deutschen Wirtschaft für notwendig, ein Leitbild für verantwortliches Handeln in der Wirtschaft zu entwerfen und sich selbst darauf zu verpflichten, dass dieses Leitbild im jeweils eigenen Unternehmen gelten soll.

Die Initiative wurde am 25. November 2010 in Berlin vorgestellt. Mittlerweile haben 39 Unternehmer (Stand August 2011) das Leitbild unterzeichnet. Die Unterstützer des Projektes sind Vorstandsvorsitzende von Großunternehmen oder Geschäftsführer namhafter familiengeführter und mittelständischer Unternehmen.

Zum einen erkannten sie, dass die Konsumenten zwar wieder verstärktes Interesse an guten und preisgünstigen Produkten haben, die sie hoffentlich kaufen können, und die Arbeitnehmerinnen und Arbeitnehmer auch Interesse am Arbeitsplatz ihres jeweiligen Unternehmens haben sowie ihren Produzenten oder Arbeitgeber hochachten. Zum anderen jedoch wurde das Vertrauen in die Wirtschaft als solche, übrigens auch das Vertrauen in die Soziale Marktwirtschaft, schwer erschüttert. Dieser dramatische Vertrauensverlust lässt sich nicht so leicht reparieren. Und wer nicht nur am Umsatz des eigenen Unternehmens interessiert ist, sondern auch am Vertrauen in die Wirtschaft und am Modell der Sozialen Marktwirtschaft, muss nun offenbar in das Vertrauen investieren. Dies kann aber nur durch vertrauenswürdiges Handeln, nicht durch Geld, gelingen – daher der Titel »Leitbild für verantwortliches Handeln in der Wirtschaft«.

3 VIER ZENTRALE FRAGEN

Vor diesem Hintergrund will ich in aller Kürze vier Fragen stellen. Sie heißen so:

1. Was ist eigentlich die Veränderung, vor deren Hintergrund solche Fragen wieder auftauchen?
2. Um welche Werte geht es?
3. Können wir Leitgedanken entwickeln für das, was wir mit einem großen Wort die Bildung der Persönlichkeit nennen wollen?
4. Gibt es Konsequenzen für die Wirtschaft und ihre Organisationen? Was bedeutet verantwortliches Handeln in der Wirtschaft?

5 Huber, 2007, S. 8.

4 FRAGE NR. 1: WAS HAT SICH VERÄNDERT?

4.1 WERTEVERLUST VERSUS PLURALISIERUNG

Zunächst also die Frage danach, was sich verändert hat. Verbreitet ist die Diagnose, wir hätten einen Werteverlust erlitten oder wir seien durch einen Werteverlust hindurchgegangen. Diese Einschätzung kann man immer wieder hören. Selbst ich komme allmählich in ein Alter, in dem man typischerweise ein solches Urteil fällt und behauptet, die jüngere Generation sei durch Werteverlust geprägt. Jedoch ist diese Diagnose bei weitem nicht neu. Bereits in der antiken Philosophie gibt es sie, immer von der älteren Generation der jüngeren gegenüber ausgesprochen. Hätte aber jede der älteren Generationen Recht gehabt, dann lebten wir heute wirklich in finsterster Barbarei, und die ganze Geschichte seit der Antike wäre eine Geschichte, in der Generation für Generation einfach nur »Werteverlust« zu diagnostizieren wäre. Eine solche Theorie ist empirisch jedoch wenig realistisch.

Deswegen ist besser beraten, wer statt von einem Werteverlust von einer Veränderung der Wertorientierung redet, der sich in unserer Zeit auch tatsächlich ein Name geben lässt. Und zwar handelt es sich bei der Veränderung um eine *Pluralisierung* der Wertorientierung. Denn ein wesentliches Merkmal der gegenwärtigen gesellschaftlichen Entwicklung ist die verschärfte Pluralisierung. Drei Gründe gilt es hier vorrangig zu nennen, die für unsere konkrete gesellschaftliche Situation gelten.

4.2 URSACHEN DER PLURALISIERUNG: ENTWICKLUNG ZUR INFORMATIONSGESELLSCHAFT

Ein erster Grund für die Pluralisierung der Wertorientierung liegt in der Entwicklung zur Informationsgesellschaft. Informationsgesellschaft bedeutet, dass jeder Gedanke, jede Orientierung, jede modische Welle, jede kulturelle Entwicklung, jede religiöse Option jedem von uns zugänglich ist. Und dabei ist es ein vergebliches Unterfangen zu versuchen, eine Gesellschaft im Ganzen auf nur einen Aspekt festzulegen.

Vor einiger Zeit habe ich nach anfänglich erheblichen eigenen Bedenken die Möglichkeit wahrgenommen, für ein paar Tage in den Iran zu fahren und so selbst zu erleben, wie sich eine islamische Republik anfühlt, wie es ist, in einer Gesellschaft zu leben, die angeblich in einem Gottesstaat verfasst ist. Mit Absicht führte mich einer meiner Gastgeber in eines der größten Einkaufszentren des Irans. Die zunächst größte Schwierigkeit, die ich dort sah, bestand darin, dass man nicht mit Kreditkarten bezahlen konnte. Denn in dieser Hinsicht ist der amerikanische Boykott erfolgreich – ansonsten jedoch nicht: Die Regale waren gefüllt. Alles, was man in anderen Ländern kaufen kann, ist auch im Iran verfügbar. Es war schnell zu spüren, dass hinter der offiziellen Fassade, die durch Kopftücher und Verhüllungen geprägt ist, eine ganz andere Wirklichkeit, eine viel pluralere Wirklichkeit vorhanden ist. Der Skandal besteht darin, dass diese Wirklichkeit unterdrückt wird, mit ungeeigneten aber einstweilen noch sehr wirkungsvollen Mitteln.

Die Informationsgesellschaft pluralisiert. »Die Moderne pluralisiert die Welt«, hat der US-amerikanische Soziologe Peter L. Berger einmal gesagt.[6] Einer seiner kürzesten aber gleichwohl vollkommen richtigen Sätze.

4.3 URSACHEN DER PLURALISIERUNG: GLOBALISIERUNG UND DEMOGRAFISCHER WANDEL

Ein zweites Merkmal unserer gesellschaftlichen Situation, das die Pluralisierung der Wertorientierung vorantreibt, ist die Globalisierung. Es gibt kaum noch hermetisch abriegelbare Grenzen auf unserem Globus. Dass die Globalisierung bisher vorrangig wirtschaftlich interpretiert wurde und wird, verdankt sich dem gegenwärtigen Hang zur Ökonomisierung der Lebensverhältnisse. Jedoch findet Globalisierung ohne Zweifel auf vielen weiteren unterschiedlichen Ebenen statt.

Der dritte Grund ist schließlich im demografischen Wandel zu sehen. Demografischer Wandel, Globalisierung und die Entwicklung zur Informationsgesellschaft, das sind die drei Beschleuniger des Wertewandels und der Wertepluralisierung.

EXKURS ZUR BESONDEREN SITUATION IN DEUTSCHLAND

In Bezug auf den demografischen Wandel möchte ich kurz ein paar zentrale Aspekte der Situation in Deutschland ansprechen. Die Besonderheit der Situation in Deutschland besteht darin, dass sich Alterswandel und Migrationswandel der Gesellschaft überlagern. Der Alterswandel führt dazu, dass die Mehrheitsgesellschaft in ihrer Bevölkerungspyramide auf dem Kopf steht; das bedeutet, es gibt wenige Kinder und viele ältere Personen – übrigens eine Entwicklung, die ich niemals als Überalterung, sondern viel eher als »Unterjüngung« bezeichnen würde. Demgegenüber ist die Migrationsbevölkerung von einem genau umgekehrten Verhältnis geprägt, es sind viel mehr Kinder vorhanden, was einen weit jüngeren Altersdurchschnitt ergibt.

Ein wichtiger Hintergrund dafür, was im Augenblick unter Zuwanderung und Integration diskutiert wird, ist zentral mit dem Sachverhalt verbunden, dass eine Bevölkerung, deren Bevölkerungspyramide auf der Spitze steht, zu pessimistischen Zukunftsprognosen neigt. Dagegen ist eine Bevölkerung, deren Bevölkerungspyramide auf der Basis steht, viel selbstbewusster. »Deutschland schafft sich ab«,

6 Peter L. Berger: Erlösendes Lachen. Das Komische in der menschlichen Erfahrung, Berlin 1997, S. 240.

diese Formel, die das viel diskutierte Buch Thilo Sarrazins betitelt, war schon viel früher in Flugblättern muslimischer Schüler in Berliner Schulen zu lesen. »Die Deutschen sterben aus«, haben sie selbstbewusst geschrieben. Das ist der Hintergrund des Konflikts, den wir gegenwärtig führen.

4.4 AUCH EINE PLURALISTISCHE WELT ERFORDERT EINEN EIGENEN STANDPUNKT

Die Pluralisierung der Wertorientierung blieb nicht ohne gesellschaftliche Folgen. Es stellt sich also die Frage, wie darauf reagiert wurde – und wie man damit umgehen soll. Ein erster Reaktionsversuch bestand in der Entwicklung einer relativistischen Toleranzvorstellung, die sagt, alles ist gleich gültig. Da aber demjenigen, dem alles gleich gültig ist, auch alles gleichgültig wird, kann dieser Ansatz keinen fruchtbaren Ausgangspunkt bilden. Stattdessen muss man mit Wolf Biermann lernen, dass nur der, der einen eigenen Standpunkt hat, andere verstehen kann. Beliebigkeit ist eine unzureichende Antwort auf das Problem der Pluralität; man braucht einen eigenen Standpunkt. Dabei muss mit Kofi Annan, dem früheren Generalsekretär der Vereinten Nationen, darauf hingewiesen werden, dass man das Eigene wichtig nehmen kann, ohne das Fremde zu verachten.[7] Es ist möglich, einen eigenen Standpunkt zu entwickeln und gerade auf der Basis dieses Standpunktes eine überzeugte Toleranz zu praktizieren, die sich für den Anderen interessiert.

5 FRAGE NR. 2: UM WELCHE WERTE GEHT ES?

Damit komme ich zum zweiten Punkt, zur zweiten zentralen Frage, der ich mich zuwenden will. Sie lautet: Um welche Werte handelt es sich?

5.1 JUDENTUM, CHRISTENTUM UND DER ISLAM GEHÖREN ZU DEUTSCHLAND

Die unverkennbare öffentliche Präsenz des Islams in unserem Land nötigt zu der Frage, welche Wertorientierungen in dieser, unserer Gesellschaft denn insgesamt wichtig sind – hierbei soll nun nicht die Frage diskutiert werden, wie viele Muslime es in Deutschland eigentlich gibt; das ist viel komplizierter als die gängigen Statistiken behaupten. In diesem Zusammenhang tauchte in der Rede des Bundespräsidenten Christian Wulff zum 20. Jahrestag der Deutschen Einheit am 3. Oktober 2010, folgende Feststellung auf: »Das Christentum gehört zweifelsfrei zu Deutschland. Das Judentum gehört zweifelsfrei zu Deutschland. [...] Aber der Islam gehört inzwischen auch zu Deutschland.«[8] Ich drehe seine Sätze jetzt einmal genau um: Er sagte, dass genauso wie der

Islam auch Judentum und Christentum zu Deutschland gehören. »Zweifelsfrei zu Deutschland gehören«, hat er überraschenderweise sogar hinzugefügt. Denn dass das Judentum zu Deutschland gehört, ist im Hinblick auf unsere Geschichte wirklich alles andere als selbstverständlich. Sind doch die Versuche, das Judentum nicht nur aus Deutschland zu vertreiben, sondern in ganz Europa auszulöschen, ein Teil unserer Geschichte, über den wir gar nicht mehr hinweggehen können. Demnach ist es eine sehr *un*selbstverständliche Aussage zu erklären, das Judentum gehöre selbstverständlich zu Deutschland, ebenso wie das Christentum.

5.2 ZWEI MAXIMEN MENSCHLICHEN HANDELNS: AUTARKIE UND EMPATHIE

Was aber ist mit dieser Aussage gemeint, und wie verhält sie sich zur Traditionslinie des Humanismus? Wenn man sich die Situation anschaut, die entstand, als das Christentum in Anknüpfung an das Judentum in unsere Welt eintrat, dann kann das in aller Kürze so beschrieben werden, dass plötzlich zwei Grundorientierungen nebeneinander traten und wir seitdem die spannende Frage haben, wie sich diese beiden Grundorientierungen zueinander verhalten.

Das eine war die Grundorientierung an einer Ethik der Autarkie. Also an einer Ethik, in welcher der Mensch sich darum bemüht, auf der Grundlage und mithilfe seiner Rationalität sein Leben selbst zu bestimmen. Auf der anderen Seite trat eine Grundhaltung hinzu, die davon ausgeht, dass der Mensch sein Leben als ein Geschenk empfängt. Es wird ihm anvertraut, um mit diesem Leben so verantwortlich wie möglich umzugehen in einer Weise, die nicht nur ihm selbst, sondern auch seinem Nächsten zugutekommt. Neben die Autarkie trat die Empathie. Neben die Selbstbestimmung trat die Nächstenliebe. Neben das olympische Modell des Heftigen, Schönen und Siegreichen trat das jesuanische Modell, das die Verletzlichkeit menschlichen Lebens in den Blick nahm und sagte, der verletzliche Nächste hat meine Zuwendung verdient, denn auch ich bin ein verletzlicher Mensch.

Die Geschichte unserer Kultur lässt sich dahin gehend interpretieren, dass es in ihr immer wieder darum gegangen ist, wie sich diese beiden Linien verbinden. Insbesondere das kulturelle Projekt »Europa«, für das die drei Städtenamen Athen, Rom und Jerusalem stehen, hat grundlegend damit zu tun, diese beiden Elemente miteinander zu verbinden: Autarkie und Empathie; Selbstbestimmung und Nächstenliebe.

---

7 »Each of us has the right to take pride in our particular faith or heritage. But the notion that what is ours is necessarily in conflict with what is theirs is both false and dangerous. [...] We can love what we are, without hating what – and who – we are not. We can thrive in our own tradition, even as we learn from others, and come to respect their teachings.« – Kofi Annan in seiner Nobelvorlesung vom 10.12.2001, Abruf über http://www.nobelprize.org/nobel_prizes/peace/laureates/2001/annan-lecture.html am 10.08.2011.

8 Rede zum 20. Jahrestag der Deutschen Einheit, Abruf über http://www.bundespraesident.de/Shared Docs/Reden/DE/ChristianWulff/Reden/2010/10/20101003_ Rede.html am 27.06.2011.

5.3 WAS KANN DAS CHRISTENTUM ZU EINER KULTURELLEN ORIENTIERUNG BEITRAGEN?

Beschreibt man die Problematik auf diese Weise, so wird deutlich, dass die Aussage »das gehört zu unserer Kultur« sich weniger besonderen kulturellen Entfaltungsformen widmet – und seien sie noch so wichtig und beeindruckend wie beispielsweise die Passionsspiele in Oberammergau. Im Kern geht es um die Frage, was das Christentum vor dem Hintergrund seiner jüdischen Vorgeschichte und seiner auch heute lebenden jüdischen Geschwister zu einer kulturellen Orientierung beitragen kann, die in sich selbst nach Universalität drängt, die in sich etwas enthält, was gut für alle Menschen sein kann.

Die These, die ich hier weiterführen will, heißt, dass das Großartige an dem kulturellen Erbe, das uns anvertraut ist und das wir weiterzuführen haben, die Möglichkeit ist, Autarkie und Empathie, Selbstbestimmung und Nächstenliebe, miteinander zu verbinden und eine Lebensform zu entwickeln, die beides zusammenhält. Dabei bin ich mir der Spannung, die es zwischen Antike und Christentum gibt, zwischen antikem Humanismus und christlicher Humanität, durchaus bewusst. Ich sehe die Aufgabe jeder Generation darin, die Verbindung von Autarkie und Empathie auf neue Weise und angesichts der Herausforderungen einer jeweils neuen Zeit zu verwirklichen. Das hat natürlich sehr viele praktische Konsequenzen, zum Beispiel im Hinblick auf die Verhältnisbestimmung zwischen Eigennutz und Gemeinwohl.

In diesem Sinne, davon bin ich überzeugt, gibt es gute Gründe, das Zivilisationsmodell verantworteter Freiheit zu verteidigen und weiterzuentwickeln, auf das, wie sie merken, meine Überlegungen hinauslaufen.

5.4 DER ANSPRUCH DER ZUGEHÖRIGKEIT DES ISLAMS ZU DEUTSCHLAND ALS GESELLSCHAFTLICHE AUFGABE

Das heißt übrigens auch, in die Debatte darüber einzutreten, wie sich dieses Zivilisationsmodell zum Islam und zu seiner Tradition verhält, und was der Satz bedeutet, der in der Rede zum Tag der Deutschen Einheit eben auch zu hören war, der Satz »[D]er Islam gehört [...] auch zu Deutschland.« Genau betrachtet beschreibt er nicht einfach einen Befund, sondern eine Aufgabe. Der Satz verweist auf die Problemstellung, inwiefern es gelingen kann, mit Vertretern des Islams in Deutschland zu einer langfristig tragfähigen und überzeugenden Verständigung darüber zu kommen, dass das Modell verantworteter Freiheit, diese Zusammengehörigkeit von Autarkie und Empathie, auch den Islam mit einbeziehen kann. Alle Überlegungen, dazu müsse auch der Islam durch eine Phase der Aufklärung hindurchgehen, führen an dieser Stelle viel zu weit.

5.5 THEMEN DER ANSTEHENDEN DEBATTE UM DEN ISLAM: SÄKULARISIERUNG, RELIGIONSFREIHEIT, GESCHLECHTERVERHÄLTNIS

Allerdings gehört nicht viel Fantasie dazu, sich auszumalen, dass es im Rahmen der Erarbeitung einer solchen Verständigung klare und harte Debatten zum Verhältnis von Politik und Religion geben muss.

In den Iran bin ich gefahren, um dort darzustellen, warum, nach meiner Meinung, der säkulare Staat eine unerlässliche Voraussetzung für wirklich gewährte Freiheit ist, die Religionsfreiheit eingeschlossen. Das Verhältnis von Säkularisierung und Freiheit wäre also ein erster wichtiger Punkt der Debatte. Ein zweiter ist das Thema Religionsfreiheit selbst. Religionsfreiheit wird muslimisch so interpretiert, dass es zwar eine Freiheit des Wegs zum Islam gibt, aber keine Freiheit des Wegs vom Islam, mit der eherechtlichen Konsequenz, dass jede und jeder, die oder der einen muslimischen Partner oder eine muslimische Partnerin heiratet, damit zur Konversion zum Islam verpflichtet ist. Einen anderen Weg gibt es nicht. Und drittens ist das die Frage nach dem Verhältnis der Geschlechter, dem Verhältnis von Mann und Frau, das besprochen werden muss.

Die Debatte wird sich also explizit mit dem Verhältnis des Islams zur jüdisch-christlichen Tradition und zu ihren Werten auseinandersetzen müssen. Daraus ergibt sich auch eine gewisse Position und Antwort auf die Frage, in welche Richtung der Dialog mit dem Islam eigentlich gehen soll.

6 FRAGE NR. 3: KÖNNEN WIR LEITGEDANKEN FÜR DIE BILDUNG EINER PERSÖNLICHKEIT ENTWICKELN?

Im Hinblick auf das Konzept der verantworteten Freiheit kommt es nicht nur darauf an, wie ich *ausgebildet* bin. Sondern es ist von fundamentalem Belang, wie ich *gebildet* bin, was die Grundmerkmale meiner Persönlichkeit sind. Davon ausgehend stellt sich die Frage danach, welche Grundmerkmale einer Persönlichkeit Zielmarken darstellen könnten, auf die allgemeingültig der Persönlichkeitsbildungsprozess gerichtet sein sollte. Im Folgenden möchte ich versuchen, einmal sechs solche Zielmarken zu formulieren. Dabei betrachte ich diese jedoch nicht als unverhandelbare Feststellungen, sondern als einen Beitrag zur Diskussion.

6.1 ZIELMARKE 1: INTEGRITÄT

Die erste Zielmarke heißt Integrität. Von Martin Luther stammt der bemerkenswerte Satz »Woran du dein Herz hängst, das ist dein Gott.« Das ist ein Satz, der ein Stück radikaler ist als die Debatte zwischen Theisten und Atheisten. Denn er fragt jeden nach der Grundkonstitution der eigenen Persönlichkeit; er fragt: Woran hängst du eigentlich dein Herz? Was bestimmt im Letzten deine Identität? Woher gibst du deinem Leben einen Sinn, und wie lässt du das auch nach außen erkennen? In der Einheit deiner Lebensgestalt, im Respektieren auch dessen, dass du ja nicht nur Geist und Vernunft, sondern auch Körper, Instinkt und Emotion bist? Was hält das alles zusammen? Was ist dein Glaube? Was ist deine Hoffnung? Was ist die Sehnsucht, die dein Leben antreibt? Was ist die Integrität deines Lebens und deiner Person? Woran du dein Herz hängst, das ist dein Gott.

6.2 ZIELMARKE 2: EMPATHIE

Als Zweites soll noch einmal ein Rückgriff auf den Gedanken der Empathie erfolgen. Ich hoffe auf einen wachsenden Konsens darüber, dass für die Bewertung der beruflichen Kompetenz einer Person die soziale und ethische Kompetenz einer Person genauso wichtig ist wie die fachspezifische Kompetenz, und ich hoffe darauf, dass Menschen in wachsendem Maße Konsequenzen daraus ziehen. Jede Leitungsfunktion in einem Unternehmen, in einer Institution oder in einer Organisation hat zentral mit dem Umgang mit Menschen – und es versteht sich nicht von selbst, dass man mit Menschen umgehen kann. Es hat vielmehr Sinn, dass man versucht, es zu lernen. Deshalb bin ich davon überzeugt, dass in Zukunft junge Frauen und junge Männer, die eine berufliche Pause gemacht haben, weil sie sich der Erziehung ihrer Kinder gewidmet haben, hinterher von der Wirtschaft nicht dafür bestraft, sondern ganz im Gegenteil dafür beruflich belohnt werden sollten. Denn ohne jeden Zweifel haben sie dabei einen Hinzugewinn an sozialer Kompetenz erfahren.

Es gilt also, Empathie positiv zu bewerten und diejenigen Lernvorgänge zu unterstützen, in denen sie sich stärkt. Das fängt übrigens früh an; ein Thema, das vom Kindergarten bis zur Universität stets aktuell ist. Lernen durch Engagement ist inzwischen ein gutes und durchdachtes Konzept, in dessen Rahmen erworbene Kenntnisse in sozialen Situationen praktisch erprobt werden können. Diese Situationen ermöglichen es, ausgehend vom Erlernten zu anderen in Beziehung zu treten – vom Kindergartenkind bis zum Seniorenheimbewohner. Wenn Menschen im Berufsleben eine Phase des Seitenwechsels erfahren, so lernen sie das Leben aus einer ganz anderen sozialen Perspektive kennen. Wird der Leitgedanke der Empathie auf derartige Weise in Bildungsprozesse umgesetzt, so hat er hohe praktische Bedeutung für eine positive Entwicklung der Persönlichkeit. Demnach kann der Leitsatz für das alltägliche Miteinander gar nicht anders lauten als »Liebe deinen Nächsten wie dich selbst.«

6.3 ZIELMARKE 3: BEGEISTERUNG UND BEGEISTERUNGSFÄHIGKEIT

Begeisterung und Begeisterungsfähigkeit sollen den Inhalt der dritten Zielmarke bilden. Die Ausbildung der jungen deutschen Fußballspieler im Deutschen Fußballbund – eine der nachhaltigsten Integrationsinitiativen überhaupt – vermittelt Identifikation als einen der ersten Leitgedanken. Die jungen Sportler müssen lernen, sich mit dem zu identifizieren, was sie da tun. Hierfür müssen sie im Übrigen wissen, was der DFB ist und was er für eine Geschichte hat usw.. Im Allgemeinen ist die inhaltliche Identifikation mit dem, was man tut, ein unerlässliches Persönlichkeitsmerkmal für jemanden, der mit sich selbst identisch sein will, in seiner Arbeit, in seinem Tun. Schon der Kirchenvater Augustin, der zu Beginn des Mittelalters lebte, stellte fest: »In dir muss brennen, was du in anderen entzünden willst.« Du musst selbst davon überzeugt sein. Dafür ist es unerlässlich, dass Wirtschaftsunternehmen nicht sagen, sie seien nur dazu da, Rendite zu bringen, sondern sie müssen vor allem sagen, dass sie dazu da sind, ein Produkt oder eine Dienstleistung zu erzeugen, die dem Wohl der Menschen zugutekommt. Anders kann es diese Identifikation, diese Begeisterung gar nicht geben.

6.4 ZIELMARKE 4: VERTRAUEN

Eine weitere wichtige, von mir vorgeschlagene Zielmarke ist Vertrauen. Dass Kapital ein scheues Reh sei, ist ein allgemein bekanntes Zitat. Wer die Beziehungen zwischen Bankinstituten in den Jahren 2007 bis 2009 untersucht hat, lernte, dass auch Vertrauen ein scheues Reh ist. Und ist es einmal davongelaufen, so hat das dramatische Folgen. Dabei gilt allgemein, dass Vertrauen viel leichter verspielt als wiedergewonnen ist. Aufgrund dessen ist die Frage, ob Menschen vertrauenswürdig sind und Vertrauen bewahren, statt es zu verspielen, von außerordentlicher Bedeutung. An dieser Stelle gilt, dass Wertbindung zugleich eine unerlässliche Voraussetzung von Wertschöpfung ist. Bin ich sonst außerordentlich zurückhaltend mit diesem Satz, weil er so ungeheuer funktionalisierend ist, so finde ich, dass er in diesem Fall ohne jeden Zweifel stimmt.

6.5 ZIELMARKE 5: VERANTWORTUNG

Eine fünfte bedeutende Grundeigenschaft ist die Fähigkeit, Verantwortung für sich und andere tragen zu können. In den letzten fünfzehn Jahren haben wir erlebt, dass das Wort Verantwortung insbesondere in der Bedeutung Eigenverantwortung oder Selbstverantwortung verwendet worden ist. Das ist auch ein sehr wichtiger Aspekt. Denn Eigenverantwortung / Selbstverantwortung ist eine unerlässliche Voraussetzung dafür, dass eine Gesellschaft solidarisch sein kann: Wenn nicht möglichst alle das, was sie für sich selbst tun können, auch tatsächlich tun, dann versiegen alle Quellen der Solidarität. Aber genauso wichtig ist der Hinweis darauf, dass wir Menschen Beziehungswesen sind und niemals nur in der Beziehung zu uns selbst leben, sondern immer auch in der Beziehung zu anderen. Darum kann unsere Verantwortung niemals nur auf uns selbst, sondern muss immer auch auf andere bezogen sein.

Dabei gibt es Situationen, in denen man um dieser Verantwortung willen auch etwas riskieren muss. Ein herausragendes Beispiel dafür sind die Menschen des 20. Juli 1944 in Deutschland. Einer von ihnen, Dietrich Bonhoeffer, hat seine Erfahrung in den folgenden Satz gefasst: »Die letzte verantwortliche Frage ist nicht, wie ich mich heroisch aus der Affäre ziehe, sondern wie eine kommende Generation weiterleben soll.«[9] Das ist der Ernstfall der Verantwortung. Heute hat sie unerlässlich und unabweislich mit Nachhaltigkeit zu tun. Denn wir müssen nicht nur gegenüber unseren Zeitgenossen, sondern auch gegenüber denen, die nach uns kommen, verantworten, was wir tun.

6.6 ZIELMARKE 6: MUT

Dieses Zitat von Dietrich Bonhoeffer führt gleichwohl zum letzten Punkt, nämlich zu dem schlichten Punkt Mut. »Was tut ein Bankangestellter«, so ist ein führender Unternehmer gefragt worden, »wenn er so kurz nach der Finanzmarktkrise schon wieder Finanzprodukte an den Mann und an die Frau bringen soll, die er selber für nicht verantwortbar hält?« Die Antwort dieses Unternehmers war: »Erstens, den Betriebsrat informieren, zweitens widersprechen.« Und dieser Unternehmer nutzte die Gelegenheit zu einem klaren Plädoyer für Zivilcourage im Beruf und sagte auf diese Weise: »Mut ist eine unerlässliche Dimension einer Bildung der Persönlichkeit, die dann tatsächlich ihre Frau und ihren Mann stehen kann und stehen wird in unterschiedlichen beruflichen Herausforderungen.«

7 FRAGE NR. 4: WAS BEDEUTET VERANTWORTLICHES HANDELN IN DER WIRTSCHAFT?

Schließlich gilt es, sich der vierten Kernfrage zu widmen, die da lautet: Was können Leitlinien für wirtschaftliche Verantwortung vor solch einem Hintergrund sein? Einleitend habe ich über das Leitbild für verantwortliches Handeln in der Wirtschaft gesprochen. Die darin enthaltenen sechs Leitlinien, die dieses Leitbild in den Vordergrund rückt, sollen nun kurz skizziert werden.

7.1 LEITLINIEN DES »LEITBILDES FÜR VERANTWORTLICHES HANDELN IN DER WIRTSCHAFT«

Die erste Leitlinie heißt: Wirtschaft muss das Wohl der Menschen fördern. Danach wiederholt sich diese Orientierung am Wohl der Menschen in jeder der folgenden Leitlinien. Bei der Lektüre verstärkt sich der Eindruck, dass sich offenbar etwas verändert hat. Jene einseitige und reduzierte Shareholder-Value-Orientierung, die wir in den letzten Jahren wieder und wieder erlebt haben, führte dazu, dass das Leitbild eines Unternehmens, welches die Inhalte der unternehmerischen Tätigkeiten darstellt, häufig allein auf die Renditeträchtigkeit reduziert war. Oft genug führte diese Haltung zum Verschwinden von Unternehmen, nämlich indem sie von anderen übernommen wurden. Die Orientierung an der Frage, was dem Wohl der Menschen eigentlich dient, ist ein Cantus firmus, eine festgelegte Grundhaltung, der sich durch das gesamte Leitbild zieht.

Wirtschaften zum Wohl der Menschen, das ist die zweite Leitlinie, erfordert Wettbewerb. Und die dritte: Wirtschaften zum Wohl der Menschen beruht auf Leistung. Sodann erklären die Unternehmer, dass Wirtschaften zum Wohl der Menschen global erfolgt. Der Horizont dessen, was wir alle als unerlässliche Bedingungen heutigen wirtschaftlichen Handelns anerkennen müssen, erstreckt sich also über Wettbewerbsorganisation, Leistungsorientierung und Globalisierung. Dann werden jedoch zwei neuartige Komponenten in die Diskussion eingebracht: Erstens, Wirtschaften zum Wohl der Menschen verlangt Nachhaltigkeit, und zweitens, Wirtschaften zum Wohl der Menschen setzt verantwortliches Handeln der Entscheider voraus. Nachhaltigkeit und verantwortliches Handeln als zwei stark unterstrichene Kompetenzen – das ist ein Ansatz, das ist ein Anfang.

Vergleicht der Leser die sechs Zielmarken, die ich zuvor erläutert habe, mit diesen sechs Leitlinien, so wird er merken, dass hier sozusagen noch »Luft nach oben« und »Luft nach vorne« ist.

8 DIMENSIONEN VERANTWORTLICHEN HANDELNS

8.1 DAS ZIVILISATIONSMODELL VERANTWORTETER FREIHEIT

Die gegenwärtige Krise zeigt deutlich, dass nur verantwortete Freiheit wirkliche Freiheit ist. Das gilt für Wirtschaft und Politik ebenso wie für das persönliche Verhalten. Freiheit ohne Verantwortung verkommt. Wo die Achtsamkeit für die Konsequenzen des eigenen Handelns fehlt, zerfällt das Gemeinwohl. Wo es an Zuwendung zum Mitmenschen mangelt, zerbrechen tragende Gewissheiten.[10] Deshalb mahne ich zu einer Neuorientierung auf tragende Werte, für ein Ende der Beliebigkeit

Die Umkehr muss sich vorrangig auf den folgenden vier Ebenen vollziehen: persönliches Verhalten, unternehmerische Verantwortung, politische Regulierung und soziokulturelle Orientierung.[11]

9 Dietrich Bonhoeffer: Widerstand und Ergebung. Briefe und Aufzeichnungen aus der Haft, München 1970, S. 16.
10 Huber, 2010, S. 16.
11 Huber, 2010, S. 17.

8.2 DIE MAKROEBENE

Entscheidend im Blick auf den Umgang mit dem Thema »Werte und Wirtschaft« ist mir nun Folgendes. Es gibt eine verbreitete Diskussion, die besagt: wenn man die Frage nach dem Verhältnis von Ethik und Wirtschaft anschaut, dann ist die einzige Ebene, auf die man schauen und an der man sich orientieren kann, die Ebene der Rahmenbedingungen wirtschaftlichen Handelns. Diese Rahmenbedingungen müssen so gestaltet sein, dass schlimmste Unvereinbarkeiten von Wirtschaft und Ethik vermieden werden, nämlich insoweit es sich dabei gleichzeitig um Unvereinbarkeiten zwischen Wirtschaft und Recht handelt. Das ist gewiss ein wichtiger Punkt, aber dennoch ist die Makroebene, sind die Rahmenbedingungen nur ein Teil des Problems. Hierbei ist es interessant festzustellen, dass über diese Rahmenbedingungen inzwischen wieder weit positiver gesprochen wird als noch vor wenigen Jahren.

8.2.1 DIE EBENE DER POLITISCHEN REGULIERUNG

Dass ethische Verantwortung und langfristige Orientierung auf der politischen Ebene von fundamentaler Wichtigkeit sind, liegt heute auf der Hand. Mit Erschrecken stellen wir fest, dass es in der Vergangenheit nicht gelungen ist, politische Regelungen gegenüber den treibenden Kräften auf den Finanzmärkten wirklich zur Geltung zu bringen. Interessenkollisionen, Uneinigkeit im Blick auf das Notwendige und der Mangel an einem international abgestimmten Vorgehen wirkten dabei zusammen. An der bewussten Abwertung von politischen Rahmenregelungen, ja auch an Diffamierungen des Staates, der solche Regelungen trifft, hat es nicht gefehlt. Doch die Akteure schneiden sich ins eigene Fleisch, wenn sie unter fragwürdiger Berufung auf die Freiheit den Staat pauschal zurückzudrängen suchen. Heute wissen wir: Es geht nicht um die Frage, ob der Staat reguliert, sondern wie er so klug reguliert, dass er seine soziale Schutzfunktion möglichst optimal mit der Dynamik von Marktprozessen verbindet.[12]

8.2.2 DIE EBENE DER SOZIOKULTURELLEN ORIENTIERUNG

Auch auf der Ebene der Mentalitäten, die in einer Gesellschaft vorherrschen, also auf der soziokulturellen Ebene, muss und kann die Wirtschaftskrise zu einer Neuorientierung führen. Die Verlockung des schnellen Geldes war eine der Ursachen für diese Krise; die Gier, also der Geist des Haben-Wollens, stieß auf Anreizsysteme, denen gegenüber es für manche kein Halten mehr gab. Steuern werden als »Abkassieren des Staates« bezeichnet und damit als illegitimer Eingriff in das eigene Eigentumsrecht gebrandmarkt. Dass ein Bewusstsein für den verpflichtenden Charakter von Eigentum für die moralische Ökologie einer Gesellschaft unentbehrlich ist, gerät in Vergessenheit. Demgegenüber beharre ich darauf: Eine freiheitliche Wirtschaftsordnung wird in ihren Fundamenten beschädigt, wenn der erwirtschaftete Wohlstand nicht zum Motor des sozialen Ausgleichs wird.[13]

8.3 DIE MESOEBENE: DIE EBENE DER UNTERNEHMERISCHEN VERANTWORTUNG

Ebenso gibt es eine zweite übergeordnete Ebene, die Mesoebene, die mittlere Ebene, die Ebene des einzelnen Unternehmens oder auch die Ebene der einzelnen Branche.

Zweifelsohne lässt sich eine klare ethische Verantwortung auf der Ebene der Unternehmen festmachen. Das hat spätestens die Diskussion um die falschen Anreize gezeigt, die sich aus der Kopplung von Boni oder Managergehältern an kurzfristige Ertragserhöhungen ergaben. Unternehmen müssen sich in ihren inneren Strukturen so ausrichten, dass sie am Markt erfolgreich sind. Aber niemand sage, der Markt könne ethische Verantwortung und eine ihr entsprechende langfristige Orientierung ersetzen.[14]

Zuweilen haben es einzelne Branchen mit Herausforderungen zu tun, die unter Umständen mit anderen Branchen ganz unvergleichlich sind und wo es erforderlich ist, selbst gefundene und selbstbestimmte Regeln von Compliance und Corporate Governance zu entwickeln, die nicht immer einfach vom Staat vorgegeben werden können. Ich bin an dieser Stelle, mit Verlaub gesagt, manchmal verblüfft, welche neue Art von Staatsgläubigkeit mir aus manchen wirtschaftsethischen Büchern heute entgegentritt. Die eigene Arbeit eines Unternehmens an der ethischen Kultur seines Unternehmens ist demnach eine unerlässliche Voraussetzung, wenn wir die Folgerung ziehen, dass auch im Blick auf wirtschaftliches Handeln neu nach Werten gefragt werden soll.

8.4 DIE MIKROEBENE: DIE EBENE DES EINZELNEN

Zuletzt gibt es auch eine nicht zu leugnende Verantwortung des Einzelnen. Die gegenwärtige Krise – das wird angesichts eines verbreiteten Systemdenkens oft übersehen – hat eine individualethische Dimension: Viele haben ihre Freiheit allein im Blick auf die eigenen Individualinteressen genutzt. Verantwortlich zu handeln heißt aber, die eigenen Entscheidungen daraufhin zu prüfen, dass sie anderen keinen Schaden zufügen. Niemand stehle sich mit dem Argument aus der Verantwortung, gegenüber den systemimmanenten Zwängen habe der einzelne Unternehmer oder Manager, Politiker oder Verbraucher keinen Handlungsspielraum. Vielmehr sollte man in Erinnerung behalten, was der vor fünfhundert Jahren geborene Johannes Calvin zu diesem Thema zu bemerken wusste: »Wir sollen von unserer Freiheit Gebrauch machen, wo sie zur Auferbauung des Nächsten dient; wenn es aber dem Nächsten nicht dient, so sollen wir auf sie verzichten.«[15]

12 Huber, 2010, S. 19f.
13 Huber, 2010, S. 20f.
14 Huber, 2010, S. 18f.
15 Huber, 2010, S. 17f.

Es soll also keiner sagen und denken, er sei gar nichts anderes als ein Rädchen in der Maschinerie, er habe überhaupt keinen Spielraum dafür, sich so oder anders zu verhalten, sich so oder anders zu entscheiden. Dass das nicht wahr ist, liegt allein bereits daran, dass jedes Unternehmen ein sozialer Organismus ist. Es liegt daran, dass jedes Unternehmen daraus folgend mit der Frage zu tun hat, wie Menschen miteinander umgehen. Und das ist auf die eine oder auf die andere Weise möglich: Es ist möglich, einen eigensüchtigen und rücksichtslosen Umgang miteinander zu haben, oder es ist möglich, ein Miteinander auf der Grundlage der Verbindung von Autarkie und Empathie entstehen zu lassen.

9 SCHLUSSBETRACHTUNG

9.1 WEGMARKEN AUS DER KRISE

Persönliches Verhalten, langfristige unternehmerische Perspektive, politische Regelung und soziokulturelle Orientierung: Auf diesen vier Ebenen müssen wir heute über die richtigen Wege aus der Krise nachdenken. Aus den Grundimpulsen des christlichen Glaubens wie aus den Überlegungen praktischer Vernunft ergeben sich dabei klare Wegmarken.[16]

Eine wesentliche Rolle für die notwendige Neuorientierung spielt die Nachhaltigkeit.[17] Die Soziale Marktwirtschaft muss sich konzeptionell zu einer sozial, ökologisch und global verpflichteten Markwirtschaft weiterentwickeln. Die Orientierung erfolgt daher am Bild einer Wirtschaft, die den Menschen heute dient, ohne die Lebensgrundlagen zukünftiger Generationen zu zerstören. [18]

Mir steht eine (Welt-)Gesellschaft vor Augen, die die Verbesserung der Situation ihrer ärmsten und schwächsten Mitglieder zu ihrer vorrangigen Aufgabe macht.[19] Solche Orientierungen sind eine entscheidende Voraussetzung für gesellschaftlichen Zusammenhalt. Sie sind die Basis für das wechselseitige Vertrauen, ohne das eine Gesellschaft nicht leben kann.[20]

Wir haben durch die Finanzkrise schmerzhaft erfahren, wie gefährlich »blindes Vertrauen« ist. Vertrauen muss sich auf nachprüfbare Verlässlichkeit stützen. Wer in der derzeitigen Krise dieses für die Zukunft so wichtige Vertrauen stärken möchte, der muss durch sein praktisches Handeln zeigen, dass die Appelle zur Zuversicht nicht Vertröstungen sind, sondern sich auf einen ernsthaften Willen zur Neuorientierung stützen.[21]

Vertrauen kann entstehen, wenn die Wohlhabenden, die von den Finanzmarktstrukturen besonders profitiert haben, ihrer besonderen Verantwortung gerecht werden und das ihre zur Sicherung gerechter Teilhabe für alle Mitglieder der Gesellschaft beitragen. Eine Heilung in der Krise wird möglich, wenn das Schicksal der Schwachen unseren Blick auf die Wirklichkeit im Ganzen lenkt.[22]

9.2 DIE WELT VERÄNDERN

Die Welt verändern kann nur, wer Hoffnung in sich trägt. Hoffnung verändert das ganze Leben. Sie ist mehr als ein undeutliches Gefühl, sie ist eine Lebenskraft. Allerdings fragt sie auch nach den guten Gründen dafür, von der Zukunft Gutes zu erwarten.[23]

Die letzten Jahre haben viele Menschen verunsichert. Unsere Welt hat sich derart verändert, dass große Reformen nötig geworden sind. Allein auf die Solidarität der nächsten Generation zu zählen, das wird nicht ausreichen. Die Einsicht muss sich durchsetzen, dass ohne tief greifende Veränderungen, die Zukunft nicht zu gewinnen ist. Veränderungen sind nur möglich, wenn der Wille dazu da ist. Und dieser Wille entsteht, wenn Zuversicht und Verantwortungsbereitschaft aus Hoffnung erwachsen. Die Menschen brauchen die Gewissheit, dass sie sich vor der Zukunft nicht zu fürchten brauchen. Sie wollen wissen, ob sie ihr Auskommen haben werden. Für eine funktionsfähige Solidargemeinschaft, die im Sinne der Nächstenliebe niemanden zurücklässt, muss jeder Einzelne, die Eigenverantwortung, zu der er fähig ist, auch aufbringen.[24] Dafür zu sorgen, dass Hoffnung bestehen kann, dass Empathie und Autarkie sich voll entfalten können, liegt in besonderer Weise in den Händen der Verantwortlichen aus Wirtschaft und Politik.

Die Prinzipien der Sozialen Marktwirtschaft müssen wieder ernst genommen und zugleich im Sinne nachhaltigen Wirtschaftens weiterentwickelt werden. Eine soziale und nachhaltige Marktwirtschaft ist auf klare moralische Grundlagen angewiesen. Um ein Bild aus dem Buch Jesaja aufzunehmen: Es geht um das ethische Fundament, das die Mauer trägt, um den Mörtel des Vertrauens, der die Steine zusammenhält.[25]

Es reicht nicht, die Veränderungen hinzunehmen, die sich ohnehin vollziehen, nur zuzuschauen, wie sich unsere Gesellschaft verändert. Wir müssen Weichen stellen, die Richtung mitbestimmen. Jeder nach seiner Kraft. Wenn wir es nicht tun, tun es andere.[26]

16 Huber, 2010, S. 21f.
17 Huber, 2010, S. 22.
18 Huber, 2010, S. 24.
19 Ebd.
20 Huber, 2010, S. 25.
21 Ebd.
22 Huber, 2010, S. 25f.
23 Huber, 2007, S. 26
24 Huber, 2007, S. 26–28.
25 Huber, 2010, S. 15f.
26 Huber, 2007, S. 45 u. S. 47.

ANHANG

Aus beiden nachfolgenden Werken von Wolfgang Huber wurden Auszüge übernommen:

WOLFGANG HUBER Position beziehen. Das Ende der Beliebigkeit, Lahr 2007.

WOLFGANG HUBER Wenn ihr umkehrt, wird euch geholfen. Oder: Anmerkungen zur globalen Finanzmarkt- und Wirtschaftskrise, Frankfurt am Main 2010.

WEITERE LITERATUR

KOFI ANNANs Nobelvorlesung vom 10.12.2001, Abruf über http://www.nobelprize.org/nobel_prizes/peace/laureates/2001/annan-lecture.html am 10.08.2011.

PETER L. BERGER Erlösendes Lachen. Das Komische in der menschlichen Erfahrung, Berlin 1997.

DIETRICH BONHOEFFER Widerstand und Ergebung. Briefe und Aufzeichnungen aus der Haft, München 1970.

Christian WULFFs Rede zum 20. Jahrestag der Deutschen Einheit, Abruf über http://www.bundespraesident.de/SharedDocs/Reden/DE/Christian-Wulff/Reden/2010/10/20101003_Rede.html am 27.06.2011.

TORSTEN OLTMANNS[1]

GRUNDZÜGE EINES EUROPÄISCHEN MANAGEMENT-MODELLS

STARK DURCH WERTE UND BILDUNG

1 Mit Unterstützung von Marlena-Valerie Koppendorfer, Roland Berger Strategy Consultants.

INHALT

1 EINLEITUNG

Von einer Strategieberatung wird verlangt, nach vorne zu denken und – auf der Basis von Analysen, Erfahrungen und kreativer Intelligenz – strategische Optionen aufzuzeigen. Dabei spielt der Umgang mit zunehmender Komplexität und neue Herausforderungen durch die Globalisierung eine wachsende Rolle. Noch nie – so scheint es – standen der Menschheit so viel Information zur Verfügung, wie das heute der Fall ist und noch nie war jeder Einzelne mit so vielen unterschiedlichen, teilweise gegenläufigen Herausforderungen konfrontiert.

Aber: Sind nicht Wandel und der Umgang mit Veränderung seit je eine der zentralen Herausforderungen an die Unternehmensführung, das galt für die Kaufleute der Hanse, es galt für die Buddenbrooks und die Industriellen der Gründerzeit und es galt auch vor der Finanz- und Wirtschaftskrise. Es gibt einen engen Zusammenhang zwischen Erfolg, Ertrag und Unsicherheit und natürlich ist die Wirtschaftsgeschichte auch eine Geschichte der großen Fehleinschätzungen und Irrtümer. Manche davon sind in der Rückschau ja ganz witzig. Mein Favorit ist das Zitat von IBM-Chairman Tomas Watson der 1943 davon ausging, es gäbe »einen Weltmarkt für bestenfalls 5 Computer«. Die gute Nachricht im Zusammenhang mit diesem Fall ist, dass man aus Fehleinschätzungen lernen und den Trend für sich nutzen kann, auch das hat IBM gezeigt.

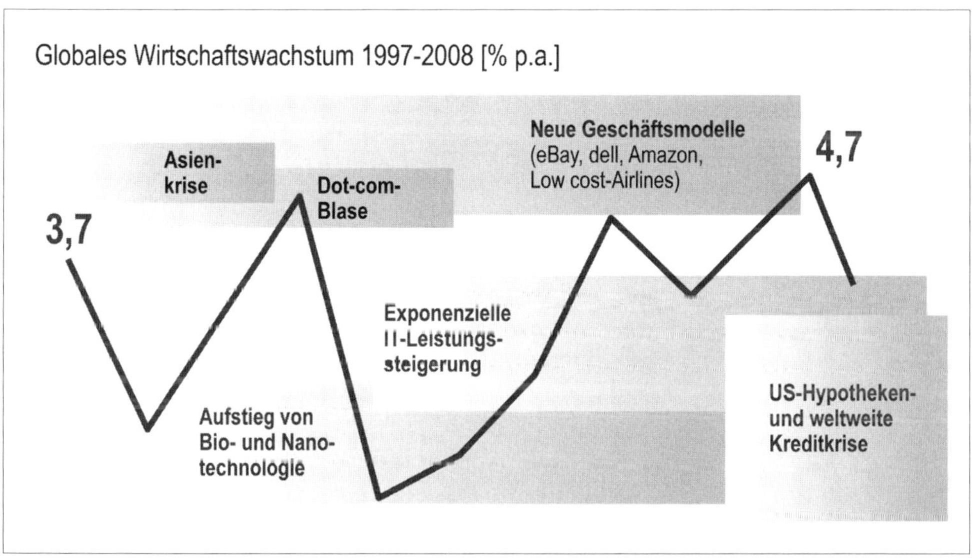

1 | Tempo der Veränderungen, Komplexität und Gegenläufigkeit der Trends nehmen kontinuierlich zu

Die Frage, die viele unserer Klienten heute stellen, ist jedoch, ob das Tempo der Veränderungen sowie die Komplexität und die Gegenläufigkeit der Trends ihnen nicht gerade die Möglichkeit nehmen, Fehler zu korrigieren. Unsere Grafik macht deutlich, wie sich das globale Wirtschaftswachstum in den zehn Jahren vor der Krise vollzogen hat und sie lässt leicht erkennen, dass das Leben auch vor der Krise alles andere als kalkulierbar und planbar war: Die Asien-Krise der Jahre 97/98 hat viele ebenso überrascht wie das Platzen der Dot-Com-Blase im Jahr 2000, die viele Unternehmer zum radikalen Umdenken zwang und viele neue Geschäftsmodelle wie ebay, Amazon oder Low-cost Airlines brachte. Wir sehen auch, wie erratisch sich das Wachstum in nur zehn Jahren entwickelt hat, bis zu einem Höhepunkt im 2008 – und Sie alle wissen, was danach geschehen ist.

2 DAS SCHEITERN DES AMERIKANISCHEN MANAGEMENTMODELLS?

Die Weltfinanzkrise der vergangenen Jahre hat die Legitimität der Ökonomen und Prognostiker in Frage gestellt. Was taugen all die Vorhersagen und Analysen eigentlich, wenn die Absender nicht mal in der Lage sind, einen unmittelbar drohenden Zusammenbruch zu erkennen? Dieser Vorwurf hat zu einer intensiven Diskussion unter Wissenschaftlern geführt. Der Gerechtigkeit halber muss man zugestehen, dass in Zeiten steigender Komplexität und drastischer Trendbrüche alt bewährte Prognosemodelle versagen müssen, dass Quantifizierung nur bedingt hilft und – wie wir gesehen haben – die Kapitalmärkte ihre Leitfunktion verlieren.

Die Krise hat jedoch auch die Frage nach den Grundlagen unsere Managementphilosophie gestellt: War es nicht auch die Fixierung auf kurzfristige Gewinnsteigerungen, die Überbetonung des Shareholder-Value und eine ungehemmte agierende Gier, die zu diesem Beinah-Zusammenbruch der Weltwirtschaft mit allen noch spürbaren Folgen geführt hat? In der Substanz führt dies auch zu einer Kritik an einem Wirtschaftsmodell, dass in den vergangenen Jahrzehnten sehr stark angelsächsisch geprägt wurde. Und im Gegenzug werden nun Forderungen laut, sich stärker vom US-amerikanischen Modell des Managements zu distanzieren und einem eigenen europäischen Weg des Managements zu folgen. Lassen Sie mich dazu einige Gedanken mit Ihnen teilen.

3 DER EINFLUSS DER AMERIKANISCHEN MANAGEMENT-PHILOSOPHIE

Die US-amerikanische Perspektive auf die Unternehmens- und Wirtschaftsführung hat seit dem Ende des zweiten Weltkrieg weltweit an Dominanz gewonnen. In der Wissenschaft zeigt sich das beispielsweise durch eine enorme Anzahl an englischsprachigen Publikationen und, der großen Zahl an Nobelpreisträgern von US-Universitäten. Die Qualität und Dynamik der US-Wirtschaftsforschung geht Hand in Hand mit der wichtigen Rolle der »Business Schools« für die Ausbildung künftiger Management-Generationen. Durch diese MBA-Programme und die mittlerweile auch in Europa weit verbreitete »Executive Education« hat die spezielle angelsächsische Perspektive auf Wirtschaft und Unternehmensführung ihren Weg in die Managementpraxis gefunden. Die Instrumente und Konzepte, die über Jahre generiert und in die Praxis überführt wurden, sind im Zuge dieser Entwicklung weit verbreitet und setzen vielfach den Standard, denken Sie an die »Erfahrungskurve«, die »Portfoliostrategie« oder die »Five Forces« des US-Professors Porter und natürlich an das in Europa wohl umstrittenste Modell des Shareholder-Value.

4 UNDERSTATED UND OVERDELIVERED

In Europa klagen viele Unternehmen darüber, dass die einseitige Fixierung auf den Shareholder-Value, wie sie von amerikanische Unternehmen vorgelebt und von einem internationalen Finanzmarkt gefordert wird, die Werte und Ansprüche der meisten europäischen Unternehmen nicht vollständig widerspiegelt. Sie sehen ihre Stärken liegen vielmehr darin, sich mit Produkten und Dienstleistungen nachhaltig zu differenzieren und dabei auf eine mittel- bis langfristige Optimierung der Erträge zu setzen.

Wie unsere Untersuchungen zeigen, kommt den europäischen Unternehmen dabei ihre Fähigkeit zugute, die Vielfalt Europas – die wir selbst häufig beklagen – in Wettbewerbsvorteile zu übersetzen. Mehr als 100 gesprochene Sprachen – 23 davon Amtssprachen – 141 Ethnien in 47 Ländern, darunter 27 Länder innerhalb der Europäischen Union sind solche Indikatoren für Vielfalt, die einen Markt mit 500 Millionen insgesamt sehr nachtragestarken Verbrauchern kennzeichnen, die selten Standardlösungen akzeptieren, also hohe Ansprüche an Produkte und Dienstleistungen stellen.

2 | Unternehmen und Führungskräfte arbeiten in Europa schon immer in einem extrem vielfältigen Umfeld

Um zu sehen, ob und wie die Unternehmen Europas auf diese Vielfalt reagieren und sie in Wachstum zu verwandeln verstehen, hat unser Unternehmen die Daten der 3.000 größten kapitalmarktnotierten Unternehmen im Zeitraum von 1998 bis 2008 analysiert, mit beindruckenden Ergebnissen:

1. **Europäische Unternehmen wachsen schneller**
   Europäische Top-Unternehmen sind schneller gewachsen als ihre Konkurrenz in den Industriestaaten, ihren Umsatz haben sie jedes Jahr um 10,4% ausgebaut – damit überholen sie ihre Peers in Nordamerika (plus 9,3%) oder beispielsweise Japan (plus 2,8%).

2. **Europäische Unternehmen sind profitabler**
   Europas Top-Unternehmen haben ihre Profitabilität in einem beeindruckenden Tempo gesteigert; die Ebitda-Marge stieg dabei durchschnittlich von 15,6% auf fast 20% an, während sie in Nordamerika von 16,1% durch das frühe Einsetzen der Krise immens rasch auf nur noch 13% einbrach.

3. **Europas Unternehmen erzielen höhere Gewinne**
   Dahinter steht ein weit überdurchschnittliches Gewinnwachstum von 13,1% pro Jahr in Europa, aber von nur 6,9% in Nordamerika (und 7,5% in Japan).

4. **Europas Unternehmen sind internationaler**
   Laut dem UNCTAD World Investmentreport, haben 59 der 100 größten transnationalen Konzerne europäische Wurzeln, darunter nur weitere 25 Konzerne aus den USA, neun aus Japan und sieben aus dem Rest der Welt.

5. **Europas Unternehmen sind produktiver**
   Europas Top-Unternehmen haben mit einem Umsatz von rund 6,5 (CAGR, %) im Vergleich zu der US-Amerikanischen Konkurrenz mit nur 5,6 (CAGR, %) ihre Produktivität bei guten Arbeitsbedingungen stärker gesteigert.

Das heißt, die Europäer in diesem Sample sind langfristig orientiert und genau damit nachhaltig erfolgreich!

5 DAS EUROPÄISCHE MANAGEMENT-MODELL ALS ERFOLGSREZEPT?

Bei allen Gemeinsamkeiten – wir können nicht von einem oder gar dem europäischen Managementmodell sprechen. Doch basierend auf den Traditionen und Werten und einer besonderen Art von unternehmerischem Selbstverständnis scheinen sich Gemeinsamkeiten herauszubilden, das wird vor allem deutlich, wenn die Führungskräfte selbst befragt werden.

Unser Survey unter Top-Managern aus USA, China und Europa zum Beispiel zeigt, welche Rolle die kulturelle Prägung auf den Führungsstil und das Rollenverständnis von Führungskräften hat: Während amerikanische Manager vor allem ihre Rollen als Netzwerker und Repräsentanten gegenüber Shareholdern als wesentliche Aufgabe sehen, sehen chinesische Führungskräfte mehrheitlich die Strategie des Unternehmens als ihre zentrale Herausforderung. Europäische Manager hingegen würden sich gerne vor allem darauf konzentrieren, Mitarbeiter zu motivieren und das Unternehmen langfristig aufzustellen. Und: Für Manager in Europa ist soziale Kompetenz besonders wichtig – US-Manager sehen technische Fähigkeiten im Vergleich als wichtiger an und nur 13 Prozent berufen sich auf vermeintlich »weiche Faktoren« als zukunftsträchtiger Faktor.

Zentrale Merkmale europäischer Unternehmensführung und des Europäischen Managementmodells lassen sich so zusammenfassen:

1. **Langfristige Orientierung**
2. **Mitarbeiterorientierung**
3. **Diversity Erfahrung**
4. **Soziale Verantwortung**
5. **Globale Geschäftsperspektive**

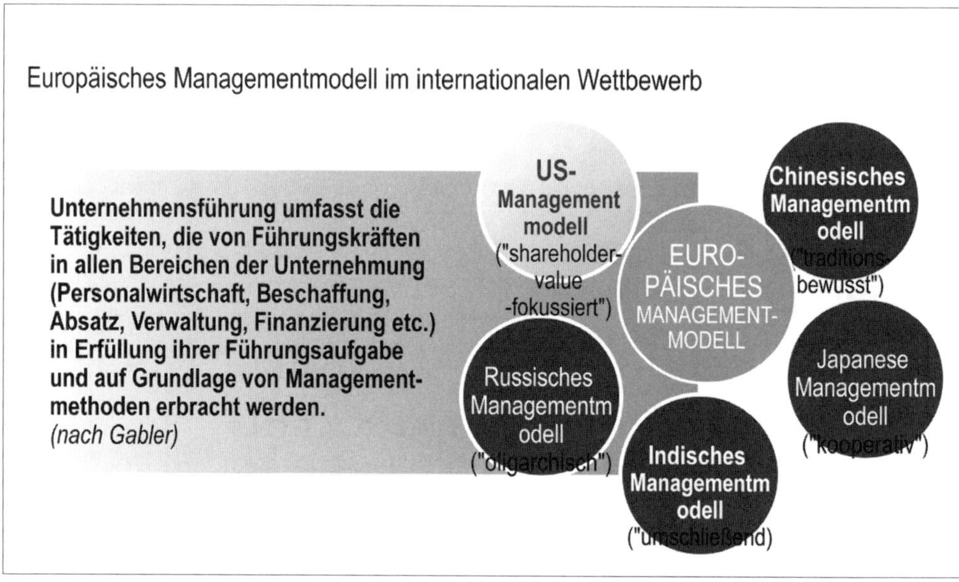

3 | Das Fundament des Erfolgs ist ein eigenes Verständnis der Unternehmensführung – das Europäische Managementmodell

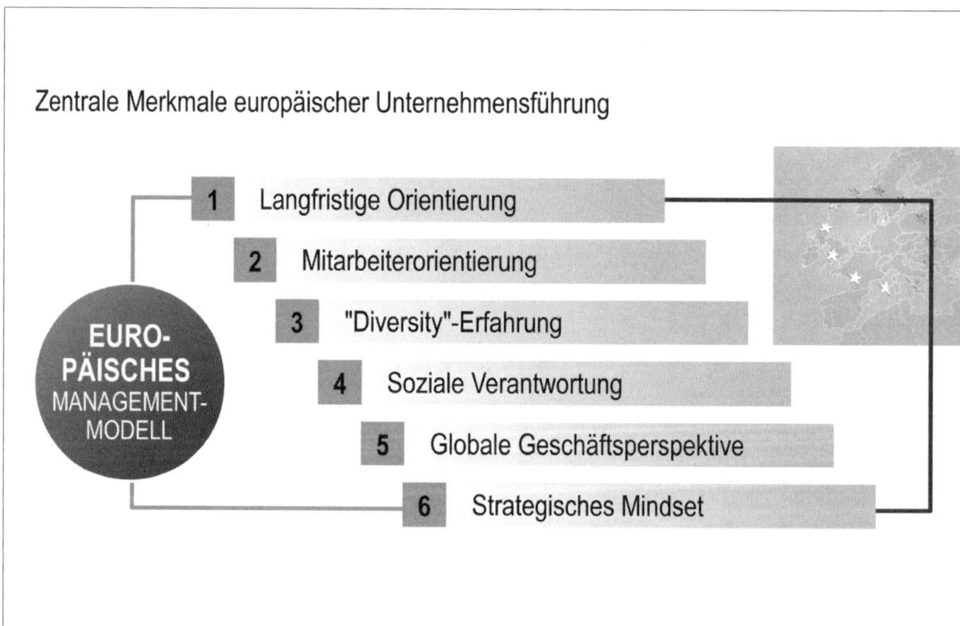

4 | Die Unternehmensführung erfolgreicher europäischer Manager zeichnet sich durch sechs typische Merkmale aus

6 GIBT EUROPA SEINEN WETTBEWERBSVORTEIL AUF?

Europa leitet sein Selbstbewusstsein aus der Leistung seiner Denker und Dichter ab. Nach Humboldt, der die zweckfreie, ganzheitliche Bildung ins Zentrum rückte, galten Vielfalt und gute Allgemeinbildung lange als Erfolgsfaktoren innerhalb Europas. Dieser gute Ruf wirkt bis heute nach. Die aktuelle Entwicklung zeigt jedoch, dass diese so typische Vielfalt mit Hilfe des Bologna-Prozesses analog zum US-Amerikanischen Vorbild das Bildungssystem strafft und vereinheitlicht. Bildungsreformen greifen in die Schul- und Universitätssysteme einzelner europäischer Staaten ein und versuchen, Einheit zu schaffen, wo Vielfalt gefragt sein könnte. Der Prozess vollzieht sich in Europa zu einem Zeitpunkt, wo der Rest der Welt – darunter auch die USA – BA und MBA-Konzepte bereits wieder in Frage stellt. Das wirft die Frage auf, ob ein System, das auf immer ähnlichere Qualifikationen setzt, auf Dauer leistungs- und wettbewerbsfähig sein kann. Was die Aufgaben und die Ausrichtung des europäischen Hochschulmodelles anbelangt, macht sich unter unseren Kunden und deutschen CEOs Skepsis breit.

So sagt der CEO von Daimler, Dieter Zetsche, zur Bildungsthematik in Europa:

> *»Wir stehen vor einem eigenartigen Paradox: Jeder Einzelne unserer jungen Leute ist exzellent und besser ausgebildet als je zuvor, aber alle zusammen sind sie so ähnlich, dass wir immer dieselben Lösungen für unsere Probleme bekommen.«*

Um dieses Paradoxon zu untersuchen, hat Roland Berger 2009 in Zusammenarbeit mit der Universität Innsbruck eine Studie durchgeführt, die Angebot und Nachfrage sowie die Auswahlkriterien für Bewerber der 30 führenden Unternehmen untersucht. Das Ziel der qualitativen Analyse war die Ermittlung der öffentlich dokumentierten Anforderungen führender international tätiger Unternehmen an Absolventen durch die Analyse der Unternehmens-Websites. Führende europäische aus der Fortune-500- und Forbes-Liste (Global 2000, sort by assets) sowie ausgewählte DAX-Unternehmen darunter Adidas, Audi AG, BMW, BP, General Group, Lufthansa, Nestlé S.A., Nokia, Siemens AG, Volkswagen AG, Volvo AG wurden dafür herangezogen. Bei der qualitativen Analyse wurde besonderes Augenmerk auf drei zentrale Kompetenzbereiche gelegt:

- Akademische Ausbildung
- Erfahrung und Kenntnisse
- Persönlichkeitsmerkmale

Die Untersuchung kommt zu folgendem Ergebnis: Nahezu alle Recruits verfügen über eine einschlägige Ausbildung oder sogar einen MBA, haben durchschnittlich in drei Ländern studiert oder jobrelevante Auslandsaufenthalte und fundierte Praktika von mehreren Monaten bestritten, können exzellente Noten vorweisen und sind darüber hinaus schnell, brillant – aber vor allem noch jung und flexibel.

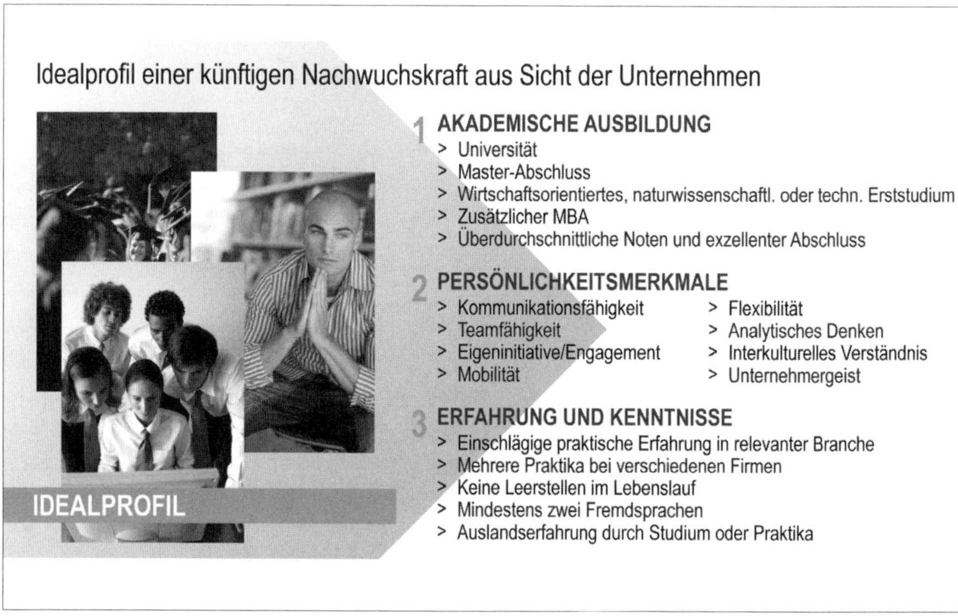

5 | Beim Idealprofil einer Nachwuchskraft scheinen grundsätzlich 18 Merkmale bei allen befragten Unternehmen relevant

Kurz: Die Unternehmen erwarten »perfekte Bewerber« und auf den ersten Blick sieht es so aus, als würde das geforderte Qualifikationsprofil auch den »perfekten Manager« genau beschreiben, doch der Schein trügt.

Auch wenn die Vielfalt der Anforderungen des relevanten Umfeldes die Anforderungen der Unternehmen nachhaltig prägt, so sind die aktuellen Auswahlkriterien der Unternehmen branchenunabhängig dennoch sehr einheitlich. Die Gefahr besteht, dass die Ausbildungen formal immer besser werden, das Gesamtergebnis aber trotzdem nicht befriedigend ist – weil die erforderliche Methodenkompetenz und die Flexibilität nicht erreicht werden, die nötig sind, um rasch wechselnde Herausforderungen zu meistern.

Was Humboldt einst über das Bildungssystem sagte, hat auch im Management seine Gültigkeit. Denn je mehr eine Annäherung an das Humboldt'schen Bildungsideal erfolgt, desto breitgefächerter ist die Bildung und desto eher besteht die Möglichkeit, Sachlagen aus mannigfaltigen Perspektiven zu betrachten. Die Flexibilität im Denken und das Abweichen von bloßem Methodenwissen hat direkte Auswirkungen auf Lösungsstrategien von Führungskräften. Die Wirtschaftsleistung eines Unternehmens kann hier positiv beeinflusst werden, indem Manager mit kreativeren, individuelleren Reaktionen auf ökonomische Anforderungen antworten.

Die Spezialisierung der Studenten und der zunehmende Zeit- und Erfolgsdruck bereits innerhalb des Studiums hat nicht nur Vorteile: Die zunehmende Verschulung gewährleistet in erster Linie, eine formal hochwertige Ausbildung in kürzester Zeit, doch die Varianz der Studienrichtungen und die Kompetenz, sich mit konzeptionellen Fragen innovativ auseinanderzusetzen, nimmt stetig ab. Dieser Homogenisierungsprozess führt zum Verschwinden von kritischem Bewusstsein, anstatt neue Ideen als immateriellen Treibstoff unserer Wirtschaft zu fördern. Manager und Führungskräfte müssen lernen, mit Komplexität umzugehen, um im internationalen Wettbewerb zu bestehen. Schlüssel, um diesen Homogenisierungsprozess aufzuhalten, ist eine breit angelegte Bildung im Europäischen Sinn, die es ermöglicht, das individuelle Talent zu fördern, anstatt das Einheitsmodell »Führungskraft« zu produzieren.

Denn auch Führungskräfte lassen sich mit Marken vergleichen: Fehlt die Differenzierung, so ist auf lange Sicht kein Erfolg möglich.

7 WERTEORIENTIERUNG LOHNT SICH WIRKLICH

Bildung ist nur vermeintlich ein weicher Faktor – Werte und Bildung machen sich auch volkswirtschaftlich bezahlt und wirken sich messbar auf die nachhaltige Performance der Unternehmen aus:

Kreative unternehmerische Herangehensweisen und die Investition in Forschung und Innovation haben laut Berechnungen der OECD (Organisation for Education, Cooperation and Development) makroökonomische Ergebnisse zu Folge. Damit lässt sich ein klarer Zusammenhang nachweisen zwischen Bildung und gesamtwirtschaftlichem Wachstum. Verlängert sich die durchschnittliche Ausbildungsdauer qualitativ um ein Jahr, so steigt daraus resultierend das Pro-Kopf Einkommen um 4 bis 6 Prozent! Die Folgekosten unzureichender Bildung durch entgangenes Wirtschaftswachstums belaufen sich laut einer Studie der Bertelsmann Stiftung 2009 in Deutschland innerhalb einer Generation auf rund 2.800 Milliarden Euro. Damit ist klar ersichtlich, dass Bildung und Werte für Manager vor allem in Europa sowohl als unternehmerischer als auch volkswirtschaftlicher Sicht unverzichtbar sind.

Die Wertekommission bestätigt mir ihrer Führungskräftebefragung die Wichtigkeit einer multidimensionalen Herangehensweise im Geschäftsprozess: Für Manager sind Werte wie Vertrauen, Integrität und Verantwortung scheinbar eine Selbstverständlichkeit – selbst wenn bei Missachtung dieser Werte durch das Gegenüber für Geschäftsbeziehungen negative Konsequenzen drohen. So wurden rund 300 europäische Manager danach gefragt, welche Werte für sie persönlich wichtig sind. Ganz oben auf der Liste stand mit 62,7 Prozent »Vertrauen«, gefolgt von »Verantwortung« und »Integrität« – drei ganz zentrale Faktoren im Management.

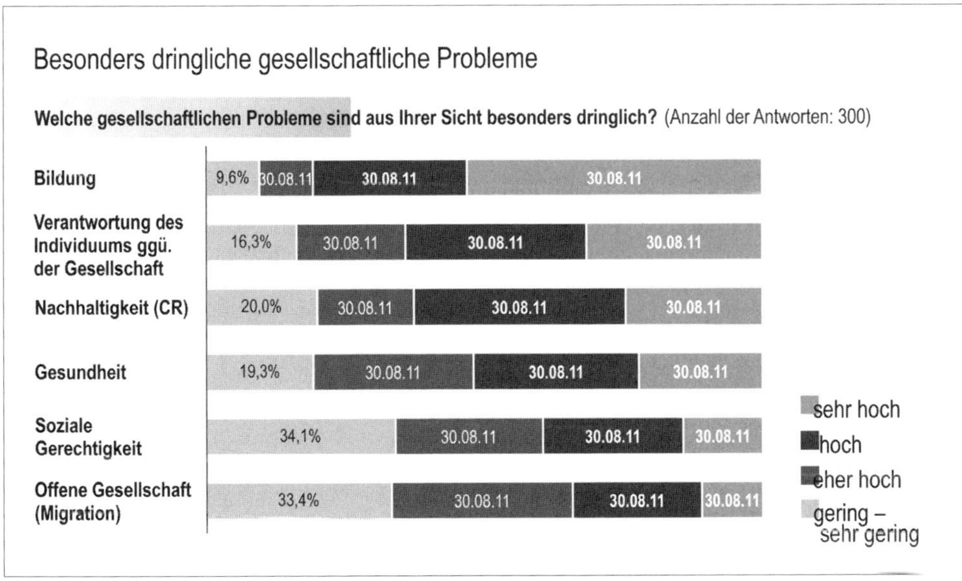

6 | Gesellschaftliche Probleme aus Sicht der Führungskräfte

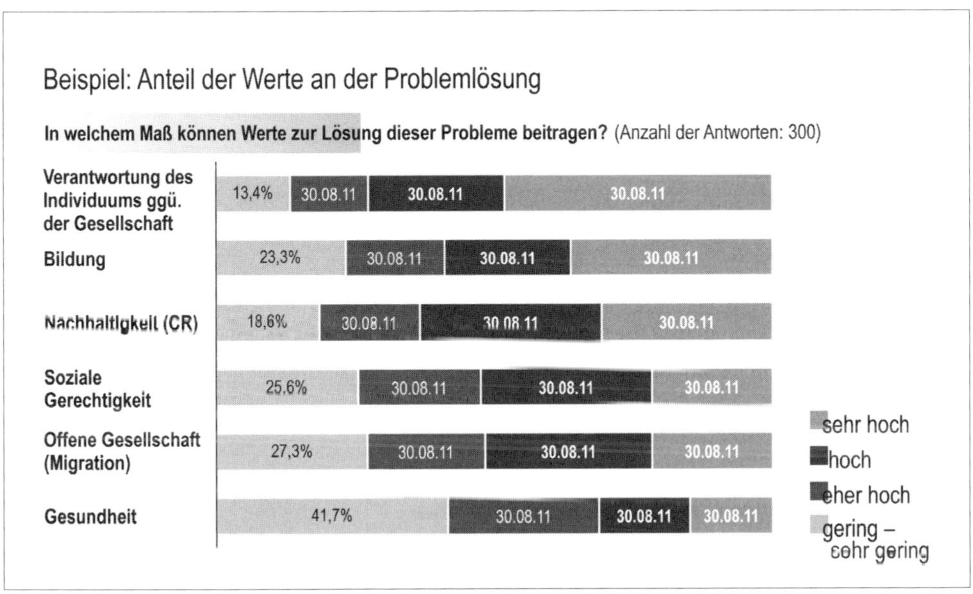

7 | Werte bieten die beste Lösungsbasis – ganz besonders bei der Schaffung und Verankerung von Verantwortungsbewusstsein

Selbst im Problemfall bleiben die Manager ihren Werten treu: Laut der Erhebung würden rund 75 Prozent eine Geschäftsbeziehung beenden, wenn es an gegenseitigem Respekt mangelt – auch wenn daraus finanzielle Nachteile fürs Geschäft entstehen, würden sich trotzdem rund die Hälfte aller Manager gegen eine solche Geschäftsbeziehung entscheiden. Verantwortung und eine starke Werteorientierung steht maßgeblich für das Europäische Management und beeinflusst unternehmerisches Handeln nachhaltig. Dieser verantwortungsbewusste Führungsstil macht ihre Unternehmen profitabler und stellt einen durchgängigen und nachhaltigen Erfolg des Managements sicher. Einige Beispiele aus der Beraterpraxis, wo sich moralisches Verhalten im Unternehmen unmittelbar rentiert:

1. **Stabilere Kundenbeziehungen**
   Auf Werte aufgebaute Geschäftsbeziehungen sind langfristig stabiler und damit nachhaltig ertragreicher.

2. **Bessere Marktkenntnis**
   Dort, wo der unmittelbare Kundenkontakt besteht und Geschäfte abgewickelt werden, ist das Wissen um die Erfolgsfaktoren des Unternehmens am größten.

3. **Mehr Innovation**
   Dezentrale Strukturen fördern Kreativität, weil unternehmerische Freiräume entstehen und zu einem natürlichen Wettbewerb um die besten Ideen führt.

4. **Höhere Flexibilität**
   Je kleiner, schlanker und eigenständiger Einheiten sind, desto schneller und flexibler passen sie sich an neue Rahmenbedingungen an oder fügen sich in neue strategische Lösungen ein.

5. **Mehr Motivation**
   Dezentrale Führung mobilisiert, weil durch unternehmerische Verantwortung Kräfte freigesetzt werden, die »eigene« Gewinn- und Verlustrechnung zählt am Ende doch mehr als abstrakte »Key Performance Indicators«.

Damit ist klar ersichtlich, dass die Fähigkeiten zur Deduktion zentraler Erfolgsfaktor der Manager und Führungskräfte von morgen ist, um den unternehmerischen Herausforderungen stand halten zu können. Diese Fähigkeit erlernen Manager in Europa schon alleine durch ihre Arbeit in unterschiedlichen Ländern, mit unterschiedlichen Kulturen und unterschiedlichen Sprachen. Für den Umgang mit der wachsenden Komplexität unserer Zeit ist diese Erfahrung unersetzlich. Damit zeigt sich, dass Europa in vielen zentralen Fragen der Unternehmensführung auf die richtigen Karten setzt, wenn es Diversität fördert und den Nachwuchstalente damit das einzig richtige Werkzeug an die Hand gibt, um in einer immer komplexer werdenden Welt durch klares Denken und souveränen Umgang zu brillieren. Oder um es mit den Worten eines englischen Schriftstellers und Mitbegründer der Mitbegründer der London School of Economics and Political Science (LSE) zu sagen: »Was wir brauchen, sind ein paar verrückte Leute; seht euch an, wohin uns die Normalen gebracht haben«.

ANHANG

LITERATUR

ROLAND BERGER STRATEGY CONSULTANTS, Top 3000, 2009.

ROLAND BERGER STRATEGY CONSULTANTS, CEO Survey, 2009.

MPI, Corporate Social Responsibility Survey, 2008, online unter: http://www.mpiweb.org/Libraries/Research_and_Reports/CSR_MPI_Survey_Summary_08.pdf

UNCTAD, World Investment Report 2007, online unter: http://www.unctad.org/en/docs/wir2007_en.pdf

GABLER VERLAG (Herausgeber), Gabler Wirtschaftslexikon, Stichwort: Unternehmensführung und Management, online unter: http://wirtschaftslexikon.gabler.de/Archiv/72017/unternehmensfuehrung-und-management-sachgebietstext-v9.html

SRIKANT M. DATAR, DAVID A. GARVIN, PATRICK G. CULLEN (Harvard University), Rethinking the MBA, Harvard Business School Press 2010.

WERTEKOMMISSION, Führungskräftebefragung, 2010.

BERTELSMANN STIFTUNG, Programm Folgekosten durch unzureichende Bildung, 2009, online unter: http://www.bertelsmann-stiftung.de/cps/rde/xchg/SID-6D096386-0CC8EAD0/bst/hs.xsl/nachrichten_98704.htm

ABBILDUNGEN

HANSJÖRG NEUBERT

KUNST UND ETHIK UNTERNEHMERISCHER FÜHRUNG

EINE SELBSTREFLEXIVE ANNÄHERUNG

INHALT

1 HINFÜHRUNG

I

Das Wort »Führung« nehmen wir leicht in den Mund. Um zu verstehen, wovon wir reden, bedarf es keiner großen Erläuterungen. Wir wissen, was gemeint ist, denn wir alle führen auf irgendeine Weise und werden auf irgendeine Weise wiederum geführt.

Wenn wir von *unternehmerischer* Führung sprechen, können wir ebenfalls auf ein breites Vorwissen zurückgreifen: Wir wissen intuitiv, was gute oder schlechte unternehmerische Führung ist, und wir könnten rasch eine Übereinkunft darüber erzielen, welche Eigenschaften eine erfolgreiche Führungspersönlichkeit haben müsste. Was kann man also über die Kunst des Führens noch viel Neues sagen?

Das Gleiche gilt für die *Ethik* des Führens. Auch hier hat man allenthalben ein reiches, zum Teil explizites, zum überwiegenden Teil jedoch intuitives Wissen über das, was man tun und lassen soll. Und das reicht im Allgemeinen für das alltägliche Führungsgeschäft aus. Also auch hier: Was kann man viel Neues sagen zum Thema *unternehmerische Führungsethik*?

Viel Neues ist es nicht, meine Damen und Herren, was ich im Folgenden entwickeln möchte, um so mehr, da ich mir vorgenommen habe, die Themen »Führung« und »Führungsethik« von ihren theoretischen Höhenflügen wieder auf den Boden des tagtäglichen Führungsgeschäftes herunterzuholen und an das alltägliche Wissen, ja, an das Allerweltswissen über Führung, anzuknüpfen. Das, was wir schon immer über Führung wissen, ist also in gewisser Weise das Thema meiner Überlegungen. Und doch hoffe ich, nachdenklicher zu machen und Anregungen zu geben, um das Alte und Altbekannt in einem neuen Lichte zu sehen[1].

II

Zunächst: Wenn ich von der Kunst des Führens spreche, setze ich mich scharf ab von dem die Managementtheorie und die meisten Managementschulungen prägenden technisch-strategischen Führungskonzept. Im technisch-strategischen Führungskonzept steht nicht das alltägliche, widersprüchliche und von menschlichen Vorlieben und Schwächen geprägte Führungsgeschäft im Mittelpunkt der Betrachtung, nicht die persönliche Klugheit und der soziale Takt in der Leitung

1 Siehe auch: »Nachdenken versus Trainieren. Überlegungen zu einer reflexiven Managementausbildung« und »Die Inszenierung von Führung. Zur vergessenen Dramaturgie des Managements«; beide Aufsätze erschienen in: H. Neubert, Die Dramaturgie reflexiven Lernens und die themenzentrierte Interaktion, Rheinfelden (Schäuble) 2000.

und Anleitung von Menschen, sondern ein stromlinienförmiges, primär von Rationalitätsgesichtspunkten geprägtes *Idealbild* von Führung, das sich zumeist reduziert auf zum Teil dubiose strategische Kompetenz- und Qualifikationskataloge, isolierte Einzelfertigkeiten – so genannte Skills – und scheinbar – ich betone scheinbar – allgemeingültige Führungstechniken. Die lebendige und für das tägliche Führungsgeschäft notwendige *Kunst* der Führung wird im technisch-strategischen Führungskonzept zur dürren *Technik* der Führung kleingearbeitet. Führung erscheint berechenbar, strategisch verfügbar, gleichsam »machbar«. Aber es ist eine Utopie der Machbarkeit, die sich jedoch gut verkauft. Denn landauf, landab propagieren viele Trainingsinstitute, man müsse nur empirisch operationalisierte Kompetenzkataloge und didaktisch aufbereitete Trainingsprogramme zur Verfügung haben, um die geforderten Führungskills zu erwerben. Und dies in dreieinhalb Tagen!

In Abhebung von diesem technischen, so ganz und gar praxisfernen Führungsverständnis möchte ich demgegenüber Führen wieder als *Kunst* begreifen, als kreatives, lebendiges, sowohl Augenmaß wie ein Stück weit auch Kampfeslust erforderndes gestalterisches Handeln, das mit strategischen Skills kaum erfasst werden kann, sondern höchst komplexe Reflexions- und Handlungsfähigkeiten, vor allem aber Kopf, Herz und Hand verlangt.

Doch was ist damit gewonnen? Dass Führen eine Kunst und keine Technik ist, dürfte in dieser Allgemeinheit noch keine allzu große Erkenntnis sein. Der »Praktiker« wusste dies immer schon. Es wird jedoch interessant, wenn wir uns fragen, welcher Art jene komplexen Reflexions- und Handlungsfähigkeiten sind, die für die Kunst des Führens wichtig, ja unabdingbar sind. Diese Frage beschäftigt mich im Rahmen von Führungskräfte-Schulungen nunmehr seit fast zwanzig Jahren und ich habe sie mir in immer neuen Versionen beantwortet. Wenn ich aus all jenen Versionen heute ein Fazit ziehe, dann scheint mir, dass es drei grundlegende Momente sind, die die Kunst des Führens entscheidend bestimmen:

- Autorität,
- Lebendigkeit,
- Dramaturgie.

Ich werde das in diesen drei Momenten zum Ausdruck kommende Führungsverständnis im Folgenden näher umreißen und die Konsequenzen für eine betriebliche Führungsethik deutlich machen.

ICH BEGINNE MIT DEM ERSTEN MOMENT:

2 AUTORITÄT

Die Kunst des Führens ist – Führen. Gestatten Sie mir diese tautologische Formulierung als gleichsam rhetorischen Paukenschlag. Aber es kann nicht laut genug gesagt werden: Führen ist Einfluss nehmen, Durchsetzen, Leiten und Anleiten, die Richtung vorgeben, Ziele festlegen, Wege bestimmen, Anforderungen stellen, Leistung einfordern. Dies alles geht nicht ohne Autorität. Denken Sie an gelingende Führung, in welchem Bereich auch immer. Es ist immer eine Autorität, die sagt, was geschehen soll, die etwas fordert und den Weg weist. Und auch von den Mitarbeitern wird nur derjenige als Führungsperson anerkannt und respektiert, der bereit ist, Einfluss zu nehmen, Ziele zu bestimmen und Entscheidungen zu fällen, der also Respekt und Autorität hat. Dieser enge Zusammenhang von Führung und Autorität wird schon sprachlich in der gängigen und in Wirtschaftskreisen üblichen Rede von der »Führungsautorität« deutlich.

Ohne Autorität keine Führung! Ich weiß, ich sage damit nicht viel Neues. Und doch: Beziehen Sie das Autoritätsthema einmal auf Ihre eigene Person. Erst unter dieser selbstreflexiven Perspektive gewinnt die schlichte Aussage »ohne Autorität keine Führung« eine interessante Dimension und könnte eine subtile biographische Nachdenklichkeit über den eigenen Führungsstil bewirken. Ich möchte hier einige Fragen stellen, die verdeutlichen, was ich meine. Dabei weise ich darauf hin, dass der persönliche Erkenntniswert dieser Fragen allein in gruppenspezifischen Reflexions-, Austausch- und Feedbackprozessen vertieft werden kann. Die vortragsmäßige Aufzählung dieser Fragen kann nicht mehr als die Richtung aufzeigen.

- Würde ich mich persönlich eher als eine starke oder als eine schwache Führungsautorität bezeichnen – und warum?
- Wenn jemand Sie fragen würde, worin Ihre Führungsautorität begründet ist – was würde Ihnen an persönlichen Verhaltensweisen, Haltungen, Formen des Auftritts usw. einfallen?
- Autorität und Durchsetzungsfähigkeit hängen eng zusammen. Wie würden Ihre Mitarbeiter Ihre Durchsetzungsfähigkeit beschreiben – eher kraftvoll und transparent oder eher zögernd und ängstlich?
- Was ist Ihre größte Führungsschwäche, wie äußert sie sich und vor allem in welchen Situationen?
- Führungsautorität bewegt sich im Spannungsfeld von menschlicher Souveränität, Durchsetzungsfähigkeit und Klarheit. Was sind die Facetten *meiner* Souveränität? Wie ist es um *meine* Ruhe und Durchsetzungsfähigkeit bestellt? Wie halte *ich* es mit dem klaren und eindeutigen Wort?

Mit diesen, hier nur knapp angedeuteten Fragen, die – wie gesagt – in gemeinsamen Austauschprozessen und Coachings auszuloten wären, gewinnt die zunächst schlichte und selbstverständliche Aussage »Ohne Autorität keine Führung« eine facettenreiche biographische Qualität und öffnet nicht nur den Blick für die subtilen Bedingungen gelingender Führung, sondern nötigt auch zu einer persönlichen und berufsbezogenen Reflexion über die Konturen des eigenen Autoritätsprofils. In solchen selbstreflexiven Annäherungen käme auch die mit dem Autoritätsthema verwobene persönliche *Leistungsmotivation* in den Blick, die jedem unternehmerischen Handeln und jeder unternehmerischen Führung eine so eigene Kraft, Zielorientierung und Beharrlichkeit vermittelt.

Beleuchten wir nun den mit dem Autoritätsthema verbundenen ethischen Aspekt, soweit er im Rahmen einer das alltägliche betriebliche Handeln anleitenden Unternehmens- und Führungsethik von Bedeutung ist. Hier stellt sich vor allem die Frage, wie verhindert werden kann, dass die für die Kunst des Führens notwendige Autorität mit allen ihren Facetten und situationsspezifischen Ausprägungen nicht umschlägt in autoritäre Verhaltensweisen und in alle jene Fehlformen von Autorität wie: dominantes Gehabe, Rechthaberei, Despotismus, Unnahbarkeit, Kommando-Ton, Abkanzlung und was dergleichen Fehlformen auch immer sein mögen, die tagtäglich Ärger und Leid in den betrieblichen Alltag bringen. »In unserem Blute liegt... die Sehnsucht nach dem Machtrausch und unsere Seelen sind Spielbälle der Herrschsucht«[2]. So drückt es Alfred Adler aus, der sich im Rahmen seiner Individualpsychologie mit solchen Fehlformen von Autorität beschäftigt hat.

Zweifellos ist es nicht möglich, Fehlformen von Autorität zu verhindern. Die Geschichte der Menschheit ist eine Leidensgeschichte von Autoritätsübergriffen und autoritären Machtausübungen. Und in jedem Unternehmen spielen sich in dieser Hinsicht tagtäglich kleine Tragödien ab. Aber die resignative Haltung »Man kann ohnehin nichts tun« führt nicht weiter. Ich möchte daher kurz und eher wieder für die kritische Selbstprüfung drei Aspekte andeuten, die im Blick auf eine betriebliche Alltagsethik, wenn auch nicht hinreichende, so doch notwendige Bedingungen angeben könnten, an denen sich die Güte und moralische Integrität einer Führungsautorität bemessen lassen.

1. **Professionalität,**
   d. h. die Autorität muss sich jederzeit durch Wissen und Können ausweisen und in der Überzeugungskraft des besseren Arguments gründen.

2. **Verantwortung,**
   d. h. die Autorität muss sich jederzeit verantwortungsethisch legitimieren können und in der Sorge um das Wohl des Unternehmens und seiner Mitarbeiter begründet sein.

3. **Vertrauen,**
   d. h. die Autorität muss sich jederzeit durch das Vertrauen und die Akzeptanz der Mitarbeiter und Kollegen legitimieren können.

Die genannten drei Aspekte – so komplex sie auch immer sein mögen – stellen ethische Grundpostulate dar, welche die für die Kunst des Führens notwendige Autorität, in Grenzen zumindest, vor Fehlhaltungen bewahren. Aber die Selbstprüfung reicht nicht aus. Die Wahrnehmung der eigenen Person ist immer parteiisch und die persönlichen Legenslügen sind schnell bei der Hand. Die moralische Integrität bedarf daher der kommunikativen Absicherung. Das heißt, die Führungsautorität hat eine Dialog- und Kommunikationspflicht und die genannten drei Postulate, also Professionalität, Verantwortung und Vertrauen, müssen im alltäglichen Umgang, im regelmäßigen Austausch und Gespräch mit den Mitarbeitern immer wieder abgeprüft und neu bestimmt werden. Allein im Kontakt mit den Mitarbeitern, im Anleiten und auch im Nachgeben, im Widerstand wie auch im Eingeständnis gewinnt die Autorität ihre Konturen, erfährt aber zugleich auch ihre Grenzen und kommunikationsschädigende Fehlformen.

Über diese Konturen und Fehlformen von Autorität kann man nachdenken. Es ist der erste Schritt, um das Thema Autorität mit den eigenen lebensgeschichtlichen und beruflichen Erfahrungen anzureichern, den eigenen Ausdrucksformen und persönlichen Nuancen von Autorität nachzuforschen, aber auch die eigenen Defizite und Schwachstellen zu erkennen. Solche Einsichten sind aber nicht in simplen skill-orientierten Trainings zu gewinnen, sondern setzen höchst subtile persönlichkeits- und verhaltensorientierte Lern- und Einübungsprozesse voraus.

ICH KOMME ZUM ZWEITEN MOMENT:

3 LEBENDIGKEIT

Die Kunst des Führens ist die Kunst der Lebendigkeit. Führen ist Begeistern, Beleben, Faszinieren, Ausstrahlen, Animieren, Werben für seine Ziele und sich selbst. Dies klingt überzogen, ein wenig weltfremd und idealisierend, betrachtet man den konkreten, von Routinen und eintönigen Verrichtungen geprägten betrieblichen Führungsalltag. Gleichwohl gehe ich nicht davon ab. Je länger ich das Handeln von Führungskräften studiere und nach den entscheidenden Knotenpunkten betrieblicher Führung suche, um so wichtiger erscheint mir genau dieses Pathos der Lebendigkeit, das der Führung ihre Dichte und Überzeugungskraft gibt.

Die Führungskraft sollte Meister in der Kunst der Lebendigkeit sein! Echtheit und Authentizität der Person sind hier gleichermaßen wichtig wie das Engagement am Menschen und an der Sache. Es bedarf hier der Nüchternheit und Klugheit genauso wie der Begeisterungsfähigkeit und der persönlichen Ausstrahlungskraft. Und es bedarf, bei aller persönlichen Lebendigkeit, *auch* der für die Kunst des Führens gebotenen Distanz.

2 A. Adler, »Bolschewismus und Seelenkunde«, in: ders, Psychotherapie und Erziehung. Ausgewählte Aufsätze, Frankfurt a. M. 1982, S. 27.

Stoßen wir hier nicht auf zutiefst charismatische Dimensionen menschlicher Führung? Die Frage ist schwer zu beantworten. Aber ich meine, Lebendigkeit lässt sich – genau wie Autorität – in bestimmten Grenzen erlernen. »Nichts Großes in der Welt ist ohne Leidenschaft vollbracht worden«, so steht es in der kleinen Schrift »Krankheiten des Kopfes« von Immanuel Kant.[3] Die *leidenschaftliche* Führungspersönlichkeit – und was wären Gesellschaft und Wirtschaft ohne sie! – dies ist sicher Charisma. Dies kann man nicht lernen. Aber *Lebendigkeit* wäre ein Mittelweg, über den nachzudenken sich lohnt und den man in bestimmten Grenzen erlernen kann. Man kann über Lebendigkeit nachdenken, sich ihre Bedeutung für die unternehmerische Führung bewusst machen und in selbstreflexiver Absicht Konturen der eigenen Lebendigkeit und des eigenen, mehr oder weniger lebendigen Führungsstils herausfinden. Man kann lernen, im alltäglichen Umgang auf mehr Lebendigkeit zu achten, um gegenüber den Mitarbeitern zupackender, kraftvoller, begeisterungsfähiger zu erscheinen. Und man kann sich schließlich um mehr Lebendigkeit bemühen, diese in gewisser Weise auch einüben.

Auch hier möchte ich einige selbstreflexive Fragen stellen, die das Moment »Lebendigkeit« persönlich und biographisch etwas präzisieren könnten.

- Habe ich einen lebendigen und aufgeschlossenen Führungsstil, der meine Mitarbeiter anspricht und überzeugt?
- Wie würde ich meine eigene Lebendigkeit charakterisieren – welche persönlichen Eigenschaften, welche Bilder fallen mir ein?
- Welche Facetten und Nuancen von Lebendigkeit sind für mich typisch? Zum Beispiel Begeisterungsfähigkeit, Ausstrahlungskraft, Natürlichkeit, Offenheit, Fröhlichkeit, die Fähigkeit, schwierige Situationen zu entspannen, die Fähigkeit, Menschen zu stärken und ihnen Mut zu machen?
- Wie bringe ich meine Lebendigkeit ins Spiel? Wie mache ich meine Lebendigkeit für den anderen erfahrbar?
- Bin ich präsent, zugewandt, achtsam für Menschen und Situationen?
- Wie schütze ich meine Lebendigkeit in der Hektik des alltäglichen Führungsgeschäfts?
- Was sind die Quellen meiner Lebendigkeit und meiner Kraft?

Was bedeutet nun die für die Kunst der Führung notwendige Lebendigkeit für die alltägliche betriebliche Führungsethik? Wie empirische Untersuchungen aufweisen, verbringt die Führungskraft im Unternehmen drei Viertel der Zeit in informellen Kontakten[4]. Diese informellen Kontakte, gleichsam die Gespräche »zwischen Tür und Angel«, die so entscheidend sind für die Atmosphäre und die Kultur eines Unternehmens, gelingen oder scheitern in dem Maß, wie die Führungskräfte die Kunst der Lebendigkeit beherrschen und – nun alltagsethisch gewendet – in subtile Formen des *freundlichen Umgangs* kleiden: zum Beispiel Zuhören, höflich sein, Situationen entkrampfen, Helfen, Scherzen, Anerkennen, Loben, Necken, Respekt, Anstand, Takt und nicht zuletzt auch Fröhlichkeit und Anteilnahme. Die Palette ist beliebig zu verlängern und jeder, der im Führungsgeschäft steht, weiß, wie wichtig diese Formen des freundlichen Umgangs sind – und dass sie täglich immer neu und in anderen Varianten ins Spiel gebracht werden müssen. Ihre Funktion besteht einmal darin, die im Führungsprozess unvermeidlich auftretenden Störungen und Konflikte zu entschärfen und von potenziell kommunikationsschädigenden Auswirkungen zu befreien; zum anderen die affektiven Bedürfnisse der Mitarbeiter und Kollegen zu befriedigen und auf diese Weise das betriebliche Geschehen aufzulockern. Insofern haben diese Formen des freundlichen Umgangs maßgeblichen Anteil am Zustandekommen und an der Verwirklichung eines guten Betriebsklimas.

Am Ende seines Lebens sagte der Schriftsteller und Philosoph Aldous Huxley folgendes: »Peinlich, peinlich: Da hat man sich sein Leben lang mit den Grundfragen des Menschseins herumgeschlagen und hat am Ende nicht mehr an Ratschlägen zu bieten als: »Versucht ein bisschen freundlicher zu sein.«[5] Wenn die Führungskräfte in ihrem alltäglichen Führungsgeschäft diesen Ratschlag beherzigen und die Kunst des freundlichen Umgangs beachten würden, dann wäre mehr für die Unternehmenskultur getan als durch die vielen, zum Teil doch sehr abgehobenen Diskussionen über moralische Urteils- und Handlungskompetenzen von Führungskräften im Rahmen der Unternehmensethik. Überhaupt scheinen mir die Diskussionen um die Unternehmensethik reichlich abstrakt und wenig auf das tagtägliche Führungsgeschäft bezogen.

ICH KOMME ZUM LETZTEN MOMENT:

4 DRAMATURGIE

Führen vollzieht sich nicht im abgeschlossenen Raum, sondern ist öffentliches Handeln, ist auf Außenwirkungen angelegt. Menschen sollen angesprochen, zu etwas motiviert, für etwas begeistert werden. Autorität und Lebendigkeit sind hierfür zwar unabdingbar, sie können aber nur dann ihre Wirksamkeit entfalten, wenn sie sinnlich erfahrbar werden, d. h. – um an die bisherigen Überlegungen anzuknüpfen – wenn Autorität nach außen deutlich erkennbar und als solche erlebt wird bzw. wenn Lebendigkeit gespürt und als solche auch erfahren wird. Mit anderen Worten: Führung muss sich immer auch als Führung präsentieren, sich entsprechend darstellen und in Szene setzen. Die Kunst des Führens erfordert also eine gleichsam publikumswirksame Dramaturgie mit adäquaten Ausdrucksformen, entsprechendem Auftritt und darstellerischen Gesten. Allein die gekonnte Dramaturgie gewährleistet emotionale und atmosphärische Dichte, die anrührt und etwas in Bewegung setzt.

3 I. Kant, »Krankheiten des Kopfes«, in: Kants gesammelte Schriften, hrsg. von der Königlich-Preußischen Akademie der Wissenschaften, Berlin 1902 ff., Bd. II, S. 267.

4 J. P. Kotter, »What Effective General Managers Really Do?«, in: Harvard Business Review 1982.

5 A. Huxley, »Gott ist.«. Essays, Bern u. a. 1993.

»Der Mensch ist nur zur Hälfte er selbst, die andere Hälfte ist seine Ausdruckskraft.«[6] Dieser Satz des amerikanischen Philosophen Ralph Waldo Emerson besagt in knappen Worten, worum es hier geht. Führung ist eben kein einfaches strategisches und primär zielorientiertes Handeln, sondern ein symbolisch vermitteltes dramaturgisches Handeln, das anstecken, überzeugen, etwas bewegen will. Ein solches Handeln erfordert Darstellungsvermögen, Stil, Ausdruckskraft, ja, in gewisser Weise die Fähigkeit zur Inszenierung der eigenen Person und der Sache. Allein in jenen Inszenierungen wird Führung sinnlich erfahrbar: Sie symbolisieren, wer »das Sagen« hat, befriedigen Orientierungs- und Sicherheitsbedürfnisse und garantieren Solidarität und Anhängerschaft. Ist die Inszenierung gelungen, dann vermittelt sie der Führungskraft eine Aura des Exzellenten, des Könners: Man ist eben nicht mehr eine unter vielen, sondern diejenige, auf die es ankommt und die es schon richtig machen wird.

Die Palette möglicher Inszenierungen der eigenen Führungsautorität – insbesondere der Vorgesetztenrolle – ist höchst bunt und viele Führungskräfte entwickeln hier intuitiv einen schier unglaublichen Einfallsreichtum und große darstellerische Phantasie – leider oft auch im negativen Sinne. Die so genannte Impression-Management-Theorie[7] hat hier empirische Arbeit geleistet und die wichtigsten Führungsinszenierungen und Selbstdarstellungen erforscht. Liest man die Ergebnisse dieser Forschungen, dann ist man manchmal geneigt, von einer Commedia dell' Arte im Unternehmen zu sprechen. Doch wir brauchen nicht die Impression-Management-Theorie zu bemühen. Denn jeder kann eigene Geschichten erzählen über die Tag für Tag in den Betrieben stattfindenden, manchmal gelungenen, manchmal aber auch kläglichen Führungsinszenierungen. Es wäre im Nachdenken über die Dramaturgie der Führung legitim und vor allem reizvoll, solche Geschichten zu erzählen, denn in jenen Geschichten wird die Führungskultur eines Unternehmens in besonderer Weise sinnfällig und konkret.

Ich möchte wiederum einige für die Selbstreflexion exemplarische Fragen stellen, die, bezogen auf die Dramaturgie der Führung, die eigenen Konturen aufzeigen könnten und im Nachdenken über die Kunst der Führung beantwortet werden müssten.

- Wie trete ich als Führungskraft auf? Entsprechen mein Auftritt und mein Verhalten den Vorstellungen der Kollegen und Mitarbeiter?
- Beherrsche ich die Dramaturgie des öffentlichen Auftritts? Wie kommuniziere ich unternehmerische Strategien und unternehmerische Qualität? Was sind *meine* Formen der Darstellung und Selbstdarstellung?
- Mit Hilfe welcher Symbole, Ausdrucks- und Redeweisen und in welchen Nuancen demonstriere ich meine Führungsautorität und meine Lebendigkeit?
- Was ist an meinen führungsrelevanten Darstellungen und Demonstrationen gekünstelt, was ist echt?
- Welche gleichsam »dramaturgischen« Grundmuster und Haltungen sind typisch für mein Führungsverhalten? Bin ich ruhig, ausgleichend, entspannend, kollegial oder hektisch, humorlos, nörgelnd, antreiberisch – und wie bringe ich dies zum Ausdruck?

Werfen wir noch einen abschließenden Blick auf die aus dem Dramaturgie-Konzept folgenden Konsequenzen für eine betriebliche Führungsethik. Dazu möchte ich *eine* Darstellungs- und Präsentationsform herausgreifen, die für die Kunst des Führens von großer Bedeutung ist: die Stilisierung. Bei der Stilisierung werden relevante und den eigenen Führungsstil prägende Merkmalseigenschaften verdichtet und in gesteigerter Form inszeniert, um Autorität, Professionalität, Originalität, Beliebtheit, Lebendigkeit usw. zu präsentieren und nach außen darzustellen. Was beim Menschen ankommt und was wirkt ist immer der *Stil*. In seiner Schrift »Die fröhliche Wissenschaft« hat es Nietzsche in einem anderen Zusammenhang so formuliert: »Eins ist Noth. Seinem Charakter ›Stil‹ geben – eine große und seltene Kunst.«[8]

Die gelungene Stilisierung unternehmerischer Führung, in unserem Fall also von Autorität und Lebendigkeit, ist zweifellos eine dramaturgische Leistung. Sie erfordert situatives Gespür, sozialen Takt, Fingerspitzengefühl, Sinn für Angemessenheit, Authentizität, Stilgefühl, ja, auch ein wenig dramaturgische Lust. Hier aber beginnen die Probleme: Denn eine nahe liegende Gefahr von Stilisierungshandlungen – und hier berühren wir wieder die führungsethische Frage – ist die Stilisierung *ohne* Stil. Die dramaturgische Verdichtung, die von einer gekonnten und gelungenen Stilisierung des Führungsverhaltens ausgeht, wird zur eitlen Selbstdarstellung, wenn ihr nicht eine zutiefst persönliche Note, vor allem Wahrhaftigkeit, Authentizität und sozialer Takt, zugrunde liegen. Ohne diese Grundpfeiler menschlicher Führung, ja, jeden mitmenschlichen Umgangs überhaupt, verkommt jede Stilisierung zur *Stillosigkeit*. Autorität wird zum Imponiergehabe und Lebendigkeit wird zur Anbiederung. Hier ist aber kein Raum mehr für ein Ethos des Führens.

III

Ich möchte meine Ausführungen schließen und zusammenfassen. Die hier vorgetragenen Überlegungen versuchten, die von der alltäglichen betrieblichen Praxis zum Teil sehr abgehobenen Theorien zur unternehmerischen Führung und zur Führungsethik auf einige wichtige und für den betrieblichen Alltag grundlegende Aspekte zu verdichten. Es ging mir dabei nicht um die große Führungstheorie, sondern um den eher mikroskopischen Blick auf versteckte Details, auf die mitgängigen, etwas verborgenen und daher oft auch vergessenen Selbstverständlichkeiten gelingender Führung. Autorität, Lebendigkeit und Dramaturgie – dies scheinen mir gleichsam die Chiffren zu sein, mit denen die Kunst und Ethik unternehmerischer Führung umschrieben werden kann. Es kommt darauf an, diese Chiffren mit Phantasie, Klugheit und unternehmerischem Geist zu füllen.

6 R. W. Emerson, zitiert nach W. Bennis, »Führen lernen«, Frankfurt/Main u.a. 1990, S. 13.
7 H. D. Mummendey, »Psychologie der Selbstdarstellung«, Göttingen 1990, S. 141 ff.
8 F. Nietzsche, »Die fröhliche Wissenschaft« in: G. Colli u.a. (hg.) Kritische Studienausgabe. Bd. 3, München 1988, S. 530.

HELMUT HAUSSMANN | DAVID RYGL

WACHSTUM MITTELSTÄNDISCHER WELTMARKTFÜHRER IN DIE BRIC-STAATEN

RELEVANZ, STRATEGIEN UND ZUKÜNFTIGE HERAUSFORDERUNGEN

INHALT

1 PROBLEMSTELLUNG, ZIELSETZUNGEN UND AUFBAU DES BEITRAGS

Mittelständische Unternehmungen in Deutschland lassen sich im Hinblick auf ihren Internationalisierungsgrad in zwei Kategorien einteilen. Während die überwiegende Mehrzahl der KMUs international kaum aktiv ist, gibt es eine überschaubare, jedoch sehr bedeutsame Gruppe von Unternehmungen, die nicht nur einen sehr hohen Internationalisierungsgrad aufweist, sondern dabei auch sehr erfolgreich ist. Diese mittelständischen Weltmarktführer (MWFs) zeichnen sich durch eine besonders erfolgreiche Stellung im Weltmarkt, vor allem aber auch auf dem europäischen Markt aus. Zumeist belegen sie in ihrer speziellen Branche oder Marktnische einen der ersten drei Plätze, wobei diese Marktstellung über Jahre hinweg gehalten und weiter ausgebaut wurde (vgl. Haussmann / Rygl 2003). Trotz ihres großen Erfolgs werden die meisten MWFs von der Öffentlichkeit kaum wahrgenommen und agieren oft bewusst im Verborgenen. Die Kernkompetenzen werden – der eigentümerorientierten und standorttreuen Unternehmungskultur entsprechend – überwiegend im Stammhaus gebündelt, und die Unternehmungsstrategie ist durch ein antizyklisches Verhalten geprägt. Den Fokus bei den meisten MWFs bildet die Entwicklung einer technologisch überlegenen Leistung, die den Kunden einen wirklichen Mehrwert verschafft.

Nachdem zunächst die Nachbarländer und andere westliche Industrieländer mit ähnlichen rechtlichen, ökonomischen und kulturellen Rahmenbedingungen im Fokus der internationalen Aktivitäten von MWFs standen, rücken im Zuge der Globalisierung häufig auch weiter entfernte Länder in den Blickpunkt. Eine besondere Bedeutung kommt dabei den vier BRIC-Staaten Brasilien, Russland, Indien und China zu, die vor allem aufgrund ihrer Marktpotenziale und Kostenstrukturen interessante Standorte und Absatzmärkte darstellen. Die Größe dieser Märkte, das schnelle Wachstum sowie die großen kulturellen Unterschiede stellen MWFs dabei vor zahlreiche Probleme, die etwa die einfache Übertragung von in anderen Ländern erfolgreichen Strategien unmöglich machen. Zudem ist die Rechtssicherheit dort vielfach geringer, was den Schutz intellektueller Eigentumsrechte erschwert. Diesen Herausforderungen der BRIC-Staaten müssen MWFs mit deutlich geringeren personellen und finanziellen Ressourcen begegnen als große Multinationale Unternehmungen (MNUs).

Bislang existieren zwar mehrere Studien und Beiträge, die sich mit dem Internationalisierungsverhalten mittelständischer Unternehmungen und den dabei auftretenden Risiken beschäftigen (vgl. z. B. Kutschker 1992; Hering / Pförtsch / Wordelmann 2001; Kabst 2004; Krüger et al. 2006; Abel / Bass / Ernst-Siebert 2006; Beschorner / Stehr 2007), diese sind jedoch selten an den aufstrebenden Schwellenländern orientiert. Zudem fehlen weitgehend Studien, die spezifisch die Internationalisierungsstrategien von MWFs analysieren. Zwar wird dieser Unternehmungstyp von Simon (2007) umfassend portraitiert, deren Internationalisierungsverhalten wird nicht vertiefend analysiert.

Das Ziel dieses Beitrags besteht deshalb darin, die Markteintrittsmotive und Marktbearbeitungsstrategien von MWFs in den BRIC-Staaten zu analysieren. Im Mittelpunkt der Untersuchung stehen die folgenden Fragen:

1. Welche Bedeutung messen MWFs den BRIC-Staaten gegenwärtig und zukünftig bei?

2. Welche Motive sind für den Eintritt in die BRIC-Staaten bedeutsam?

3. Welche Wertaktivitäten werden in den BRIC-Staaten durchgeführt?

4. Welchen zentralen Herausforderungen sehen sich MWFs in den BRIC-Staaten gegenüber?

Zur Beantwortung dieser Fragen wurden persönliche Gespräche mit den Eigentümern bzw. Geschäftsführern von 157 MWFs geführt. Dieser einzigartige Zugang zu den höchsten Entscheidungsträgern sichert eine hohe Reliabilität der Ergebnisse und ermöglicht die Analyse des Internationalisierungsverhaltens von Unternehmungen, die sonst nur selten im Blickpunkt der Forschung stehen.

Im Folgenden wird zunächst die strategische Bedeutung der BRIC-Staaten für MWFs skizziert. Daran schließt sich die Erläuterung des Untersuchungsdesigns an. Im Mittelpunkt des vierten Abschnitts steht die Analyse der Markteintrittsmotive und Marktbearbeitungsstrategien von MWFs in den BRIC-Staaten. Danach werden die größten zukünftigen Herausforderungen dargestellt. Der Beitrag schließt mit einer Zusammenfassung und der Ableitung von Schlussfolgerungen.

2 STRATEGISCHE BEDEUTUNG DER BRIC-STAATEN FÜR MITTELSTÄNDISCHE WELTMARKFÜHRER

2.1 DIE BRIC-STAATEN

Die BRIC-Staaten sind insbesondere durch eine Studie der Investmentbank Goldman & Sachs in den Blickpunkt der Öffentlichkeit gelangt (vgl. O'Neill 2004). Danach machen diese zwar gegenwärtig lediglich 15% des Bruttoinlandsprodukts (BIP) der G7-Staaten (USA, Japan, Deutschland, Frankreich, Großbritannien, Italien und Kanada) aus, dieser Anteil wird in weniger als 25 Jahren jedoch bis auf 50% steigen. In 40 Jahren wird die Wirtschaftskraft der BRIC-Staaten nach dieser Studie diejenige der G7-Staaten überholt haben. 2050 werden vier der sechs größten Volkswirtschaften der

Welt BRIC-Staaten sein (vgl. Wilson/Purushothaman 2006). Von den derzeitigen G7-Staaten werden demnach im Jahr 2050 nur noch die USA und Japan ein BIP erreichen, das dem jeweiligen BIP der einzelnen BRIC-Staaten entspricht (vgl. Urmoneit/Heß 2006).

Die nachfolgende Abbildung 1 zeigt die größten Wirtschaftsnationen gemessen am BIP in Mrd. US-Dollar für das Jahr 2050.

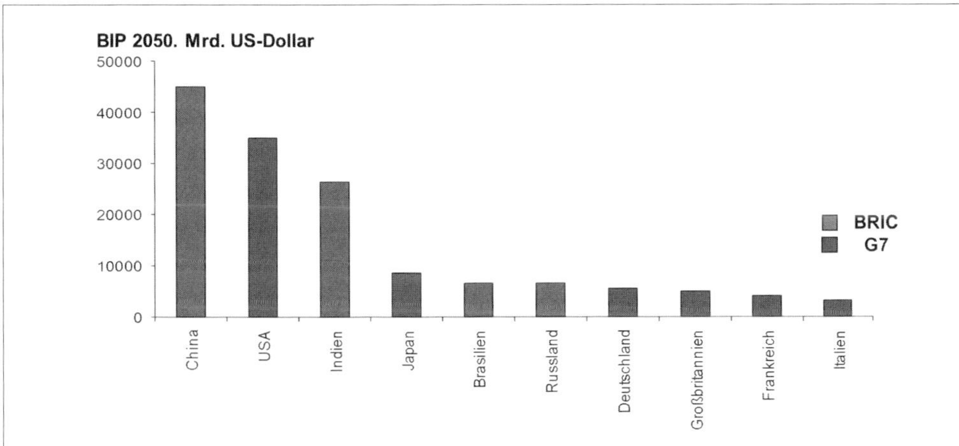

1 | Die größten Wirtschaftsnationen im Jahr 2050

Da die BRIC-Staaten in Bezug auf das Pro-Kopf-Einkommen den G7-Staaten noch für einen längeren Zeitraum unterlegen sein werden, werden die größten Wirtschaftsnationen (gemessen am BIP) der Zukunft nicht mehr länger auch die wohlhabendsten (gemessen am Pro-Kopf-Einkommen) sein. Damit sind zahlreiche Auswirkungen auf das Nachfrageverhalten verbunden. So weisen die BRIC-Staaten bislang noch eine relativ kleine kaufkräftige Mittelschicht auf, die Produkte ausländischer Unternehmungen nachfragt. Die absolute Größe dieser Mittelschicht ist jedoch beachtlich. In Indien wird diese gegenwärtig auf rund 300 Mio. Menschen geschätzt (vgl. Holtbrügge/Friedmann 2011, S. 7). Dies entspricht etwa der gesamten Einwohnerzahl der Europäischen Union. Insgesamt leben in den BRIC-Staaten rund 2,8 Mrd. Menschen, von denen rund eine Mrd. bereits heute Produkte ausländischer Unternehmungen nachfragen.

Verbunden damit sind für ausländische Unternehmungen sehr attraktive Kostenstrukturen. In China liegen die Durchschnittslöhne je nach Region und Branche nur bei rund 5–10% des Niveaus in Deutschland, was vor allem die Verlagerung arbeitsintensiver Wertaktivitäten in dieses Land attraktiv macht. Auch in Indien werden günstige Kostenstrukturen und ein sehr hohes Ausbildungsniveau von vielen westlichen Unternehmungen zum Anlass genommen, ihre Wertaktivitäten in diese Region zu verlagern. Im IT-Sektor profitiert das Land etwa davon, dass nirgendwo außerhalb der USA mehr Menschen Englisch sprechen und eine qualifizierte IT-Ausbildung aufweisen als in Indien. Die steigende Nachfrage westlicher Unternehmungen nach unterstützenden Dienstleistungen in der Hard- und Software-Produktion, im Verlags- und Gesundheitswesen sowie bei Call-Centern führen zu einer rasanten Entwicklung des Dienstleistungssektors in Indien und einem wachsenden Umfang von dorthin ausgelagerten Geschäftsprozessen (Business Process Outsourcing) (vgl. Holtbrügge / Holzmüller / v. Wangenheim 2007).

Ein drittes wichtiges Merkmal der BRIC-Staaten sind die Beschaffungsmöglichkeiten. China ist bereits heute in vielen Industriezweigen die »Fabrik der Welt« (Holtbrügge / Puck 2008a, S. 129), während Indien immer mehr zum »Labor der Welt« wird (Rygl 2008, S. 117). Russland und Brasilien zählen wiederum zu den rohstoff- und energiereichsten Ländern der Welt (vgl. Kutschker / Schmid 2008, S. 394). Allein die Erdöl- und Gasvorkommen in Russland und Brasilien werden auf knapp 40% der weltweiten Erdöl- und Gasreserven geschätzt. Darüber hinaus sind die BRIC-Staaten für knapp 65% des weltweiten Eisenerzabbaus verantwortlich und zählen zu den weltweit wichtigsten Produzenten von Roheisen.

2.2 CHARAKTERISTIKA MITTELSTÄNDISCHER WELTMARKTFÜHRER

Bevor die Internationalisierungsstrategien von MWFs in den BRIC-Staaten genauer betrachtet werden, erscheint eine Abgrenzung dieses Unternehmungstyps sinnvoll (vgl. Haussmann et al. 2006, S. 9 ff.). Insbesondere ist zu erörtern, welche Merkmale MWFs einerseits von kleinen und mittleren Unternehmungen (KMUs) und andererseits von Großunternehmungen unterscheiden.

Allgemein können Unternehmungen anhand ihrer Rechtsform abgegrenzt werden. Dadurch können zwar alle am Wirtschaftsgeschehen beteiligten Akteure klassifiziert werden, die Aussagekraft dieser Unterscheidung beschränkt sich im Wesentlichen jedoch auf steuerrechtliche und finanzielle Aspekte sowie die Ableitung von Haftungsobergrenzen. Die tatsächliche Aussage über die Größe der Unternehmungen oder ihre Stellung im Wettbewerb wird dagegen nicht direkt offen gelegt. Der sehr allgemeine Charakter dieser Abgrenzung lässt zudem keine brauchbaren Schlüsse auf eine sinnvolle Abgrenzung von MWFs zu. Deshalb werden andere Klassifikationsmerkmale benötigt.

Häufig wird auf quantitative Merkmale wie Jahresumsatz und Mitarbeiterzahl zurückgegriffen (vgl. Günterberg / Wolter 2002, S. 2). Obwohl eine Unternehmungsklassifikation nach quantitativen Aspekten vor allem dazu dient, mittelständische Unternehmungen von Großunternehmungen abzugrenzen und auszudifferenzieren, erleichtert eine genaue Kenntnis der quantitativen Abgrenzungsmerkmale auch eine entsprechende Verortung von MWFs. Die EU-Kommission hat 2003 eine Empfehlung zur Abgrenzung von KMUs abgegeben, die folgende Richtwerte enthält:

- Die Größenklasse der Kleinstunternehmungen sowie der KMUs setzt sich aus Unternehmungen zusammen, die weniger als 250 Personen beschäftigen und die entweder einen Jahresumsatz von höchstens 50 Mio. € erzielen oder deren Jahresbilanzsumme sich auf höchstens 43 Mio. € beläuft.
- Innerhalb der Kategorie der KMUs wird eine kleine Unternehmung als eine Unternehmung definiert, die weniger als 50 Personen beschäftigt und deren Jahresumsatz bzw. Jahresbilanz 10 Mio. € nicht übersteigt.
- Innerhalb der Kategorie der KMUs wird eine Kleinstunternehmung als eine Unternehmung definiert, die weniger als 10 Personen beschäftigt und deren Jahresumsatz bzw. Jahresbilanz 2 Mio. € nicht überschreitet.

Weitere Definitionen sind vom Institut für Mittelstandsforschung in Bonn (IfM) vorgelegt worden, das 10–499 Beschäftigte als Abgrenzung für mittelständische Unternehmungen nennt, sowie vom Institut für Wirtschaftsforschung in Hamburg (HWWA), das mit 20–999 Beschäftigten eine noch größere Bandbreite festlegt.

Versucht man MWFs anhand dieser Vorgaben abzugrenzen, ergeben sich zwei Probleme. Einerseits hat bereits Simon (1996) festgestellt, dass die von ihm untersuchten MWFs einen Jahresumsatz von teilweise über 750 Mio. € erzielen und bei einer quantitativen Betrachtung somit eigentlich als Großunternehmungen gelten würden. Andererseits unterscheiden sich MWFs durch andere elementare Charakteristika wie der Eigentumsstruktur oder dem Führungsstil erheblich von Großunternehmungen. MWFs bilden somit eine Zwischenklasse in den vorhandenen quantitativen Klassifikationen und »are not easily identifiable by clear cut criteria« (OECD 2003).

Zusätzlich zu quantitativen Bestimmungsgrößen sind deshalb qualitative Kriterien für die Abgrenzung von MWFs notwendig (vgl. Daschmann 1994; Pfohl 1997, S. 19 ff.). Dem qualitativen Ansatz liegt die Annahme zugrunde, dass für MWFs andere betriebswirtschaftliche Prinzipien gelten als für Großunternehmungen: »A small business (is) not a little big business« (Welsh/White 1980, S. 25). Die Tatsache, dass der Mittelstand und somit auch MWFs nicht primär durch Größenindikatoren definiert werden sollten, formulierte Ludwig Erhard schon 1956: »Wenn wir Mittelstand nur vom Materiellen her begreifen, wenn man Mittelstand sozusagen nur an der Steuertabelle ablesen kann (...), dann ist dem Mittelstandsbegriff meiner Ansicht nach eine sehr gefährliche Wendung gegeben. Der Mittelstand kann materiell in seiner Bedeutung nicht voll ausgewogen werden, sondern er ist (...) viel stärker ausgeprägt durch eine Gesinnung und eine Haltung im gesellschaftswirtschaftlichen und politischen Prozess.«

In der vorliegenden Untersuchung werden unter MWFs Unternehmungen verstanden, die einen Auslandsanteil am Umsatz von mindestens 40% besitzen und mindestens 30% Marktanteil in Europa oder am Weltmarkt haben. Insbesondere der hohe internationale Marktanteil ist ein entscheidendes Kriterium, das die große Bedeutung der Auslandstätigkeit für diesen Unternehmungstyp wiedergibt. Zudem werden Unternehmungen berücksichtigt, die maximal 10.000 Mitarbeiter weltweit beschäftigen. Durch diese relativ weite Definition könnte die Frage nach der tatsächlichen Zugehörigkeit zum Mittelstand aufgeworfen werden. Zum einen liegt der Wahl einer solch weiten Abgrenzung die Überlegung zugrunde, dass alle in der Untersuchung betrachteten MWFs zum Zeitpunkt ihres ersten bedeutenden Internationalisierungsschrittes noch KMUs waren. Somit ist eine direkte Vorbildfunktion für andere KMUs gewährleistet. Andererseits konstatieren Wolter/Hauser (2001, S. 36 f.), dass mittelgroße Kapitalgesellschaften durchaus dem Mittelstand zuzuordnen sind, sofern diese im Besitz von Einzelpersonen sind und deren Geschäftsführung unterliegen. Somit liegt eine mittelständische Unternehmung im Sinne der qualitativen Definitionsmerkmale vor. Dieser Argumentation folgt auch die Definition von MWFs innerhalb dieser Studie.

Neben diesen quantitativen Kriterien sind MWFs durch drei qualitative Merkmale gekennzeichnet: die inhaberorientierten Managementstrukturen, die leistungsorientierte Führungsphilosophie sowie die Nischenorientierung. MWFs zeichnen sich durch die völlige oder zumindest weitgehende Konzernunabhängigkeit und die damit einhergehende Identifikation des Eigentümers mit seiner Unternehmung aus. Durch die Einheit von Eigentum, Risiko und Kontrolle einerseits sowie von Leitung, Entscheidung und Verantwortung andererseits besteht eine sehr enge wechselseitige Beziehung zwischen den Inhabern, einer Familie oder eines eng begrenzten Personenkreises mit der Unternehmung (vgl. Jordan 1999; Haussmann 2003). Die verantwortliche Führungsperson ist zumeist gleichzeitig Inhaber und trägt somit das volle wirtschaftliche Risiko. MWFs sind damit Eigentümer- bzw. Familienunternehmungen.

Als direkte Folge davon ist die Führungsphilosophie untrennbar mit den Führungskräften verbunden. Durch ihre ausgeprägte Persönlichkeit, ihr Credo und ihre Verhaltensweisen gelingt es ihnen, die Mitarbeiter von ihren Entscheidungen zu überzeugen und sie zu motivieren. »Wenn Alfred Kärcher«, so etwa ein ehemaliger Mitarbeiter über den Gründer der Alfred Kärcher GmbH & Co. KG Reinigungssysteme, »in seinem Element war, wenn es um Versuche ging, dann war Highlife. Der Mann war nicht zu bremsen, er hatte laufend neue Ideen« (Kärcher 2005). Bei MWFs sind die langfristigen Ziele klar definiert, die Strategien zu deren Umsetzung jedoch nicht sehr detailliert ausgearbeitet. Es gibt eher qualitative Vorstellungen als quantitative Analysen. Die damit einhergehende Flexibilität bildet den Hauptunterschied zu Großunternehmungen, die Entscheidungen eher auf quantitativen Grundlagen treffen.

Ein drittes Merkmal von MWFs ist schließlich deren Nischenorientierung, d. h. die eigenständige Definition einer Marktnische, eine langfristige Marktentwicklung und die Schaffung von Markteintrittsbarrieren. Ein elementarer Aspekt der Marktbearbeitung von MWFs ist, dass sie Märkte nicht akzeptieren, »wie sie durch externe Kräfte definiert werden, sondern sie betrachten die Marktdefinition als einen Parameter, den sie selbst kontrollieren können« (Simon 1996, S. 50). Die äußerst enge Fokussierung auf einzelne Produkte bzw. auf das Know-how in eng definierten Zielmärkten eröffnet MWFs die Möglichkeit, einen zwar kleinen, aber sehr tiefen Teil der Wertschöpfungskette abzudecken und sich so einen Wettbewerbsvorteil gegenüber ihren Mitbewerbern zu verschaffen. Diese enge Fokussierung führt bei manchen MWFs zur Kreation neuer Teilmärkte, die zuvor nicht bestanden haben (vgl. Mewes 2000).

3 UNTERSUCHUNGSDESIGN

Zur Beantwortung der zu Beginn des Beitrags gestellten Fragen wurden persönliche Interviews mit 159 Eigentümern bzw. Geschäftsführern von MWFs im Zeitraum von 2009 bis 2010 geführt. Persönliche Interviews zeichnen sich dadurch aus, dass die Formulierung von Fragen und ihre Anordnung und Reihung nicht vorab durch den Forscher festgelegt, sondern situativ angepasst werden. Inhalt und Ablauf des Interviews werden weitgehend den jeweiligen Befragten überlassen, was es diesen erlaubt, eigene Themenschwerpunkte zu wählen und die eigene Wortwahl zu verwenden (vgl. Flick 1999). Dies ist vor allem deshalb von großer Bedeutung, da es sich bei den Befragten um höchstrangige Führungskräfte mit äußerst geringem Zeitbudget handelt, die sich nicht in das starre Korsett einer standardisierten Befragung zwängen lassen.

Die älteste Unternehmung wurde 1688 gegründet, das jüngste erst im Jahr 2003. Das Durchschnittsalter der Unternehmungen, die an der Befragung teilgenommen haben, beträgt 72,5 Jahre. Der Umsatz der Unternehmungen variiert relativ stark. Im Durchschnitt erwirtschafteten die Unternehmungen im Jahr 2010 einen Umsatz von 523 Mio. Euro, wobei sich eine Unternehmung mit einem weltweiten Umsatz von 25,72 Mrd. € stark abhebt. Die zweitgrößte Unternehmung erreichte rund 7,5 Mrd. Euro Umsatz. 24,8% der Unternehmungen erzielten Umsätze von unter 100 Mio. Euro.

Die große Bandbreite des Umsatzes spiegelt sich auch in der Zahl der Beschäftigten wider. 23 Unternehmungen beschäftigen weltweit weniger als 500 Mitarbeiter, 76 Unternehmungen beschäftigen zwischen 501 und 1.500 Mitarbeiter, 44 Unternehmungen beschäftigen zwischen 1.501 und 2.500 Mitarbeiter und 16 Unternehmungen mehr als 2.500 Mitarbeiter weltweit. Der Durchschnitt liegt bei 3.233 weltweiten Beschäftigen.

Abbildung 2 verdeutlicht, dass vor allem Unternehmungen aus dem verarbeitenden Gewerbe sowie der Anlagen- und Fahrzeugindustrie an der Studie teilgenommen haben. Der Dienstleistungssektor und der Konsum- und Verbrauchsgütersektor sind dagegen mit nur je drei Unternehmungen unterrepräsentiert. Dennoch ermöglicht es gerade diese heterogene Branchenstruktur, einen breiten Überblick über die Motive des Markteintritts und der Marktbearbeitung von MWFs in den BRIC-Staaten zu gewinnen.

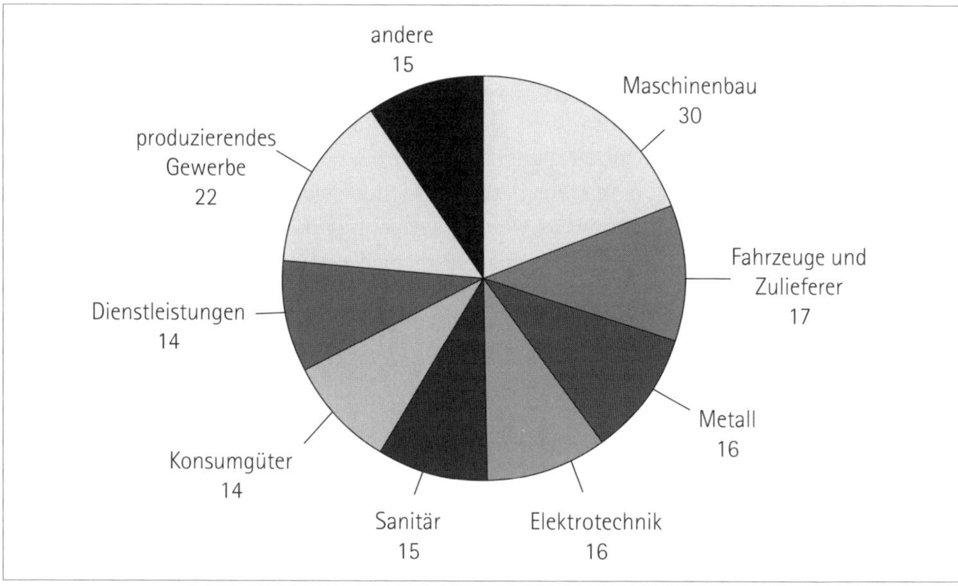

2 | **Branchenstruktur der untersuchten MWFs**

Die beteiligten Unternehmungen gaben im Durchschnitt einen Auslandsumsatz von 51,7% an. Eine Unternehmung beziffert seinen Auslandsumsatz sogar auf 100%. Als Minimalwert werden 5% angegeben. Bei 72,1% der Unternehmungen beträgt der Auslandsumsatz mehr als 50%.

Mit einem Durchschnitt von 7,4 Jahren sind die untersuchten MWFs in Indien am kürzesten aktiv. In China liegt dieser Wert bei 12,8 Jahren. Die Marktaktivitäten in Russland dauern seit knapp 15,4 Jahren an, in Brasilien sind die Unternehmungen durchschnittlich seit 19,2 Jahren und damit am längsten innerhalb der vier BRIC-Staaten aktiv. Insgesamt besitzen die betrachteten MWFs damit über langjährige Erfahrungen in den BRIC-Staaten und eignen sich deshalb gut zur Beantwortung der eingangs gestellten Forschungsfragen.

4 ZENTRALE ERGEBNISSE DER UNTERSUCHUNG

4.1 BEDEUTUNG DER BRIC-STAATEN FÜR MWFS

Die erste Frage bezieht sich auf die aktuelle und zukünftige Bedeutung, die MWFs den BRIC-Staaten beimessen. Die Befragten wurden gebeten, diese auf einer Skala von 1 = »sehr gering« bis 7 = »sehr groß« anzugeben. Abbildung 3 zeigt einen Vergleich der Mittelwerte.

wachsende Bedeutung

		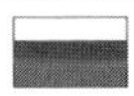		
aktuelle Bedeutung	3,24	4,34	4,25	5,79
geschätzte Bedeutung in 2015	4,65	4,88	6,04	6,29

3 | Aktuelle und zukünftige Bedeutung der BRIC-Staaten für MWFs

MWFs messen China die größte aktuelle Bedeutung für ihre Tätigkeit zu. Mit deutlichem Abstand folgen Russland und Indien. Brasilien wird nur eine mittlere Relevanz beigemessen. Für 2015 wird für alle BRIC-Staaten ein erheblicher Bedeutungszuwachs prognostiziert. Am größten fällt dieser für Russland aus. Die meisten Unternehmungen gehen davon aus, dass China dann der Auslandsmarkt mit der größten Bedeutung für sie sein wird. Vielfach wird das Land sogar schon jetzt als zweiter Heimatmarkt bezeichnet. Brasilien wird zwar bis 2015 auch deutlich an Bedeutung gewinnen, das Land besitzt aber auch zukünftig nur eine durchschnittliche Relevanz für MWFs.

4.2 MOTIVE FÜR DEN MARKTEINTRITT VON MWFS IN DIE BRIC-STAATEN

Das wichtigste Motiv für die Tätigkeit in den BRIC-Staaten ist die Erschließung und Sicherung neuer Märkte (vgl. Abbildung 4). An zweiter Stelle stehen strategische Motive. Kostenmotive besitzen – im Unterschied zum gängigen Vorurteil – nur eine mittlere Bedeutung. Die geringste Bedeutung besitzen Beschaffungsmotive. Dies gilt überraschenderweise auch für die rohstoffreichen Länder Russland und Brasilien.

Eine komparative Betrachtung der einzelnen Länder zeigt, dass für die Tätigkeit in Brasilien Marktmotive und strategische Motive an erster Stelle stehen. Kosten- und Beschaffungsmotive spielen hingegen nur eine untergeordnete Rolle. Insbesondere letzteres ist angesichts des Rohstoffreichtums des Landes überraschend.

Die Bewertung für Russland fällt ähnlich aus. Marktmotive besitzen vor strategischen Motiven die größte Bedeutung. Kosten- und Beschaffungsmotive sind für den Markteintritt dagegen weitgehend unbedeutend. Russland weist bezüglich der Markteintrittsmotive die größte Spreizung aller BRIC-Staaten auf. Während Marktmotive den höchsten Wert für alle abgefragten Motive in den vier Ländern erzielen, ist der Wert für Beschaffungsmotive am geringsten.

Der Markteintritt nach Indien erfolgt insbesondere aus Marktmotiven. 80% der untersuchten MWFs gaben an, dass dies ein wichtiges bis sehr wichtiges Motiv gewesen ist. Auch strategische und Kostenmotive haben in Indien eine bedeutendere Rolle als in Brasilien und Russland. Dies gilt auch für Beschaffungsmotive, die in Indien jedoch im Vergleich zu den anderen drei Motiven weniger relevant sind.

Die gleiche Reihenfolge für die Relevanz der betrachteten Investitionsmotive ergibt sich auch für China. Die Unterschiede zwischen den einzelnen Motiven sind jedoch weniger stark ausgeprägt. Neben den dominierenden Markt- und strategischen Motiven sind im Vergleich zu den anderen drei betrachteten Ländern auch Kosten- und Beschaffungsmotive für den Markteintritt von großer Bedeutung.

+ Bedeutung -

Marktmotive	6,09	6,55	6,12	6,47
Strategische Motive	5,37	5,74	5,76	6,24
Kostenmotive	3,05	2,55	4,39	5,18
Beschaffungsmotive	2,33	1,97	3,51	4,81

4 | Markteintrittsmotive von MWFs in die BRIC-Staaten

4.3 MARKTBEARBEITUNGSSTRATEGIEN VON MWFS IN DEN BRIC-STAATEN

Ähnlich wie bei den präferierten Markteintrittsformen ist auch die Bedeutung der Marktbearbeitungsstrategien in den BRIC-Staaten unterschiedlich stark ausgeprägt. In Brasilien und China haben alle Wertaktivitäten (Forschung & Entwicklung, Beschaffung, Produktion, Marketing und Vertrieb) eine nahezu gleich große Verbreitung. Mit Ausnahme der gering ausgeprägten F&E, wobei zukünftig steigende Investitionen in diesem Bereich erwartet werden, gilt dies auch für Indien. Russland ist beinahe nur als Absatzmarkt relevant (vgl. Abbildung 5).

Beschaffung	38,0%	14,4%	32,7%	49,7%
F&E	17,2%	4,1%	10,8%	17,4%
Produktion	44,5%	12,2%	32,3%	61,5%
Marketing / Vertrieb	69,7%	71,3%	51,9%	62,7%

5 | Wertschöpfungsaktivitäten von MWFs in den BRIC-Staaten

Die in den BRIC-Staaten durchgeführten Wertaktivitäten spiegeln damit die Bedeutung wider, die diesen von den untersuchten MWFs eingeräumt wird. Der größten Bedeutung des Landes entsprechend finden in China nicht nur Vertriebsaktivitäten, sondern in einem großen Umfang auch Produktion und Beschaffung statt. Das im Vergleich dazu deutlich geringere Ausmaß von Forschung & Entwicklung kann auf den gering ausgeprägten Schutz von intellektuellen Eigentumsrechten in diesem Land zurückzuführen sein. Da die chinesische Führung ausländische Unternehmungen jedoch zunehmend zu einem Technologietransfer drängt und in vielen Bereichen attraktive Bedingungen für F&E-Aktivitäten bietet (vgl. Holtbrügge/Puck 2008a, S. 130 ff.), dürften diese auch bei MWFs in den nächsten Jahren stark zunehmen.

In Indien spiegelt die Verteilung der Wertaktivitäten den erst kürzlich erfolgten Markteintritt vieler MWFs in diesem Land wieder. Zumeist erfolgt dieser in Form einer Vertriebsniederlassung, während zentrale Wertaktivitäten erst nach einer gewissen Zeit dorthin verlagert werden. Angesichts des starken Bedeutungszuwachses, welchen die betrachteten MWFs Indien bis 2015 prognostizieren, dürfte deshalb auch der Umfang dieser Wertaktivitäten zukünftig stark steigen.

Für Russland ist dies nach Auskunft der Befragten mittelfristig nicht zu erwarten. Dies ist zum einen darauf zurückzuführen, dass vor allem KMUs die Rechtssicherheit in diesem Land noch als gering bewerten und deshalb eine stärkere Marktbindung scheuen (vgl. Holtbrügge/Puck 2008b). Zum anderen misst die russische Regierung der Ausbeutung von Bodenschätzen und Rohstoffen eine strategische Bedeutung für das Land zu und hält deshalb für ausländische Unternehmungen zahlreiche Restriktionen aufrecht, die die Ausweitung von Beschaffungsaktivitäten erschweren.

Brasilien besitzt schließlich im Vergleich zu Russland und Indien eine deutlich größere Bedeutung als F&E-, Beschaffungs- und Produktionsstandort. Die Gründe dafür sind nach Auskunft der Befragten die bereits seit vielen Jahren stabilen rechtlichen und politischen Rahmenbedingungen, die eine stärkere Marktbindung rechtfertigen. Im Vergleich zu Indien sind die betrachteten MWFs zudem bereits weitaus länger in Brasilien tätig.

5 ZUKÜNFTIGE HERAUSFORDERUNGEN

5.1 PARALLELER MARKTEINTRITT IN MEHRERE BRIC-STAATEN

Während sich der internationale Markteintritt bisher auf wenige Kernmärkte beschränken konnte, sehen sich MWFs zunehmend mit dem Problem konfrontiert, die wichtigsten BRIC-Staaten parallel erschließen zu müssen. »Früher«, so ein Geschäftsführer eines MWF, »konnten wir in aller Ruhe Japan bearbeiten und dann erst den nächsten Markt angehen. Heute müssen wir in Indien und China gleichzeitig präsent sein.« Die Notwendigkeit, diese Märkte unmittelbar nacheinander oder sogar gleichzeitig zu erschließen, stellt nicht nur aufgrund ihrer Bevölkerungszahl, sondern vor allem wegen der geographischen Ausdehnung und der damit verbundenen Ressourcenanforderungen eine völlig neue Herausforderung dar. Als Folge davon muss die bisherige Markteintrittsstrategie überdacht werden. Insbesondere sind häufig Kooperationen erforderlich, die MWFs bislang abgelehnt haben. Welche Auswirkungen ein paralleler Markteintritt in die BRIC-Staaten für MWFs besitzt, verdeutlicht Abbildung 6. Es zeigt sich, dass dieser Markteintritt im Vergleich zur bisherigen Markteintrittsstrategie, z. B. in die USA oder die EU, viel schneller erfolgt. Gleichzeitig sinkt unter Rückgriff auf Kooperationen als Marktbearbeitungsform die eigentliche Marktbindung und damit das Marktrisiko der MWFs. Daraus ergeben sich jedoch zahlreiche neue Herausforderungen für die Partnerwahl, das Kooperationsmanagement und das Controlling. Ebenso rücken Fragen der Abmilderung der hohen Investitionsrisiken und der Absicherung des eigenen Technologievorsprungs in den Mittelpunkt.

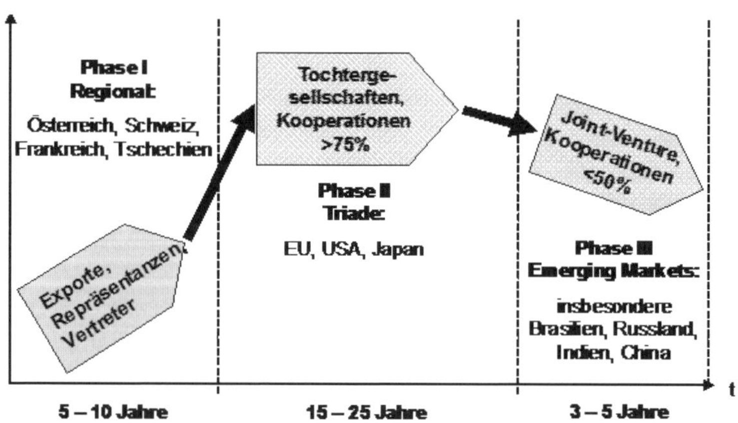

6 | Internationalisierungschronologie der untersuchten MWFs

5.2 OPTIMALER EINSATZ KNAPPER MANAGEMENTRESSOURCEN

Der optimale Einsatz knapper Managementressourcen stellt eine weitere große Herausforderung für MWFs in den BRIC-Staaten dar. Aufgrund der starken Eigentümer- und Familienorientierung von MWFs sind regelmäßige Auslandsreisen der wenigen Mitglieder des Topmanagements unumgänglich. Sehr viele Befragte geben an, dass es vor Ort viele Entscheidungen zu treffen gilt, die ohne die persönliche Anwesenheit der Unternehmungsspitze nicht möglich sind. Das Engagement in den BRIC-Staaten ist somit Chefsache und nur durch regelmäßige Präsenz vor Ort zu bewältigen. Die Problematik kann durch die Entsendung deutscher Mitarbeiter nur zum Teil aufgefangen werden. Wird ein Mitarbeiter entsandt, so muss dieser im Heimatland ersetzt werden, was aufgrund des im Vergleich zu Großunternehmungen geringeren Bekanntheitsgrads und schlechteren Arbeitgeberimages oft sehr schwierig ist (vgl. Holtbrügge / Rygl 2002).

Die Entsandten werden in den BRIC-Staaten mit kulturellen Besonderheiten konfrontiert und müssen oftmals erhebliche Kompromisse in Bezug auf Lebensqualität, Freizeitmöglichkeiten oder Zusammenleben mit der Familie eingehen. So weisen viele Befragte auf die Schwierigkeit hin, deutsche Mitarbeiter für eine Auslandsentsendung nach Russland, Indien oder China zu gewinnen, wobei Indien momentan noch als unpopulärstes Land eingeschätzt wird. Für Brasilien wird die Problematik generell als etwas geringer bewertet. Neben dem Entsendungsland kommt dem Standort innerhalb des jeweiligen Landes eine große Rolle zu. So bemerkt ein Befragter: »Wir haben sehr große Probleme in Brasilien gute, international denkende Ingenieure zu bekommen, da unsere Marketing- und Vertriebsaktivitäten in Sao Paulo angesiedelt sind, die Fertigung aber im Landesinneren. Da will keiner hin.«

Ein weiterer Grund für die schwierige Rekrutierung deutscher Mitarbeiter, die bereit sind, eine bestimmte Zeit in den BRIC-Staaten zu verbringen, ist die Wiedereingliederung in die Unternehmung nach der Entsendung. Ein Befragter gibt an, dass »es (...) sehr schwierig [ist] den Expatriates für die Zeit nach ihrem Auslandseinsatz schon eine berufliche Perspektive im Unternehmen zuzusichern. Dafür sind wir zu klein.« Somit stellt die ungewisse Zukunft nach der Rückkehr ins Heimatland für viele Mitarbeiter einen Risikofaktor dar.

Ein Rückgriff auf lokale Führungskräfte wird derzeit von fast allen untersuchten MWFs als besonders schwierige Aufgabe angesehen. Zwar werden die Notwendigkeit und die Chancen, zunehmend auf lokale Mitarbeiter zurückzugreifen, für die Zukunft erkannt, eine rasche Umsetzung dieser Personalmanagementstrategie scheitert jedoch momentan am relativ schlechten Ausbildungsniveau sowie einer nur mangelnden Loyalität lokaler Führungskräfte gegenüber den MWFs. Vor allem in China und Indien ist die Fluktuationsrate oft sehr hoch, wie die folgende Aussage unterstreicht: »In Indien haben wir Probleme, die Leute zu halten. Sie sind jung, und sobald ihnen ein anderes internationales Unternehmen 20% mehr bietet, sind sie weg.«

5.3 ENTWICKLUNG EINER GLOBALEN MENTALITÄT

Eine letzte zentrale Herausforderung ist die Entwicklung einer globalen Mentalität. In dem Maße, in dem es MWFs gelingt, in den BRIC-Staaten erfolgreich tätig zu werden, verschiebt sich auch die Aufmerksamkeit der Unternehmungsleitung immer mehr auf diese Staaten. Aufgrund ihrer Größe, Wachstumsstärke und psychischen Distanz zum Heimatland können die BRIC-Staaten nicht als bloßes Zusatzgeschäft betrachtet werden, sondern erfordern eine hohe Aufmerksamkeit des Managements. Dies bedeutet nicht nur, in Deutschland entwickelte Strategien auf die BRIC-Staaten zu adaptieren. Vielmehr nehmen die dort etablierten Tochtergesellschaften mehr und mehr die Rolle von globalen Innovatoren ein, d. h. die dort entwickelten Produkte, Ressourcen und Strategien werden zunehmend in anderen Ländern eingesetzt (vgl. Kutschker / Schurig 2002).

Diese Verlagerung des Gravitationszentrums aus den weitgehend saturierten OECD-Ländern in die schnell wachsenden BRIC-Staaten ist jedoch mit einer traditionell heimatlandorientierten Unternehmungskultur kaum vereinbar. MWFs müssen vielmehr eine globale Mentalität entwickeln, d. h. offen gegenüber der kulturellen und marktbezogenen Vielfalt und Andersartigkeit der BRIC-Staaten sein und diese produktiv für die gesamte Unternehmung nutzen. Dies beinhaltet etwa auch die Berufung von Führungskräften aus den BRIC-Staaten in die Unternehmungsleitung in Deutschland. Nur dadurch können neue Trends frühzeitig erkannt und bei der Entscheidungsfindung berücksichtigt werden.

6 ZUSAMMENFASSUNG UND SCHLUSSFOLGERUNGEN

Die Globalisierung ist einer der Haupt-Wachstums-Treiber für MWFs. Nur diejenigen Unternehmungen, die aktiv am Wirtschaftsgeschehen in den Zukunftsmärkten partizipieren, werden ihren Status als Marktführer beibehalten können (vgl. Simon 2007). Daher ist eine erfolgreiche Tätigkeit in Brasilien, Russland, Indien und China in Zukunft unerlässlich, um die Position als Weltmarktführer nicht zu verlieren. Da immer mehr Unternehmungen aus diesen Ländern auch in Deutschland tätig werden, bedeutet ein Verlust dieser Position nicht nur den Verzicht auf einzelne zukünftig lukrative Auslandsmärkte. Vielmehr besteht die Gefahr, dass MWFs auch in Deutschland zunehmend mit neuen ausländischen Konkurrenten konfrontiert sein werden, deren Firmennamen man heute vielfach noch gar nicht kennt. Ein Beispiel dafür ist der indische IT-Dienstleister Wipro, der sich durch zahlreiche Unternehmungsübernahmen und -kooperationen bereits erfolgreich auf dem deutschen Markt positioniert hat und verstärkt als Konkurrent zu etablierten Anbietern auftritt (vgl. Kreppel/Holtbrügge 2008).

Diese Studie nimmt eine Bestandsaufnahme der Aktivitäten deutscher MWFs in den BRIC-Staaten vor. Sie zeigt die Gemeinsamkeiten und Unterschiede zwischen diesen Ländern auf und analysiert die besonderen Herausforderungen, mit denen MWFs in diesen Ländern konfrontiert sind. Eine zentrale Erkenntnis ist dabei, dass sich in Deutschland oder anderen Ländern erfolgreich entwickelte Strategien nicht einfach auf die BRIC-Staaten übertragen lassen. Ihre Dynamik und Andersartigkeit erfordert vielmehr eine neue Herangehensweise, die die Unternehmungskultur von MWFs spürbar verändern wird.

Die vorliegende Studie basiert auf persönlichen Gesprächen mit den Inhabern und Geschäftspartnern von 157 MWFs. Durch diesen Zugang zu den höchsten Entscheidungsträgern besitzt die Studie eine hohe Reliabilität und ermöglicht einen detaillierten Einblick in die internationalen Aktivitäten dieses besonderen Unternehmungstypus. Die Dynamik der BRIC-Staaten führt dazu, dass die Ergebnisse dieser Studie jedoch lediglich als Momentaufnahme verstanden werden dürfen. Es bleibt daher weiteren Studien vorbehalten zu sehen, wie sich sowohl die Einschätzungen als auch die Markteintrittsmotive und die Marktbearbeitungsstrategien von MWFs in den BRIC-Staaton in don nächcton Jahron vorändorn wordon.

ANHANG

LITERATUR

ABEL, R. / BASS, H. H. / ERNST-SIEBERT, R. (2006): Kleine und mittelgroße Unternehmen im globalen Innovationswettbewerb. Technikgestaltung, Internationalisierungsstrategien, Beschäftigungsschaffung. 1. Aufl. Hampp, München, 2006.

BESCHORNER, D. / STEHR, C. (2007): Internationalisierungsstrategien für kleine und mittlere Unternehmen, in: BetriebsBerater, Zeitschrift für Recht und Wirtschaft, 62 Jg., Nr. 6, 2007, S. 315–321.

DASCHMANN, H. (1994): Erfolgsfaktoren mittelständischer Unternehmen. Stuttgart, 1994.

ERHARD, L. (1956): zitiert in BMWI (1997), Unternehmensgrößenstatistik 1997 / 98 – Daten und Fakten, Bonn, 1997.

FLICK, U. (1999): Qualitative Forschung. Theorie, Methoden, Anwendung in Psychologie und Sozialwissenschaften. Hamburg, 1999.

GÜNTERBERG, B. / WOLTER, H.-J. (2002): Unternehmensgrößenstatistik 2001 / 2002, Institut für Mittelstandsforschung. Bonn, 2002.

HAUSSMANN. H. (2003): Spezifische Erfolgsfaktoren von Hidden Champions im Internationalisierungsprozess, in: Holtbrügge, Dirk (Hrsg.): Management Internationaler Unternehmungen. Heidelberg, 2003, S. 105–120.

HAUSSMANN, H. / HOLTBRÜGGE, D. / RYGL, D. / SCHILLO, K. (2006): Hidden Champions. Erfolgsfaktoren deutscher mittelständischer Weltmarktführer. Gemini Management und Markets, Berlin, 2006.

HAUSSMANN, H. / RYGL, D. (2003): Erfolgsstrategien mittlerer Unternehmungen im Internationalisierungsprozess. Working Paper des Lehrstuhls für Internationales Management (Prof. Dr. Dirk Holtbrügge), Nr. 2 / 2003, Friedrich-Alexander-Universität Erlangen-Nürnberg, 2003.

HERING, E. / PFÖRTSCH, W. / WORDELMANN, P. (2001): Internationalisierung des Mittelstandes. Strategien zur internationalen Qualifizierung in kleinen und mittleren Unternehmen. Bielefeld, 2001.

HOLTBRÜGGE, D. / FRIEDMANN, C. (2011): Geschäftserfolg in Indien. Springer, Berlin.

HOLTBRÜGGE, D. / HOLZMÜLLER, H.H. / V. WANGENHEIM, F. (2007): Remote Services, DUV, Wiesbaden, 2007.

HOLTBRÜGGE, D. / PUCK, J. F. (2008a): Geschäftserfolg in China. Strategien für den größten Markt der Welt. 2. Aufl. Springer, Berlin, 2008.

HOLTBRÜGGE, D. / PUCK, J. F. (2008b): Stakeholder-Netzwerke als Instrument des strategischen Risikomanagements. Das Beispiel ausländischer Unternehmungen in Russland, in: Kühlmann, T. / Haas, H.-D. (Hrsg.): Internationales Risikomanagement: Auslandserfolg in grenzüberschreitenden Netzwerken. Oldenbourg, München, 2008.

HOLTBRÜGGE, D. / RYGL, D. (2002): Arbeitgeberimage deutscher Großunternehmen, in: Personal, 54. Jg., Nr. 10, 2002, S. 18–21.

JORDAN, L. (1999): Mittelstand und Mittelstandspolitik in gesamtwirtschaftlicher Betrachtung. Eine kritische Analyse anhand der Situation in den neuen Bundesländern. Dissertation Bildungswissenschaftlichen Hochschule Flensburg, 1999.

KABST, R. (2004). Internationalisierung mittelständischer Unternehmen. 1. Aufl. München, Hampp.

KÄRCHER 2005: Unternehmensgeschichte. http://www.karcher.de/de/ueber_kaercher/Geschichte.htm, 27.11.2005.

KREPPEL, H. / HOLTBRÜGGE, D. (2008): The Internationalisation Strategy of Wipro in Europe. In: Kazmi A. (Hrsg.): Strategic Management and Business Policy. MacGraw-Hill, New Delhi, 2008, S. 649–656.

KRÜGER, W. / KLIPPSTEIN, G. / MERK, R. / WITTBERG, V. (2006): Praxishandbuch des Mittelstands. Leitfaden für das Management mittelständischer Unternehmen. Gabler, Wiesbaden, 2006.

KUTSCHKER, M. (1992): Die Wahl der Eigentumsstrategie der Auslandsniederlassung in kleinen und mittleren Unternehmen. In: Kumar, B.N. / Haussmann, H. (Hrsg.): Handbuch der Internationalen Unternehmenstätigkeit. Beck, München, 1992, S. 497–530.

KUTSCHKER, M. (1997): Markteintrittsformen in China. In: Kutschker, M. (Hrsg.): Management in China. FAZ-Verlag, Frankfurt, 1997.

KUTSCHKER, M. / SCHMID, S. (2008): Internationales Management. 6. Auflage. Oldenbourg, München, 2008.

KUTSCHKER, M. / SCHURIG, A. (2002): Embeddedness of subsidiaries in internal and external networks: A prerequisite for technological change. In: Havila, V. / Forsgren, M. / Hakansson, H. (2002, Hrsg.): Critical Perspectives on Internationalisation. Elsevier Science, 2002, S. 107–132.

LAMPERTER, D. H. (2003): Es lebe der Unternehmergeist. In: Die Zeit, Nr. 7, 2003, S. 24.

MEWES, W. (2000), Mit Nischenstrategie zur Marktführerschaft. In: Beratergruppe Strategie (Hrsg.):. Strategiehandbuch für mittelständische Unternehmen. Zürich, 2000, S. 11–13.

OECD 2003. Globalisation and small and medium enterprises (SMEs). www.oecd.org//daf/clp/Roundtables/carte101.htm, 13.01.2006.

O'NEILL, J. (2004): Can the G7 Afford the BRICs Dreams to Come True? Goldman & Sachs Global Economic Paper No. 119, New York, 30.11.2004.

PFOHL, H.C. (1997): Abgrenzung der Klein- und Mittelbetriebe von Großbetrieben. In Pfohl, H.C. et al. (Hrsg): Betriebswirtschaftslehre der Mittel- und Kleinbetriebe – größenspezifische Probleme und Möglichkeiten zu ihrer Lösung. Berlin, 1997, S. 1–26.

RYGL, D. (2008): Länderübergreifende Wissens- und Innovationsnetzwerke. Hampp, München, 2008.

SIMON, H. (1996): Die heimlichen Gewinner: Die Erfolgsstrategien unbekannter Weltmarktführer. Frankfurt a. M. / New York, 1996.

SIMON, H. (2007): Hidden Champions des 21. Jahrhunderts. Die Erfolgsstrategien unbekannter Weltmarktführer. Campus, Frankfurt / Main, 2007.

URMONEIT, D. / HESS, D. (206): Investieren in die Zukunft – die BRIC Staaten. Goldman Sachs International, Vortrag auf der IAM Düsseldorf, September 2006.

VIEHÖVER, U. (2002): Die Maultaschen-Connection, in: Die Zeit, 52 / 2002, S. 28

WELSH, J.A. / WHITE, J.F. (1980): A small business is not a little big business, in: Harvard Business Review, Vol. 59, 1980, S. 18–32.

WILSON, D. / PURUSHOTHAMAN, R. (2006): Dreaming with BRICS: the path to 2050, in: Jain, S. C. (Hrsg.): Emerging Economies and the Transformation of International Business, Edward Elger Publishing, Cheltenham / Northampton, 2006, S. 3–45.

WOLTER, H.-J. / HAUSER, H.-E. (2001): Die Bedeutung des Eigentümerunternehmens in Deutschland – Eine Auseinandersetzung mit der qualitativen und quantitativen Definition des Mittelstands. http://www.ifm-bonn.org/dienste/aufsatz-2-1-2001.pdf, 2001.

ABBILDUNGEN

MICHAEL SCHÖNHUTH

HEXEN GESUCHT

BERATERKOMPETENZ UND BERATERPERSÖNLICHKEIT AUS ETHNOLOGISCHER SICHT

INHALT

1 EIN ETHNOLOGE GEHT FREMD

Wie es sich für einen »richtigen« Ethnologen gehört, führte mich meine erste mehrmonatige Feldforschung in die Fremde. Der Ort: ein Dorf in Afrika, das Thema damals: Hexen als kulturelle Deutungsmuster (Schönhuth 1992). Meine zweite Feldforschung, fünf Jahre später, dauerte insgesamt nur acht Wochen. Sie führte – eher ungewöhnlich für einen Ethnologen – in ein IT- und Beratungsunternehmen in der Nähe von Stuttgart. Thema war die Organisationskultur des Unternehmens, das sich gerade in einem Transformationsprozess befand (Zaunreiter 1993). Warum lohnt sich dieser Blick der Ethologie, der »Wissenschaft vom Kulturell Fremden« (Kohl 1993) auf heimische Organisationen?

Organisationen haben neben expliziten Organisationszielen, wie Kulturen:

- eine Geschichte mit Gründungsmythen, Entwicklungsphasen,
- oft unhinterfragte Werte, Normen, Regeln, Binnenlogiken (»so macht man das hier«),
- ein »Wir«-Gefühl (»so sind wir«)
- Grenzregime (»das sind die anderen«),
- Eigen- und Fremdstereotype sowie Ethnozentrismen (unsere Weltsicht ist die einzig richtige...),
- einen Erfahrungsschatz (»kulturelles Gedächtnis«), auf den sie bei schwierigen Entscheidungen zurückgreifen.

Organisationen lassen sich deshalb mit einer Kulturperspektive untersuchen.

1 | Aschenbecher aus Zimbabwe mit dem Motiv einer fliegenden Hexe

2 WAS TUT EIN ETHNOLOGE IN MEINEM BÜRO

Ethnologische Feldforschung ist vor allem »hanging around professionally«, oder anders ausgedrückt, systematisch-teilnehmende Beobachtung in Alltagsprozessen. Im Rahmen von Unternehmensprozessen bedeutet dies, dass der Organisationsethnologe »... Mitarbeiter in ihrem Arbeitsalltag begleitet, Meetings miterlebt, Körpersprache beobachtet, Gespräche führt, Gespräche miterlebt, sowohl im formalen, professionellen Kontext als auch beim Mittagessen oder am Kaffeeautomat« (Spülbeck 2010: 3). Wenn er länger vor Ort ist, beteiligt sich der Ethnologe auch an Arbeitsprozessen, um die Perspektive der Untersuchten besser nachvollziehen zu können. »We participate, we observe, we watch, we use our own, subjective, and firsthand experience...«. So beschreibt Heather Paxton, Forscherin am Massachusetts Institute of Technology (MIT) in den USA ihre Arbeit als Unternehmensethnologin (Paxton 2008).

Dieser empirisch-induktive Ansatz führt dazu, dass wir häufig Antworten auf Fragen bekommen, die wir gar nicht gestellt haben, und deren Relevanz erst durch den Prozess der Forschung zu Tage tritt. Unsere eigene Expertise liegt zuerst einmal darin, die Expertise der Betroffenen ernst zu nehmen. »Oft weiß niemand besser als die Menschen, die die Jobs Tag für Tag machen, welche Veränderungen notwendig wären. Aber oft haben sie auch aufgehört, darüber zu diskutieren, weil sie Nachteile befürchten, weil sie nicht den richtigen Ansprechpartner haben und manchmal auch, weil es nicht jedermanns Sache ist, konstruktiv Kritik zu üben. So bleibt häufig wertvolles Wissen unsichtbar und damit für das Unternehmen verdeckt. Organisationsethnologische Forschung lebt davon, genau zuzuhören und zuzugucken«, so Dr. Susanne Spülbeck von Blickwechsel, einer der wenigen auf unternehmensethnologische Untersuchungen spezialisierten Consultings in Deutschland.

Gerade in Zeiten, in denen sich durch Globalisierung und demografischen Wandel die Anforderungen an Unternehmen nach innen wie nach außen immer rascher wandeln, ist das Wissen um diese »hidden transcripts« (Scott 1990), die im Hintergrund wirkenden Wahrheiten, für den Erfolg von Veränderungsprozessen ausschlaggebend. Ethnologen heben unsichtbares, stummes oder nicht mehr in die Entscheiderebene kommuniziertes Wissen im Unternehmen und machen es für Veränderungsprozesse fruchtbar. Ziel ist es, die Widersprüche zwischen gepredigter und gelebter Kultur im Unternehmen herauszuarbeiten, und, wenn das Ziel Beratung ist, den »Fit«, also die Passung zwischen beiden herstellen zu helfen, sei dies bei der internen Kommunikation oder in der Wahrnehmung zwischen innen und außen.

3 DIE METHODE: BEOBACHTEN – ZUHÖREN – TEILNEHMEN

An dem von Paul Watzlawick (1969) in die Kommunikationstheorie eingeführten und von Edgar Schein in den 1980er Jahren auf die Unternehmenskulturforschung übertragenen Eisbergmodell lässt sich auch das methodische Vorgehen von Unternehmensethnologen veranschaulichen:

2 | Das Unternehmen als Eisberg

Werte und Orientierungssysteme manifestieren sich im sichtbaren Teil der Organisation. Ein aufmerksamer Gang über das Unternehmensgelände (das Pförtnerhäuschen, die Parkplätze, die Wege zwischen Produktion und Management) durch die Gebäude, Etagen und Räumlichkeiten (vom Chefzimmer über die Mitarbeiterräumlichkeiten bis in die Putz- und Abstellräume) legen schon allein beredtes Zeugnis ab, über das Selbstverständnis der Organisation, ihre Führungskultur, ihre Kunden- und Mitarbeiterorientierung, Aufbau- und Ablauforganisation, die Unternehmensleitlinien, aber auch Unternehmensausflüge, Feiern und andere »öffentliche« Inszenierungen, der Internetauftritt, die Mitarbeiterzeitung, Mitteilungen an Türen, Wänden und selbst Toilettensprüche sind weitere markante Punkte manifester Unternehmenskultur. Diese Spitze des Eisbergs lässt sich relativ leicht untersuchen. Systematische Quellenrecherche, genaues Beobachten und Dokumentieren im Feldtagebuch sind dabei die wichtigsten Helfer.

Steigen wir den Berg hinunter: An der Oberfläche des Wasserspiegels unternehmerischer Kommunikation wird geredet, gespielt und gehandelt. Es werden Wahrheiten getauscht, Mythen erzählt, Freundschaften und Seilschaften gepflegt, Intrigen gesponnen, durch Abgrenzungsrituale

Trennlinien zwischen Unternehmensebenen und -bereichen gezogen. Auf der Leitungsebene werden vor dem Hintergrund prekärer Informationslage und Handlungsdruck E-Mails und Memos hin- und hergeschoben, Jour Fixes abgehalten, Zielvereinbarungen und Entscheidungen getroffen, Halbwahrheiten kreiert und in wasserdichte Statistiken und glanzvolle Powerpoint-Präsentationen gegossen, um danach nach unten, oben und außen weiter kommuniziert zu werden.

Um nicht nur zu verstehen, wie das Unternehmen aufgestellt ist, sondern auch was das Unternehmen bewegt, wie es »tickt«, an was es leidet, wie es sich immer wieder neu erfindet und verkauft, muss der »professionelle Herumhänger« aus dem Zuschauerraum auf die Bühne gehen und mit den Akteuren ins Gespräch kommen (»Wir alle spielen Theater«, Goffman 2003; Schönhuth 2005). Und wenn man die Akteure dann noch hinter die Bühne begleitet, gelingt auch der Blick hinter die Kulissen der Organisation (Palazzoli 1984). Wichtig ist dabei aktives Zuhören – das bedeutet, auch versteckte Botschaften und Zwischentöne wahrzunehmen – und das Aufgenommene in immer wieder neuen Konstellationen und Kontexten kommunikativ einzubringen, sei dies in formellen (Interview-) oder in eher informellen Gesprächssituationen (Kaffeepause, Mittagessen usw.). Diese Fertigkeiten, und dazu eine hohe Ambiguitätstoleranz, also das Aushalten und Austarieren eigentlich unvereinbarer Aussagen, helfen dabei, das Orientierungssystem der Organisationsmitglieder auf und hinter der Bühne auszumessen.

Während an der Oberfläche unternehmerischer Aktivität kommuniziert und gehandelt wird, bestimmt das nicht direkt kommunizierbare implizite Organisationswissen maßgeblich die Driftrichtung des Eisbergs »Organisation« und seine Fähigkeit für Veränderung. Die Organisation führt Alltagstheorien mit sich, Werte, die das Unternehmen begründeten, und mit denen man sich nach wie vor »identifiziert«, gewachsene Loyalitäten, denen man sich noch immer »verpflichtet« fühlt, kritische Situationen in der Unternehmensvergangenheit, aus denen man »gelernt« hat, Strategien die schon einmal erfolgreich waren und die sich »bewährt« haben. Hier muss der Ethnologe im wahrsten Sinne des Wortes »Eintauchen« in den Subtext der Unternehmenskultur, sich durch Teilnahme an Arbeits- und Entscheidungsprozessen ein Stück weit selbst zum Gegenstand der Beobachtung machen, am Unternehmensboden »gründeln«, um den Letztbegründungen der Organisation auf die Spur zu kommen. Ethnologisches Gründeln ist zeitaufwändig. Es ist an die Vertrautheit mit dem Unternehmenskontext gebunden und es hat als Voraussetzung das Vertrauen der Mitarbeiter gegenüber dem Forscher. Deshalb gelingt dies in forschungsorientierten Situationen (Zielraum: mehrere Wochen im Feld) in der Regel leichter als in der auf wenige Tage angelegten Beratung. Es ist aber bei letzterer auch nicht unbedingt nötig.

4 »OFF THE VERANDA«

Wozu der Aufwand? Warum sollten kultursensible Unternehmensberater sich in den Betriebsalltag einklinken und nicht, wie gewohnt, Kennzahlen vergleichen, standardisierte Interviews führen oder Organisationsklimafragebögen basteln und auswerten? Meinungsumfragen bei Managern zur Situation ihres Unternehmens oder ihrer Branche, deren Ergebnisse auch auf dem diesjährigen Kompetenztag Thema waren (vgl. Oltmanns in diesem Band), zeigen in erster Linie, wie Manager über sich und andere reden, nicht, was sie tatsächlich tun. Diese Einsicht trieb schon vor fast 100 Jahren den Vater der ethnologischen Feldforschung, Bronislaw Malinowski von der sicheren Veranda der Missionsstation – wo bis anhin Ethnologen ihre lokalen Informanten zum Interview zu laden pflegten – zu den »Wilden«. Er baute sein Zelt am Rande eines Dorfes auf, und lebte vier Jahre (zugegebenermaßen nicht ganz freiwillig)[1] unter ihnen, lernte die Grundzüge ihrer Sprache, kaute mit ihnen Betel, und versuchte, den Funktionen der Gartenbaumagie und des Kula-Handels auf die Spur zu kommen (Malinowski 1922; 1926). Sein Motto: »To understand people you can not rely upon what they say they do, instead you must rely upon yourself, watching and seeing what they do« (Malinowski 1967) begleitet auch die Forschungshaltung des Unternehmensethnologen, selbst wenn sich die Unternehmenswildnis heute zuerst einmal zivilisiert darstellt.

3 | Bronislaw Malinowski with Trobriand Islanders in 1918

1 Der Kriegsausbruch 1914 verhinderte seine Rückkehr nach Australien, so dass er die ersten Jahre quasi im erzwungenen Exil auf den Trobriandinseln ausharren musste.

Sie können als Unternehmensberater auf der Veranda bleiben und dort Mitarbeiter und Management zum Interview empfangen. Sie können aber auch damit beginnen, sich mal ein, zwei Tage an die Fersen einer Führungskraft zu heften und sie in ihren beruflichen Alltagshandlungen und Interaktionen zu beobachten. Oder Sie setzen sich jeweils für eine Stunde an einen Kommunikationsknotenpunkt im Unternehmen: die Pforte am Morgen, die Kantine zu Mittag, die Materialausgabe am Abend, das Abteilungssekretariat zu Stoßzeiten, den Betriebskindergarten in den Übergabezeiten. Oder Sie reden informell mit den Dorfältesten – den verdienten Mitarbeitern – über ihre Erfahrungen mit dem Unternehmen aus langer Betriebszugehörigkeit. Oder sie reden getrennt davon mit den frisch Hinzugezogenen – den neu rekrutierten Kräften – die noch wenig Institutionenwissen angesammelt haben, andererseits aber auch noch nicht mit Betriebsblindheit geschlagen sind. Oder Sie bleiben abends zwei Stunden länger, um mit denen ins Gespräch zu kommen, die vor lauter Arbeit den Weg nach Hause nicht finden. Sie werden Augen machen, was Sie da alles an »hidden transcripts« zu hören bekommen. Oder Sie lassen sich zeigen, wie man mit dem richtigen Formular »M13« erfolgreich eine Materialanforderung von geringem Wert ausfüllt, wie man am einzigen Mitarbeiterkopierer der Abteilung Schlange steht oder mit welchen Kniffen und Sprachregelungen man »üblicherweise« ein Meeting mit dem Chef oder ein Kundengespräch vorbereitet. Das Kennenlernen von Arbeitsabläufen und deren innerer Logik (»logic of practice« nannte dies der Ethnologe Bourdieu 1976) führt zu Mitspielkompetenz, aber auch zum professionellen Befremden über für Außenstehende unangemessene Routinen, unverständliche Rituale und fragwürdige habitualisierte, zur Gewohnheit gewordene, verinnerlichte Abläufe.

Besonders auffällig wird dies, wenn ihr gesunder Menschenverstand (im Englischen viel passender: »common sense«) einen bestimmten Ablauf erwartet, aber etwas ganz anderes eintritt. An solchen »rich points«, irritierenden Bruchstellen der Unternehmenskommunikation, öffnet sich das Tor zur kulturellen Hinterbühne der Organisation: so zum Beispiel, wenn die Abteilungsleitung bei der Abteilungsversammlung auffordert, das Überschreiten des angepeilten Ziels für den extern fakturierten Umsatz mit zustimmendem Klopfen zu honorieren (auf gut Schwäbisch: »da kann man bockeln«), aber keiner »bockelt«, weil jeder Mitarbeiter weiß, dass die Zahlen für die Geschäftsführung geschönt wurden (vgl. Zaunreiter 1993). So, wenn in einem Behindertenbetrieb die Macken einzelner Mitarbeiter jenseits offizieller Behinderungskategorien viel stärker thematisiert und im Arbeitsprozess relevant werden, als es die lohntarifliche Trennung zwischen »betreuten« und »tariflichen« Mitarbeitern vermuten ließe, wo also die Grenzen zwischen den »objektiven« Kategorien behindert/nicht-behindert im Betriebsalltag ausgehebelt und extrem fluide verhandelt werden (vgl. Schönhuth 2007).

5 MORALISCHE TOPOGRAFIEN UND DAS ZAUNREITERTUM

Was haben diese Einsichten aus dem Alltag des Betriebsethnologen mit dem Titel des Beitrags, also mit den Hexen und der Beraterkompetenz und Beraterpersönlichkeit aus ethnologischer Sicht gemein? Dem Organisationsethnologen ist das Unternehmen trotz weltweiter struktureller Verflechtung und raschen Marktveränderungen kommunikationstheoretisch irgendwo noch immer »dem Malinowski sein Dorf«, wie wir es aus zahlreichen bäuerlichen Gesellschaften auf der Welt kennen, mit ihrer moralischen Topografie von vertraut (positiv konnotiert) und fremd (negativ bewertet), auch wenn dieses Dorf zunehmend nur noch als mentale Karte in den Köpfen der Unternehmensmitglieder existiert. Das Dorf hat ein virtuelles Zentrum, das den Wertekosmos verkörpert, wo die Chefs zu Hause sind und die Welt in Ordnung ist (zumindest, solange sie nicht aus den Fugen gerät). Um sie herum verteilt sich deren Sippschaft (die Geistesverwandten, die Freunde, mit denen man im Betrieb groß geworden ist, die engen strategischen Netzwerkpartner) und das ihr zuarbeitende Personal. Auf dem angrenzenden Dorfplatz trifft man Abteilungskollegen und – wenn Besuch kommt – Stammkunden. Hier sind die Regeln und das Verhalten eingespielt, hier ist das Zugehörigkeitsgefühl ausgeprägt und wird Einheit noch groß geschrieben.

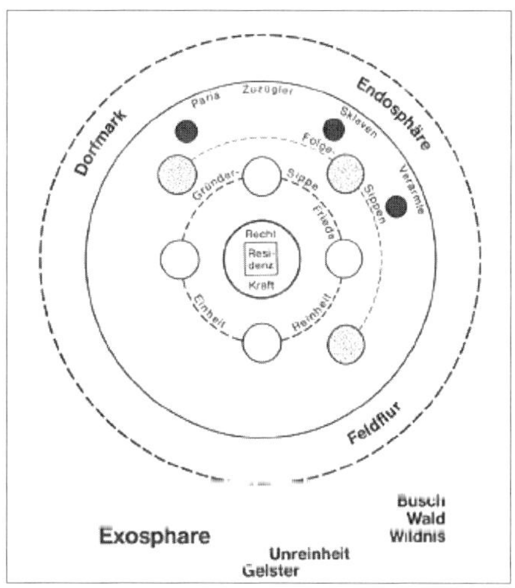

4 | Dorf und Umwelt: Idealtypische »Topografie« bei sesshaften Ackerbauern

Je mehr wir uns den Dorfgrenzen nähern, umso fremder wird das Personal (prekär Beschäftigte) umso unklarer werden die Umgangsformen, umso unsicherer die Kommunikation, umso divergenter die Interessen, umso geringer die Loyalitäten. Hinter den Grenzen des eigenen, berechenbaren Kommunikationsraumes (der eigenen Abteilung, Filiale oder Firma, auf höher aggregierten Ebenen der eigenen Branche, des eigenen Landes) beginnen die Überschneidungszonen zwischen dem, was zum eigenen »Kulturraum« gerechnet und dem, was der – anderen Regeln gehorchenden – »Welt da draußen« zugeschrieben wird. Es sind aber genau diese Übergangsräume, in denen heute Kommunikation auf offenen Weltmärkten entschieden wird und sich bewähren muss. Dafür benötigt es kulturelle Vermittlungskompetenz im Unternehmen. Für die Integration der »Welt da draußen« waren in einigen Gegenden Afrikas früher die »witch doctors« zuständig. In unserer Kulturgeschichte waren es die »Zaunreiter«, Wesen, die sich nach dem Volksglauben zwischen Wildnis und Zivilisation bewegten, die unterschiedlichen Gesetze beider kannten und den Blick des Fremden auf das Vertraute warfen. Bevor die Kirche die Deutungshoheit an sich zog, und aus den Zaunreitern (althd. »hagazuassa«) die »Heksen« wurden, galten sie als Vermittler zwischen Drinnen und Draußen, zwischen Wildnis und Zivilisation (vgl. Hauschild et al. 1987).

Mit seiner Fähigkeit, der professionell Fremde zu sein (Agar 1996), ist auch der ethnologische Unternehmensberater eine Art Zaunreiter: Er kennt die Außenwelt und deren Gesetze, bewegt sich auf der Unternehmensgrenze, taucht in den Unternehmenskontext ein, erkennt Bruchzonen und Differenzen zwischen Innen- und Außensicht, zwischen Anspruch und Unternehmenswirklichkeit, sieht dadurch mehr als der »Einheimische«, muss weniger Abhängigkeitsbeziehungen eingehen und Folgen fürchten, kann deshalb unbequemer fragen, und der Unternehmensführung ein realistischeres Bild vermitteln, darüber, was das Unternehmen bewegt.

6 DIE ZUKUNFT DER ORGANISATION – STUTTGART 21 UND EIN NEUER KULTURBEGRIFF

Die Zukunft der Organisation wird zunehmend von Strukturen bestimmt, die kein räumliches Zentrum mehr kennen, und die immer mehr Selbstorganisation erfordern. Der Unternehmensforscher Gareth Morgan hat schon vor 14 Jahren in seinem Buch »Images of Organization« ein schönes Bild dafür gefunden: »We are leaving the age of organized organizations and moving into an era where the ability to understand, facilitate, and encourage processes of self-organization will become a key competence« (1997). Auch bezüglich der Sozialstruktur und des gesellschaftlichen Wertegefüges erleben wir rasante Veränderungen. Letzteres ist – folgt man den neuesten Sinus-Sociovison-Milieu-Studien – einerseits durch Wertekonvergenzen (Leistung und Effizienz, Pragmatismus und Nutzenorientierung, Multioptionalität und Multitasking), andererseits durch das Phänomen des »Regrounding, der, Suche nach Anker, Halt und Geborgenheit, Nachhaltigkeit und Entschleunigung sowie Neuinterpretation traditioneller Werte und neue Wertesynthesen gekennzeichnet« (Sinus 2010). Für heutige Unternehmer und Entscheider bedeutet dies mehr denn je: »Managing Diversity« – ein kompetenter und kreativer Umgang mit vielfältigen und diversen Belegschaften, Kundschaften, Unternehmensumwelten und Wertepolaritäten.

Auch Ethnologen forschen heute nicht mehr auf fremden Inseln oder im fremden Dorf, sondern in zunehmend städtischen, transnationalen und translokalen Kontexten und mit »ethnisch« diversen Gruppen. Als Unternehmensethnologen untersuchen sie Teil- und Subkulturen, sie arbeiten »multi-sited« an unterschiedlichen Unternehmensstandorten und auf unterschiedlichen Hierarchieebenen (Falzon 2009). Für diese differenzierte Sicht benutzen sie auch einen neuen Kulturbegriff, wie ihn zum Beispiel der Kulturforscher Peter Hansen oder die Unternehmensforscherin Stefanie Rathje (2006) vertreten, und der auf Unternehmenskulturen übertragbar ist: »Starke« Kulturen zeichnen sich heute nicht mehr durch möglichst große Übereinstimmung (Kohärenz), also die möglichst vollständige Integration divergierender Sichtweisen in ein großes Ganzes, und eine herrschende Leitkultur aus. Moderne Unternehmenskultur erzeugt vielmehr Zusammenhalt (Kohäsion) durch die Vertrautheit mit, und das Aushandeln von Differenzen innerhalb eines legitimierten Rahmens, mit vertrauten Rahmenbedingungen und vereinbarten Regeln.

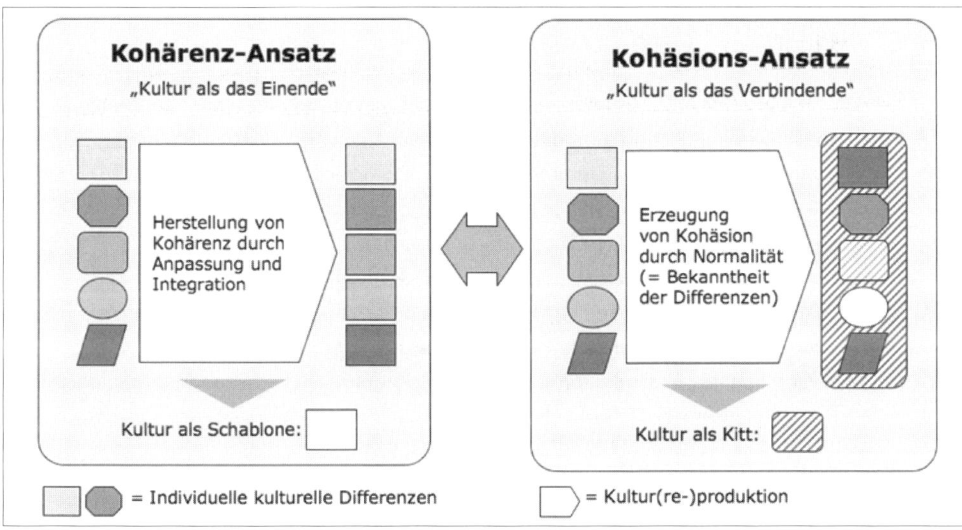

5 | Kohärenz – versus kohäsionsorientierte Ansätze zum Kulturbegriff

Um das auf einen greifbaren und angesichts des Kongressortes im doppelten Sinne naheliegenden Sachverhalt zu bringen: Am Schlichtungstisch von Heiner Geißler in Stuttgart saßen sich letztes Jahr, trotz unversöhnlicher Positionen, nicht Vertreter zweier Kulturen gegenüber, sondern Vertreter einer Kultur, die ihre Differenzen kennen, und sie im Rahmen eines Schlichtungsverfahrens verhandelt haben. Geißler ist zwar kein Ethnologe, aber er brachte wichtige Eigenschaften eines professionellen Zaunreiters mit: Er hat das Parteibuch der einen und die basisdemokratische Erfahrung der anderen Seite. Und er war unabhängig genug, sich nicht von einer Seite vereinnahmen zu lassen. Dass es letztendlich zu keinem wirklichen Kompromiss gereicht hat, lag wohl eher daran, dass ein bisschen Kopf- oder Tiefbahnhof wie ein bisschen Frieden ist – nämlich unmöglich.

Aber Stuttgart 21 hat auch noch etwas anderes gelehrt. Wenn die Unternehmensleitung (im besagten Fall die CDU / FDP-geführte Landesregierung) zu sehr auf die bloße Einhaltung geordneter Verfahren drängt und einem ungebrochenen Fortschrittsoptimismus huldigt; wenn sie dabei auch noch den veränderten Alltagsdiskurs der Bürger nicht mehr zu lesen versteht, dann geht auch ein Teil der Stammbelegschaft in Opposition, mit nachhaltigen Folgen für die Gestaltungsfähigkeit des Managements (im schlimmsten Fall: der Abwahl).

Was können Entscheider daraus lernen? Transparente und legitimierte Verfahren sind wichtig, aber sie tragen Veränderungen heute nicht mehr allein. Das Lesen der »hidden transcripts«, des kulturellen Subtexts ist gerade in Veränderungsprozessen wichtig. Rechtzeitig einbezogen, kann dieses Wissen im besten Fall Millionen sparen.

Ich wage ein stichpunktartiges Fazit bezogen auf das Thema des Kompetenztages.

Was wir brauchen:

- ist eine globale Leitkultur (humanistisch, antidiskriminierend und menschenrechtsorientiert,) aber: kultur- und kontextsensibel!
- ist ein neuer Kulturbegriff im Unternehmen (der Divergenz / Diversity umfasst)
- sind freifliegende Hexen in der Organisation (die zwischen Unternehmen und Umwelt hin- und her pendeln und nirgends ganz zuhause sind)[2]
- sind Kulturhybride und Transkulturalisten als Teil der Belegschaft (Migrationshintergrund als Vorteil nicht als Handicap) und divers besetzte / multikulturelle Teams
- sind kultur- und netzwerksensible Personalentwicklungsprogramme und -methoden
- und gelegentlich: professionelle Fremde im Unternehmen (Organisationsethnologen)[3]

2 Fritz Maywald, der bekannte Unternehmensberater und Autor hat ihnen ein Buch gewidmet. Er nennt sie »Struwwelpeter« (2004).

3 Einen guten Überblick über die Felder der Unternehmensethnologie in Kurzform verschafft Baba 2006; aktuell und aus der Unternehmensberaterpraxis für Praktiker: Spülbeck 2010; akademischer und umfassend Ybema et al. 2009. Noch immer lesenswert Neuberger / Kompa 1987, mit unzähligen Praxisbeispielen für institutionalisierte Formen der Unternehmenskultur.

ANHANG

LITERATUR

AGAR, M. 1996. Professional Stranger: An Informal Introduction To Ethnography, (2nd ed.). New York: Academic Press.

BABA, MARIETTA L. 2006. Anthropology and Business. In: H. James Birx (ed.), Encyclopedia of Anthropology; pp. 83–117. Thousand Oaks: Sage Publications. (https://www.msu.edu/~mbaba/publications/Encyclopedia%20of%20Anthropology%20Final.pdf (03.06.2011)

BOURDIEU, PIERRE 1976. Entwurf einer Theorie der Praxis auf der ethnologischen Grundlage der kabylischen Gesellschaft. Frankfurt, Suhrkamp.

FALZON, ANTHONY 2009 (ed.). Multi-Sited Ethnography: Theory, Praxis and Locality in Contemporary Research. Ashgate.

GOFFMAN, ERVING 2003 (1959). Wir alle spielen Theater. Die Selbstdarstellung im Alltag (The Presentation of Self in Everyday Life, 1959), München, Piper.

HAUSCHILD, THOMAS 1987. Die alten und die neuen Hexen. Die Geschichte der Frauen auf der Grenze. München.

KOHL, KARL-HEINZ 1993 Ethnologie, die Wissenschaft vom kulturell Fremden. Eine Einführung. Beck, München.

MALINOWSKI, BRONISLAW 1922. Argonauts of the Western Pacific, dt. Argonauten des westlichen Pazifik, Frankfurt/M.: Syndikat, 1979.

MALINOWSKI, BRONISLAW 1926. Crime and Custom in Savage Society, London.

MALINOWSKI, BRONISLAW 1967. A Diary in the Strict Sense of the Term. dt.: Ein Tagebuch im strikten Sinne des Wortes: Neuguinea 1914–1918, Frankfurt am Main.

MAYWALD, FRITZ 2004. Struwwelpeter für Manager: Eine Anleitung zum Ungehorsam.

MOORE, FIONA 2005. Transnational Business Cultures. Life and Work in a Multinational Corporation. Aldershot: Ashgate.

MORGAN, GARETH 1986. Images of Organization. Newbury Park: Sage.

MÜLLER, KLAUS E. 1987. Das magische Universum der Identität, Frankfurt.

NEUBERGER, OSWALD, AIN KOMPA 1987. Wir, die Firma. Der Kult um die Unternehmenskultur. München: Heyne.

PALAZZOLI, MARA SELVINI et al. 1984. Hinter den Kulissen der Organisation. Stuttgart : Klett Cotta.

PAXTON, HEATHER 2008: Doing Anthropology. Video der MIT TechTV. Elektron. Dok. auf Youtube: http://techtv.mit.edu/videos/315-doing-anthropology (28.05.2011).

RATHJE, STEFANIE 2006. Interkulturelle Kompetenz – Zustand und Zukunft eines umstrittenen Konzepts«. Zeitschrift für Interkulturellen Fremdsprachenunterricht (Online) 11: 3, 15 S. Abrufbar unter http://zif.spz.tu-darmstadt.de/jg-11-3/docs/Rathje.pdf (03.06.2011).

SCHEIN, EDGAR H. 1985. Organizational Culture and Leadership. San Francisco 1985.

SCHÖNHUTH, MICHAEL 1992. Das Einsetzen der Nacht in die Rechte des Tages Hexerei im Symbolischen Kontext afrikanischer und europäischer Weltbilder. Münster.

SCHÖNHUTH, MICHAEL 2005. Alles nur Theater? Ein Blick auf die Hinterbühne von Akademie und Projektpraxis, in: Recht als Ressource und Hemmnis von Entwicklung. Franz von Benda-Beckmann et al. (Hrsg.). Max Planck Institut für ethnologische Forschung, Halle und AGEE, Göttingen, 85–96

SCHÖNHUTH, MICHAEL 2007. Diversity in der Werkstatt – Eine Feldstudie zum Thema Vielfalt und Behinderung, in: Stein metz, Bernd/Vedder, Günther (Hrsg.): Diversity Management und Antidiskriminierung, Bertuch-Verlag, Weimar, 95–114.

SCOTT, JAMES C. 1990. Domination and the Arts of Resistance: Hidden Transcripts. Yale University Press

SINUS SOCIOVISION 2010. Die Sinus-Milieus®: Update 2010. Hintergründe und Fakten zum neuen Sinus-Milieumodell. http://www.wib-potsdam.de/uploads/SinusMilieusUpdate_2010.pdf (03.06.2011).

SPÜLBECK, SUSANNE 2010. Organisationsethnologie als Grundlage von Organisationsberatung Ethnologie in der Chefetage: Wo sind denn hier die Wilden? http://www.ethnologie.uni-muenchen.de/personen/lehrbeauftragte/spuelbeck/publikationen/spuelbeck2010.pdf (28.05.2011)

WATZLAWICK, PAUL, JANET BEAVIN, DON D. JACKSON 1969. Menschliche Kommunikation - Formen, Störungen, Paradoxien. Bern.

YBEMA, SIERK et al. (eds.) 2009. Organizational Ethnography. Studying the Complexities of Everyday Life. London etc.

ZAUNREITER, ADSON 1993 (i.e. M. Schönhuth). Notizen aus dem Felde. In: Sabine Helmers (Hrsg.), Ethnologie der Arbeitswelt. Beispiele aus europäischen und außereuropäischen Feldern, Bonn: Holos, 133–144.

ABBILDUNGEN

JOHN ERPENBECK | JOACHIM HASEBROOK

SIND KOMPETENZEN PERSÖNLICHKEITS-EIGENSCHAFTEN?

INHALT

1 PERSÖNLICHKEIT UND PERSÖNLICHKEITSEIGENSCHAFTEN

Kompetenzen sind – natürlich – Teile der Persönlichkeit, aber sie sind keine Persönlichkeitseigenschaften. Dies die durchgehende Behauptung unseres Beitrags. So kurz, so klar. Die Beine sind ja auch Teile des Körpers, aber keine Eigenschaften des Körpers. Lohnt die Fragestellung überhaupt das Nachdenken?

Ja. Doch... Denn immer noch werden in zahlreichen Unternehmen und Organisationen wunderbar objektive, reliable und valide Persönlichkeitstests eingesetzt und von versierten, testtheoretisch bestens geschulten und statistische Methoden perfekt beherrschenden Psychologen zu einem Maßstab von Personalauswahl und Personalentwicklung gemacht. Es geht also um Chancen und Schicksale hunderttausender Arbeitnehmer und tausender Führungskräfte. Da lohnt sich schon ein nuanciertes Nachdenken.

Wer von Persönlichkeitseigenschaften redet, redet von Persönlichkeit. Wer von Persönlichkeit redet, weiß oft nicht, wovon er redet. Er hat es schwer, seinen Gesprächsgegenstand überhaupt genauer zu umreißen.

Das lässt sich noch am überzeugendsten bewältigen, wenn man ein normatives Persönlichkeitsverständnis zugrunde legt, wonach *Person* die allgemeinste Bezeichnung für jeden einzelnen Menschen von seiner Zeugung an ist, *Personalität* die allgemeinste Bezeichnung für die Gesamtheit der auf Verwirklichung angelegten Möglichkeiten einer Person darstellt, *Persönlichkeit* aber als die allgemeinste Bezeichnung für die Gesamtheit der jeweils verwirklichten Möglichkeiten einer Person genommen wird. Je mehr Möglichkeiten verwirklicht sind, desto deutlicher tritt die Persönlichkeit hervor. »Nur wer Persönlichkeit einbringt, wagt es, Entscheidungen zu treffen und Standpunkte einzunehmen... Denn es geht nicht um ein mechanistisches Funktionieren, sondern um ein komplexes Gefüge aus Wahrnehmen, Denken und Handeln.«[1] Ein solches Persönlichkeitsverständnis lässt sich historisch und philosophisch tief begründen. Es steht allerdings allen deskriptiven Versuchen entgegen, eindeutige Indikatoren zu finden, mit denen Persönlichkeit wie ein psycho-physikalisches Objekt vermessen werden kann. Es ist Feind psychometrischer Vereinnahmung.

1 Faix, W.G., Rütter, T., Wollstadt, E. (Hrg.) (1995): Führung und Persönlichkeit. Personale Entwicklung. Landsberg-Lech. S. 74 f.; S.17

Ein solches Persönlichkeitsverständnis ist aber nur ein Teilchen im Kosmos gegenwärtiger Auffassungen von Persönlichkeit.[2] Es gehört zu den lebensphilosophisch untermauerbaren Ansätzen der so genannten *verstehenden* Psychologie,[3] die vollkommen unterschiedliche Zugänge wie Schichttheorien (psychische Prozesse der Persönlichkeit als Schichten), philosophisch-phänomenologische Theorien (an phänomenologische Überlegungen zur Persönlichkeit anschließend), Theorien der Humanistischen Psychologie (Persönlichkeitsentfaltung als Selbstverwirklichung) und Psychodynamische Theorien (im Gefolge der Psychoanalyse) umfasst. Die psychodynamischen Ansätze von Freud, Jung, Reich, Fromm, Adler, Frankl, Murry, Erickson und vielen anderen sind tatsächlich der verstehenden Psychologie zuzurechnen, obwohl an einige dieser Ansätze, so beispielsweise an C. G. Jungs Arbeit »Psychologische Typen« von 1921[4] gut validierte Persönlichkeitstests wie der MBTI, teilweise auch DISG und INSIGHTS, anknüpfen.

Zu den sich eher als empirisch-naturwissenschaftsnah begreifenden, *erklärenden* Persönlichkeitstheorien gehören z. B. Konstitutionstypologien (Zusammenhänge zwischen Körperbau und Charakter), Analysen Kognitiver Stile (wo die Wahrnehmungsart die Art der Persönlichkeit bestimmt), Kognitive Theorien (wo Kognitionsergebnisse stärker als alles andere persönliches Verhalten bestimmen), Faktorenanalytische Theorien (wo sich Persönlichkeit aus faktorenanalytischen Dimensionen zusammengesetzt) und Interaktionale Theorien (wo Persönlichkeit durch spezifische Reiz-Reaktions-Muster gekennzeichnet wird).

Die erklärende, also eher naturwissenschaftsorientierte Psychologie, auch die erklärende Persönlichkeitspsychologie versucht, an neurophysiologische und systemstrukturelle Konstruktionen anknüpfend, fundamentale Persönlichkeitseigenschaften herauszufinden, die den Schluss von diesen Eigenschaften auf künftiges Verhalten und Handeln ermöglichen sollen.

Neben vielen Vorzügen eines solchen Herangehens – der wichtigste ist sicher, dass sich Personalentscheidungen mit Messgrößen belegen lassen[5] – gibt es doch auch eine Reihe gravierender Problempunkte:

Erstens ist die Zahl von Persönlichkeitstheorien und entsprechenden Messverfahren Legion. So stellte Häcker bereits 1995 im Handwörterbuch Psychologie, unter dem Stichwort Persönlichkeit fest, Ergebnisse der empirischen Persönlichkeitsforschung seien nur schwer darstellbar, weil es einerseits eine unüberschaubare Menge von einzelnen empirischen Befunden gebe, andererseits jedoch methodisch wie theoretisch beachtliche Divergenzen existierten.[6] Leymann, der Gründer der Mobbingforschung, verstieg sich sogar zu dem Stoßseufzer: »Es gibt eine ziemliche Anzahl von Persönlichkeitstheorien. Jede hat ihre eigenen Eigenschaftsbeschreibungen, mit denen man auf verschiedene Arten der Persönlichkeit schließen will. Eine Einigkeit unter diesen verschiedenen Ansätzen ist jedoch *nicht* zu finden. Jede Theorie misst und deutet auf ihre Weise. Prognostische Aussagen können, streng wissenschaftlich gesehen, schwerlich gemacht werden und somit kann man für die einzelne Person auch nicht voraussagen, wie sie sich in einer bestimmten Situation der Zukunft verhalten wird. Längsschnittstudien dieser Art, die Menschen mit verschiedenen Persönlichkeitsdiagnosen über längere Zeit untersuchen, gibt es nicht... In den psychiatrischen Lehrbüchern wird somit auch immer wieder davor gewarnt, Varianten der Persönlichkeit überhaupt einzeldiagnostisch auf Patienten anzuwenden«.[7]

Allein die schiere Zahl von mehr oder weniger persönlichkeitsbezogenen Tests ist erschreckend. Denn es gibt viele Tests, aber nur wenige Kriterien, die richtigen Tests auszuwählen. Das Zentrum für psychologische Information und Dokumentation listet auf rund 180 Seiten ca. 7.200 Tests auf. Davon sind etwa 5.000 im betrieblichen Umfeld anwendbar...[8]

Zweitens sind die Verfahren nichts weniger als konsistent. Sie liefern teilweise völlig verschiedene und verschieden interpretierbare Ergebnisse. In einem beeindruckenden Selbstversuch hat Simon an der Gegenüberstellung von den 15 wichtigsten Verfahren gezeigt, dass sie teilweise sogar entgegengesetzte Persönlichkeiten zeichnen.[9] Der in Unternehmen meistgenutzte Test ist sicher auch heute noch der MBTI.[10] Der sinnvollste, aber diese Vielfalt und Vieldeutigkeit noch betonende Ansatz scheint uns die Ermittlung der »Big Five« zu sein: Erwachsen aus der Analyse einiger hundert Persönlichkeitstests werden dort diejenigen Eigenschaftsbegriffe herausgefischt, die in möglichst vielen der Ansätze vorkommen. Auf sie wird dann wiederum ein klassischer, testtheoretischer Apparat aufgesetzt.[11] Seit den 90er Jahren herrscht bei den Vertretern dieses Modells weitgehende Übereinstimmung, dass demnach Persönlichkeit durch 5 breite Persönlichkeitseigenschaften umfassend beschrieben werden kann, nämlich durch das OCEAN-Modell mit seinen 5 Dimensionen (»Big Five«):

---

2 Fisseni, H.-J. (2003). Persönlichkeitspsychologie. Ein Theorienüberblick (5. unveränderte Aufl.). Göttingen: Hogrefe; vgl. auch Kuhl, J. (2010): Lehrbuch der Persönlichkeitspsychologie. Motivation, Emotion und Selbststeuerung. Göttingen, Bern, Wien

3 Wir benutzen hier die Unterscheidung von verstehender und erklärender Psychologie; die Kontroverse zwischen erklärender und verstehender Psychologie ist sehr eingängig nachgezeichnet in: Schmidt, N. D. (1995): Philosophie und Psychologie. Trennungsgeschichte, Dogmen und Perspektiven. Reinbeck bei Hamburg

4 Jung, C. G. (2008, 8. Aufl.): Typologie. München

5 womit die Verantwortung entlastend vom Entscheider auf den Test übergeht

6 Häcker, H. (1995): Persönlichkeit. Handwörterbuch Psychologie, S. 2411, Weinheim

7 Leymann, H. (2011 aufgenommen): Das Problem der Persönlichkeitstheorien in der Mobbingforschung und Mobbingtherapie. http://www.leymann.se/deutsch/11430d.html

8 Den je augenblicklichen Stand liefert der Index: http://www.zpid.de

9 Simon, W. (2006): Persönlichkeitsmodelle und Persönlichkeitstests. 15 Persönlichkeitsmodelle für Personalauswahl, Persönlichkeitsentwicklung, Training und Coaching. Offenbach

10 Klimmer, M., Neef, M. (2004) Einsatz von Persönlichkeitstypologien in der deutschen Wirtschaft. Ergebnisse einer empirischen Studie des Instituts für Unternehmensführung der Fachhochschule Mannheim, Hochschule für Technik und Gestaltung, in Zusammenarbeit mit Rother & Partner, Karlsruhe, Mannheim; vgl. zum MBTI die populäre, lehrreiche Schrift: Stahl, S., Alt, M. (7. Aufl., 2011): So bin ich eben. Erkenne Dich selbst und andere. Hamburg – Der Titel steht in schönem Gegensatz zum kompetenzbezogenen So handle ich eben!

11 Diese Hochschätzung wird geteilt von den DIW Forschern des Sozio-ökonomischen Panels (SOEP), vgl. Dehne, M., Schupp, J. (2007): Persönlichkeitsmerkmale im Sozio-Ökonomischen Panel (SOEP) – Konzept, Umsetzung und empirische Eigenschaften. Berlin

- **O** – Openness (Offenheit)
- **C** – Consiousness (Gewissenhaftigkeit)
- **E** – Extraversion (Extraversion)
- **A** – Agreeableness (Verträglichkeit)
- **N** – Neuroticism (Neurotizismus)

Auch dieses Verfahren wird sehr erfolgreich im Unternehmensbereich eingesetzt.[12]

Drittens lässt sich die Vielzahl und Vieldeutigkeit der Verfahren auf einen ehrwürdigen philosophisch – psychologischen Grund zurückführen. *Was ist der Mensch?* diese Frage hat die Menschheit wahrscheinlich von Anfang an begleitet. Immanuel Kant zählt sie, neben den Fragen Was kann ich wissen? (Gegenstand der Metaphysik), Was soll ich tun? (Gegenstand der Ethik) und Was darf ich hoffen? (Gegenstand der Religion) zu den Grundfragen der Philosophie. Sie ist Gegenstand der – philosophischen – Anthropologie. Sie war und ist immer noch begleitet von der Frage: »Was ist Persönlichkeit, Was ist Charakter...« Bereits in Antike und Mittelalter gab es durchaus praktikable, meist durch den Zusammenhang mit Organen und Körpersäften systematisch abgeleitete Charakterkunden, etwa bei Aristoteles, Galen und Hippokrates. Theophrastus Bombastus von Hohenheim, genannt Paracelsus, zumindest genealogisch dem unserem SIMT direkt benachbarten Hohenheim[13] zuzuordnen, stellte eine eigene Charakterologie auf, welche die antiken Temperamente Choleriker, Sanguiniker, Phlegmatiker und Melancholiker neu interpretierte. De la Bruyère, Thomasius (17. Jhdt.), Lavater, Rousseau (18. Jhdt.), Bahnsen, Klages, Lersch (19. Jhdt.) trieben die Charakterologie, insbesondere durch Schichtenmodelle, weiter voran. Moderne Ansätze wie Reimanns unverwüstliche »Grundformen der Angst«[14], Jun's »Unsere inneren Ressourcen«[15] oder Hansch's auf Führungspersonen ausgerichtetes »Persönlichkeit führt«[16] zeigen, dass dieser Zweig verstehender Psychologie noch lange nicht untergehen wird und keineswegs eine bloße Nischenfunktion innerhalb der empirischen Persönlichkeitspsychologie darstellt.[17] Ganz im Gegenteil weisen solche Ansätze darauf hin, dass auch die empirischste Empirie auf einem wissenschaftstheoretischen Grunde baut, der alles andere als fest und unbedenklich betretbar ist. Auch deshalb führen methodisch völlig unangreifbare Persönlichkeitsansätze zu völlig differierenden Interpretationen.

Viertens ist die Deutung von Handlungen durch Persönlichkeitseigenschaften für den im Personalbereich Arbeitenden mit einem doppelten Problem behaftet.

Zum einen existieren beispielsweise die Eigenschaften physikalischer, chemischer, biologischer Objekte gleichsam selbstverständlich; wer eine Beschleunigung, einen ph-Wert, eine Zellteilungsgeschwindigkeit misst, wird nicht daran zweifeln, dass dies eine Grundlage im Objekt selbst besitzt. Psychische Eigenschaften werden hingegen maßgeblich durch das Messverfahren selbst konstituiert. Insofern führen unterschiedliche Messverfahren, trotz aller Objektivitätsüberlegungen, zu deutlich verschiedenen Eigenschaften.

Zum anderen bedarf damit jede Messung eines komplizierten und im konkreten Fall durchaus fragwürdigen Schlusses von den Persönlichkeitseigenschaften auf die Handlungsfähigkeiten. Selbst wenn Extraversion zu 90% mit einer hohen Akquisitionsstärke gekoppelt wäre, kann sich ein Unternehmen gehörig und kostenaufwendig irren, wenn es zufällig an einen der 10% gerät, der zwar gänzlich extrovertiert, aber bei Akquisitionsaufgaben eine gänzliche Niete ist. Wir gehen darauf später noch ein,

Fünftens gehen Kompetenzforscher im Vergleich zu Persönlichkeitsforschern von einer viel komfortableren Situation aus. Sie kümmern sich weniger darum, wie Menschen »gestrickt« sind, mehr darum, wie sie »ticken«. Sie schließen von aktuellem Handeln auf vorhandene Handlungsfähigkeiten, nicht auf verborgene Persönlichkeitseigenschaften. Der beste Prädiktor für zukünftiges Handeln ist vergangenes Handeln – so etwa wirbt eine bekannte Beratungsfirma um ihre Kunden.[18] Und sie hat recht. Kompetenzmessung folgt dieser simplen wie unwiderleglichen Einsicht. Damit gelangt sie zu Schlüsselkompetenzen und zu einem Grundlagenparadigma, das von fast allen handlungsorientierten Forschern geteilt wird, eine absolute Seltenheit im Bereich der Human- und Sozialwissenschaften, wie wir zeigen werden, während auf Persönlichkeitseigenschaften orientierte Testpsychologen sich durch das skizzierte Dickicht von Widerspruch und Vielfalt schlagen müssen. Auch darauf ist der Siegeszug der Kompetenzforschung in den letzten Jahren zurückzuführen.

Wir haben damit fünf Argumente ins Feld geführt, die erkennen lassen, warum scheinbar simple, testtheoretisch manchmal angezweifelte, beträchtliche Variablen – Schnittmengen aufweisende, auf subjektive »Ratings« aufbauende Kompetenzfeststellungen einen solchen Siegeszug angetreten haben. Jedes große deutsche Unternehmen hat heute zumindest ein eigenes Kompetenzmodell, von dem aus es seine HR-Maßnahmen gestaltet.[19] Unabhängig von der PISA-Bremse sind Schulen gefordert und Universitäten durch die Verträge von Bologna gehalten, Kompetenzvermittlung und nicht bloß Wissensvermittlung in den Mittelpunkt ihrer Anstrengungen zu rücken. In Bezug auf unsere Ausgangsfrage – Sind Kompetenzen Persönlichkeitseigenschaften – ist damit genauer zu überlegen:

---

12 Howard, P. J., Howard, J. M. (2008): Führen mit dem Big-Five-Persönlichkeitsmodell – Das Instrument für optimale Zusammenarbeit (Handelsblatt). Frankfurt am Main

13 Museum: Spielhaus im Exotischen Garten 70599 Stuttgart (Hohenheim); »Der Sitz des Niederadelsgeschlechtes der »Bombaste von Hohenheim« bestand vermutlich aus einer Burg mit Gutshof. Der bedeutendste Nachkomme dieses Geschlechtes war der Arzt und Naturphilosoph und Theologe Theophrast von Hohenheim, der sich selbst Paracelsus nannte (1493–1541).«

14 Riemann, F. (40. Aufl., 2011): Grundformen der Angst. Eine tiefenpsychologische Studie. München

15 Jun, G. (2006): Unsere inneren Ressourcen. Miteigenen Stärken und Schwächen richtig umgehen. Göttingen

16 Hansch, D. (2008): Persönlichkeit führt. Sich selbst und Mitarbeiter wirkungsvoll coachen. Frankfurt am Main

17 http://www.psychology48.com

18 So ein Werbespruch der Fa. DECIDE, http://www.managementpotenzial.de/1-0-Anlaesse.html; hier ist Verhalten durch Handeln ersetzt, um behavioristische Anklänge zu vermeiden

19 Grote, S., Kauffeld, S., Frieling, E. (2007): Kompetenzmanagement. Stuttgart

- Wie ist das Verhältnis von Persönlichkeitsmerkmalen, Kompetenzen und Teilkompetenzen?
- Wenn Kompetenzen keine Persönlichkeitseigenschaften sind – wie lassen sie sich erfassen?
- Welche Bedeutung haben Ratingverfahren für die Erfassung von Kompetenzen?
- Kann man Kompetenzpsychologie als Rückkehr zu einer Art Vermögenspsychologie charakterisieren?

2 PERSÖNLICHKEITSMERKMALE, KOMPETENZEN UND TEILKOMPETENZEN

»Allgemein gesagt würden die Aufgaben der Persönlichkeits-Psychologie darin bestehen,

- Beschreibungen für Persönlichkeitsmerkmale vorzunehmen,
- Erklärungen für inter- und intraindividuelle Unterschiede zu geben,
- Prognoseinstrumente für zukünftiges individuelles Verhalten bereitzustellen (Persönlichkeitsvorhersage, differentielle Psychologie) und
- Änderungen von Personmerkmalen über die Zeit hinweg zu analysieren (Persönlichkeitstheorie)...«[20]

2.1 PERSÖNLICHKEITSMERKMALE

Im Mittelpunkt dieser Sicht steht also die Aufgabe, Beschreibungen für Persönlichkeitsmerkmale zu erfinden und zu finden. Im kognitiven Bereich der Persönlichkeitsdimensionen lassen sich ca. 20 bis 25 Primärfaktoren identifizieren. Der nichtkognitive Sektor, also der Bereich der Gefühle, Einstellungen usw., lässt sich faktorenanalytisch mit 10 bis 15 Dimensionen umschreiben.[21]

Viele Persönlichkeitsmodelle gehen dem entsprechend von der erklärend-gesetzesförmigen Annahme aus, dass es abgrenzbare und stabile Persönlichkeitseigenschaften gibt, welche in jedem Menschen gemessen werden können. Diese Ansicht ist zwar höchst umstritten. Der verstehend-individualisierende Ansatz beharrt darauf, dass jeder einzelne Mensch seine ganz individuellen Charaktereigenschaften hat, welche nicht mit allgemeinen Schablonen und Eigenschaftssystemen erfasst werden können. Dennoch ist die Eigenschaftssicht die am weitesten verbreitete, zumindest dort, wo es um Persönlichkeitstests geht.

Hossiep und Mühlhaus sprechen deshalb zurecht von einem *Paradigma von Persönlichkeitseigenschaften* das die Persönlichkeitspsychologie bis heute dominiere. »Die individuellen Besonderheiten von Menschen sollen durch ihre Eigenschaften beschrieben werden. Die Persönlichkeit wird als geordnete Gesamtheit all dieser Eigenschaften verstanden... Eigenschaften werden als zumindest mittelfristig relativ stabil verstanden. Langfristige Veränderungen werden als durchaus möglich angesehen, u. a. bedingt durch kritische Lebensereignisse (wie z. B. Krankheit, Tod, Arbeitsplatzverlust u. Ä.)«[22] Im Zentrum steht methodologisch die quantitative Zuordnung von Zahlen zu qualitativen Eigenschaftsbegriffen. Diese müssen erklärt werden, ehe die Zuordnung überhaupt stattfinden kann.[23]

Damit die unterschiedlichen Eigenschaftssysteme, die auf diese Weise als Persönlichkeitstheorien kreiert wurden und werden, naturwissenschaftsanalog zur Messung und Vorhersage taugen, werden in der Mainstream-Psychologie in der Regel probabilistische und ganz selten im eigentlichen Sinne deterministische Kausalerklärungen menschlichen Verhaltens formuliert. Die in der Testpsychologie unumgänglichen Schlüsselbegriffe Objektivität, Reliabilität und Validität werden in den Naturwissenschaften aber anders thematisiert, naturwissenschaftliche Statistik hat einen anderen Sinn.

Objektivität ist generell die Unabhängigkeit der Beschreibung eines Sachverhalts vom Beobachter. Sie ist in den Naturwissenschaften bei Vorliegen einer Standardtheorie kein Problem, da sie auf die objektive Existenz des Beschriebenen in der Realität zurückgeführt wird. In den Sozial- und Geisteswissenschaften konstituiert aber oft erst die Beschreibung das zu Beschreibende und zu Messende. Dass es dieses tatsächlich unabhängig vom Beobachter gibt, muss aufwendig, durch peinlich genau eingehaltene Untersuchungsbedingungen, durch Festlegung der Auswerter auf gemeinsame Standards und durch Sicherung des gleichen Wissensstandes der Auswerter erreicht werden. Objektivität ist in den Naturwissenschaften eine eher triviale Forderung, was für die Messung von Subjekten in keiner Weise gilt.

Unter *Reliabilität* versteht man die Zuverlässigkeit und Genauigkeit, mit der eine bestimmte Eigenschaft, etwa eine Persönlichkeitseigenschaft gemessen wird. Man kann dabei die Stabilität der Messung bei Wiederholungen, die Erzielung gleicher Ergebnisse bei paralleler Ausführung der Messung und die Gleichwertigkeit der Ergebnisse bei Aufspaltung eines Tests beispielsweise in zwei Hälften (split-half-Reliabilität) unterscheiden. Die Forderung, dass man unter gleichen Rahmenbedingungen zu gleichen Ergebnissen kommt und keine systematischen Fehler auftreten (Fehlerstatistik) ist in den Naturwissenschaften eine ebenso selbstverständliche Voraussetzung,

20 Häcker, H (1995): ebenda, S. 2401

21 Häcker, H. (1995) ebenda S. 241

22 Hossiep, R., Mühlhaus, O. (2005): Personalauswahl und -entwicklung mit Persönlichkeitstests. Göttingen, Bern, Wien... S.15 f.

23 ebenda S. 19

während in den Sozial- und Geisteswissenschaften ständig neu darüber nachgedacht werden muss, was man da eigentlich misst, ob die zuverlässig gemessenen Daten auch tatsächlich das beschreiben was man erforschen will.

Messinstrumente, die zuverlässig immer das Falsche messen, sind zwar reliabel, aber nicht valide. Hier kommt die *Validität* zur Geltung. Validität ist ein Kriterium für die Gültigkeit einer wissenschaftlichen Untersuchung und ihrer Ergebnisse. Eine Untersuchung ist valide, wenn die erhobenen Daten auch tatsächlich die Fragen beschreiben, die erforscht werden sollen. Das gilt für Natur-, Sozial- und Geisteswissenschaften gleichermaßen. Allerdings enden da die Gemeinsamkeiten. In den Naturwissenschaften ist man sich in der Regel schnell einig, welche Fragen erforscht werden sollen, welche Fragen wir an die Natur stellen. In den Sozial- und Geisteswissenschaften stehen am Anfang meist fundamentale qualitative Diskussionen zu den Forschungsfragen selbst und zum Begriffsinstrumentarium. Die quantitativ vorgehende statistische Testtheorie hat feinste Instrumente für den Vergleich der Validität von Erhebungsinstrumenten bereitgestellt. Die qualitative Sozialforschung, etwa die Biografieforschung[24] oder die entsprechende Analyse von Texten oder Bildwerken[25] fasst Validität aber auf eine ganz andere, inhaltliche Weise. Übrigens weichen nicht nur ausgewählte Bereiche der Sozialforschung von Paradigmen der klassischen Testtheorie ab. Vielmehr haben sich in vielen Anwendungsbereichen, die interdisziplinäre Forschungsansätze erfordern, die Erkenntnis durchgesetzt, dass kombinierte Mess- und Schließverfahren für praktisch anwendbare Problemlösungen erforderlich sind.[26]

In Bezug auf die Kompetenzforschung hat die Konstruktion von eigenschaftsorientierten Persönlichkeitsmodellen und damit das Eigenschaftsparadigma eine weitere Problematik. Kompetenzen sind Fähigkeiten, kreativ und selbstorganisiert zu handeln. Eigenschaften bezeichnen hingegen generell Merkmale, die einem Ding, Prozess oder einer Beziehung zukommen. Objekte mit einer oder mehreren Eigenschaften lassen sich zu entsprechenden Objektklassen vereinigen.[27] Persönlichkeitseigenschaften sind folglich Personen zukommende oder zugeschriebene Merkmale; die Person steht im Mittelpunkt. Grundlegende Persönlichkeitseigenschaften lassen sich gemäß Hossiep und Mühlhaus aber nur schwer und kaum gezielt verändern. Die Postulierung von Persönlichkeitseigenschaften ist die Voraussetzung von Persönlichkeitstests. Sie steht dem Ziel, trainierbare und rasch entwickelbare Kompetenzen zu identifizieren, direkt entgegen. Deutlich herausgestellt:

> Fähigkeiten sind keine Eigenschaften.

Handlungsfähigkeit umfasst auch die Performanz, das tatsächlich Handeln, nur darin wird die Fähigkeit manifest. Ohne das Handeln hat die Kompetenz keine Wirklichkeit. Vor allem können sich Fähigkeiten, wie bereits ausgeführt – durch die Konfrontation mit neuen Gegebenheiten, durch Coaching und Training – im Gegensatz zu den sehr stabilen Persönlichkeitseigenschaften – sehr schnell und sehr intensiv verändern und entwickeln.[28] Solche Kompetenzentwicklungsprozesse lassen sich sogar mit Hilfe des Netzes durchführen.[29] Genau das macht die Erfassung von Kompetenzen für Unternehmen und Organisationen so attraktiv.

2.2 KOMPETENZEN UND TEILKOMPETENZEN

Im Gegensatz zu Klagegesängen aus dem HR-Bereich, es gebe so viele unterschiedliche Definitionen von Kompetenz, eigentlich wisse man überhaupt nicht, was man darunter verstehen solle, meinen wir:

1. Der Grundansatz handlungsbezogener Kompetenz ist einfach zu erklären und einfach zu verstehen.[30]
2. Es gibt nur wenige und von fast allen handlungsbezogen arbeitenden Forschern und Praktikern in gleicher Weise benutzte Schlüsselkompetenzen.
3. Es ist sinnvoll, auf diese Schlüsselkompetenzen problem- und personenorientiert differenzierte Beschreibungssysteme von Kompetenzen aufzubauen.
4. Mit deren Hilfe lassen sich fruchtbare Systeme der Kompetenzerfassung konzipieren und weiterentwickeln.
5. Als Messverfahren eignen sich in den meisten Fällen keine klassischen Testmethoden, sondern unterschiedlichste Ratingansätze und qualitative Verfahren.

(1) Sie kommen morgens in die Firma. Drei Stapel Post erwarten Sie: Links die Routinefälle, leicht lösbar, leicht abzuarbeiten. In der Mitte die komplizierteren, aufwendigeren, aber doch klar lösbaren Aufgaben. Rechts die mit den Ihnen zu Verfügung stehenden Mitteln nicht lösbaren Problemfälle, die Schwitzehände und weiche Knie verursachen[31] und letztlich, Sie ahnen es, zur Lösung auf Ihre »Bauchentscheidung« angewiesen sind.[32] Also auf solche Entscheidungen, die nicht

24 Erpenbeck, J., Heyse, V.(2007; 2. überarb. Aufl.): Die Kompetenzbiografie. Münster, New York, München, Berlin

25 Mayring, P. (2003, 8. Aufl): Qualitative Inhaltsanalyse. Grundlagen und Techniken. Weinheim und Basel

26 Hasebrook, J., & Saariluoma, P. (2007). Networks for open thought: Reviewing for interdisciplinary research. Knowledge Generation, Communication, and Management: KGCM, July 8-11, 2007, Orlando FL.

27 Röseberg, U. (1991): Eigenschaft. In: Hörz, H. et al. (Hg.): Philosophie und Naturwissenschaften. Wörterbuch. Berlin. S. 209

28 Wir verwenden hier und im Folgenden Gedankengänge aus der Publikation: Erpenbeck, J. (Hrg. und Einführung) (2011): Der Königsweg zur Kompetenz. Grundlagen einer qualitativ – quantitativen Kompetenzerfassung Münster, New York, München, Berlin

29 Erpenbeck, J., Sauter, W. (2007) Kompetenzentwicklung im Netz. New Blended Learning mit Web 2.0

30 »handlungsbezogen« betont hier den Gegensatz zum »kognitionsbezogenen« Ansatz von PISA und Co. Der dort benutzte Kompetenzansatz schließt die wichtigsten Grundkompetenzen, die personalen und sozialen, prinzipiell aus und betont explizit, dass der wichtigste Mechanismus der Kompetenzaneignung, die emotional-motivationale Interiorisation, aus der Betrachtung ausgeschlossen wird. vgl. Klieme, E., Maag-Merki, K., Hartig, H. (2007): Kompetenzbegriff und Bedeutung von Kompetenzen im Bildungswesen, in: Klieme, E., Hartig, H. (Hrg.): Möglichkeiten und Voraussetzungen technologiebasierter Kompetenzdiagnostik, Berlin.

31 Corssen, J. (2004): Der Selbstentwickler. Das Corssen Seminar. Wiesbaden

32 Gigerenzer, G. (2008): Bauchentscheidungen: Die Intelligenz des Unbewussten und die Macht der Intuition. München

allein »rational« zu fällen sind, sondern den Einsatz all Ihrer Emotionen und Motivationen, Ihrer zu Meinungen, Vermutungen, Hoffnungen, Ängsten, Vorurteilen usw. geronnenen Bewertungen Ihrer Umgebung und Ihres Handelns fordern. Je öfter Sie in Ihrer eigenen Sicht und in der Sicht Ihrer Arbeits- und Handlungsumgebung erfolgreich sind und »richtige« Entscheidungen getroffen haben, um so höher wird man Ihre Kompetenz veranschlagen.

Kompetenz ist also kein Wissen, keine Qualifikation, obwohl Sie für Ihre Entscheidung beides dringendst benötigen. Denken Sie nur an die wandelnden Lexika, die aber immer die falschen Entscheidungen treffen. Denken Sie an die vielen hochqualifizierten Inkompetenten, die Ihnen im Arbeitsleben ständig über den Weg laufen.

> *Kompetenz ist die Fähigkeit, in unerwarteten, offenen Situationen selbstorganisiert und kreativ zu handeln.*

Nicht jede Fähigkeit ist Kompetenz – den Schalter von links nach rechts zu drehen, eine Sprache, einen Stoff auswendig zu lernen, ein vorgegebenes Problem routinemäßig zu bewältigen – das erfordert natürlich ein oft intensives Handeln, aber keine Kompetenz.

Nicht jedes selbst Organisieren ist schon Selbstorganisation – der Begriff meint vielmehr ein durch tiefgründige, manchmal auch komplizierte Theorien (Synergetik, Autopoiese, Konstruktivismus, systemisches Herangehen) abgestütztes Verständnis des kreativen Umgangs mit Offenheit und Unsicherheit.

Die Fähigkeit, in unerwarteten, offenen Situationen selbstorganisiert und kreativ zu handeln, ist keine Erfindung und kein Erfordernis der Neuzeit – auch der Handwerksmeister im Mittelalter handelte so, war in diesem Sinne kompetent. Neu ist, dass diese Fähigkeit mit der Dynamisierung und Globalisierung von Erkenntnissen, Lebensprozessen, ökonomischen und politischen Umbrüchen zur Anforderung an immer mehr Menschen in immer mehr Alltags- und Arbeitssituationen wird.

Die Zukunft ist nicht mehr das, was sie einmal war – sie ist mit Fertigkeiten, Wissen und Qualifikationen, mit Beschulungen und Qualifizierungen auch im Dutzend nicht mehr zu bewältigen. Kompetenz ist gefragt.[33]

(2) Folgt man diesem handlungstheoretischen Grundverständnis, sind sofort die Grunddimensionen von Kompetenz klar. Wir nennen sie gern Schlüsselkompetenzen (key competencies), nicht um an die verdienstvollen Schlüsselqualifikationen zu erinnern, sondern um zu betonen, dass sie der Schlüssel für jedes weitere, detailliertere Kompetenzverständnis sind.

Charakterisieren wir Kompetenzen als – selbstorganisierte, kreative – Handlungsfähigkeiten, können wir sofort weiterfragen: *Wem gegenüber handeln wir*? Und da gibt es prinzipiell nur drei Handlungsrichtungen:

- Wir handeln in Bezug auf Sachverhalte und Sachprobleme (Fach-und Methodenkompetenz)
- Wir handeln in Bezug auf andere Menschen (Sozial-kommunikative Kompetenz)
- Wir handeln in Bezug auf uns selbst (Personale Kompetenz)

Abgesehen von Nuancen (getrennte Behandlung von Fach- und Methodenkompetenz, Selbstkompetenz statt Personaler Kompetenz) gehen nahezu alle handlungsbasierten Kompetenzüberlegungen von diesen drei Schlüsselkompetenzen aus.

Hinzu kommt:

- Wir handeln mehr oder weniger aktiv und willensstark (Aktivtäts- und Handlungskompetenz)

Diese Dimension spielt oft eine eher verdeckte Rolle. Entweder man sagt: aus Personaler, Fachlich-methodischer und Sozial-kommunikativer Kompetenz resultiert die Handlungskompetenz. Das ist offensichtlich fragwürdig, denn man kann durchaus personal schwach, fachlich mäßig kompetent und sozial wenig erbaulich sein und dennoch eine hohe Aktivitäts- und Handlungskompetenz besitzen.[34] Oder man ordnet die Aktivitäts- und Handlungskompetenz der Personalen Kompetenz, der Sozial-kommunikativen Kompetenz oder beiden zu. Es gibt jedoch keinen Ansatz, wo diese Dimension einfach fehlt.

Deshalb die Behauptung, dass nahezu alle handlungsorientierten Kompetenzforscher von den gleichen Schlüsselkompetenzen ausgehen – ein überaus seltener Fall in den Human- und Sozialwissenschaften!

Abgesehen von bestimmten Voraussetzungen, um überhaupt kompetent handeln zu können – wir sprechen hier gern in Analogie zu den Metakognitionen von Metakompetenzen wie Selbsterkenntnisvermögen, Selbstdistanz, Wertoffenheit u. ä.[35] bilden die genannten vier Schlüsselkompetenzen eine stabile Basis; wir definieren im einzelnen:

33 Erpenbeck, J. (2008): Was »sind« Kompetenzen? In: Faix, G.F., Auer, M. (Hrg.): Talent. Kompetenz. Management. Stuttgart, S. 79–137

34 das wurde in Erpenbeck, J., Heyse, V. (2. Aufl. 2008): Die Kompetenzbiografie. München, New York, München, Berlin eindeutig nachgewiesen

35 Bergmann, G., Daub, J. (2008): Systemisches Innovations- und Kompetenzmanagement. Grundlagen – Prozesse – Perspektiven. Wiesbaden

– **P** – Personale Kompetenz:
Das ist die Fähigkeit, sich selbst gegenüber klug und kritisch zu sein, produktive Einstellungen, Werthaltungen und Ideale zu entwickeln und danach zu handeln.

– **A** – Aktivitäts- und Handlungskompetenz:
Das ist die Fähigkeit, alles Wissen und Können, alle Ergebnisse sozialer Kommunikation, alle persönlichen Werte und Ideale auch wirklich willensstark und aktiv handelnd umsetzen zu können.

– **F** – Fachlich-methodische Kompetenz:
Das ist die Fähigkeit, mit fachlichem und methodischem Wissen gut ausgerüstet, schier unlösbare Probleme schöpferisch handelnd zu bewältigen.

– **S** – Sozial-kommunikative Kompetenz:
Das ist die Fähigkeit, sich aus eigenem Antrieb mit anderen zusammen- und auseinanderzusetzen. Kreativ zu kooperieren und zu kommunizieren.[36]

(3) Welche *Teilkompetenzen* wir diesen vier Schlüsselkompetenzen zuordnen, hängt von unserer Aufgabenstellung, unserem Verständnis dieser Teilkompetenzen, unserer Systematik usw. ab. Im Rahmen des KODE®X-Verfahrens,[37] das u. a. auch in der SIBE umfassend eingesetzt wird und wovon wir auf dem zweiten Stuttgarter Kompetenztag berichteten[38] werden 64 im Unternehmensbereich, aber auch in Schulen und Universitäten besonders wichtige Kompetenzbegriffe den Schlüsselkompetenzen und deren Zweierkombinationen systematisch zugeordnet. Dieses Herangehen hat bereits viele Nutzer, auch Nachahmer gefunden. Auch in den gleich folgenden Beispielen wurde es genutzt.

Eine gesonderte Rolle spielen sogenannte quer liegende Kompetenzen, also solche, denen gar keine spezifischen Einzel- oder Teilkompetenzen zuzuordnen sind, sondern die in ihrem jeweiligen »Überschneidungsbereich« – Führung, Medien, Innovation, Interkulturalität – einzelne aus dem Tableau der 64 Teilkompetenzen besonders intensiv nutzen. Wir sprechen dann von Führungs-, Medien-, Innovations- oder interkultureller Kompetenz.[39]

Wir stehen also einer geordneten Hierarchie von Kompetenzen gegenüber:

- Querliegende Kompetenzen
- Teilkompetenzen
- Schlüsselkompetenzen
- Metakompetenzen

(4) Aufbauend auf dem Dargestellten lassen sich fruchtbare Systeme der Kompetenzerfassung konzipieren und weiterentwickeln. Darauf wollen wir im nächsten Abschnitt eingehen.

Zuvor gestattet uns die deutliche Bestimmung von Meta-, Schlüssel-, Teil- und querliegenden Kompetenzen aber auch, die Ausgangsfrage, ob Kompetenzen Persönlichkeitseigenschaften seien, schlüssiger zu beantworten. Wir sehen nun, dass es nicht nur um verschiedene Begrifflichkeiten, sondern um unterschiedliche Sichten auf handelnde Personen geht.

Betrachten wir einen künstlerisch, also selbstorganisiert und kreativ arbeitenden Glasbläser. Er hat bestimmte, etwa mit dem »Big Five« zu charakterisierende Persönlichkeitseigenschaften, eine spezifische, interpretierbare Zusammensetzung von Offenheit (O), Gewissenhaftigkeit (C), Extraversion (E), Verträglichkeit (A) und Neurotizismus (N). Diese Eigenschaften sind gleichsam »eingestrickt« in seine Persönlichkeit. Was auch in seinem Leben geschieht – wenn es nicht kritische Ereignisse wie Arbeitsverlust, Krankheit, Tod naher Angehöriger u. ä. sind, wird er beispielsweise offen bleiben, gewissenhaft arbeiten, extravertiert, aber verträglich auftreten und Nervositäten in engen Grenzen halten. Damit können wir Vermutungen anstellen, wie er in diesem oder jenem Falle handeln wird. Zuverlässig können wir wenig prognostizieren. »So bin ich« – dazu können wir etwas sagen. »So handle ich« – das lässt sich aus dem OCEAN von Persönlichkeitseigenschaften schwerer und nur mit einer gewissen Wahrscheinlichkeit erschließen.

Wer nach den Kompetenzen des Mannes fragt, macht es sich da viel einfacher. Fragt nicht wie er »gestrickt« ist, sondern wie er »tickt«, wie er handelt. Das kann man sich schildern lassen. Das kann man beobachten. Das können andere beobachten und einschätzen. Das kann man in künstlich gesetzten Situationen, die selbstorganisiertes und kreatives Handeln herausfordern, rasch und oft treffend herausbekommen; Assessments sind Kompetenzermittlungs-, keine Persönlichkeitsermittlungsverfahren – auch wenn in der Regel Persönlichkeitstests einbezogen werden. Wer so oder so handelt, wird wohl auch die Fähigkeit dazu haben, lautet der banale, gleichwohl sehr aussagekräftige Schluss von der Handlung auf die dafür notwendigen Fähigkeiten, dies selbstorganisiert und kreativ zu tun – also auf die notwendigen Kompetenzen. »So handle ich« – das ist beispielsweise ein direkter Ausweis der personalen (P), aktivitäts- und handlungsbezogenen (A), fachlich-methodischen (F) und sozial-kommunikativen Kompetenzen (S).

36 Wir benutzen den Singular Kompetenz, wenn wir ein Bündel entsprechender Kompetenzen zusammenfassen, den Plural Kompetenzen, wenn wir die Aufspaltbarkeit dieser Kompetenz betonen wollen

37 Heyse, V., Erpenbeck, J. (Hrg.) (2007): KompetenzManagement. Methoden, Vorgehen, KODE® und KODE®X im Praxistest. Münster, New York, München, Berlin

38 Keim, S., Erpenbeck, J., Faix, W. G.: Der Poffenberger – KODE®X. In: Faix, W. G., Auer, M. (Hrg.): Talent. Kompetenz. Management. Global. Lokal. Stuttgart. S. 401–436

39 Erpenbeck, J. (2010): Interkulturelle Kompetenz ohne interkulturelle Kompetenzen? In: Faix, W. G., Auer, M. (Hrg.): Talent. Kompetenz. Management. Global. Lokal. Stuttgart. S. 269–302 siehe auch Zawacki-Richter, O., & Hasebrook, J. (2005). Entwicklung interkultureller Kompetenz in internetbasierten Lernumgebungen. QUEM Bulletin Berufliche Kompetenzentwicklung, 7(3), S. 7–12.

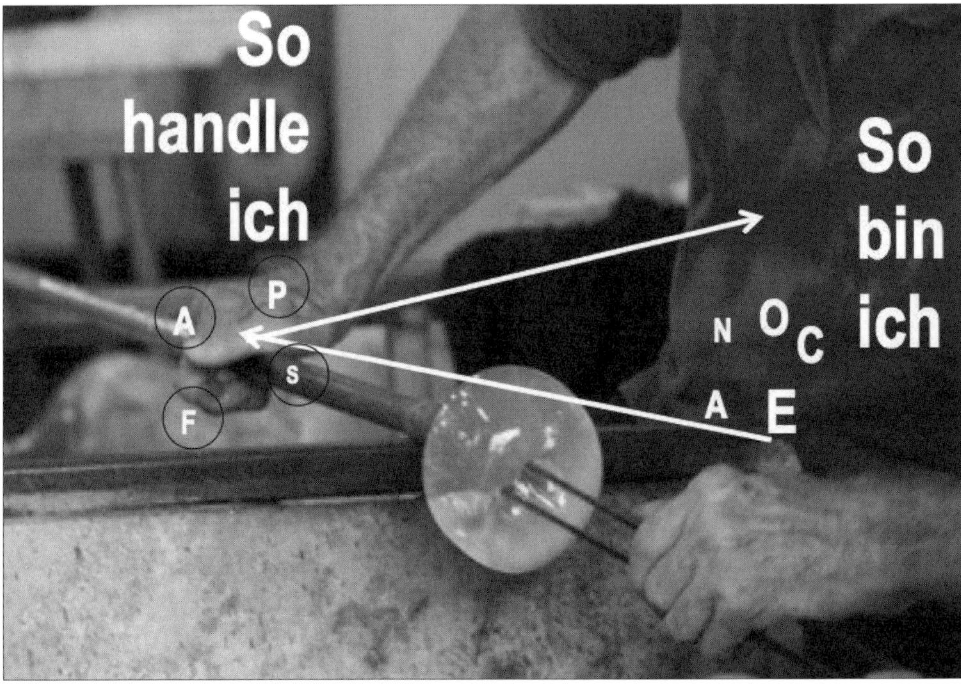

1 | Persönlichkeitseigenschaften (»So bin ich«) vs. Kompetenzen (»So handle ich«)

Kurzum: Man kann von den Persönlichkeitseigenschaften (z. B. O, C, E, A, N) nicht auf die Fähigkeiten, selbstorganisiert und kreativ zu handeln (z. B. P, A, F, S) schließen. Vielmehr gilt:

> *Persönlichkeitseigenschaften **grundieren** Kompetenzen, determinieren sie aber nicht. Kompetenzen **integrieren** Persönlichkeitseigenschaften, werden aber durch die Performanz und das wahrnehmbare Handlungsresultat determiniert.*

Das lässt sich an einem Beispiel veranschaulichen. Man ist geneigt zu vermuten, eine hohe Extraversion (E) müsse, da der so Begabte leicht auf andere Menschen zugeht, leicht Kontakte knüpft, leicht seine Gefühle und Stimmungen entäußert, mit einer hohen Sozial-kommunikativen Kompetenz (S) gekoppelt sein. Das ist leider nicht so ganz wahr, wie das folgende Bild veranschaulicht. Eine hohe Extraversion *kann* eine große Sozialkompetenz grundieren, der Extrovertierte kann aber auch seiner Umgebung gehörig auf die Nerven gehen, also eine nur geringe Sozialkompetenz besitzen!

Persönlichkeitseigenschaften können sich im Laufe des Lebens langfristig verändern, lassen sich aber kaum gezielt trainieren. Kompetenzen sollen und müssen sich verändern, können manchmal sogar kurzfristig geplant entwickelt, trainiert und gemanagt werden. Es gibt also zwei ge-

2 | Persönlichkeitseigenschaft Extraversion vs. sozial-kommunikative Kompetenz

genläufige Wege: Entweder man schließt von Persönlichkeitseigenschaften auf die Performanz und das künftige Handlungsergebnis. Oder man schließt von der Performanz und dem Handlungsergebnis auf bestimmte Fähigkeiten, die auch künftig ein erfolgreiches, selbstorganisiertes Handeln der Person in offenen Problemsituationen ermöglichen. Letzteres ist viel genauer, zielorientierter und personalwirtschaftlich besser einzubinden. Genau daraus erklärt sich, unseres Erachtens, der Siegeszug der im Gegensatz zu Persönlichkeitstests scheinbar viel weniger elaborierten Kompetenzerfassungsmethoden. Zu beobachten ist dies nicht nur in Bezug auf einzelne, besonders gefragte Kompetenzen wie „Akquisitionsstärke" sondern auch in Bezug auf ganze Merkmalsbündel oder anders gesagt: Die Vielfalt oder „Diversity" im Unternehmen: Unternehmen, die Vielfalt im Unternehmen erfolgreich nutzen wollen, beschränken sich eben nicht auf einige wenige, unveränderliche Merkmale wie Geschlecht und Alter, sondern betrachten neben diesen Oberflächenmerkmalen Tiefenmerkmale wie Fähigkeiten und Kompetenzen, um deren Vielfalt gezielt zu fördern und zu nutzen [40]

40 Hasebrook, J., Dohrn, S. & Jablownowski, L. (2011). Diversity in Innovationsprozessen. Eine Untersuchung aus der Perspektive eines Integrierten Kompetenzmanagements. In E. Barthel, A. Hanft & J. Hasebrook (Hrsg.). Integriertes Kompetenzmanagement. Ein Arbeitsbericht (S. 31–69), Münster: Waxmann.

3 KOMPETENZERFASSUNG

Es gibt inzwischen viele Verfahren der Kompetenzerfassung und Kompetenzmessung. Sie sind in einem inzwischen zum Standardwerk avancierten Handbuch zusammengetragen. Die dort aufgeführten Verfahren sind danach geordnet, ob und welche Einzelkompetenzen sie erfassen, ob sie mehr experimentellen oder mehr kommerziellen Charakter tragen und ob sie vorwiegend in Deutschland, in anderen deutschsprachigen Ländern oder in beiden verwendet werden.

Eine dort vorgeschlagene Ordnung ist die nach

- *quantitativen* Methoden (Tests, Ratings, Modellrechnungen)
- *qualitativen* Methoden (Berichte, episodische-, biografische Rückblicke)
- *aktiven* Methoden (direkte Beobachtungen in Simulationsprozessen, in aktuellen oder nahe genug zurückliegenden Handlungsprozessen, Arbeitsproben)

Dass es in der Gruppe der *aktiven Methoden* fast ausschließlich um Kompetenzen geht, ist plausibel. Wenn wir Handlungen beobachten, können wir leicht auf die Handlungsfähigkeiten schließen. Persönlichkeitseigenschaften können wir bestenfalls hypothetisch und nur sehr mittelbar erschließen. Das beste Beispiel ist der Flugsimulator beim Pilotentraining, wo die personale Kompetenz als Stabilität, die Aktivität und Fachkompetenz in Problemsituationen sowie die soziale Kompetenz in der Verständigung mit dem Tower und dem Bordpersonal gemessen werden. Viele Assessments gehören in diese Gruppe, da dort unterschiedliche Handlungsweisen auf die zugrunde liegenden Handlungsfähigkeiten hin abgeklopft werden, so beispielsweise beim Lernpotential Assessment Center (LP-AC), welches das Lernhandeln in den Mittelpunkt stellt. Auch online Assessments dienen der Kompetenzermittlung. Als weiteres Beispiel mag das berühmte Kasseler Kompetenzraster dienen, bei dem Arbeitsprozesse und Arbeitsberatungen aufgezeichnet und nach einem methodisch entwickelten Kompetenzraster ausgewertet werden. Auch der nicht weniger berühmte hamet 2, der handlungsorientierte Module zur Erfassung von Lern- und Sozialkompetenzen bereitstellt, ermittelt Kompetenzen direkt aus Handlungsfähigkeiten. Ebenso Arbeitsproben und situative Fragen zur Messung arbeitsplatzbezogener Kompetenzen. Die Arbeitsproben zur berufsbezogenen Intelligenz (AZUBI) diagnostizieren intellektuelle Handlungsfähigkeiten über arbeitsprobenartige Testaufgaben. Arbeitsbezogen auch die Kompetenzwerkstatt für Schüler und Jugendliche. Im virtuellen Raum handeln die Teilnehmer des internetbasierten Self-Assessment-Verfahrens »Karrierejagd«. Die Beurteilung von Kompetenzen aufgrund von Arbeitsproben ist in vielen Unternehmen eine gängige Methode.

Qualitative Methoden können gleichermaßen zur Ermittlung von Kompetenzen wie von Persönlichkeitseigenschaften genutzt werden. Jedes psychotherapeutische Gespräch ist auch ein Versuch, die Persönlichkeitseigenschaften eines Menschen besser zu verstehen. Jedes Personalgespräch gibt einen Einblick in die Persönlichkeitseigenschaften des Gegenüber. Gleichzeitig lassen sich aus den berichteten Handlungsweisen, aus dargelegten Lebensepisoden oder biographischen Etappen wertvolle Hinweise auf Kompetenzen und Kompetenzentwicklungen gewinnen. Dieses Vorgehen lässt sich systematisch gestalten, indem Methoden, Themen und Schwerpunkte des Berichtens und Sprechens systematisiert und dokumentiert werden. Das ist etwa bei den bekannten qualitativen Verfahren wie den französischen Bilan de compétences, dem Schweizer CH-Q-Kompetenz- Management-Modell oder den deutschen Verfahren ProfilPASS und Kompetenzenbilanzen durchweg der Fall.

Quantitative, oft testartige Methoden müssen genauer analysiert werden. Da gibt es zum einen Tests, die ursprünglich Tests von Persönlichkeitseigenschaften waren, wie DISG oder INSIGHTS und andere, welche die Items später interpretativ auf Kompetenzen umgepolt haben. Da gibt es Tests, die Persönlichkeitseigenschaften und Kompetenzen nebeneinander messen, wie das sehr bekannte Bochumer Inventar zur berufsbezogenen Persönlichkeitsbeschreibung (BiPP), der becobi®-Kompetenzcheck zur nachhaltigen Nutzung von personellen Potenzialressourcen in Organisationen, das Selbstkonzept beruflicher Kompetenz, !Response 360° Feedback und andere. Da gibt es Tests, die den emotional-motivationalen, wertenden Hintergrund von Kompetenzen aufklären, wie das Leistungs-Motivations-Inventar (LMI), das Multi-Motiv-Gitter (MMG), das Emotional Competency Inventory (ECI2), den Kompetenz-Werte-Workshop und andere. Und da gibt es schließlich Kompetenzerfassungsmethoden, die versuchen, einen direkten Zugriff auf die Fähigkeiten von Menschen zu erlangen, selbstorganisiert und kreativ zu handeln. Dazu gehören das Instrument for Competence Assessment (ICA), das Personalauswahlverfahren »Soziale Kompetenz« (SOKO), die IAI Scorecard of Competence, das Kompetenzrad und die Kompetenzmatrix, der Siemens-Führungsrahmen, die Führungsstilanalyse LEAD, das Balance-Inventar der Führung (BALI-F), Das Kompetenz-Reflexions-Inventar (KRI), der Beurteilungsbogen zu sozialen und methodischen Kompetenzen smk[27], das Competence Profiling Compro+®, das Entwicklungsorientierte Scanning (EOS), Teile der Eignungsdiagnostik mit PERLS, der Kompetenz-Check, das Behavioral Event Interview (BEI), KODE®, KODE®X und viele weitere.

Zunehmend setzt sich noch ein anderes Vorgehen durch, wie es auch das KODE®X-Verfahren in den Mittelpunkt rückt. Ausgehend von ihrer Unternehmenskultur, von ihren strategischen Überlegungen und Plänen in einer nahen, überschaubaren Zukunft bestimmen Unternehmen, welche Kompetenzen sie bei ihren Mitarbeitern besonders erwarten (Auswahl), was sie unter diesen Kompetenzen verstehen wollen (unternehmensspezifische Definition) und in welchem Maße sie diese Kompetenzen bei den unterschiedlichen Jobgruppen des Unternehmens erwarten (Kompetenzprofile).[41] Die so ausgewählten Kompetenzprofile dienen als Grundlage künftiger Personalarbeit: Für die Entwicklung von Anforderungsprofilen, für Auswahlverfahren, für kompetenzbasierte

41 Heyse, V. (2007): Strategien – Kompetenzanforderungen – Potenzialanalysen. In: Heyse, V., Erpenbeck, J. (Hrg.): KompetenzManagement. Methoden, Vorgehen, KODE® und KODE®X im Praxistest. Münster, New York, München, Berlin

Seminare, für weitere Kompetenzentwickungsmaßnahmen, für Laufbahnbestimmungen, für Skill- und Talentmanagement, für ein einheitliches Unternehmenscontrolling, insgesamt für die Durchsetzung der Unternehmensstrategie im Personalbereich.

Jede der ausgewählten Kompetenzen kann nun, ausgehend von ihrer unternehmensspezifischen Definition, auf der individuellen Ebene skaliert beurteilt werden – unabhängig davon ob man eine Skala mit 4, 5, 6, 7, 10 oder 12 Stufen benutzt. Eine solche Einschätzung nennt man ein Rating. Inzwischen haben nahezu alle großen deutschen Unternehmen eigene Kompetenzmodelle, die auf ähnliche Weise entstanden und via Rating funktionieren[42], auch wenn vor allem Testpsychologen massive Einwände gegen die Verwendung von Ratingverfahren erheben. Wir werden diese Einwände im nächsten Abschnitt kurz streifen.

Zuvor wollen wir aber 3 auf dem KODE®X-Verfahren aufbauende Beispiele zeigen, bei denen das skizzierte Vorgehen »Auswahl → unternehmensspezifische Definition → jobgruppenspezifische Profilierung → Aufbau eines entsprechenden Ratingverfahrens« eingesetzt wurde.

Das erste Beispiel ist der *Poffenberger KODE®X*, wie er an der SIBE gestaltet wird. Die Auswahl und die SIBE – spezifischen Definitionen der ausgewählten Kompetenzen wurde durch ein Führungsteam der Hochschule vollzogen. Da nur Studentengruppen beurteilt wurden und werden, gibt es außer einem Studienbeginner- und einem Studienfortgeschrittenen-Profil keine weiteren. Das aufgebaute Rating-Verfahren arbeitet mit einer 12-stufigen Skala, die online abgefragt wird und 8 Kommilitonenvoten, eine Selbst und eine Vorgesetzten Einschätzung zusammenfasst.

Die folgende Abbildung liefert ein Beispiel; nähere Informationen haben wir auf dem 2. Stuttgarter Kompetenztag veröffentlicht.

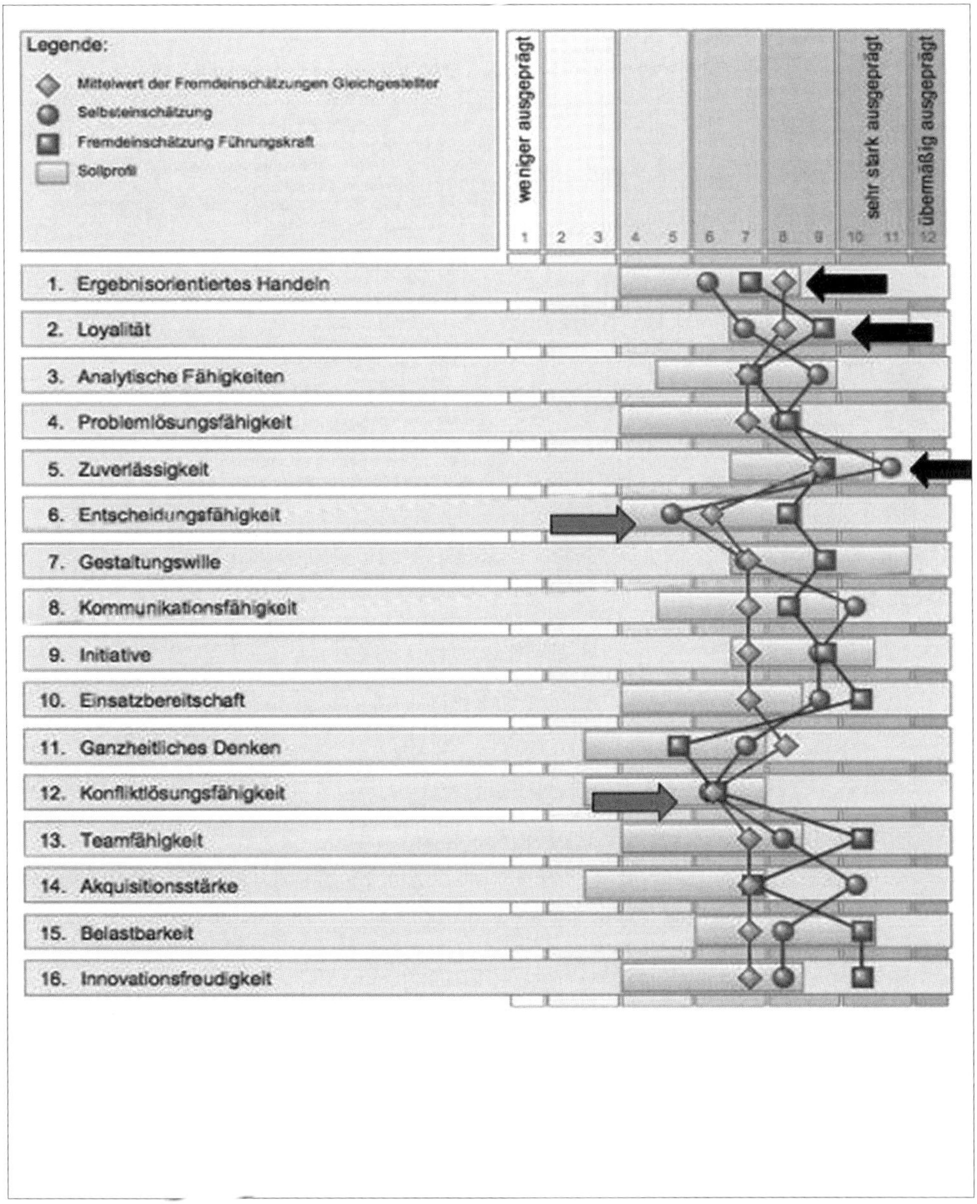

3 | SIBE – Poffenberger KODE®X mit 0 Fremdeinschätzungen, 1 Selbsteinschätzung und Einschätzung eines Unternehmensvertreters

42 J. Erpenbeck, L. v. Rosenstiel, S. Grote (i. V.): Kompetenzmodelle großer Unternehmen. Stuttgart

Beispiel: Sozialkompetenz mit Handlungskomponente (Akquisitionsstärke)

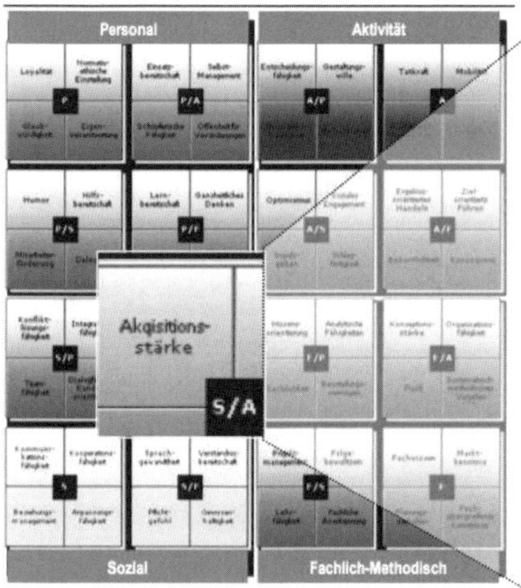

Beschreibung, Beobachtung und Übertreibung der Kompetenz „Akquisitionsstärke" (beispielhaft)

Beschreibung der Kompetenz:
Akquisitionsstärke bezeichnet die Intensität und Aktivität, mit der Erwerbungs- und Werbungsprozesse in sozialen Zusammenhängen durchgeführt werden. [...] Die Akquisition im und für den Verkauf nimmt eine Schlüsselrolle ein. Sie erfordert, Zielmärkte offensiv anzugehen und ein Gefühl für das Verhältnis von Akquisitionsaufwand und –nutzen.

Beobachtung der Kompetenz
- Geht auf andere Personen aktiv und initiativreich zu
- Versteht und beeinflusst andere durch intensive und
- kontinuierliche Kommunikation
- Entwickelt beim Kunden spezifische Lösungsvorschläge und
- vermittelt das Gefühl der vollen Einbeziehung des Kunden
- Erkennt schnell Wesentliches und setzt sich dafür selbständig
- ein
- Sucht die Nähe zum Kunden
- Erkennt wichtige Kundenbeziehungen und baut sie aus
- Stellt sich auf Besonderheiten des Kunden ein
- Beendet Gespräche mit konkreten Vereinbarungen
- ...

Übertreibung der Kompetenz
- Wirkt auf andere zu bedrängend und ergebnisorientiert

4 | Kompetenzauswahl für die LBS Hessen-Thüringen

Das zweite Beispiel ist ein Vorgehen, wie es für eine *Bewerberauswahl der LBS Hessen-Thüringen durch zeb/rolfes.schierenbeck.associates* durchgeführt wurde. zeb/ ist eine auf den Bereich Financial Services spezialisierte Managementberatung, die ihre Beratungsleistungen für Kunden aus der Finanzdienstleistungsbranche kontinuierlich ausgebaut hat, und gegenwärtig an zwölf Standorten in Deutschland, Österreich, der Schweiz, Ungarn, Tschechien, Polen und der Ukraine mehr als 630 Mitarbeiter beschäftigt.[43]

Ausgangspunkt war bei der Bewerberauswahl wiederum der wissenschaftlich gesicherte und in der Praxis bewährte KODE®X-Kompetenzatlas. Daraus wurden erfolgskritische Kernkompetenzen als Soll-Vorgaben ausgewählt, unternehmensspezifische Kompetenzbeschreibungen hinterlegt, durch Interviewer selbständig und sicher beobachtbare Handlungsanker zur Beobachtung der Kompetenzen angegeben und mögliche Übertreibungen der Kompetenz sichtbar gemacht, wie die nächste Abbildung zeigt.

Aufgrund von Kompetenzanalysen der Mitarbeiter konnte schließlich ein Kompetenzprofil der LBS Hessen-Thüringen erarbeitet werden, das stark handlungs- und sozial orientiert ist und damit unverwechselbar in der Landschaft der anderen Landesbausparkassen steht.

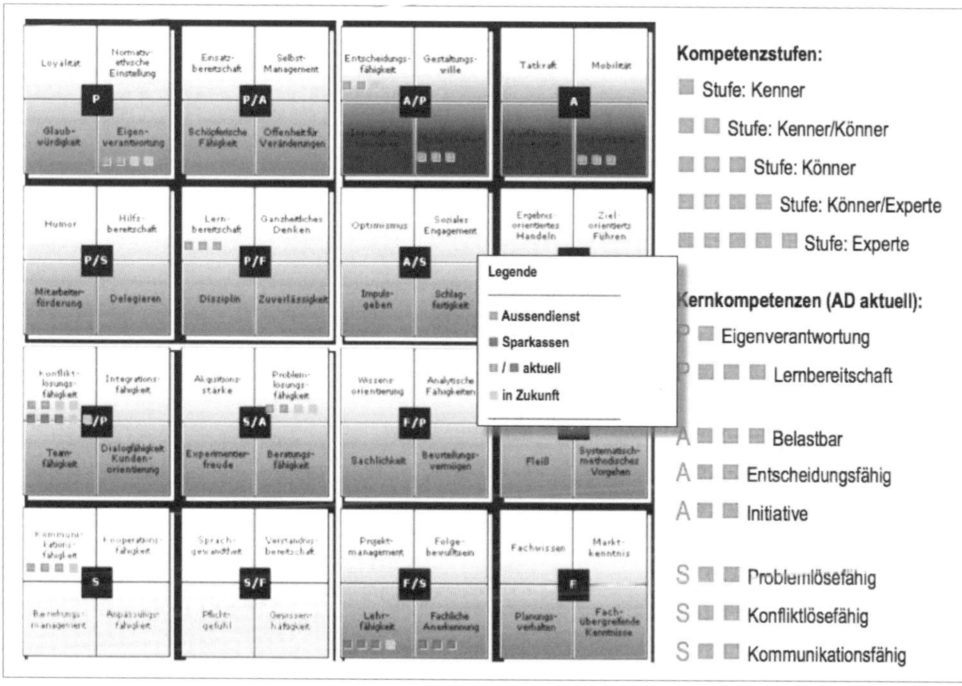

5 | Kompetenzauswahl für die LBS Hessen-Thüringen

Das dritte Beispiel ist die Ausarbeitung eines Kompetenzmodells durch die Globus Fachmärkte GmbH & Co. KG, ein Unternehmen der saarländischen Globus Gruppe mit Sitz in Völklingen. Sie betreibt 80 Baumärkte (davon 2 in Luxemburg) und beschäftigt über 6.000 Mitarbeiter. Im Geschäftsjahr 2009/2010 erzielten die Globus Fachmärkte einen Umsatz von ca. 1,4 Mrd. Euro. Sie stehen seit Jahren auf einem der ersten Plätze in Bezug auf die Globalzufriedenheit der Kunden bei namhaften Marktforschungsinstituten. Um ihre Prozesse im HR Bereich zu vereinheitlichen und zu beschleunigen, führte das Unternehmen 2010 ein vom KODE®X-Verfahren ausgehendes Kompetenzmodell ein. Dazu wurden zunächst 9 ausgewählte Marktleiter und Warengruppenmanager befragt. Sie schätzten die 64 Kompetenzen des Atlas nach ihrer Wichtigkeit für das Unternehmen ein. Die folgende Abbildung zeigt die Reihenfolge der Wahlen und die Größe des Zuspruchs; ca 10 Kompetenzen werden ganz deutlich vor allen anderen genannt.

43 Die folgenden Arbeiten zur Erstellung des Kompetenzprofils der LBS Hessen-Thüringen wurden von Hasebrook, J. durchgeführt. vgl. auch: Hasebrook, J. (2004). Ausblick: Strategisches Kompetenzmanagement – zur Konvergenz personaler und betrieblicher Kompetenzen. In J. Hasebrook, J. Erpenbeck & O. Zawacki-Richter (Hrsg.), Kompetenzkapital: Verbindungen zwischen Humankapital und Kompetenzbilanzen (S. 260–273). Frankfurt/Main

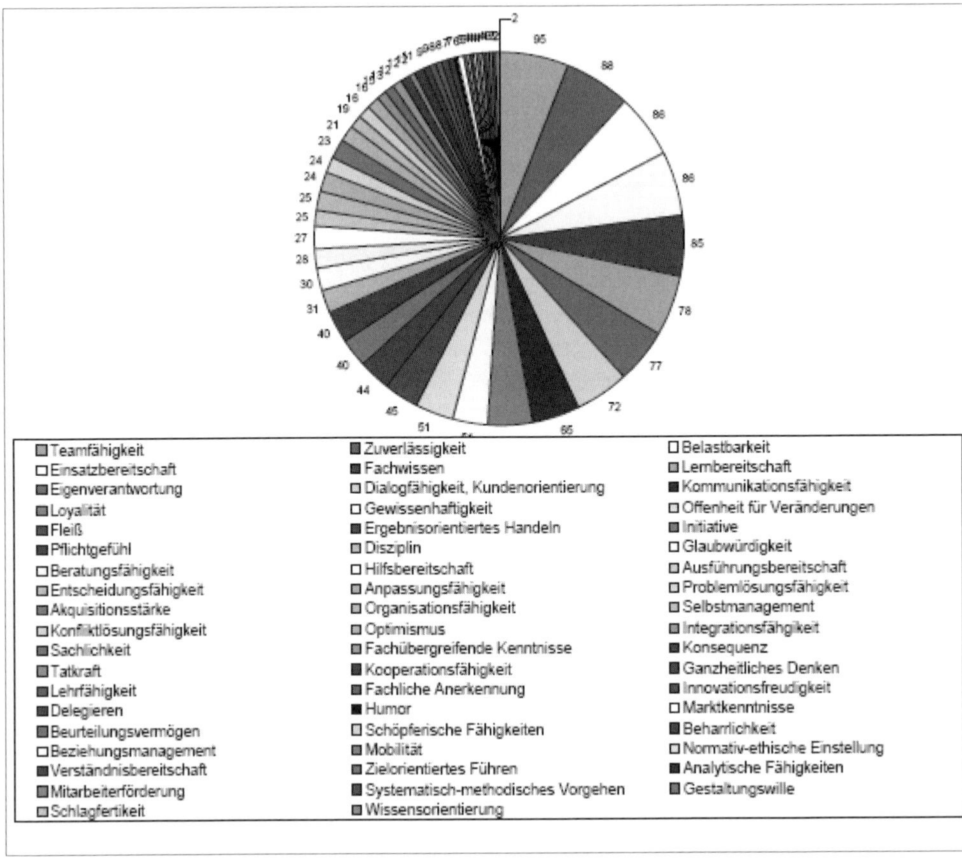

6 | Globus Baumärkte: Auswahl der 16 unternehmensweit wichtigsten Kompetenzen für das eigene Kompetenzmodell

Die Herausarbeitung der für das Unternehmen wichtigsten 16 Ausgangskompetenzen ergab folgende für alle Soll-Profile geltenden 16 Grundkompetenzen:

- **Personale Kompetenz**
  - Glaubwürdigkeit
  - Eigenverantwortung
  - Einsatzbereitschaft
  - Selbstmanagement
  - Offenheit für Veränderungen
  - Zuverlässigkeit

- **Aktivitäts- und Handlungskompetenz**
  - Entscheidungsfähigkeit
  - Ergebnisorientiertes Handeln
  - Belastbarkeit
  - Ausführungsbereitschaft

- **Fach- und Methodenkompetenz**
  - Analytische Fähigkeiten
  - Organisationsfähigkeit
  - Fachwissen

- **Sozial-kommunikative Kompetenz**
  - Dialogfähigkeit, Kundenorientierung
  - Pflichtgefühl
  - Gewissenhaftigkeit

Wie in den vorangegangenen Beispielen wurden für diese 16 Kompetenzen unternehmensspezifische Definitionen erarbeitet. Dann wurden in einem 2-tägigen Strategie-Workshop die Soll-Profile für die Zielgruppen Marktleiter und Warengruppenmanager herausgearbeitet. Für die einzelnen Führungskräfte konnten damit Einschätzungen über *Rating-Skalen* erhoben werden, die denen der SIBE ähnlich sahen.

Insgesamt wurden als Vorteile eines so entwickelten und eingesetzten Kompetenzmodells angeführt:

- Gleiche Anforderungen für alle Fachkräfte
- Objektivierter Maßstab
- Hohe Transparenz
- »simple and stupid«
- Passgenauigkeit für das Unternehmen
- Offenheit für alle Hierarchieebenen
- Basis für Feedbacks, z. B. für Jahresgespräche…[44]

44 Schultz, K.-P. (2011): Kompetenzmodell Globus Baumärkte. Für: Erpenbeck, J., von Rosenstiel, L., Grote, S. (2012): Kompetenzmodelle großer Unternehmen. Stuttgart. i.V.

4 KOMPETENZERFASSUNG UND RATINGVERFAHREN

Der Einsatz von Kompetenzmodellen auf die geschilderte Weise ist fast durchgängig mit der Kompetenzerfassung über Ratingverfahren als Methoden der Wahl verbunden.

Wenn unsere Feststellung stimmt, dass nahezu alle großen deutschen Unternehmen ein eigenes Kompetenzmodell haben und dieses ähnlich wie die geschilderten funktioniert, bilden Kompetenzerfassungsverfahren über Ratings die Hauptmasse aller Kompetenzerfassungsverfahren. Betrachtet man die Kompetenzmodelle von Siemens, Bosch, E.on, Daimler, der Postbank, der Telekom, der Lufthansa, der Bundesbahn, der Bundesagentur für Arbeit und vieler anderer großer Unternehmen, so sieht man sofort, dass sie alle ähnlich wie die hier vorgestellten aufgebaut sind: Einige Schlüsselkompetenzen für das gesamte Unternehmen oder auch Einzelbereiche, einige Teilkompetenzen (aber insgesamt meist nicht mehr als 15 bis 20), letztere durch Definitionen in Form von überprüfbaren Verhaltens- bzw. Handlungsankern untersetzt und für unterschiedliche Jobgruppen unterschiedlich abgefordert, zusammengefasst in einem meist online gestellten Fragebogen mit einer Ratingskala, die der Einzelne für sich und eventuell für mehrere andere Mitarbeiter, Vorgesetzte oder Kunden auszufüllen hat. Diese Fragebogenergebnisse gehen oft in die jährlichen Mitarbeitergespräche ein.[45]

Aber nicht nur die großen Unternehmen haben eigene Kompetenzmodelle, oft mit großem materiellen und personalen Aufwand, entwickeln lassen, bei denen die Kompetenzen durch Ratingverfahren abgeschätzt werden. Auch für kleine und mittlere Unternehmen spielen Ratingverfahren eine besondere Rolle, insbesondere seit Basel II, das Richtlinienwerk des Baseler Ausschusses für Bankaufsicht, das Rating eines Unternehmens zum Maßstab der Entscheidung über ein Kreditrisiko machte. Während zuvor hauptsächlich so genannte »Hardfacts« die Kreditwürdigkeit eines Unternehmens kennzeichneten, gehören nun »Softfacts« wie die Qualität des Managements, seine Kenntnisse, Erfahrungen und strategischen Ambitionen, seine Risikobereitschaft und seine Fähigkeit, auf offene, neue Situationen effektiv zu reagieren, zu den wichtigen Entscheidungskriterien. »Gerade die qualitativen Analysenteile, die das Rating im wesentlichen von der herkömmlichen Kreditwürdigkeitsprüfung unterscheiden, bieten ihnen zahlreiche Möglichkeiten, sich den Kreditgebern besser zu präsentieren«, so lautet deshalb der neue Rat.[46]

Gegen Ratingverfahren gab und gibt es bei klassisch psychometrisch ausgebildeten Psychologen große Vorbehalte. So stellt Caspar, einer der Klassiker der Rating-Analysen, fest: »Viele psychologische Merkmale können nicht wie physiologische Parameter gemessen oder einfach bei den Merkmalsträgern erfragt werden. Ratings, also Schätzungen durch unabhängige Beurteiler, sind wohl das häufigste Mittel, zu dem dann gegriffen wird, um aussagekräftige und verwertbare Daten zu erhalten. Ich kann mich erinnern, dass während meines methodisch strengen Studiums Ratingverfahren als grundsätzlich unseriös beurteilt wurden. Dass diese Einschätzung sich in der Psychologie grundlegend geändert hat, belegen viele Beiträge in den besten wissenschaftlichen Journalen, welche Ratingverfahren verwenden: Unter gewissen methodischen Voraussetzungen sind solche Verfahren das einwandfreie Mittel der Wahl.«[47] Dass die negative Einschätzung dennoch bei vielen Psychologen weiter besteht, wird allein dadurch belegt, dass die wissenschaftliche Auseinandersetzung mit Ratingverfahren in viel geringerem Maße stattfindet, als mit klassischen psychometrischen Aufgabenstellungen.

Die Arbeit von Inghard Langer und Friedemann Schulz von Thun »Messung komplexer Merkmale in Psychologie und Pädagogik. Ratingverfahren«, erstmals 1974 publiziert, kann noch im Jahre 2007 vom Herausgeber Rost zurecht in ihrem »unschätzbaren Wert« gepriesen werden; das liegt nicht nur an der hohen Qualität des Werkes, sondern auch an der vergleichsweise immer noch geringen Beschäftigung mit der Rating-Problematik. Unverständlich, denn Ratingverfahren gehören, wie Rost feststellt, »in den anwendungsorientierten Fächern der Psychologie (Klinische Psychologie, Pädagogische Psychologie, Arbeits-, Betriebs- und Organisationspsychologie), in der Erziehungswissenschaft und in den Sozialwissenschaften zu den am meisten eingesetzten Methoden. Im Gegensatz zu ihrer Verwendung werden Ratings in der einschlägigen methodischen Literatur jedoch relativ stiefmütterlich behandelt.« Geht man dem nach, kommt man zu interessanten Ergebnissen, welche die Kompetenzerfassung ganz direkt betreffen.

Neben der Einführung von Zeichen- und Kategoriensystemen ist die Einführung von Ratingskalen ein wesentlicher Schritt wissenschaftlicher Beobachtung. Als erkenntnistheoretisch typisch für die Verwendung von Ratingskalen erklären Grewe und Wentura in ihrem Standardwerk »Wissenschaftliche Beobachtung« folgendes Vorgehen: »Der Beobachter fällt sein Urteil durch Integration der Beobachtungen von einzelnen Verhaltensweisen über die Zeit. In dieser Hinsicht liegt der Hauptvorteil des Ratingverfahrens in seiner Ökonomie...« Dabei ist ein wichtiges »Merkmal von Ratingskalen... die Intransparenz des Urteilsvorganges: Es ist in den meisten Fällen nicht klar nachzuvollziehen, welche Integrationsfunktion durch die Rater realisiert wird... oft ist nicht recht durchschaubar, welche Verhaltensindikatoren mit welcher Gewichtung in das Urteil einfließen.« Andererseits ist das »Heruntertransformieren« einer komplexen Einschätzung auf einfache Verhaltensweisen (Indikatoren) entweder deshalb nicht möglich, weil die Indikatoren einem komplexen psychologischen Begriff (z. B. »Gehemmtsein«) nicht mehr gerecht werden oder selbst eine Einschätzung voraussetzen (wo beginnt das »Gehemmtsein«?). Darüber hinaus wird die Anzahl von Indikatoren, wenn sie denn existieren, zu groß, als dass die Beobachtungssysteme noch handhabbar wären.

45 Erpenbeck, J., von Rosenstiel, L., Grote, S. (2012): Kompetenzmodelle großer Unternehmen. Stuttgart. i.V.; vgl. auch Hasebrook, J. (2004). Ausblick: Strategisches Kompetenzmanagement – zur Konvergenz personaler und betrieblicher Kompetenzen. In J. Hasebrook, J. Erpenbeck & O. Zawacki-Richter (Hrsg.), Kompetenzkapital: Verbindungen zwischen Humankapital und Kompetenzbilanzen (S. 260–273). Frankfurt/Main: Bankakademie Verlag.

46 Müller, M., Kesting, J., Rau, J. (2003): Rating. Planegg bei München, S. 41ff., S. 48

47 Wirtz, M., Caspar, F. (2002). Beurteilerübereinstimmung und Beurteilerreliabilität. Göttingen, Bern, Toronto, Seattle. S. 3

»Bei Ratingskalen wird also in der Regel in besonderer, in dieser Form nicht ersetzbarer Weise der Messapparat ›Mensch‹ mit seinen komplexen Fähigkeiten genutzt.«[48] Die Intransparenz des Urteilsvorganges bei der Erfassung komplexer Sachverhalte erfordert zwingend und unumgänglich den Einsatz von Ratingskalen; sie sind unverzichtbar.

Zurecht formulieren deshalb Langer und Schulz von Thun: »Ratingverfahren nutzen die Fähigkeit des menschlichen Gehirns zur *›Indikatorenverschmelzung‹* zur automatischen Integration einer Vielzahl von Einzelindikatoren, die sich in ihrer Wirkung in einer fast unentwirrbaren Weise verstärken, aufheben oder sonstwie in Wechselwirkung treten.«[49]

Dies ist ein bedeutsamer, weit über die Entstehungszeit hinausweisender Gedanke. Rating-Merkmale beruhen meist auf alltagssprachlichen, qualitativ umrissenen Begriffen, deren Bedeutung intersubjektiv von den Mitgliedern einer Sprachgemeinschaft geteilt werden. Implizit sind uns diese Begriffe bekannt, sie sind in ein Sprachnetz eingewoben, das weitere, beobachtungsnahe qualitative Begriffe enthält.[50] Ratingverfahren ordnen diesen qualitativen Begriffen und Begriffsnetzen quantitative Maße zu.

Das heißt aber nicht, dass man »exakter« vorgehen könnte, wenn man nur die »wahren Werte« des zu Beobachtenden genauer wüsste. »Ein generelles Problem bei der Untersuchung von Urteilsfehlern betrifft die Trennung zwischen wahren Merkmalsausprägungen und Fehleranteilen. Da die wahren Merkmalsausprägungen in der Regel unbekannt sind, ist es nicht ohne weiteres möglich, Urteilsfehler zu identifizieren« heißt es bei Bortz und Döring.[51] Die in diesem Zitat und generell in der klassischen Testtheorie grundlegende Annahme, dass jede Messung einen »wahren Wert« und einen zu minimierenden Messfehler enthält, ist zumindest eine allzu grobe und damit schädliche Vereinfachung. Sie ist zudem erkenntnistheoretisch äußerst fragwürdig. Der Grundgedanke in der klassische Testtheorie ist, über Indikatoren (manifeste, beobachtbare Variable) auf latente, das heißt nicht direkt beobachtbare, aber *grundsätzlich* existierende Variable zu schließen. Die Annahme, dass da etwas grundsätzlich und objektiv Vorhandenes – wie trickreich auch immer – abgefragt wird,[52] vergisst, dass erst im Zuge der Erhebung psychische Prozesse ausgelöst werden und damit das Phänomen erst konstruiert wird.[53] Der fragwürdige Schluss von manifesten auf latente Variable wird durch die Idee der Indikatorenverschmelzung elegant umgangen. Zugleich wird plausibel gemacht, wieso gerade Ratingverfahren die Potenz haben, praktisch und sogar messökonomisch gut anwendbare Aussagen zu generieren.

Schon Langer und Schulz von Thun erwähnen kritische Positionen gegen Ratingverfahren: »Die ›weitverbreitete Skepsis und Ablehnung‹ gegen diese Art zu messen gründet sich im wesentlichen auf die Subjektivität und Undifferenziertheit des Verfahrens und der damit verbundenen angeblichen geringen Zuverlässigkeit (Reliabilität) und Gültigkeit (Validität).« Diese Subjektivität ist nicht aufhebbar. Ratingwerte *sind* subjektiv. Aber es gibt wissenschaftlich ausgearbeitete Methoden, die Subjektivität zu berücksichtigen. So stellen Bortz und Döring auch fest: »Ratingskalen zählen zu den in den Sozialwissenschaften am häufigsten verwendeten, aber auch umstrittensten Erhebungsinstrumenten« um dann aber Verfahren und Methoden zu summieren, die einen sinnvollen Gebrauch erleichtern.[54]

Resümierend erklären Langer und Schulz von Thun: »1.Ratingverfahren haben – richtig angewandt – unschätzbare Vorteile und 2. in vielen Fällen gibt es kaum eine Alternative, die dem Untersuchungsgegenstand angemessen wäre... 3. Damit verbunden ist ein weiterer Vorteil: Kein anderes psychologisch-soziologisch-pädagogisches Messverfahren kommt so nah an die Erlebnisrealität von Menschen und deren alltäglich zur Lebensbewältigung und Entscheidungsbildung praktiziertes Einordnen ihrer Umwelt heran wie die Rating-Methode. Denn ohne es so direkt zu bemerken, ›rated‹ sich jeder Mensch durchs Leben, sei es im Verkehr (Abschätzung von komplizierten Entfernungs-Geschwindigkeitsverhältnissen) oder im Bereich des Sozialverhaltens (z. B. Abschätzung, wie vertrauenswürdig ein Mitmensch ist).«[55]

Summa summarum: Ratingverfahren liegen fast allen Kompetenzmodellen von Unternehmen und Organisationen zugrunde. Sie sind *die* Methoden der Wahl, Kompetenzen in ihren meist über Handlungsanker definierten qualitativen Besonderheiten und in ihren quantitativen Ausprägungen zu erfassen.

48 Grewe, W., Wentura, D. (2. Aufl. 1996): Wissenschaftliche Beobachtung. S. 131f.

49 Langer, I., Schulz von Thun, F. (1974/2007): Messung komplexer Merkmale in Psychologie und Pädagogik. Ratingverfahren. Münster, New York, München, Berlin. S. 20

50 Grewe, W., Wentura, D., a. a. O. S. 133

51 Bortz, J., Döring, N. (4.Aufl. 2009): Forschungsmethoden und Evaluation für Human- und Sozialwissenschaftler. Heidelberg. S. 183

52 vgl. Spector, P. E. (1992): Summated Rating Scale Construction. An Introduction. Iowa

53 Meynhardt, T. (2011). persönliche Mitteilung

54 Bortz, J., Döring, N., ebenda, S. 176–185

55 Langer, I., Schulz von Thun, F., ebenda, S. 10, 22

5 KOMPETENZPSYCHOLOGIE UND VERMÖGENSPSYCHOLOGIE

Wir sind bereits eingangs auf die in der zweiten Hälfte des 19. Jahrhunderts beginnende scharfe Kontroverse zwischen verstehender, lebensphilosophisch untermauerter und erklärender, naturwissenschaftsähnlicher Psychologie eingegangen und haben gezeigt, dass der Impuls, das wirkliche Handeln von Menschen zu beschreiben, eher von der ersten Richtung beflügelt ist, während die vom Eigenschaftsparadigma ausgehende Psychometrie eher der zweiten Richtung zugeordnet werden muss. Inzwischen begreifen wir besser, dass gerade neuere naturwissenschaftliche Erkenntnisse der Selbstorganisations-, der Chaos- und der Komplexitätstheorie allzu engstirnige psychometrische Ansätze mit großen Fragezeichen versehen. »Komplexitäten. Warum wir erst anfangen, die Welt zu verstehen« hat Mitchell ihr beeindruckendes Werk betitelt, das übrigens viele Beispiele aus den Bereichen Psychologie und Psychotherapie bereithält.[54] Die moderne Psychologie beginnt, die »Mechanisierung des Weltbildes« zu überwinden[55] und die radikale Trennung von naturwissenschaftlich erklärender und geisteswissenschaftlich verstehender Psychologie zu hinterfragen[56] Die erklärende Psychologie vernachlässigte oder ignorierte wichtige Aspekte von Intentionalität, Komplexität und Selbstorganisation – diese blieben Domäne der verstehenden Psychologie in den unterschiedlichsten Entwürfen und Maskierungen.

Erst die neuere Psychologie bemüht sich intensiv um das Hereinholen von Intentionalität, Komplexität und Selbstorganisation in die moderne psychologische Theorienbildung. Besonders deutlich und unabweisbar hat Theo Herrmann die Lücke gekennzeichnet, die sich durch die moderne, naturwissenschaftähnliche Psychologie auftat. Er unterscheidet das Nomologische Denkmuster der Mainstream-Psychologie, das in der Regel probabilistische und ganz selten im eigentlichen Sinne deterministische Kausalerklärungen menschlichen Verhaltens liefert, deutlich vom Intentionalen Denkmuster, das dem Menschen frei wählbare Willens- und Handlungsalternativen im Sinne der Rechts- und Sittentradition zuschreibt. Und er stellt fest: »Ernste Schwierigkeiten ergaben (und ergeben!) sich...wenn man den Menschen einerseits als nach Naturgesetzen funktionierendes System und ihn andererseits zugleich als ein in Grenzen freies Handlungssubjekt verstehen will... Die nomologische Forschungsstrategie mit ihrer Vorhersagemethodik und ihren gesetzesförmigen Theorieannahmen konfligiert... – wie ich meine: unaufhebbar – mit der menschlichen Selbstinterpretation, man sei (auch) ein Subjekt, das im Grundsatz in unvorhersehbarer Weise wollen, entscheiden und handeln kann; insofern sei es in Grenzen frei, indeterminiert.«[57] Der Grund für die wesentliche Unvorhersagbarkeit liegt nicht im noch bestehenden Erkenntnisdefizit der Wissenschaftler und auch nicht im probabilistischen Charakter von Naturgesetzen, sondern in der Verfassung des menschlichen Subjekts selbst.

Deshalb ist für eine wirklich humane Humanwissenschaft das Hereinholen von Intentionalität, Komplexität und Selbstorganisation unerlässlich. Das gilt ganz besonders für das Verständnis menschlicher Handlungsfähigkeit – will ich sie aus stabilen, relativ elementaren, naturwissenschaftsähnlich messbaren Persönlichkeitseigenschaften erklären – oder will ich die komplexe Gesamtheit kreativer, selbstorganisierter menschlicher Handlungsfähigkeit verstehen?

Damit steht der Kompetenzbegriff ebenfalls im Spannungsfeld der über hundertjährigen Kontroverse zwischen erklärender (nomothetischer, naturwissenschaftlich operierender, vereinfachender) und verstehender (deutender, intentionaler, ganzheitlicher, komplexitätsorientierter) Psychologie und einer entsprechend divergierenden Schulenbildung:

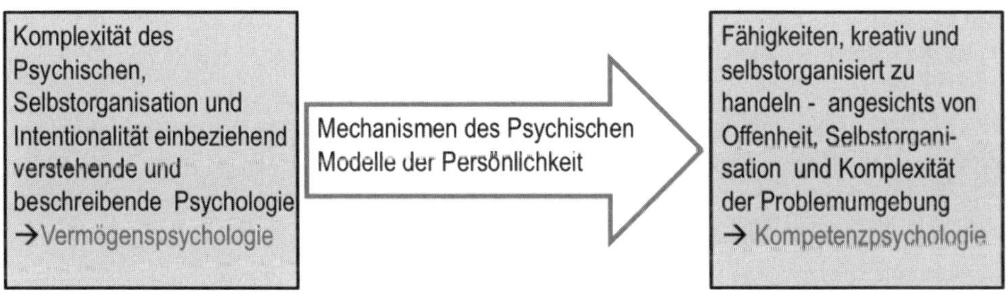

7 | Vermögens- und Kompetenzpsychologie

Bis zur Entstehung der funktionalen Psychologie und ihrer Ausarbeitung am Ende des 19. Jahrhunderts galt das – allerdings bereits am Beginn des 19. Jahrhunderts zuweilen heftig angegriffene – Modell der Vermögenspsychologie: »Die Vermögenspsychologie entspricht einem deskriptiven Standpunkt der Betrachtung. Indem man die verschiedenen psychischen Vorgänge beschreibend zu unterscheiden suchte, entstand zunächst das Bedürfnis einer zweckmäßigen Klassifikation derselben. Es wurden daher Gattungsbegriffe gebildet, unter die man die verschiedenen Vorgänge ordnete. Dem Interpretationsbedürfnis, das sich immerhin auch hier bereits geltend machte, suchte man zu genügen, indem die Bestandteile eines zusammengesetzten Prozesses den auf sie anwendbaren Allgemeinbegriffen subsumiert wurden.«[58]

54 Mitchell, S. (2008): Komplexitäten. Warum wir erst anfangen, die Welt zu verstehen. Frankfurt am Main

55 Dijksterhuis, E. J. (1956): Die Mechanisierung des Weltbildes. Berlin, Göttingen, Heidelberg

56 Schmidt, N. (1995): Philosophie und Psychologie. Trennungsgeschichte, Dogmen und Perspektiven. Reinbeck

57 Herrmann, T. (1987): Die nomologische Psychologie und das intentionale Denkmuster. In Maiers, W., Markard, M. (Hrg.) Kritische Psychologie als Subjektwissenschaft. Klaus Holzkamp zum 60. Geburtstag. Frankfurt am Main, New York 1987, S. 106–119

58 Wundt, W. (1896): Grundriß der Psychologie, Leipzig. S. 564

Die Vermögenspsychologie sei wie ein großer Sack: Fände man ein neues Vermögen, stopfe man es in den Seelensack mit hinein, lästerte Hegel.[59] In der Tat wurden die psychischen Vermögen nach Gesichtspunkten von Praktikabilität und Plausibilität geordnet und ohne eine strikte begriffliche Begrenzung zusammengesammelt. Den Darstellungen psychischer Vermögen ist eine gewisse Willkür ganz sicher nicht abzusprechen. Dass sich andererseits psychische Schattierungen damit wunderbar nachzeichnen ließen, hat z. B. Karl Philipp Moritz in seinem Erzählwerk verdeutlicht.

Die Kompetenzpsychologie ist in gewisser Weise eine – dialektische – Rückkehr zur Vermögenspsychologie auf deutlich »aufgehobener« Stufe. Sie erlaubt einen großen Spielraum bei der Beschreibung der kreativen, selbstorganisierten Handlungsfähigkeiten, sie gestattet es, diese Fähigkeiten qualitativ und via Ratingverfahren quantitativ zu charakterisieren und sie ist in der Lage, Entwicklungsmöglichkeiten zu umreißen, das Vermögen systematisch zu mehren.

Freilich stellen sich auch die alten Kritiken in neuer Form wieder ein. So bemerkt Moldaschl: »Wenn jemand einen Pudding kocht und dieser Pudding auch gelingt: schreiben wir dieser Person dann ein Puddingkochvermögen zu? Oder betrachten wir den Pudding, weniger konkretistisch, als Ergebnis eines allgemeinen Kochvermögens, oder noch allgemeiner, einer nutritiven Haushaltskompetenz? Und was wäre, wenn die Person nur nach Rezept gekocht hat, also nach Anweisung und ohne eigenes Verständnis des Vorgangs: Müssten wir ihr dann wenigstens eine allgemeine oder spezifische Lese- und Ausführungsfähigkeit zubilligen? Oder kämen wir womöglich ganz ohne Kompetenzzuschreibungen aus, indem wir die vorliegenden Küchenressourcen (Puddingpulver, Topf, Herd, Kochanweisung) katalogisieren und daraus das Potenzial der Puddingproduktion ableiten?

Wer bei diesen Fragen an aktuelle Grundprobleme organisationaler Lerntheorien und ressourcenorientierter Unternehmenstheorien denkt, liegt richtig. Die Hinwendung der Managementforschung zu organisationalen Fähigkeiten, Kompetenzen und selbst geschaffenen Ressourcen seit den späten 1980er Jahren ist eine aus theoretischer Sicht längst fällige und begrüßenswerte Entwicklung...«[60]

Überhört man den ironischen Ton des Einwands, so ist sofort klar:

1. Die klassische Vermögenspsychologie beschrieb empirisch Handlungsvoraussetzungen, um mit Komplexität, Intentionalität und Selbstorganisation umzugehen.
2. Die Modelle von kognitiver Psychologie und Persönlichkeitspsychologie versuchten – erfolglos – diese Erklärungen gleichsam mechanistisch zu unterlaufen und auszuhebeln.
3. Das gelang nicht. Deshalb gibt es heute eine scheinbare Rückkehr zur Vermögenspsychologie in Form von Kompetenzpsychologie. Sie liefert im praktischen (Arbeits-)Fall die Informationen, die im Führungsprozess gebraucht werden. Sie gestattet einem Unternehmen, aus der Darstellung von Ratings unternehmenswichtiger (und unternehmensspezifisch definierter) Kompetenzen die Position eines Mitarbeiters und seine Entwicklungsmöglichkeiten abzulesen.

Der Chefkoch eines erstklassigen Restaurants wird sich wahrscheinlich wenig für die Persönlichkeitseigenschaften seiner Mitarbeiter interessieren. Wird ihm jedoch zugetragen, dass einer seiner Köche die wunderbare Fähigkeit besitzt, hoch kreativ eigene Puddingkreationen hervorzuzaubern, wird er sich sehr wohl für dessen Puddingkochkompetenz interessieren. Und ausrufen:

8 | Puddingkochvermögen

59 zit. nach Hehlmann, W. (1974): Wörterbuch der Psychologie. Stuttgart 1974, S. 125

60 Moldaschl, M. (2006): Innovationsfähigkeit, Zukunftsfähigkeit, Dynamic Capabilities. Moderne Fähigkeitsmystik und eine Alternative. in: Schreyögg, G., Conrad, P.: Managementforschung 16 Wiesbaden. S. 3f.

ANHANG

ABBILDUNGEN

KONRAD ZERR | STEPHAN FISCHER

WERTE-ORIENTIERTES MANAGEMENT AUS DER PERSPEKTIVE SELBSTSTÄNDIGER UND ANGESTELLTER

ERGEBNISSE EINER EMPIRISCHEN UNTERSUCHUNG BEI JUNGEN FÜHRUNGSKRÄFTEN

INHALT

1 FORSCHUNGSMOTIVATION UND FORSCHUNGSFRAGEN

Die Werte der wirtschaftlich Handelnden stehen verstärkt in der öffentlichen Diskussion. Viele Unternehmen sehen werteorientiertes, insbesondere nachhaltiges Management als »Marketinginstrument«. Ansätze des nachhaltigen Marketings haben Konjunktur.[1] Und auch das Personalmanagement ordnet dem Wert »Nachhaltigkeit« eine zunehmend wichtige Rolle zu.

Allerdings prallen oft unversöhnlich scheinende Weltanschauungen in der Beurteilung der wirtschaftlich Handelnden aufeinander. Die einen diagnostizieren einen Werteverfall in der Wirtschaft, andere, insbesondere selbstständige Unternehmer, reklamieren für sich eine hohe Werteorientierung. Welche der Perspektiven besitzt nun die stärkste empirische Evidenz? Wie werteorientiert ist das Managementhandeln in den Unternehmen tatsächlich?

In der hier vorgestellten Studie wird werteorientiertes Managementhandeln aus Sicht folgender »Akteure« betrachtet:

1. **Selbstständige Unternehmer**
   Wie werteorientiert sind selbstständige Unternehmer in ihren Einstellungen? Wie beurteilen Sie ihr eigenes Managementhandeln unter dem Gesichtspunkt eines »nachhaltigen« Management?

2. **Angestellte Führungskräfte**
   Wie werteorientiert geben sich Angestellte im Vergleich zu Selbstständigen? Wie beurteilen Angestellte diesbezüglich das Handeln ihres Managements? Gibt es Zusammenhänge zwischen werteorientiertem Verhalten des Unternehmens und dem Commitment junger Führungskräfte mit ihrem Unternehmen?

Mittels einer empirischen Untersuchung bei jungen Selbstständigen und angestellten Führungskräften sollen dazu Antworten gefunden werden. Diese besitzen unterschiedliche betriebswirtschaftliche Relevanz für das Personalmanagement und das Personalmarketing, aber auch für das strategische Management von Unternehmen. Dabei geht aus unserer Sicht werteorientiertes Management – wie im Folgenden beleuchtet – über das Konzept der Nachhaltigkeit hinaus.

1 vgl. zum Konzept des »nachhaltigen Marketing« Kotler u. a.: Grundlagen des Marketing, 5. Aufl., München 2011, S. 136ff oder auch Zerr u. a.: Nachhaltigkeit als Basisstrategie der Markenführung in: Interfaceflor Report 2007 (Hrsg.) – Die Zukunft erhalten, S.14 ff, Krefeld 2007.

2 FORSCHUNGSANSATZ

2.1 DAS UNTERSUCHUNGSMODELL: OPERATIONALISIERUNG WERTEORIENTIERTEN MANAGEMENTHANDELNS

Noll definiert Werte allgemein wie folgt:

> *»In Werten dokumentiert sich das, was ein Individuum, eine Gruppe oder eine Gesellschaft als wünschenswert ansieht. Werte sind folglich Auffassungen über die Wirklichkeit, genauer: über die Qualität der Wirklichkeit. Sie beeinflussen damit die Auswahl unter möglichen Handlungszielen, Mitteln und Handlungsweisen.«*[2]

Diesem Begriffsverständnis folgend nehmen wir in unserer Untersuchung zwei Perspektiven ein: In Bezug auf die **individuellen Werte** interessiert uns einerseits, was eine konkrete Führungskraft im Rahmen seiner Managementhandlungen als wünschenswert ansieht und woran sie sich orientiert. Andererseits stehen **kollektive Werte** im Mittelpunkt unserer Betrachtung. Inwieweit erfüllen Unternehmen die an sie gehegten Erwartungen hinsichtlich ausgewählter kollektiver Werte?

Auf den vorliegenden Kontext übertragen stellen kollektive Werte eine Konzeption dessen dar, was aus Sicht der Gesellschaft mit Blick auf das individuelle Managementhandeln als wünschenswert gilt. Sie definieren langfristig stabile, sozio-kulturell verankerte, gesellschaftliche Erwartungen an:

- die Art und Weise, wie unternehmerische Entscheidungen getroffen sowie
- welche Einflussfaktoren und Rahmenbedingungen bei unternehmerischen Entscheidungen berücksichtigt werden sollten und
- was wünschenswerte Auswirkungen dieser Entscheidungen auf Individuen, Kollektive oder die Gesellschaft als Ganzes sind.

Wir sehen diese Werte als gesellschaftliche Normen, die dem im Unternehmen handelnden Manager für als sinnvoll erachtete Entscheidungsdeterminanten vorgeben, wünschenswerte Ergebnisse auch jenseits der mit einer Entscheidung originär verfolgten Ziele definieren und diesbezüglich Anforderungen bzgl. Form und Inhalt von (Entscheidungs-)Prozessen festlegen. Kollektive Werte sollen also individuelle Entscheidungen hinsichtlich Form, Inhalt und Ergebnis so beeinflussen, dass dadurch, neben anderen, auch die aus Sicht des Kollektivs wünschenswerte Ziele erreicht oder zumindest nicht behindert werden.

Die Relevanz der betrachteten kollektiven Werte steht und fällt mit der Perspektive, aus der heraus diese festgelegt werden. Wer definiert letztlich, was wünschenswert ist?

Im Rahmen der vorliegenden Studie erfolgt diese Festlegung auf Basis zweier Kriterien:

- Zum einen werden wünschenswerte Orientierungen für das Managementhandeln aus einer betriebswirtschaftlich-wissenschaftlichen Perspektive heraus festgelegt. Im Fokus stehen dabei insbesondere solche Werte, die aus Sicht des Marketing und der Personalforschung als rational gelten, da sie eine wichtige Determinante unternehmerischen Erfolgs darstellen.
- Zum anderen werden Werte in die Betrachtung mit einbezogen, die aktuell in der öffentlichen Diskussion stehen und die gesellschaftspolitisch als wünschenswerte Orientierungen für Managemenhandeln erscheinen.

Auf Grundlage dieser Vorüberlegungen kristallisieren sich drei betriebswirtschaftlich und gesellschaftspolitisch zentrale Werte wirtschaftlichen Handelns als Objektbereich unserer Untersuchung heraus:

- Fairness des Managementhandelns
- Nachhaltigkeit des Managementhandelns
- Kundenorientierung des Managementhandelns

FAIRNESS Fairer, d. h. ein als »gerecht« empfundener Umgang mit Mitarbeitern, gilt aus Sicht des Personal- aber auch des Marketingmanagements als wichtiger unternehmerischer Erfolgsfaktor. Demnach fördert Fairness die Mitarbeiterzufriedenheit sowie die Identifikation der Mitarbeiter mit dem Unternehmen.[3] Arbeitsklima, Arbeitsmotivation und Arbeitseffizienz steigen. Mitarbeiterzufriedenheit beeinflusst die Kundenzufriedenheit positiv und damit den Markterfolg. Mit den unternehmerischen Konsequenzen fairen oder unfairen Verhaltens beschäftigt sich die betriebswirtschaftliche »Fairnessforschung«. Sie stellt verschiedene Ansätze zur Operationalisierung von Fairness bereit.[4]

2 Noll: Wirtschafts- und Unternehmensethik in der Marktwirtschaft Stuttgart/Berlin/Köln 2002, S. 9

3 vgl. dazu z. B. Guthier/Rhein: Serviceorientierung durch Organisationsstolz, S. 217 sowie die dort angegebene Literatur, in: Bruhn/Stauss (Hrsg.), Serviceorientierung im Unternehmen, Wiesbaden 2010

4 vgl. dazu den Überblick bei Nöcke, Fairness gegenüber internen und externen Kunden State-of-the-Art der empirischen Management- und Marketingforschung, Universität Marburg 2010 oder auch Lingenfelder/Nöcke, Moderierende Effekte der Ergebnisfairness auf den Service-Encounter, S. 139f in: Bruhn/Stauss (Hrsg.), Serviceorientierung im Unternehmen, Wiesbaden 2010)

Wir definieren Fairness vor allem über folgende Aspekte:

- **Empathie**
  Interessiert sich das Management für die Sorgen und Nöte der Mitarbeiter? Zeigt es Einfühlungsvermögen?

- **Fürsorge**
  Tut das Management das, was möglich ist, damit es den Mitarbeitern gut geht und diese zufrieden sind?

- **Partizipation**
  Bezieht das Management die Mitarbeiter bei wichtigen Entscheidungen ein?

- **Rücksichtnahme**
  Wird auch in wirtschaftlich schwierigen Entscheidungssituationen Rücksicht auf die Mitarbeiter genommen?

NACHHALTIGKEIT Nachhaltiges Managementhandeln steht in vielfältiger Weise im Fokus der wissenschaftlichen und gesellschaftlichen Diskussion. Nach dem »Drei-Säulen-Ansatz« sind Unternehmen demnach gefordert, bei der Verfolgung ihrer Ziele auch die sozialen, ökologischen und wirtschaftlichen Konsequenzen ihres Handelns zu berücksichtigen[5]. Dadurch sollen die sozialen, ökologischen und wirtschaftlichen Grundlagen unserer Gesellschaft dauerhaft, d. h. auch für nachfolgende Generationen, erhalten werden. Die Personalforschung gibt insbesondere im Ansatz des »nachhaltigen Personalmanagements« Hinweise für mögliche Operationalisierungen, aber auch im Marketing werden schon länger Konzepte der Nachhaltigkeit in ihrem Einfluss auf die Marke betrachtet.

Die zentralen Dimensionen der Nachhaltigkeit sind jeweils die soziale, ökologische und wirtschaftliche Verantwortung des Managements.

Etwas erweitert spezifizieren wir Nachhaltigkeit im Managementhandeln wie folgt:

- **soziale Verantwortung**
  Ist das Handeln des Management geprägt von sozialer und gesellschaftlicher Verantwortung?

- **Umweltorientierung**
  Legt das Management viel Wert auf umweltschonende Prozesse und Produkte?

- **Gleichberechtigung**
  Engagiert sich das Management für die Gleichbehandlung von Männern und Frauen?

- **Mäzenatentum**
  Unterstützt das Unternehmen soziale Projekte?

- **Ethisch-moralisches Handeln**
  Was ist wichtiger: wirtschaftlicher Erfolg oder Moral und Ethik?

KUNDENORIENTIERUNG Kundenorientierung wird aus Sicht der Marketingtheorie in entwickelten, materiell satten Gesellschaften als entscheidender Faktor nachhaltigen unternehmerischen Erfolgs gesehen. Manchmal wird dem Marketing diesbezüglich auch ein altruistischer Ansatz zugesprochen: Nur durch die Erfüllung der Wünsche und Anforderungen anderer (der Kunden), kann das Unternehmen seine eigenen Ziele erreichen. Dabei dürfte kaum ein Begriff in der Marketingliteratur so oft verwendet und so selten exakt bestimmt sein. Die Operationalisierung von Kundenorientierung erscheint auch nicht einfach. Sie kann viele Facetten beinhalten und aus unterschiedlichen Perspektiven erfolgen[6]. Eine tiefergehende Sektion dieses zentralen Begriffes würde an dieser Stelle zu weit führen. Wir definieren Kundenorientierung eines Unternehmens wie folgt:

Kundenorientierung ist die Bereitschaft eines Unternehmens, unter Berücksichtigung der eigenen unternehmerischen Ziele seine Prozesse so auszugestalten oder zu verändern, dass daraus eine Optimierung der Nutzenstiftung für den Kunden resultiert. Angemerkt sei, dass sich diese Sichtweise nicht zwangsläufig mit der oft vorherrschenden Ansicht deckt, Kundenorientierung bedeute die Erfüllung der Kundenwünsche. Insbesondere aus Sicht einer werteorientierten Unternehmensführung erscheint es wichtig zu unterscheiden, zwischen dem, was der Kunde will und dem, was ihm nützt.

Den Wert »Kundenorientierung« erfassen wir in unserer Studie daher wie folgt:

- **Kooperationsbereitschaft des Management**
  Besteht eine große Bereitschaft mit Kunden zusammen zu arbeiten, um die unternehmerischen Leistungen permanent zu verbessern?

- **Veränderungsbereitschaft**
  Inwieweit ist das Management bereit, interne Leistungen und Prozesse zum Vorteil der Kunden zu verändern?

5 Dieses Modell wird der »Brundtland-Kommission« zugeschrieben. Vgl. Abschlußbericht der Enquete Kommission »Schutz des Menschen und der Umwelt – Ziele und Rahmenbedingungen einer nachhaltig zukunftsverträglichen Entwicklung«, Deutscher Bundestag: Drucksache 13 / 11200 vom 26. Juni 1998, S. 218 (http://dip.bundestag.de/btd/13/112/1311200.pdf). Vgl. zur Def. von Nachhaltigkeit auch Dubs, Normatives Management, Bern u. a. 2010.

6 vgl. z. B. Homburg, Kundennähe von Industriegüterunternehmen, Wiesbaden 2000 oder auch, Kotler / Bliemel, Marketingmanagement, S. 80

Zusammenfassend lässt sich daraus folgendes Untersuchungsmodell skizzieren, das als Grundlage zur Ausgestaltung des Erhebungsinstruments und der nachfolgenden Analysen dient (Abb. 1):

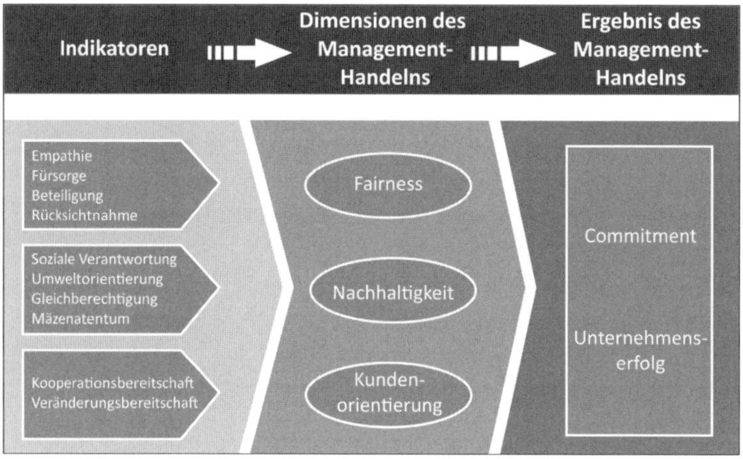

1 | Untersuchungsmodell

Die den jeweiligen Werten zugeordneten und oben skizzierten Indikatoren wurden im Rahmen der Untersuchung als Thesen ausformuliert. Diesen konnten die Befragten jeweils zustimmen oder auch nicht. Die Gruppe der Selbstständigen wurde dabei um eine Selbsteinschätzung ihres eigenen Managementhandelns gebeten. Die Gruppe der angestellten Mitarbeiter beurteilte demgegenüber nicht ihr eigenes Handeln, sondern das des jeweiligen Managements in ihren Unternehmen. Zudem wurden auch die individuellen Wertvorstellungen der Befragten mit Blick auf Managementhandeln, deren Commitment zum – sowie der subjektiv wahrgenommene und auch objektiv vorhandene Erfolg – des jeweiligen Unternehmens erfasst. Dadurch sollen mögliche Wirkzusammenhänge zwischen diesen Größen analytisch zugänglich sein.

Das konzeptionell formulierte Wertemodell wurde einer Reliabilitäts- und konfirmatorischen Faktorenanalyse unterzogen und insbesondere in den Dimensionen der für die Beurteilung des Managementhandelns zentralen Werte Fairness, Kundenorientierung und Nachhaltigkeit bestätigt. Allerdings ergabdiese in einem durchaus wichtigen Detail einen interessanten Unterschied zwischen den betrachteten Gruppen: Selbstständige ordnen den Indikator »Beteiligung« (Partizipation der Mitarbeiter an Entscheidungen) eher der Wertedimension »Nachhaltigkeit« als der Dimension Fairness zu. Ein Indiz für die unterschiedlichen Perspektiven: Selbstständige verstehen das Einbeziehen der Mitarbeiter in unternehmerische Entscheidungsprozesse offensichtlich als Ausdruck ihres sozialen Verhaltens, also als soziale Geste. Angestellte Führungskräfte empfinden es wohl als Gebot der Fairness, angemessen an Entscheidungen partizipieren zu dürfen und erwarten in diesem Sinne gerechte Entscheidungsprozesse.

2.2 UNTERSUCHUNGSMETHODE UND STICHPROBENSTRUKTUR

Insgesamt haben 1008 junge Führungskräfte – alles Mitglieder der Wirtschaftsjunioren Deutschland – im Juni 2010 an einer deutschlandweiten, standardisierten Online-Befragung teilgenommen. Die Stichprobe verteilt sich in etwa paritätisch auf selbstständige Unternehmer und Angestellte.

DEMOGRAFISCHE STRUKTUR DER BEFRAGTEN Unter den Teilnehmenden sind 27% Frauen, 72% Männer. Erwartungsgemäß sind ca. ⅔ der befragten Angestellten und Selbstständigen jünger als 40 Jahre, das andere Drittel älter (Abb. 2). Wenig überraschend ist die im Vergleich zu den Angestellten deutlich stärkere Besetzung der älteren Jahrgänge bei den Selbstständigen. Die Selbstständigkeit wird oft erst nach einer längeren beruflichen Praxis im Angestelltenverhältnis erreicht.

		Gesamt	Beschäftigungsstatus	
			selbstständig	angestellt
Ihr Alter?	unter 30 Jahre	10,3%	8,6%	12,1%
	30 bis unter 35 Jahre	25,1%	19,5%	31,0%
	35 bis unter 40 Jahre	31,8%	35,3%	28,1%
	40 bis unter 45 Jahre	19,9%	21,4%	18,2%
	45 Jahre und älter	12,3%	14,8%	9,7%
	keine Antwort	0,6%	0,4%	0,8%
	Basis	1008 100,0%	513 100,0%	495 100,0%

2 | Altersstruktur der Befragten

Mehr als ⅔ der befragten Personen besitzen ein abgeschlossenes Studium. Nur etwa 10% der befragten Wirtschaftsjunioren sind ohne Abitur bzw. Hochschulreife. Angestellte haben im Vergleich zu den Selbstständigen noch häufiger ein abgeschlossenes Studium.

ARBEITSUMFELD DER BEFRAGTEN Der überwiegende Anteil der befragten Angestellten arbeitet in großen (49%) oder mittelständischen Unternehmen (36%). Eher gering (13%) ist deren Anteil in Unternehmen mit 20 oder weniger Mitarbeitern (Abb. 3). Bei den Selbstständigen verhält es sich umgekehrt. Die meisten sind entweder Einzelunternehmer (19%) oder lenken ein kleines Unternehmen mit 20 oder weniger festen Mitarbeitern (56%). Immerhin 18% der befragten Selbstständigen führen jedoch auch mittelständische (18%) oder gar große Unternehmen (6%) mit mehr als 500 Mitarbeitern.

		Gesamt	Beschäftigungsstatus	
			selbstständig	angestellt
Unternehmensgröße	Einzelunternehmer	9,9%	19,3%	0,2%
	5-20 MA	34,8%	55,6%	13,3%
	21-500 MA	26,9%	18,1%	36,0%
	mehr als 500 MA	27,2%	5,8%	49,3%
	k.A.	1,2%	1,2%	1,2%
	Gesamt	1008 100,0%	513 100,0%	495 100,0%

3 | Unternehmensgrößen

Drei Viertel der befragten Wirtschaftsjunioren arbeiten in Dienstleistungsunternehmen. Dabei dominieren wissensintensive wissenschaftliche, technische und sonstige wirtschaftliche Dienstleistungen (Abb. 4). Allerdings gibt es mit Blick auf die Branche des beschäftigenden Unternehmens deutliche Unterschiede zwischen Selbstständigen und Angestellten. Angestellte arbeiten doppelt so häufig im verarbeitenden Gewerbe. Ihr Anteil in den wissensintensiven Dienstleistungen ist demgegenüber deutlich geringer.

	Gesamt	Selbstständige	Angestellte
Freiberufliche, wissenschaftliche, technische und sonstige wirtschaftliche Dienstleistungen	32,8%	42,7%	22,7%
Verarbeitendes Gewerbe	15,3%	10,1%	20,6%
Finanzen / Versicherungen	13,4%	7,4%	19,6%
Information und Kommunikation	9,0%	10,7%	7,3%
Sonstige Dienstleistungen	20,5%	21,8%	18,6%
Landwirtschaft und Bergbau	4,3%	3,3%	5,3%
w. n. / k.A.	4,9%	3,8%	5,9%
Basis (= 100%)	**1008**	**513**	**495**

4 | Branchen

Die Befragten wurden auch um ihre Einschätzung gebeten, für wie erfolgreich sie ihr Unternehmen halten. Die überwiegende Mehrheit aller Befragten bezeichnet demnach ihr Unternehmen als sehr erfolgreich oder erfolgreich (68%). Unter den Angestellten ist der Anteil höher (72%) als unter den Selbstständigen (65%). Dass bei dieser subjektiven Erfolgsbeurteilung nicht allein das Umsatzwachstum als Kriterium herangezogen wird, zeigt sich darin, dass auch in Unternehmen mit Umsatzrückgang oder Umsatzstagnation immer noch 62% der dort Beschäftigten ihr Unternehmen subjektiv als sehr erfolgreich/erfolgreich bezeichnen. Insbesondere Angestellte scheinen für ihre subjektive Erfolgsbeurteilung nicht nur monetäre Aspekte heranzuziehen.

3 DIE AUSPRÄGUNG INDIVIDUELLER UND KOLLEKTIVER WERTE IM RAHMEN DES MANAGEMENTHANDELNS

3.1 DIE INDIVIDUELLE WERTEORIENTIERUNG JUNGER FÜHRUNGSKRÄFTE

Inwieweit spiegeln sich die skizzierten kollektiven Werte der Nachhaltigkeit, Fairness und Kundenorientierung im individuellen Wertesystem der befragten Führungskräfte? Welche persönliche Einstellung bringen diese dem kollektiven Orientierungsrahmen entgegen? In der vorliegenden Untersuchung wurde dazu die persönliche Werteorientierung des jeweils Befragten anhand von insgesamt fünf Thesen erfasst, denen er mittels einer 5-stufigen Skala zustimmen oder die er ablehnen konnte (auch k. A. war möglich). Die Thesen repräsentieren einmal die Einstellung zum Wert »Nachhaltigkeit« zum anderen zum Wert »Fairness« gegenüber Mitarbeitern und Kunden.

Die Fragestellung zur Erfassung der persönlichen Werteorientierung der Angestellten und Selbstständigen mit den dazugehörigen Thesen lautete wie folgt (Abb. 5):

„Unabhängig davon, was Andere denken: Inwieweit stimmen Sie ganz persönlich den folgenden Aussagen zu oder lehnen Sie ab?"
(1) Einstellung zur Nachhaltigkeit:
N1: Wirtschaftlicher Erfolg ist meiner Ansicht nach letztlich wichtiger als Moral und Ethik.
N2: Das Thema „Ökologie und Umwelt" wird aus meiner Sicht überbewertet und sollte bei unternehmerischen Entscheidungen keine so große Rolle spielen.
N3: Die Verfolgung gesellschaftlicher / sozialer Ziele gehört nicht zu den Aufgaben eines Unternehmens.
(2) Fairness gegenüber Kunden- und Mitarbeitern:
F1: Ein Unternehmen kann aus meiner Sicht nur erfolgreich sein, wenn es seine Mitarbeiter fair und gut behandelt.
F2: Unternehmerische Entscheidungen sollten sich meiner Ansicht nach stets an den Wünschen und Erwartungen der Kunden orientieren.

5 | Items zur Erfassung individueller Werte

Wirtschaftlich Handelnden wird in öffentlichen Diskursen häufig unterstellt, dass sie wirtschaftlichem Erfolg Priorität einräumen. Die Ergebnisse der vorliegenden Untersuchung zeigen jedoch, dass nur eine Minderheit aller Befragten persönlich der These zustimmt, dass wirtschaftlicher Erfolg letztlich wichtiger als Moral und Ethik sei. Auffallend ist jedoch, dass sich unter den Zustimmenden im Vergleich zu den Selbstständigen (7%) doppelt so viele Angestellte (14%) finden (Abb. 6).

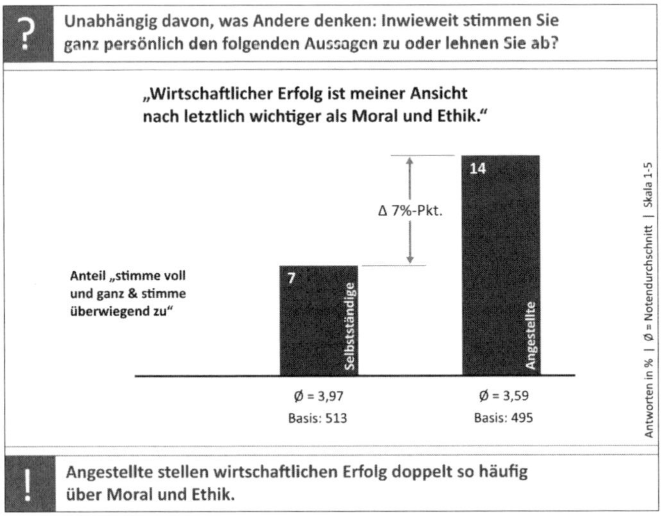

6 | Moral und Wirtschaft aus Sicht Selbstständiger und Angestellter

Die dadurch aufgezeigte Tendenz, dass Angestellte eine eher geringere Werteorientierung als Selbstständige aufweisen, wird auch durch die Antworten auf andere Thesen bestärkt (Abb. 7). So messen Angestellte der sozialen und ökologischen Verantwortung, aber auch der Kundenorientierung von Unternehmen eine etwas geringere Bedeutung zu.

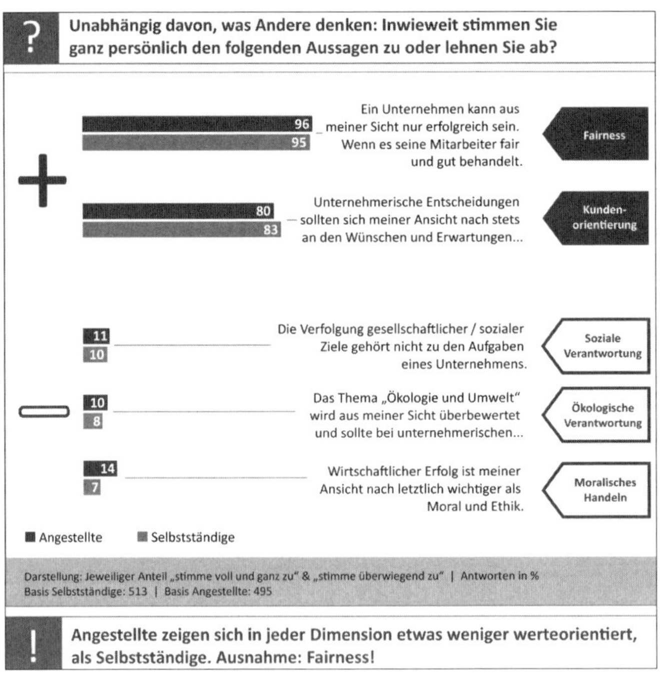

7 | Individuelle Werteorientierung Selbstständiger und Angestellter

Auf Basis ihrer persönlichen Werteorientierung, wurden die befragten Selbstständigen und Angestellten »Werte-Clustern« zugeordnet, die sich in ihrer individuellen Werteorientierung wesentlich unterscheiden. Zur Bildung der Werte-Cluster wurde auf ein »Indexverfahren« zurückgegriffen. Dabei werden die Cluster auf Basis fester Punktwerte gebildet, die ein Befragter bei bestimmten Fragestellungen erreicht. Die auf der 5er-Skala gegebenen Antworten wurden dazu für jede These mittels eines Transformationsverfahrens auf eine 100-Punkte Skala umgerechnet. Insgesamt konnten die Befragten also je These 100 Punkte erreichen. Dabei wurde die Transformation so durchgeführt, dass eine höhere Punktzahl auch eine höhere »Werteorientierung« ausdrückt (d. h. bei These N1, N2 und N3 wurde die Skalenrichtung umgedreht). Die Clusterbildung erfolgt dann auf Basis der über alle Items durchschnittlich erreichten Punkte. Befragte, die im Durchschnitt aller Thesen 50 Punkte oder weniger erreicht haben, werden der Gruppe der »erfolgsorientierten« zugeordnet. Personen mit einer durchschnittlichen Punktzahl von mindestens 50 und weniger als 75 Punkten gelten als »eher werteorientiert« und solche mit mehr als 75 Punkten als »stark werteorientiert«.

Die Ergebnisse dieser Berechnungen sind in folgender Tabelle dargestellt (Abb. 8). Insgesamt 54 Befragte haben bei mindestens einer These »keine Antwort« angegeben und wurden daher keinem Cluster zugeordnet.

Index (These in Klammern)	**Gesamt**	**Werteindex (klassiert)**		
		erfolgs-orientiert	eher werte-orientiert	stark werte-orientiert
Moral (N1)	69,62	32,81	58,07	84,63
Ökologie (N2)	69,74	32,29	58,35	85,34
Sozial (N3)	72,36	27,60	61,02	88,62
Mitarbeiterfairness (F1)	89,40	68,75	85,91	95,13
Kundenfairness (F2)	77,18	68,23	74,67	80,91
Ø-Werteindex	75,77	45,94	67,61	86,93
Anzahl Befragte	**1008**	**48**	**449**	**457**

8 | Ausprägung der individuellen Werteorientierung in den Werteclustern
Indexdarstellung. Höchstwert = 100

Die Tabelle verdeutlicht die Unterschiede zwischen den einzelnen Clustern. Differenzen konstatieren sich insbesondere im Wert »Nachhaltigkeit«. Auffallend ist insbesondere die Meinungsdisparität bei der Frage, ob die Verfolgung gesellschaftlicher/sozialer Ziele zu den Aufgaben eines Unternehmens zählt (N3). Wenn es um die Werte Kunden- und Mitarbeiterfairness geht, nähern sich die Meinungen zwischen den Clustern wieder etwas an. Aus Perspektive des Marketing ist jedoch interessant, dass »Kundenfairness« im Cluster der »stark werteorientierten« relativ gesehen eine untergeordnete Rolle spielt, aber in den anderen Clustern zu den dominanten Werten zählt.

Aus Sicht des Personalmanagements fällt die Einigkeit auf, die in der Beurteilung der »Mitarbeiterfairness« besteht. Diese erzielt in allen Gruppen relativ gesehen die höchsten Punktwerte.

Die dargestellte Indexberechnung zugrunde gelegt, können ca. 55% aller Selbstständigen als stark werteorientiert in ihren geäußerten Einstellungen bezeichnet werden. Bei den Angestellten sind dies 41% (Abb. 9). Über die Ursachen dieser Unterschiede kann an dieser Stelle nur spekuliert werden. So ist ggf. die Bereitschaft zur Selbstständigkeit nicht nur mit einer individuell höheren Risikobereitschaft, sondern auch mit einem gewissen Maß an Idealismus und besonderem Engagement verbunden. Eine andere Möglichkeit wäre, dass sich Selbstständige in besonderem Maße in ihrem Managementhandeln beobachtet fühlen und daher eine höhere Sensibilität gegenüber den an sie gestellten Erwartungen bzgl. einer Werteorientierung an den Tag legen. Es zeigt sich weiterer Forschungsbedarf.

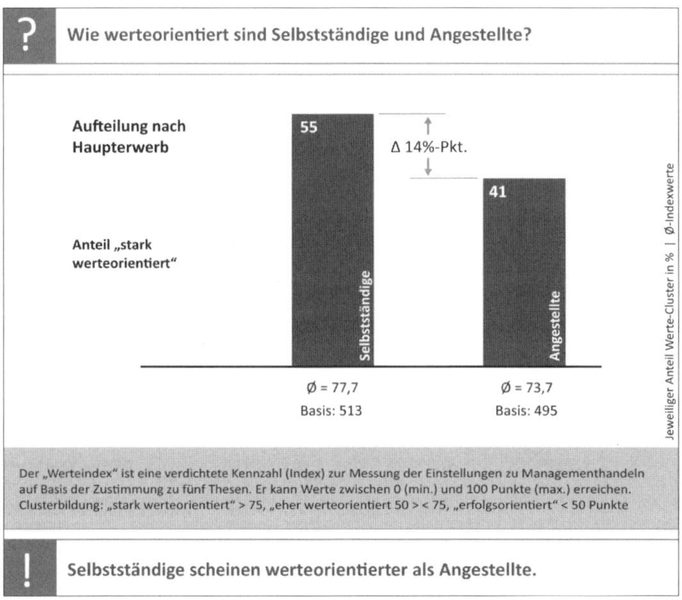

9 | Jeweiliger Anteil »stark werteorientierter« bei Selbständigen und Angestellten

3.2 DIE ORIENTIERUNG DES MANAGEMENTHANDELNS AN KOLLEKTIVEN WERTEN

In 3.1 wurden die Ergebnisse der vergleichenden Analyse individueller Wertmaßstäbe von Selbstständigen und Angestellten erörtert. Nun geht es um die Frage, inwieweit kollektive Werte der Fairness, Nachhaltigkeit und Kundenorientierung das konkrete Managementhandeln im jeweiligen Unternehmen des Befragten bestimmen. In 2. wurden die Thesen bereits skizziert, die als Indikatoren zur Erfassung dieser kollektiven Werte dienen und zu denen jeweils der Zustimmungsgrad der Befragten ermittelt wurde. Die den Thesen vorgeschaltete Fragestellung lautete:

»Folgende Aussagen beschreiben mögliches Handeln der Unternehmensführung/ selbstständiger Unternehmer. Inwieweit würden Sie mit Blick auf Ihr Unternehmen den jeweiligen Aussagen zustimmen oder nicht zustimmen?«

Die größten Diskrepanzen zeigen sich bei der Wertedimension »Fairness«. Während sich jeweils ⅔ bis ¾ der Selbstständigen als in ihrem Handeln empathisch, fürsorglich und partizipativ einschätzen, bestätigen dies jeweils weniger als die Hälfte der befragten Angestellten mit Blick auf das Management in ihren Unternehmen (Abb. 10). Allerdings unterschätzen die Angestellten auch die Bereitschaft ihrer eigenen Führungskräfte – ggf. ohne Rücksicht auf die Mitarbeiter Entscheidungen zu treffen. Ca. ⅓ der Selbstständigen stimmen der entsprechenden Aussage voll und ganz oder überwiegend zu, aber nur ca. ein Sechstel der Angestellten (17%). Deutlich wird auch, dass für Angestellte die Fairness-Aspekte »Beteiligung« und »Rücksichtnahme« zwei Seiten der selben Medaille sind; es besteht aus deren Sicht eine signifikante Korrelation (r = -0,513). Fehlende Partizipation wird als Rücksichtslosigkeit interpretiert. Demgegenüber haben diese beiden Fairness-Aspekte aus Sicht der Selbstständigen nichts miteinander zu tun. Notwendige Entscheidungen auch ohne Rücksicht auf Mitarbeiter zu treffen, schließt es aus ihrer Sicht offensichtlich nicht aus, diese an anderer Stelle einzubeziehen.

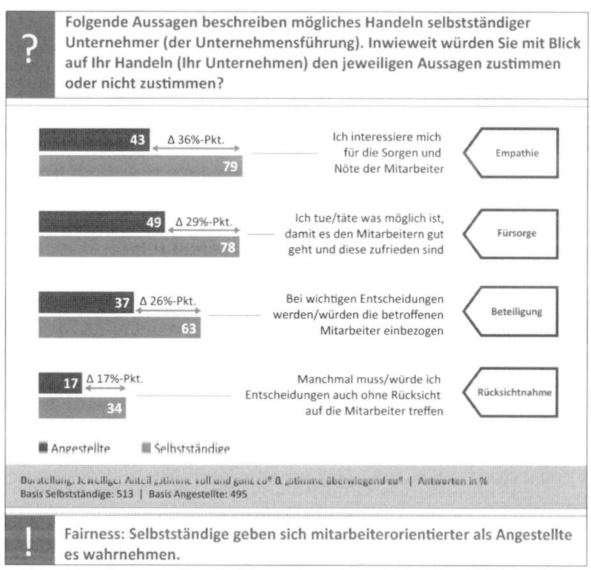

10 | Fairness als kollektiver Wert aus Sicht Selbstständiger und Angestellter

Ähnlich verhält es sich hinsichtlich der Einschätzung der »Nachhaltigkeit« des Managementhandelns (Abb. 11): 74% der Selbstständigen bezeichnen ihr Verhalten als von »gesellschaftlicher und sozialer Verantwortung« geprägt, aber nur 51% der Angestellten teilen diese Meinung. 43% der Selbstständigen geben an, Wert auf umweltschonende Prozesse und Produkte zu legen, aber nur 28% bescheinigen dies ihrem jeweiligen Management. Lediglich hinsichtlich der Nachhaltigkeitsaspekte »Gleichberechtigung« und »Mäzenatentum« (Unterstützung sozialer Projekte) beurteilen Angestellte das Managementhandeln besser, als Selbstständige ihr eigenes Handeln.

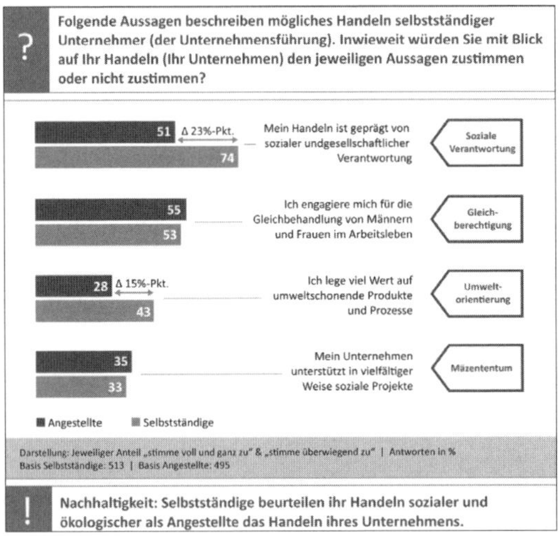

11 | Nachhaltigkeit als kollektiver Wert aus Sicht Selbstständiger und Angestellter

Auch hinsichtlich der Kundenorientierung gehen die Meinungen zwischen Angestellten und Selbstständigen auseinander (Abb. 12). Fast alle Selbstständigen konstatieren für ihr Managementhandeln eine außergewöhnlich hohe Kundenorientierung. Sie sind ihren eigenen Aussagen nach bereit, mit Kunden zusammenzuarbeiten und ihre Prozesse zum Vorteil der Kunden zu verbessern (jeweils 94%), aber nur zwischen 69% und 74% der Angestellten bestätigen dies.

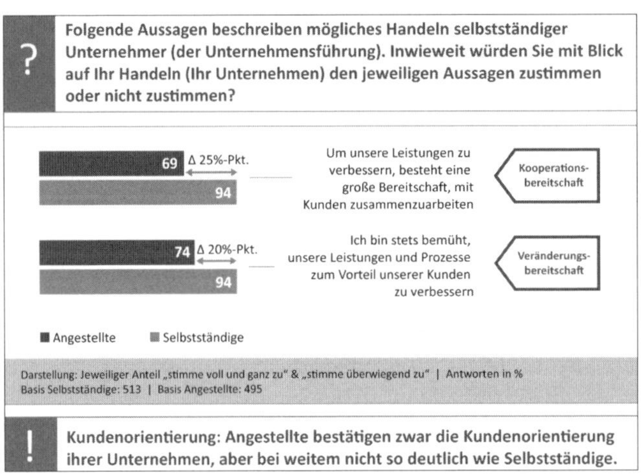

12 | Kundenorientierung als kollektiver Wert aus Sicht Selbstständiger und Angestellter

Wird das bereits dargestellte Indexbildungsverfahren auf den Aspekt »Managementhandeln« und die hinter dessen Bewertung stehenden zentralen Wertedimensionen »Fairness«, »Nachhaltigkeit« und »Kundenorientierung« angewandt, verdichten sich die deutlichen Bewertungsunterschiede zwischen Selbstständigen und Angestellten (Abb. 13). Insbesondere in der Dimension »Fairness« gibt es starke Abweichungen: Angestellte beurteilen das Managementhandeln in ihren eigenen Unternehmen unter dem Aspekt Fairness durchgehend deutlich schlechter, als die Selbstständigen in der Selbsteinschätzung ihr eigenes Verhalten beschreiben.

? Wie schätzen Selbstständige ihr eigenes Handeln ein und wie Angestellte, das Handeln ihres Managements?

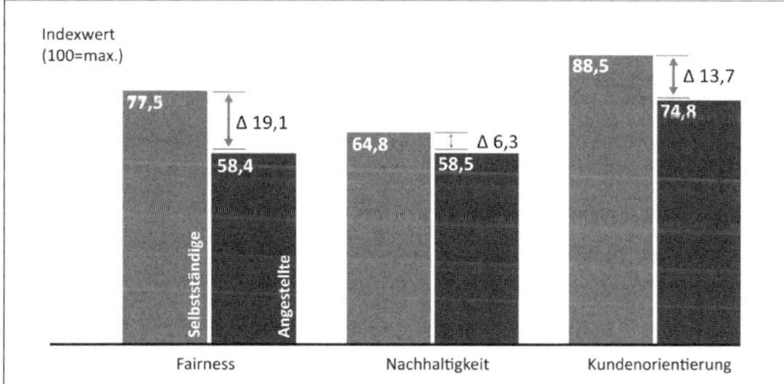

Darstellung: Index-Mittelwerte für jeweilige Dimension. Er kann Werte zwischen 0 und max. 100 Punkte annehmen.
Berechnung: Summe der transformierten Skalenwerte der Einzelitems je Dimension / Anzahl der Items je Dimension.
Basis Selbstständige: 513 | Basis Angestellte: 495

! Selbstständige schätzen ihr eigenes Handeln deutlich positiver ein als die Angestellten das Handeln ihres Managements.

13 | Orientierung an kollektiven Werten aus Sicht Selbstständiger und Angestellter

Selbstständige schätzen ihr eigenes Handeln als nachhaltiger, kundenorientierter und fairer ein, als Angestellte das Handeln des Managements in ihren Unternehmen. Werden die Selbstständigen als Repräsentanten des Managements gesehen, das den Angestellten werteorientiertes Managementhandeln vorlebt, stellt sich die Frage nach den Ursachen dieser Diskrepanz. Fehlt es den Selbstständigen an einer realistischen Selbsteinschätzung oder wird die Werteorientierung selbstständiger Unternehmer von den Angestellten nicht wahrgenommen? Oder gibt es ein unterschiedliches Verständnis davon, was werteorientiertes Managementhandeln ausmacht? Auch hier zeigt sich weiterer Forschungsbedarf.

3.3 WERTEORIENTIERTES MANAGEMENT UND SEIN EINFLUSS AUF DAS COMMITMENT VON ANGESTELLTEN

Ziel der Untersuchung ist auch, Wirkzusammenhänge zwischen werteorientiertem Managementhandeln und betriebswirtschaftlichen Wirkungs- und Erfolgsgrößen abzubilden und in ihrer Stärke zu bestimmen. Ausgangspunkt bilden die oben operationalisierten kollektiven Werte als Orientierungsrahmen des Managementhandelns. Werden diese im Rahmen unternehmerischer Entscheidungsprozesse adäquat berücksichtigt, lässt sich als Folge eine Steigerung der Zufriedenheit der Mitarbeiter mit den Entscheidungsträgern des Unternehmens, aber auch mit der persönlichen Arbeitssituation erwarten. Diese hat wiederum einen vermutlich deutlich positiven Einfluss auf aus betriebswirtschaftlicher Sicht zentrale Ziel- bzw. Erfolgsgrößen. Solche können ökonomischer (Unternehmenserfolg, Unternehmenswachstum), aber auch vorökonomischer Natur sein (z. B. Commitment der Mitarbeiter).

Als zentrale »vorökonomische« Erfolgsgröße stellen wir hier insbesondere das Konstrukt des affektiven »Commitment« in den Mittelpunkt unserer Betrachtungen[7]. Wir operationalisieren dieses wie folgt:

- **Unternehmensidentifikation**
  Steht der Mitarbeiter hinter dem, was sein Unternehmen verkörpert?

- **Wertekongruenz**
  Orientiert sich das unternehmerische Handeln an Werten und Prinzipien, von denen auch der Mitarbeiter überzeugt ist?

- **Zugehörigkeitsgefühl**
  Wie stark ist das Zugehörigkeitsgefühl, das der Mitarbeiter zum Unternehmen empfindet?

- **Organisationsstolz**
  Ist der Mitarbeiter stolz auf die Leistungen des Unternehmens?[8]

- **Weiterempfehlung**
  Würde der Mitarbeiter sein eigenes Unternehmen als Arbeitgeber weiterempfehlen?

Insgesamt ergibt sich dazu ein sehr positiver Befund: Das Commitment der befragten Angestellten zu ihren jeweiligen Unternehmen ist mehrheitlich hoch (Ø Commitment-Index = 75,6). Dabei wird deutlich, dass sich Angestellte mit einem höheren Werteindex durchgehend stärker mit ihrem Arbeitgeber identifizieren und auch eine höhere Arbeitszufriedenheit aufweisen (Abb. 14).

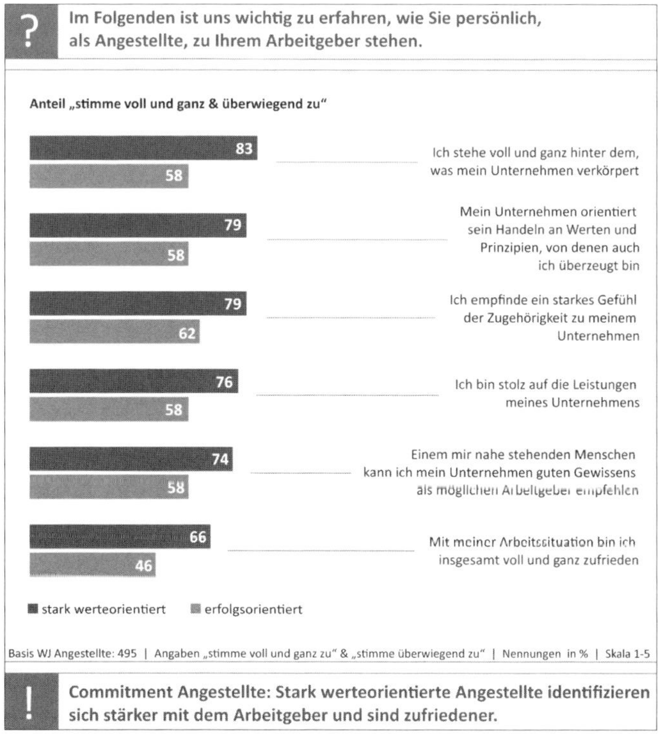

14 | Commitment und Werteorientierung

Eine differenzierte Analyse identifiziert »Fairness« als den zentralen Einflussfaktor zur Steigerung des Commitments: Je fairer sich Mitarbeiter behandelt fühlen, umso ausgeprägter auch ihr Commitment. Werte wie »Nachhaltigkeit« und »Kundenorientierung« spielen zwar auch, aber keine so maßgebliche Rolle (Abb. 15).

7 Zur Unterscheidung zwischen affektivem, kalkulatorischem und normativem Commitment vgl. z. B. van Dick 2004

8 Zum Konzept des »Organisationsstolz« vgl. Guthier / Rhein: Serviceorientierung durch Organisationsstolz, S. 210ff in Bruhn / Stauss 2010 (Hrsg.), Serviceorientierung im Unternehmen, Wiesbaden 2010

9 Alle ausgewiesenen Korrelationskoeffizienten sind auf dem Niveau von 0,01 zweiseitig signifikant.

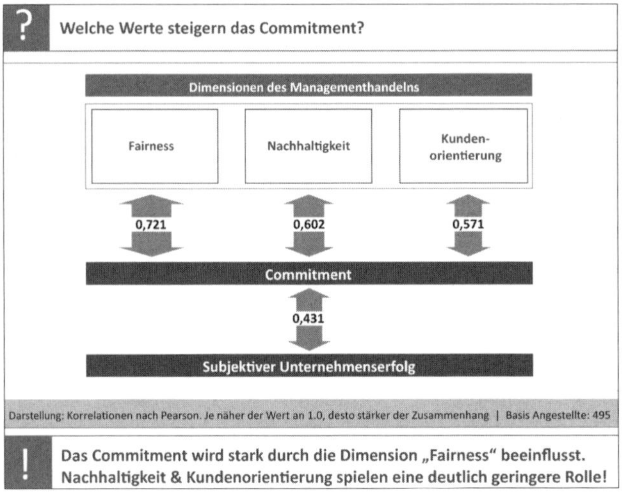

15 | Wirkzusammenhang zwischen Werten, Commitment und Unternehmenserfolg

Eine Detailbetrachtung gibt weiteren Aufschluss über Wirkzusammenhänge. Insbesondere die im Managementhandeln wahrgenommene Fürsorge (r = 0,641)[9], Empathie (r = 0,616) und Partizipationsmöglichkeit (r = 0,605) scheinen von besonderer Bedeutung für das Commitment.

Auch wenn auf einer übergeordneten, aggregierten Ebene dem Wert Nachhaltigkeit gegenüber der Fairness eine eher untergeordnete Bedeutung für das Commitment konstatiert werden muss, so zeigt sich in der Bedeutung eines spezifischen Teilaspekts dieses Konstrukts doch eine auffällige Ausnahme: Die im Managementhandeln wahrgenommene »Soziale und gesellschaftliche Verantwortung« ergibt einen deutlichen Zusammenhang mit dem Commitment der Angestellten zu ihren Unternehmen (r = 0,661). Dieser Teilaspekt der Nachhaltigkeit übertrifft in seiner Einflussstärke sogar die Teilaspekte, die Fairness ausmachen.

Die vorliegende Untersuchung stützt zudem auch den angenommenen Zusammenhang zwischen Commitment sowie subjektivem und auch objektivem Unternehmenserfolg. Befragte, die ihr Unternehmen sehr erfolgreich oder erfolgreich einschätzen, zeigen ein weit höheres Commitment (Commitment-Index = 80,7) als diejenigen, die es als nur teilweise oder weniger erfolgreich bezeichnen (Commitment-Index = 62,1). Dieses Ergebnis bestätigt sich auch, wenn statt der subjektiven Erfolgseinschätzung das objektive Erfolgskriterium »Umsatzwachstum« betrachtet wird: Unternehmen mit höheren Wachstumsquoten weisen für ihre Mitarbeiter einen höheren durchschnittlichen Commitment-Index auf.

4 FAZIT

Die Ergebnisse der vorliegenden Studie identifizieren mehr oder weniger deutliche Unterschiede in der individuellen Werteorientierung Selbstständiger und Angestellter mit Blick auf Managementhandeln. Selbstständige geben sich in der Tendenz werteorientierter als Angestellte. Sie scheinen ihrer gesellschaftlichen, sozialen und ökologischen Verantwortung sehr bewusst. Dies zeigt sich z. B. in ihrer individuellen Höhergewichtung von Moral gegenüber wirtschaftlichem Erfolg. Angestellte geben demgegenüber doppelt so häufig dem wirtschaftlichen Erfolg Vorzug vor Moral. Insgesamt finden sich in der individuellen Werteorientierung der Befragten gegenüber dem Wert »Nachhaltigkeit« die deutlichsten Unterschiede. Eine gewisse Polarisierung zwischen »stark werteorientierten« und »weniger werteorientierten« Befragten tritt bei der Frage auf, ob gesellschaftliches Engagement eine unternehmerische Aufgabe darstellt oder nicht, aber auch in der Bedeutung, die der ökologischen Verantwortung von wirtschaftlich Handelnden zugemessen wird.

Noch schärfer unterscheiden sich Selbstständige und Angestellte – mit Blick auf die Einschätzung der Beachtung kollektiver Werte im Rahmen von Managementhandeln. Selbstständige beurteilen ihr eigenes Handeln mit Blick auf die Einhaltung der zentralen Werte Fairness, Nachhaltigkeit und Kundenorientierung deutlich positiver, als Angestellte das Handeln ihrer jeweiligen Unternehmensführungen. Während sich die individuellen Einstellungsunterschiede insbesondere am Wert Nachhaltigkeit festmachen, divergiert mit Blick auf kollektive Werte die Einschätzung, inwieweit das Handeln unternehmerischer Entscheidungsträger von Fairness gegenüber Mitarbeitern geprägt ist. Selbstständige bezeichnen ihr eigenes Handeln ganz überwiegend als fair im Sinne von empathisch, rücksichtsvoll und partizipativ. Jeweils weniger als die Hälfte der befragten Angestellten nimmt das jedoch in ihren eigenen Unternehmen so wahr.

Die Ursachen für diese Disparitäten sind auf Basis der vorliegenden Daten nicht eindeutig festzumachen. Mehrere Hypothesen lassen sich jedoch formen. So könnten die Ergebnisse ein Hinweis auf Diskrepanzen zwischen geäußerten und gelebten Werten bei selbstständigen Unternehmern sein. Aber auch eine Verzerrung in der Selbstwahrnehmung Selbstständiger wäre möglich. Andererseits könnten auch Kommunikationsdefizite zwischen Management und Angestellten die Wahrnehmungsunterschiede begründen. Schließlich liefert die Datenlage Indizien dafür, dass insbesondere der Wert »Fairness« von Selbstständigen und Angestellten unterschiedlich interpretiert wird. Die Perspektiven sind verschieden. Hier zeigt sich weiterer Forschungsbedarf.

Eindeutiger sind die Ergebnisse hinsichtlich des angenommenen positiven Zusammenhangs zwischen werteorientiertem Management, dem Commitment der Mitarbeiter und dem Unternehmenserfolg. Dieser wird durch die empirischen Ergebnisse bestätigt. Dabei zeigt sich aber auch eine klare Rangfolge zwischen den betrachteten Werten: Fairness-Aspekte wie Empathie, Partizipation, Rücksichtnahme und Fürsorge sind die zentralen Parameter zur Steigerung des Mitarbeitercommitment. Nachhaltigkeit und Kundenorientierung sind nicht unbedeutend, kommen jedoch erst danach.

JOACHIM HASEBROOK | LARA JABLONOWSKI

DIVERSITY MANAGEMENT UND INNOVATION

INHALT

Das Bundesministerium für Bildung und Forschung (bmb+f) schrieb im Februar 2007 Förderprojekte unter dem Titel »Innovationsstrategien jenseits des traditionellen Managements« aus. Die School of Management & Innovation (SMI) der Steinbeis Hochschule bewarb sich gemeinsam mit der Frankfurt School of Finance & Management und dem erziehungswissenschaftlichen Lehrstuhl der Universität Oldenburg mit einem Projekt zum »Integrierten Kompetenzmanagement« (IKM; siehe www.kompetenzkapital.de). Innovationen beruhen, wie Kompetenzen, auf Selbstorganisation. Dabei bilden Kompetenzen (als sog. Selbstorganisationsdispositionen) die notwendige Voraussetzung, um Innovationen anzustoßen, zu erkennen und zu fördern. Allerdings reichen individuelle Kompetenzen nicht aus. Sie müssen mit Gestaltung und Organisation, also durch »organisationale Kompetenzen«, ergänzt werden. Ziel des gemeinsamen Projektes war es, ein Modell des integrierten Kompetenzmanagements gemeinsam mit Firmen aus verschiedenen Branchen zu erarbeiten und zu prüfen. Das Projekt umfasste drei Teilprojekte: 1. Die Frankfurt School erarbeitete und erfasste organisationale Kompetenzen. 2. Die Universität Oldenburg beschäftigte sich mit dem Zusammenhang von individueller Innovationsbereitschaft und -kompetenz. 3. Das dritte, von der SMI bearbeitete Teilprojekt untersuchte den Zusammenhang von Vielfalt (oder: Diversity) und Innovationsfähigkeit von Unternehmen. Im Folgenden werden wesentliche Aspekte und Ergebnisse dieses von Juli 2007 bis Juli 2011 laufenden Forschungsprojektes zusammenfassend dargestellt.

1 DIVERSITY: WIRTSCHAFTLICHE VORTEILE VON VIELFALT DURCH DIVERSITY MANAGEMENT

Zum Schutz vor Diskriminierung novellierte die Bundesregierung im August 2006 insgesamt vier Richtlinien im Allgemeinen Gleichbehandlungsgesetz (AGG) als Art.1 des »Gesetzes zur Umsetzung europäischer Richtlinien zur Verwirklichung des Grundsatzes der Gleichbehandlung« (vgl. Aretz, 2006 sowie Bundesministerium der Justiz, 2006). Der Begriff Diversity (deutsch: Diversität/Vielfältigkeit) wird seitdem vor allem mit diesem Vorgang und den im Gesetz festgehaltenen Merkmalen in Verbindung gebracht. Gemäß der EU werden sechs Merkmale – Alter, Behinderung, Geschlecht, Kulturzugehörigkeit, Religion, und sexuelle Orientierung – als angeborene bzw. unveränderliche Merkmale von Vielfalt bezeichnet. Der Ansatz dient zur Aufschlüsselung von Minderheiten anhand der Ermittlung von Zielgruppen, Zielgruppengröße und deren Delta zur Mehrheit, anhand derer bestimmte Quoten abgeleitet werden. Es wird angenommen, dass die Erfüllung dieser Quoten den Grad an Fairness bzw. Diskrimination signalisiert (Dohrn/Hasebrook/Schmette, 2011, S. 104).

Vielfalt im Sinne von Diversity wird daher oft verstanden als keine Diskriminierung bei unveränderlichen Merkmalen von Menschen (Dohrn/Hasebrook/Schmette, 2011). Diversity bedeutet für Unternehmen jedoch weniger der Schutz des Einzelnen vor Diskriminierung als vielmehr wirtschaftliche Nutzung und Steuerbarkeit der Vielfalt an Erfahrungen, Kenntnissen, Überzeugungen und kulturellen Hintergründen als Ressource: Erfolgreiche Unternehmen, darunter auch Daimler Benz (vgl. Daimler, 2008), unterscheiden daher nicht nur die sechs unveränderlichen Merkmale (gemäß des AGG der EU), um gesetzlichen Anforderungen gerecht zu werden, sondern messen Diversity in ihrem Unternehmen anhand von 42 Merkmalen jedes einzelnen Mitarbeiters. Neben unveränderlichen Merkmalen werden bei diesen 42 Merkmalen vor allem auch wirtschaftlich nutzbare und wettbewerbsorientierte Merkmale und Kompetenzen wie Arbeitsstil, Denkart und Fachkompetenz von Individuen erfasst.

Eine Meta-Analyse von 90 empirischen Studien belegt verschiedene wirtschaftliche Vorteile aufgrund von Diversity Management (Pelz/Hwang/Stuber, 2009). Diversity Management kann hier als die »Handhabung von Vielfalt« im Unternehmen beschrieben werden. Ein Auszug aus den Forschungsergebnissen dieser Meta-Analyse zeigt unter anderem, dass 1) die Eigenkapitalrendite von Unternehmen mit heterogener Vorstandsstruktur im Schnitt 25% beträgt, im Vergleich zu einer homogenen Vorstandsstruktur mit nur 9% Eigenkapitalrendite, 2) Unternehmen mit höherer ethnisch-kultureller Heterogenität als ihre Wettbewerber produktiver sind, geringere Fehlzeiten und eine höhere Rentabilität haben, 3) 83% der Unternehmen, die Vielfalt fördern, einen wirtschaftlichen Nutzen durch höhere Kreativität und Innovationsfähigkeit vor allem im Bewerbermarkt wahrnehmen, und 4) Banken mit funktionsübergreifenden Teams innovativer sind und eine deutlich höhere Problemlösungskompetenz zeigen, im Vergleich zum Branchendurchschnitt.

2 DIVERSITY: INNOVATIONS- UND VERÄNDERUNGSDRUCK

Schwer imitierbare Alleinstellungsmerkmale sind für Organisationen wichtige Erfolgsvoraussetzungen in einer global vernetzten Wirtschaft (Jaworski/Zurlino, 2007). Ein wichtiges Alleinstellungsmerkmal können die Struktur und Eigenschaften der Belegschaft sein. Die Innovationsleistung deutlich zu steigern und die Innovationsfähigkeit einer Organisation langfristig zu sichern, stellt ein besonders schwer imitierbares Alleinstellungsmerkmal dar, um sich vom Wettbewerb erfolgreich und nachhaltig abzusetzen. Die Vielfalt der Mitarbeiterschaft soll gezielter eingesetzt werden, um die Vielfalt des Marktes sowie die der Kunden und Lieferanten abdecken zu können. Schon in einer von uns 2009 durchgeführten Personalstudie unter 320 mittelständischen Banken gaben diese an, nur noch etwa 50% der Fach- und Führungspositionen aus den eigenen Reihen besetzen zu können (Hasebrook/Maurer 2009). Gleichzeitig bezeichneten sich etwa 80% der befragten Institute als »überdurchschnittlich attraktiver Arbeitgeber« und unterschätzen daher die Folgen des demografischen Wandels. Dennoch war aus Sicht des mittelständisches Managements der Umgang mit »Vielfalt und demografischem Wandel« die Personalaufgabe mit dem größten Bedeutungszuwachs (vgl. Hasebrook/Maurer 2009).

3 PERSPEKTIVEN VON DIVERSITY-MANAGEMENT-ANSÄTZEN

Vielfalt ergibt sich vor allem aus der Unterschiedlichkeit der Belegschaft eines Unternehmens. Nach Dohrn, Hasebrook und Schmette (2011, S.109) versucht Diversity Management dem auf unterschiedliche Art und Weise gerecht zu werden und muss unter drei Perspektiven gesehen werden, die einander bei der wirtschaftlichen Nutzung der Vielfalt ergänzen. Ansätze von Diversity Management lassen sich unter drei Herangehensweisen subsumieren (Abb. 1).

1. **Fairness- und Anti-Diskriminierungsansatz**
2. **Lern- und Effektivitätsansatz**
3. **Zugangs- und Legitimationsansatz**

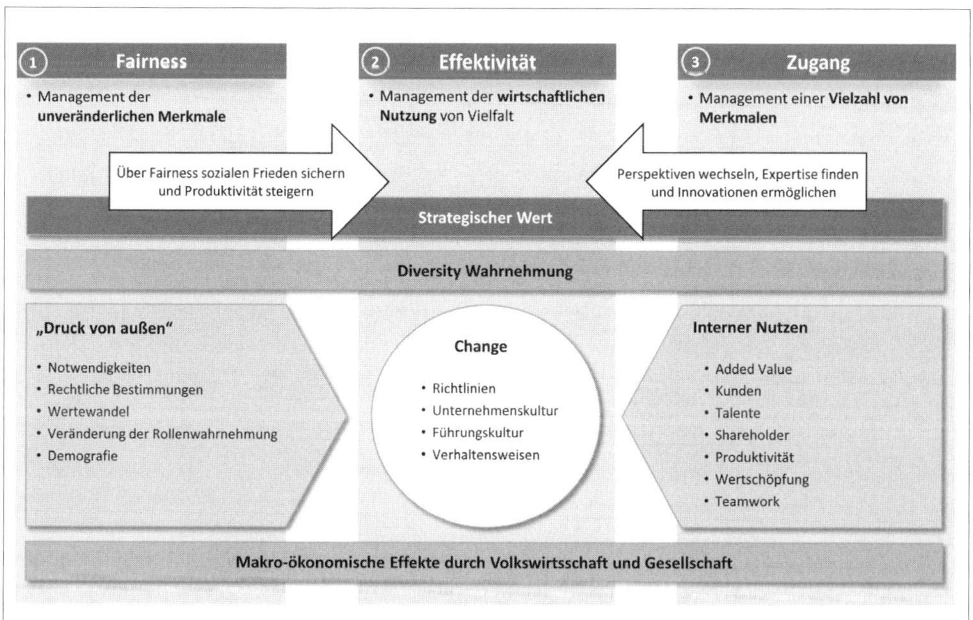

1 | Die drei zentralen Perspektiven des Diversity Managements

Unter dem Fairness- und Anti-Diskriminierungsansatz werden die Ausprägungen des Diversity Managements verstanden, die sich vor allem mit der Vorbeugung und Vermeidung von Diskriminierung in Organisationen beschäftigen. Die Intention dieses Ansatzes ist daher zuallererst, das Bedürfnis jedes Individuums zu erfüllen, den Raum und Platz in der Organisation zu bekommen, den es benötigt, um seine Einzigartigkeit auszuleben und dafür anerkannt zu werden (Dohrn / Hasebrook / Schmette, 2011, S. 111). Bei dem Zugangs- und Legitimationsansatz handelt es sich um einen marktwirtschaftlichen Ansatz, der sich um die Spiegelung der marktdemografischen Vielfalt der Kunden, insbesondere der Kundeninteressen, durch die Mitarbeiter innerhalb der Organisation bemüht bzw. ausrichtet und damit den Anforderungen einer individuellen Marktbearbeitung versucht, gerecht zu werden (vgl. Aretz 2006). Dieser Ansatz sieht Diversity Management als einen Ansatz um organisationale Vielfalt aufbauen zu können, die schließlich als Ressource genutzt wird, um die im Markt auf Kundenseite vorhandene Vielfalt decken zu können (vgl. Labucay 2006). Da jede Organisation unterschiedlich ist (nicht-identische Produkte / Dienstleistungen treffen nicht-identische Kunden / Lieferanten), ist der Austausch mit der Varietät, in die die Organisation zur Bildung der voraussetzenden Vielfalt eingebettet ist, der dynamische Beitrag zur Erschließung des externen organisationalen Innovationspotenzials (Dohrn / Hasebrook / Schmette, 2011, S. 113). Der Lern- und Effektivitätsansatz hingegen fasst Diversity-Management-Ansätze zusammen, die zu dem Konzept des organisationalen Lernens bzw. der »Lernenden Organisation« zählen (vgl. Aretz / Hansen 2003). Dieser Ansatz hebt hervor, dass die Auswahl und Entscheidungen von Mitarbeitern durch ihren kulturellen Hintergrund und ihre Identitätsgruppenzugehörigkeit einzigartig sind. Diese Vielfalt integriert die Organisation in Arbeitsprozesse und nutzt sie zur reflexiven Betrachtung von Arbeitsprozessen, Märkten, Strategien und Kultur (vgl. Thomas / Ely 1996). Dabei nimmt das vorhandene Wissen in seinen vielfältigen Ausprägungsformen die zentrale Stellgröße ein. Die Bedeutung der Vielfalt in diesem Ansatz liegt in der damit einhergehenden Möglichkeit, zusätzliche, weitere und größere Mengen an Wissen zu erschließen. Dieser Ansatz fokussiert die Idee, tradierte Informationsquellen verlassen zu können, um so strategisch relevantes Nischenwissen zu kultivieren. Daher steht der Ausbau, die Nutzung und Entwicklung von Netzwerken und Communities of Practices im Vordergrund (Dohrn / Hasebrook / Schmette, 2011, S. 113). Abbildung 2 fasst die grundlegenden Überzeugungen (Hypothesen) und die damit verbundene organisationale Ausrichtung dieser drei zentralen Ansätze des Diversity Managements auf einen Blick zusammen.

	Fairness- und Diskriminierungsansatz	Lern- und Effektivitätsansatz	Zugangs- und Legitimierungsansatz
Hypothese	Vielfalt erzeugt Unverständnis und Probleme	Vielfalt fördert Bildung von Nischenwissen und Wettbewerbsvorteilen	Vielfalt ermöglicht verbesserte Kundenbeziehungen und Marktzugang
Vision	Durch Angleichung keine Diskriminierung mehr („melting pot")	Vielfalt ohne Angleichung als Stärke sehen („salad bowl")	Vielfalt in der Organisation spiegelt Vielfalt des Marktes
Mission	Integration von Minderheiten	Vielfalt als Teil ganzheitlichen organisationalen Lernens	Vielfalt deckt den Bedarf interner und externer Kunden
Umsetzung	Beschäftigungs- und Bindungsquoten	Systematische Nutzung von (Nischen-) Wissen durch Vernetzung der Vielfalt	Marktorientierte Dimensionen von Vielfalt identifizieren und Einsatz steuern
wirtschaftliche Nutzung	Gebunden an Vorgaben und Gesetze	Aufbau von Markteintrittshürden und Alleinstellungsmerkmalen	Ausbau der Kundenbeziehungen und Marktzugänge

2 | Grundlegende Thesen zu den drei Perspektiven des Diversity Managements

4 STUDIE ZU DIVERSITY UND INNOVATION

Die Studie zum Diversity Management untersuchte, unter welchen Voraussetzungen Diversity und Innovation in einen Wirkungszusammenhang gebracht werden können. Ein Fragebogen mit 15 Fragen, je eine Frage pro Perspektive und Hypothese, wurde von 120 Mitarbeitern und Mitarbeiterinnen mittelständischer Unternehmen ausgefüllt. Der Fragebogen enthielt zusätzlich Fragen aus den anderen beiden Teilprojekten zu organisationalen und individuellen Kompetenzen sowie Bewertungen von Innovationserfolgen und dem wirtschaftlichen Geschäftserfolg. Das Ergebnis einer Hauptkomponenten-Faktorenanalyse mit 60% erklärter Varianz (korr. R^2) zeigt, dass daraus die drei Faktoren Integration, Zugang, und Kunden ableitbar sind.

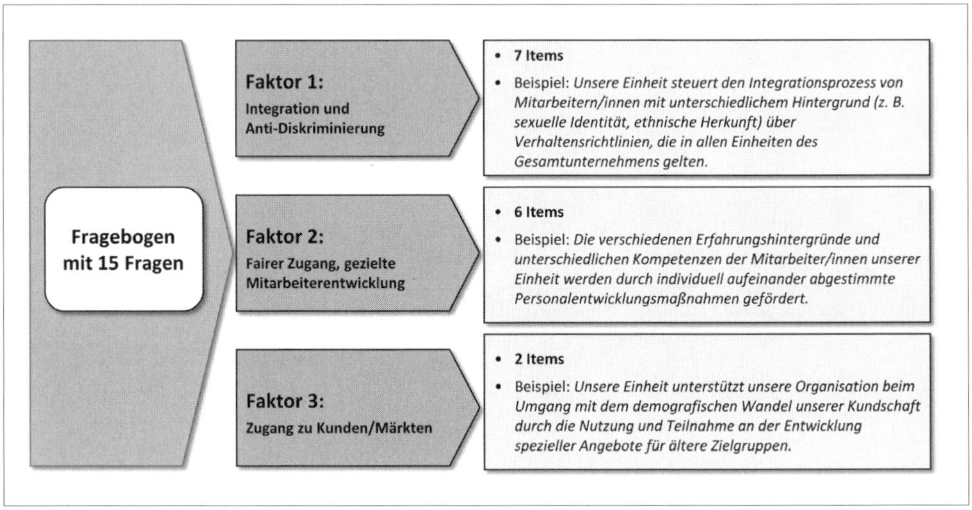

3 | Ergebnisse der Faktorenanalyse zur Gruppierung der Fragen nach »Diversity«

1. Faktor = Integration und Anti-Diskriminierung
Hierunter subsumieren sich Aussagen darüber, wie Organisationen unveränderliche Merkmale von Diversity in Wertschöpfungsprozessen messen und steuern.

2. Faktor = Fairer Zugang und individuelle Entwicklung
Hier finden sich Aussagen zu individuellen Merkmalen und Entwicklungsbedarfen von Mitarbeitern als Teil von Diversity.

3. Faktor = Kundenorientierung
Dieser Faktor fasst Aussagen zusammen, die Diversity als Lösung einsetzen, um besser auf Marktanforderungen reagieren zu können.

Die weitere Auswertung ging nun zwei zentralen Fragen nach:

1. Inwiefern wirken sich diese drei empirischen Faktoren auf die Erfolgseinschätzungen hinsichtlich Innovation und Gesamterfolg aus?
2. Unterscheiden sich die erfolgreichen Unternehmen von den nicht erfolgreichen Unternehmen?

Die Überprüfung der Auswirkung der drei Diversity-Faktoren auf den Innovations- und den Geschäftserfolg ergab einen Haupteffekt für den Diversity-Faktor »Zugang« auf den Geschäftserfolg ($F[15,3]=13,5$; $p<,001$) sowie eine Wechselwirkung der Diversity-Faktoren »Zugang« und »Kunden« auf den Innovationserfolg ($F[16,9]=2,1$; $p<,05$; vgl. Abb. 4).

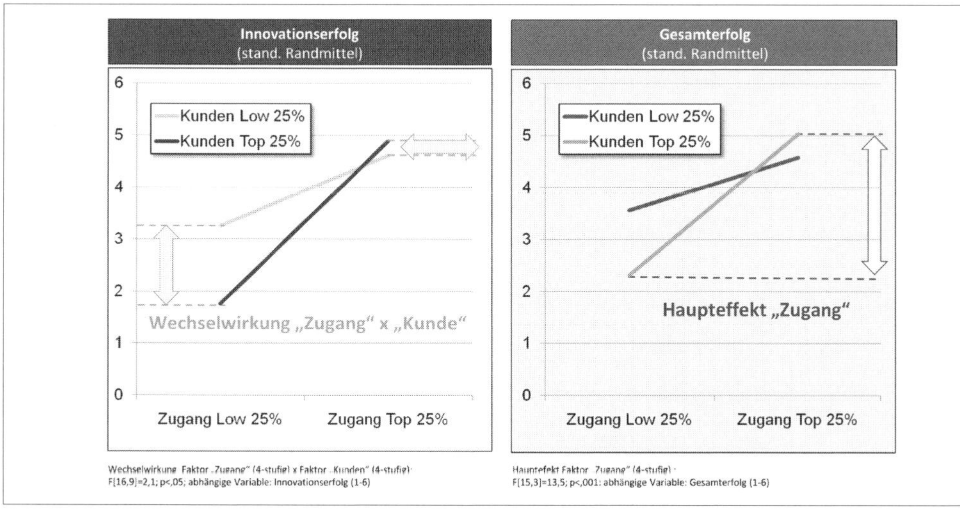

4 | Wechselwirkung und Haupteffekt der Diversity-Faktoren auf Innovations- und Geschäftserfolg

Die zweite Frage war, ob sich unterschiedlich erfolgreiche Unternehmen hinsichtlich ihres Diversity Managements unterscheiden: Es könnte angenommen werden, dass erfolgreiche und innovative Unternehmen besonders viel Geld und andere Ressourcen für Diversity Management zur Verfügung stellen. Tatsächlich unterscheiden sich alle drei Diversity-Faktoren signifikant (Chi2[21]=58,8; p<,01). Da standardisierte Diskriminanzkoeffizienten wie gewichtete Summen aufgefasst werden können, kann man die Stärke der Diversity-Faktoren in den drei gebildeten Erfolgsgruppen wie in Abbildung 5 zusammen fassen.

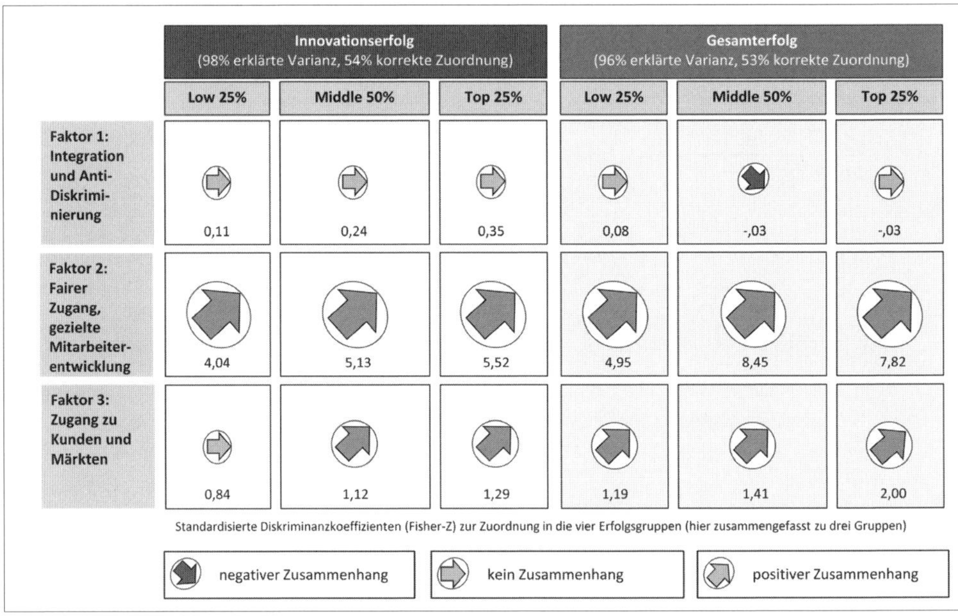

5 | Diskriminanzanalyse zur Zuordnung zu den Erfolgsgruppen (Low, Middle, Top); große Pfeile nach oben zeigen starke positive Wirkung an, kleiner Pfeil nach unten schwache negative Wirkung

Schließlich wurde der Zusammenhang der Diversity-Faktoren mit Organisations- und Individualkompetenzen untersucht (Ergebnisüberblick in Barthel / Hanft / Hasebrook 2011). Nur die Organisationskompetenzen »Kombinationsfähigkeit« (F[31,3]=4,1; p<,05) und »Kooperationsfähigkeit« (F[31,3]=3,1; p<,05) hatten einen signifikanten Einfluss auf die Erfolgseinschätzungen, nicht jedoch die gemessenen Individualkompetenzen. Eine multiple Regression mit relevanten Organisations- und Individualkompetenzen sowie den drei Diversity-Faktoren zeigt Bedeutung der kombinierten Faktoren: Die erklärte Varianz steigt auf 69% (korr. R2) gegenüber 49%, wenn die Diversity-Faktoren alleine berücksichtigt werden. Diese substantielle Verbesserung beruht vor allem auf der überragenden Bedeutung der Organisationskompetenz »Kombinationsfähigkeit«. Unter Kombinationsfähigkeit wird die Fähigkeit einer Organisation verstanden unter wechselnden Anforderungen immer wieder die richtigen personellen und sächlichen Ressourcen wirksam bereit und zusammen zu stellen; in der Literatur wird die Kompetenz auch als »dynamic capability« diskutiert (vgl. (Eisenhardt / Martin 2000). Abbildung 6 gibt einen Überblick über die wesentlichen Ergebnisse der Regressionsanalyse.

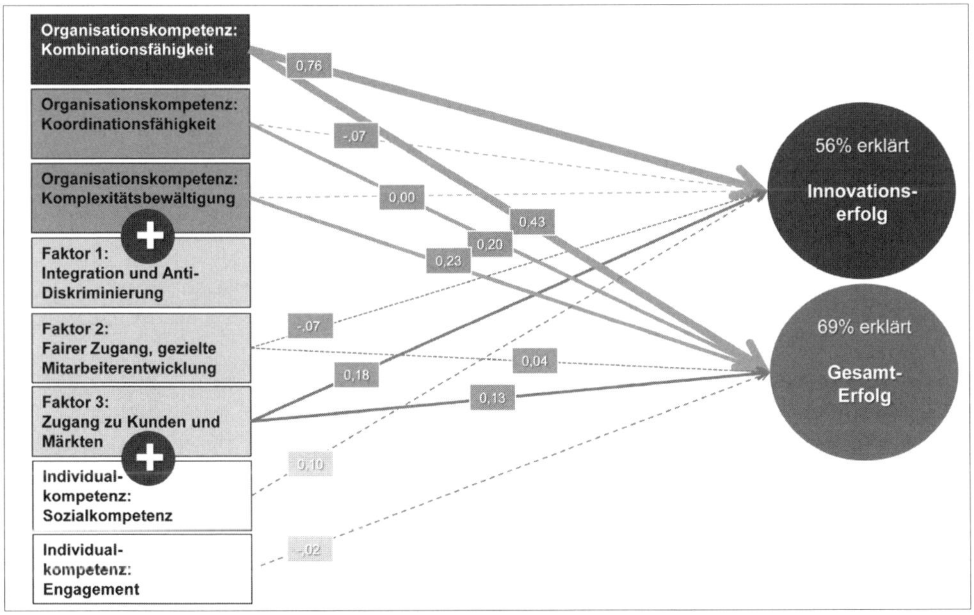

6 | Standardisierte Beta-Gewichte einer multiplen Regression für Organisations- und Individualkompetenzen sowie die drei Diversity-Faktoren (mit R^2)

5 AUFGABEN UND AUSBLICKE

Der Wirkungszusammenhang von Innovationserfolg und Vielfalt ist vor allem einseitig: Erfolgreiche Unternehmen pflegen einen anderen Umgang mit der Ressource »Vielfalt« als weniger erfolgreiche Unternehmen. Dies gilt nicht unbedingt auch umgekehrt: Besonders vielfältige Unternehmen sind nicht gleichzeitig erfolgreiche Innovatoren. Die erfolgreiche Nutzung der Vielfalt oder Diversity eines Unternehmens gelingt nur dann, wenn diese Nutzung überhaupt vorgesehen ist: Allen Anti-Diskriminierungsansätzen geht es bekanntlich eben darum, dass Vielfalt nicht wirksam ist. Eine Unterstellung ist dabei, dass die Auswirkung von Unterschieden eher negativ als positiv ist. Auch die einfache Nutzung von Unterschiedsmerkmalen für einen besseren Marktzugang, etwa beim »Turkish Banking«, greift zu kurz, weil nur einige wenige, für den Markt scheinbar bedeutsame und meist unveränderliche Merkmale (wie die ethnische und kulturelle Abstammung) berücksichtigt werden. Erst der Versuch, Vielfalt in seinen vielen und – je nach Unternehmen – sehr unterschiedlichen Facetten zu sehen, trägt wirklich zum Erfolg bei. Die Hauptaufgabe des Unternehmens ist dann, einen Ansatz des freien Zugangs und der unzensierten, sozial fairen Diskussion zu ermöglichen (Fairness-Ansatz; Faktor »Zugang und Entwicklung«).

Wie die Ergebnisse dieser Studie zeigen, profitiert der Innovationserfolg vor allem von der Fähigkeit der Unternehmen, relevante Ressourcen zu kombinieren sowie Aufgaben und Tätigkeiten zu koordinieren, sogenannte »dynamic capabilities«. Der Umgang mit Diversity, der Vielfalt an Individuen in Organisationen, im Sinne guter und fairer Personalentwicklung unterstützt maßgeblich den Erfolg eines Unternehmens. Hingegen hat der Umgang mit Diversity als Vermeidung von Diskriminierung und Integrationsbemühen keinen messbaren Einfluss auf Erfolg. Ein offener Kundenzugang wirkt nur dann messbar, wenn Personalentwicklung nicht ausreicht.

In dieses Bild passt, dass vor allem die Organisationskompetenz »Kombinationsfähigkeit« zusammen mit »Kooperationsfähigkeit« den größten Erfolgsbeitrag bietet. Dabei scheinen die konkreten individuellen Kompetenzen nicht so wichtig zu sein. Und auch das passt ins Bild: Die konkrete Nutzung der tatsächlichen Vielfalt im Unternehmen bezweckt gerade, dass es unterschiedliche Individualkompetenzen gibt, die – richtig kombiniert und bei guter Kooperation – zum Erfolg des Unternehmens beitragen.

ANHANG

LITERATUR

ARETZ, H.-J. / HANSEN, K. (2003): Diversity Management. Ein Konzept für den Umgang mit Vielfalt und Komplexität. In: Zeitschrift Führung und Organisation, 4, S. 192–198.

ARETZ, H.-J. (2006): Strukturwandel in der Weltgesellschaft und Divesity Management in Unternehmen. In: Becker, M. / Seidel, A. (Hrsg.): Diversity Management. Unternehmens- und Personalpolitik der Vielfalt. Stuttgart: Schäffer-Poeschel, S. 51–74.

BARTHEL, E., HANFT, A., & HASEBROOK, J. (Hrsg.). Integriertes Kompetenzmanagement. Ein Arbeitsbericht. Münster: Waxmann

BUNDESMINISTERIUM DER JUSTIZ (2006). Allgemeines Gleichbehandlungsgesetz (AGG). http://www.gesetze-im-internet.de/agg/BJNR189710006.html, (03.08.2011)

DOHRN, S., HASEBROOK, J.P., & SCHMETTE, M. (2011). Diversity und Innovation. In: Vielfalt und Innovation: Strategisches Diversity Management für Innovationserfolg. Shaker Verlag, S. 103–124.

DAIMLER (2008): Das größte gemeinsame Vielfache. In: Daimler 360 GRAD – Magazin zur Nachhaltigkeit. http://www.daimler.com/Projects/c2c/channel/documents/1652463daimler_sust_2008_reports_nachhaltigkeitsbericht2008diversity_de.pdf, (13.10.2009).

EISENHARDT, K. M. & MARTIN, J. A. (2000), Dynamic Capabilities: What are they? In: Strategic Management Journal, 21, S. 1105–1121.

HASEBROOK, J.P./ MAURER, M.L. (2010). Qualität im Personalmanagement und wirtschaftliche Leistung mittelständischer Banken im deutschsprachigen Raum. In: Kirmße, S. & Scheer, O. Aktuelle Studien zu den Entwicklungen und Perspektiven des Bankgeschäfts in Deutschland und Europa. Frankfurt am Main: Fritz Knapp Verlag.

JAWORSKI, J. & ZURLINO, F. (2007). Innovationskultur. Vom Leidensdruck zur Leidenschaft. Wie Top-Unternehmen ihre Organisation mobilisieren. Frankfurt am Main: Campus.

LABUCAY, I. (2006): Diversity Management. Eine Analyse aus Sicht der systemtheoretischen und postmodernen Organisationsforschung. In: Becker, M. / Seidel, A. (Hrsg.): Diversity Management – Unternehmens- und Personalpolitik der Vielfalt. Stuttgart: Schäffer-Poeschel, S. 75–104.

PELZ, B., HWANG, P., & STUBER, M. (2009). European Diversity Research and Consulting – The International Business Case Report – The Business Case for Diversity through 90 Empirical Studies [Electronic Version]. Köln: European Diversity Research and Consulting.

Thomas, D.A. / Ely, R.J. (1996): Making Difference Matter. A New Paradigm for Managing Diversity. In: Harvard Business Review 5, S. 79–91.

ABBILDUNGEN

DIETMAR VAHS | JENS SCHMITT

ORGANISATION UND INNOVATIONS-KULTUR ALS DETERMINANTEN DES INNOVATIONS-ERFOLGS

ERGEBNISSE EINER EMPIRISCHEN STUDIE

INHALT

VORWORT

Innovative Strukturen und Prozesse und eine positive Innovationskultur haben einen signifikanten Einfluss auf den Innovationserfolg. Die aktuelle Studie des Instituts für Change Management und Innovation (CMI) auf der Basis einer Stichprobe von 85 Unternehmen zeigt, worauf Unternehmen achten sollten, wenn sie ihre Innovationspotenziale ausschöpfen wollen.

EINLEITUNG

Produkt- und Prozessinnovationen sind eine wesentliche Voraussetzung für das wirtschaftliche Überleben und die Zukunftsfähigkeit von Unternehmen. Angesichts der anhaltenden globalen Wirtschaftskrise werden Investitionen in Innovationen oftmals zurückgestellt, doch gerade in dieser Zeit können sie entscheidend dazu beitragen, dem Abschwung entgegenzuwirken. Umso wichtiger ist es für Unternehmen, ihre Innovationspotenziale zu erkennen und aktiv wahrzunehmen. Ansatzpunkte hierfür bilden sowohl die »harten« als auch die »weichen« Faktoren, wie sie Peters und Waterman in ihrem 7-S-Modell bereits vor über zweieinhalb Jahrzehnten postuliert haben.[1] Durch eine ganzheitliche Betrachtungsweise, in der beide Ebenen Berücksichtigung finden, können komplexe Wirkungsinterdependenzen analysiert und erklärt werden, um daraus konkrete Handlungsempfehlungen zur Steigerung der Innovationsfähigkeit abzuleiten. Vor diesem Hintergrund hat das Institut für Change Management und Innovation (CMI) der Hochschule Esslingen gemeinsam mit der Bezirkskammer Esslingen-Nürtingen der IHK Region Stuttgart im Rahmen einer umfangreichen empirischen Studie den Zusammenhang zwischen Innovationskultur und Unternehmensorganisation untersucht.

Um thematisch-inhaltliche Redundanzen zu vermeiden, wurde vor dem Beginn der Studie zunächst ermittelt, an welchen Forschungsprojekten deutschsprachige Hochschulen zum damaligen Zeitpunkt (August 2008) arbeiteten. Es stellte sich heraus, dass Paneluntersuchungen an der WHU in Vallendar, eine Studie zu generellen Erfolgsfaktoren im Innovationsmanagement an der Westfälischen Wilhelms Universität in Münster sowie eine bereits vor Jahren begonnene Studie der TU Berlin mit zwei Kooperationspartnern (VDI, McKinsey) unter dem Namen »Innovationskompass«, in dem das Management von Innovationsvorhaben analysiert wird, zeitgleich durchgeführt wurden. Somit war sichergestellt, dass die Studie des CMI sich einem komplexen Thema widmet, das sich von anderen Forschungsarbeiten an deutschen Hochschulen unterscheidet.

1 vgl. Peters, T. J. / Waterman, R. H.: In Search of Excellence, Lessons from America's Best-Run Companies, New York et. al. 1982, S. 13 ff.

1 MERKMALE EINER INNOVATIONSFÖRDERNDEN UNTERNEHMENSKULTUR UND -ORGANISATION

Mit Blick auf die Zielsetzung, die beiden Konstrukte »Innovationskultur« und »Organisation« zu untersuchen, wurden zunächst die bisher mehr als 60 Veröffentlichungen zur Erforschung der Erfolgsfaktoren von Innovationen analysiert. Es zeigte sich, dass in den Erfolgsfaktorenstudien einzelne Merkmale der Innovationskultur und der Unternehmensorganisation, wie z. B. das Wissensmanagement oder der F&E-Prozess, und ihr Einfluss auf den Innovationserfolg untersucht wurden. Dabei kam es zu widersprüchlichen Ergebnissen, was sich auf eine fehlende ganzheitliche Operationalisierung beider Konstrukte und insbesondere der Innovationskultur zurückführen lässt.[2] Als problematisch erwiesen sich insbesondere die Messung der Innovationskultur[3] und die Definition und damit auch die Messung des Innovationserfolgs.[4]

Anschließend untersuchte das Forschungsteam des CMI mittels einer Literaturanalyse, welche Merkmale einer Unternehmenskultur und -organisation bislang empirisch als innovationsfördernd nachgewiesen wurden. Dazu wurden angesichts der inzwischen langen Geschichte der Erfolgsfaktorenforschung mit über 60 veröffentlichten empirischen Studien zunächst Metaanalysen herangezogen, die seit 1990 publiziert wurden. Auffallend in den drei miteinander verglichenen Schriften von Montoya-Weiss & Cantalone, Balachandra & Friar sowie Henard & Szymanski ist die Heterogenität der Ergebnisse, was sich aufgrund der Subsumierung unterschiedlichster Primärstudien erklären lässt. Deshalb wurden in einem zweiten Schritt englisch- und deutschsprachige Primärstudien analysiert. Dazu wurden Studien wie diejenige von Mansfield (1963), in welcher der Zusammenhang zwischen Risikoeinstellung des Top-Managements und Innovationserfolg erforscht wird, bis hin zu der Studie von Lippold (2007), welche die innovationsfördernde Unternehmenskultur zu erfassen versucht, näher betrachtet. Insbesondere in diesem zweiten Analyseschritt zeigten sich die o. g. definitorischen Schwierigkeiten, die überwiegend die Unternehmenskultur betreffen.

Grundsätzlich zielt die Unternehmenskultur auf die Verankerung der erwünschten Normen, Wertvorstellungen und Denkweisen im täglichen Handeln und soll ein Unternehmen in Charakter und Stil unverwechselbar und von anderen Unternehmen unterscheidbar machen.[5] Demzufolge soll sich die Innovationskultur positiv auf das Innovationsverhalten der Mitarbeiter auswirken.[6] Es existiert jedoch eine Vielzahl an Definitionsansätzen, in denen jeweils unterschiedliche Aspekte der Innovationskultur betont werden ohne eine einheitlich Antwort darauf zu geben, was die Innovationskultur konkret auszeichnet.

Die anhand der Literaturanalyse identifizierten Merkmale für die beiden in der CMI-Studie untersuchten Determinanten des Innovationserfolgs finden sich in der Abbildung 1. Anzumerken ist, dass nur diejenigen Merkmale in das Erfolgsfaktorenmodell aufgenommen wurden, die von Seiten eines Unternehmens aktiv beeinflusst werden können. Andere Faktoren, wie beispielsweise eine starke Marktdynamik oder rechtliche und gesellschaftliche Entwicklungen, können ein Unternehmen zwar für das Thema Innovation sensibilisieren und zu entsprechenden Anstrengungen führen; sie sind jedoch von diesem nicht unmittelbar beeinflussbar. Ein proaktiver Aufbau einer innovationsförderlichen Unternehmensorganisation und -kultur steht jedoch im Fokus der Forschungsarbeit, um eigene Innovationspotenziale gerade in wirtschaftlich angespannten Zeiten ausschöpfen zu können, so dass auf die Berücksichtigung anderer Aspekte in dem vorliegenden Modell verzichtet wurde. Das dargestellte Erfolgsfaktorenmodell bildete die Grundlage für den weiteren Gang der empirischen Untersuchung.

1 | Erfolgsfaktorenmodell

2 vgl. Lippold, A.: Die Innovationskultur: Konzeption und Untersuchung eines Mehrebenenmodells sowie Entwicklung von Gestaltungsempfehlungen, Göttingen 2007, S. 68.

3 vgl. Walther, S.: Erfolgsfaktoren von Innovationen in mittelständischen Unternehmen: Eine empirische Untersuchung, Frankfurt am Main u. a. 2004, S. 59.

4 vgl. Hauschildt, J./Salomo, S.: Innovationsmanagement, München 2007, S. 39.

5 vgl. Bleicher, K.: Das Konzept Integriertes Management, Frankfurt 1996, S. 183 ff.

6 vgl. Macharzina, K./Wolf, J.: Unternehmensführung: Das internationale Managementwissen – Konzepte: Methoden-Praxis, Wiesbaden 2005, S. 244 ff

2 METHODIK UND SAMPLE DER STUDIE DES CMI

Die Innovationsstudie des CMI wurde in fünf Hauptphasen durchgeführt[7]:

PHASE I Das Forschungsproblem, mit dem sich die Studie auseinandersetzt, besteht zum einen in der Untersuchung der Wirkungszusammenhänge der beiden Faktoren »Innovationskultur« und »Organisation« hinsichtlich der Zielgröße »Innovationserfolg« und zum anderen in der Problematik der Erfolgsmessung von Innovationen. Daraus ergeben sich die folgenden forschungsleitenden Fragen:

- Was zeichnet eine innovationsfördernde Unternehmenskultur aus?
- Was sind die Merkmale einer innovationsfördernden Aufbau- und Ablauforganisation?
- Welchen Einfluss haben die beiden Konstrukte und deren Variablen auf den Innovationserfolg? Lässt sich dieser Einfluss messen?
- Welche Wirkungsinterdependenzen bestehen zwischen den beiden Determinanten?
- Lassen sich aus dem Innovationserfolg bestimmte Rückschlüsse auf den Unternehmenserfolg ziehen?

Ein Blick auf das Erfolgsfaktorenmodell in Abbildung 1 zeigt, dass die beiden Determinanten durch multivariate Variablen geprägt werden, woraus sich die folgenden zu überprüfenden Hypothesen ableiten lassen:

- **H1:** Je eher die Organisation Innovationen ermöglicht bzw. unterstützt, desto größer ist der Innovationserfolg.
- **H2:** Je eher die Unternehmenskultur Innovationen unterstützt, desto größer ist der Innovationserfolg.
- **H3:** Je größer der Innovationserfolg ist, desto größer ist auch der Unternehmenserfolg.

Diese drei Hypothesen bildeten den Ausgangspunkt für die Konzeption des Erhebungsinstruments, einen teilstandardisierten Fragebogen, der insgesamt sechs Fragebatterien zu verschiedenen Themenbereichen enthielt.[8]

PHASE II Die Studie des CMI wurde als Ex-post-facto-Design angeordnet. Dieses Design hat den Vorteil, dass sowohl abhängige (Innovationserfolg) als auch unabhängige Variablen (innovationsfördernde Unternehmenskultur und Organisation) gemessen werden können, wenn sich diese Variablen bereits in der Realität ausgewirkt haben. Die Untersuchung wurde als Querschnittstudie durchgeführt, d. h. es wurden unterschiedliche Personen einmalig in dem gleichen Zeitraum befragt. Die schriftliche Befragung richtete sich an die erste und zweite Führungsebene von Mitgliedsunternehmen IHK Region Stuttgart und hier der Bezirkskammer Esslingen-Nürtingen. Um eine erfolgreiche Datenerhebung zu gewährleisten, wurde der entwickelte Fragebogen vor der Hauptuntersuchung zunächst einem Pretest unterzogen.

PHASE III Die Datenerhebung umfasste einen Zeitraum von insgesamt sechs Wochen. Aus der Grundgesamtheit von 7.690 größtenteils kleinen und mittleren Unternehmen wurde eine Quotenstichprobe gezogen, aufgrund derer 563 Fragebögen versandt wurden. Der Branchenschwerpunkt lag in den Bereichen Dienstleistung, produzierendes Gewerbe und Handel. 85 Unternehmen nahmen an der Untersuchung teil, was einer Rücklaufquote von 15,10% entspricht. 83% der Befragten waren Mitglieder der ersten Führungsebene. Das Durchschnittsalter der Teilnehmer lag bei 48,69 Jahre. 92% der Teilnehmer waren männlich, 8% weiblich. 42% der Teilnehmer hatten einen kaufmännischen Ausbildungs- bzw. Studienhintergrund, 27% waren naturwissenschaftlich-technisch qualifiziert, die übrigen 31% hatten ein technisch-betriebswirtschaftliches Studium absolviert.

PHASE IV Nach der Datenerhebung wurde zunächst mittels SPSS eine Datenstruktur angelegt, in welcher die Antworten auf die geschlossenen Fragen codiert und erfasst wurden. Anschließend erfolgte die multivariate Auswertung mit Hilfe des Computerprogramms AMOS in Form eines Kausalmodells. Die Antworten auf die offenen Fragen wurden mittels Clusterbildung und Häufigkeitsverteilungen zusammengefasst.

PHASE V Die empirischen Ergebnisse wurden den in Phase I aufgestellten Hypothesen gegenübergestellt. Die gewonnenen Erkenntnisse führten zu Handlungsempfehlungen und zu der Ableitung weiterführender Fragenstellungen. Die wesentlichen Ergebnisse werden im Folgenden dargestellt.

---

8 Die sechs Fragebogenbatterien gliederten sich in die Teilbereiche »A-Fragen zum Unternehmen«, »B-Fragen zum Innovationserfolg«, »C-Fragen zur Organisation«, »D-Fragen zur Innovationskultur«, »E-offene Fragen zu den Teilbereichen C und D« und »F-Fragen zur Person«.

3 STRUKTURMODELL UND ZUORDNUNG DER UNTERNEHMEN

Das zuvor in der Abbildung 1 vorgestellte Erfolgsfaktorenmodell ist in vereinfachter Form in der nachfolgenden Abbildung 2 als Struktur- und Messmodell dargestellt.

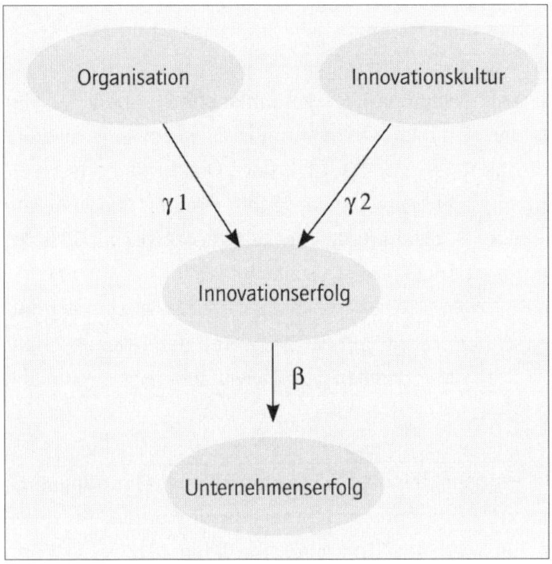

2 | Strukturmodell von Innovations- und Unternehmenserfolg

Die Ovale stellen so genannte theoretische Konstrukte dar, die mit Hilfe von Indikatoren (manifesten Variablen) gemessen werden. Die Pfeile geben die Einflussrichtung der Konstrukte an. Deren Einflussstärke wird durch die Pfadkoeffizienten β und γ charakterisiert. Die Werte dieser Koeffizienten sind standardisiert und liegen zwischen -1 und +1. Je größer dieser Wert ausfällt, desto stärker ist die Wirkung auf das jeweilige Konstrukt. Die Messung der Konstrukte erfolgte im Rahmen der CMI-Studie jeweils anhand einer größeren Anzahl von Indikatorvariablen, die aus den einzelnen Fragen des Erhebungsinstruments entwickelt wurden. In einem nächsten Schritt mussten deshalb diejenigen Fragen, die als Indikatorvariablen der Innovationskultur und der Organisation geeignet waren, mit Hilfe statistischer Methoden (Reliabilitätsanalyse, konfirmatorische Faktorenanalyse) bestimmt werden.

Danach erfolgte die Aggregation dieser Indikatorvariablen zu Indizes. Die Bildung von Indizes war notwendig, um die Ausprägung der beiden Konstrukte »Innovationskultur« und »Organisation« in den teilnehmenden Unternehmen mittels einer Messzahl gebündelt angeben zu können.[9] Beide Konstrukte wurden in Relation zur Zielvariablen »Innovationserfolg« gesetzt. Als Messgröße für den Innovationserfolg wurde dabei die Anzahl an erfolgreichen Produktinnovationen herangezogen. Die Messzahl für die Konstrukte kann prinzipiell jeweils einen Wert zwischen 0 und 1 annehmen. Je höher dieser Wert ist, desto ausgeprägter ist die Innovationskultur bzw. die innovationsfördernde Organisation.[10] Die Berechnung der Indizes für Organisation und Innovationskultur erfolgt nach der folgenden Vorschrift, wobei *Max(x_i)* bzw. *Min(x_i)* die größten bzw. kleinsten Werte in der Fragenskalierung (z. B. 5 bzw. 1) sind[11]:

$$\frac{\sum_{i=1}^{n} w_i * \bar{x}_i - \sum_{i=1}^{n} w_i * \mathrm{Min}(x_i)}{[\mathrm{Max}(x_i) - \mathrm{Min}(x_i)] * \sum_{i=1}^{n} w_i}$$

w_i = Faktorladung des i-ten Indikators als Gewicht

x_i = Wert des Indikators i

$\bar{x}_i$ = Mittelwert des Indikators i

3 | Vorschrift zur Berechnung der Indizes

Die Messzahlen wurden auf einer vertikalen Achse für die Innovationskultur bzw. auf einer horizontalen Achse für die Organisation eingetragen. Im nächsten Schritt konnten aufgrund der Berechnungen die Mittelwerte der beiden Konstrukte aus den Antworten der teilnehmenden Unternehmen gebildet werden. Diese Mittelwerte aus den Antworten auf die Fragen zur Innovationskultur und Organisation sind in der Abbildung 4 fadenkreuzartig eingezeichnet.

9 vgl. Raithel, J.: Quantitative Forschung: ein Praxiskurs, Wiesbaden 2008, S. 41 f.

10 Die formale Bildung der Indizes (Indexwerte) orientiert sich an den Methoden der Kundenzufriedenheitsmessung mithilfe von Indizes (ACSI, SWICS). Dabei werden die Faktorladungen der Konstrukte als Gewichte verwendet und mit den aktuellen Ausprägungen der Indikatorvariablen multipliziert. Anschließend werden die Werte standardisiert.

11 Für den Indexwert eines einzelnen Objekts (z. B. eines Unternehmens) wird statt des Mittelwertes des Indikators der jeweilige Einzelwert xi eingesetzt. Will man die Indizes von Gruppen berechnen, z. B. für Branchen, so wird der Mittelwert von xi im ersten Glied des Zählers verwendet.

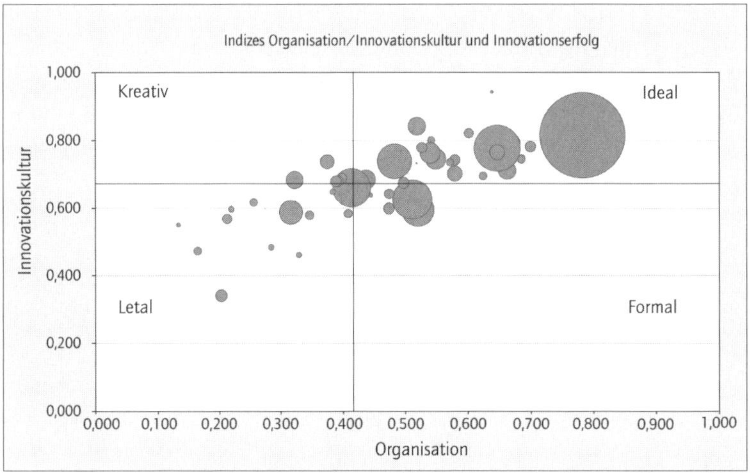

4 | Grundraster für die Zuordnung der Unternehmen

Aufgrund der eingezeichneten Mittelwerte in das Achsendiagramm ergeben sich vier Klassen bzw. Unternehmenstypen, die als Grundraster dienen, um die einzelnen, an der Studie teilnehmenden Unternehmen einordnen zu können:

- Zur **letalen** Klasse gehören diejenigen Unternehmen, die sowohl eine unterdurchschnittlich ausgeprägte Innovationskultur als auch eine unterdurchschnittlich ausgeprägte Organisation aufweisen.
- Der **kreative** Unternehmenstyp umfasst Unternehmen, deren Innovationskultur überdurchschnittlich und deren Organisation unterdurchschnittlich ausgeprägt ist.
- Unternehmen mit einer überdurchschnittlich ausgeprägten Organisation und einer unterdurchschnittlich ausgeprägten Innovationskultur gehören der **formalen** Klasse an.
- Als **ideale** Unternehmen werden diejenigen Unternehmen bezeichnet, die sowohl eine überdurchschnittliche Ausprägung der Innovationskultur als auch der Organisation besitzen.

Die Kreise in der Abbildung 4 werden umso größer, je mehr erfolgreiche Innovationen ein Unternehmen vorweisen kann. Dabei ist das »Best practice-Unternehmen« deutlich in der idealen Klasse rechts außen zu sehen.

Bei der Auswertung der geschlossenen Fragen wurden mithilfe der Kontingenz- und der Korrespondenzanalyse statistisch signifikante Zusammenhänge zwischen den Unternehmenstypen und einzelnen statistisch auswertbaren Variablen der Innovationskultur und der Unternehmensorganisation aufgedeckt und mit AMOS in Grafiken visualisiert. In diese Auswertungen gingen aufgrund von unvollständigen Antworten nur 67 der 85 teilnehmenden Unternehmen ein, die sich in 31 ideale, 2 formale, 12 kreative und 22 letale Unternehmen differenzierten.

4 AUSPRÄGUNGEN DER KULTURVARIABLEN IN DER STICHPROBE

Die nachfolgende Abbildung 5 vermittelt eine Übersicht, wie sich die verschiedenen Unternehmenstypen hinsichtlich der Ausprägung ihrer Innovationskultur unterscheiden.

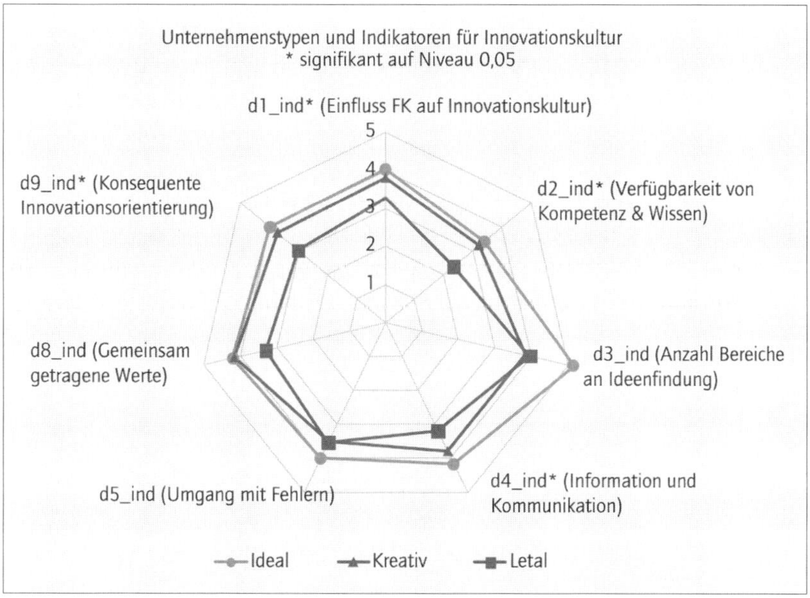

5 | Signifikante Zusammenhänge zwischen Unternehmenstyp und Indikatorvariablen der Innovationskultur

Der Themenkomplex »Innovationskultur« umfasste im Fragebogen insgesamt zehn Fragebogenbatterien (d1 bis d10). Der abschließende Teil d10 erlaubte Mehrfachantworten zum Einsatz von Innovationsgratifikationen und konnte nur über eine Häufigkeitsverteilung ohne Zuordnung zu den drei Unternehmenstypen ausgewertet werden. Die ersten neun Fragebogenbatterien enthielten eine Vielzahl an Aussagen, denen die Studienteilnehmer jeweils bei einer Skalierung von 0 (trifft gar nicht zu) bis 5 (trifft voll und ganz zu) zustimmen konnten. Abbildung 5 macht deutlich, dass sich ideale Unternehmen in den erfassten Fragebogenbatterien zur Innovationskultur deutlich von kreativen und letalen Unternehmen unterscheiden.

So setzen die idealen Unternehmen die in der Fachliteratur häufig genannten Empfehlungen für die Gestaltung einer positiven Innovationskultur konsequenter um als die kreativen und die letalen Unternehmen. Besonders hervorzuheben ist, dass in idealen Unternehmen weitaus mehr

Unternehmensbereiche in die Ideenfindung mit einbezogen werden (d3_ind). Außerdem wird mit Fehlern offener umgegangen (d5_ind). Es zeigt sich zudem, dass die Führungskräfte einen entscheidenden Einfluss auf die Innovationskultur besitzen (d1_ind). Vor diesem Hintergrund ist davon auszugehen, dass die Führungskräfte für ihre Mitarbeiter und deren Verhalten eine prägende Rolle besitzen, wie beispielsweise hinsichtlich des Umgangs mit Fehlern. Sie haben damit einen entscheidenden Einfluss auf die Entwicklung einer gemeinsamen Wertebasis und die Innovationsorientierung des Unternehmens insgesamt. In allen drei Unternehmenstypen scheint die Verfügbarkeit von Kompetenz und Wissen dagegen nur eine verhältnismäßig geringe Bedeutung zu haben (d2_ind). Besonders auffallend ist hierbei die Diskrepanz der letalen Unternehmen zu den anderen Unternehmen. Offenbar besteht in den untersuchten Unternehmen noch einiges Potenzial, um Themen wie das organisationale Lernen, die Durchführung von Qualifizierungsmaßnahmen, den Aufbau von Wissens- und Kompetenznetzwerken usw. gezielt weiterzuentwickeln.

Kreative Unternehmen nehmen dabei eine Art »Sandwichposition« ein, denn die Ausprägungsstärke ihrer Innovationskultur liegt zwischen denen idealer und letaler Unternehmen und ähnelt z. B. bei der Innovationsorientierung idealen Unternehmen (d9_ind), bei der Höhe der Fehlertoleranz dagegen letalen Unternehmen (d5_ind).

5 AUSPRÄGUNGEN DER ORGANISATIONS-VARIABLEN IN DER STICHPROBE

Der Fragenkomplex zu der Determinante »Organisation« enthielt insgesamt 7 Fragebogenbatterien (c1 bis c7), wobei c1 Mehrfachantworten zur organisatorischen Eingliederung der Innovationsfunktion ermöglichte und lediglich über Häufigkeitsverteilungen ausgewertet werden konnte.

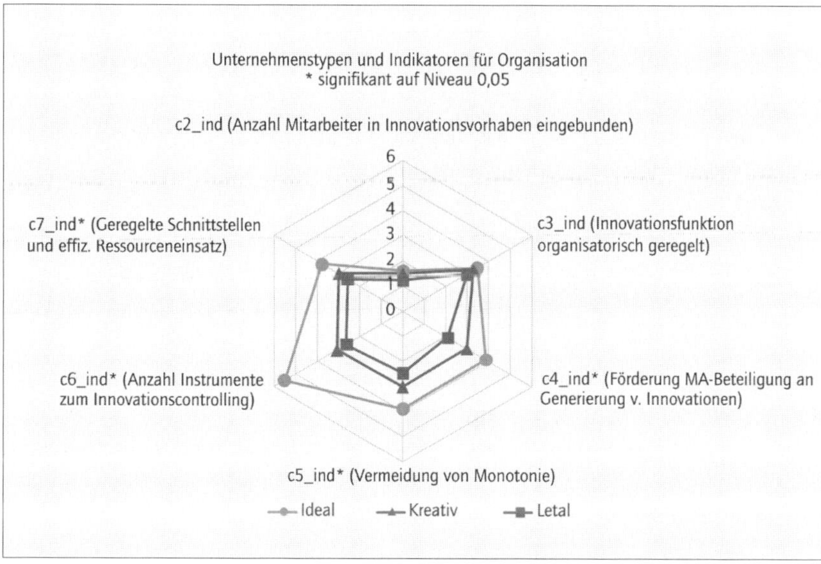

6 | Signifikante Zusammenhänge zwischen Unternehmenstyp und Indikatorvariablen der Organisation

Der Blick auf die Abbildung 6 zeigt hinsichtlich der Variablenausprägungen ein weitgehend identisches Bild mit der Darstellung der Innovationskultur in der Abbildung 5: Letale Unternehmen haben die am geringsten ausgeprägte innovationsfördernde Organisation. Die Strukturen und Prozesse von kreativen Unternehmen sind im Durchschnitt innovationsfördernder, reichen jedoch nicht in allen Punkten an die Ausprägungen idealer Unternehmen heran.

Die Unterschiede sind am deutlichsten beim Einsatz von Instrumenten zum Innovationscontrolling (c6_ind) zu erkennen. Ideale Unternehmen setzen weitaus mehr Instrumente zur Planung, Steuerung und Evaluation von Innovationsvorhaben ein (bis zu sechs Instrumente) und sie verwenden diese Instrumente zielgerichteter. Damit lässt sich – zumindest in Teilen – auch der größere Innovationserfolg begründen, denn nur mit einem systematischen und kontinuierlichen Innovationscontrolling, das vom Ideenanstoß bis zur Markteinführung bzw. -bewährung reicht, lassen sich Probleme identifizieren und Verbesserungen schnell und erfolgreich umsetzen.[12] Lediglich sehr geringe Unterschiede zwischen den drei Unternehmenstypen ergeben sich bei der Anzahl der in ein Innovationsvorhaben eingebundenen Mitarbeiter (c2_ind). Bei der Ideenfindung werden mehrere Unternehmensbereiche einbezogen, um verschiedene Ideenanstöße zu erhalten – mit der konkreten Ideenumsetzung wird dann allerdings nur noch eine geringe Anzahl an Mitarbeitern in einer Art Kernteam beauftragt, um die Koordination und das zielorientierte, rasche Vorgehen zu gewährleisten. Auch bei der organisatorisch-formalen Regelung bzw. dem Ablauf eines Innovationsvorhabens lassen sich nur geringe Unterschiede zwischen den drei Unternehmenstypen feststellen, was mit den grundsätzlichen Imponderabilien von Innovationsprozessen zusammenhängen kann.

Zusammenfassend zeigen sich vergleichbare Unterschiede zwischen letalen, kreativen und idealen Unternehmen sowohl bei der Innovationskultur als auch bei der Organisation, so dass auf einen engen Zusammenhang zwischen diesen beiden Konstrukten zu schließen ist. Näheren Aufschluss hierüber verspricht die Kausalanalyse.

6 ENTWICKLUNG EINES KAUSALMODELLS

Basierend auf dem Strukturmodell des Innovations- und Unternehmenserfolgs, den Auswertungen der unternehmensspezifischen Daten sowie den Antworten auf die geschlossenen Fragen zur Innovationskultur und zur Organisation konnte eine Kausalanalyse, bestehend aus einer Faktoren- und Regressionsanalyse, durchgeführt werden. Das dabei ermittelte Kausalmodell gibt die Abbildung 7 wieder.

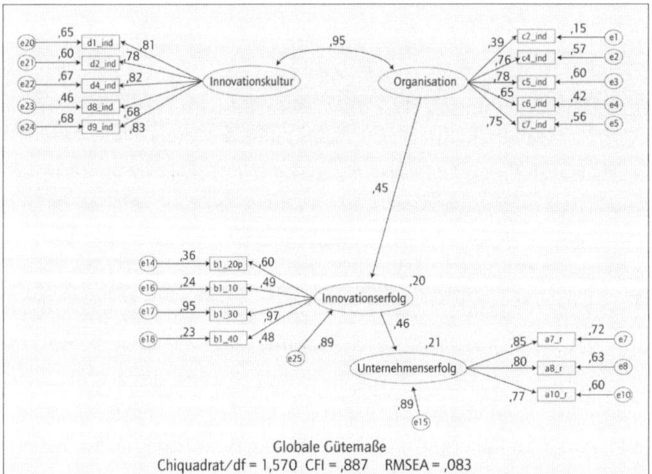

7 | Kausalmodell des Innovations- und Unternehmenserfolgs

Um die Aussagekraft des Kausalmodells sicherzustellen, wurden globale Gütemaße ermittelt. Die drei herangezogenen Gütemaße *Chiquadrat/df*, *CFI* und *RMSEA* erfüllten dabei angesichts der Stichprobengröße die allgemein gültigen Anforderungen.

Das Kausalmodell zeigt, dass die Organisation einen signifikanten direkten Einfluss auf den Innovationserfolg besitzt. Kausalität besteht auch zwischen dem Innovations- und dem Unternehmenserfolg, d. h. erfolgreiche Innovationen erhöhen den unternehmerischen Erfolg. Die Studie zeigt damit, dass Innovationen eine conditio sine qua non für einen langfristigen Unternehmenserfolg sind. Zudem konnte die Studie ermitteln, dass der Unternehmenserfolg über die weltweite Umsatzentwicklung der letzten drei Jahre, über die Entwicklung der Umsatzrentabilität der letzten drei Jahren sowie über die Entwicklung des Marktanteils in den letzten drei Jahren im Kerngeschäftsfeld eines Unternehmens verlässlich gemessen werden kann.

Die Innovationskultur stellt im Gegensatz zur Organisation keine direkte Determinante des Innovationserfolgs dar, weist jedoch eine hohe Korrelation mit der Organisation auf. Das bedeutet, dass die beiden Konstrukte Organisation und Innovationskultur nicht getrennt voneinander betrachtet werden dürfen. Vielmehr bedingen sich diese beiden Erfolgsfaktoren gegenseitig. Unternehmen, die erfolgreich Innovationen hervorbringen, weisen neben einer innovationsfördernden Organisation (flache Hierarchien, dezentrale Strukturen, schnelle Prozessabläufe usw.) auch eine entsprechend positive Unternehmenskultur auf (konsequente Innovationsorientierung, offener Umgang mit Fehlern, innovationsförderndes Führungsverhalten usw.). Damit kann die Innovationskultur als innovationsrelevanter Co-Faktor der Organisation bezeichnet werden, die wiederum eine wesentliche Voraussetzung für die Entwicklung einer innovativen Unternehmenskultur ist.

7 HANDLUNGSEMPFEHLUNGEN FÜR DIE BETRIEBLICHE PRAXIS

Basierend auf den statistisch signifikanten Ergebnissen der Befragung können aussagekräftige Empfehlungen für die Gestaltung einer innovationsfördernden Unternehmensorganisation und -kultur gegeben werden. Zuvor ist jedoch noch festzustellen, dass die Auswertung der Ergebnisse nach Wirtschaftszweigen keine branchentypischen Besonderheiten ergab, so dass die folgenden Aussagen einen generellen Empfehlungscharakter besitzen.

12 vgl. Vahs, D. / Burmester, R.: Innovationsmanagement: Von der Produktidee zur erfolgreichen Vermarktung, Stuttgart 2005, S. 92.

Die Vorgehensweise der Ableitung von Handlungsempfehlungen soll nachfolgend anhand eines Beispiels für den Erfolgsfaktor »Innovationsorientierung« dargestellt werden. Als Referenz dienen die Ergebnisse idealer Unternehmen, die sich zumeist in Einklang mit den in der Literatur zu findenden positiven Ausprägungen der Unternehmenskultur und -organisation befinden.

		Unternehmen (Kategorie)		
	Treiberkategorie Innovationskultur/Treiber	Hoher Erfolg (ideal)	Mittlerer Erfolg (kreativ)	Geringer Erfolg (letal)
Erfolgsfaktor Innovationsorientierung	Regelmäßige Analyse zukünftiger Kundenwünsche durch Mitarbeiter	+	+	-
	Einbindung von Lead-Usern	+	0	-
	Belohnungen für kreative/ innovative Mitarbeiter	+	-	-
	Förderung von Intrapreneuren	+	k.A.	0
	Einsatz von Innovationspromotoren	+	-	-
	Benötigte Ressourcen werden zur Verfügung gestellt	+	+	0
	Innovationsfähigkeit als Bestandteil der Unternehmensphilosophie	+	+	0
	Stellenwert von Innovationen durch Unternehmensvision kommuniziert	+	+	-

8 | Ergebnisse zum Erfolgsfaktor Innovationsorientierung

Die Abbildung 8 gibt zusammenfassend wieder, hinsichtlich welcher Merkmale sich die drei Unternehmenstypen beim Erfolgsfaktor »Innovationsorientierung« unterschieden. So zeigt sich, dass ideale Unternehmen alle in der Studie definierten Merkmale der Innovationsorientierung erfüllen (Antwortkategorie +) und die Innovationsorientierung demzufolge am konsequentesten umsetzen. Letale Unternehmen weisen häufig eine wertneutrale Einstellung (Antwortkategorie 0) gegenüber den Merkmalen und noch häufiger eine fehlende Umsetzung (Antwortkategorie –) einzelner Merkmale auf.

Beispielhaft kann somit als Handlungsempfehlung für die Umsetzung des Erfolgsfaktors »Innovationsorientierung« festgehalten werden, dass Unternehmen marktorientiert agieren sowie das Innovationsklima durch ein ausgewogenes Anreiz- bzw. Belohnungssystem und die Förderung unternehmerisch denkender Mitarbeiter begünstigen sollten. Außerdem sollten Promotoren zur Verringerung von unternehmensinternen Innovationswiderständen eingesetzt und Innovationsvorhaben gezielt durch die Bereitstellung der erforderlichen Ressourcen unterstützt werden. Unternehmen, die erfolgreich innovieren wollen, sollten sich darüber hinaus eindeutig zu ihren

Innovationen bekennen und dies auch in ihrer Unternehmensvision glaubwürdig zum Ausdruck bringen. Für die weiteren Erfolgsfaktoren der Determinanten »Innovationskultur« und »Organisation« wurden entsprechende Analysen durchgeführt und Handlungsempfehlungen abgeleitet.

Eine weitere Erkenntnis der CMI-Studie steht im Einklang mit den bisher vorliegenden Untersuchungsergebnissen: Bei der Messung des Innovationserfolgs handelt es sich offenbar um ein grundlegendes Problem, denn auch in der ausgewerteten Stichprobe haben 50% der teilnehmenden Unternehmen ihren Innovationserfolg nicht gemessen. Diejenigen Unternehmen, die dagegen Anstrengungen zur Erfolgsmessung unternehmen, setzen unterschiedliche Instrumente ein und variieren auch in der Anzahl der eingesetzten Messwerkzeuge erheblich. Eine zielorientierte Steuerung eines Unternehmens und die Förderung von Innovationen sind jedoch nur dann möglich, wenn ein Unternehmen verlässliche Aussagen über den status quo ihrer Innovationskraft und ihres Innovationserfolgs machen kann. Insofern sind eine eindeutige Definition, was unter »Innovationserfolg« zu verstehen ist, die Vorgabe von klaren und aussagekräftigen Innovationszielen und die Messung des Grades der Zielerreichung grundlegende Voraussetzungen für die erfolgreiche Steuerung von Innovationsvorhaben.

8 FAZIT

Angesichts eines immer größer werdenden Erfolgsdrucks, bedingt durch wirtschaftliche und gesellschaftliche Veränderungen, Rationalisierungsbestrebungen usw., müssen die Unternehmen immer wieder neue Potenziale erschließen, um ihr wirtschaftliches Überleben zu sichern. Es liegt deshalb nahe, einen genauen Blick auf die eigenen Strukturen und Abläufe und auf das »Betriebsklima« zu werfen und zu überprüfen, ob und wenn ja, welche Veränderungsmöglichkeiten bestehen. Diese Potenziale gilt es zu erkennen und konsequent zu nutzen, da sie von den Konkurrenten nicht oder nur schwer imitierbar sind.

Sowohl hinsichtlich der Innovationskultur als auch der Organisation sind die Führungskräfte eines Unternehmens der Hauptansatzpunkt für Veränderungen, da sie mit ihrem Denken und Handeln eine Art initiierende Signalwirkung für die Einstellung und das Verhalten ihrer Mitarbeiter haben. Die Studie des CMI zeigt konkrete Möglichkeiten auf, worauf Unternehmen achten sollten, wenn sie im Innovationswettbewerb nicht zurückfallen sondern ihre Position behaupten oder weiter ausbauen wollen. Die grundlegende Voraussetzung hierfür ist zunächst die unternehmensspezifische Definition des Innovationserfolgs. Auf dieser Basis sind in einem nächsten Schritt Instrumente zu dessen Messung zu entwickeln und einzuführen. Empirische Studien können hier einen wichtigen Beitrag leisten, um interessierten Unternehmen Handlungsoptionen aufzuzeigen.

9 ZUSAMMENFASSUNG

Vor dem Hintergrund immer kürzer werdenden Innovationszyklen, eines hohen Erfolgsdrucks und der Bedeutung einer kostengünstigen Nutzung von Innovationspotenzialen befasst sich der vorliegende Artikel mit den im Rahmen einer Studie des Instituts für Change Management und Innovation (CMI) der Hochschule Esslingen untersuchten Möglichkeiten, eine innovationsfördernde Unternehmensorganisation und -kultur zu generieren. Die Studie zeigt, dass die beiden Faktoren Unternehmenskultur und Organisation nicht getrennt voneinander betrachtet werden dürfen: Beide Konstrukte bedingen sich gegenseitig, wobei sich die Organisation als primärer Stellhebel zur Innovationsförderung erweist.

ANHANG

ABBILDUNGEN

DIETMAR VAHS | ANDREAS STEINWANDT | NINA DZIATZKO

BERUFSBILD INNOVATIONS-MANAGER

EMPIRISCHE UNTERSUCHUNG ZU DEN ROLLEN UND AUFGABEN EINES INNOVATIONSMANAGERS IN KLEINEN UND MITTELSTÄNDISCHEN UNTERNEHMEN

INHALT

1 AUSGANGSSITUATION

Im Sommersemester 2010 hat sich das *Institut für Change Management und Innovation (CMI)* der Hochschule Esslingen mit der Frage beschäftigt, welchen Stellenwert Innovationen für mittelständisch geprägte Unternehmen haben, wie die Funktion des Innovationsmanagements in der Unternehmenspraxis aufgebaut ist und welche Funktion der Innovationsmanager dabei einnimmt.

Vor dem Hintergrund einer Vielzahl an Dynamik erzeugenden Faktoren, welche von interner und externer Motivation getrieben werden, wurde die Studie zum ›Berufsbild Innovationsmanager‹ initiiert. Einen externen Einfluss bildet vor allem der seit mittlerweile mehreren Jahrzehnten anhaltende Trend einer kontinuierlichen Verkürzung der Lebenszyklen von Produkten, der Unternehmen unter enormen Innovationsdruck setzt (vgl. Vollmuth, H. J. 2008, S. 364). Besonders kleine und mittlere Unternehmen sind dabei aufgrund einer deutlich geringeren Ressourcenausstattung im Vergleich zu Großkonzernen auf die kostengünstige Erschließung von Innovationspotentialen angewiesen.

Die interne Motivation entspringt dem seit dem Wintersemester 2007/08 an der Fakultät Betriebswirtschaft der Hochschule Esslingen angebotene Studiengang Master of Science in ›Innovationsmanagement‹, zu dem pro Semester ca. 15 Studierende mit betriebswirtschaftlich-technischem Hintergrund zugelassen werden. Das Masterstudium besteht aus zwei Semestern Theorie und einem Semester Praxis. Die Studieninhalte kommen hauptsächlich aus den Bereichen des Produkt- und Prozessmanagements sowie des Change Managements und dennoch ist das Ziel der Studiengangleitung kompetente Generalisten auszubilden. Die große Nachfrage nach Generalisten wird von einem Artikel der Wirtschaftswoche bestätigt: »Gefragt sind Leute, die die Schnittstelle zwischen Technik und Markt bereits im Studium gesucht haben: Wirtschaftsingenieure, die im Marketing fit sind; Naturwissenschaftler und Ingenieure mit ökonomischem Ergänzungsstudium« (o. V. 2000, S. 99).

Die vorliegende Studie diente somit sowohl als Qualitätskontrolle des Studienganges, als auch zur Bedarfsermittlung der Wirtschaft nach Innovationsmanagern. Aus diesem Grund wurden teilweise auch ehemalige Studierende des Innovationsmasters befragt, die mittlerweile berufstätig sind.

2 DURCHFÜHRUNG DER STUDIE

Die Vorbereitung sowie Erstellung eines geeigneten Fragebogens anhand der aktuell verfügbaren Literatur zum Themengebiet ›Innovationsmanagement‹ erfolgten innerhalb von zwei Monaten. Die Suche nach geeigneten Unternehmen fand über vorhandene Kontakte des Institutes sowie über die jährlich veröffentlichte Liste TOP 100 – die innovativsten Unternehmen im Mittelstand – statt. Eine große Unterstützung war dabei die *Wirtschaftsförderung Sindelfingen GmbH*, die uns freundlicherweise die Kontakte aus ihrem Wirkungsbereich für unsere Befragungen zur Verfügung stellte.

Die Befragungen beschränkten sich dabei ausschließlich auf Unternehmen des Mittelstandes, da diese als besonders dynamisch und – bedingt durch den höheren Erfolgsdruck im Vergleich zu Großkonzernen – innovativ gelten: »Im internationalen Vergleich sehen wir, dass eine Stärke der kleinen und mittleren Unternehmen in Europa hoch qualifizierte selbstbewusste Führungskräfte sind« (Sander 2007, S. 109). Allerdings variierte die Größe der befragten Unternehmen (gemessen an der Mitarbeiterzahl) relativ stark. Die Befragungen, welche sich über einen Zeitraum von knapp drei Monaten erstreckten, fanden hauptsächlich mittels telefonischer Interviews, vereinzelt aber auch schriftlich oder persönlich vor Ort statt. Gegenstand der Befragungen waren neben allgemeinen Fragen zum Beschäftigten und zum Unternehmen weitere fachspezifische Fragen zum Berufsbild des Innovationsmanagers.

Die rege Teilnahme an der Befragung zeigt, dass das Thema Innovationsmanagement sich in KMUs (kleinen und mittleren Unternehmen) größter Beliebtheit erfreut.

3 ERGEBNISSE

Innovationsmanagement hat in allen Branchen an Bedeutung gewonnen. Laut Scholtissek ist es vor allem in Deutschland notwendig, gute Ideen auch entsprechend erfolgreich zu vermarkten (Scholtissek 2009).

3.1 ALLGEMEINE ANGABEN

Von den 98 interviewten Unternehmen hatten 23% über 300 Mitarbeiter. Diese geringe Mehrheit macht bereits deutlich, dass alle Größen vertreten waren (21% von 1–50; 20% von 51–500; 16% von 501–1000 und 17% von 1001–3000). Ein Großteil der Befragten befand sich zwischen 41 und 50 Jahren (38%). Dies ist zum einen darauf zurückzuführen, dass Erfahrung eine Grundvoraussetzung für die Annahme einer Stelle als Innovationsmanager ist und zum anderen darauf, dass es bisher wenige Absolventen dieser Studienrichtung gibt. Der Anteil an Männern liegt bei 86%. 54% aller Befragten bezeichnen sich als Innovationsmanager, wobei bei dieser Bezeichnung auch Projektleiter des Bereichs Innovationsmanagement und Innovationsberater mit einbezogen wurden. Ziel war es Innovationsmanager zu interviewen daher überrascht diese verhältnismäßig hohe Zahl nicht. Kenntnisse in diesem Bereich haben sich 66% der Befragten während des Studiums angeeignet und 72% durch Berufserfahrung. Hier ist zu beachten, dass Mehrfachnennungen möglich waren. Überraschenderweise haben 34% an, in Ihrem Unternehmen über eine Abteilung im Bereich Innovationsmanagement zu verfügen. Bei 74% der Unternehmen handelt es sich bei der Art der Beschäftigung von Innovationsmanagern um volle Stellen.

3.2 NUTZUNG VON INNOVATIONSWERKZEUGEN

IT-Tools und Kreativitätstechniken werden zu gleichen Teilen genutzt (ersteres 66%, letzteres 64%). Eine ähnlich ausgeglichene Gewichtung gab es bei der Rolle, die ein Innovationsmanager im Unternehmen einnimmt. 76% halten ihn für einen Vermittler und 84% für einen Netzwerker. Mehrfachnennungen waren bei beiden Fragen möglich.

3.3 WELCHE BEDINGUNGEN IM UNTERNEHMEN ERLEICHTERN DIE ARBEIT EINES INNOVATIONSMANAGERS?

In einem weiteren Themenblock haben wir die externen und internen Bedingungen abgefragt, die die Arbeit des Innovationsmanagers ermöglichen und erleichtern. Das Vorhandensein einer für das Innovationsmanagement förderlichen Unternehmenskultur halten 80% für sehr wichtig. Etwas weniger, sprich 78%, halten die Unterstützung durch das Top Management für sehr wichtig. 70% erachten Offenheit gegenüber Neuem als sehr wichtig. Fehlertoleranz war für 56% der Befragten sehr wichtig. Für 3% ist dieser Faktor mit »wichtig« eingestuft worden Auch beim nächsten Punkt, der Feedbackkultur, lässt sich ein ähnlicher Trend verzeichnen. 46% halten diesen Faktor für sehr wichtig, aber immer noch 41% für wichtig. Die Bereitstellung der entsprechenden Ressourcen spielt für 44% der Befragten eine sehr wichtige Rolle und für 37% eine wichtige Rolle. Hierbei kann man deutlich erkennen, dass alle Faktoren eine bedeutsame Rolle spielen und dass die Befragten versucht haben, die Antworten hierarchisch zu ordnen. Der einzige Punkt, der in dieser Reihe als weder wichtig noch unwichtig betrachtet wurde (34%), sind die schnellen Innovationsprozesse[1]. Hier wurde argumentiert, dass schnelle Prozesse häufig Gegenspieler von Innovationen sein können, da dann die Gefahr besteht, dass die Qualität der Prozesse zu Lasten des Produkts abnimmt.

1 Siemens AG (Hrsg.) 2006.

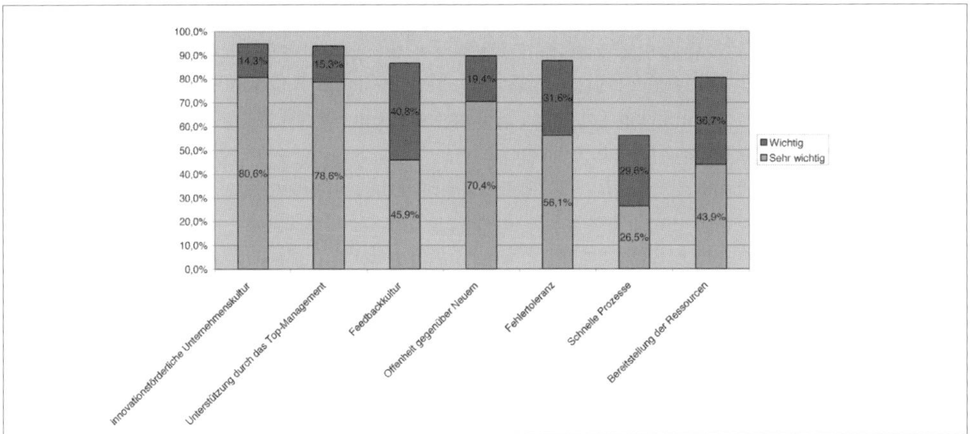

1 | Bedingungen für erfolgreiches Innovationsmanagement

3.4 ERFORDERLICHE KOMPETENZEN EINES INNOVATIONSMANAGERS

Des Weiteren wurden die verschiedenen Kompetenzen evaluiert, die für einen Innovationsmanager von Bedeutung sind. Am wichtigsten (63%) erscheint hier die Sozialkompetenz (»die Fähigkeit, mit anderen Menschen effektiv zusammenzuarbeiten und durch andere Menschen zu wirken«[2]). Dies lässt sich mit der vorangegangenen Frage nach der Rolle des Innovationsmanagers begründen. Wenn er als Vermittler und Netzwerker gesehen wird, so scheint es sinnvoll, wenn er über ausreichend Sozialkompetenz verfügt, um mit den verschiedenen Parteien zu kommunizieren. Als zweitwichtigste Kompetenz erscheint die Methodenkompetenz (z. B. Problemlösungs- und Kreativitätstechniken)[3] (39% sehr wichtig; 37% wichtig), die sich ein Innovationsmanager häufig erst im Berufsleben aneignet und die vor allem den Umgang mit Innovationsmanagementtools beinhaltet. Es geht hierbei also zunächst um die Anwendung von Wissen. Die Kompetenz, die am wenigsten wichtig ist, ist die Fachkompetenz (z. B. technologisches und marktbezogenes Wissen auf dem Fachgebiet der Innovation)[4] (30% wichtig; 34% weder wichtig noch unwichtig). Zum einen lässt sich dies dadurch begründen, dass die wenigsten ein Studium speziell in diesem Bereich absolviert haben und zum anderen dadurch, dass Innovationsmanager Generalisten sind. Selbst wenn diese einem technischen Bereich zugeordnet sind, fungieren sie eher als Manager, der die Fäden in der Hand hält und sein technisches Input von Experten erhält.

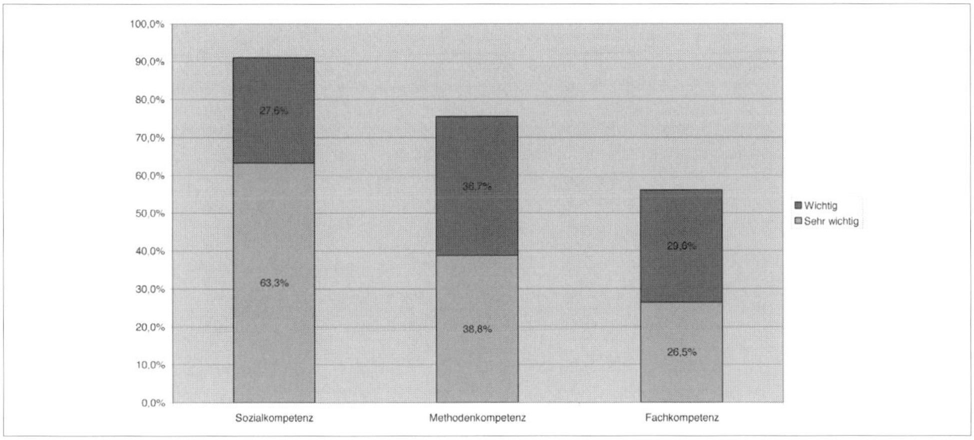

2 | Erforderliche Kompetenzen eines Innovationsmanagers

3.5 NOTWENDIGE FÄHIGKEITEN ZUR AUSÜBUNG EINES ERFOLGREICHEN INNOVATIONSMANAGEMENTS

Der folgende Abschnitt beschäftigt sich mit den Eigenschaften, die ein Innovationsmanager mitbringen sollte. Die wichtigste Eigenschaft ist hierbei Kommunikationsfähigkeit (76%). Dies erklärt sich wiederum aus den vergangenen Fragen. Des Weiteren erscheint es sehr wichtig (75%) Innovationspotenziale zu erkennen. Dies ist die ureigene Aufgabe eines Innovationsmanagers und sollte daher diese Bedeutung auch behalten. Teamfähigkeit (60%) ist vor allem wichtig, um verschiedene Bereiche zusammenzuführen und deren Zusammenarbeit zu koordinieren. 57% empfinden Flexibilität als sehr wichtig, da sich der Innovationsmanager stets auf neue Situationen einlassen und Veränderungen vorantreiben muss. Management Skills hielten nur 50% für wichtig. Dies erklärten die Befragten damit, dass Management Skills für jede Aufgabe mit Verantwortung wichtig seien und sich nicht explizit auf das Innovationsmanagement als solches beziehen. Unsere Frage nach der Notwendigkeit von juristischen Kenntnissen wurde sehr unterschiedlich bewertet. Daher wird dieser Punkt von einer geringen Mehrheit (43%) als neutral bewertet. Alle Befragten waren sich einig, dass juristische Kenntnisse besonders im Innovationsmanagement eine zentrale Rolle spielen. Da diese Kompetenz allerdings meist externen Dienstleistern übergeben wird, ist dies somit nicht Hauptaufgabe des Innovationsmanagers, der in diesem Gebiet eher eine beratende Funktion einnimmt. Ressourcenmanagement wurde aus ähnlichen Gründen neutral bewertet (von 39% der Befragten). Diese Aufgabe fällt vor allem bei größeren Mittelständlern anderen Aufgabenbereichen (z. B. Controlling) zu.

2 Steinmann / Schreyögg 2005, 24.
3 Scholz 1993, 374.
4 Hauschildt / Salomo 2007, 45.

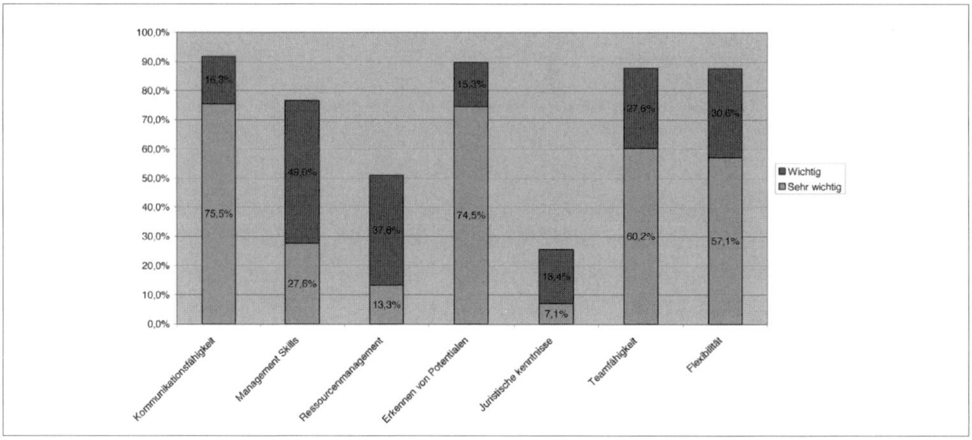

3 | Notwendige Fähigkeiten für erfolgreiches Innovationsmanagement

4 DISKUSSION DER ERGEBNISSE

Das *Institut für Change Management und Innovation* freut sich über die rege Teilnahme an der Studie und war über das große Interesse an der Thematik überrascht. Selbstverständlich sind die oben aufgeführten Ergebnisse mit Vorsicht zu betrachten. Zunächst ist ein Vergleich zwischen einem ausgefüllten Fragebogen und einem Telefoninterview methodisch nur schwer möglich. Beide Befragungsarten wurden aber aus Gründen der Praktikabilität angeboten und differenziert ausgewertet. Es kann festgehalten werden, dass viele der Befragten sich oder Ihre Funktion als die eines Innovationsmanagers wahrnehmen, ohne dass dies explizit in der Funktions- oder Stellenbeschreibung des Unternehmens dokumentiert ist. Bei Fragen zu internen und externen Faktoren sollte kritisch bemerkt werden, dass diese inhaltlich unterschiedlich interpretiert werden können. So z. B. neigen viele der Befragten entweder dazu allen Punkten gleich viel Bedeutung beizumessen (nämlich alles als sehr wichtig einzustufen), was die Bewertbarkeit vermindert. Ein anderer Teil der Befragten versuchte die Antworten bewusst zu differenzieren und gegeneinander abzugrenzen. Dies führte teilweise zu Verzerrungen, die entscheidend durch die Fragenreihenfolge beeinflusst wird. Selbstverständlich werden auch verschiedene Inhalte unterschiedlich ausgelegt. Nicht jeder der Befragten versteht unter Fachkompetenz das Gleiche, vor allem dann nicht, wenn der Innovationsmanager eher einem technischen oder einem kaufmännischen Bereich zugeordnet ist. Nichtsdestotrotz waren sich die Befragten darüber einig, dass alle abgefragten Themen von besonderer Relevanz in ihrer täglichen Arbeit sind. Aus diesem Grund soll diese Befragung in angemessener Zeit erneut stattfinden, um die Entwicklung dieses Berufsbildes zu dokumentieren. Vertiefende Analysen erfolgen und werden im Rahmen eines Fachartikels veröffentlicht.

ANHANG

LITERATUR

HAUSCHILDT, JÜRGEN / SALOMO, SÖREN (2007): Innovationsmanagement, 4. Auflage, München: Vahlen Verlag.

O. V. (2000): Jobs für Strategen. Erfolg. In: Wirtschaftswoche, H. 030, S. 99.

SANDER, ANDREAS (2007): Innovieren leicht gemacht... mit den richtigen Führungskräften und unterstützenden Werkzeugen. In: Engel, Kai; Nippa, Michael (Hg.): Innovationsmanagement. Von der Idee zum erfolgreichen Produkt. Heidelberg: Physica, S. 95–109.

SCHOLTISSEK, STEPHAN (2009): Die Magie der Innovation. Erfolgsgeschichten von Audi bis Zara. München: mi-Wirtschaftsbuch.

SCHOLZ, CHRISTIAN (1993): Personalmanagement, 3. Auflage, München: Vahlen Verlag.

SIEMENS AG (Hrsg.) (2006): pictures of the Future, München. http://www.siemens.com/innovation/de/publikationen/zeitschriften_pictures_of_the_future/pof_herbst_2006/erfinder_und_innovatoren/innovationskultur_und_prozesse.htm (Abgerufen am 9.12.2010).

STEINMANN, HORST / SCHREYÖGG, GEORG (2005): Management – Grundlagen der Unternehmensführung: Konzepte – Funktionen – Fallstudien, 6. Auflage, Wiesbaden: Gabler Verlag.

VOLLMUTH, H. J. (2008): Controlling Instrumente von A-Z – Die wichtigsten Werkzeuge zur Unternehmenssteuerung, München. Haufe.

ABBILDUNGEN

INEKE BLUMENTHAL | WERNER G. FAIX | VANESSA HOCHREIN | ANNETTE HORNE
GERHARD KECK | ROBERTA LENZ | JENS MERGENTHALER | SABINE SAX

ÜBER EINIGE FRONTEN DES WAR FOR TALENTS

DREI STUDIEN DER SCHOOL OF INTERNATIONAL BUSINESS AND ENTREPRENEURSHIP (SIBE) ÜBER SPEZIFISCHE ASPEKTE DES KAMPFES UM HOCHQUALIFIZIERTE UND HOCHKOMPETENTE MENSCHEN

INHALT

1 EINLEITUNG

Ende der 1990er kam die Unternehmensberatung McKinsey in einer Studie zu dem Schluss, dass die Suche nach hochqualifizierten und hochkompetenten Unternehmern, Führungskräften, Mitarbeitern, Absolventen, Wissenschaftlern sich in Zukunft darstellen werde als »a critical business challenge and fundamental driver of corporate performance«. (Chambers et al. 1998)

Was die westlichen Industriestaaten anbetrifft, ist diese Herausforderung aus zwei Gründen als kritisch zu bezeichnen. Auf der einen Seite ist ein stetig größer werdender Bedarf an hochqualifizierten und hochkompetenten Unternehmern, Führungskräften, Mitarbeitern, Absolventen und Wissenschaftlern zu erwarten.[1] Gründe für diesen stetig wachsende Nachfrage sind zum einen gegenwärtige Megatrends: Globalisierung, technische bzw. technologische Beschleunigung, die Beschleunigung des Lebenstempos, die Beschleunigung des sozialen Wandels, Transformationen zur Wissensgesellschaft und Wissensökonomie, globale Verknappung an natürlichen Ressourcen und dem damit verbundenen neuen ökologischen Bewusstsein. (Vgl. hierzu Faix, Mergenthaler 2010a: 31f. und 39f.) Zum anderen tragen jene gegenwärtigen epochale menschengemeinsame Herausforderungen dazu bei, dass der Bedarf an jenen Menschen steigt, welche diese Herausforderungen zu lösen vermögen: Nahrung der Zukunft, Wasserversorgung der Zukunft, Energie(versorgung) der Zukunft, Mobilität der Zukunft, Bildung der Zukunft, Medizin und Biowissenschaft der Zukunft (Vgl. hierzu Faix, Mergenthaler 2010a: 36f.)

Dem immer größer werdenden Bedarf an hochqualifizierten und hochkompetenten Menschen steht – zumindest in den westlichen Industrienationen – eine stetig kleiner werdende Zahl an hochqualifizierten und hochkompetenten Menschen gegenüber. Wesentlicher Grund hierfür ist das demographische Schicksal scheinbar aller wohlhabenden Gesellschaften: eine schrumpfenden Gesamtbevölkerung.

Die Kombination aus einer steigenden Nachfrage und einem sinkenden Angebot an hochqualifizierten und hochkompetenten Unternehmern, Führungskräften, Mitarbeitern, Absolventen, Wissenschaftlern bildet schließlich die Ursache für jenes Phänomen, welches etwas reißerisch als so genannter »War for Talents« bezeichnet wird.

1 Nicht zuletzt angesichts der immensen Bemühungen gerade anglo-amerikanischer Staaten, hochqualifizierte und hochkompetente Ausländer als Immigranten für sich zu gewinnen, darf dabei nicht alleine von einem betriebswirtschaftlichen, sondern auch von einem volkswirtschaftlichen Phänomen gesprochen werden.

Die Ursachen und die Tragweite des War for Talents in seiner gesamten Herkunft und Tragweite zu verstehen sowie Strategien und Taktiken anzudenken und anzubieten, wie Organisationen und Unternehmen im War for Talents bestehen können – dies ist eine wesentliche Mission der School of International Business and Entrepreneurship (SIBE). Hierzu wurden im Auftrag der SIBE in den letzten Jahren mehrere Publikationen veröffentlicht (u. a. Faix, Mergenthaler 2009, 2010a und 2010b) und empirische Studien durchgeführt. Das zur Erkenntnis treibende und die Erkenntnis leitende Interesse hinter all diesen Werken kumuliert sich in folgendem Fragekomplex:

- Was ist der »War for Talents«?
- Was sind die Ursachen des War for Talents?
- Wie wird der War for Talents in Unternehmen / Organisationen wahrgenommen?
- Welche Rolle nimmt Deutschland im »War for Talents« ein?
- Wie kann man im »War for Talents« bestehen?

Drei empirische Studien zu diesem Fragekomplex, welche in jüngerer Zeit von Mitarbeitern der SIBE durchgeführt worden sind, sollen an dieser Stelle näher vorgestellt werden.

INEKE BLUMENTHAL, ANNETTE HORNE UND ROBERTA LENZ (2011)

2 HOCHSCHULKOOPERATIONEN – ANTWORT AUF HR-HERAUSFORDERUNGEN

2.1 KERNFRAGE

Diese Studie konzentriert sich auf Hochschulkooperationen von Unternehmen im HR-Bereich. Im Kern geht es um folgende Fragen: Wie gehen Unternehmen bei der Auswahl eines Hochschulpartners vor? Was brauchen und erwarten Unternehmen (zukünftig) von Hochschulen, um ihre unternehmerische Gegenwart und Zukunft erfolgreich gestalten zu können?

2.2 THEORETISCHE VORANNAHMEN

Die Kernaufgaben von Hochschulen sind bekanntlich Lehre und Forschung. Daneben nehmen Hochschulen immer mehr auch andere Aufgaben wahr: Hochschulen sollen in Zeiten größerer Hochschulautonomie zum einen verstärkt selbst die Auswahl ihrer Studierenden betreiben; zum anderen sollen Hochschulen in Zeiten des größeren Wettbewerbs zwischen Hochschulen verstärkt um ihre Studierenden werben. In diesem Sinne nehmen Hochschulen gerade in letzter Zeit verstärkt Rekrutierungs- und Akquiseaufgaben wahr.

Es sind gerade diese zwei mal zwei komplementären Aufgabenfelder – Forschung und Lehre auf der einen Seite sowie Rekrutierung und Akquise von Studierenden auf der anderen Seite – welche sich für Kooperationen zwischen Hochschulen und Unternehmen als besonders fruchtbar erwiesen haben und erweisen (könnten).

In der folgenden Studie geht es vornehmlich um jene allgemeinen unternehmerischen Herausforderungen aus dem Bereich der Human Ressources.

2.3 DESIGN

Die Studie »Hochschulkooperationen – Antwort auf HR-Herausforderungen« wurde einmalig durchgeführt. Sie war an HR-Verantwortliche aus deutschen Großunternehmen adressiert. Die Befragung wurde online in Form eines halbstandardisierten Fragebogens komplett anonymisiert und auf freiwilliger Basis durchgeführt. 70 Unternehmen hatten sich vorab bereit erklärt, an der Studie teilzunehmen. Es konnte eine Rücklaufquote von 56 Prozent erzielt werden.

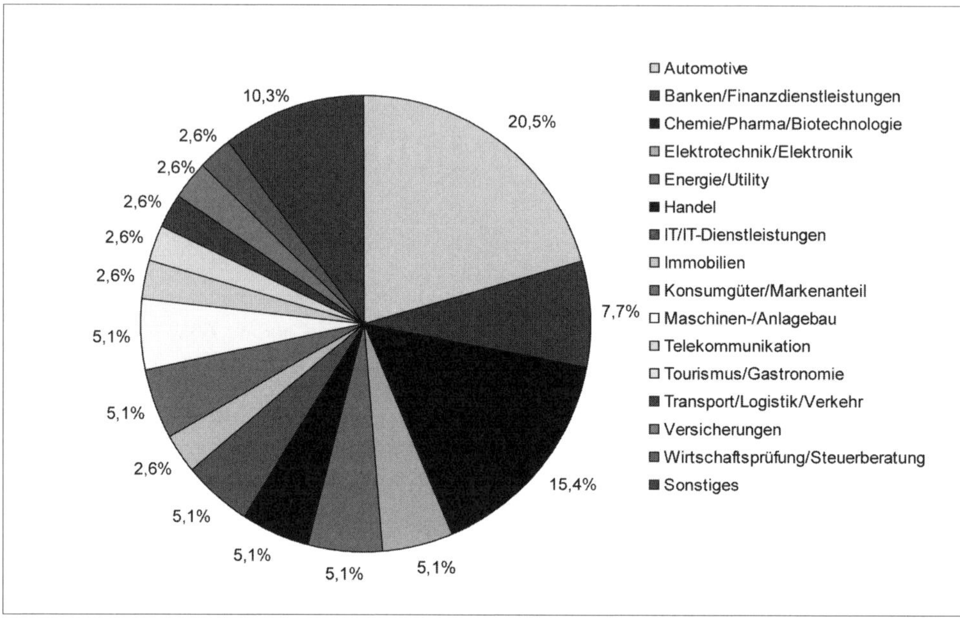

1 | Branchenzugehörigkeit der beteiligten Unternehmen

Die Ergebnisse der Studie basieren auf der Befragung von 40 HR-Verantwortlichen aus den Bereichen Rekrutierung, Personalentwicklung, Talentmanagement und Hochschulmarketing. Die Befragten kommen aus Großunternehmen, die deutschlandweit in unterschiedlichsten Branchen angesiedelt sind und einen starken internationalen Fokus haben. Im Wesentlichen (87,2%) handelt es sich um Unternehmen mit mehr als 5.000 Mitarbeitern in Deutschland (n=39)[2].

2.4 ERGEBNISSE

Die Mehrheit der Befragten (77,42%) geht davon aus, dass der War for Talents eine große Bedeutung spielt für den zukünftigen Erfolg ihres Unternehmens. 16,1 Prozent messen ihm mittlere Bedeutung bei. Nach Einschätzungen einer deutlichen Minderheit (6,5%) hat der War for Talents nur geringe Bedeutung für den langfristigen Unternehmenserfolg. (n=31) Das Talentmanagement hat mit einem Durchschnitt von 2,4 auf einer 5-er Skala (1 = sehr interessant, 5 = uninteressant) die größte Relevanz für den zukünftigen Unternehmenserfolg. Es folgen die Aspekte Führungskräfteentwicklung (ø 2,6), Mitarbeiterbindung (ø 2,8), Experten- bzw. Fachkräfteentwicklung (ø 3,3) und schließlich die Kompetenzentwicklung (ø 3,8). (n=31)

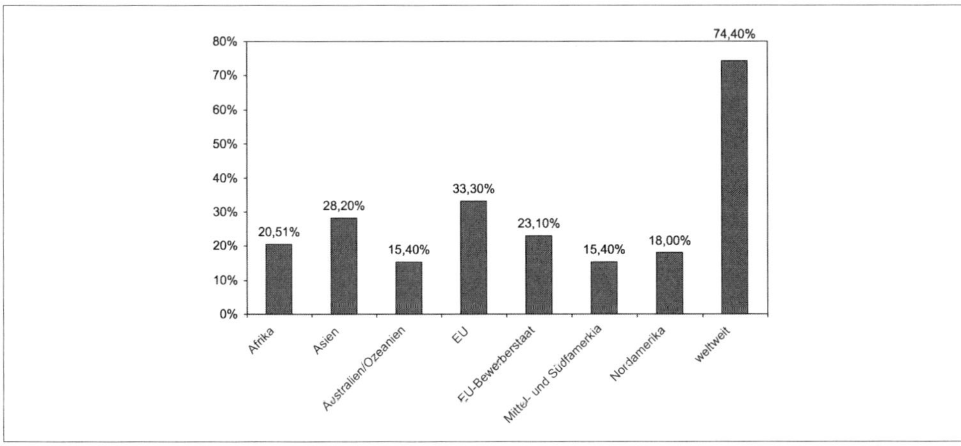

2 | Fokus der Auslandstätigkeit der beteiligten Unternehmen

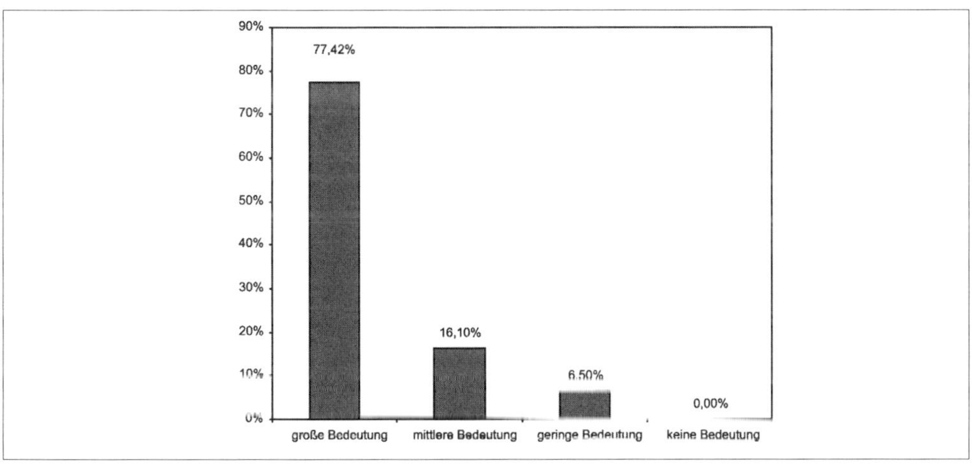

3 | Bedeutung des »War for Talents« für den zukünftigen Unternehmenserfolg

2 Da die Beantwortung der Fragen nicht durchgängig verpflichtend war, wird im Folgenden zur Orientierung immer in Klammern die Anzahl der Personen (n), die die jeweilige Frage beantwortet haben, angegeben.

70,6 Prozent der Befragten geben an, dass die Auswahl von Hochschulkooperationen von ihrer Unternehmensleitung als strategisch relevantes Thema wahrgenommen wird (n=34).

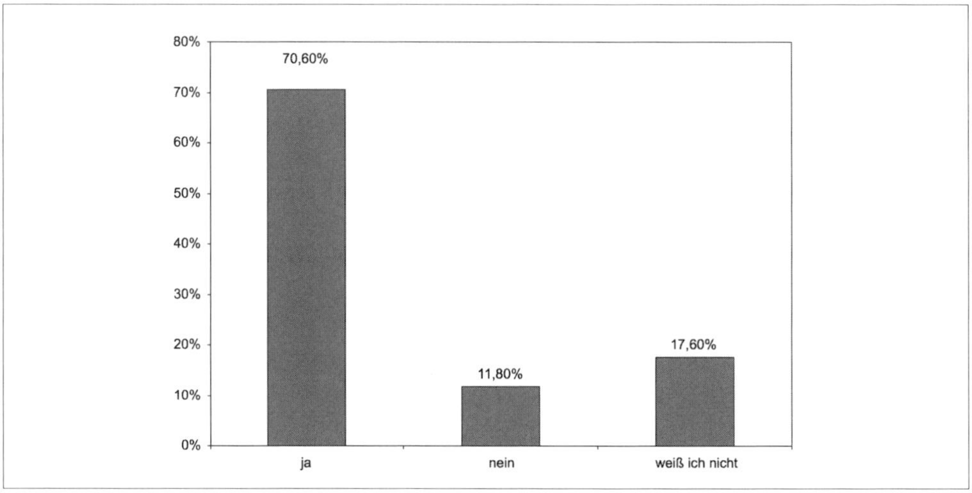

4 | Hochschulkooperationen als strategisch relevantes Thema

Ein Großteil der Befragten (74,3%) gibt an, dass ihr Unternehmen definierte Hochschulkooperationen hat. (n=35)

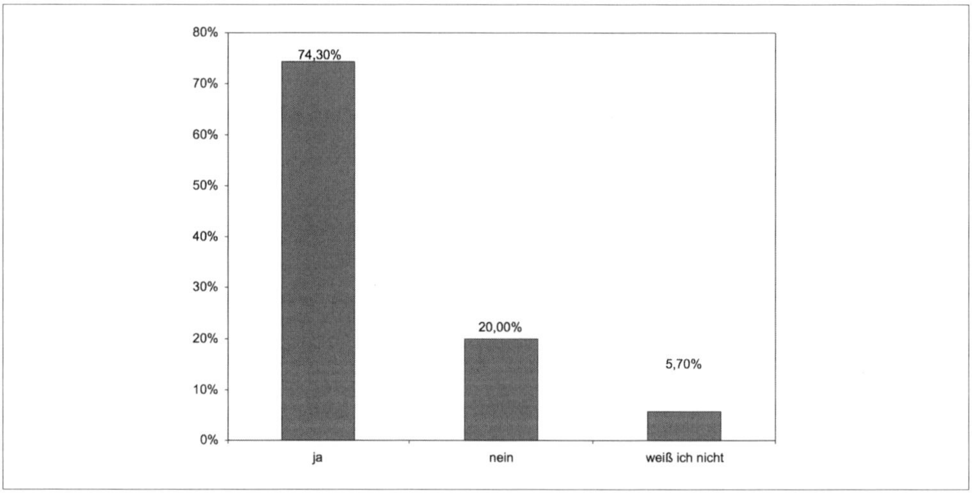

5 | Haben Sie im HR-Bereich definierte Hochschulkooperationen

Bei der Frage nach den Erwartungen von Personalverantwortlichen an die Zusammenarbeit mit einer Hochschule, wird mit 81,5 Prozent die langfristige Unterstützung der HR-Arbeit präferiert (n=27).

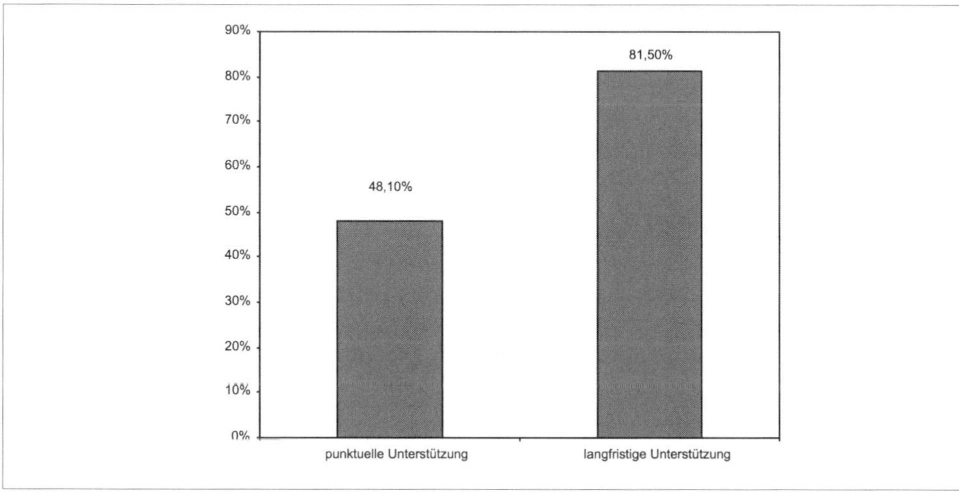

6 | Erwartungen von HR-Verantwortlichen an die Zusammenarbeit mit einer Hochschule

38,7 Prozent der Befragten suchen zur Bewältigung strategischer HR-Herausforderungen die Unterstützung von Hochschulen. (n=31)

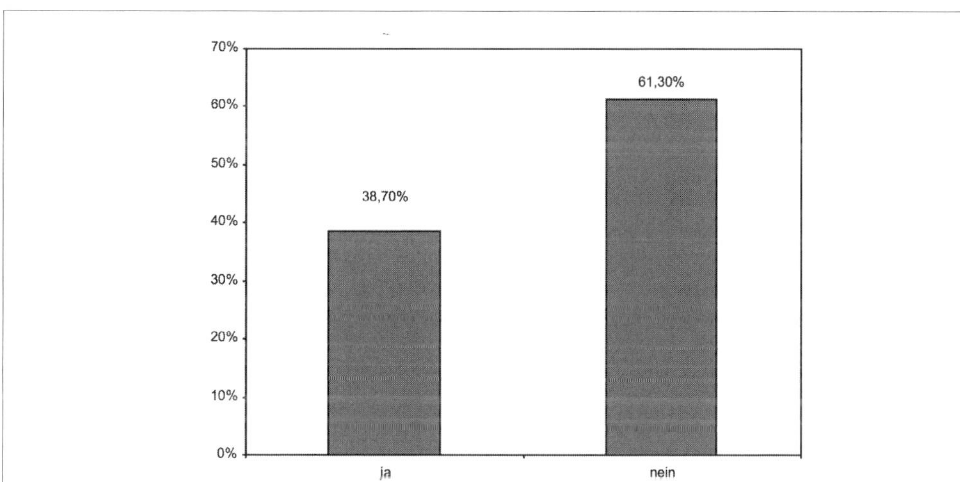

7 | Unterstützung von Hochschulen bei strategischen HR-Herausforderungen

In 47,6 Prozent der Fälle sind die Hochschulkooperationen von unbefristeter Dauer. (n=21) 41,7 Prozent der Unternehmen haben ihre Hochschulkooperationen vertraglich definiert. (n=24)

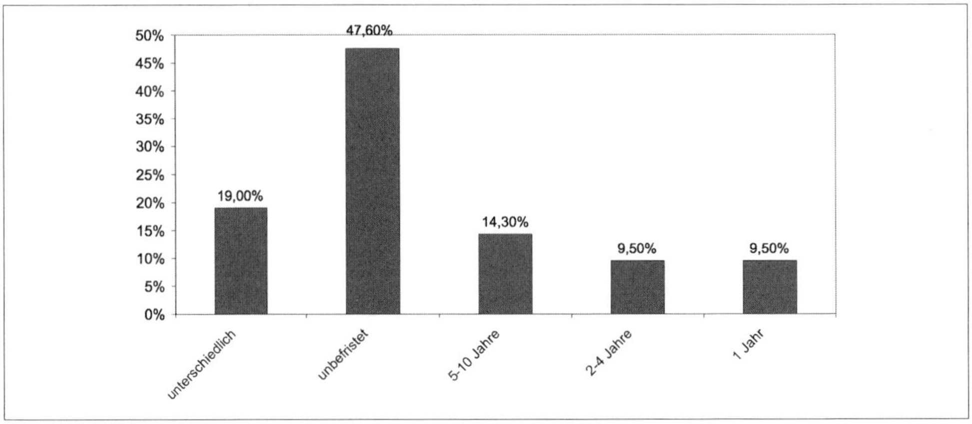

8 | Dauer der Kooperationen

Mehrheitlich sind diese Partnerschaften aus einzelnen Projekten (76%) und über persönliche Kontakte entstanden (72%). Seltener wurde aktiv nach Kooperationsmöglichkeiten gesucht (40%). (n=25)

Über potenzielle Partnerhochschulen würden sich die Teilnehmer der Stude vorwiegend über folgende Kanäle informieren: Erfahrungsberichte (67,6%), Homepage der jeweiligen Hochschule (62%) und Austausch mit anderen Unternehmen (50%). (n=35)

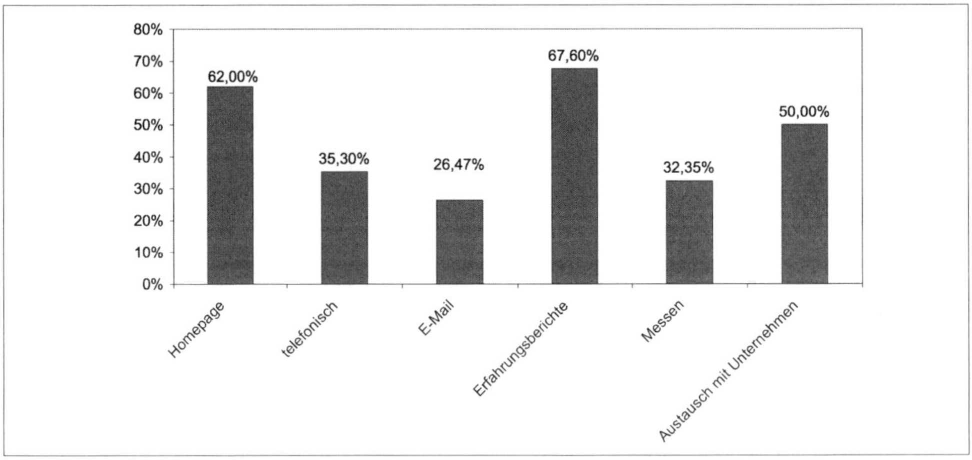

9 | Wie informieren sich Unternehmen bei Interesse an Hochschulkooperationen

Gespräche über mögliche Hochschulkooperationen werden in erster Linie mit Professoren geführt (80%). An zweiter Stelle rangieren mit jeweils 64 Prozent Hochschulleitungen und Lehrstühle als Anlaufstelle für entsprechende Gespräche. (n=25)

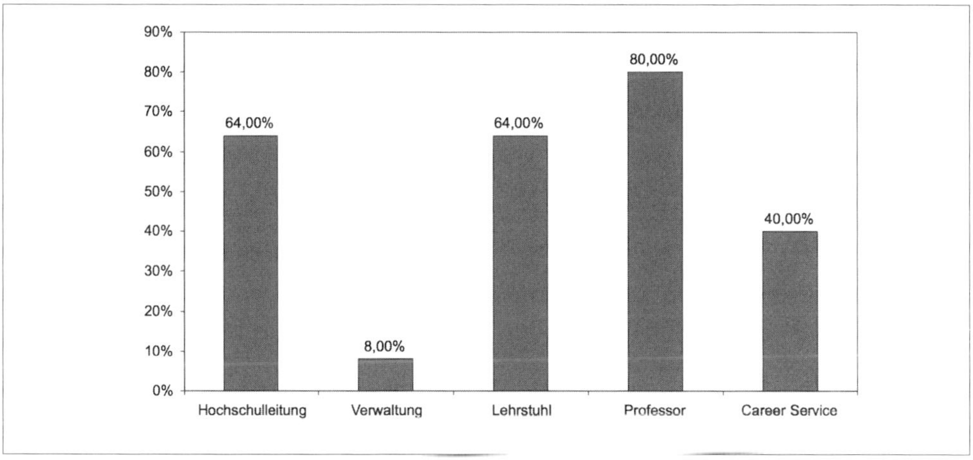

10 | Wen kontaktieren Unternehmen bei Interesse an Hochschulkooperationen (Erstkontakt)

Bei der Auswahl einer Partnerhochschule spielen aus Sicht der Befragten folgende Kriterien eine wichtige Rolle: die Position einer Hochschule in Rankings (55,9%), ihre Erfahrungen in der Zusammenarbeit mit Unternehmen (55,9%) sowie ihre regionale Nähe zum Unternehmensstandort (52,9%). Weitere wichtige Kriterien bei der Hochschulauswahl sind: ihre internationale Ausrichtung (29,4%), ihre Bekanntheit (20,6%) und ihr Angebot an akkreditierten Studiengängen (20,6%). (n=34)

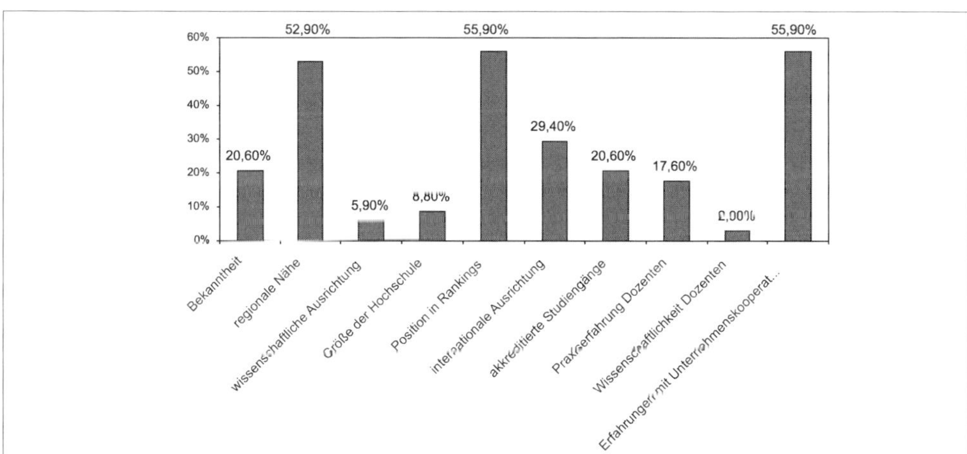

11 | Die wichtigsten Kriterien bei der Auswahl einer Partnerhochschule

Rekrutierungsleistungen und die Zusammenarbeit in Forschungs- und Entwicklungsprojekten sind laut der Umfrageergebnisse unternehmerisch am interessantesten. An dritter Stelle folgt mit einem Durchschnittswert von 2,4 auf einer Skala von 1 (sehr interessant) bis 4 (uninteressant) die Beratung durch Experten der Hochschule. Auf Rang vier finden sich die Personalentwicklungsangebote von Hochschulen (n=31). Wenn die Personalentwicklung durch Hochschulen interessant ist, soll sie an erster Stelle der Weiterbildung von Mitarbeitern (ø 1,8 auf einer Skala von 1 bis 4) bzw. ihrer Erstausbildung (ø 1,9) dienen. Mit einem Durchschnitt von 2,4 sind Personalentwicklungsmaßnahmen zudem ein begehrtes Mittel zur Mitarbeiterbindung. In den seltensten Fällen wird mit der Personalentwicklung die Umschulung von Arbeitskräften verfolgt (ø 3,75).

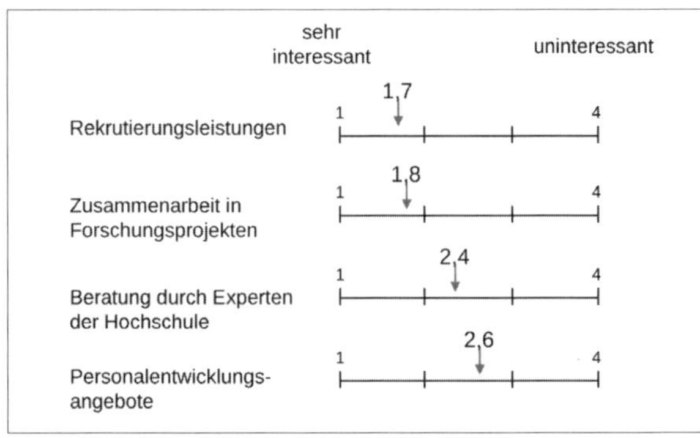

12 | Welche Angebote wünschen Unternehmen von Hochschulen?

Die beiden wichtigsten Ziele von Personalentwicklungsmaßnahmen sind die Steigerung des Fach- und Methodenwissens der Teilnehmer sowie ihrer Handlungskompetenz. Des Weiteren sollen die Maßnahmen die Lösung unternehmerischer Herausforderungen begünstigen, die soziale Kompetenz der Zielgruppe steigern und ihre generelle Praxisbefähigung erhöhen. (n=29)

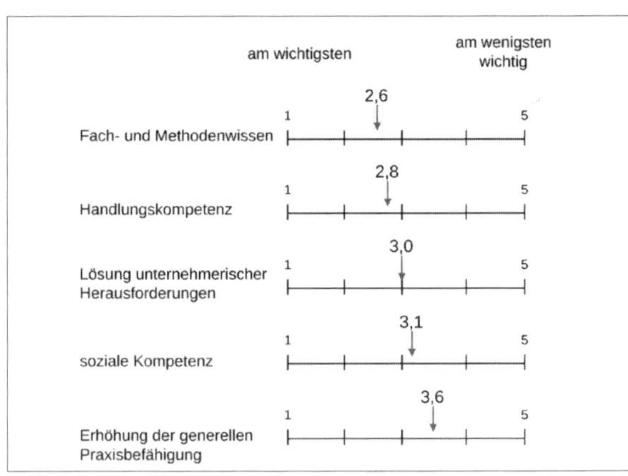

13 | Resultate von Personalentwicklungsmaßnahmen (Lernziele)

Mit 93,1 Prozent stimmen die Befragten mehrheitlich für eine berufsbegleitende Personalentwicklungsmaßnahme. Diese wird bestenfalls am Unternehmensstandort (37,9%) durchgeführt.

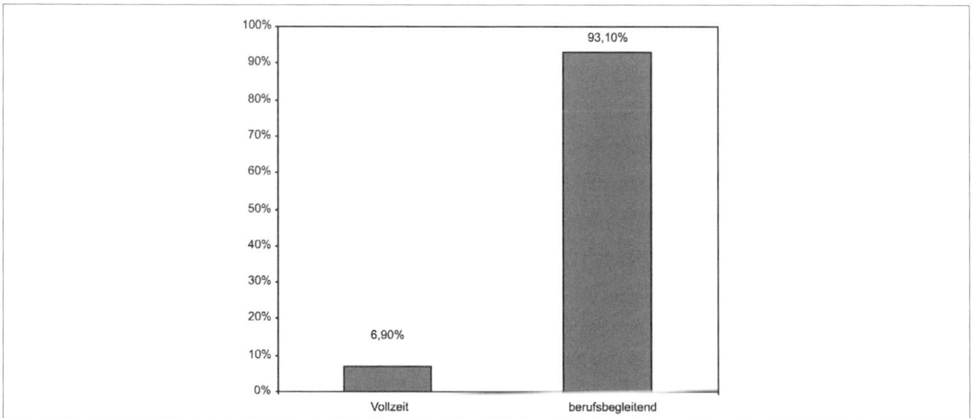

14 | Die gewünschte Ausgestaltungsform von Personalentwicklungsmaßnahmen (Art der Maßnahme)

Als Abschluss wird ein akademischer Grad dem Zertifikat vorgezogen.

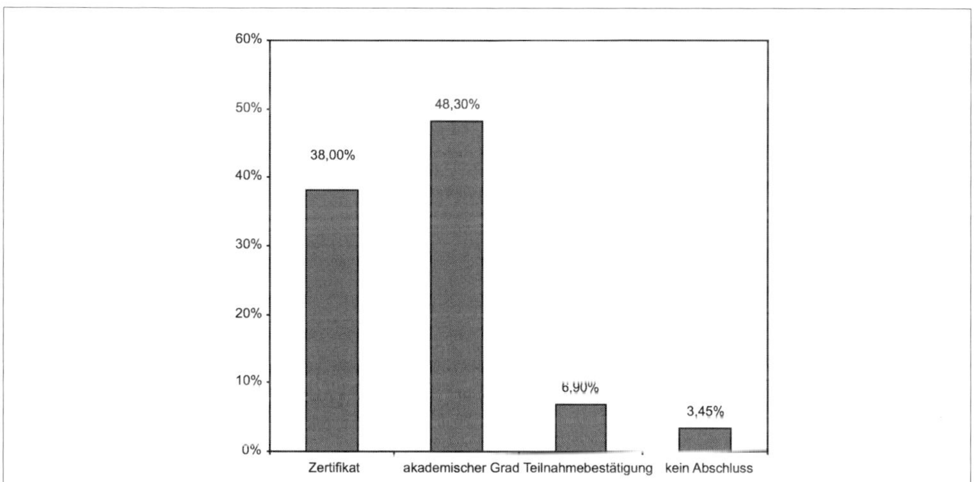

15 | Die gewünschte Ausgestaltungsform von Personalentwicklungsmaßnahmen (Abschluss)

Außerdem priorisieren die Befragten Personalentwicklungsmaßnahmen in Form eines Studiums.

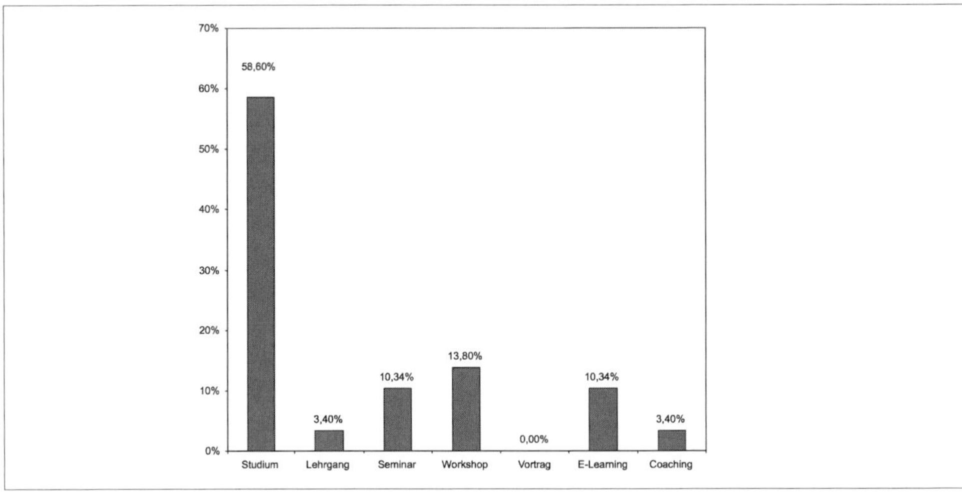

16 | Die gewünschte Ausgestaltungsform von Personalentwicklungsmaßnahmen (Form der Maßnahme)

Was die Dauer betrifft, werden langfristige Maßnahmen, die über mehrere Jahre gehen können, den mittel- und kurzfristigen Personalentwicklungsangeboten von Hochschulen eindeutig vorgezogen. (n=29)

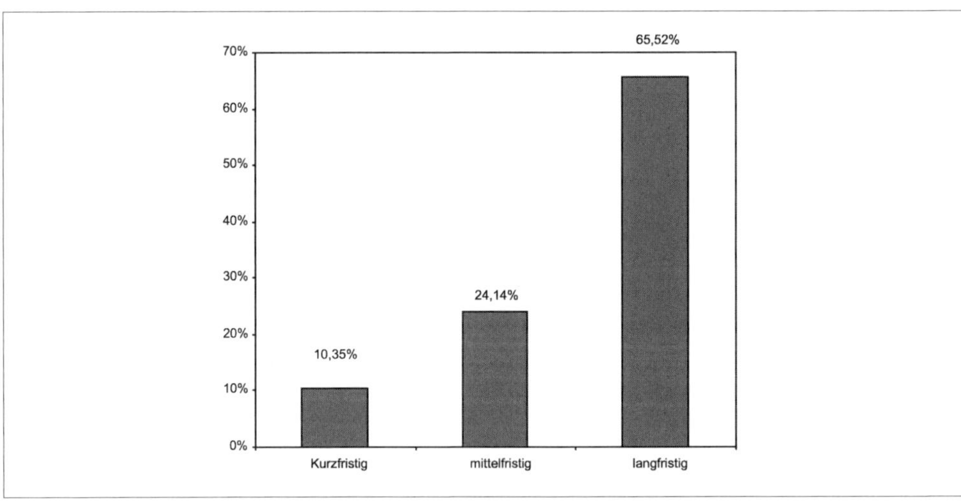

17 | Die gewünschte Ausgestaltungsform von Personalentwicklungsmaßnahmen (Dauer der Maßnahme)

Die Frage, wie entscheidend bestimmte Aspekte bei der Wahl einer Personalentwicklungsmaßnahme sind, ergibt folgendes Rangfolge: In erster Linie sind bestimmte Lehrinhalte ausschlaggebend im Auswahlprozess. Auf den Rängen zwei bis fünf rangieren die Kriterien Integration unternehmensspezifischer Inhalte, die Wünsche der Mitarbeiter, die Kosten der Personalentwicklung sowie bestimmte Abschlüsse. Dass sich die Maßnahme nicht auf die Arbeitszeit im Unternehmen auswirkt und zu flexiblen Zeiten gestartet werden kann, schätzen die Befragten als weniger entscheidend ein; Gleiches gilt für flexible Starttermine. (n=24)

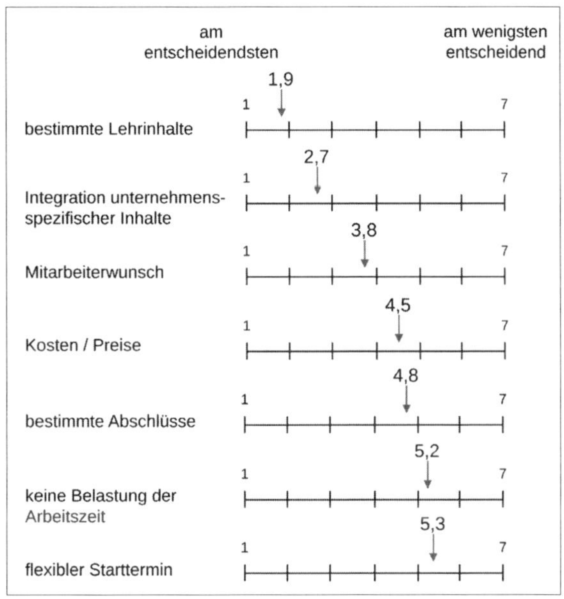

18 | Entscheidende Aspekte bei der Wahl einer Personalentwicklungsmaßnahme

2.5 FAZIT

Zusammenfassend kann festgehalten werden:

- Ein bemerkenswertes Ergebnis der Studie ist folgende Diskrepanz: Ein Großteil der befragten Unternehmen sehen Hochschulkooperationen als strategisch relevantes Thema und haben dementsprechend Maßnahmen und Partner definiert. Eine große Mehrheit der Personalverantwortlichen erwartet, dass diese Zusammenarbeit mit Hochschulen v. a. der langfristigen Unterstützung der HR-Arbeit dienen soll. Insofern Hochschulkooperationen allgemein als strategisch relvant gelten und speziell im HR-Bereich zur Erreichung langfristiger Ziele dienen sollen, verwundert allerdings: Nicht einmal die Hälfte der Befragten sucht zur Bewältigung strategischer HR-Herausforderungen tatsächlich die Unterstützung von Hochschulen.
- Tertiäre Personalentwicklungsmaßnahmen sind insbesondere für Nachwuchsführungskräfte attraktiv.
- Tertiäre Personalentwicklungsmaßnahmen sollen Teilnehmer bei der Lösung anstehender unternehmerischer Herausforderungen helfen.
- Das entscheidende Kriterium bei der Wahl einer tertiären Personalentwicklungsmaßnahme ist die Integration unternehmensspezifischer Inhalte.
- Unternehmen erwarten von Hochschulen Erfahrung in der Zusammenarbeit mit Unternehmen.
- Bei der Frage nach den peripheren Dienstleistungen von Hochschulen werden Rekrutierungsleistungen am attraktivsten bewertet.

SABINE SAX (2011)

3 ANFORDERUNGSKRITERIEN FÜR FÜHRUNGSKRÄFTE

3.1 KERNFRAGE

Diese Studie untersucht jene Anforderungskriterien, die Führungskräfte erfüllen sollten. Dabei geht es zum einen um die Frage, welche Anforderungskriterien Führungskräfte ganz allgemein erfüllen sollen. Zum anderen geht es speziell um jene Anforderungskriterien von Führungskräften auf der Hierarchieebene mittleres Management (z. B. Abteilungsleiter, Niederlassungsleiter, Filialleiter). Im Kern geht es um folgende Fragen: Welche Kompetenzen – als spezielles Anforderungskriterium – sollten Führungskräfte generell haben? Und welche Kompetenzen sollten Führungskräfte auf der Hierarchieebene des »mittleren Managements« haben?

3.2 THEORETISCHE VORANNAHMEN

IBM führte 2010 eine Studie mit dem Titel »Unternehmensführung in einer komplexen Welt« durch: Im Rahmen persönlicher Gespräche wurden 1.541 CEOs aus der Privatwirtschaft und dem öffentlichen Sektor nach den zukünftigen Herausforderungen für Führungskräfte befragt. Beinahe einhellig gaben die CEOs an: »Die neue Wirtschaftswelt ist [...] sehr viel dynamischer, ungewisser, komplexer und strukturell anders.« (IBM 2010: 14) Die vorrangigen Herausforderungen an Führungskräfte seien daher, Veränderungen zu meistern und mit Komplexität umzugehen. Nicht zuletzt angesichts der beschriebenen Situationen und den daraus entstehenden Herausforderungen rückt der Begriff »Kompetenz« in den Mittelpunkt. Denn Kompetenz ist die »Disposition selbstorganisierten Handelns«, welche sich besonders dann konkretisiert, wenn es neue und nicht routinierte Situationen zu bewältigen gilt. (Erpenbeck, Rosenstiel 2003: XI; dies. 2007: XXIII). Oder anders ausgedrückt: Kompetenz bezeichnet die Fähigkeit, kreativ und selbstorganisiert solche Situationen zu bewältigen, die sich auszeichnen durch Dynamik, Ungewissheit, Komplexität und ein strukturelles Anderssein. Neben einem obligatorischen aktuellen Fach- und Allgemeinwissen setzen sich die Anforderungskriterien an Führungskräfte daher vor allem aus Kompetenzen zusammen.

3.3 DESIGN

Die vorliegende Studie besteht aus zwei voneinander getrennten aber dennoch miteinander assoziierten Befragungen. Bei der ersten Befragung wurden angehende Führungskräfte danach befragt, ob und welche allgemeinen Anforderungskriterien in ihren Unternehmen für Führungskräfte definiert worden sind. Bei der zweiten Befragung wurden HR-Verantwortliche von 40 Unternehmen danach befragt, ob und welche Anforderungskriterien in ihren Unternehmen für Führungskräfte auf der Hierarchieebene »mittleres Management« definiert worden sind. Der Fokus bei den Anforderungskriterien liegt bei beiden Befragungen auf dem Aspekt der Kompetenzen von Führungskräften.

Grundlage der Befragung ist ein allgemeiner Kanon der Kompetenzen von Führungskräften. Dieser besteht aus den folgenden 16 Kompetenzen.[3]

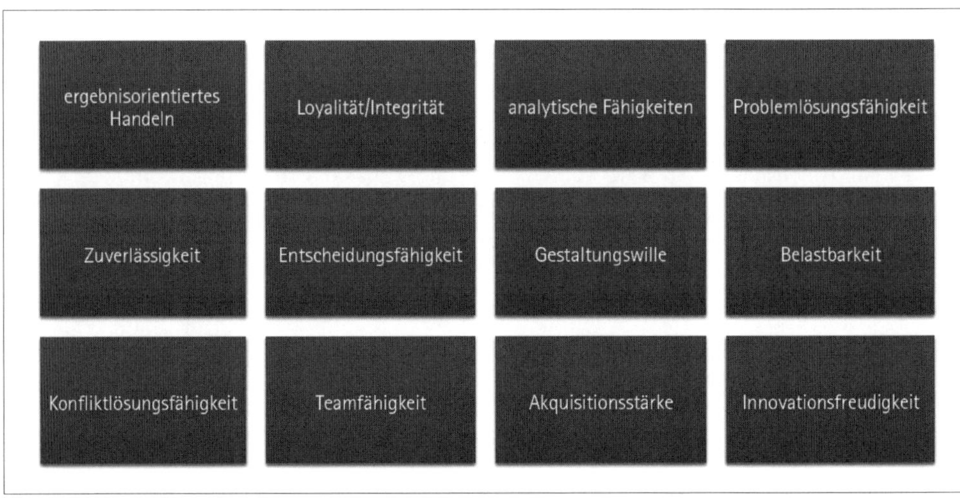

19 | Kompetenzen einer Führungskraft

Diese 16 Kompetenzen können wie folgt definiert werden:[4]

ergebnisorientiertes Handeln	▪ Verfolgt und realisiert Ziele bewusst mit großer Willensstärke, Beharrlichkeit und Aktivität und gibt sich erst zufrieden, wenn klare Ergebnisse vorliegen. ▪ Nimmt auf alle Teilaspekte des zum Ziel führenden Handelns aktiv Einfluss. ▪ Legt bei zeitweiligen Schwierigkeiten bei der Sicherung der Ergebnisse eine große Ausdauer an den Tag. ▪ Wird durch die Erwartung von konkreten Ergebnissen motiviert.
Loyalität / Integrität	▪ Steht klar zum Unternehmen und zu den Mitarbeitern / Kollegen – sowohl in positiven als auch in kritischen Situationen. ▪ Ist gegenüber Führungskräften offen und kooperationsbereit. ▪ Setzt sich für das Unternehmen und seine Ziele ein, identifiziert sich mit den Produkten / Dienstleistungen des Unternehmens und vertritt diese mit Überzeugung. ▪ Vertritt das Unternehmen in der Öffentlichkeit aktiv und hält eigene Unzufriedenheiten mit dem Unternehmen zurück.
analytische Fähigkeiten	▪ Besitzt eine rasche Auffassungsgabe, beherrscht Methoden des abstrakten Denkens und kann sich klar ausdrücken. ▪ Kann Wesentliches von Unwesentlichem unterscheiden, die Informationsflut verdichten, Sachverhalte schnell auf den Punkt bringen, Tendenzen und Zusammenhänge erkennen und richtige Schlüsse und Strategien daraus ableiten. ▪ Versteht es mit Zahlen, Daten und Fakten sicher umzugehen und aus der Informations- und Datenvielfalt ein klar strukturiertes Bild zu zeichnen.
Problemlösungsfähigkeit	▪ Identifiziert problematische Situations-, Prozess- und Zielstrukturen, löst Aufgaben und Probleme intensiv zupackend durch Rückgriff auf den eigenen sowie auf den im Unternehmen vorhandenen fachlichen und methodischen Wissens. ▪ Bringt die erkannten Probleme in kreative Diskussionen der Arbeitsgruppe oder des Unternehmens ein. Gestaltet Kommunikations- und Leitungsstrukturen dem erkannten Problemtyp entsprechend effektiv. ▪ Initiiert systematisch-methodische Vorgehensweisen bzw. Prozesse soweit Problemlösungsprozesse mit einzelnen Personen oder (Projekt-) Gruppen. Grenzt dabei Risiken systematisch ein und löst komplexe Probleme in bearbeitbare Teilprobleme bzw. schritte auf.

4 Vgl. Faix, Mergenthaler 2010b: 144 und Erpenbeck, Faix, Keim 2010

5 Die folgenden Beschreibungen sind zu finden bei Erpenbeck, Faix, Keim 2010: 405 ff.

Zuverlässigkeit	▪ Entwickelt eine hohe Eigenverantwortung und (Arbeits-)Disziplin, ein starkes Pflichtgefühl und Aufgabenbewusstsein und ist vertrauenswürdig. ▪ Hat eine idealorientierte Arbeitseinstellung und handelt wertgeleitet, mit hohen Ansprüchen an sich selbst und andere, setzt sich dafür ein, wichtige Werte in der Unternehmenskultur zu verankern. ▪ Setzt als richtig Erkanntes möglichst schnell und energisch durch und hält dabei Emotionen und Wertungen aus sachlichen Aussagen heraus. ▪ Unterstützt die Wahrung der Unternehmensinteressen durch eigenes wirtschaftliches Verhalten und hohe Loyalität, thematisiert Fehler und Probleme, wenn diese das Unternehmen gefährden.
Entscheidungsfähigkeit	▪ Ist gerne bereit, Entscheidungen zu treffen und sie konsequent umzusetzen. ▪ Nimmt alternative Handlungsmöglichkeiten aktiv wahr, ist fähig, Alternativen erkenntnismäßig und wertmäßig zu beurteilen. ▪ Kann sich in Fällen nicht berechenbarer Entscheidungen sowohl auf eine Analyse als auch auf seine Intuition beziehen. ▪ Kann klare Prioritäten setzen.
Gestaltungswille	▪ Hat Freude daran, Systeme und Prozesse aktiv zu gestalten. Lässt sich durch Herausforderungen motivieren und besitzt den Willen, Lösungen auch gegen Widerstände durchzusetzen. ▪ Kann Projekte bedarfsgerecht auswählen, setzt klare Prioritäten in der Entwicklung von Lösungen. ▪ Ist in der Lage, systematisch ganzheitliche Problemlösungen zu entwickeln, kann dabei Wissen und Ideen anderer systematisch generieren, weiterentwickeln und in die Lösung integrieren. ▪ Kann komplexe Vorhaben termingerecht, kostengünstig und in hoher Qualität umsetzen und ist in der Lage komplexe Prozesse zu koordinieren und zu organisieren.
Kommunikationsfähigkeit	▪ Knüpft gerne Kontakte und kommuniziert mit Menschen, geht offen und wohlwollen, aber mit der notwendigen Distanz, auf andere Menschen zu. ▪ Respektiert die Mitmenschen, hört gut zu und geht auf die Gesprächspartner ein, begegnet Einwänden sachlich und mit Frustrationstoleranz. ▪ Besitzt eine hohe Überzeugungsfähigkeit. ▪ Kann seine Kommunikation der Zielgruppe anpassen, kann den Prozess der Zielfindung überzeugend steuern und vermittelt Ziele plausibel; achtet darauf, dass die Mitarbeiter und Kollegen die Ziele kennen und verinnerlichen.
Initiative	▪ Zeigt im gesamten Arbeitsprozess, aber auch im Privatleben, hohes persönliches Engagement. ▪ Entwickelt eigene Zielvorstellungen und Ideen und setzt sich aktiv und erfolgreich dafür ein. ▪ Eignet sich das dafür notwendige Wissen an. ▪ Die eigenen Aktivitäten finden bei anderen hohe Akzeptanz.

Einsatzbereitschaft	■ Setzt sich selbstlos und verantwortungsbewusst für gemeinsame Unternehmens- und Arbeitsziele sowie im Privatleben ein. ■ Stellt hohe Forderungen an die eigenen Anstrengungen und die der Mitarbeiter und Kollegen. ■ Wirkt durch sein Handeln für andere als Vorbild. ■ Kann andere zu tatkräftigen Handlungen bewegen.
ganzheitliches Denken	■ Richtet das Denken nicht nur auf fachlich-methodische Details der eigenen Arbeit, sondern auf deren umfassende Inhalte, Zusammenhänge und Hintergründe. ■ Kann über die eigene Arbeitsgruppe und das eigene Unternehmen hinausgehen; erkennt und betrachtet das nähere und weitere Umfeld der Aufgabenstellung. ■ Beachtet dabei nicht nur die im engeren Sinne fachlichen, sondern auch die die ethischen, ökonomischen, politischen, sozialen und ökologischen Wechselbeziehungen des eigenen Handelns. ■ Die Persönlichkeit integriert das Fachliche und ordnet sich ihm nicht einfach unter.
Konfliktlösungsfähigkeit	■ Erkennt die Interessensgegensätze anderer und kennt die eigene Interessenlage. ■ Besitzt die nötige Einsicht und Toleranz, andere Interessen unvoreingenommen zu prüfen und die eigenen kritisch zu hinterfragen. ■ Führt konfliktäre Gespräche mit Kollegen, Führungskräften, Kunden etc. sensibel und hält Konflikte aus. Besitzt Überzeugungsfähigkeit, löst Widerstände und Blockaden durch überzeugende Argumentation auf, schafft Vertrauen und wirkt sicher im Auftreten. ■ Löst Konflikte nicht auf Kosten der widerstreitenden Parteien, sondern so, dass deren Eigenverantwortung, Kreativität und soziale Kommunikation zunimmt, ist deshalb eine Persönlichkeit, die in Konfliktfällen, gerne als Vermittler aufgesucht wird.
Teamfähigkeit	■ Ist bereit und in der Lage, in Gruppen/Teams zu arbeiten, geht auf andere offen und wohlwollend, aber ohne Distanzlosigkeit zu. ■ Veranlasst die offene Darlegung anderer Sichtweisen und Meinungen, hört gut zu und geht auf Gesprächspartner ein, begegnet Einwände sachlich und frustrationstolerant; hält andere Sichtweisen und Meinungen aus und ist in der Lage, sie in die Gruppenprozesse einzubinden. ■ Ist konsensfähig und setzt sich auch bei Differenzen für gemeinsame Lösungen ein, überzeugt durch Argumente. ■ Wirkt vermittelnd zwischen eigenem Leistungsniveau, durchschnittlichem Leistungsniveau der Gruppe und sozialen Leistungs- und Wertvorgaben.
Akquisitionsstärke	■ Geht auf andere Personen aktiv und initiativreich zu; versteht und beeinflusst andere durch intensive und kontinuierliche Kommunikation. ■ Entwickelt spezifische Lösungsvorschläge und vermittelt das Gefühl der vollen Einbeziehung der Personen, auf die sich seine Arbeit bezieht. ■ Erkennt schnell Wesentliches und setzt sich dafür selbstständig ein, kann Personen und Kontakte nach ihrer Bedeutsamkeit priorisieren. ■ Stellt sich auf Besonderheiten seines Gegenüber ein; beendet Gespräche mit konkreten Vereinbarungen (weiteres Vorgehen, Termin etc.)

Belastbarkeit	▪ Organisiert bei Unbestimmtheiten, Schwierigkeiten, Widerständen und unter Stress für einen überschaubaren Zeitraum. ▪ Hält auch unter solchen komplizierten Bedingungen an Vorhaben fest und fühlt sich durch erhöhte Anforderungen herausgefordert und aktiviert. ▪ Macht durch sein Verhalten auch anderen Mut, sich Belastungen zu stellen und dies als Herausforderungen für die Entwicklung der eigenen Person oder der Gruppe, Abteilung etc. anzunehmen. ▪ Betrachtet zurückliegende Konflikte und kritische Bewährungssituationen als persönliche Entwicklungs- und Reifeimpulse und versucht, sachlich zu handeln; ist psychisch stabil genug, um auftretenden Stress positiv zu verarbeiten.
Innovationsfreudigkeit	▪ Sucht und realisiert aktiv positive Veränderungen von Produkten / Dienstleistungen, Produktions- und Organisationsmethoden, Marktbeziehungen und übergreifende Vernetzungen, stellt sich Problem- und Handlungssituationen mit offenem Ausgang bewusst und gern. ▪ Ist Neuem gegenüber auch außerhalb der Arbeitssphäre, im sozialen Umfeld im Freizeitbereich, in der Privatsphäre aufgeschlossen, setzt Neuerungen gern aktiv um. ▪ Erbringt in Situationen, die für Veränderungen offen sind, oft die besten und kreativsten Leistungen. ▪ Erweitert durch den intensiven Gewinn von Erfahrungen, durch Lernen und Umweltexploration kontinuierlich die Voraussetzungen, um innovativ wirken zu können.

Dieser allgemeine Kanon der Kompetenzen von Führungskräften entstand durch:

- Interviews von / Umfragen bei HR-Verantwortlichen wie auch Führungskräften, welche die SIBE seit einigen Jahren durchführt; dabei werden von der SIBE pro Jahr ca. 150 Unternehmen nach den allgemeinen Anforderungskriterien für Führungskräfte befragt.
- Analyse von Stellenausschreibungen
- Auswertung von Studien
- Expertenrunde von Mitarbeitern der SIBE[5]
  (siehe dazu Erpenbeck, Faix, Keim 2010: 405 und Faix, Schulten, Auer 2009: 157),

Die angehenden Führungskräfte und HR-Verantwortlichen wurden in der vorliegenden Studie jeweils danach gefragt, welche der genannten 16 Kompetenzen in ihrem Unternehmen allgemein in den Anforderungsprofilen von Führungskräften bzw. speziell in den Anforderungsprofilen von Führungskräften des mittleren Managements auftauchen.

3.4 ERGEBNISSE: ALLGEMEINE ANFORDERUNGSKRITERIEN VON FÜHRUNGSKRÄFTEN

In über 80% der Unternehmen, in denen die Befragten arbeiten, sind Anforderungskriterien für Führungskräfte definiert.

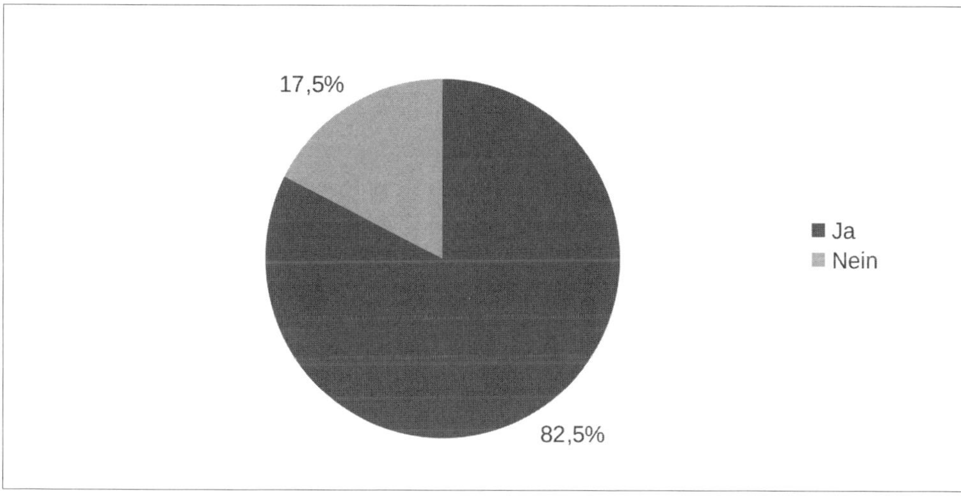

20 | »Hat Ihr Unternehmen Anforderungskriterien für Führungskräfte definiert?«

6 Diese Expertenrunde setzte sich aus folgenden Personen zusammen:
John Erpenbeck, Bettina Rominger, Annette Horne, Peter Wittmann, Silke Keim, Werner G. Faix.

Bei der Frage nach dem allgemeinen Kompetenzprofil von Führungskräften ergibt sich folgendes Bild:

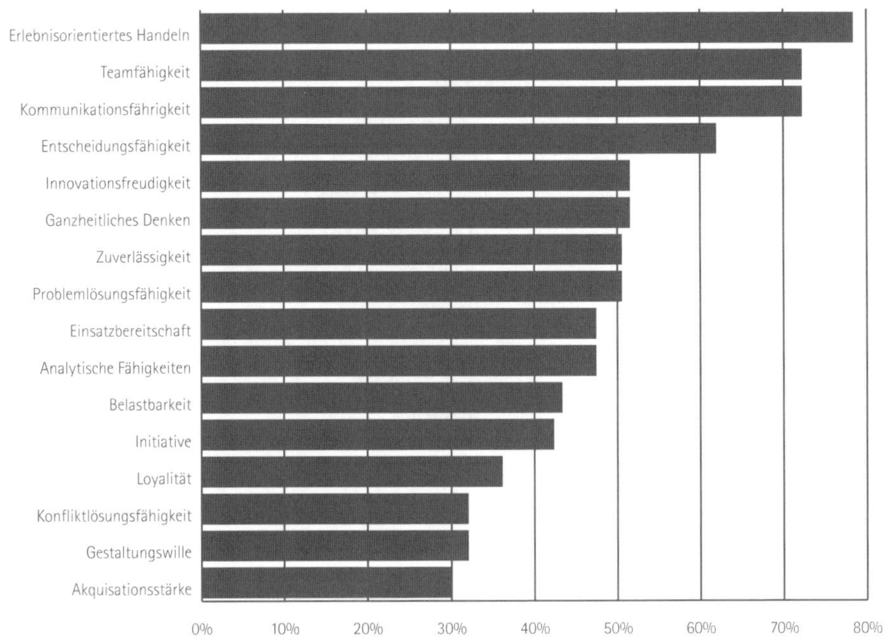

21 | »Welche der nachstehenden Kompetenzen zählen in Ihrem Unternehmen zu den definierten Anforderungskriterien?«

Bei dieser Frage bestand die Möglichkeit, noch weitere Antworten, d. h. Kompetenzen hinzufügen, welche die Befragten nicht den abgefragten Kompetenzen zuordnen konnten. Bei der Auswertung wurde deutlich: Die Befragten geben zum einen zusätzlich solche Kompetenzen an, die nur vermeintlich nicht den abgefragten Kompetenzen zugeordnet werden können. Zum anderen finden sich hier Kompetenzen, die tatsächlich nicht den abgefragten Kompetenzen zugeordnet werden können.

Die Antworten/Kompetenzen, die nur vermeintlich nicht den abgefragten Kompetenzen zugeordnet werden können, werden bei der Auswertung geclustert, indem sie den abgefragten 16 Kompetenzen zugeordnet werden.

- **ergebnisorientiertes Handeln,**
  zusätzlich genannt werden v. a. unternehmerisches Denken und Handeln, strategische Orientierung/strategisches Denken und Handeln, Zielorientierung

- **Zuverlässigkeit,**
  zusätzlich genannt werden v. a. Verantwortung übernehmen, Verantwortungsbewusstsein

- **Innovationsfreudigkeit,**
  zusätzlich genannt werden v. a. Veränderungsfähigkeit, Veränderungsbereitschaft, innovatives Denken, »Veränderungstreiber«

- **Akquisitionsstärke,**
  zusätzlich genannt werden v. a. Überzeugungskraft, Begeisterungsfähigkeit

- **Loyalität,**
  zusätzlich genannt werden v. a. Verschwiegenheit, Vorleben der Unternehmenswerte

- **Initiative,**
  zusätzlich genannt wird v. a. Engagement

- **ganzheitliches Denken,**
  zusätzlich genannt wird v. a. interdisziplinäres Denken

- **Konfliktlösungsfähigkeit,**
  zusätzlich genannt wird v. a. »politisches Feingefühl«

- **Gestaltungswille,**
  zusätzlich genannt wird v. a. Schaffung einer Kultur der Zusammenarbeit

Kombiniert man die aus dieser qualitativen Analyse gewonnenen Ergebnisse mit den bereits bestehenden Ergebnissen auf die Frage nach den Kompetenzen von Führungskräften des mittleren Managements, ergibt sich folgendes leicht modifizierte Bild:

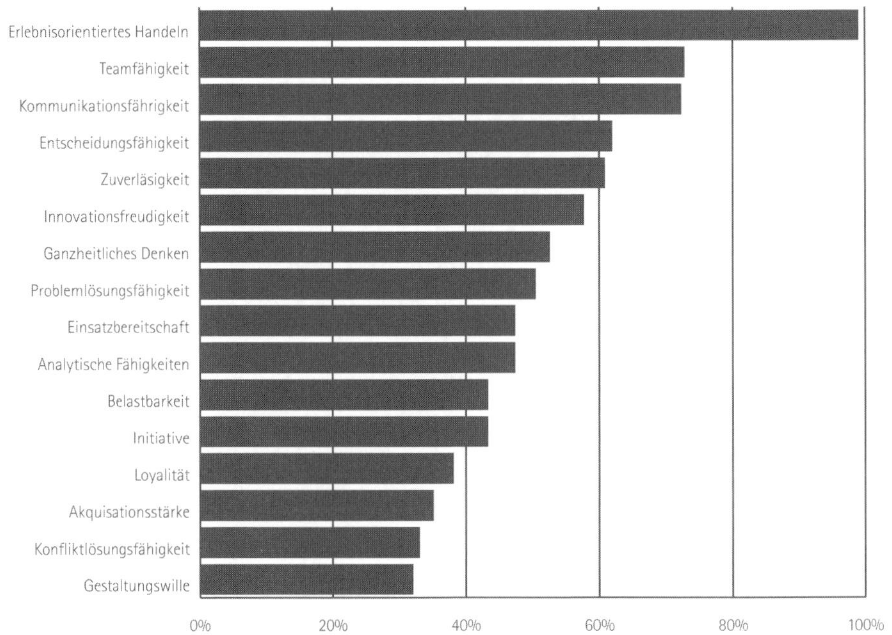

22 | »Welche der folgenden Kompetenzen hat Ihr Unternehmen für die Hierarchieebene mittleres Management definiert?« (Kombination mit Daten aus qualitativer Analyse)

Die Kompetenzen, die tatsächlich nicht den abgefragten Kompetenzen zugeordnet werden können, werden bei der Auswertung geclustert, indem sie den Kompetenzen des KODE®-Kompetenz-Atlas zugeordnet werden (siehe das Design der dritten Studie, die in diesem Artikel vorgestellt wird).[6] Zur Rechtfertigung dieses Vorgehens sei angemerkt, dass auch die abgefragten 16 Kompetenzen aus diesem Kompetenz-Atlas entnommen sind.

Insgesamt ergibt sich aus den zusätzlich genannten, tatsächlich nicht abgefragten Kompetenzen folgendes Bild:

- **normativ-ethische Einstellung,**
  zusätzlich genannt werden v. a. Respekt, Integrität, »Vorbildfunktion«, Werteorientierung, verantwortliches Handeln, Nachhaltigkeit, soziale Verantwortung

- **Fachwissen,**
  zusätzlich genannt werden v. a. fachliche Qualifikation, Know-How, Erfahrung

- **Kooperationsfähigkeit,**
  zusätzlich genannt werden v. a. Förderung von Diversity, Offenheit und Ehrlichkeit

- **Mitarbeiterförderung,**
  zusätzlich genannt werden v. a. Höchstleistung der Mitarbeiter fordern und fördern

- **Kundenorientierung,**
  zusätzlich genannt werden v. a. Serviceorientierung

- **Glaubwürdigkeit,**
  zusätzlich genannt werden v. a. Authentizität, glaubwürdig sein

- **Impuls geben,**
  zusätzlich genannt werden v. a. Motivationsfähigkeit, Mitarbeitermotivation

- **Anpassungsfähigkeit,**
  zusätzlich genannt werden v. a. typengerechte Behandlung einzelner Mitarbeiter, Einfühlungsvermögen

- **Konsequenz,**
  zusätzlich genannt wird v. a. Durchsetzungsfähigkeit

- **schöpferische Fähigkeit,**
  zusätzlich genannt wird v. a. Kreativität

- **systematisch-methodisches Vorgehen,**
  zusätzlich genannt werden v. a. Organisationsfähigkeit & Planung, Fähigkeit zur Priorisierung von Aufgaben

7 Neben den oben aufgelisteten Kompetenzen nannten einige wenige Befragte auch »Führungskompetenz« und »interkulturelle Kompetenz« als Anforderungskriterium. Diese beiden Begriffe fließen aus definitorischen Gründen nicht in die Auswertung ein, da es sich sowohl bei der Führungs- als auch bei der interkulturellen Kompetenz um so genannte »querliegende Kompetenzen« (Erpenbeck 2010, 273) handelt. Als solche sind sie keine spezifische Fähigkeit, sondern die Fähigkeit im Führungs- bzw. interkulturellen Kontext kreativ und selbstorganisiert handeln zu können. Anders gesagt setzen sich diese querliegenden Kompetenzen aus solchen Kompetenzen zusammen, die äußerst wichtig sind, um eine Führungs- oder eine interkulturelle Situation bewältigen zu können.

- **Delegieren,**
  zusätzlich genannt wird v. a. Delegationsfähigkeit

- **Wissensorientierung,**
  zusätzlich genannt wird v. a. kontinuierliches Lernen

- **Beziehungsmanagement,**
  zusätzlich genannt wird v. a. persönliches Netzwerken

- **Marktwissen,**
  zusätzlich genannt wird v. a. Sensitivität für Marktentwicklungen

- **Belastbarkeit,**
  zusätzlich genannt wird v. a. Überblick in schwierigen Situationen

Insgesamt ergibt sich aus den zusätzlich genannten, tatsächlich nicht abgefragten Kompetenzen folgendes Bild:

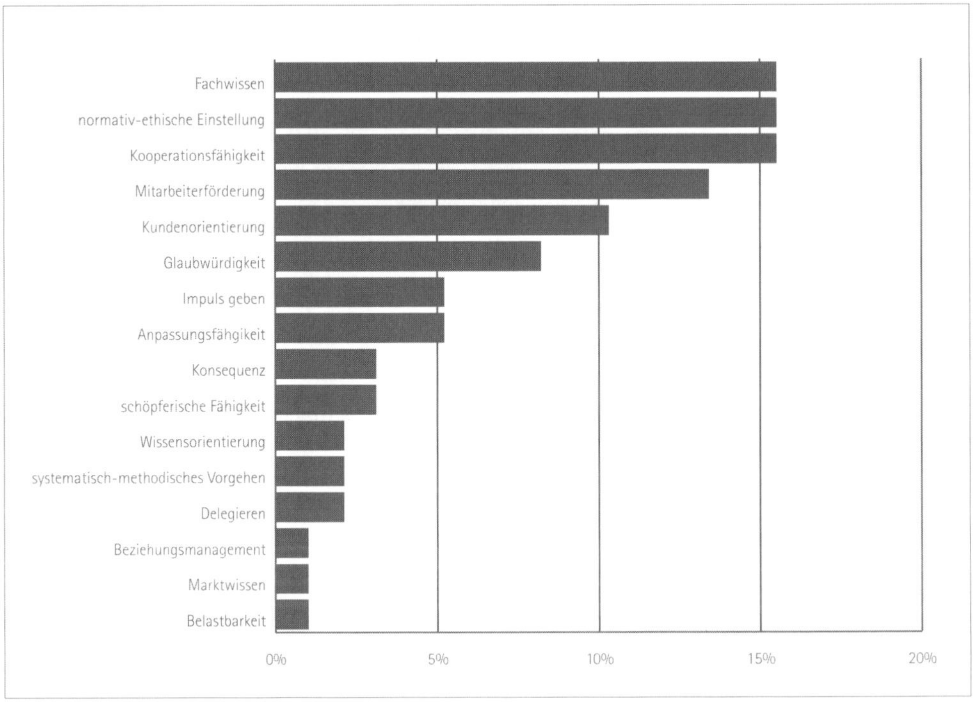

23 | »Welche der folgenden Kompetenzen hat Ihr Unternehmen als Anforderung für Führungskräfte definiert?« (Cluster der zusätzlichen tatsächlich nicht abgefragten Kompetenzen)

3.5 ERGEBNISSE: ANFORDERUNGSKRITERIEN FÜR FÜHRUNGSKRÄFTE DES MITTLEREN MANAGEMENTS

Über 90% der Befragten bestätigen, dass vor allem auf der Ebene des mittleren Managements (z. B. Abteilungsleiter, Filialleiter) Anforderungskriterien für Führungskräfte definiert sind. Jeweils rund drei Viertel der Befragten geben an, dass auch auf den Ebenen des Teamleiters (79%) und des Bereichs-/Werkleiters (75%) solche standardisierte/allgemein verbindliche Anforderungskriterien für Führungskräfte existieren. Immerhin rund 60% der Befragten geben darüber hinaus an, dass auch für die Ebenen Vorstand und Geschäftsführer solche Anforderungskriterien definiert sind.

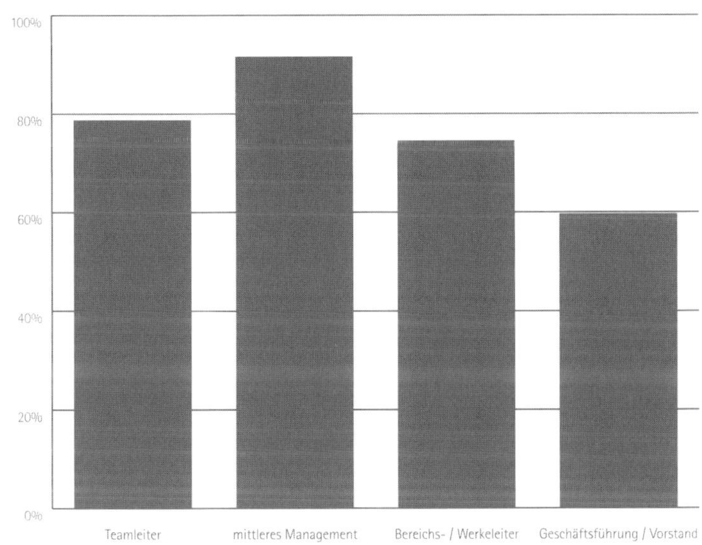

24 | »Existieren in Ihrem Unternehmen für folgende Hierarchieebenen standardisierte/ allgemein verbindliche Anforderungskriterien für Führungskräfte?«

Auf die Frage, wer diese Anforderungskriterien für welche Hierarchieebene festlege, geben die Befragten an:

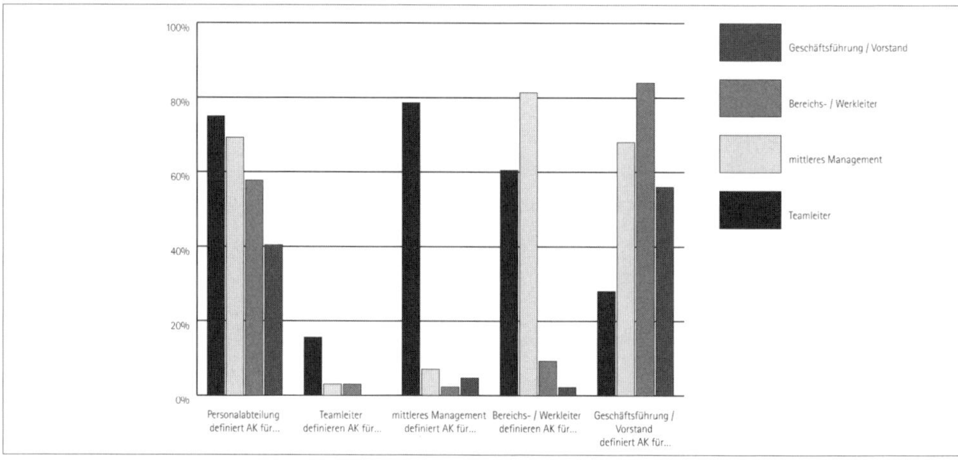

25 | »Wer definiert die Anforderungskriterien von... ?«

Bei der Frage nach dem spezifischen Kompetenzprofil von Führungskräften des mittleren Managements ergibt sich folgendes Bild:

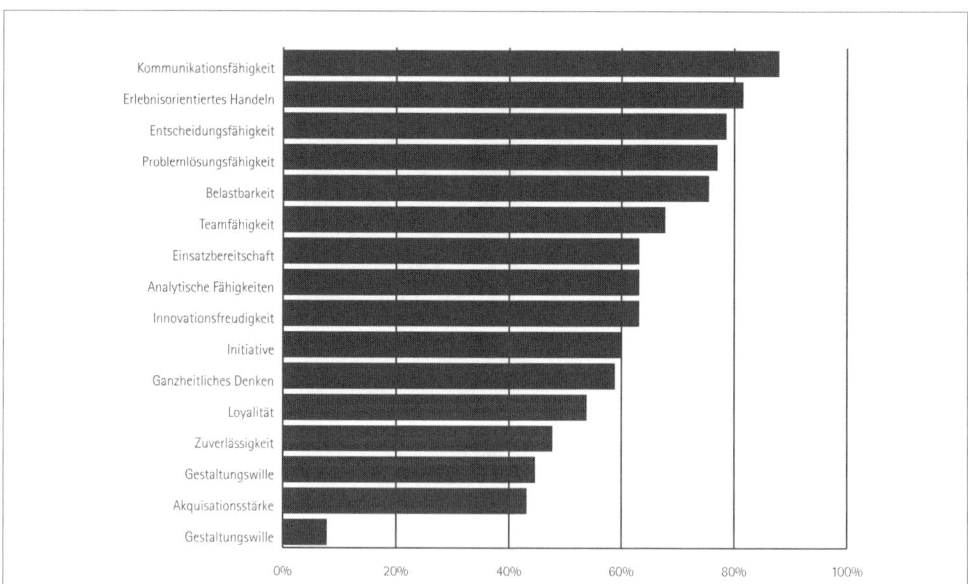

26 | »Welche der folgenden Kompetenzen hat Ihr Unternehmen für die Hierarchieebene des mittleren Managements definiert?«

Bei dieser Frage bestand die Möglichkeit, noch weitere Antworten, d. h. Kompetenzen hinzufügen, welche die Befragten nicht den abgefragten Kompetenzen zuordnen konnten. Bei der Auswertung wurde deutlich: Die Befragten geben zum einen zusätzlich solche Kompetenzen an, die nur vermeintlich nicht den abgefragten Kompetenzen zugeordnet werden können. Zum anderen finden sich hier Kompetenzen, die tatsächlich nicht den abgefragten Kompetenzen zugeordnet werden können.

Die Antworten/Kompetenzen, die nur vermeintlich nicht den abgefragten Kompetenzen zugeordnet werden können, werden bei der Auswertung geclustert, indem sie den abgefragten 16 Kompetenzen zugeordnet werden.

- **ergebnisorientiertes Handeln,**
  zusätzlich genannt werden v. a. unternehmerisches/strategisches Handeln, strategische Orientierung, Zielstrebigkeit, wirtschaftlicher Einsatz von Ressourcen, Effizienz & Ergebnisorientierung

- **Akquisitionsstärke,**
  zusätzlich genannt werden u. a. Überzeugungskraft, Verhandlungsgeschick, Mitarbeitergewinnungskompetenz

- **Konfliktlösungsfähigkeit,**
  zusätzlich genannt werden u. a. Offenheit & Kritikfähigkeit, Einfühlungsvermögen

- **Innovationsfreudigkeit,**
  zusätzlich genannt werden u. a. Change Management, Veränderungsfähigkeit/Veränderungsbereitschaft

- **analytische Fähigkeiten,**
  zusätzlich genannt werden u. a. Urteilsfähigkeit, Auffassungsgabe, Analysefähigkeit

- **Loyalität,**
  zusätzlich genannt wird u. a. Identifikation mit dem Unternehmen

- **Kommunikationsfähigkeit,**
  zusätzlich genannt werden u. a. offene und verbindliche Kommunikation, situative Angemessenheit

Kombiniert man die aus dieser qualitativen Analyse gewonnenen Ergebnisse mit den bereits bestehenden Ergebnissen auf die Frage nach den Kompetenzen von Führungskräften des mittleren Managements, ergibt sich folgendes leicht modifizierte Bild:

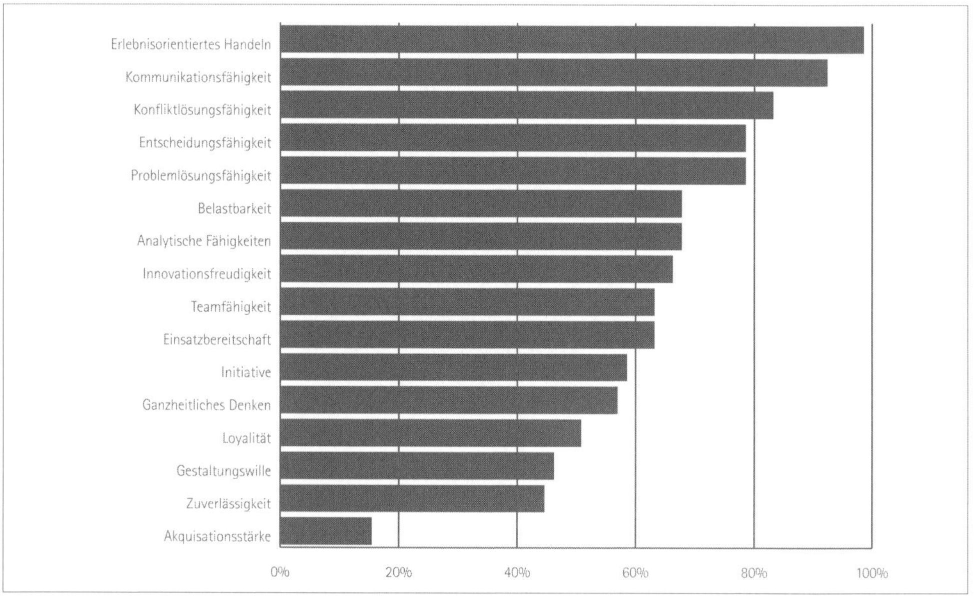

27 | »Welche der folgenden Kompetenzen hat Ihr Unternehmen für die Hierarchieebene des mittleren Managements definiert?« (Kombination mit Daten aus qualitativer Analyse)

Die Kompetenzen, die tatsächlich nicht den abgefragten Kompetenzen zugeordnet werden können, werden bei der Auswertung geclustert, indem sie den Kompetenzen des KODE®-Kompetenz-Atlas zugeordnet werden (siehe das Design der dritten Studie, die in diesem Artikel vorgestellt wird). Zur Rechtfertigung dieses Vorgehens sei angemerkt, dass auch die abgefragten 16 Kompetenzen aus diesem Kompetenz-Atlas entnommen sind.

- **normativ-ethische Einstellung,**
  zusätzlich genannt werden u. a. Respekt, Integrität, Vorbildfunktion, Bewusstsein für Nachhaltigkeit

- **Kundenorientierung,**
  zusätzlich genannt wird u. a. Serviceorientierung

- **Impuls geben,**
  zusätzlich genannt werden u. a. Motivationsfähigkeit, Mitarbeiterentwicklungskompetenz, Fördern und Einbeziehen der Mitarbeiter und ihrer Ideen

- **zielorientiertes Führen,**
  zusätzlich genannt wird u. a. effektives Führen

- **schöpferische Fähigkeit,**
  zusätzlich genannt wird v. a. Kreativität

- **systematisch-methodisches Vorgehen,**
  zusätzlich genannt werden u. a. Strukturierungsfähigkeit, Organisationsfähigkeit und Planung

- **Wissensorientierung,**
  zusätzlich genannt werden u. a. kontinuierliches Lernen, Stärkung der Lernkultur im Unternehmen

- **Eigenverantwortung,**
  zusätzlich genannt werden u. a. Selbstständigkeit, Eigeninitiative

- **Selbstmanagement,**
  zusätzlich genannt werden u. a. Selbstreflexion, Selbstorganisation

Insgesamt ergibt sich aus den zusätzlich genannten, tatsächlich nicht abgefragten Kompetenzen folgendes Bild:

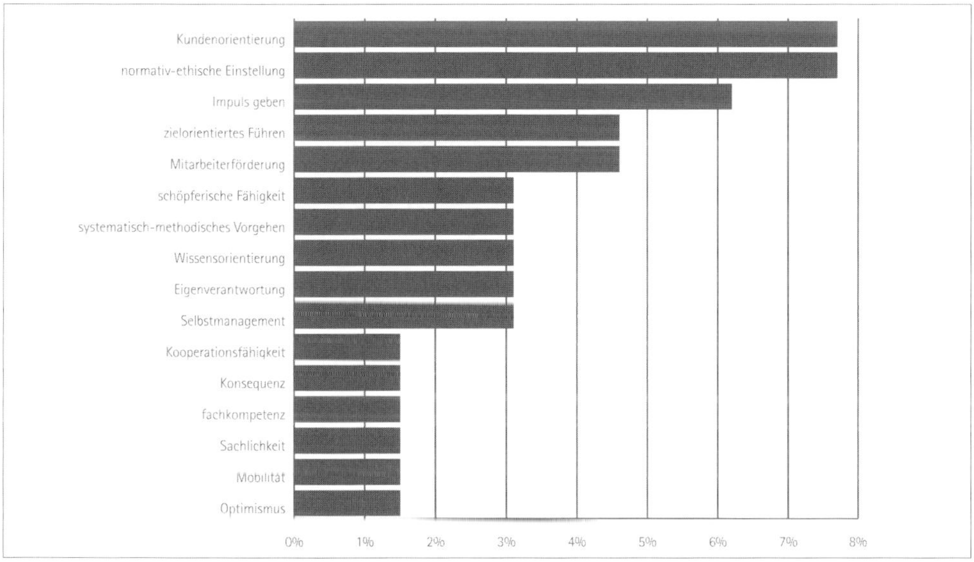

28 | »Welche der folgenden Kompetenzen hat Ihr Unternehmen für die Hierarchieebene des mittleren Managements definiert?« (Cluster der zusätzlichen tatsächlich nicht abgefragten Kompetenzen)

3.6 FAZIT

Die in der vorliegenden Studie abgefragten 16 Kompetenzen können als allgemeiner Kanon der Kompetenzen von Führungskräften bezeichnet werden. Allgemein bedeutet, dass hier all jene geforderten Kompetenzen von Führungskräften gelistet sind, die ungeachtet von Branche, Unternehmen und Hierarchieebene als besonders relevant scheinen.[8] Kanon bedeutet, dass diese Liste branchen-, unternehmens- und hierarchieübergreifend als kleinster gemeinsamer Nenner all jene Kompetenzen von Führungskräften synthetisiert.

Kanonisierung geht freilich hiermit einher: Im konkreten Einzelfall, d. h. in dem konkreten Anforderungsprofil eines bestimmten Unternehmens, das einer bestimmten Branche zugehörig ist und eine Führungskraft für eine bestimmte Hierarchieebene sucht, werden natürlich nicht alle Kompetenzen des Kanons auftauchen. Mit hoher Wahrscheinlichkeit wird es in diesem Anforderungsprofil aber mehr oder minder große Überschneidungen mit dem Kanon geben, d. h. eine Kompetenz oder mehrere Kompetenzen des Kanons werden in dem konkreten Anforderungsprofil vertreten sein.

Das ergebnisorientierte Handeln gilt dabei als jene Kompetenz, die – insofern man die qualitativen Daten berücksichtigt – so gut wie bei allen befragten Unternehmen ein Anforderungskriterium ist. Insofern kann bei dieser Kompetenz auch von einer Universalie gesprochen werden, von einer Conditio sine qua non führenden Handelns.

VANESSA HOCHREIN, GERHARD KECK, JENS MERGENTHALER, SABINE SAX (2010)

4 WAR FOR TALENTS – DAS RINGEN UM DU-WEISST-SCHON-WEN?

4.1 KERNFRAGE

An Nominaldefintionen jener Menschen, die »Talente« heißen, mangelt es nicht. So wird als Synonym für Talente oftmals der Begriff »High Potentials« verwandt. Freilich ist dies wenig aufschlussreich, wird hier Erklärungsbedürftiges doch mit Erklärungsbedürftigen definiert. Im Kern geht es bei dieser Studie daher um eine Realdefinition des Begriffs »Talente«. Der Fokus dieser Realdefinition liegt dabei darauf, die Kompetenzen jener Menschen zu bestimmen, die als Talent bezeichnet werden.[9]

4.2 THEORETISCHE VORANNAHMEN

Erste Auswertungen eines ifo-Innovationstests zur Ausbildungsstruktur belegen signifikante Zusammenhänge zwischen dem Wachstum und dem Humanvermögen von Unternehmen. (Falck, Kipar, Wößmann 2008) Auch wenn die Befunde freilich nicht kausal gedeutet werden dürfen, scheint es einen engen Zusammenhang zu geben zwischen auf der einen Seite Wachstum und auf der anderen Seite dem Wissen, der Qualifikation und der Kompetenz der Menschen, die in Unternehmen beschäftigt sind.

Insofern es einen engen Zusammenhang zu geben scheint zwischen Wachstum und dem Wissen, der Qualifikation und der Kompetenz der Menschen, die in Unternehmen beschäftigt sind; und insofern Talente deshalb so gesucht sind, da sie für Wachstum sorgen, gilt: Talente sind Menschen, die über mehr / größeres Wissen, mehr / größere Qualifikationen und mehr/größere Kompetenzen als der Durchschnitt verfügen.

8 Dies gilt, ganz gleich, ob man die qualitativen Daten in obiger Weise berücksichtigt oder nicht. Alle Kompetenzen, die zusätzlich von den Befragten der Studie genannt werden, können bei genauerer Betrachtung entweder den Kompetenzen des SIBE-Kanons zugeordnet werden oder spielen nur in wenigen der befragten Unternehmen eine Rolle.

9 Neben den Kompetenzen wurden auch die Aspekte »Wissen« und »Qualifikation« abgefragt.

Obschon essenzielle Gemeinsamkeiten bestehen, stellt sich nichtsdestotrotz die Frage: Ist die Gruppe der Talente denn homogen? Darf man angesichts der Außerordentlichkeit, die Talenten nachgesagt wird, überhaupt von »dem Talent« sprechen? Einen Hinweis hierauf gibt Franke (1999), der die Gruppe der Talente[10] idealtypisch drei Gruppen zuordnet:

- der Typ **»Unternehmer«**
- der Typ **»Wissenschaftler«**
- der Typ **»lässiges Genie«**

Diese Typen werden in oben genannter Studie verglichen anhand der drei Kriterien Risikobereitschaft, Sinnorientierung, Leistungsorientierung:

- Risikobereitschaft umschreibt die Bereitschaft der Person, sich risikoreichen, unbekannten Situationen zu stellen
- Sinnorientierung verweist auf eine gewisse Nachdenklichkeit und Zurückgezogenheit
- Leistungsorientierung umfasst das Bedürfnis etwas zu verrichten und zu erreichen

Anhand dieser Kriterien ergibt sich folgendes für die drei oben genannten Typen:

- Der Typ »Unternehmer« zeigt eine besonders hohe Risikobereitschaft und eine überdurchschnittliche Leistungsorientierung. Gleichzeitig ist die Sinnorientierung eher unterdurchschnittlich ausgeprägt. Es entsteht damit das Bild einer tatkräftigen, zupackenden Person, die etwas bewegen möchte.
- Der Typ »Wissenschaftler« ist weniger risikobereit als der »Unternehmer«, hat dafür aber eine besonders ausgeprägte Sinnorientierung. Seine Leistungsorientierung ist die höchste von allen drei Gruppen. Es handelt sich hier also um eher zurückgezogene, nachdenkliche, arbeitsame Tüftler.
- Während die ersten beiden Gruppen in der Leistungsorientierung deutlich über den Durchschnitt liegen, weist der Typ »lässige Genies« einen ebenso deutlichen unterdurchschnittlichen Wert auf. Neben ihrer geringen Leistungsmotivation sind sie auch risikoavers. Alles in allem gewinnt man den Eindruck einer ungewöhnlich befähigten, gleichwohl aber sehr entspannten, bequemen Person.

Bricht man die verallgemeinernde Durchschnittsbetrachtung auf, so schälen sich drei markante Typen von Talenten heraus, die sich untereinander deutlich unterscheiden; dergestalt passen sie auch zu unterschiedlichen Stellenprofilen.

- Tendenziell scheinen die »Unternehmer« am ehesten als Nachwuchs für Linienfunktionen geeignet, wo sie mit der ihnen eigenen Tatkraft und Pragmatik Entscheidungen gestalten und durchsetzen können.

- Die nachdenklichen und fleißigen »Wissenschaftler« empfehlen sich vor allem als entscheidungsunterstützendes Stabspersonal.
- Die »lässigen Genies« dürften den höchsten Nutzen an Stellen stiften, bei denen weniger Fleiß und Betriebsamkeit als vielmehr Fähigkeiten als kreativer »Querdenker« notwendig sind.

In der vorliegenden Studie geht es darum, die Unterschiede bei den Gemeinsamkeiten zwischen den drei heterogenen Typen von Talenten zu finden. Konkret geht es somit v. a. um diese Fragestellung: Talente verfügen v. a. über mehr/größere Kompetenzen als der Durchschnitt. Doch worin unterscheiden sich hier die drei Talent-Typen »Unternehmer«, »Wissenschaftler« und »lässiges Genie« voneinander?

4.3 DESIGN

Bei der Studie wurden Experten befragt, die sich qua ihrer Profession allgemein mit dem Thema Human Ressources und speziell mit Themen wie Talent- und Kompetenzmanagement sowie Personalentwicklungsmaßnahmen beschäftigen. Hierbei wurde vor der Befragung zwischen zwei Typen von Experten unterschieden: 1. Menschen, die sich qua ihrer Profession (vorwiegend) aus Sicht der Wissenschaft mit genannten Themen beschäftigen (»Gruppe Wissenschaft«) und 2. Menschen, die sich qua ihrer Profession (vorwiegend) aus Sicht von Unternehmen mit genannten Themen beschäftigen (»Gruppe Wirtschaft«). Beiden Gruppen wurde der gleiche formalisierte Fragebogen vorgelegt. Die Auswertung des Fragebogens erfolgte in Gruppen getrennt, um die kumulierten Ergebnisse der jeweils homogenen Gruppe gegenüberstellen zu können.

Bei der Frage nach den Kompetenzen des jeweiligen Talent-Typs wurde die differenzierte Systematik und Taxonomie von Kompetenzen nach Erpenbeck und Rosenstiel (2003) verwendet. Nach der Definition von Erpenbeck sind Kompetenzen »Dispositionen zur Selbstorganisation menschlichen Handelns, das kreative Denkhandeln eingeschlossen; sie sind Selbstorganisationsdispositionen« (Erpenbeck 2007: 1). Zur Messung des Status Quo der Kompetenzen eines Menschen in dem so verstandenen Sinn dient der so genannte KODE® (Kompetenz-Diagnostik und Entwicklung). Dieses Verfahren wurde Mitte der 1990er entwickelt und basiert auf vieljährigen theoretischen und empirischen Arbeiten von John Erpenbeck und Volker Heyse sowie den gestalterischen Lösungen von Horst G. Max. (Erpenbeck, Heyse und Max 2004 und 2007a und b) KODE® sei nach Angaben der Entwickler ein objektivierendes Einschätzungsverfahren für

10 Franke wählt den Begriff »High Potential« statt Talent; wie weiter oben angemerkt werden diese Begriffe vielfach als Synonyme verwendet. Wir bevorzugen den Begriff »Talente« und meinen neben den High Potentials auch die Gruppe der High Performer: Im Gegensatz zu High Potentials haben diese gewissermaßen mehrfach und vielerorts ihr Potential bewiesen.

den Vergleich von Kompetenzausprägungen; bei diesem Messverfahren würden die Einschätzungsergebnisse quantifiziert und gegebenenfalls in zeitlicher Entwicklung verglichen. KODE® habe die Gesamtheit der Grundkompetenzen im Blick und knüpfe methodologisch an klassische Satzergänzungs- und Multiple-Choice-Verfahren an. (Vgl. Heyse 2010: 77) Die Auswertung bei KODE®-Kompetenztests besteht aus einer differenzierten Betrachtung der vier so genannten Meta-Kompetenzfelder bzw. Grundkompetenzen (Erpenbeck, Rosenstiel 2007: 490):

– **P** –	Personale Kompetenz Fähigkeit, sich selbst gegenüber klug und kritisch zu sein, produktive Einstellungen, Werthaltungen und Ideale zu entwickeln
– **A** –	Aktivitäts- und Handlungskompetenz (unternehmerische Kompetenz) Fähigkeit, alles Wissen und Können, alle Ergebnisse sozialer Kommunikation, alle persönlichen Werte und Ideale auch wirklich willensstark und aktiv umsetzen zu können
– **F** –	Fachlich-Methodische Kompetenz Fähigkeit, mit fachlichem und methodischem Wissen gut ausgerüstet, schier unlösbare Probleme schöpferisch zu bewältigen
– **S** –	Sozial-Kommunikative Kompetenz Fähigkeit, sich aus eigenem Antrieb mit anderen zusammen- und auseinander zu setzen. Kreativ zu kooperieren und zu kommunizieren

Die unterschiedlichen Farben zeigen an, wie stark Kompetenzen ausgeprägt sind (im Original: gelb = geringe Kompetenzausprägung, grün = mittlere Ausprägung, rot = hohe Ausprägung, violett = sehr starke Ausprägung mit der Tendenz zur Übertreibung).

Bei der Befragung wurden sämtliche 64 Kompetenzen abgefragt, wobei eine Skala von 1 (starke Assoziation) bis 5 (keine Assoziation) gewählt wurde.[7]

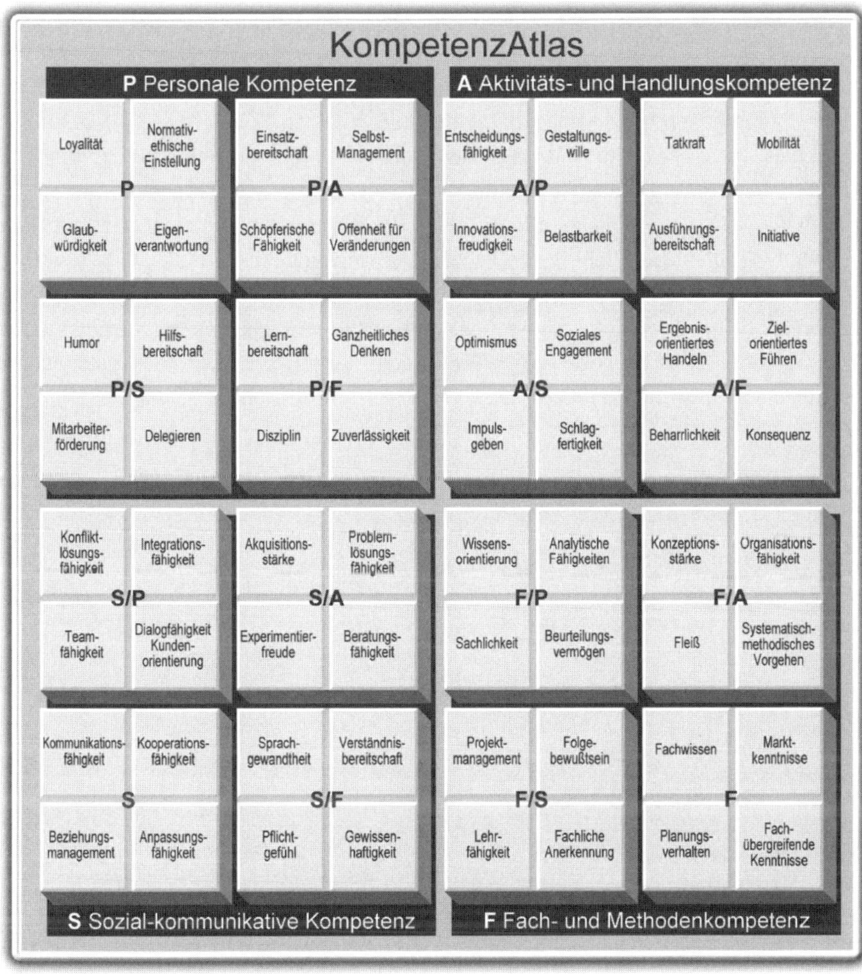

29 | Der Kompetenz-Atlas des KODE®-KODE®X-Systems

11 Bei einem Mittelwert zwischen 1,0 und 1,3 wurde die Farbe Lila gewählt. Diese zeigt eine überaus stark ausgeprägte Kompetenz an, ggf. mit einer leichten Tendenz zur Übertreibung bzw. eine Person, die nicht die gleiche Kompetenzausprägung aufweist, könnte dies als unangenehm stark ausgeprägt empfinden. Zwischen 1,31 und 1,9 wurde die Farbe Rot gewählt. Dies deutet auf eine überdurchschnittlich starke Kompetenzausprägung hin und wird als Stärke wahrgenommen. Die Farbe Grün, die eine durchschnittliche Ausprägung signalisiert, wurde für die Werte von 1,91 bis 3,39 vergeben. Das Delta ist hier das Größte, um Abweichungen klarer definieren zu können. Die vierte Farbe, Gelb, zeigt eine schwache, unterdurchschnittliche Ausprägung an. (Farbige Kompetenzprofile zur Ansicht können unter www.saphir-kompetenz.de eingesehen werden.)

4.4 ERGEBNISSE

In der Auswertung wurden für die Antworten der jeweiligen Expertengruppe ein Mittelwert gebildet und so die Kompetenzen des jeweiligen Talent-Typus in einen Kompetenz-Atlas überführt. Ein erstes Ergebnis war, dass es nur wenige einschneidende Unterschiede beider Expertengruppen gibt bezüglich der Bewertung der Kompetenzen des jeweiligen Talent-Typus. Daher wurden die beiden Kompetenz-Atlanten des jeweiligen Talent-Typus übereinandergelegt und zu einem einzigen Atlanten verschmolzen. Innerhalb der wenigen Bereiche, wo grundlegende Unterschiede festgestellt werden konnten, sind die Diskrepanzen farblich unterschiedlich dargestellt. Im linken unteren Bereich eines Quadranten ist die Ansicht der Gruppe Wirtschaft dargestellt. Gegenüber im rechten oberen Bereich befindet sich die Einschätzung der Gruppe der Wissenschaftler. Weist ein Feld nur eine Farbe auf, bedeutet dies, dass sich die Ansichten beider Expertengruppen decken.

UNTERNEHMER

Auf Basis der Auswertung und der entwickelten Skala ergibt sich für den Talent-Typen Unternehmer folgendes Kompetenzprofil.

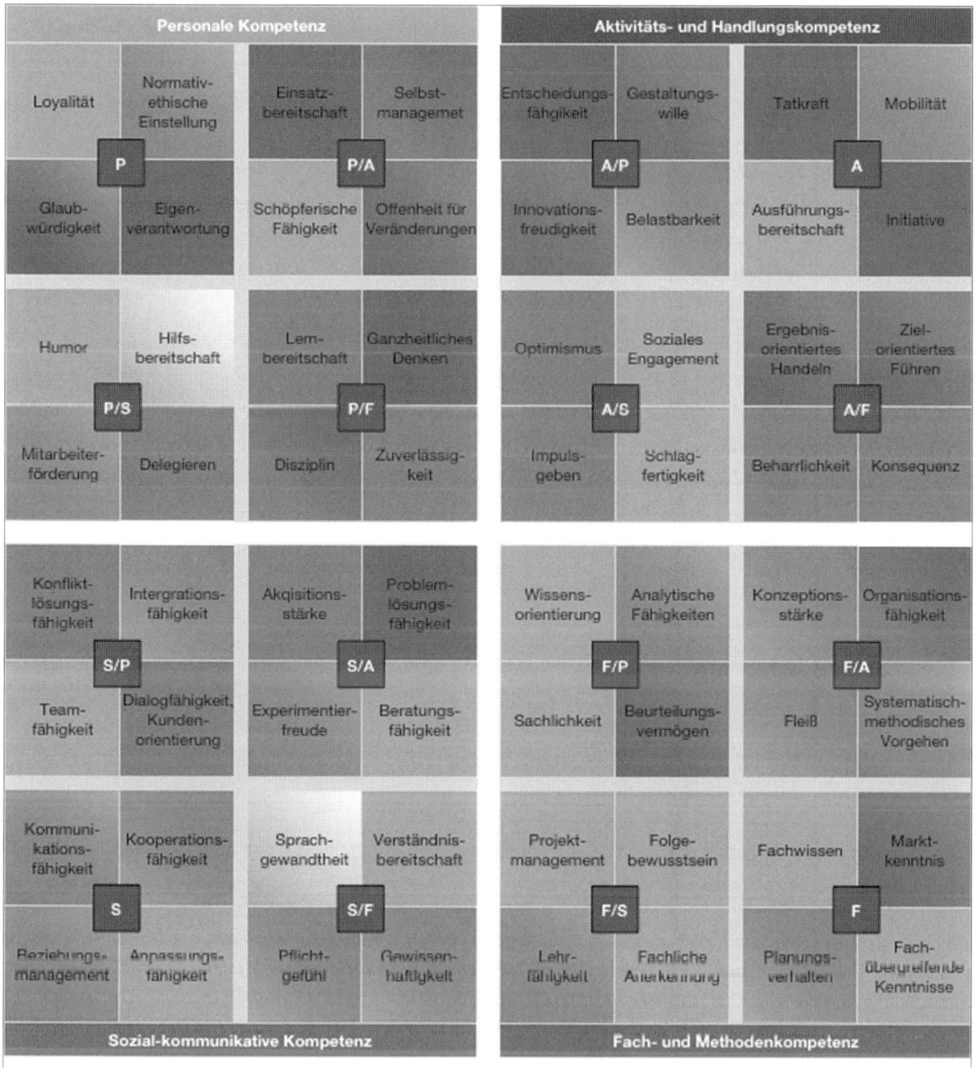

30 | Kompetenzprofil des Talent-Typen Unternehmer (www.saphir-kompetenz.de)

Auffallend ist die Kombination aus einem A/P bzw. P/S Kompetenzprofil. Nach Interpretation des KODE® werden solche Personen als »Begeisterer« bzw. als »Initiatoren« wahrgenommen. Wir sprechen also hier von begeisternden Initiatoren oder initiativen Begeisterern.

Besonders ausgeprägt sind die Kompetenzen Tatkraft, Entscheidungsfähigkeit, Akquisitionsstärke, Problemlösungsfähigkeit und Beurteilungsvermögen. Dies bedeutet, dass sich eine Person, die dem Talent-Typ »Unternehmer« zuzuordnen ist, mit großem Eifer allen Tätigkeiten auch in schwierigen Situationen widmet. Er nimmt unterschiedliche Handlungsmöglichkeiten aktiv wahr, erkennt Alternativen und kann kreativ Ziele setzten und diese auch erreichen. Dennoch ist er auch fähig, sich auf das Wesentliche zu konzentrieren, und sein Team in seine Entscheidungen durch eine offene Kommunikation zu integrieren. Er erkennt die Kundenbedürfnisse, kann diese analysieren und auf den Punkt bringen, um so spezifische Lösungsvorschläge zu erarbeiten.

Als Schwachpunkte weist er einen Mangel an Hilfsbereitschaft und Sprachgewandtheit auf. Dies bedeutet, dass der Talent-Typ Unternehmer in Konkurrenz- oder Wettbewerbssituation die Bedürfnisse anderer vernachlässigt, um so seine Ziele zu erreichen. Zudem tendiert er dazu, sich in Auseinandersetzungen oder Diskussionen nicht den Standpunkt des Gegenübers zu akzeptieren oder zu überdenken. Er vermag daher nicht mit eigenen sprachlich überzeugenden Vorschlägen Beziehungen zu knüpfen und auf das Sprachniveau des Gegenübers einzugehen. Dagegen kann er aber seine Mitarbeiter motivieren und zielorientiert führen, da diese Position und Situation nicht von einer Konkurrenz- oder Wettbewerbssituation geprägt ist.

WISSENSCHAFTLER

Das Profil des Wissenschaftlers weist eine klare P/F Prägung auf. Nach Interpretation des KODE® wird eine solche Person als »Verantwortliche/r« bezeichnet. Herausragende Kompetenzen sind Wissensorientierung und Experimentierfreude. Weniger ausgeprägt sind die Eigenschaften Humor, Schlagfertigkeit und Akquisitionsstärke.

Der Talent-Typ Wissenschaftler ist also eine Person, die kontinuierlich nach Möglichkeiten sucht, das Wissen zu erweitern und geht selbstbewusst mit dem Wissen im Kontakt mit anderen Personen um. Um das Wissen zu erweitern geht diese Person offen auf konfliktträchtige Problemsituationen – auch im zwischenmenschlichen Bereich – zu und meistert diese durch die Erprobung neuer Gestaltungsmöglichkeiten und mit großer Phantasie.

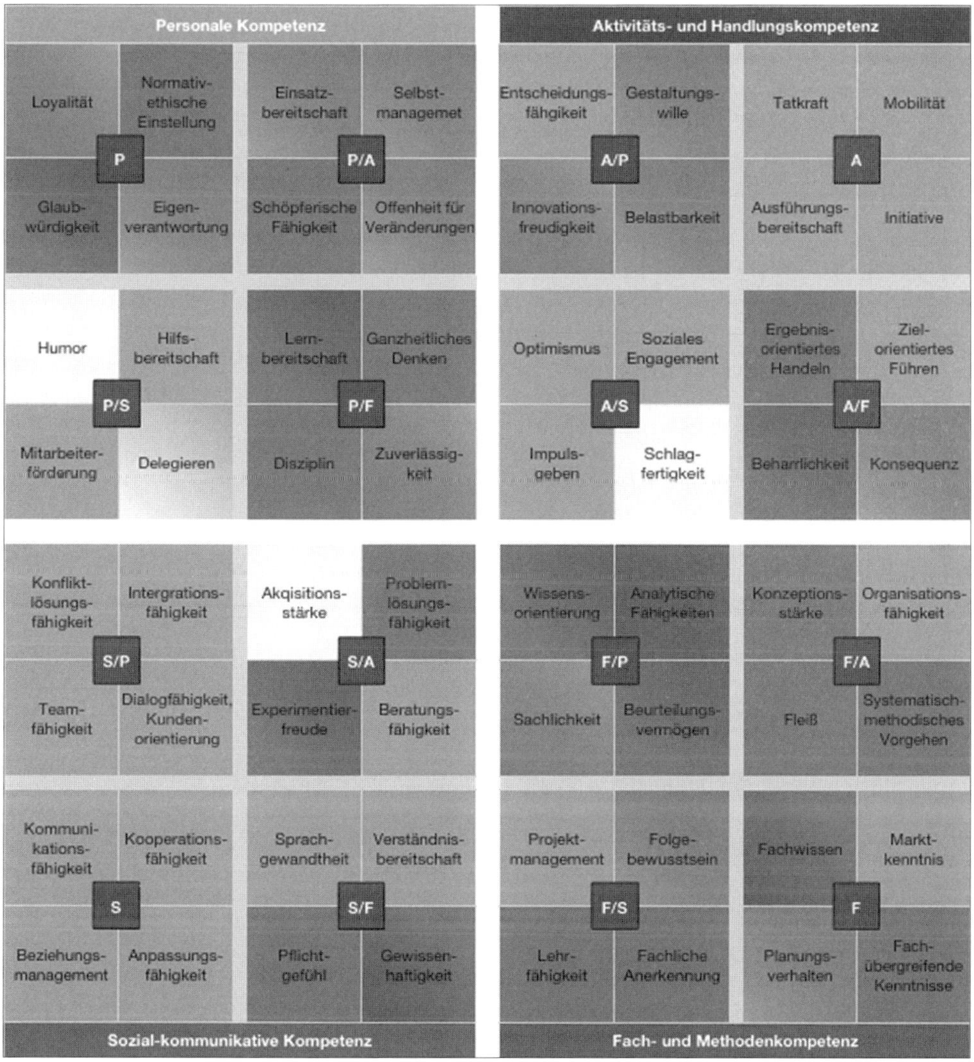

31 | Kompetenzprofil des Talent-Typen Wissenschaftler (www.saphir-kompetenz.de)

Dagegen liegt diesem Talent-Typen das Anwerben neuer Kunden bzw. Mitarbeitern nicht, da er andere nicht bedrängen möchte. Die unterdurchschnittliche Akquisitionsstärke kann auch in Verbindung mit einem mangelnden Humor stehen, da der Wissenschaftler es nur schwer vermag schwierigen Situationen eine komische Seite abzugewinnen und diese dadurch zu entschärfen. Vermutlich steht dahinter die Meinung, er würde nicht als seriös empfunden, wenn er diese Situation mit allzu großem Humor und auch Schlagfertigkeit angehe.

Der Talent-Typ Wissenschaftler eignet sich vor allem für neue, schwierig zu lösende Problemstellungen, bei denen er zwar auch in zwischenmenschlichen Kontakt treten muss, seine Ergebnisse aber vor allem mit seinem Fachwissen, seiner analytischen Fähigkeiten und seiner Beharrlichkeit erreicht. Er arbeitet sehr genau und wird erst eine Aufgabe als beendet betrachten, wenn sie in seinen Augen perfekt bearbeitet wurde. Dabei besteht gegebenenfalls die Gefahr, dass sich der Wissenschaftler zu sehr ins Detail verliert, Arbeitspakete nicht delegieren und somit in Verzug kommt. Er ist selbstbewusst, diszipliniert, kreativ und konsequent.

Der Wissenschaftler verlangt gewisse Freiheiten in seiner Arbeitsweise und ist möglichst mit Zielen zu führen. Er selbst strebt eine Karriere in einem Unternehmen nicht bewusst an und möchte nicht unbedingt Personalverantwortung übernehmen.

LÄSSIGES GENIE

Das lässige Genie weist eine ausgewogene Verteilung der Kompetenzen auf. Seine Stärken liegen vor allem in seiner Kommunikationsfähigkeit, Optimismus, schöpferische Fähigkeit und seiner Offenheit für Veränderungen. Weniger ausgeprägt sind die Kompetenzen Gewissenhaftigkeit, Disziplin, Einsatzbereitschaft und zielorientiertes Führen.

Das lässige Genie ist folglich eine Person, die die Welt mit neugierigen Augen betrachtet, Informationen und Neuerungen mit anderen diskutiert, diese mit bestehenden Erfahrungen und Wissen verknüpft und daraus Innovationen entwickeln kann. Dennoch ist diese Person schnell gelangweilt, wenn deren Kompetenzen unterschätzt werden, was sich über Langeweile hinaus sogar in Demotivation äußern kann. Folglich sinken die Einsatzbereitschaft, die Ausdauer und die gewissenhafte Bearbeitung der Aufgaben. Das lässige Genie eignet sich sehr für das Erfinden und Vorantreiben von Innovationen, aber nicht für die konsequente Bearbeitung der Details. Im zwischenmenschlichen Umgang ist das lässige Genie meist eine angenehme Person, wenn auch zuweilen etwas schwierig, da sie genau weiß, was sie nicht will (dies aber nicht unbedingt kommuniziert).

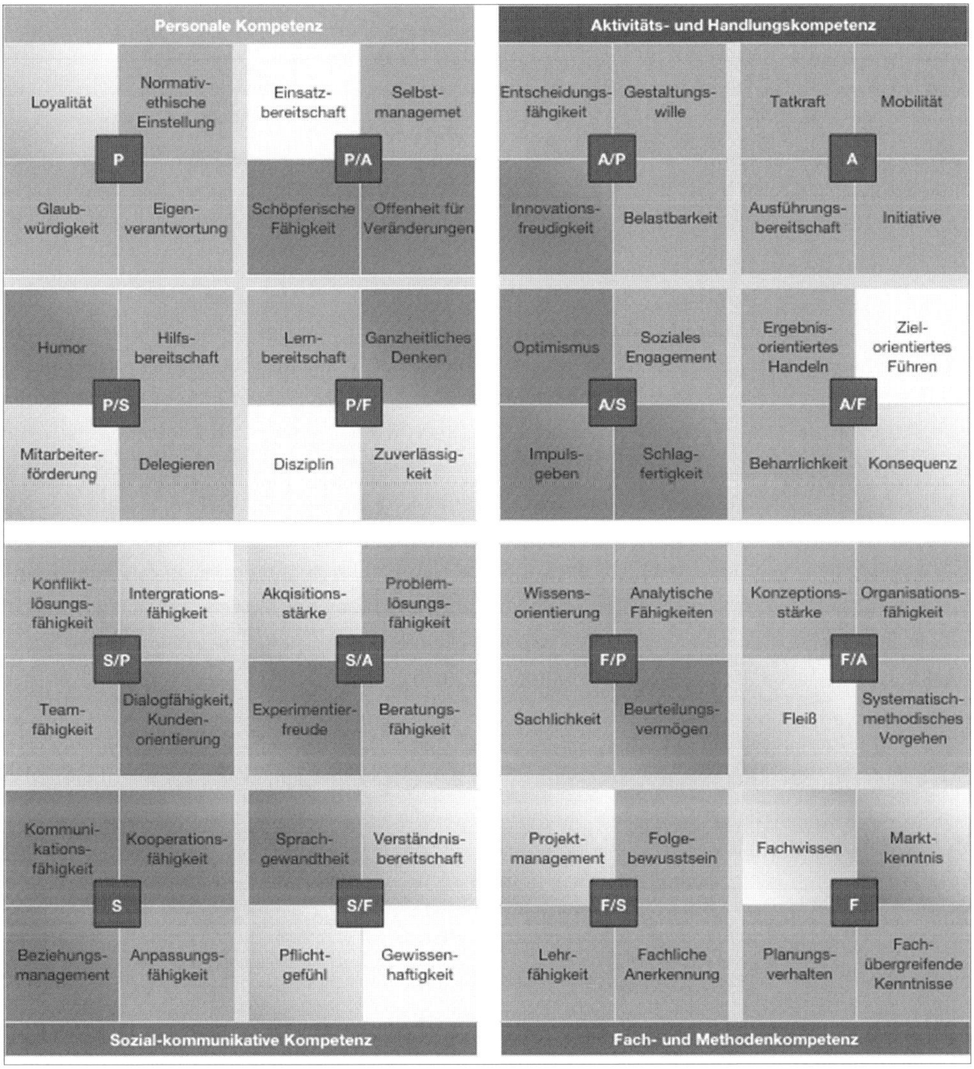

32 | Kompetenzprofil des Talent Typen Lässiges Genie (www.saphir-kompetenz.de)

Dieser Talent-Typ ist auf den ersten Blick nur schwer zu erkennen, was dazu führen kann, dass er verkannt wird. Einsetzbar ist er in sämtlichen Bereichen, so lange er nicht zu sehr durch standardisierte Prozesse eingeschränkt wird und er seiner Kreativität freien Lauf lassen kann. Er sollte mit Zielen geführt werden, wobei eine konsequente Führung nicht fehlen darf. Diese Person strebt nicht unbedingt eine Karriere an, sondern ist zufrieden mit einem erfüllenden Arbeitsverhältnis.

4.5 FAZIT

Auch und gerade bei jenen Menschen, die Talente heißen, gilt der berühmte Satz von C.G. Jung, wonach jeder Mensch eine Ausnahme von der Regel ist. Es gibt keine einheitliche Definition jener Menschen, die heute als »Talente« bezeichnet werden. Auch eine etwas differenziertere Annäherung an den Begriff »Talente«, wie sie weiter vorne beschrieben ist, ist nur ein sehr grobes Verfahren, das einem solch hauchfeinen Gebilde wie der menschlichen Persönlichkeit allenfalls annäherungsweise gerecht wird.

Aller Bedenken gegenüber modellhaften Rastern bewusst: Es scheint, dass jene Menschen, die Talente heißen, sich v. a. dadurch von anderen Menschen unterscheiden, dass sie bestimmte Situationen aufgrund ihrer Kompetenzverteilung besonders gut meistern können. So schreiben die Befragten dem Unternehmer eine hohe personale Kompetenz zu in Kombination mit einer sehr hohen aktivitätsbezogenen Kompetenz. Den Wissenschaftlern wird eine hohe Fach- und Methodenkompetenz zugerechnet. Die Gemeinsamkeit zwischen beiden Talent-Typen scheint, dass beide über eine ausgeprägte personale Kompetenz verfügen. Die Kompetenzverteilung beim lässigen Genie ist ausgewogen. Dieser Talent-Typ hat die Begabung, allen Situationen und Aufgaben gewachsen zu sein, da er in allen Kompetenzbereichen durchschnittlich aufgestellt ist – mit einem leichten Hang in eine überdurchschnittliche Ausprägung. Die Besonderheit dieses Talent-Typs ist, dass er kaum Schwachstellen aufweist.

Stütz man sich nun auf die vier übergeordneten Kompetenzen nach Erpenbeck, scheint ein vierter Talent-Typ, der »Kommunikator«, noch keine Beachtung gefunden zu haben. Dieser weist neben der personalen vor allem eine stark ausgeprägte sozial-kommunikative Kompetenz auf. Solche Talente könnten in Bereichen eingesetzt werden, bei denen es vor allem auf Gespür für das Zwischenmenschliche ankommt, wie beispielsweise in der Personalabteilung eines Unternehmens, der Position eines Mediators, im Umgang mit Hochbegabten, etc.

5 AUSBLICK

Angesichts der immensen Bedeutung des War for Talents wird die SIBE zum einen weiterhin spezifische und neue Aspekte dieses Phänomens – gewissermaßen ausgewählte und neu entfachte Kriegsschauplätze – analysieren und dokumentieren. Daneben wird die SIBE in Zukunft turnusmäßig eine größere, zentrale Untersuchung durchführen. Das Forschungsdesign dieser regelmäßig stattfindenden Untersuchung wird dabei so angelegt sein, dass sowohl der Status Quo wie auch die Entwicklung Deutschlands im War for Talents festgestellt und festgehalten werden können.

ANHANG

LITERATUR

CHAMBERS, E. u.a. (1998): The War for Talent. In: The McKinsey Quarterly 3 (1998).

ERPENBECK, J. (2010): Interkulturelle Kompetenz ohne interkulturelle Kompetenzen? In: Faix, W.G. / Auer, M. (Hrsg.): Talent. Kompetenz. Management. Global. Lokal. Band 2. Berlin, S. 269–302.

ERPENBECK, J. (2007): KODE® Handbuch Kompetenzmessung. Stuttgart.

ERPENBECK, J. / FAIX, W.G. / KEIM, S. (2010): Der Poffenberger-KODE®X – Die Entwicklung des Kompetenzmessverfahren KODE®X an der School of International Business and Entrepreneurship (SIBE). In: Faix, W.G. / Auer, M. (Hrsg.): Talent. Kompetenz. Management. Global. Lokal. Band 2. Berlin, S. 401–435.

ERPENBECK, J. / HEYSE, V. / MAX, H. (2004): Kompetenzen erkennen, bilanzieren und entwickeln. New York, München, Berlin.

ERPENBECK, J. / HEYSE, V. / MAX, H. (2007a): Kompetenz-Management. Methoden, Vorgehen, KODE®, KODE®X im Praxistest. New York, München, Berlin.

ERPENBECK, J. / HEYSE, V. / MAX, H. (2007b): Die Kompetenzbiografie. Wege der Kompetenzentwicklung. Münster.

ERPENBECK, J. / ROSENSTIEL L. VON (Hrsg.) (2003). Handbuch Kompetenzmessung. Stuttgart.

ERPENBECK, J. / ROSENSTIEL L. VON (Hrsg.) (2007): Handbuch Kompetenzmessung, 2. Auflage. Stuttgart.

ERPENBECK, J. (2009): Was »sind« Kompetenzen? In: Faix, W.G. / Auer, M. (Hrsg.): Talent. Kompetenz. Management. Band 1. Berlin, S. 79–135.

FAIX, W.G. / SCHULTEN, A. / AUER, M. (2009): Das Projekt-Kompetenz-Studium der Steinbeis-Hochschule Berlin. In: Faix, W.G. / Auer, M. (Hrsg.): Talent. Kompetenz. Management. Band 1. Berlin, S. 137–174.

FAIX, W.G. / MERGENTHALER, J. (2009): War for Talents. In: Faix, W.G. / Auer, M. (Hrsg.): Talent. Kompetenz. Management. Band 1. Berlin, S. 13–77.

FAIX, W.G. / MERGENTHALER, J. (2010a): Über die Kraft der schöpferischen Zerstörung. Die Rahmenbedingungen des unternehmerischen Erfolgs heute. In: Faix, W.G. / Auer, M. (Hrsg.): Talent. Kompetenz. Management. Global. Lokal. Band 2. Berlin, S. 11–102.

FAIX, W.G. / MERGENTHALER (2010b): Die schöpferische Kraft der Bildung. Über Innovation, Unternehmertum, Persönlichkeit und Bildung. Berlin.

FAIX, W.G. / SCHULTEN, A. / AUER, M. (2009): Das Projekt-Kompetenz-Studium der Steinbeis-Hochschule Berlin (SHB). In: Faix, W.G. / Auer, M. (Hrsg.): Talent. Kompetenz. Management. Band 1. Berlin, S. 137–174.

FALCK, O. / KIPAR, S. / WÖSSMANN, L. (2008): Humankapital und Innovationstätigkeit von Unternehmen. Erste deskriptive Befunde neuer Fragen im ifo Innovationstest. http://www.cesifo-group.de/pls/guest/download/ifo%20Schnelldienst/ifo%20Schnelldienst%202008/ifosd_2008_7_2.pdf

FRANKE N. (1999): High-Potentials. Conjointanalytische Identifikation und empirisches Realbild zukünftiger kaufmännischer Führungseliten. In: Zeitschrift für Betriebswirtschaft, Vol. 69 (8–9), S. 889–911.

HEYSE, V. (2010): Verfahren zur Kompetenzermittlung und Kompetenzentwicklung. KODE® im Praxistest. In: Heyse, V. / Erpenbeck, J. / Ortmann, S. (Hrsg.): Grundstrukturen menschlicher Kompetenz. Praxiserprobte Konzepte und Instrumente. Münster, S. 55–99.

IBM (2010): IBM Global CEO Study. Unternehmensführung in einer komplexen Welt. Gesamtausgabe. http://www-935.ibm.com/services/de/ceo/ceostudy2010/

ABBILDUNGEN

WERNER G. FAIX | JENS MERGENTHALER

DAS STUDIUM (ZU) EINER SCHÖPFERISCHEN PERSÖNLICHKEIT

ÜBER DIE SCHOOL OF INTERNATIONAL BUSINESS AND ENTREPRENEURSHIP (SIBE) DER STEINBEIS-HOCHSCHULE BERLIN (SHB)

INHALT

EINLEITUNG

Innovation, Bildung, Unternehmertum und Persönlichkeit – diese großen Begriffe mittels eines Studiums in eine fruchtbare Verbindung zu bringen, ist die Mission der School of International Business and Entrepreneurship (SIBE) der Steinbeis-Hochschule Berlin (SHB). Der Name der SIBE zeigt an, dass sich diese Institution unter dem Dach einer weiteren Institution, der SHB, befindet. Die SHB wiederum befindet sich unter dem Dach der Steinbeis-Stiftung für Wirtschaftsförderung (StW). Zum besseren Verständnisses der Organisation, aber auch des Studienmodells der SIBE soll vorab kurz auf die SHB und die StW eingegangen sein.

1 ÜBER DIE STEINBEIS-STIFTUNG

In der zweiten Hälfte des 19. Jahrhunderts begründet Ferdinand von Steinbeis (1807–1893) eine moderne Gewerbeförderung in Württemberg. Nicht zuletzt seiner schon damals als fortschrittlich geltenden Wirtschaftsförderungspolitik ist es so zu verdanken, dass in dem rohstoffknappen und armen Württemberg eine Industriestruktur entsteht.

1 | Ferdinand von Steinbeis (1807–1893)

Im Jahr 1848 wird er zum Leiter der Zentralstelle für Handel und Gewerbe berufen, dem späteren Landesgewerbeamt; in den Jahren 1855 bis 1880 ist er deren Präsident. Als Inhaber dieser Stellen kann Steinbeis seine damals revolutionären Ideen durchsetzen: Er installiert einen »Technologietransfer über Köpfe«: Steinbeis holt ausländische Fachkräfte aus Großbritannien und Irland nach Württemberg und schickt fähige Ingenieure (z. B. Gottlieb Daimler) in diese Länder. Alle Maßnahmen dienen dem Ziel, die dort erfolgreich eingesetzten Techniken und Methoden für die heimische Wirtschaft nutzbar zu machen. Verwirklicht wird dies, indem das neue Wissen und die neuen Fähigkeiten in einzelnen Unternehmen des Königreichs Württemberg erprobt und der gesamten Wirtschaft über Lehrwerkstätten nach dem dualen Prinzip zugänglich gemacht werden.

Den so resultierenden Produktionsverbesserungen folgen qualitativ hochwertige und konkurrenzfähige Produkte. Um deren Absatzmärkte zu erweitern, veranlasst Steinbeis, die Produkte an internationalen Ausstellungen zu präsentieren, Zolltarife zu reformieren und die Württembergische Handelsgesellschaft zu gründen. Diese und weitere[1] Aktivitäten bringen Steinbeis nach seinem Tod die Bezeichnung eines »Architekten einer modernen Gewerbeförderung«.[2] Als Anerkennung für seine Arbeit wird er in den Adelsstand erhoben. (Vgl. Alberti 2007 und 2008)

1.1 ÜBER DIE STEINBEIS-STIFTUNG FÜR WIRTSCHAFTSFÖRDERUNG (STW)

Bereits im Jahr 1873 gründet Ferdinand von Steinbeis die »Steinbeis-Stiftung«: Als Ergänzung zu den von ihm bereits gegründeten Gewerbeschulen soll durch diese Stiftung die gewerbliche Ausbildung und Unterstützung der Jugend gefördert werden und zwar nach dem Prinzip der »dualen Ausbildung«. Steinbeis ist überzeugt: Ganzheitliche und nachhaltige berufliche Bildung vollzieht sich erst und nur in der systematischen Verzahnung von theoretischem Wissen und praktischem Können. Die Mittel zur Finanzierung der Stiftung werden Steinbeis von namhaften Industriellen zur Verfügung gestellt. Die Erträge der Stiftung werden zum großen Teil zur Förderung der gewerblichen Fortbildung verwendet.

Durch die Inflation in den 1920ern schrumpft das Kapital der von Steinbeis geschaffenen Stiftung so sehr, dass die Stiftung 1923 ihre Tätigkeit weitgehend beenden muss. Im Jahr 1971 wird die Stiftung schließlich formal aufgelöst, um Verwechslungen mit der neuen Stiftung gleichen Namens auszuschließen.

Die Idee hinter der Gründung der neuen Stiftung: Im verschärften Wettbewerb – hervorgerufen durch die im ersten Teil dieser Arbeit genannten Megatrends – müssen produzierende als auch Dienstleistungs-Unternehmen auf Veränderungen des Marktes möglichst rasch reagieren, Produkte/Dienstleistungen her- bzw. bereitstellen, die sich zum einen durch Alleinstellungsmerkmale auszeichnen und zum anderen möglichst effizient entwickelt, produziert, vertrieben werden sowie eine hohe Wertschöpfung erzielen. Auch der Staat müsse der Wirtschaft hierbei Hilfestellung leisten u. a. eben durch den von Ferdinand von Steinbeis entwickelten »Transfer über Köpfe«:

> *Das Bonmot von Johann Wolfgang von Goethe »Es ist nicht genug, zu wissen, man muss auch anwenden; es ist nicht genug, zu wollen, man muss auch tun« beschreibt trefflich das heutige Kernproblem des Wissens- und Technologietransfers. Insbesondere Forschungsergebnisse und Neuerungen von staatlich finanzierten Wissensbasen – Universitäten, Hochschulen und Forschungseinrichtungen – zeitnah in marktfähige Produkte und Dienstleistungen umzusetzen, ist nach wie vor ein Problem, […]. (Friedrichs 2008: 9)*

Zur Lösung des Problems wurde durch das Land Baden-Württemberg[3] eine Institution geschaffen, durch die ein fortlaufender Transfer in beide Richtungen ermöglich wird.: Einerseits soll das Wissens- und Erfahrungspotenzial, das v.a. durch die Lehrenden und Forschenden in Universitäten, Hochschulen und Forschungseinrichtungen entsteht und wirtschaftlich oftmals ungenutzt bleibt, Unternehmen zur Verfügung gestellt werden – sowohl mittelbar über die Qualifizierung von Mitarbeitern oder unmittelbar über konkrete Problemlösungen (Beratung, Analyse, Entwicklung). Andererseits sollen aus der Praxis neue Impulse in Forschung und Lehre hinein gegeben werden und so ein laufender Transfer bzw. Dialog zwischen Wirtschaft und Wissenschaft entstehen. Nicht zuletzt wegen einer zu erwartenden größeren Flexibilität sollen diese Aufgabe des Wissens- und Technologietransfers nicht in die Organisation einer staatlichen, der Lehre dienenden Einrichtung, sondern in eine unabhängige Stiftung eingebunden sein. Die Steinbeis-Stiftung für Wirtschaftsförderung (StW) wird gegründet.

---

1 Darüber hinaus lässt er ein Musterlager mit verschiedenartigen Materialien, Werkzeugen, Gewebemustern etc. anlegen, damit inländische Gewerbetreibende ausländische Erzeugnisse und ausländische Interessenten Muster inländischer Produkte kennen lernen können.

2 Wichtige Personen der württembergischen Wirtschaftsgeschichte (allen voran Gottlieb Daimler) und namhafte Firmen (Rund- und Strickmaschinen-Nadelfabrik Th. Groz [Ebingen], Württembergische Metallwarenfabrik [Geislingen], Maschinenfabrik Schuler [Göppingen], Gebr. Märklin & Cie. [Göppingen], Matthias Hohner [Trossingen], Magirus Deutz [Ulm], Werkzeugfabrik C. & F. Fein [Stuttgart], Maschinenfabrik Voith [Heidenheim]) verdanken ihren Erfolg auch der Unterstützung von Steinbeis.

3 Die neue Steinbeis-Stiftung für Wirtschaftsförderung (StW) entsteht nach einer Idee des baden-württembergischen Ministerialdirektors Herbert Hochstetter, eine zentrale Dienstleistungseinrichtung für die mittelständische Wirtschaft zu etablieren. Hochstetter kennt aus seiner früheren Verantwortung im baden-württembergischen Kultusministerium die hervorragende Qualifikation der mit hohem Kostenaufwand ausgestatteten Ingenieur- und Höheren Fachschulen im Land. Nach seinem Wechsel ins Wirtschaftsministerium 1967 will er deren ausgezeichnetes Fachwissen neben der Lehre auch den kleinen und mittleren Unternehmen des Landes zur Verfügung stellen und dadurch vorhandenes Potenzial mehrfach nutzen. Dazu sollen als neue Form der Wirtschaftsförderung Technische Beratungsdienste an den Ingenieurschulen eingerichtet werden. Träger dieser Initiative solle nicht der Staat, sondern eine unabhängige Stiftung sein – mit Ferdinand von Steinbeis als Namenspatron. Bereits 1969 werden auf Anregung des Wirtschaftsministeriums an fünf Ingenieurschulen des Landes versuchsweise Technische Beratungsdienste (TBD) eingerichtet. Auf Grund der positiven Resonanz in der Industrie werden bis 1971 weitere sieben TBD eingerichtet. Die Trägerschaft der TBD solle nicht in die Ingenieur-/Fachhochschulen eingegliedert werden. Gewisse Fragen des Nebentätigkeitsrechts wären sonst nicht zu lösen. Zudem verspricht man sich eine größere Flexibilität, wenn die Dienste nicht in die Organisation einer staatlichen, der Lehre dienenden Einrichtung eingebunden sind. Deshalb erfolgt die Eingliederung aller TBD in die Steinbeis-Stiftung am 1. Januar 1972. (Vgl. Friedrichs 2008: 62f.)

Ursprünglich ist die StW technologisch ausgerichtet.[4] Der Markt verlangt jedoch seit Ende der 1980er-Jahre zunehmend Lösungen, die über technologische hinausgehen. Die StW reagiert hierauf, indem sie ab Anfang der 1990er ihren Zweck ausweitet: der Zweck des Technologietransfers wird ergänzt durch den des Wissenstransfers. Anders ausgedrückt: Die StW sieht ihren Zweck nicht mehr allein darin, technologische Innovationen zu befördern, sondern alle Arten von Innovationen, die im ersten Teil dieser Arbeit nach Schumpeter unterschieden werden, d. h.:

- Entwicklung und Einführung eines neuen Produkts und Entwicklung und Bereitstellung einer neuen Dienstleistung
- Entwicklung und Einführung neuer Produktionsmethoden und Entwicklung und Einführung neuer Geschäftsprozesse
- Erschließung neuer Absatzmärkte
- Erschließung neuer Einkaufsmärkte
- Entwicklung und Einführung neuer Organisationsstrukturen

Die StW hat sich seit ihrer Gründung fortlaufend weiterentwickelt: Organisatorisch durch den immer weiter wachsenden Verbund unter dem Dach der Stiftung; inhaltlich durch die deutlichere Differenzierung in die Bereiche

So unterschiedlich die Bereiche mehr oder minder erscheinen mögen, spiegelt sich doch in ihnen allen der Zweck der StW wider: Wissens- und Technologietransfer, die Vernetzung von Wissenschaft und Wirtschaft und die Umsetzung von Innovationspotenzial in die Praxis. (Vgl. Friedrichs 2008: 5)

2 | Portfolio der Bereiche der Steinbeis Stiftung für Wirtschaftsförderung

1.2 ÜBER DEN FORMALEN AUFBAU DES SYSTEMS »STEINBEIS«

Im Jahr 1983 wird Johann Löhn zugleich zum Regierungsbeauftragten für Technologietransfer des Landes Baden-Württemberg bestellt und zum Vorsitzenden des Vorstands der StW ernannt.

3 | Johann Löhn

Durch den von Löhn in folgenden Jahren initiierten Neuaufbau der Stiftung sowie den Restrukturierungen, weist die StW heute folgende Gestalt auf: (Vgl. im Folgenden Friedrichs 2008: 44f.) Die Stiftung selbst verfolgt nach wie vor ausschließlich und unmittelbar gemeinnützige Zwecke. Die Erträge aus dem Stiftungskapital fließen in den Bereich des ideellen Technologietransfers – Vorträge, Publikationen etc. Zum Zweckbetrieb der Stiftung zählen im Wesentlichen nur noch Projekte im Bereich des konkreten Wissenstransfers. Zum wirtschaftlichen Geschäftsbetrieb der Steinbeis-Stiftung gehören nur die Beteiligungsverwaltung und in geringem Umfang auch Projekte des vorwettbewerblichen Transfers. Die Stiftung ist die alleinige Kommanditistin der Steinbeis GmbH & Co. KG für Technologietransfer (StC) sowie Alleingesellschafterin der Steinbeis Verwaltungs-GmbH (StG), die die persönliche Haftung und die Geschäftsführung für die StC übernimmt. Über die StC wickelt die Stiftung die wirtschaftlichen Transferaktivitäten ab. Geschäftszweck des Unternehmens ist der Technologie- und Wissenstransfer. Im Wesentlichen erfolgt dieser über

4 In einem auch die StW betreffenden Ministerratsbeschluss zur Bildung einer »Forschungskommission Baden-Württemberg« von 1982 ist so noch ausschließlich von »Technologietransfer« die Rede: »Der Technologietransfer soll dazu führen, technisches Wissen und Können aus Hochschulen, Forschungseinrichtungen und technologieorientierten Unternehmen potenziellen Anwendern, insbesondere aus dem bearbeitenden Gewerbe, so zugänglich zu machen, dass es dort in möglichst großem Umfang, möglichst rasch und möglichst kreativ in neue Produkte und Produktionsverfahren umgesetzt wird, mit deren Hilfe ein Wettbewerbsvorsprung erreicht werden kann.« (Aus dem Ministerratsbeschluss vom 17.5.1982 zur Bildung einer »Forschungskommission Baden-Württemberg«, zititert in Friedrichs 2008: 26)

Projekte, daneben auch über die Herstellung und den Vertrieb von eigenen Produkten, soweit diese auf Entwicklungen der Stiftung oder Unternehmen basieren, an denen die Stiftung mittelbar oder unmittelbar beteiligt ist. Ferner zählen Unternehmensberatung und Aufgaben zur Steuerung der Beteiligungsgesellschaften zum Geschäftszweck der StC. Die Steinbeis-Mitarbeiter gehören bis auf wenige Stiftungsmitarbeiter alle zur StC.

Durch die Neustrukturierung stehen der »neuen« StW mit ihren Gesellschaften größere Spielräume und Möglichkeiten zur Entwicklung und Entfaltung neuer Unternehmungen zur Verfügung. Die ursprüngliche StW verkörpert jetzt als Holding mit ihrer Gemeinnützigkeit nach wie vor Goodwill und Solidität. Die StC repräsentiert ein privat- und erwerbswirtschaftlich tätiges Dienstleistungsunternehmen – insbesondere auch gegenüber Kunden und Wettbewerbern. Sie besitzt zudem die Möglichkeit, Tochterfirmen zu gründen, beispielsweise als Ausgründungen aus den Transferzentren zur Vermarktung von selbstentwickelten Produkten oder als technologieorientierte Existenzgründung bzw. -festigung.

4 | Die Organisation der StW (vereinfachte Darstellung)

1.3 ÜBER DIE STRUKTURGEBENDEN PRINZIPIEN DES STEINBEIS-SYSTEMS

Basis der Entwicklung des heutigen Steinbeis-Verbunds ist zum einen die Methode des »Dezentralen Zentralmanagements« (DZM). Die dezentrale Struktur der Steinbeis-Stiftung zeigt sich in den sogenannten Steinbeis-Unternehmen (SU).[5] Die SU bilden die operativen Einheiten des Technologie- und Wissenstransfers. Im Mittelpunkt steht auch hier der »Transfer über Köpfe«: Der SU-Leiter bzw. dessen Mitarbeiter transferieren ihr Wissen bei ihren Kunden in die unternehmerische Praxis. In der Regel sind die SU-Leiter als Professor oder wissenschaftlicher Mitarbeiter an einer Wissensbasis (Universitäten, Hochschulen und Berufsakademien) hauptamtlich tätig.[6] Heute ist das Konzept des Transferunternehmers auf andere externe Wissensbasen wie Universitäten und Forschungseinrichtungen und Unternehmen aber auch auf interne Quellen wie die Steinbeis-Hochschule in und außerhalb von Baden-Württemberg sehr erfolgreich ausgeweitet worden.

Die SU sind in der Lage, Preise zu gestalten, ihre Aufträge eigenständig abzuwickeln, ihren Profit eigenverantwortlich zu erwirtschaften und mitunter sogar selbst über Investitionen und Liquidationen zu entscheiden. Die Steinbeis-Unternehmen können daher als »Unternehmen im Unternehmen« verstanden werden. Vor dem Hintergrund des Stiftungszwecks »Transfer« wird diese zweite zum DZM komplementäre Methode »Transferunternehmertum« (Auer 2007: 49f.) genannt.

> *Die operationale Kompetenz und Verantwortung liegt beim Leiter eines SU, dem Transferunternehmen. Im Steinbeis-Modell stellt der schon von Ferdinand von Steinbeis etablierte »Transfer über Köpfe« eine zentrale Rolle dar. Der SU-Leiter entscheidet in seinem SU eigenverantwortlich innerhalb des für alle SU gleichen zentralen Rahmens. Der Leiter [des SU] bestimmt in unternehmerischer Freiheit über Angebot, Kosten, Mitarbeiter und Existenz seines SU. Er entscheidet, welches Angebot, zu welchem Preis und Konditionen er dem Kunden unterbreitet. Auch die Vermarktung der Leistungen des SU sowie die Umsetzung des Wissens in Umsatz liegen in seiner Verantwortung, ebenso wie die Vereinbarungen von Honoraren, Gehältern und Abschreibungen durch Investitionen sowie die Vorsorge für die*

---

5 Ursprünglich hießen die dezentralen Einheiten innerhalb des Steinbeis-Verbunds »Transferzentren (TZ)«; heute heißen diese »Steinbeis-Transferzentren (STZ)«. Aufgrund der Erweiterung des Technologietransfers zu einem umfassenden Wissens und Technologietransfer gibt es heute auch Beratungs-, Forschungs- und Entwicklungs-, Aus- und Weiterbildungszentren. Manche dieser Zentren haben sich vertraglich eng aneinander gebunden, so dass hier von Verbünden z. B. von Steinbeis-Transfer-Instituten (STI) gesprochen wird. STZ und die anderen Zentren inklusive den Verbünden werden unter dem Überbegriff Steinbeis-Unternehmen »SU« zusammengefasst.

6 Zur Zweckerfüllung soll sich Steinbeis der vorhandenen Infrastruktur, also der Infrastruktur der Wissensbasis, bedienen. Hierzu sind Rahmenvereinbarungen erforderlich. In Baden-Württemberg beispielsweise hat die StW-Zentrale solche für ihre SU an den Wissensbasen mit dem Ministerium für Wissenschaft, Forschung und Kunst geschlossen.

nachhaltige Existenz des SU. Er tritt mit seinem SU auch im Außenverhältnis als Lieferant in die operative Beziehung mit dem Kunden. (Friedrichs 2008: 14)

Die Organisation bietet dem Transferunternehmer über das von ihm als Unternehmen im Gesamtunternehmen Steinbeis geleitete Transferzentrum den Rahmen, über den er sicher den notwendigen Umsatz als wirtschaftliche Anerkennung des umgesetzten Wissens und wesentlichen Indikator des Transfererfolges erzielen kann. Er kann als Teil des Ganzen – also des Steinbeis-Verbundes – vom Markenwert Steinbeis profitieren. Er muss jedoch auch bereit sein, dieses durch die Umsatzbeteiligung der Zentrale über die Verbundgebühr zu honorieren und durch seine gute Arbeit mit zu prägen. Eine wesentliche Aufgabe der Zentrale im Rahmen der Unternehmens- und Verbundführung ist die Wahrung und Weiterentwicklung des stabilen und sicheren zentralen Rahmens des Systems. (Ebd.: 16)

Steinbeis ermöglicht dem Transferunternehmer über das von ihm als Unternehmen im Gesamtunternehmen Steinbeis geleitete »Transferzentrum« die Organisation. Der Rahmen dieser Organisation gibt ihm auf der einen Seite rechtliche Sicherheit, auf der anderen Seite lässt er ihn auch als Teil des Ganzen von Synergien und dem Goodwill der Dachmarke Steinbeis partizipieren. (Ebd.: 6f.)

Die zentrale Struktur der Steinbeis-Stiftung zeigt sich in der Anbindung der dezentralen Einheiten an das Gesamtunternehmen Steinbeis. Diese Anbindung erfolgt zum einen formal über verschiedene Arten von Leiter- und Gesellschaftsverträgen; die Anbindung an das Gesamtunternehmen Steinbeis erfolgt zum anderen informal, indem die dezentralen Einheiten ihr Sein und Tun an gemeinsamen Steinbeis-Prinzipien (Werte, Zwecke, Ziele, Regeln und Normen) ausrichten.

Den stabilen und sicheren zentralen Rahmen des Systems bewahren und gestalten [die zentralen Steinbeis-]Einheiten. [Die zentrale Führung] basiert auf dem von [dem langjährigen Vorsitzenden des Vorstands der StW] Johann Löhn geprägten Impuls seiner [Selbstmanagement-Methode]: »Erst Werte, dann Ziele, dann Selbstdisziplin, dann Erfolg.« Nur so ist das natürliche und für Steinbeis erfolgsentscheidende positive Spannungsverhältnis »Zentral – Dezentral« mit hohem Wirkungsgrad beherrschbar. Steinbeis lebt von der flachen Hierarchie und der im Rahmen möglichen Freiheit der Transferunternehmer. Die Grenzen dieser Freiheit zentral so zu gestalten, dass sie zwar sicher vorhanden sind, jedoch als nicht einschränkend für die jeweilige unternehmerische Entwicklung empfunden werden, ist eine [der] spannenden gesamtunternehmerischen Aufgaben. (Friedrichs 2008: 6f.)

Die zentralen Einheiten, vereinfacht die Steinbeis-Zentrale, sichern und gestalten den formalen Rahmen. Im formalen Außenverhältnis ist die Zentrale mit dem Organ SU dem Kunden verantwortlich, der Leiter ist formal nur im Innenverhältnis gegenüber der Zentrale verantwortlich.

Die Zentrale erbringt auch Dienstleistungen für die SU [z. B. die klassischen Funktionen aus den Bereichen Finanz-, Rechnungs- und Personalwesen sowie Beratung und Begleitung bei der Gründung und der Leitung eines SU]. (Ebd. 15)

Es sind dabei wohl v. a. folgende Überzeugungen, weshalb sich die Steinbeis-Stiftung gemäß den beiden komplementären Methoden dezentrales Zentralmanagement und Transferunternehmertum organisiert:

1. Durch die Vielzahl und Vielfältigkeit der SU ist es möglich, flächendeckend auch kleinen und mittleren Unternehmen als Anlaufstellen zur Klärung technischer oder betriebswirtschaftlicher Fragen zur Verfügung stehen.

2. Erfolg setzt ein in die Praxis umsetzbares, an den Bedürfnissen des Marktes orientiertes Unternehmenskonzept voraus. Die SU bieten Leistungen an, die der Markt akzeptiert – stets unter der Prämisse von Nutzwert, Nachhaltigkeit und Erfolg für den Kunden. Es gehört zum Prinzip eines SU, dass es nur solange existiert, wie die Leistungen des SU auch wirtschaftlich ausreichend anerkannt werden. SU werden nicht künstlich am Leben gehalten. Es wird von niemandem verlangt, sein SU länger als gewollt offen zu halten. SU werden einfach und unbürokratisch geschlossen. Auf Basis des stabilen Erfolgsmodells ist eine ständige Erneuerung möglich und erforderlich, ohne dabei das Gesamtsystem an sich zu gefährden. (Vgl. Friedrichs 2008: 13f.)

3. Durch die beiden komplementären Methoden wird aus der großen Unübersichtlichkeit des Steinbeis-Verbunds ein »schlankes Unternehmen«:

   Der Grundgedanke schlanker Konzepte geht ja dahin, Einheiten zu schaffen, die zum einen wieder überschaubar werden und zum anderen durch Eigenverantwortlichkeit gekennzeichnet sind. Bei den teilautonomen Arbeitsgruppen liegt die gesamte Verantwortung direkt bei den Mitarbeitern, und dies kann sich – je nach Unternehmensgröße bis hin zu den teilautonomen Unternehmenseinheiten fortsetzen. Die Zielgröße dieses umfassenden Schritts lautet, Einheiten zu schaffen, die letztlich für ein Produkt/eine Produktpalette oder eine Dienstleistung/Dienstleistungspalette die volle Verantwortung tragen. […] Unter einem »unternehmerischen Dachverband« agieren die teilautonomen Unternehmenseinheiten selbständig und stehen hinsichtlich ihrer unternehmerischen Daseinsberechtigung dem wettbewerbsorientierten Markt gegenüber. (Faix, Buchwald, Wetzler 1994: 151)

Es ist genau diese Eigenverantwortung, dieses »Mitunternehmertum«, welches als endogenes Momentum das Sein wie auch das Werden des Steinbeis-Verbunds determiniert:

> *Ein Verbund ist noch lange kein Netzwerk und niemand arbeitet mit Mehrwert in einem Netzwerkknoten, wenn er nicht selbst einen Zusatznutzen davon hat. Die Gestaltung des Steinbeis-Verbundes ist und wird auch nicht auf die Schaffung eines Netzwerkes ausgerichtet. Das würde aus unterschiedlichen Gründen nicht erfolgreich sein. Ein wesentlicher Grund liegt im Erfolgsfaktor Transferunternehmer. Letztendlich geht es um seinen Erfolg, der zentral geschickt für das Ganze genutzt werden muss. Ihn interessiert zunächst weniger der Erfolg eines anderen. Er ist jedoch durchaus darauf bedacht, dass die Dachmarke Steinbeis ihm nutzen kann. Johann Löhn formulierte das Kernproblem von jeher als Chance: »Wenn wir sicherstellen, dass jeder an sich denkt, dann ist gewährleistet, dass keiner vergessen wird«. Entscheidend ist somit nicht ein gesamtes Netzwerk sondern das Entstehen von kleinen funktionierenden Netzwerken innerhalb des Verbundes. Zentrale Aufgabe ist es, passende SU zu gründen und die initialen Kontakte untereinander geeignet zu vermitteln. Passend können SU sein, die sich inhaltlich ergänzen oder unterschiedliche Regionen mit ähnlichem Inhalt bedienen. (Friedrichs 2008: 21)*

4. Analog zur Persönlichkeit eines Menschen gilt auch für die Persönlichkeit eines Unternehmens: (Vgl. im Folgenden v. a. Mergenthaler 2008) Persönlichkeit ist kein biologisches Programm, sondern ein soziales. Persönlichkeit ist niemals sich selbst überlassen – sie ist stets ein Wirbel in der gesellschaftlichen Strömung. Die Gesellschaft prägt damit das psychische Erleben und die Organisationsmuster des Bewusstseins. Je differenzierter und komplexer eine Gesellschaft ist, desto differenzierter und komplexer werden Beziehungen und Situationen, mit denen das menschliche Individuum aber auch das Unternehmen konfrontiert wird. Auf die Erhöhung der Außenkomplexität reagieren Individuen und auch Unternehmen mit einer Erhöhung der Persönlichkeits-Komplexität; die Verarbeitung des Lebens ist nur noch mit dem »zerbrochenem Kopf« (George Bataille) möglich.

> *Denn diese [Welt] passt nicht mehr in einen einzigen Kopf. Sie ist zu komplex und zu vielfältig geworden. Wer sie dennoch als eine einzige unterstellt, ist gezwungen, sie zu reduzieren und unablässig Wahrnehmungsverweigerung zu betreiben. Eine offene Weltbeziehung fordert deshalb den ›offenen Kopf‹. Was Hegel vom Herzen sagte, gilt nun auch für ihn: Man kann das Herz eines Menschen nur dadurch größer machen, dass man es zerreißt. Das Schicksal des Kopfes heißt nicht endgültig brain damage. Man kann lernen mit zerbrochenem Kopf zu leben, wie man früher mit zerbrochenem Herzen gelebt hat. Denn die Bruchstelle ›sieht‹, sie nimmt wahr, sie ›denkt‹. (Kamper 2000: 95)*

Die SU bilden gewissermaßen diese sehenden, wahrnehmenden und denkenden Bruchstellen, die überall dort aufreißen, wo der Markt eine Gelegenheit bietet und sich gleich wieder schließen, sobald die Gelegenheit wieder vorbei ist.

1.4 ÜBER DAS ARBEITS-PARADIGMA DES STEINBEIS-SYSTEMS

Zur Anwendung der Methoden »Dezentrales Zentralmanagement« und »Transferunternehmertum« bedarf es einer Arbeitsorganisation, dessen tragende Säulen Selbstorganisation und Eigenverantwortlichkeit sind. (Vgl. Faix/Kurz/Wichert 1995: 14f.) »Jeder ist Generaldirektor von sich selbst«, ist jenes von Johann Löhn geäußerte Bonmot, welches das Arbeits-Paradigma des Steinbeis-Verbunds treffend zusammenfasst. Dieses Paradigma bedeutet, dass jeder Mitarbeiter gemäß dem Leitsatz »dies ist mein Unternehmen« selbstorganisiert agiert. Das Gegenteil von selbstorganisiertem und eigenverantwortlichem Handeln besteht darin, Konkretheit in Form von vorgegebenen Lösungswegen abzuarbeiten. (Vgl. Erpenbeck, Sauter 2007b). Selbstorganisiertes und eigenverantwortliches Handeln ist daher ein Handeln, welches initiiert und geleitet wird durch Abstraktheit und zwar in Form von unternehmens- bzw. organisationsgemeinsamen Zwecken und Werten. Oder anders gesagt: »Erst Werte, dann [Zwecke und] Ziele, dann Selbstdisziplin, dann Erfolg.« So lautet der von Johann Löhn geprägte Impuls seiner Selbstmanagement-Methode (»Löhn-Methode«), den er als Matrize für die Neugestaltung der StW heranzog und der bis heute alle Unternehmen und Unternehmungen im Verbund prägt.

Zweck[7] (lat. finis, gr. telos) nennt man eine vorgestellte und begehrte Wirkung oder wie Kant sagt: ein Zweck ist der von einem Subjekt vorgestellte und begehrte »Grund der Wirklichkeit [eines] Objektes«. (Kant, Kritik der Urteilskraft: 89) Man unterscheidet beim Zweck zwischen den beiden komplementären Vorgängen Zwecksetzung und Zweckverwirklichung: Zu einer Zwecksetzung gehört folgende Dreiheit:

7 Das mittelhochdeutsche »zwec« bedeutet soviel als Nagel aus Holz oder Eisen, dann Nagel im Mittelpunkt der Zielscheibe und schließlich Zielpunkt, Ziel.
Der Zweckbegriff ist nur unter Voraussetzung einer Intelligenz möglich, die 1. sich eine Wirkung vorstellt und begehrt, die 2. wähnt die Kausalität zu kennen, die zu dieser Wirkung führt und die 3. auf irgendeine Weise die Kausalität in Gang setzt. Der Zweckbegriff ist somit abhängig davon, dass ein Ich 1. sich angesichts eines Ist-Zustands A einen hiervon anderen Soll-Zustand B vorstellt, 2. dieses Ich den von ihm vorgestellten Soll Zustand B auch erreichen will, 3. dieses Ich auch wähnt, was die Ursache dafür ist, dass die Überführung von A nach B gelingt und 4. dieses Ich auch in irgendeiner Weise dafür verantwortlich ist (z. B. selbst ausführt, delegiert), dass die Ursache für die Überführung von A nach B ausgelöst wird.

1. die Vorstellung einer Wirkung, 2. der Wunsch, diese Vorstellung einer Wirkung zu realisieren, 3. die Vorstellung einer Ursache (des Mittels), welche zu dieser Realisation führt. Zu einer Zweckverwirklichung gehört diese Dreiheit: 1. die Idee einer Wirkung, 2. die Auslösung einer Ursache (Mittel), 3. der Eintritt einer Wirkung (verwirklichter Zweck).[8]

Zwecke sind ihrerseits keine Schaffung aus dem Nichts, sondern entstehen aus dem Zusammenspiel von Werten, das sind nach Max Weber die allerersten »Weichensteller« des Denkens und Handelns, welche die Bahnen bestimmen, »in denen die Dynamik der Interessen das Handeln fortbewegte.« (Weber 1988/I: 252)

Der vollständige Kausalnexus lautet nunmehr: Zwecke sind die allererste Konkretisierung von Werten, sind der erste Schritt hin zur Verwirklichung von vorgestellten und erwünschten wertvollen »Weltbildern«. Wer nun den Zweck begehrt, muss die Ursache in Gang setzen, die Mittel heißt, weil sie zwischen Zweck und Wirkung liegt. Der Zweck geht jedoch der Auswahl der Mittel voran, erst das Begehren des Zweckes verursacht das Begehren des Mittels. Das Mittel verursacht das begehrte Objekt. Das Objekt endlich verursacht die Empfindung der Befriedigung.

Der Zusammenhang zur StW ergibt sich aus folgender Darstellung:

5 | unternehmerische Mittel-Zweck-Pyramide (in Anlehnung an Becker 1998)

Mit »zunehmender Konkretisierungsgrad« ist gemeint: Das formulierte vorgestellte und erwünschte Objekt der jeweils untergeordneten Stufe leitet sich unmittelbar ab aus jenem vorgestellten und erwünschten Objekt der jeweils übergeordneten Stufe. Die Inhalte der jeweiligen Stufen, d. h. das vorgestellte und erwünschte Objekt werden so, je tiefer man die Pyramide hinabsteigt, wortwörtlich immer mehr auf den Boden der Tatsachen gebracht. Die erste, dabei jedoch abstrakteste Konkretisierung findet sich dabei auf der Stufe der Unternehmenszwecke: Werte sind die allerersten Weichensteller des Denkens und Handelns; Unternehmenszwecke bilden den allerersten Schienenabschnitt, in welchem sich das Denken und Handeln tatsächlich bewegen. Mit »Mittel-Zweck-Beziehung« ist gemeint: Jede jeweils untergeordnete Stufe ist das unmittelbare Mittel bzw. Ursache zur Zweckverwirklichung jenes Objekts, das auf der jeweils übergeordneten Stufe vorgestellt und erwünscht worden ist. Die Verwirklichung aller Elemente, die in der Grafik mit dem Begriff »Ziele« verbunden sind, dient somit letztlich der Verwirklichung der Zwecke der Stiftung, welcher wiederum der Verwirklichung der Werte der Stiftung dient.

8 Der Zweck heißt auch »Finalursache« (causa finalis), weil er die Ursache ist, dass man die Mittel will. In der Managementlehre hat sich hierbei der Begriff »Mission« etabliert. Insofern bezeichnet der Zweck das (vorläufig) erste Element innerhalb einer Kausalreihe. Ein Zweck ist in Beziehung zu einem anderen, höheren (wichtigeren, umfassenderen) selbst nur Mittel; der abschließende Zweck einer Handlungsreihe, das, worauf alle Mittel gerichtet sind, ist der (relative) »Endzweck«. In der Managementlehre steht hierfür der Begriff »Vision«.
Im religiösen Kontext bedeutet Mission Sendungsauftrag. Mission bezeichnet in der vorliegenden Arbeit die grundsätzlich vom Unternehmen zu verfolgenden Aufgaben. Die Mission definiert, warum das Unternehmen überhaupt existiert. Eine Mission beantwortet dabei u. a. folgende Fragen: Woher kommt das Unternehmen, wo sind die Wurzeln? Welche Tradition hat das Unternehmen? Wie ist die geschichtliche Entwicklung? Was ist die originäre Aufgabe des Unternehmens? Was ist der Sinn der unternehmerischen Tätigkeiten? Was macht das Unternehmen erfolgreich? Welches sind die Kernkompetenzen?
Im religiösen Kontext ist eine Vision ein zumeist von einem höheren Wesen bei einem Menschen initialisierter Zustand, während dem der Mensch ein zukünftiges dabei zumeist drohendes oder verheißendes Sosein sieht. Vision beschreibt in der vorliegenden Arbeit die Vorstellung davon, was die Zukunft des Unternehmens sein soll. Sie definiert, wozu das Unternehmen überhaupt existiert? Die Vision ist ein vorgestellter und erwünschter Soll-Zustand des Unternehmens, welcher weit in der Zukunft liegt, aber dennoch realistisch und erreichbar erscheint, d. h. trotz des phantastischen Charakters weder Utopie noch Wahn ist. So ist die Vision eine »die Unternehmensgeschichte tragende Idee im Spannungsfeld zwischen Wollen und Realität« (Bleicher 2004: 109), welche u. a. folgende Fragen beantwortet: Wie und wo sieht die Unternehmensführung das (vorläufige) Endziel des Unternehmens? Was soll das Unternehmen erreichen, was und wie soll es sein? Im Fall von inhabergeführten Unternehmen stellt sich v. a. die Frage: Was soll das Unternehmen sein, wenn ich nicht mehr bin, was ist mein Vermächtnis?

1.5 ÜBER DIE WERTE, ZWECKE UND ZIELE DES STEINBEIS-SYSTEMS

In der Steinbeis-Stiftung werden die Grundwerte Vertrauen, Toleranz, Nachhaltigkeit, Konsequenz und die Gewährleistung von Freiräumen zur persönlichen Entwicklung der Steinbeis-Mitarbeiter als allgemein gültige Entscheidungskriterien verstanden. (Friedrichs 2008: 24)

Die Steinbeis-Stiftung und all ihre Teile wollen in der Wissensgesellschaft eine zentrale Rolle spielen, wollen diese Gesellschaft mitgestalten. Der von den obigen Werten abgeleitete Zweck der Steinbeis-Stiftung, das Verständnis über ihren ersten und letzten Grund allen Handelns und Seins lautet daher: »Die Stiftung hat den Zweck, der gesamten Wirtschaft des Landes wissenschaftliche Erkenntnisse [...] zur Verfügung zu stellen.« (StW 1983: §2, 1) Anders gesagt, lautet der Zweck der Stiftung: Wissens- und Technologietransfer.[9]

> *Was verstehen wir unter dem zugegeben abstrakten Begriff des Wissens- und Technologietransfers? Ursprünglich wurde unter Technologietransfer lediglich das Zusammenbringen von Wissenschaft und Wirtschaft mit dem Ziel der konkreten Anwendung einer vorhandenen Technologie verstanden. Heute muss der Begriff weiter gefasst werden, da sich sowohl das Wissen schaffen, die Halbwertszeit von Wissen als auch der Charakter von Technologien und Anwendungen verändert haben.*
>
> *Der klassische Technologietransfer muss um ergänzende Dienstleistungen erweitert werden und der Wissenstransfer auch in Hinblick auf die Notwendigkeit des lebenslangen Lernens mit einer neuen Rolle hervorgehoben werden. In einem Satz: Effiziente und effektive Anwendung von vorhandenem oder neu geschaffenem Wissen über einen Mehrwert schaffenden, eigenständigen Dienstleistungsprozess in konkreter Projektarbeit, die auf Forschung und Entwicklung, Beratung sowie Aus- und Weiterbildung basiert. (Friedrichs 2008: 6)*[10]
>
> *Der uns eigene marktnahe und konkrete Wissens- und Technologietransfer prägt den Steinbeis-Verbund. Unsere Zentren ermöglichen den Kunden den für den Erfolg entscheidenden direkten Zugang zu vorhandenem aber auch neu generiertem Wissen. Wir fördern so ein effektives und effizientes Zusammenwirken von wissenschaftlichen Einrichtungen und Wirtschaft, in dem wir Wissens- und Technologiequellen streng nach den Spielregeln der Märkte verfügbar machen. (StW 2009)*

Kurzum: Der Zweck der Steinbeis-Stiftung ist die Übertragung wissenschaftlichen Wissens in unternehmerische Sinnbereiche und Zusammenhänge vor allem zur Bewältigung neuer unternehmerischer Situationen. Speziell durch die Gründung der Steinbeis-Hochschule erfolgt der Wissenstransfer nunmehr in zwei Richtungen: wissenschaftliches Theoriewissen soll unternehmerische Wirklichkeit werden (z. B. durch das Projekt-Kompetenz-Studium; siehe weiter unten) und unternehmerisches Praxiswissen soll in den wissenschaftlichen Diskurs einfließen (z. B. durch die Projekt-Kompetenz-Promotion).

Von dem Zweck »Transfer« werden die Stiftungsziele (Ziele der StW) abgeleitet. Hierbei kann unterschieden werden zwischen abstrakten und konkreten Stiftungszielen. Abstrakte Stiftungsziele sind: Selbstbestimmung in finanzieller wie inhaltlicher Hinsicht, Erwartungen übertreffen und Nutzen stiften.[11]

> *Steinbeis strebt nach Selbstbestimmung, in finanzieller wie inhaltlicher Hinsicht. Ersteres erreichen wir durch unternehmerisches Handeln, das die Eigenfinanzierung unserer Vorhaben sicher stellt. Fachliche/Inhaltliche Unabhängigkeit heißt für uns, mit einem Verbund aus qualifizierten Köpfen zusammenarbeiten zu können. Steinbeis fordert und fördert seine Mitarbeiter und stellt so sicher, aktuelles Wissen auf nahezu allen Technologie- und Managementfeldern immer abrufbar zu haben.*
>
> *Vorsprung heißt für uns, in sämtlichen Bereichen die Erwartungen zu übertreffen und insbesondere in technologischer Hinsicht Trends und Innovationen frühzeitiger als der Markt zu erkennen und umzusetzen. Dafür greifen wir auf relevante und kompetente Quellen vom Hochschulbereich über Privatwirtschaft bis hin zu Politik und öffentlicher Hand zu. Durch die Zusammenarbeit mit diesen Quellen forcieren unsere qualifizierten Mitarbeiter umfassende Exzellenz in Technologien und Management. Diese Exzellenz und damit unseren Vorsprung messen wir an der Nachfrage unserer Produkte.*
>
> *Unter Nutzen als [...] zentralem Unternehmensziel verstehen wir den Mehrwert, den die Arbeit von Steinbeis bietet. Nutzen soll sich auf sämtliche Bereiche erstrecken und sich sämtlichen Zielgruppen eröffnen. Unsere Kunden erhalten Zugang zu aktuellem Wissen und Kompetenzen, die ihnen aus verschiedenen Gründen bisher verschlossen blieben. Unsere Quellen und unsere Mitarbeiter profitieren beidseitig durch die Zusammenarbeit und die Ergänzung des eigenen Wissens. Dadurch stellen wir den Ausbau und die Aufrechterhaltung der Exzellenz in unserer Arbeit sicher. Dieser Mehrwert spiegelt sich nicht zuletzt in der Qualität unserer Produkte wider.(Friedrichs 2008: 24f.)*

9 Der Begriff Transfer bedeutet umgangssprachlich das Transportieren einer Ware oder eines Gegenstandes von Ort A nach Ort B, wobei nach Aschluß des Transports die Ware oder der Gegenstand nicht mehr an Ort A, sondern an Ort B ist. Beim Wissenstransfer von der Person A zur Person B dagegen ist zwar das Wissen wie ein Paket von A nach B übertragen worden; allerdings ist das Wissen bei der Person A weiterhin vorhanden.

10 Vgl. dazu auch: »Wissens- und Technologietransfer ist das zentrale Geschäftsfeld von Steinbeis. Transfer findet auf verschiedenen Ebenen statt: zwischen unseren Quellen und Mitarbeitern, aber auch zwischen einzelnen Mitarbeitern, intern im Steinbeis-Verbund wie auch mit externen Partnern. Der Erfolg unseres Transfers misst sich an der Zufriedenheit unserer Kunden und an der Qualität unserer Produkte.« (Friedrichs 2008: 24f.)

11 Im Orginal sind vier Ziele genannt, nämlich die obigen drei plus das Ziel »Transfer«. Dieses Unternehmensziel stellt aber zugleich schon den übergeordneten Unternehmenszweck.

Auf der Homepage der Stiftung finden sich folgende konkreten Stiftungsziele, welche zugleich auch Gradmesser dafür sind, inwieweit die abstrakten Stiftungsziele erreicht sind: (STW 2010)

- Forschungsergebnisse nutzen
- Transfernetz ausbauen
- Expertenwissen verfügbar machen
- Umfassende Lösungen bieten
- Vertraulichkeit gewährleisten
- Dezentral agieren
- Staatliche Aufgaben privatwirtschaftlich lösen

Von diesen Stiftungszielen wiederum werden die Ziele der einzelnen Bereiche der StW abgeleitet (Beratung, Analysen und Expertisen, Forschung und Entwicklung, Aus- und Weiterbildung):

> *Beratung: […] praxisnahe Beratungen sind ein strategisch wichtiges Einstiegsinstrument für den [Technologie- und Wissenstransfer] und seit jeher die Basisdienstleistung von Steinbeis. […] In Baden-Württemberg wurden Erstberatungen finanziell vom Land unterstützt. Heute reicht das Portfolio von der von Steinbeis selbst finanzierten Kurzberatung bis zu vom Kunden in Auftrag gegebene umfassende Unternehmens- und Projektberatungen. Die Beratungen umfassen nicht mehr nur rein technologische Fragestellungen, sie behandeln alle Themen über die gesamte Wertschöpfungskette hinweg, von der Gründerberatung bis hin zur strategischen Beratung.*
>
> *Analysen und Expertisen: In Analysen, Bewertungen und Studien werden die Potenziale aller Unternehmensbereiche durchleuchtet, Alternativen bewertet und geklärt, ob Geschäftsideen tragfähig sind und Businesspläne zum Erfolg führen. Es werden damit gezielt Impulse gesetzt, neue Wege aufgezeigt und es werden Entscheidungshilfen geboten, um Chancen richtig einzuschätzen und Risiken zu minimieren. […] Kreditinstitute, Kapitalgeber und Unternehmen nutzen den Sachverstand und die Qualität dieser Steinbeis-Dienstleistung für eine neutrale Stellungnahme, speziell wenn es um größere Kredit-Engagements oder bei Unternehmen um Beteiligungskapital geht – sei es für die Finanzierung von Innovationen oder auch zur Sicherung von Produkten, der Produktion und Arbeitsplätzen.*

Forschung und Entwicklung: Vorhandenes Wissen oder Technologien sind selten ohne weitere anwendungsorientierte Forschung und Entwicklung direkt in wirtschaftlich anerkannte Problemlösungen transferierbar. Um diese Lücke zu schließen, bedarf es eines eigenständigen Prozesses – oft auch aufgrund der unterschiedlichen Ziele und Kulturen – mit anderen Personen, die das Wissen nicht geschaffen haben. Nach wie vor bildet die Dienstleistung Forschung und Entwicklung mit die wichtigste Säule bei Steinbeis. Aber: Auch hier nicht mehr wie in den Anfängen auf die reinen Technologien beschränkt, sondern umfassend in allen Bereichen der Wertschöpfung und im Management.

Aus- und Weiterbildung: Effektiv und effizient angewandtes Wissen ist ein Schlüssel für den Erfolg von heute und morgen – eine an sich schon alte Erkenntnis. Zur Wirkung kommende, zuvor über geeignete Transferprozesse vermittelte Kompetenzen spielen hierbei eine wesentliche Rolle. Mitarbeiter in allen Unternehmen müssen unabhängig von einer Erstausbildung und unabhängig von der Größe des Unternehmens ihre Kompetenzen lebenslang weiter ausbauen. Das wiederum nicht nur auf dem Gebiet von Technologien, sondern insbesondere im sozialen wie auch im wirtschaftlichen Bereich. (Friedrichs 2008: 18f.)

Von diesen Zielen werden wiederum die Ziele der einzelnen Steinbeis-Unternehmen und deren Ziele bezüglich einzelner Unternehmungen abgleitet.

FAZIT

Die Steinbeis-Stiftung – so vielschichtig und flexibel ihre Organisation erscheinen mag – und auch all die Einheiten, aus denen sie besteht, folgen allesamt den immergleichen Prinzipien. Gleichsam wie zwei gegenübergestellte Spiegel das aufgefangene Bild (unendlich) miniaturisierend wiedergeben, spiegeln sich beispielsweise innerhalb der Steinbeis-Hochschule und selbst innerhalb der Institute, aus denen die SHB »besteht« die Prinzipien der Steinbeis-Stiftung.

Diese Prinzipien finden sich zum einen in den Werten (Vertrauen, Toleranz, Nachhaltigkeit, Konsequenz, persönlichkeitsfördernde Gestaltungsräume), dem Zweck (Wissens- und Technologietransfer) und den Zielen (Selbstbestimmung in finanzieller wie inhaltlicher Hinsicht, Erwartungen übertreffen und Nutzen stiften) der Steinbeis-Stiftung, dem Alpha und Omega, dem Grund und dem Ziel allen Sein und Tun der Steinbeis-Stiftung. Diese Prinzipien finden sich zum anderen in den Methoden bzw. »Naturgesetzen« (»Dezentrales Zentralmanagements«, »Transferunternehmertum«[12]), nach denen die Steinbeis-Stiftung organisiert ist und funktioniert.

12 Das Steinbeis-Prinzip des Transferunternehmertums lässt sich zusammengefasst so konkretisieren: 1. Internalisiere den gemeinsamen Kanon an Werte, Zwecke, Ziele, Regeln und Normen. 2. Handle auf dieser gemeinsamen Grundlage selbstorganisiert! 3. Der Kern deines selbstorganisierten Handelns soll sein die Transformation von neuem oder so noch nicht angewandten Wissen zu konkreten Antworten für neue oder so noch nicht gestellte unternehmerische Fragen! Kurzum ist das Handeln der Mitunternehmer innerhalb der Steinbeis-Welt geprägt davon eigenverantwortlich auf der Grundlage gemeinsamer Werte, Zwecke und Ziele selbstorganisiert Wissen zu schaffen und dieses selbstorganisiert Wirklichkeit werden zu lassen v. a. in Situationen, für die es keine Matrize, keinen Standard, kein Richtig oder Falsch gibt.

2 ÜBER DIE STEINBEIS-HOCHSCHULE BERLIN (SHB)

Unter dem Dach der Steinbeis-Stiftung wurde 1998 die Steinbeis-Hochschule Berlin (SHB) gegründet als eine staatlich anerkannte, private Hochschule.[13] Was die Zahl der eingeschriebenen Studenten betrifft, ist sie heute die zahlenmäßig größte private wissenschaftliche Hochschule in Deutschland. Schwerpunktmäßig konzentriert sich die Arbeit der Hochschule auf den Bereich der Nachwuchsführungskräfte. Seit 2003 besitzt die SHB den Status einer wissenschaftlichen Hochschule mit Promotionsrecht.[14]

2.1 DIE SPIEGELUNG DER STEINBEIS-PRINZIPIEN IN DER SHB

Die SHB ist ebenso wie die Steinbeis-Stiftung im Sinne des oben geschilderten Transferunternehmertums und des dezentralen Zentralmanagements organisiert. Die SHB »besteht« so zum einen aus dezentralen Steinbeis Unternehmen, die gemäß dem Profit Center- bzw. Business-Unit-Konzept agieren. Die dezentralen Steinbeis-Unternehmen – im Fall der SHB sind dies die sogenannten »Steinbeis-Transfer-Institute« (STI) – bilden somit den operativen Teil der SHB, die eigenverantwortlich und wirtschaftlich unabhängig, jedoch allesamt im Namen der SHB auftreten.

> *Die Studiengänge werden in Steinbeis-Transfer-Instituten durchgeführt, die rechtlich unselbständige Einheiten der SHB sind. Für jedes STI wird ein Direktor vom Präsidenten ernannt. Sie führen die laufenden Geschäfte der Institute und sind dabei an die Richtlinien des Präsidenten gebunden. Das STI kann zur Unterstützung der Interessen in der Öffentlichkeit sowie zur Beratung und Förderung einen Beirat bilden. (SHB-GO: §3)*

Die SHB »besteht« daher im Prinzip aus zwei Elementen: der SHB-Zentrale und den dezentralen STI. Zum einen übernimmt die SHB-Zentrale für die STI bestimmte Aufgaben wie z. B. deren externes Rechnungswesen; zum anderen überwacht die SHB-Zentrale die Einhaltung bestimmter Rahmenvorgaben durch die STI. Für die Dienste der SHB-Zentrale entrichten die STI an diese eine umsatzgebundene Verbundgebühr.

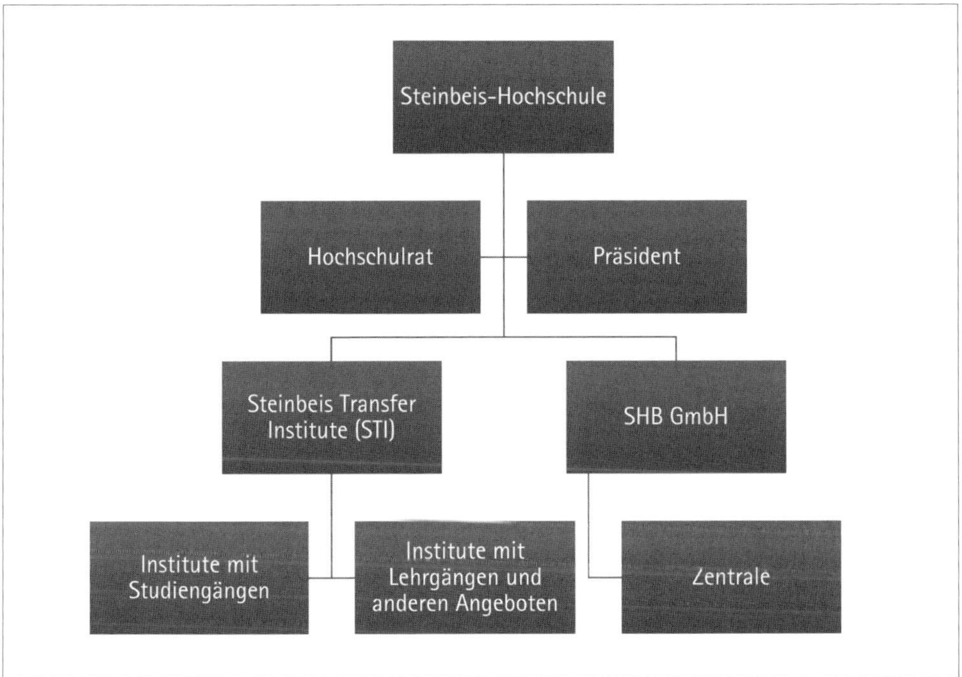

6 | Struktur der SHB

Schwerpunkte der SHB bilden Institutsverbünde – die sogenannten »Schools«[15] –, in denen jeweils mehrere STI zusammengefasst sind.[16]

---

13 In Deutschland wird für Hochschulen in privater Trägerschaft der Begriff Privathochschule bzw. private Hochschule verwendet; die Bezeichnung Universität ist in der Regel staatlichen Hochschulen vorbehalten.

14 Das Promotionsrecht wird nur in sehr seltenen Fällen an private Hochschulen vergeben; von insgesamt 83 solcher Institutionen besitzen nur zehn dieses Privileg.

15 Generell ist bei Institutionen, die zur Kategorie »Business Schools« gehören, folgendes zu beobachten: Im Unterschied zu wirtschaftswissenschaftlichen Fakultäten in Deutschland sind Business Schools (semi)autonome Hochschuleinrichtungen mit eigener Rechtsfähigkeit und Budgethoheit, auch wenn sie häufig einer Hochschule angeschlossen bleiben

16 Obschon der Sitz der Steinbeis-Hochschule in Berlin ist, befinden sich die Steinbeis-Institute über ganz Deutschland verteilt. Da die »Mutter« der SHB, die Steinbeis-Stiftung. ihre Wurzeln in Baden-Württemberg hat, verwundert es nicht, dass viele Steinbeis-Unternehmen und eben auch viele Steinbeis-Transferinstitute der SHB hier beheimatet sind.

Die Schools der SHB sind dabei:

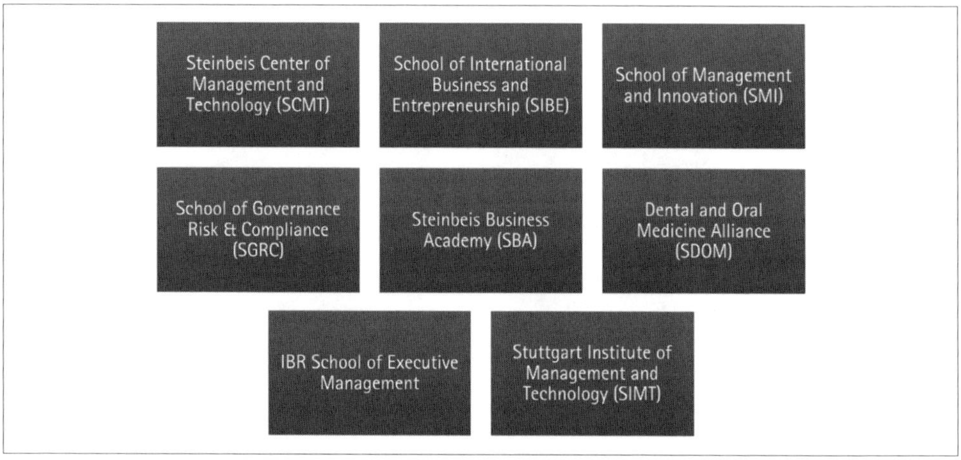

7 | Die Schools der SHB

Die SHB-Zentrale gestaltet und sichert v. a. die formalen Rahmenbedingungen, unter denen die angehörigen dezentralen Einheiten agieren. Unter dem Punkt »Philosophie« findet sich auf der SHB-Homepage diese Passage:

> *Unser Netzwerk aus über 100 Transfer-Instituten bietet ein breites Spektrum an maßgeschneiderten, spezialisierten Studien- und Lehrgängen zur praxisnahen Qualifizierung von Fach- und Führungskräften an. Im Mittelpunkt unserer Philosophie steht die Organisation der Institute als »Unternehmen im Unternehmen Hochschule«, die eigenverantwortlich agieren. (SHB 2010)*

Das Verhältnis der Institute bzw. Institutsverbünde zur Steinbeis-Stiftung und zur Steinbeis-Hochschule soll am Beispiel der School of International Business and Entrepreneurship (SIBE) dargestellt werden: Die Steinbeis-Hochschule ist ein Transferunternehmen im Verbund der Steinbeis-Stiftung. Die SIBE ist wiederum ein Transferunternehmen im Verbund der Steinbeis-Hochschule und als ein solches wie ein Profit-Center organisiert. Kurzum bedeutet das: Die SIBE ist eine wirtschaftlich selbstständige, dezentrale Einheit im Verbund der Steinbeis-Hochschule.

So wie sich die strukturellen Elemente der StW auch in der SHB widerspiegeln, zeigen sich auch die oben genannten Zwecke und Ziele der StW im Sein und Tun der SHB und allen Einheiten, aus denen sich dieser Verbund zusammensetzt. Der Zweck »Technologie- und Wissenstransfer« zeigt sich v. a. in dem Alleinstellungsmerkmal der SHB, dem sogenannten »Projekt-Kompetenz-Studium« (siehe weiter unten). Die Stiftungsziele zeigen sich hierin:

Selbstbestimmung in finanzieller wie inhaltlicher Hinsicht: Eine Besonderheit – selbst unter Privathochschulen – besteht darin, dass ausnahmslos alle Unternehmungen und Aktivitäten der SHB privatwirtschaftlich finanziert werden. Ausgehend von dieser finanziellen Unabhängigkeit resultiert auch die Freiheit, z. B. das Bildungsangebot organisatorisch wie auch inhaltlich frei zu gestalten.[17]

Erwartungen übertreffen: Aus der besonderen Finanzierungsstruktur der SHB ergibt sich zwangsläufig auch, dass die SHB bestrebt ist, die Erwartungen der »Käufer« (Unternehmen, Organisationen, Studierende etc.) ihrer Bildungsangebote zu erfüllen und gegebenenfalls, auch zu übertreffen.

Nutzen stiften: Vor dem Hintergrund des Ziels »Selbstbestimmung« und dem damit einhergehenden Prinzip der Unabhängigkeit von staatlichen Mitteln verwundert es nicht, dass sich das »Unternehmen SHB« und deren Unternehmungen, also das Sein und Tun der SHB, wenig von denen privatwirtschaftlicher Unternehmungen unterscheidet. Konkret: An der SHB und all ihren Instituten inklusive der SIBE liegt ein deutlicher Fokus auf dem Stiften von wirtschaftlichem Nutzen:

> *Ein Anspruch des Transfers ist es, dass das bereits vorhandene oder auch neu geschaffene Wissen der Wissensbasis zur Anwendung kommt. Nur die mittelbare oder unmittelbare, wirtschaftlich anerkannte Anwendung ermöglicht über einen Mittelrückfluss wiederum die Finanzierung der Schaffung neuen Wissens. (Friedrichs 2008: 10)*

Das Produkt d. h. das Leistungsangebot von Hochschulen – sowohl von staatlichen aber auch von privaten – besteht im eigentlichen Sinne aus einem komplexen Leistungsbündel aus Lehre, Forschung und damit verbundenen Leistungen. Daneben erfüllen Hochschulen in vielerlei Hinsicht gemeingesellschaftliche Aufgaben. Kurzum: Hochschulen – staatliche wie auch private – müssen ihrem Wesen nach zugleich diese Hauptziele verfolgen bzw. diesen Hauptnutzen dienen: pädagogischer Nutzen (Lehre), wissenschaftlicher Nutzen (Forschung) und sozialer, d. h. gemeingesellschaftlicher Nutzen (corporate social responsibility), Wissens- und Technologietransfer. Wirtschaftliche Ziele wie Liquidität oder Rentabilität werden dagegen als Nebenziele von Bildungseinrichtungen bezeichnet. Dem komplementären Streben der SHB nach inhaltlicher und finanzieller Souveränität ist es geschuldet, dass neben den eigentlichen Hauptzielen einer Hochschule (Forschung, Lehre, Wissens- und Technologietransfer, gemeingesellschaftliche Verantwortung) eben auch wirtschaftliche Ziele in den Mittelpunkt rücken und so eine fünfteilige Ganzheit ergeben, d. h.. Die Ganzheit SHB als eine rein privatfinanzierte Hochschule will in einem ausgewogenen Verhältnis pädagogische, wissenschaftliche, soziale Ziele sowie Wissens- und Technologietransfer, aber auch wirtschaftliche Ziele verfolgen.

17 Freilich unterliegen dabei Studiengänge, die zu einem staatlich anerkannten Abschluss führen, bestimmten staatlichen Rahmenbedingungen, die es einzuhalten gilt.

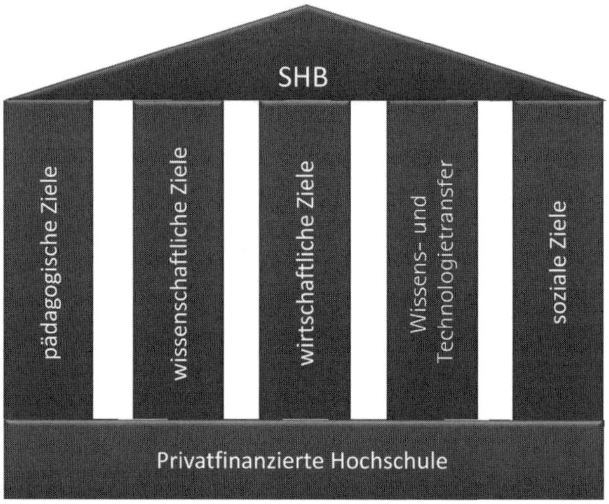

8 | Ziele der SHB/SIBE aufgrund des Status einer rein privatfinanzierten Hochschule

2.2 DAS ALLEINSTELLUNGSMERKMAL »PROJEKT-KOMPETENZ-PRINZIP«

Wie bereits angemerkt zeigt sich der Zweck »Transfer« der StW im gesamten Bildungsangebot der SHB. Im Wesentlichen geschieht dieser Transfer dadurch, dass alle Zertifikatslehrgänge, Bachelor- und Masterstudiengänge sowie die Promotion nach dem **»Projekt-Kompetenz-Prinzip«** organisiert sind. Aufgrund der qualitativen wie auch quantitativen Bedeutung von Studiengängen als Kernkompetenz von Hochschulen soll dieses Prinzip im Folgenden am Beispiel des **»Projekt-Kompetenz-Studiums«** (PKS) dargestellt werden.[18]

Das PKS wird in der Rahmenstudienordnung der SHB wie folgt beschrieben:

1. Alle Studiengänge der SHB basieren auf dem Konzept des transferorientierten Projekt-Kompetenz-Studiums (PKS). Das PKS ist die konsequente Weiterführung des dualen Ausbildungsprinzips. Integraler Bestandteil des Studiums sind transferorientierte Projekte in Unternehmen bzw. anderen Organisationen, wodurch die praxisbezogene Lehre aktuell und anwendungsrelevant durch die eigenständige Lösung technischer oder betriebswirtschaftlicher Problemstellungen ergänzt wird.

2. Das grundständige Studium soll den Studierenden die erforderlichen fachlichen Grundlagen, Methoden und Kenntnisse praxisbezogen vermitteln. Das postgraduale Studium soll die in einem Erststudium erworbene Qualifikation der Studierenden zukunftsorientiert und praxisbezogen ergänzen bzw. ausbauen und die Studierenden auf interdisziplinäre Tätigkeiten im internationalen Umfeld vorbereiten. Die erforderlichen Kenntnisse, Fähigkeiten und Methoden werden so vermittelt, dass die Studierenden zu disziplinenübergreifender wissenschaftlicher, problemlösungsorientierter Arbeit und zu verantwortungsbewusstem wissenschaftlichen und wirtschaftlichen Handeln und zur Wahrnehmung entsprechender Leitungsaufgaben in einem demokratischen und sozialen Rechtsstaat befähigt sind.

3. Praxisbezogene Lehre, transferorientierte Projektarbeit und Betreuung der Studierenden kennzeichnen das Studium. Zur Unterstützung des Transfers steht u. a. das gesamte Netzwerk der Steinbeis-Stiftung zur Verfügung. (SHB RSO: §2)

Während in der traditionellen hochschulischen Ausbildung zwei Protagonisten – Hochschule und Student – miteinander agieren, findet das Projekt Kompetenz-Studium im Zusammenspiel dreier Protagonisten statt:[19] Hochschule, Student und Unternehmen. Im Zentrum aller SHB-Studiengänge steht ein Projekt, das durch den Studenten während seines Studiums in Zusammenarbeit mit einem Unternehmen bzw. einer Organisation realisiert wird: »Das Studium setzt [...] ein von der SHB zugelassenes Projekt der Studierenden in den Unternehmen bzw. sonstigen Organisation[20] der Studierenden voraus.« (SHB RSO: § 3,5) In der Regel erhalten die Studierenden für die Arbeit am Projekt ein Gehalt und das Studium wird vom Unternehmen finanziert.

Konkret bedeutet das: Jeder SHB-Student ist während seines gesamten Studiums parallel in einem Betrieb beschäftigt: »Das Studium setzt die Tätigkeit bzw. zumindest ein Praktikum in einem Unternehmen bzw. einer sonstigen Organisation während der gesamten Dauer des Studiums voraus.« (SHB RSO: § 3,4) Der projektgebende Betrieb bezahlt dem Studierenden in der Regel ein Gehalt und kommt ebenso in der Regel für die Kosten des Studiums auf (Studien-, Verwaltungsgebühren etc.). Für den jeweiligen Betrieb definiert der Student ein Projekt, mit dem er sich während des Studiums fortlaufend befasst. (SHB RSO: § 4,3) Der Fokus der Projekte ist dabei so vielfältig wie die Herausforderungen der Unternehmen: Innovative Wachstumsstrategien, Kostenoptimierung, Restrukturierung, neue Führungssysteme, die Erschließung neuer

18 Das Bildungsportfolio der SHB reicht vom Zertifikatslehrgang, über Bachelor- und Masterstudiengängen mit staatlich anerkannten Abschlüssen bis hin zur Möglichkeit nach dem Projekt Kompetenz-Konzept zu promovieren

19 Dementsprechend werden zur Aufnahme des Studiums in der Regel drei Verträge geschlossen: die Steinbeis-Hochschule mit dem projektgebenden Unternehmen (Programmvereinbarung), die Steinbeis-Hochschule mit dem Studierenden (Studienvertrag), das projektgebende Unternehmen mit dem Studierenden (Anstellungs-/Praktikantenvertrag).

20 Non Profit Organisation, öffentlichen Verwaltung u. Ä.

Zielgruppen, Entwicklung neuer Produkte etc. Die Projektarbeit wird in den so genannten Projektstudienarbeiten sowie der abschließenden Thesis dokumentiert. Die wissenschaftliche Reflexion und schriftliche Ausarbeitung der Lösung und aktiven Bewältigung einer unternehmensrelevanten Projektaufgabenstellung bildet dabei in der Regel den Schwerpunkt bei den Leistungsnachweisen, die während des Studiums erbracht werden müssen.[21]

In den Studiengängen der SHB entwickeln die Studierenden gleich zu Beginn des jeweiligen Curriculums und in Kooperation mit Unternehmen Projekte, die sie direkt vor Ort realisieren, das heißt: im jeweils projektgebenden Unternehmen, unter Anwendung der in den Theoriephasen vermittelten Inhalte. Idealtypisch besteht das Projekt-Kompetenz-Studium zur einen Hälfte aus einem Theorie- und zur anderen Hälfte aus einem Projekt-Teil. Der Anteil der Seminare im Theorie-Teil beträgt 50 Prozent, das Selbststudium nimmt ebenso 50 Prozent ein. Der Projekt-Teil untergliedert sich zu 50 Prozent in direkte Projektarbeit und zu 50 Prozent in Projektdokumentation.

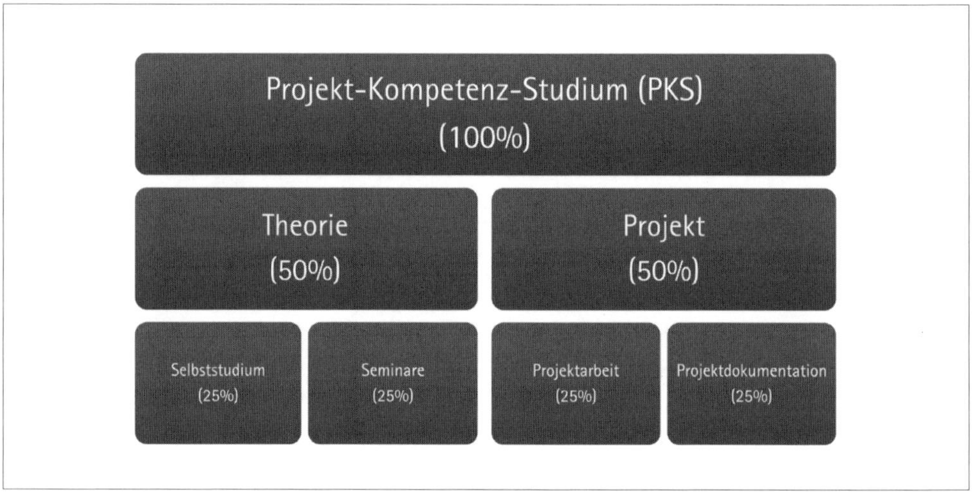

9 | Idealtypische Theorie-Praxis/Projekt-Allokation des PKS

Die Studien- bzw. Unternehmensprojekte bilden so mögliche Vertiefungsrichtungen innerhalb der Studiengänge und stellen daher sicher, dass über die gesamte Studiendauer die individuellen Interessen und Ziele des Studierenden konsequent verfolgt und gefördert werden. Vor allem aber bilden die Projekte jene integralen Transferinstrumente zwischen Theorie und Praxis: Die Projekte stellen während des Studiums sicher, dass die Studierenden das zunächst noch fachallgemeine, wissenschaftlich fundierte Wissen in Handlungen innerhalb einer ganz spezifischen unternehmerischen Umwelt transferieren. Es ist genau dieses aktive Momentum des Transferierens und des begleitenden und/oder nachfolgenden Reflektierens, durch welches schließlich Kompetenzen entwickelt werden.

Zusammengefasst wird das PKS durch folgende Kernelemente gebildet:

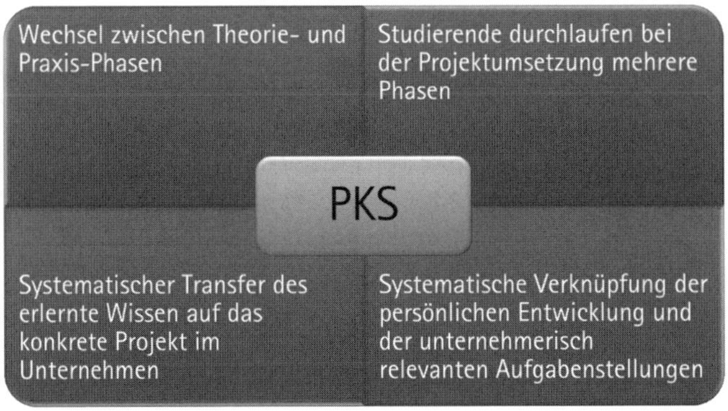

10 | Kernelemente des PKS

Wie bereits in der Rahmenstudienordnung der SHB weiter oben kurz angedeutet, steht das Projekt-Kompetenz-Studium (PKS) in der Tradition der dualen Bildung in Deutschland. Hervozuheben ist hierbei, dass an der SHB das Prinzip der dualen Bildung über den Bachelorbereich, d. h. über den Bereich grundständiger Studiengänge erweitert worden ist und auch die Masterstudiengänge und das Promotionsstudium nach diesem Prinzip organisiert sind.

Während der Begriff »dual« in der beruflichen Ausbildung sehr trennscharf verwendet wird, ist »dual« im tertiären System ein Sammelbegriff für höchst verschiedenartige Bildungskonzeptionen geworden. Die Analyse der Bund-Länder-Konferenz »Perspektiven für die duale Bildung im tertiären Bereich« sieht duale Studiengänge v. a. durch Folgendes charakterisiert: (Vgl. im Folgenden BLK 2003: 11f.)

- Neben dem Lernort Hochschule (bei Berufsakademien: Studienakademie) existiert im Rahmen des Studiums der Lernort Betrieb als systematisches Element.
- Am Lernort Betrieb wird im Rahmen von Arbeitsprozessen gelernt.
- Der Studierende und der Betrieb sind vertraglich gebunden (Arbeits-/Ausbildungsvertrag).
- Es besteht eine Kooperationsvereinbarung (Vertrag) zwischen dem Betrieb und der Hochschule/Berufsakademie. Diese Vereinbarung regelt mindestens die Arrangements hin sichtlich der Koordination der Lernphasen im Betrieb bzw. der Hochschule sowie die Zulassung zum Studium bzw. zur Hochschule.

21 Arten der Leistungsnachweise: Klausuren, mündliche Prüfungen, Präsentationen, Referate, Cases (Fallstudien), schriftliche Ausarbeitungen (Studien-, Transfer-, Projektstudienarbeit, Transferdokumentation und -report, Thesis), Projektarbeit, Abschlussprüfung. (SHB RPO §3,1)

Neben diesen eher formalen Elementen ist es jedoch v. a. der Aspekt der Dualität,[22] durch welche die Grundkonzeption und Idee der dualen Studiengänge vollständig erfasst werden kann, d. h.: (Vgl. im Folgenden Konegen-Grenier, Werner 2001: 9)

- Die Ausbildungs- oder Berufspraxis in einem Betrieb ist formal wie curricular systematisch verzahnt mit einem grundständigen Hochschulstudium, d. h. das Theorie- und das Praxislernen sind planvoll miteinander verwoben.
- Zwischen den Bildungspartnern Unternehmen und Hochschule findet eine Kooperation statt, die eine von allen Partnern getragene Betreuung der Studierenden beinhaltet.

Nach der Charakteristik dualer Studiengänge können folgende Formen unterschieden werden: (Vgl. im Folgenden BLK 2003: 12f.)

1. Ausbildungsintegrierende duale Studiengänge verbinden das Studium mit einer Ausbildung in einem anerkannten Ausbildungsberuf. Dabei werden die Studienphasen und die Berufsausbildung sowohl zeitlich als auch inhaltlich miteinander verzahnt. Der Berufsschulunterricht wird entweder gestrafft oder teilweise auch komplett durch die Hochschule mit abgedeckt. Es wird also neben dem Studienabschluss noch ein zweiter anerkannter Abschluss, ein Abschluss in einem Ausbildungsberuf erworben.

2. Praxisintegrierende duale Studiengänge verbinden das Studium mit längeren Praxisphasen im Unternehmen oder einer beruflichen Teilzeittätigkeit. Diese Praxisphasen bzw. die Teilzeittätigkeit wird entweder tageweise oder in längeren Blöcken absolviert. Zwischen den Lehrveranstaltungen an der Hochschule und der praktischen Ausbildung besteht ein inhaltlicher Bezug. Zu diesen Studiengängen gehören u. a. die Angebote der Berufsakademien nach baden-württembergischem Modell sowie die Studiengänge der verwaltungsinternen Fachhochschulen.

3. Berufsintegrierende duale Studiengänge werden mit einer beruflichen Tätigkeit kombiniert, wobei zwischen dieser und dem Studium ein wechselseitiger inhaltlicher Bezug besteht.

Das PKS ist nach diesen Vorgaben ein »berufsintegriertes duales Studium«: Neben dem Lernort Steinbeis-Hochschule existiert im Rahmen des Studiums der Lernort des projektgebenden Betriebs als systematisches Element. Am Lernort projektgebender Betrieb wird im Rahmen von Arbeitsprozessen gelernt. Dieser Lernprozess findet dabei v. a. in der Projektarbeit, aber auch in der operativen Arbeit (»Tagesgeschäft«) statt. Der Studierende und der Betrieb sind vertraglich durch einen Arbeitsvertrag gebunden. Es besteht eine Kooperationsvereinbarung (Dienstleistungsvertrag) zwischen dem projektgebenden Betrieb und der Steinbeis-Hochschule, welche u. a. die Koordination der Lernphasen im Betrieb bzw. der Hochschule sowie die Zulassung zum Studium regelt. Die Berufspraxis im projektgebenden Betrieb ist formal wie curricular systematisch verzahnt mit dem Hochschulstudium, indem in den Seminarphasen das für die jeweilige Projektphase relevante methodische und theoretische Wissen vermittelt wird. Die beiden Bildungspartner projektgebender Betrieb und Steinbeis-Hochschule kooperieren, um die Studierenden während ihres Studiums zu betreuen.

Das Curriculum der Hochschule und die Phasen des Projekts im Unternehmen sind eng aufeinander abgestimmt: »Neben der auf einer Projekt-Spezifikation basierenden, betreuten, fortlaufenden und permanenten Projektbearbeitung besuchen die Studierenden Intensivmodul-Einheiten der SHB. In diesen Modulen werden die grundlegenden und aktuellen wissenschaftlichen Erkenntnisse praxisrelevant »transferiert«. (SHB RSO: §4,4) Hierdurch wird ein unmittelbarer Wissenstransfer ermöglicht und damit ein Lernen beim sowie am eigenen Tun. Anders gesagt: Die im Seminar erlernten wissenschaftlichen Theorien und Methodiken werden vom Studenten im Rahmen der Projektarbeit in unternehmerische Praxis übersetzt, das Gelernte dadurch im doppelten Sinne konkret nämlich als unternehmerische Wirklichkeit und als verfestigtes Wissen.

2.3 ÜBER DIE GRÜNDE FÜR DIE ETABLIERUNG DES PKS

In einer Online-Erhebung der Unternehmensberatung Boston Consulting Group aus dem Jahr 2008 wurden Personal-Verantwortliche und andere Führungskräfte aus 83 Ländern nach den wichtigsten künftigen Herausforderungen befragt. Es nahmen über 4700 Führungskräfte teil; sie äußerten sich zu Themen aus dem Bereich Personalmanagement und zu spezifischen HR-Maßnahmen. Zusätzlich führte ein Team der Unternehmensberatung vertiefende Interviews mit über 200 Führungskräften weltweit durch. Bei der Umfrage wurden jene Herausforderungen ermittelt, welche zukünftig besonders wichtig werden und bei denen sie in ihren Unternehmen derzeit große Schwächen sehen. Als wichtigster und zugleich kritischster Punkt wird von den Befragten dabei angegeben: »Managing Talents«, d. h. wie finden, gewinnen, motivieren und binden Unternehmen die für sie passenden hochqualifizierten und hochkompetenten Menschen. (BCG 2010)

22 Vor dem Hintergrund des Aspekts Dualität sind von den dualen Studiengängen diese Bildungsformen abzu grenzen. (Vgl. im Folgenden Weber, Merx 2005: 20f.) 1. berufsbegleitende Studiengänge, bei denen Studierende eine reguläre Berufstätigkeit ausüben und gleichzeitig mehr oder minder sowohl inhaltlich wie auch formal losgelöst hiervon studieren; das Studium ist mehr oder weniger die »Privatsache« des Studierenden. (Manchmal leistet bei diesem Modell der Betrieb einen spezifischen, dem Studium förderlichen Beitrag. Das kann z. B. die Freistellung von der Arbeit für die Präsenzphasen oder das Bereitstellen von betrieblichen Arbeitsmitteln sein.) 2. abgeschlossene Berufsausbildung vor Aufnahme eines Hochschulstudiums. 3. Berufstätigkeit vor Aufnahme eines Studiums. 4. Praxisphasen, insbesondere Traineeprogramme, nach einem Studium. 5. berufspraktische Studiensemester 6. (obligatorische) Praxisphasen und Praktika.

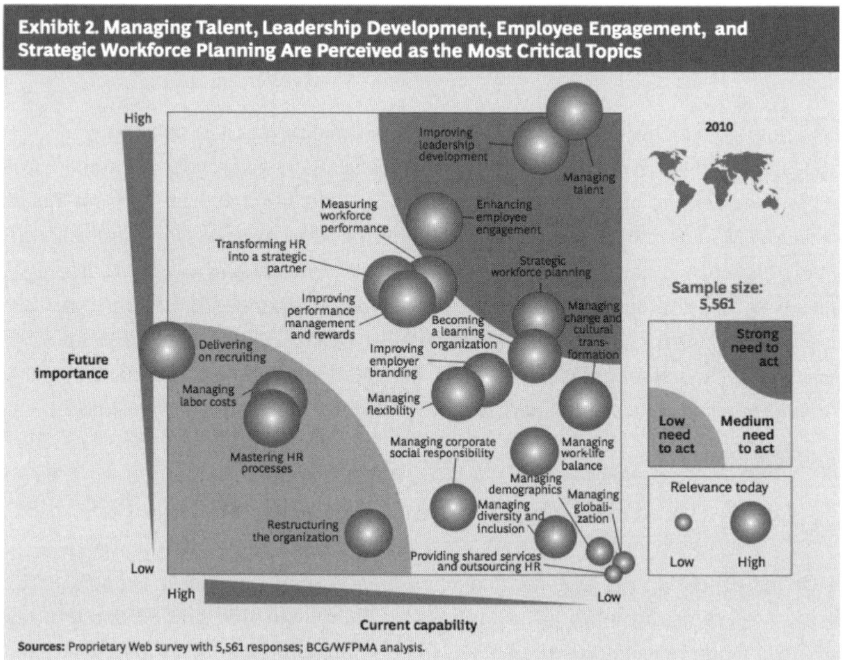

11 | Die Herausforderungen der HR (BCG 2010: 8)

Zum gleichen Urteil kommt eine große Mehrheit der 1130 CEOs und Führungskräfte aus der Privatwirtschaft und dem öffentlichen Sektor auf der ganzen Welt, die im Rahmen der IBM Global CEO Study befragt worden sind:

> *2008 hat die Qualifikation von Mitarbeitern den gleichen Stellenwert wie Marktfaktoren. […] Um die Expansion in neue geografische Märkte zu unterstützen und die älter werdenden Angehörigen der Babyboom-Generation, die aus dem Arbeitsleben ausscheiden, zu ersetzen, suchen CEOs nach qualifizierten Mitarbeitern mit Branchenkenntnissen, technischem Know-how und insbesondere Führungsqualitäten. Daher rangierte die unzureichende Anzahl an qualifizierten Mitarbeitern – vor gesetzlichen Bestimmungen und benötigtem Budget – ganz oben auf der Liste der größten Hürden, die der globalen Integration im Wege stehen. (IBM 2008: 15f.)*

Global	
Too little Talent/Management	57%
Regulations/Legislations	54%
Investment/Budgets	31%
Culture	30%
Standards and Technology	22%
Language	23%
Interlectual Property	18%
No »Buming« Platform	16%
Loss of Reputation	9%
Other	12%

12 | Was Wachstum hemmt (IBM 2008)

Sind nun aber deutsche Unternehmen ausreichend für die Situation um hochqualifizierte und hochkompetente Menschen sensibilisiert und unternehmenspolitisch auf den Kampf um sie vorbereitet? Eine Befragung der Zeppelin University aus dem Jahr 2006 (o.V. 2006) von 38 Vorständen aus 35 Unternehmen mit Stammsitz in Deutschland (darunter 22 Vorstände aus dem DAX 100 und 15 aus dem DAX 30) kam noch zu einem ernüchternden Befund, was das Problembewusstsein des demografischen Wandels und des u.a. deswegen einhergehenden War for Talents betrifft. So sei es laut dieser Studie eher unüblich in deutschen Unternehmen, die demografische Entwicklung in die strategische Planung miteinzubeziehen. Drei von vier Personalvorständen meinten weiterhin, dass die Neurekrutierung von Fach- und Führungskräften »einfach« bis »sehr einfach« bleiben wird. Bei den befragten Vorständen gab es zudem keine Konzepte zu demografisch ausgewogenen Belegschaftsportfolios. Die hochbrisante Problematik werde – falls überhaupt – untergeordneten Funktionen oder Positionen zugeordnet oder auf externe Personaldienstleistungsanbieter ausgelagert. Die kleineren und mittleren Unternehmen seien da nicht viel einsichtiger: Auch wenn man bereits Veränderungen bei der Resonanz auf Stellenausschreibungen bemerkt habe, meinte der Geschäftsführer der Industrie- und Handelskammer Nord-Westfalen, dass die Mittelständler in Sachen Personalentwicklung viel zu kurzfristig planten. Vom »Kampf um die besten Köpfe« habe man bei kleineren Betrieben bisher kaum etwas gehört. (Vgl. Oelsnitz u.a. 2007: 82)

Mittlerweile scheint das Bewusstsein für dieses Thema größer zu sein: Deutsche Unternehmen erkennen zunehmend die Bedeutung solcher Themen wie demografischer Wandel und den u.a. hierdurch einhergehenden War for Talents. Laut einer Studie der Unternehmensberatung Pricewaterhouse Coopers (PwC 2008) meinen rund 96% der hier befragten Unternehmen, dass die Beschäftigung mit dem demografischen Wandel grundsätzlich wichtig für den Erhalt ihrer Wettbewerbsfähigkeit sei. Im Vergleich der fünf größten Länder Europas ist laut einer Studie des Adecco Institute (2009) in keinem

Land das Bewusstsein dafür so ausgeprägt wie in Deutschland. Rund 70% der Unternehmen sehen in diesen Themen die größten Herausforderungen der Zukunft, vergleichbar mit Globalisierung und technischem Fortschritt. Die Erhebung zeigt allerdings auch, dass es noch viel für deutsche Unternehmen zu tun gibt: Auf einer Skala von 100 bis 400 Punkten, durch welche die Vorbereitung der deutschen Unternehmen auf den demografischen Wandel gemessen wird, erreichen deutsche Firmen im Schnitt 186 Punkte – das heißt weniger als die Hälfte der möglichen Punktzahl.[23] In der Studie von Pricewaterhouse Cooper (PwC 2008) gaben so auf die Frage, wie gut ihr Unternehmen aus personalpolitischer Sicht im Hinblick auf den demografischen Wandel aufgestellt ist, fast zwei Drittel der Befragten an, sehr gut bis eher gut vorbereitet zu sein. Spiegelt man diese Aussagen daran, was die Befragten angaben, welche Maßnahmen konkret in den Unternehmen gegen den demografischen Wandel und den u.a. hierdurch entstandenen War for Talents ergriffen werden, wird schnell deutlich, dass die subjektive Einschätzung der Gesamtsituation oftmals eher günstiger ausfällt als es objektiv ist. Das Bewusstsein, dass man etwas unternehmen muss, ist also heute durchaus stärker geworden;[24] allerdings ist dieses Bewusstsein noch nicht zu einem Sein geworden.[25]

Noch einmal deutlich: hochqualifizierte und hochkompetente Menschen und hier v.a. schöpferische Persönlichkeiten sind die treibende Kraft hinter Innovationen, sind die Conditio sine qua non, ohne die Unternehmen ihre Wettbewerbsfähigkeit weder sichern geschweige denn ausbauen können. Jedoch: hochqualifizierte und hochkompetente Menschen waren und sind eine rare Ressource, die angesichts der in dieser Arbeit bereits geschilderten Entwicklungen in sehr naher Zukunft noch rarer werden. Was ist daher zu tun? Die Ergebnisse aus Tiefeninterviews mit ausgewählten Unternehmensvertretern in der Studie »Pro 50 – Arbeit mit Zukunft« (PwC 2008: 23) zeigen, dass einige Unternehmen im Zusammenhang mit dem drohenden Mangel an qualifizierten Fach- und Führungskräften bereits erfolgversprechende Gegenmaßnahmen entwickelt haben, wie z.B.:

- Gewinnung von Nachwuchs über die Intensivierung von Kontakten zu Schulen und Hochschulen sowie durch die Unterstützung von berufsbegleitenden und berufsintegrierten Studiengängen
- Konzepte zur Verbesserung des Arbeitgeberimages (»employer branding«)[26]
- Programme zur Mitarbeiterbindung (z.B. Förderung der Vereinbarkeit von Beruf und Familie bzw. Freizeit)
- Verstärkte Personalentwicklung, um die vorhandenen Potenziale optimal zu nutzen
- Erschließung neuer Zielgruppen, z.B. gezielte Einstellung auch älterer Mitarbeiter

Damit diese Maßnahmen nachhaltig erfolgreich sind, gilt es, ein strategisches Personalmanagement zu betreiben, welches sich an den Unternehmenszielen orientiert. Konkret bedeutet dies: Die HR-Abteilung muss frühzeitig bei der Definition mittel- und langfristiger Unternehmensziele miteinbezogen werden, um vorausschauend und rechtzeitig, die personellen Ressourcen bereitstellen zu können. (Vgl. Faix u.a. 1991b: 63f.; vgl. Vater 2003: 246) Erfolgreiches Personalmanagement in Zeiten des War for Talents bedeutet darüber hinaus ein durchdachtes System zu implementieren, welches dazu dient, hochqualifizierte und hochkompetente Menschen zu gewinnen und solche, die bereits im Unternehmen sind, zu definieren und zu binden. Bei der Implementierung eines solchen strategischen Personalmanagements müssen dabei diese Punkte beachtet werden: (Vgl. o. V. 2008)

- Entwicklung eines an Unternehmenszielen orientierten strategischen Personalmanagements mit Aussagen zur strategischen Personalplanung und dem Bedarf an hochqualifizierten und hochkompetenten Menschen.
- Fokussierung des strategischen Personalmanagements auf Bereiche, Mitarbeiter und Themen, die erfolgskritisch sind und / oder mit Innovations-Projekten zu tun haben.
- Etablierung eines globalen strategischen Personalmanagements durch eine »geistige Global-Delievery« (internationaler Wissenstransfer innerhalb globaler Kompetenz-Netzwerke) und / oder durch »Open Innvovation«.[27]

23 Deutschland konnte sich jedoch im Jahresvergleich mit den fünf größten Ländern Europas (Deutschland, Großbritannien, Frankreich, Italien, Spanien) am deutlichsten verbessern und belegte 2009 mit Großbritannien Platz 1; 2006 war Deutschland noch auf Platz 4.

24 Ein stärkeres Bewusstsein der geschilderten Problematik ist vor allem bei Verantwortlichen im Bereich Personal feststellbar; im Bereich des Top-Managements herrschen hingegen immer noch ein gewisses Desinteresse und Unwissen vor – so die überwiegende Meinung der befragten Personalverantwortlichen in der Studie von Adecco (2009).

25 So hat beispielsweise die verbesserte Kenntnis über die Altersstruktur noch nicht dazu geführt, dass hiernach etwa der Personalbedarf längerfristig geplant wird. Für deutsche Unternehmen ist Personalplanung eine eher kurzfristige Angelegenheit: durchschnittlich planen deutsche Unternehmen ihre Stellenbesetzung 1,3 Jahre im Voraus; bei der Personalplanung bei Fach- und Führungskräfte liegt der Wert bei 1,9 Jahren. (Adecco 2009)

26 Dabei muss immer beachtet werden, dass die Gruppe der hochqualifizierten und hochkompetenten Menschen durchaus keine homogene Gruppe ist. Erfolgreich bewirbt sich ein Unternehmen bei einem hochqualifizierten und hochkompetenten Menschen, wenn es auf dessen spezifische Wertvorstellungen eingeht. Grob lassen sich jedoch folgende Unternehmens-Images unterscheiden, auf die hochqualifizierte und hochkompetente Menschen und hier v. a. schöpferische Persönlichkeiten positiv reagieren. (Vgl. dazu Fishman 2006) »Lifestyle«: Dieses Image zieht Menschen an, die nach Freiheit, Freizeit und Selbstverwirklichung suchen. »Wir bieten Beständigkeit«: Dieses Image zieht Menschen an, die nach Sicherheit, Loyalität und Zuverlässigkeit suchen. »Wir retten die Welt«: Dieses Image zieht Menschen an, die zum einen hohe moralische Anforderungen an das Unternehmen stellen und zum anderen eine inspirierende und sinnstiftende Aufgabe suchen. »Familien willkommen«: Dieses Image zieht Menschen an, die beides zu vereinen suchen, beruflichen Erfolg und familiäres bzw. partnerschaftliches Glück. »Großes Risiko / große Chance«: Dieses Image zieht Menschen an, die nach Aufgaben suchen, die sie karrieremäßig schnell nach ganz oben bringen könnten, jedoch ein gewisses Risiko bergen. »Komm zu einem Gewinner«: Dieses Image zieht Menschen an, die für eine »high-performing company« arbeiten wollen.

27 Es geht also um die grundlegende Frage, ob man hochqualifizierte und hochkompetente Menschen fest anstellt oder ob man auf ein Netzwerk »Freier« zurückgreift.

- Aufhängung des strategischen Personalmanagements auf Senior Manager-Niv. a. und Zuweisung von Prozess- und Governance-Verantwortung auch nach der Einführungsphase.
- Intensive Einbindung des Linienmanagements sowohl in der Planung als auch im Betrieb des strategischen Personalmanagements.
- Aktives Change Management, um den Wandel in Werten und Aktivitäten im Sinne einer neuen kulturellen Ausrichtung erfolgreich zu implementieren.
- Einführung eines Controlling-Systems zur laufenden Erfolgsmessung und Steuerung.

Gerade im Hinblick auf die Rekrutierung und das Retaining von hochqualifizierten und hochkompetenten Menschen – das Gewinnen und Binden von High Potentials und High Performern – gilt es jedoch vor allem dies zu tun: Bedingungen schaffen, unter denen sich hochqualifizierte und hochkompetente Menschen wohl fühlen und entfalten können und wollen. Als Faustregel kann formuliert werden: Es gilt hochqualifizierte und hochkompetente Menschen so wie einen Kunden zu sehen, sprich es geht darum, zu fragen: Was wollen hochqualifizierte und hochkompetente Menschen? Die pauschale Antwort hierauf lautet: Im Großen und Ganzen wollen sie das, was jeder »normale« Mitarbeiter ebenso will – nur gilt es bei hochqualifizierten und hochkompetenten Menschen, diese Wünsche allesamt auch zu erfüllen. Denn die latente Bereitschaft von diesen den Job zu wechseln wird nur übertroffen von der Bereitschaft anderer Unternehmen, einen hochqualifizierten und hochkompetenten Menschen sofort zu besten Konditionen einzustellen. (Vgl. dazu o.V. 2002a und Werle 2008)

Auskunft darüber was junge High-Performer wollen, gibt eine Studie der Unternehmensberatung McKinsey, an der insgesamt rund 13.000 Führungskräfte teilnahmen. (McKinsey & Company 2001) Zusammenfassend meinen die Autoren dieser Studie, dass vor allem folgende Punkte ein Unternehmen attraktiv für High-Performer machen:[28]

> *Exciting work – quite simply, people want interesting, challenging jobs and they want to feel passionate about their work. A great job is demanding and stretching and full of requirements that the individual finds interesting.*
>
> *Great company – managers want to work for companies that are well-managed, that have admirable corporate cultures and values, and great leaders. Two aspects of culture are critical: a strong emphasis on performance and an environment that is open and trusting.*
>
> *Wealth and reward – people want to make money that is commensurate with the value they create and with their other options. This is about more than the tangible value of the money; people want to feel recognized and valued for their individual contributions.*
>
> *Growth and development – managers want the company to help them develop their skills. This is particularly important today, when people realize that their only real security in the job market is the collection of skills they possess. (McKinsey & Company 2001: 5)*

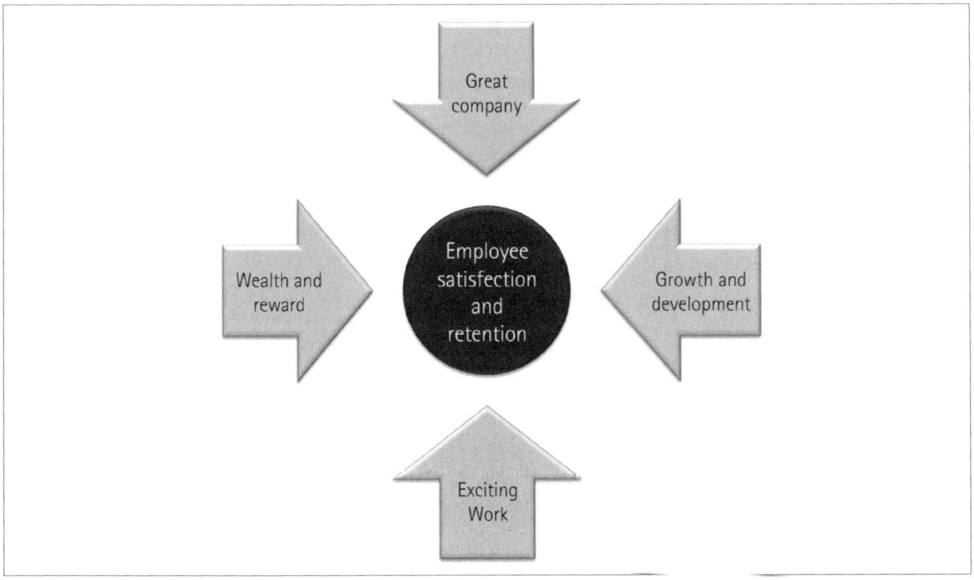

13 | Was Unternehmen attraktiv macht für hochqualifizierte und hochkompetente Menschen (McKinsey & Company 2001: 5)

Einen Hinweis darauf, was High-Potentials wollen, gibt die die Studie »Generation 05 – Wie tickt die neue Elite«, die das Manager Magazin in Kooperation mit McKinsey im Jahr 2005 erstellte. (o.V. 2005) Für diese Studie wurden 1072 Studenten im Alter zwischen 20 und 29 Jahren befragt. Befragt nach ihren Berufszielen setzten die Studierenden den Punkt »interessante Arbeitsinhalte« nach ganz oben (93%). Dahinter folgten u.a. die Berufsziele »Anerkennung der eigenen Leistung« (86%), Ausgewogenheit zwischen Arbeits- und Privatleben« (82%), »Entwicklungschancen für die eigene Persönlichkeit«, »Weiterbildungsmöglichkeiten« (je 81%), »selbstständiges Arbeiten« (80%), Vereinbarkeit von Beruf und Familie« (79%) und »Sicherheit des Arbeitsplatzes« (73%). Das Berufsziel »hohes Einkommen« war hingegen für weniger als die Hälfte wichtig (42%.) Das Berufsziel »hohes Prestige des Berufs oder der Position« ist lediglich für 27% der Befragten erstrebenswert.

28 Zu beinahe identischen Ergebnissen kommen auch folgende Studien: die DGFP-Bertelsmann-Studie »Wunschprofil Attraktive Arbeitgeber« (DGFP 2004); die österreichische Studie »Employer of Choice« (o.V. 2002b); die Studie »Fringe Benefits für Führungskräfte« der Unternehmensberatung TOPOS (2007); eine Studie der Recruiting-Dienstleister Access (o.V. 2002a), an der über 3700 akademisch ausgebildete Fach- und Führungskräfte, um die 31 Jahre alt, mit durchschnittlich drei bis vier Jahren Berufserfahrung teilnahmen; die Studie »Is Europe Ready For The Millennials«. (o.V. 2006); die Studie »Employer Branding 2007«. (o.V.: 2007), welche von TNS Infratest und der Wochenzeitschrift »Die Zeit« durchgeführt wurde.

Was ihre Wertorientierung betrifft, hat sich die befragte Studentengeneration von Ideologien befreit, ohne jedoch wertneutral zu sein. An der Spitze stehen Werte wie Freiheit, Freizeit und Selbstverwirklichung (93 über 92 zu 90%). Es folgen dahinter traditionell konservative Werte wie Treue (87%) und Verantwortung (86%) und soziales Engagement (86%). Im Mittelfeld rangieren Werte wie Leistung und Erfolg, materielle Werte wie Genuss und Konsum (45%) oder Reichtum (37%).

Weitere Ergebnisse der Studie sind u. a. diese: Bei der Wahl des Arbeitgebers glaubt die Mehrheit der Generation Y, dass eine sichere berufliche Zukunft heutzutage vor allem mit der Innovationsfähigkeit der Unternehmen und deren internationaler Orientierung zusammenhängt. Zwischen den Ansprüchen an den erwarteten Beruf und den erwarteten Realisierungschancen besteht eine deutliche Diskrepanz: So rechnen zwei von drei Befragten nicht damit, dass sich ihre Vorstellungen im Berufsleben verwirklichen lassen. Eher durchwachsen ist das Urteil der befragten Studierenden über die deutsche Wirtschaft. Das Image der deutschen Wirtschaft bewegt sich im Grenzbereich von weder besonders positiv noch negativ. Daraus kann man schließen, dass die deutsche Wirtschaft die jungen hochqualifizierten und hochkompetenten Menschen im eigenen Land wenig fasziniert.

Was bedeuten diese Ergebnisse für den War for Talents? Insofern man annimmt, dass hochqualifizierte und hochkompetente Menschen innerhalb der befragten Gruppen relativ konstant verteilt sind, kann man zunächst folgern: Mit einem einzelnen Vorzug – sei es nun Geld, Sicherheit, Weiterbildungsmöglichkeiten oder Work-Life-Balance – ist kein hochqualifizierter und hochkompetenter Menschen zu ködern. Jeder Vorzug muss in Zusammenhang mit weiteren Vorzügen des Unternehmens präsentiert werden und zwar individuell angepasst auf die Ansprüche des jeweiligen hochqualifizierten und hochkompetenten Menschen. Weiterhin muss festgehalten werden: Selbstredend muss die Leistung angemessen entlohnt werden – monetär aber vor allem auch symbolisch z. B. indem ihnen Weiterbildungsangebote unterbreitet werden. Doch wie die Ergebnisse oben zeigen, spielt Geld nicht die Hauptrolle. Hochqualifizierte und hochkompetente Menschen gewinnt man für das eigene Unternehmen vielmehr, indem man Folgendes tatsächlich bietet und darüber spricht: Hochqualifizierte und hochkompetente Menschen und hier vor allem schöpferische Persönlichkeiten suchen interessante, herausfordernde Arbeitsinhalte, d. h. hochqualifizierte und hochkompetente Menschen suchen gezielt nach solchen Aufgaben, die ihnen eine großen Handlungs-Spielraum und dementsprechend Verantwortung einräumen: Sie wollen bevollmächtigt sein, ihre eigenen Fähigkeiten und Potenziale erproben und ausloten und sich an komplexen Problemen versuchen zu können. Kurzum: Hochqualifizierte und hochkompetente Menschen wollen ihr Wissen und ihre Kompetenz, ihre Tatkraft und ihren Mut sich selbst und anderen beweisen, um weiterzukommen, sich weiterzuentwickeln, weiterzuwachsen.

Am besten lässt sich dies alles verwirklichen, indem man hochqualifizierte und hochkompetente Menschen mit Innovations-Projekten betraut bzw. sie dort einbindet. Innovations-Projekte erlauben es hochqualifizierten und hochkompetenten Menschen und hier v. a. den schöpferischen Persönlichkeiten unter ihnen, selbstständig bzw. selbstorganisiert die größte und wohl interessanteste aller unternehmerischen Herausforderungen anzunehmen, nämlich die Zukunft eines Unternehmens aktiv mitzugestalten. Indem hochqualifizierte und hochkompetente Menschen mit Projekten betraut werden, von denen sie überzeugt sind, dass von diesen die Zukunft eines Unternehmens abhängt, wird ihnen zudem die Gewissheit vermittelt, es selbst in der Hand zu haben, die eigene berufliche Zukunft nachhaltig entwickeln zu können. Es sind speziell auch diese Innovations-Projekte, welche die breitesten Entwicklungsmöglichkeiten und größten Karrierechancen bieten: Denn Menschen, welche sich hier beweisen und hervorstechen, erscheinen als diejenigen, welche für ein Unternehmen den größten Nutzen stiften, sind sie es doch, die nachhaltig die Wettbewerbsfähigkeit des Unternehmens sichern und ausbauen.

Vor dem Hintergrund der hier geschilderten Situation bietet das Projekt-Kompetenz-Studium eine Lösung für beide Seiten an:

Für hochqualifizierte und hochkompetente Menschen und hier v. a. die schöpferischen Persönlichkeiten unter ihnen bringt das PKS folgende Vorteile:

- Die Studenten arbeiten in wachsenden und zukunftsfähigen Unternehmen, denn nur eben diese Unternehmen konzipieren Projekte, die zum Aufbau neuer Geschäftsmöglichkeiten dienlich sind.
- Die Studenten übernehmen die Arbeit an unternehmensrelevanten Projekten und leisten so einen wesentlichen Nutzenbeitrag zum Unternehmens- bzw. Organisationserfolg. Dadurch sichern sie ihre (inner-)betriebliche Zukunft und bauen ihre Karriere aus.
- Durch das Studium haben speziell die High Potentials (die Jungakademiker) und die High Performer (mit entsprechender Berufserfahrung) die Möglichkeit die Ausprägung ihrer Kompetenzen kennenzulernen und Management-Kompetenzen gezielt zu entwickeln. Das Studium fördert somit die personale Entwicklung und den Ausbau der Persönlichkeit.
- Gleichzeitig sind die Studenten aufgefordert, die Ziele des Projektes sowie eigene Ziele wie die personale Entwicklung und die Karriere zu definieren. Sie dienen ihnen als Orientierungsrahmen und bieten Anreize zur Zielerreichung.
- Während des Studiums bauen die Studenten breite Netzwerke auf. Sie lernen neben dem zukünftig sehr wichtigen Netzwerk der Studiengruppe und deren Unternehmen auch das internationale Netzwerk des Steinbeis-Verbundes aus Wissenschaft und Wirtschaft kennen.
- Zum Ende des Studiums kann der Jungakademiker zweijährige Berufserfahrung vorweisen und wird durch die Arbeit am eigenen Projekt schließlich zur attraktiven Nachwuchsführungskraft bzw. zum attraktiven High Performer.
- Die in das Studium eingestiegenen High Performer haben einen zusätzlichen systematischen Nachweis für ihre High Performance erbracht und fördern ihre Karriere damit unmittelbar.

Unternehmen profitierten laut Eingenwerbung der SHB gleichermaßen vom Projekt-Kompetenz-Studium:

- Durch das Projekt im berufsintegrierten Master-Studium können ein Unternehmen neue Geschäftsmöglichkeiten und der Mitarbeiter sich selbst erfolgreich weiterentwickeln.
- Das Projekt-Kompetenz-Studium nimmt dem Unternehmen die Personal- bzw. Führungskräfteentwicklung mit nachhaltiger Wirkung ab.
- Während professionelle Rekrutierung und Personalentwicklung durch die Human Ressource-Abteilungen sowie durch Externe meist mit hohen Kosten verbunden sind, treten die Kosten des Projekt-Kompetenz-Studiums durch die Gewinnung von neuen Geschäftsmöglichkeiten in den Hintergrund. Der Erlös, der aus den Projekten hervorgeht, übersteigt in der Regel die Kosten bei weitem und führt zu Gewinn im projektgebenden Unternehmen.
- Der Jungakademiker bzw. High Performer kann am Erfolg eines ganzheitlich unternehmensrelevanten Projekts beurteilt werden, das Projekt-Kompetenz-Studium stellt somit einen ganzheitlichen Ansatz der Personalbeurteilung dar.
- Traditionelle Führungskräfteentwicklung schließt meist mit einem Assessment-Center ab und generiert so ausschließlich Gewinner und Verlierer. Das Projekt-Kompetenz-Studium bietet eine Leistungs- und Kompetenzbeurteilung in einem realen Umfeld und an einem realen Projekterfolg. Es ist somit sehr viel aussagekräftiger. Folglich ist das Resultat für Unternehmen wie auch für die Teilnehmer/Führungskräfte nachvollziehbar.

3 ÜBER DIE SCHOOL OF INTERNATIONAL BUSINESSS AND ENTREPRENEURSHIP (SIBE)

Wie bereits im vorigen Kapitel behandelt, besteht die Steinbeis-Hochschule gemäß dem strukturellen Prinzips des dezentralen Zentralmanagements sowohl aus zentralen Einheiten (der SHB-Zentrale) wie auch aus dezentralen Einheiten (den SHB-Instituten). Ebenso wurde bereits ausgeführt, dass diese Institute wiederum zu Institutsverbünden, den so genannten Schools zusammengefasst werden. Hierzu gehört auch die School of International Business and Entrepreneurship (SIBE).

3.1 DIE SCHOOL OF INTERNATIONAL BUSINESS AND ENTREPRENEURSHIP (SIBE) ALS TEIL DES STEINBEIS-SYSTEMS

Die Steinbeis-Hochschule ist ein Transferunternehmen im Verbund der Steinbeis-Stiftung. Die School of International Business and Entrepreneurship (SIBE) ist wiederum ein Transferunternehmen im Verbund der Steinbeis-Hochschule und als ein solches als eine eigenständige Gesellschaft organisiert. Kurzum bedeutet das: Die SIBE ist eine wirtschaftlich und rechtlich selbstständige, dezentrale Einheit im Verbund der Steinbeis-Hochschule.[29]

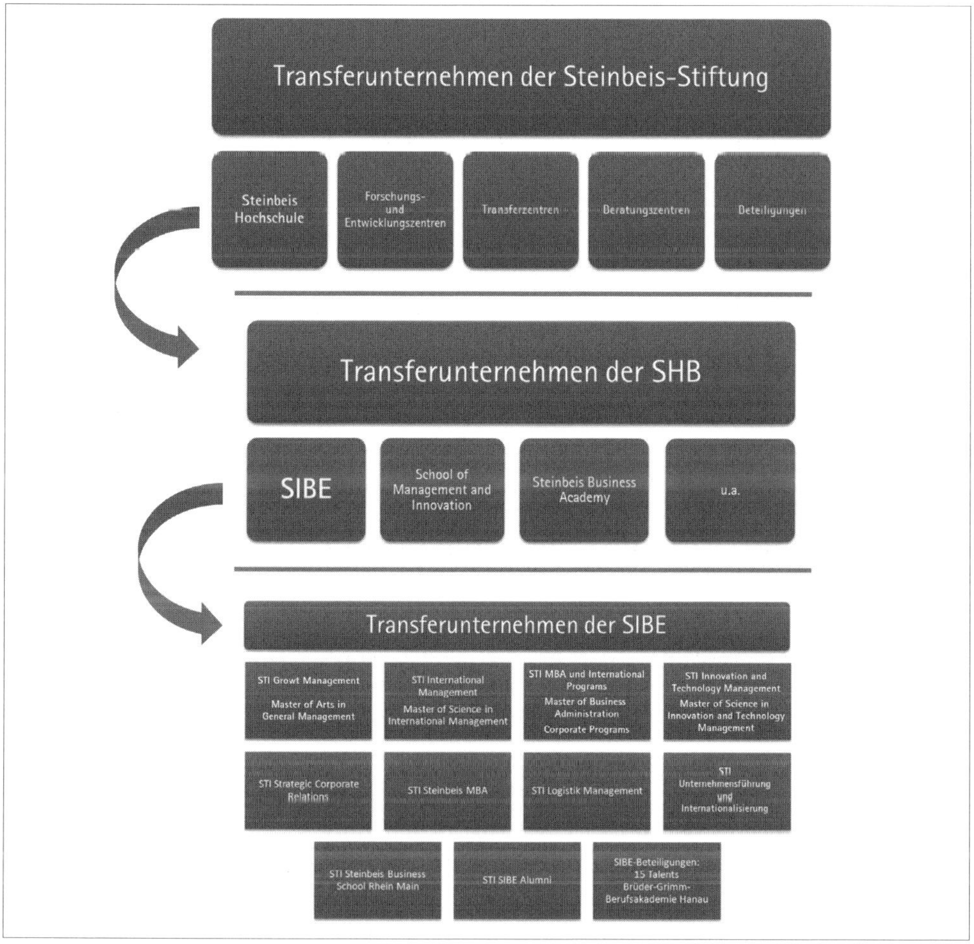

14 | Prinzipientreue Transferunternehmertum

29 Eine Besonderheit der SIBE gegenüber anderen Steinbeis-Unternehmen besteht darin, dass die SIBE rechtlich selbstständig ist.

Das strukturelle Prinzip des Transferunternehmertums setzt sich dabei an der SIBE weiter fort: Die Institute, aus denen sich die SIBE zusammensetzt, sind ebenso als Transferunternehmen und nach dem Business-Unit-Konzept organisiert. Insgesamt ergibt sich daher folgendes Bild:

So wie sich die strukturellen Elemente der StW in der SIBE widerspiegeln, zeigen sich auch die oben genannten Zwecke und Ziele der StW im Sein und Tun der SIBE. So ist das Studienangebot der SIBE konsequent nach dem Projekt-Kompetenz-Prinzip konzipiert (siehe weiter unten). Ebenso konsequent richtet die SIBE ihr Sein und Tun an den Stiftungszielen aus.

- Selbstbestimmung in finanzieller wie inhaltlicher Hinsicht, dass die SIBE sich ausnahmslos über Projekt- und Studiengebühren (re)finanziert und keine staatlichen Subventionen beansprucht.
- Erwartungen übertreffen: Aus der besonderen Finanzierungsstruktur der SIBE ergibt sich zwangsläufig auch für die SIBE, dass sie bestrebt ist, die Erwartungen der »Käufer« (Unternehmen, Organisationen, Studierende etc.) ihrer Bildungsangebote zu erfüllen und gegebenenfalls, auch zu übertreffen.
- Nutzen stiften: Durch die besondere Organisation des SHB-Alleinstellungsmerkmals, des berufsintegrierten Projekt-Kompetenz-Studiums, stiftet die SIBE nach eigenen Angaben unmittelbar Nutzen für ihre Studierenden und für die Unternehmen, in denen die Studierenden während ihres Studiums arbeiten. Dieser wirtschaftliche Nutzen besteht auf Seiten der Studierenden in der Entwicklung von »Handlungsfähigkeit« und auf Seiten der Unternehmen in der wissenschaftlichen und beratenden Begleitung und Umsetzung des Projekts, für das die Studierenden im Unternehmen verantwortlich sind.

3.2 EIN KURZER ABRISS ÜBER DIE GESCHICHTE DER SIBE

Die Geschichte der SIBE reicht zurück bis ins Jahr 1993. (Vgl. im Folgenden Blumenthal 2009) Bereits in den späten 1980ern verweist der Gründer und Direktor der SIBE, Werner G. Faix, an verschiedenen Stellen auf die Probleme der bestehenden Bildungseinrichtungen (Vgl. Faix, Laier 1989, 1991, 1996), denen es nicht gelinge, den größeren Bedarf an flexiblen und kreativen Fachkräften zu decken. In seiner Kritik bezieht er sich unter anderem auf Hildegard Hamm-Brücher (1972), die bereits in den frühen 1970ern beklagte, dass Kinder nicht ausreichend dabei unterstützt würden, sich selber zu entwickeln; vielmehr würden Kinder zur Anpassung an die Normen und Standards unserer Gesellschaft gebracht. Faix meint, dass Schule und Universität mittlerweile die Notwendigkeit zwar erkannt hätten, Sozial- und Handlungskompetenz zu fördern, doch sei dies in der Umsetzung nicht erfolgreich. Dies sei u. a. erkennbar an den ausschließlich fachlich geprägten Lehrplänen der Hochschulen. Der Fokus liege ausschließlich darauf, Fachwissen in Prüfungen zu reproduzieren. Die heutige Bildungskrise bestehe – so Faix abschließend – daher v. a. in dem Versäumnis, Handlungskompetenz zu entwickeln also die Fähigkeit, selbstorganisiert Wissen in neuen oder unbekannten Situationen in konkrete Handlungen zu überführen.

Angesichts dieser mutmaßlich begrenzten Leistungsfähigkeit des Bildungssystems kompetente Arbeitskräfte hervorzubringen, sieht Faix in der betrieblichen Bildungsarbeit eine wichtige Zukunftsaufgabe. (Dosenbach, Faix, Stulle 1992) Durch die sich ständig verändernden Anforderungen an Mitarbeiter könne das in der Erstausbildung erworbene Wissen zwangsläufig nicht mehr alles abdecken. Deswegen steige die Bedeutung des lebenslangen Lernens, die u. a. durch betriebliche Weiterbildungsmaßnahmen abgedeckt würde. Diese sollten geprägt sein vom phasenweisen Wechsel zwischen theoretischem und angewandtem Lernen. Auf diese Weise würden Motivation und besseres Verständnis für das Lernen und die Zusammenhänge zwischen Wissen und Bewährung in der Anwendung erhalten bleiben. Nur im aktiven Transfer, d. h. in der Anwendung von Gelerntem in praxisrelevanten und offenen Situationen könnten Handlungskompetenzen schließlich ausgebildet werden.

Auch wenn Weiterbildungsmaßnahmen freilich keine Neuheit sind, so sei ihre Bedeutung jedoch lange Zeit verkannt gewesen oder als Bildungsurlaub abgetan worden und würden beinahe ausschließlich bei Führungskräften Anwendung finden. (Faix, Buchwald, Wetzler 1991: 49) Weiterhin habe es bei den damals bestehenden Weiterbildungsmaßnahmen um isolierte Weiterbildungen fern vom Betrieb gehandelt, die eher reaktiv statt vorausschauend funktionieren. Diese Maßnahmen würden also eher kurzzeitige Lücken schließen und sich auf die Weitergabe von Wissen fokussieren.

Als Bildungsmanager der IBM Deutschland initiiert Faix hiernach erste Weiterbildungsprogramme, in deren Curriculum nicht nur Wissenserwerb, sondern auch Kompetenzentwicklung vorgesehen ist. (Vgl. Faix, Buchwald, Hoffmann, Wetzler 1989: 28–42). Bei IBM Sindelfingen wird das bereits bestehende Kurzzeitbildungsprogramm ergänzt durch die Möglichkeit, methodische und soziale Kompetenzen zu entwickeln wie Lernen lernen, Projektmanagement u. Ä. Daneben werden in Zusammenarbeit mit verschiedenen Hochschulen neue Langzeitkurse entwickelt, die sich an verschiedene Zielgruppen richten (Mitarbeiter mit Berufs- oder Hochschulausbildung). Voraussetzung für die Teilnahme an einem Langzeitkurs ist zum einen die Nominierung durch das Management und zum anderen die erfolgreiche Teilnahme an einem Eingangstest. Die Langzeitkurse konzentrieren sich neben der Entwicklung von sozialen und methodischen Kompetenzen auf die Vermittlung von Fachwissen, außerdem werden sie durch praktische Übungen ergänzt.[30] Abgeschlossen werden die Langzeitkurse mit einer praxisorientierten Abschlussarbeit und bei erfolgreicher Teilnahme durch ein qualifizierendes Zertifikat.

30 In Zusammenarbeit mit dem Institut für Fördertechnik der Universität Karlsruhe wird u. a. ein einwöchiges Seminar für Ingenieure entwickelt (Vgl. Faix, Linder-Vogt, Arnold, Mannchen, Widman 1989: 133). Zielsetzung des Seminars war die Erarbeitung einer praxistauglichen Lösung für eine komplexe Produktions- und Logistikproblemstellung in einer interdisziplinären Gruppe.

In Zusammenarbeit mit der Universität Stuttgart wird 1992 das »Aufbaustudienseminar Personale Entwicklung (ASPE)« entwickelt. Mit diesem sollen junge Führungskräfte als auch der Führungskräftenachwuchs in Wirtschaftsunternehmen und Organisationen systematisch und über einen längeren Zeitraum und außerhalb des Berufsalltags gefördert werden. (Faix 1995b)

Unter dem Dach der Steinbeis-Stiftung für Wirtschaftsförderung gründet Faix 1993 die »Steinbeis Akademie für Unternehmensführung«. Diese entwickelt in Kooperation mit der Donau Universität Krems das Executive MBA Programm; erste Kurse finden 1995 statt, 1997 wird das Programm zum ersten Mal durch die FIBAA akkreditiert. (Steinbeis Akademie für Unternehmensführung 1994/StW 1995/Donau Universität Krems 1996). Mit speziellen Management-Kursen richtet sich der Studiengang vor allem an Unternehmer und Führungskräfte aus Klein- und Mittelbetrieben. (Vgl. Korölus 2000) Das Studium dauert in der Regel zwei Jahre. Dabei wird die Krems-Methode entwickelt und eingeführt, die auch heute noch an der Donau Universität Krems angewandt wird. Die Krems-Methode bedient sich dem Ansatz des Erfahrungslernens, durch die Verbindung von Lern- und Arbeitsprozess. Das Curriculum der Krems-Methode setzt sich aus folgenden didaktischen Elementen zusammen.

15 | Die Krems-Methode[31]

Der didaktische Bereich »Anwendung« besteht im Wesentlichen in der Durchführung eines Projektes im Unternehmen. Über das Netzwerk der Donau-Universität Krems, der Steinbeis-Stiftung für Wirtschaftsförderung sowie die kooperierenden Unternehmen erhalten die Teilnehmer des Programms Unterstützung, Beratung, und Kontakte.

Im Jahr 1998 wird die Steinbeis-Hochschule Berlin gegründet. Zeitgleich wird aus der Steinbeis Akademie für Unternehmensführung das Transferunternehmen »Business Administration and International Entrepreneurship« herausgegründet. Dieses initiiert 1998 zusätzlich zum Executive MBA-Programm die Studienprogramme »InternationalMBA Globalisation Management« sowie »GeneralMBA Growth Management«. Beide Studiengänge werden zum ersten Mal im Februar 2003 durch die FIBAA akkreditiert. Die erste der regelmäßig stattfindenden Reakkreditierungen ist 2009. Sowohl das International wie auch das General MBA-Studienprogramm sind auf der Grundlage der Krems-Methode weiterentwickelt worden. Folgerichtig steht mit diesen Studienprogrammen nunmehr die Arbeit an einem Projekt im Mittelpunkt des Studiums – der erste Schritt hin zum heute SHB-weit angewandten Projekt-Kompetenz-Studium. Der Schwerpunkt der Projekte innerhalb des International MBA Globalisation Management liegt dabei darauf, deutsche Unternehmen auf dem chinesischen Markt zu etablieren.[32] Der General MBA Growth Management, auch »Wachstums-Offensive« genannt, richtet sich dagegen an Jungakademiker mit erstem akademischen Abschluss und mutmaßlich hohem Entwicklungspotential.

Weitere Meilensteine in der jungen Geschichte der SIBE sind diese:

- In den Jahren 2001 und 2002 werden Vertretungen in Brasilien (São Paulo) und China (Shanghai) eröffnet und Kooperationen mit großen und etablierten Universitäten in diesen Ländern eingegangen. Weitere Kooperationen dieser Art bestehen derzeit darüber hinaus mit Russland und Indien.
- 2005 entstehen an der SIBE die ersten Corporate Programme, welche sich mit den spezifischen Herausforderungen einzelner Unternehmen auseinandersetzen (u. a. Kaufland / Lidl, IBM und Siemens).
- Im Jahr 2006 werden die SAPHIR GmbH (siehe weiter unten) und die SIBE-Dependance »Steinbeis Business School Rhein Main« in Hanau gegründet.
- Der Master of Science in International Management erweitert im Jahr 2007 das Portfolio der SIBE um einen konsekutiven, wissenschaftlichen und anwendungsorientierten Projekt-Kompetenz-Studiengang.
- Der General MBA Growth Management wird 2008 umstrukturiert: Aus dem non-konsekutiven MBA-Programm wird der Master of Arts in Management herausgegründet.
- 2010 hat die SIBE alle Studiengänge zusammengenommen rund 650 Studierende und rund 1700 Absolventen. Nach eigenen Angaben hat die SIBE dabei mit ca. 350 Unternehmen kooperiert.[33]

31 Vgl. http://www.donau-uni.ac.at/imperia/md/content/department/wirtschaft/grafik_krems_methode.jpg

32 Der Name des Programms ist »Wachstumsmarkt China. Ein Markterschließungsprogramm für mittelständische Unternehmen«. Mehr als 200 Chinesen bearbeiteten hier während des zweijährigen postgradualen Projekt-Kompetenz-Studiums in Vollzeit das Projekt »Markterschließung China für mein deutsches Partnerunternehmen«, um die ca. 100 deutschen projektgebenden Unternehmen bei ihrem Gang auf den chinesischen Markt zu unterstützen.

33 Vgl. http://www.steinbeis-mba.de/themen/artikel.lasso?id=6270441206298043329

> Im wechselvollen Spiel der Namen und Neugründungen spiegelt sich ein Prinzip der Steinbeis-Stiftung: Durch das Transferunternehmertum sollen die Stiftung und all ihre Teile flexibel auf die Bedürfnisse des Marktes reagieren können; wann immer der Markt eine Gelegenheit bietet – so z. B. das wachsende Bildungsbedürfnis in den so genannten BRIC-Staaten –, könne durch die Gründung eines speziell darauf ausgerichteten Transferunternehmens bzw. durch ein Steinbeis-Transfer-Institut reagiert werden.

Jeder der oben genannten Studiengänge bildet für sich ein eigenes Transferunternehmen in Form eines Steinbeis-Transfer-Instituts. Ab dem Jahr 2008 werden diese zu einem Institutsverbund d. h. zu einer School zusammengefasst. Angeregt durch die Schwerpunkte der Studiengänge heißt dieser Verbund »Steinbeis School of International Business and Entrepreneurship« oder eben kurz »SIBE«.[34]

3.3 OBERSTE ZIELE / ZWECKE DER SIBE

Wie bereits ausgeführt, existiert in der Steinbeis-Welt eine Pyramide von Zielen bzw. Zwecken. Der Zweck und damit das erste konkrete Ziel der Steinbeis-Stiftung und all ihrer Teile ist der Wissens- und Technologietransfer. Die wiederum hiervon abgeleiteten obersten Ziele der SIBE – welche innerhalb des Zielsystems der SIBE den Zweck der SIBE darstellen – lauten nach eigenen Angaben:

> *Die SCHOOL OF INTERNATIONAL BUSINESS AND ENTREPRENEURSHIP (SIBE) ist die internationale Business School der Steinbeis-Hochschule Berlin (SHB). Die SIBE steht für erfolgreichen Wissenstransfer zwischen Wissenschaft und Wirtschaft und systematischen Kompetenzaufbau und Persönlichkeitsentwicklung. Der Zweck der SIBE besteht im nachhaltigen Ausbau der Wettbewerbsfähigkeit ihrer Partnerunternehmen (privatwirtschaftliche Unternehmen, Organisationen und öffentliche Verwaltungen) und in der Bildung kompetenter, unternehmerisch und global denkender und handelnder Persönlichkeiten.*[35]
>
> *Unsere Studierenden sorgen im Rahmen ihrer studienintegrierten Innovations-Projekte bei unseren Partner-Unternehmen für [organisches] Wachstum [in Zeiten einer zunehmend globalisierten Welt]. Durch die Arbeit an diesen realen und herausfordernden Projekten schaffen wir gleichzeitig jene Bedingungen, unter denen sich Talente zu Persönlichkeiten und kompetenten Führungs- und Nachwuchsführungskräften entwickeln können. Wir verpflichten uns dem Erfolg unserer Partner-Unternehmen und damit dem Erfolg unserer Teilnehmer. (SIBE 2010: 9)*

Der Zweck der SIBE besteht demnach in folgender Dualität: Zweck der SIBE ist es zum einen, die kooperierenden Unternehmen beim nachhaltigen Ausbau ihrer Wettbewerbsfähigkeit zu unterstützen. Zweck der SIBE ist es zum anderen, ihre Studierenden bei ihrer Entwicklung auf ein normatives Bildungsziel zu unterstützen, nämlich kompetente, unternehmerisch und global denkende und handelnde Persönlichkeit zu werden. Diese beiden Zwecke bedingen einander:

- nachhaltiger Ausbau der Wettbewerbsfähigkeit ist v. a. zu erreichen durch Innovationen; Innovationen und Innovieren sind heute immer stärker geprägt vom Phänomen der Globalisierung;
- Innovationen fallen nicht wie Manna vom Himmel, sondern sind das Werk von Menschen und zwar von unternehmerisch und global denkenden und handelnden Menschen.

Es sind jedoch gerade diese unternehmerisch und global denkenden und handelnden Menschen, welche im Angesicht des so genannten »War for Talents« immer mehr zu einer raren Ressource werden. Diese Menschen sind weniger durch finanzielle Anreize, sondern vielmehr durch »herausfordernde Arbeitsinhalte« für ein Unternehmen zu begeistern. Der zweite Teil des obigen Zitats erhellt, wie die SIBE diese beiden komplementären Zwecke angesichts des War for Talents miteinander verbindet:

- Das im Rahmen des Studiums integrierte Projekt im kooperierenden Unternehmen ist immer auch ein Innovations-Projekt, also ein Projekt, dessen tätiges Umsetzen organisches und damit nachhaltiges Wachstum bewirken soll; Innovationen vollziehen sich heute verstärkt unter der Prämisse einer globalisierten Welt.
- Durch die SIBE-spezifsche Ausgestaltung der Studienform des PKS (siehe weiter unten: »Geschäftsmodell der SIBE«) verbunden mit dem Anspruch, dass die integrierten Unternehmensprojekte einen innovativen Charakter haben sollen, seien für Studierende die Bedingungen geschaffen, sich zu unternehmerisch und global denkenden und handelnden Persönlichkeiten zu entwickeln.

Anders gesagt, sieht die SIBE ihren Zweck darin, mit ihrem Leistungsangebot für die großen unternehmerischen und beruflichen »Herausforderungen der Zukunft« (SIBE 2010: 12) eine integrierte Lösung zu bieten:

> *Die Herausforderungen für Unternehmen sind die nachhaltige Sicherung der gegenwärtigen vor allem aber auch der Ausbau der zukünftigen Wettbewerbsfähigkeit. Dies erreichen Unternehmen vor allem, indem sie fortlaufend Innovationen,*

---

34 Rein formal existiert die Steinbeis Akademie für Unternehmensführung, also jene Institution, aus der alle übrigen Transferunternehmen hervogingen bis heute noch. De facto fällt diese rechtlich wie auch organisatorisch zusammen mit der 2008 gegründeten SIBE.

35 Im Orginal lautet dieses Zitat: »Unsere Talente sorgen im Rahmen ihrer studienintegrierten Innovations-Projekte bei unseren Partner-Unternehmen für Wachstum und Globalisierung.« Da in der vorliegenden Arbeit »Wachstum und Globalisierung« nicht als Ziel, sondern eher als Herausforderungen definiert worden sind, wurde das Zitat oben modifiziert.

»wesentlich Neues« (J. A. Schumpeter) aus sich heraus schaffen, fortlaufend Ideen in wertschöpfende Wirklichkeit verwandeln. Innovationen sind dabei vor allem das Werk von [schöpferische Persönlichkeiten], welche das Wissen, das Können und das Wollen haben, die Zukunft mitzugestalten.

[Schöpferische Persönlichkeiten] waren jedoch schon immer rar und werden in Zukunft noch rarer, zu einer wahren Kostbarkeit werden vor dem Hintergrund des War for Talents.

Besonders suchen [schöpferische Persönlichkeiten] interessante, herausfordernde Arbeitsinhalte, d. h.: [schöpferische Persönlichkeiten] suchen nach solchen Aufgaben, wo sie ihr Wissen und ihre Kompetenz, ihre Tatkraft und ihren Mut sich selbst und anderen beweisen können um hierdurch weiterzukommen, sich weiterzuentwickeln, weiter zu wachsen. Um [schöpferische Persönlichkeiten] für ein Unternehmen zu gewinnen, betraut man [sie] daher am besten mit Innovations-Projekten, ist es doch in diesen möglich, die größte und wohl interessanteste aller unternehmerischen Herausforderung anzugehen, nämlich: die aktive Mitgestaltung der Zukunft. […]

Die Herausforderung für [Individuen] besteht in der nachhaltigen Gestaltung der beruflichen Karriere. Dies gelingt erst und nur durch eine fortlaufende und niemals endende Kompetenz- und Persönlichkeitsentwicklung.

Vor allem von Führungskräften erwartet man, selbstorganisiert Neues hervorzubringen, eben Innovationen zu schaffen. Bei Innovationen geht es jedoch nicht darum, Wissen bei einer Prüfung zu reproduzieren; es geht vielmehr darum, Wissen zu transferieren, aus Wissen etwas Neues in der Wirklichkeit entstehen zu lassen. Es geht darum, auf der Basis von Wissen und Erfahrungen Handlungen zielgerichtet und in Eigenregie durchführen zu können. Mit einem Wort: Es geht um Kompetenzen.

Wer Neues schafft muss die möglichen (oftmals unumkehrbaren) Folgen seiner Entscheidung, dieses Neue zu schaffen, antizipieren und beurteilen. Wie soll man sich entscheiden, wenn es keine standardisierte Patentlösung, kein Manual gibt? Entscheidungen für oder gegen eine Handlung können in solchen Situationen alleine von starken Persönlichkeiten getroffen werden, von Menschen, die fähig sind, Zusammenhänge analytisch wie auch normativ zu erfassen, sich eigenständig ein Urteil zu bilden und Entscheidungen zu verantworten. (SIBE 2010: 12–13)

Dieser zweifache Zweck der SIBE spiegelt sich auch in ihrem Namen »School of International Business and Entrepreneurship«. Dabei zielt der erste Teil des Namens »international Business« eher auf den unternehmensbezogenen Zweck SIBE; der zweite Teil »Entrepreneurship« zielt hingegen eher auf den Zweck der SIBE bezogen auf ihre Studierenden.

Der Begriff »Business« steht bei der SIBE im engen Zusammenhang mit dem Schumpeter'schen Begriff »Innovation«; »doing Business« wäre dementsprechend gleichbedeutend mit »innovieren«.

Wie im ersten Teil dieser Arbeit erläutert, gehören die weiter oben im Zitat erwähnten Phänomene »Wachstum und Globalisierung« zu den größten unternehmerischen Herausforderungen unserer Zeit. Dabei stehen diese beiden Herausforderungen in einem engen Verhältnis: Beiden Herausforderungen ist gemeinsam, dass sie Kategorien bilden für vielfältige Megatrends (z. B. die Entelechie des Kapitalismus, Wissensgesellschaft, Open Innovation etc.). Diese Megatrends wiederum bilden jene Rahmenbedingungen, unter denen heute innoviert werden und damit organisches d. h. nachhaltiges Wachstum möglich ist. Einen Beitrag zur Bewältigung dieser beiden Herausforderungen zu geben, bildet eines der obersten Ziele bzw. einen der beiden Zwecke der SIBE. Der Begriff »Business« ist daher nicht zu verstehen als (rein) operatives bzw. bestehendes verwaltendes Tun, als eine »Arbeit im Unternehmen«; Business bedeutet vielmehr Innovieren, eine »Arbeit am Unternehmen«. Anders ausgedrückt, geht es der SIBE darum, Unternehmen bei ihrem Business, d. h. in diesem Fall bei ihrem Innovieren unter den Prämissen »Wachstum und Globalisierung« zu unterstützen. Diese Angelegenheiten bzw. Herausforderungen können sich dabei beziehen entweder auf den Bereich »Wachstum«, den Bereich »Globalisierung« oder – was angesichts der fortschreitenden internationalen Verflechtungen im Wirtschaftsleben nicht verwundert – auf beide Bereiche gleichzeitig.[36]

Die SIBE unterstützt Unternehmen bei der »Herausforderung Wachstum«, indem Projekte im Rahmen des PKS an der SIBE nach den Schumpeter'schen Möglichkeiten für Innovationen definiert werden.

In einem mehrfachen Sinn zeigt sich an der SIBE der Zweck »Beitrag liefern zur Bewältigung der unternehmerischen Herausforderung Globalisierung«. Die offensichtlichsten Manifestationen sind dabei wohl diese:

- Das Studium zum InternationalMBA Globalisation Management richtet sich an ausländische Absolventen.[37] Auch dieser Studiengang ist nach dem Prinzip des Projekt-Kompetenz-Studiums konzipiert; allerdings arbeiten die Studenten im Rahmen ihres Studiums in ihrem jeweiligen Heimatland sowie in Deutschland.[38] Nach eigenen Angaben sieht die

36 Auch wenn es sich im offiziellen Namen nicht so darstellt, wurde daher weiter oben in dieser Arbeit der Namensteil »international Business« in Klammern gesetzt.

37 In diesem Studiengang kooperiert die SIBE mit ausländischen Partneruniversitäten der BRIC-Staaten wie der Tsinghua-Universität in Peking, dem Symbiosis Institute of Business Management (SIBM) im indischen Pune oder der Universidade Estadual Paulista (UNESP) in Sao Paulo in Brasilien.

38 Insofern verschwimmen hier die Grenzen zwischen transnationalem und internationalem Studiengang, da im weitesten Sinne auch die Arbeit im Unternehmen auch Teil des Studiums ist. Vor Ort werden die Studenten von Lehrkräften der kooperierenden Hochschulen betreut.

SIBE ihren Auftrag hier zum einen darin, zusammen mit ihren Partner-Universitäten in den für die deutsche Wirtschaft wichtigen Ziel-Märkten die Entwicklung von Führungs- und Nachwuchsführungskräften vor Ort zu gestalten. Zum anderen meint die SIBE, dass eine so exportorientierte Wirtschaft wie die deutsche sich langfristig nur pflegen lässt, wenn im Ausland bekannt ist, wie in Deutschland gearbeitet wird. Wer während seines Studiums mit Deutschland zu tun hat, entwickelt auch großes Verständnis für den »German Way of Life«, die deutschen Wertvorstellungen und eine größere Affinität zu deutschen Dienstleistungen und Produkten.

- Die SIBE selbst agiert als ein internationales Bildungsunternehmen, indem sie mit ausländischen Universitäten kooperiert. Hier seien v. a. die Kooperationen mit Partnern in den BRIC-Staaten genannt: In Brasilien sind die Kooperationspartner die Universidade Estadual Paulista (UNESP) in São Paulo, das Instituto Mauá de Tecnologia (MAUA) in São Caetano do Sul, die Universidade de Taubaté, die Fundação Plural Rede Plural de Desenvolvimento in São Vicente und die Universidade de Sorocaba (UNISO) in Sorocaba. In Russland kooperiert die SIBE mit der staatlichen Moskauer Lomonossow-Universität, in Indien mit dem Symbiosis Institute of Business Management (SIBM) in Pune und in China mit der Tsinghua University in Peking.[39] Mit diesen renommierten Partnern versucht die SIBE vor Ort eine je kulturspezifische Variante ihres PKS zu vermarkten, um nationalen Bewerbern das berufsintegrierte Studium zu ermöglichen.
- Hinzu kommt, dass die Inhalte des Studiengangs »Master of Science in International Management« direkt auf eine internationale Karriere im Management vorbereitet.

Neben diesen expliziten Erscheinungen manifestiert sich der oben genannte Zweck jedoch in einem viel stärkeren Maß hierdurch: Der Fokus der Studienprojekte liegt vielfach auf jenen Herausforderungen der Globalisierung (»permanentes Abstandhalten zum ersten Imitator«, »Wirtschaften in der Welten Dörfer« etc.).

An der SIBE herrscht die Überzeugung, dass ein innovativer Mensch sich zugleich durch ein Haben und ein Sein auszeichnet. Ein Mensch, der ein bestimmtes Wissen besitzt – etwa über den Gegenstand des Innovationsprozesses – entwickelt sich hierdurch natürlich nicht automatisch zu einer schöpferischen Persönlichkeit. Zu diesem nichtsdestotrotz obligatorischen Wissen muss dieser Mensch eine Reihe subjektiver, an die Person gebundener Eigenheiten entwickeln. Kurzum lautet die Auffassung an der SIBE hierzu: Es geht bei der schöpferischen Persönlichkeit auch aber eben nicht nur um die Funktionalität von Fachwissen, sondern zugleich um Bewusstheit und Verantwortlichkeit unternehmerischer Lebensperspektiven. (Panoke 2003: 27) Im Mittelpunkt des Lehrens und Lernens an der SIBE stehen daher gleichrangig die Stoffvermittlung auf der einen Seite und die Entwicklung der individuellen Kräfte des Studierenden auf der anderen Seite. Es ist nach Auffassung der SIBE, wenn nicht unmöglich, so doch auf jeden Fall schwierig, ohne ausreichendes Wissen über Unternehmertum/Management sich zu einer schöpferischen Persönlichkeit zu entwickeln. Wissen bildet gewissermaßen den Treibstoff, die elementare Grundlage jeder unternehmerischen Erfahrung. Zugleich gilt jedoch durch die spezielle Dualität des Projekt-

Kompetenz-Studiums: »Die Inhalte werden zum bloßen Stoff, an dem die Subjekte ihre Erfahrungen machen können, um daran zu wachsen. Als tauglich gelten Inhalte, die komplexe, realitätsnahe und ganzheitliche verfasste Problemfelder repräsentieren.« (Walterscheid 1998: 11)

3.4 DIE ALLEINSTELLUNGSMERKMALE DER SIBE

Das Projekt-Kompetenz-Prinzip dient als Alleinstellungs- und damit auch als Abgrenzungsmerkmal der SHB gegenüber anderen Hochschulen und Bildungsinstituten der Erwachsenenbildung. Da die Transferunternehmen der SHB als Profit Center trotz aller Kooperationen füreinander Konkurrenz sind, besteht für diese die Notwendigkeit, sich auch untereinander zu differenzieren. Dies geschieht bei der SIBE v. a. über folgende Variablen:

1. das Geschäftsmodell
2. die Ausgestaltung des Projekt-Kompetenz-Prinzips
3. dem Studium vorgeschaltete und begleitende Dienstleistungen.

3.4.1 DAS GESCHÄFTSMODELL DER SIBE

Das Geschäftsmodell der SIBE weist sowohl gegenüber anderen Hochschulen wie auch gegenüber anderen Instituten bzw. Schools der SHB einige Besonderheiten auf.

39 Die UNESP ist eine der größten und wichtigsten Universitäten und mit ihrem Multi-Campus-Konzept eine der erfolgreichsten in Brasilien. Über 40.000 Studenten verteilen sich dabei auf 23 Campus-Anlagen im Bundesstaat São Paulo. Mit über 30 Fakultäten, 30 Bibliotheken, 2 Krankenhäusern und einer Vielzahl weiterer Einrichtungen ist die Basis für eine intensive Kooperation im internationalen Umfeld vorhanden. Die Mauá-Universität ist eine der bekanntesten und renomiertesten privaten Hochschulen im Ingenieurbereich in Brasilien. Die Universidade de Taubaté ist eine der top-gerankten Business Schools Brasiliens, mit Sitz in Taubaté, São Paulo. Die MSU ist die älteste Universität in Russland, an der jährlich mehr als 2.000 Studierende eingeschrieben sind. Die internationalen Beziehungen der MSU sind vielfältig. Sie gehört der Internationalen Vereinigung von Universitäten an und hat direkte Kooperationsverträge mit mehr als 60 ausländischen Zentren und Vereinigungen, Universitäten aus Europa, den USA, Japan, China, anderen asiatischen Ländern, Australien, Lateinamerika und arabischen Staaten. Die SIBM zählt zu den besten Business-Schools in Indien und ist laut offiziellem Ranking, unter den besten 5 platziert. Durch einzigartige Lerninitiativen, wie z. B. Mentorship-Programme oder Industrieinteraktionen im Rahmen verschiedener Seminare, hat sich die SIBM als exzellente Business-School etabliert. Die Tsinghua University ist eine der Top-Universitäten in China, die in den Bereichen Engineering und angewandte Naturwissenschaften regelmäßig auf Platz 1 in vielen Rankings zu finden ist. Die Interaktion zwischen chinesischer und westlicher Kultur ist seit der Gründung der Universität in deren Lernmethoden fest verankert.

3.4.1.1 FOKUS AUF DAS MASTER-SEGMENT

Von den eingeschriebenen Studierenden (Bachelor und Master) an der SHB studieren rund 15% an der SIBE. Die SIBE ist ausnahmslos auf Master-Studiengänge fokussiert; rund die Hälfte aller eingeschriebenen Master-Studenten an der SHB studiert an der SIBE. Der Fokus auf das Master-Segment hängt v. a. mit zweierlei Folgen zusammen, welche einhergehen mit der Schaffung eines gesamteuropäischen Hochschulraums, dem so genannten »Bologna-Prozess«.

Eine wesentliche Folge dieses Prozesses ist die Umstellung auf Bachelor- und Masterabschlüsse. Unter den Ländern, die am Bologna-Prozess teilhaben, besteht weitgehender Konsens über Formalien.[40] Für die weitere Gestaltung des Europäischen Hochschulraums besteht eine Herausforderung in der grundsätzlichen Einigung über die mit einem Studienabschluss zu erwerbenden Qualifikationsprofile. Die europäischen Bildungsminister haben sich hierzu dafür ausgesprochen, »einen Rahmen vergleichbarer und kompatibler Hochschulabschlüsse für ihre Hochschulsysteme zu entwickeln, der darauf zielt, Qualifikationen im Hinblick auf Arbeitsbelastung, Niv. a., Lernergebnisse, Kompetenzen und Profile zu definieren.« (Berliner Kommuniqué 2003: 4) Anders gesagt, geht es bei diesen Qualifikationsprofilen darum, zu bestimmen, was ein Studierender auf bzw. nach Abschluss einer bestimmten Bildungsstufe weiß, versteht und kann.

Für die Bachelorstufe ergibt sich laut Beschluss der Kultusministerkonferenz (KMK 2005: 2f.) folgendes Qualifikationsprofil:

WISSEN UND VERSTEHEN	KÖNNEN
▪ Wissen und Verstehen von Absolventen bauen auf der Ebene der Hochschulzugangsberechtigung auf und gehen über diese wesentlich hinaus. ▪ Absolventen haben ein breites und integriertes Wissen und Verstehen der wissenschaftlichen Grundlagen ihres Lerngebietes nachgewiesen. ▪ Absolventen verfügen über ein kritisches Verständnis der wichtigsten Theorien, Prinzipien und Methoden ihres Studienprogramms und sind in der Lage ihr Wissen vertikal, horizontal und lateral zu vertiefen. Ihr Wissen und Verstehen entspricht dem Stand der Fachliteratur, sollte aber zugleich einige vertiefte Wissensbestände auf dem aktuellen Stand der Forschung in ihrem Lerngebiet einschließen.	▪ Absolventen können ihr Wissen und Verstehen auf ihre Tätigkeit oder ihren Beruf anwenden, Problemlösungen und Argumente in ihrem Fachgebiet erarbeiten und weiterentwickeln. ▪ Absolventen können relevante Informationen, insbesondere in ihrem Studienprogramm sammeln, bewerten und interpretieren ▪ Absolventen können daraus wissenschaftlich fundierte Urteile ableiten, die gesellschaftliche, wissenschaftliche, und ethische Erkenntnisse berücksichtigen; ▪ Absolventen können selbständig weiterführende Lernprozesse gestalten. ▪ Absolventen können fachbezogene Positionen und Problemlösungen formulieren und verteidigen; ▪ Absolventen können sich mit Fachvertretern und mit Laien über Informationen, Ideen, Probleme und Lösungen austauschen; ▪ Absolventen können Verantwortung in einem Team übernehmen

Für die Masterstufe ergibt sich laut Beschluss der Kultusministerkonferenz (KMK 2005: 4f.) folgendes Qualifikationsprofil:

WISSEN UND VERSTEHEN	KÖNNEN
▪ Masterabsolventen haben Wissen und Verstehen nachgewiesen, das normalerweise auf der Bachelor-Ebene aufbaut und dieses wesentlich vertieft oder erweitert. Sie sind in der Lage, die Besonderheiten, Grenzen, Terminologien und Lehrmeinungen ihres Lerngebiets zu definieren und zu interpretieren. ▪ Ihr Wissen und Verstehen bildet die Grundlage für die Entwicklung und / oder Anwendung eigenständiger Ideen. Dies kann anwendungs- oder forschungsorientiert erfolgen. Sie verfügen über ein breites, detailliertes und kritisches Verständnis auf dem neusten Stand des Wissens in einem oder mehreren Spezialbereichen.	Instrumentale Kompetenzen: ▪ Masterabsolventen können ihr Wissen & Verstehen sowie Fähigkeiten zur Problemlösung auch in neuen und unvertrauten Situationen anwenden, in breiterem oder multidisziplinären Zusammenhang mit Studienfach. ▪ Masterabsolventen können Wissen integrieren und mit Komplexität umzugehen; ▪ Masterabsolventen können selbständig sich neues Wissen und Können aneignen; ▪ Masterabsolventen können Selbstgesteuert eigenständige forschungs- / anwendungs-orientierte Projekte durchführen. ▪ Masterabsolventen können auf dem aktuellen Stand von Forschung und Anwendung Fachvertretern und Laien ihre Schlussfolgerungen und die diesen zugrunde liegenden Informationen und Beweggründe in klarer und eindeutiger Weise vermitteln. ▪ Masterabsolventen können sich mit Fachvertretern und mit Laien über Informationen, Ideen, Probleme und Lösungen auf wissenschaftlichem Niv. a. austauschen ▪ Masterabsolventen können in einem Team herausgehobene Verantwortung übernehmen

40 Hierzu gehören: quantitative Vorgaben für Bachelor- und Masterabschlüsse (Bachelor 180–240 ECTS Credits, Master 60–120 ECTS Credits), die Nomenklatur der beiden Studienstufen (Bachelor und Master bzw. entsprechende nationale Bezeichnungen), einzelne Grundprinzipien (Beschäftigungsfähigkeit, Internationalisierung etc.).

Es ist der Anspruch der SIBE, dass sich ihre Studierenden während ihres Studiums an einer Innovation im Sinne Schumpeters – seien es radikale oder inkrementelle – vollständig abarbeiten, sie selbstorganisiert erdenken, planen und auch durchführen. Auch wenn die Qualifikationsprofile freilich idealtypische Annahmen enthalten, lässt sich dennoch schließen, dass Studierende auf der Stufe des Masters bzw. Masterabsolventen wohl besser mit den Herausforderungen umgehen können, die mit der selbstorganisierten Arbeit an einem Innovationsprojekt einhergehen.

Ein weiterer Aspekt in Folge des Bologna-Prozesses ist diese: In vielen Employer Branding Konzepten von Unternehmen spielt die frühzeitige Ansprache von Studenten eine wichtige Rolle. Sehr viele Absolventen werden über Praktika und Abschlussthesen an das Unternehmen gebunden (Campus Recruitment). Angesichts der grundlegenden Veränderungen im Hochschulbereich muss sich auch die Rekrutierungspraxis der Unternehmen ändern. Im verkürzten und darüber hinaus kompakten Bachelor-Studium ist kaum mehr Zeit und Raum für Praktika; selbst während der Semesterferien ist kaum noch Zeit hierfür, da hier zumeist Prüfungen anstehen. Auch die bislang bis zu sechsmonatige Abschlussarbeit, die häufig praxisbezogen im Unternehmen geschrieben wurde, findet kaum mehr Platz in dem engen Zeitplan; bei den Bachelorthesen ist ein Trend zur reinen Schreibtischbearbeitung binnen-wissenschaftlicher Themen zu beobachten. (Berger 2007) Eine Folge hiervon ist, dass von Unternehmen verstärkt Masterthesen ausgeschrieben werden, da den Studierenden von den Hochschulen sowohl zeitlich wie auch prüfungstechnisch mehr Freiraum gegeben wird. Da aber nur ein gewisser und dabei immer kleiner werdender Teil der Absolventen tatsächlich ein Masterstudium realisiert (Alesi, Schomburg, Teichler 2010),[41] schränkt dies die Möglichkeiten gegenüber der Vergangenheit in Bezug auf Diplomarbeiten ein, hierüber den Kontakt zu potenziellen Mitarbeitern zu stärken. Für die Einstellungspraxis der Unternehmen bedeutet dies, dass die Möglichkeiten für frühzeitige Bindung tendenziell immer geringer werden. Das Studienmodell der SIBE biete hier nach eigenen Angaben für beide Parteien – Student und Unternehmen – »eine Art Probezeit auf höchstem Niv. a.« (Rominger 2009: 251): Zum einen erstrecke sich nämlich – anders als bei der Anfertigung einer Diplomarbeit – der Zeitraum des Kennenlernens nicht auf einige wenige Monate, sondern auf rund zwei Jahre. Zum anderen könnten sich Studenten und Unternehmen während dieser Zeit durch die vielfältigen unternehmens- und projektbezogenen Studienarbeiten und Tätigkeiten im Unternehmen mutmaßlich ein umfassendes Bild voneinander bilden. Kurzum sei daraus geschlossen, dass das Studienmodell der SIBE dazu beiträgt, dass sich Unternehmen und Student gegenseitig auf eine derart intensive und systematische Weise kennenlernen, dass am Ende der »Probezeit« auf beiden Seiten keine Fragen mehr offen sein sollten, ob man nun »zueinander passe« oder nicht.

3.4.1.2 FOKUS AUF EINE JUNGE ZIELGRUPPE

Neben der Ausrichtung auf postgraduale Studiengänge fällt weiterhin auf, dass sich anders als an den anderen Schools der SHB das derzeitige Studienangebot der SIBE ausschließlich an Absolventen ohne Berufserfahrung sowie an »Young Professionals« mit Hochschulabschluss, also an Akademiker mit zwei bis fünf Jahren Berufserfahrung wendet.

Der Fokus auf eine junge Altersgruppe hat zum einen folgenden Grund: Bei älteren Erwerbstätigen ist die Betriebsbindung stark ausgeprägt. Ein Grund mag sein, dass Karriereüberlegungen bei ihnen nicht mehr so eine große Rolle spielen. Zudem halten viele Ältere die schlechteren Chancen auf dem Arbeitsmarkt von einem Wechsel ab. Umso jünger die Erwerbstätigen hingegen sind, desto größer ist deren berufliche Mobilität. Ein Aufstieg in der Karriereleiter lässt sich oftmals leichter durch einen Wechsel des Arbeitgebers erzielen. Es deutet daher alles darauf hin, dass es in Zukunft noch schwieriger wird, Young Professionals an ein Unternehmen zu binden. (Vgl. Kordey, Korte 2006: 27) »Retention« bzw. »Mitarbeiterbindung« wird zum kritischen Erfolgsfaktor. Bei einer Retention-Strategie geht es vor allem darum, ein Anreizsystem für wertvolle Mitarbeiter v. a. für die so genannten »High Performer« zu gestalten. Wie bereits erläutert, spielen finanzielle Anreize hierbei eine eher untergeordnete Rolle. Vielmehr geht es darum, eine unternehmerische Umgebung zu schaffen, in der High Performer vorfinden, wonach sie suchen, nämlich v. a. interessante Arbeitsinhalte, Entwicklungschancen für die eigene Persönlichkeit, Möglichkeiten für selbstständiges Arbeiten sowie Weiterbildungsmöglichkeiten. Genau an dieser Stelle setzt das Studienangebot der SIBE an. Um gegenwärtige oder zukünftige Leistungsträger an ein Unternehmen zu binden, bietet man ihnen am besten zweierlei: Herausforderungen und Entwicklungsmöglichkeiten. Letztgenanntes wird ganz offensichtlich durch die SIBE gewährleistet, indem eine weitere formelle Qualifikation geboten wird; ein akademischer Abschluss wie z. B. der MBA dient, – trotz der stetig zunehmenden Bedeutung informeller Bildungsziele wie eben Kompetenzen – vielfach als Zugangsberechtigung für bestimmte Karrierewege.

Herausforderungen bietet das Studienkonzept der SIBE auf folgende Weise: Im Zentrum des Studiums stehen innovative Projekte. Dies sind nach Schumpeter Projekte, die zur Entwicklung neuer Geschäftsmöglichkeiten dienen. Solche Projekte gelten als die größten und wohl interessantesten aller unternehmerischen Herausforderungen, gilt es hier doch die Zukunft eines Unternehmens aktiv mitzugestalten. Dabei gibt es bei der Projektdefinition zwei Möglichkeiten: 1. Ein Unternehmen hat bereits mehr oder minder ein Innovationsprojekt definiert und »vergibt« dieses an einen Studierenden. 2. Ein Unternehmen gibt die Rahmenbedingungen vor, unter denen der Studierende – freilich in enger Absprache mit dem Unternehmen und der SIBE – sich selbst ein Projekt definieren muss. Für Studierende biete die zweite Möglichkeit größere Freiheiten und größere Herausforderung und damit auch größere Chancen, das eigene Wissen, Können und Wollen zu zeigen und zu entwickeln. Für Unternehmen bedeute die zweite Möglichkeit, dass es besonders auf leistungswillige und -fähige Menschen attraktiv wirkt. Indem Menschen mit Projekten betraut werden, von denen sie überzeugt sind, dass von diesen die Zukunft eines Unternehmens abhängt, wird ihnen zudem die Gewissheit vermittelt, es selbst in der Hand zu haben, die eigene berufliche Zukunft nachhaltig entwickeln zu können. Es sind speziell auch diese Innovations-Projekte, welche die breitesten Entwicklungsmöglichkeiten und größten Karrierechancen bieten: Denn Menschen, welche sich hier beweisen und hervorstechen, erscheinen als diejenigen, welche für ein Unternehmen den größten Nutzen stiften, sind sie es doch, die nachhaltig die Wettbewerbsfähigkeit des Unternehmens sichern und ausbauen.

41 Im Vergleich zu früheren Absolventenbefragungen zeigt sich für den universitären Bereich ein leichter und für den Fachhochschulbereich ein deutlicher Rückgang der Weiterstudierendenquote. (Alesi, Schomburg, Teichler 2010: 33f.)

3.4.1.3 FINANZIERUNGSKONZEPT

Bemerkenswert ist das Finanzierungskonzept der SIBE gegenüber den anderen Schools der SHB: In der Regel werden die Kosten für das Studium (Studien- und Dienstleistungsgebühren sowie die Reisekosten zu den Schulungsorten) vom Unternehmen bezahlt, für das die Studierenden im Rahmen ihres Studiums tätig sind. Mit diesem Konzept steht die SIBE in der langen Tradition der dualen (Aus)Bildung in Deutschland.[42] Große Übereinstimmungen finden sich so zwischen dem Finanzierungskonzept der SIBE und demjenigen von Berufsakademien. Auch bei letztgenannten gilt: »Die Betriebe übernehmen die Kosten der betrieblichen Ausbildung und zahlen dem Studierenden eine Ausbildungsvergütung, auch für die Zeit der theoretischen Ausbildungsphasen an der Berufsakademie.« (Hippach-Schneider, Krause, Woll 2007: 33)

Hintergrund dieses Finanzierungskonzepts ist das Steinbeis-Prinzip, wonach staatliche Aufgaben privatwirtschaftlich gelöst werden sollen. Dieses Prinzip erscheint angesichts des enormen Innovationsdrucks und des anbrechenden War for Talents auch und gerade im Bildungsbereich immer notwendiger. Deutlich ausgesprochen: Man darf nicht mehr nur auf das staatliche Bildungswesen vertrauen, sondern muss Bildung zugleich privatwirtschaftlich organisieren, realisieren und finanzieren. Die Finanzierung des Studiums durch das Unternehmen wird dabei an der SIBE als »kostenneutral« bezeichnet, d. h.: Der Anspruch und die Wirklichkeit der SIBE bei der Ausgestaltung der Studienprojekte besteht darin, dass die (monetären) Nutzenbeiträge, welchen die Studierenden durch ihr Projekt erzielen, die Kosten leicht um ein Vielfaches übertreffen.

3.4.1.4 BESONDERE VERTRAGSKLAUSELN

Auffällig ist die Gestaltung des Rahmen-Arbeitsvertrages: Für Studierende an der SIBE gelten während ihres dualen Studiums in der Regel folgende besondere arbeitsvertragliche Klauseln: bindender Zeitvertrag, keine Probezeit, keine Möglichkeit zur ordentlichen Kündigung.[43]

Mit den besonderen Vertragsklauseln reagiert die SIBE v. a. auf den idealtypischen Verlauf eines SIBE-Studiums aus psychologischer Sicht. Folgende Darstellung zeigt diesen Verlauf am Beispiel eines SIBE-Studierenden ohne Berufserfahrung.[44] Erfahrungsgemäß verläuft das SIBE-Studium eines Studenten mit Berufserfahrung (im MBA-Studiengang) meist anders, nämlich ohne Delle zu Beginn des Studiums.

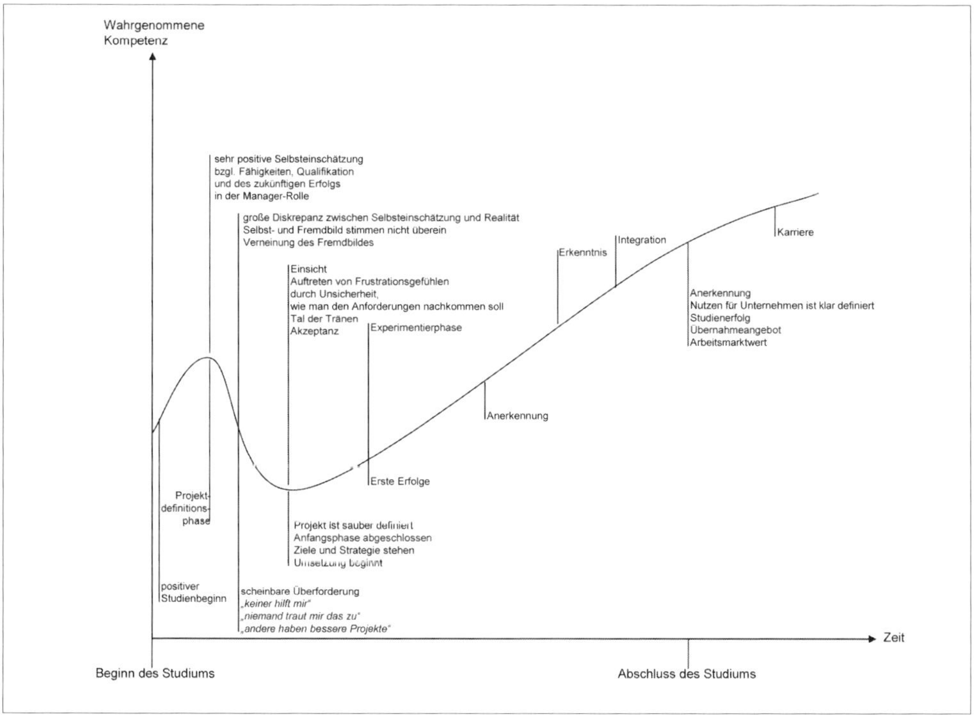

16 | existenzielle Labilisierung im PKS der SIBE

Oft haben weder die Studierenden und zum Teil noch nicht einmal die Unternehmen Erfahrungen geschweige Expertise in diesen Projektbereichen. Die Studenten können somit oftmals weder auf den Erfahrungshintergrund ihrer Kollegen, Vorgesetzten, noch auf den eigenen zurückgreifen. Mitunter haben die Studierenden noch nicht einmal den passenden fachlichen Hintergrund bezüglich des Erststudiums. Eine weitere Herausforderung mag es für viele Studierende sein, dass

42 Das System wird als dual bezeichnet, weil die Ausbildung an zwei Lernorten durchgeführt wird: im Betrieb und in der Berufsschule.

43 Diese Vertragsklauseln sind – mit Ausnahme des Auschlusses einer Probezeit – angelehnt an Musterverträgen diverser Berufsakademien bzw. dualer Hochschulen. Auch die daraus folgende Vertragsklausel, wonach Studierende bei einer außerordentlichen Kündigung an der Begleichung der noch ausstehenden Studiengebühren beteiligt sind, ist angelehnt an diese Musterverträge z. B. im Fall der hessischen Berufsakademien »Falls der Arbeitgeber die Studiengebühren trägt: Der Arbeitnehmer ist zur Rückzahlung der von dem Arbeitgeber übernommenen Kosten des Studiums verpflichtet, wenn er das Arbeitsverhältnis selbst kündigt oder wenn das Arbeitsverhältnis von Seiten des Arbeitgebers aus einem Grund gekündigt wird, den der Arbeitnehmer zu vertreten hat.« (Hessiche Berufsakademie 2010)

44 Dieser Verlauf ist angelehnt an den idealtypischen Verlauf eines Change-Management-Prozesses.

sie mit dem Studium neu in das Unternehmen eintreten und somit den unternehmerischen Hintergrund nicht kennen. Zudem bergen diese komplexen Projekte viele interne und externe Hürden in sich. Der Student muss sich mit verschiedensten intervenierenden Faktoren auseinandersetzen: Er muss intern für sein Projekt werben und sich Rückhalt verschaffen. Dazu muss er den bedeutsamen Nutzen seines Projektes und seiner ganz persönlichen Leistungen für das Unternehmen herausstellen, ohne diese bisher einmal sich selbst und anderen unter Beweis gestellt zu haben. Er muss seinem Projekt in großen Unternehmen mit interdisziplinären und mehrsprachigen Teams und womöglich großen Hierarchien Gehör verschaffen und seine Interessen gegenüber anderen Mitarbeitern durchsetzen, die womöglich schon Jahrzehnte im Unternehmen sind. Er mag vor Akzeptanzprobleme gestellt sein, da er als Student auf unterster Stufe im Unternehmen steht und zeitweise Seminare besucht.

Durch die Vereinbarung von Zielen des Projektes werden hohe Erwartungen an den Studierenden gestellt und er wird damit auch durch seine Vorgesetzten gefordert. Da der Studierende für den Projekterfolg verantwortlich ist, wird er alle diese Herausforderungen früher oder später angehen. Die Verantwortung für den Projekterfolg führt zu einer gesteigerten Betroffenheit und damit zu verstärktem Bewusstsein wie auch Handeln. Im Laufe der Projektumsetzung macht der Studierende eine Vielzahl von Erfahrungen. Er wird in Konfliktsituationen gebracht, angeregt und irritiert. Der Student wird somit nicht in Watte eingepackt, sondern lernt zwangsläufig mit herausfordernden Situationen umzugehen. Dies führt zu einer andauernden Erschütterung des emotionalen Gleichgewichts, zu einer existenziellen emotionalen Labilisierung.

Der Student startet mit dem Erfolgsgefühl, die Aufnahmeprüfung geschafft zu haben und entsprechender Freude ins Studium. Er ist überzeugt, dass er Beruf und Studium ohne Probleme realisieren kann und geht mit großem Elan an die Arbeit. Nach der Konfrontation mit der neuen ungewohnten Situation in Beruf und Studium wird deutlich, dass die eigene Wahrnehmung nicht mit der Realität übereinstimmt. Der Studierende lehnt diese Diskrepanz zunächst ab, doch im weiteren Verlauf des Studiums wird die Realität und Andersartigkeit der neuen Situation akzeptiert. Der Studierende wird sich fehlender Kompetenzen bewusst und reagiert schließlich mit einem Frustrationsgefühl. Er weiß nicht, wie er den an ihn gestellten Anforderungen nachkommen soll. Im Tal der Tränen quält er sich mit Gedanken wie »Keiner hilft mir!«, »Andere haben bessere Projekte!«, »Niemand traut mir das zu!«. Der Studierende ist scheinbar überfordert; und die Talfahrt geht weiter, bis schließlich das Projekt sauber definiert ist und Ziele, wie auch Strategie stehen. Die Umsetzung erfolgt schließlich durch verschiedene Experimente, die in ersten Erfolgen enden und zu Ansehen auf Seiten des Unternehmens führen. Daraus kann der Studierende schließlich lernen; er integriert erfolgreiche Experimente in seine Handlungsweisen. Langfristig bescheren ihm diese Handlungsweisen Studien-, wie auch Geschäftserfolg. Somit stiftet er dem Unternehmen Nutzen und steigert dort, wie auch auf dem allgemeinen Arbeitsmarkt, seine Attraktivität.[45]

Kurzum sind die vertraglichen Klauseln der SIBE-Verträge so zu erklären: Auch wenn die Leistung des Studenten gerade zu Beginn aber auch mitten im Studium ob einer Sinnkrise nachlassen sollte, sollen sowohl Unternehmen wie auch Studenten zum Durchhalten mehr oder minder gezwungen werden. Letztlich – so die Erfahrung der SIBE – sei dies in der Regel zum Wohl und Nutzen von Student und Unternehmen.[46]

3.4.2 DIE AUSGESTALTUNG DES PROJEKT-KOMPETENZ-PRINZIPS AN DER SIBE

Besonders hervorzuheben ist, dass die beiden Projekte des Studiums – das Unternehmensprojekt und das »hidden project« der Kompetenzentwicklung der Studierenden – formal wie auch inhaltlich außerordentlich stark in das Studium integriert sind. (Vgl. im Folgenden u. a. Faix, Schulten, Auer 2009)

Das Curriculum aller Studiengänge der SIBE folgt einer idealtypischen Geschäftsprojektlogik bzw. der Logik eines Businessplans. Diese Abfolge der Studieninhalte ermöglicht gezielt alle notwendigen Inhalte / Methoden für das Verständnis und die erfolgreiche Umsetzung eines ganzheitlichen, mikroökonomischen Projektes in einem makroökonomischen Umfeld.

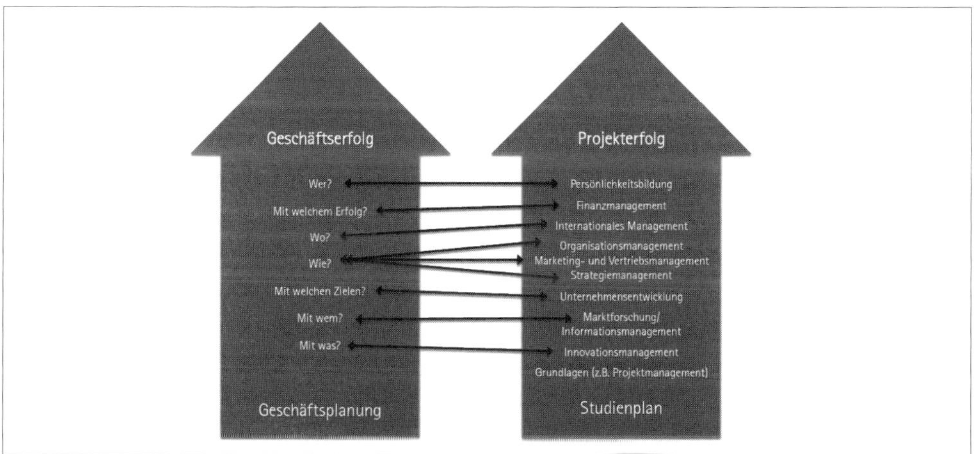

17 | Businessplan-Logik angewandt auf die Studieninhalte

45 Natürlich durchläuft nicht jeder Student diesen Prozess. Manche Studierende schaffen es nicht endgültig Selbst- und Fremdbild zu erkennen und werden weniger stark in den Prozess der existenziellen Labilisierung gebracht. Sie bleiben letztendlich in dieser Unsicherheit gefangen und schwanken zwischen dem Vertrauen in die eigenen Kräfte und Frustrationsgefühlen.

46 Darüber hinaus sei angemerkt, dass dieses Modell gerade für Bachelor-Absolventen, die während ihres Studiums keine Zeit für Praktika o. ä. hatten, einen großen Vorteil bietet: Durch die zweijährige Bindung unterbleiben die vielfach beobachtbare dem Studium direkt nachgeschaltete Aneinanderreihung von Praktika und auch die damit verbundenen Folgen (existenzielle Unsicherheiten, häufige Umzüge etc.).

Konkret gestaltet sich die inhaltliche Integration folgendermaßen: Zunächst eignen sich die Studierenden vor dem Besuch der Präsenzveranstaltungen Wissen selbst an; die Hochschule unterstützt sie bei ihrem Selbststudium durch Pre-Readings, Web Based Trainings u. a. So werden bereits Kognitionen initialisiert, ob und wie dieses Wissen in die unternehmerische Wirklichkeit allgemein und in die Projektarbeit speziell transferiert werden können. Diese Kognitionen werden anschließend noch vertieft im Seminar und anderen Präsenzveranstaltungen wie z. B. den so genannten »Projektkolloquien« bzw. Transfertagen« und in den »Transferarbeiten«. Die Transfertage haben den Charakter von Kolloquien, sie werden von berufserfahrenen Personen aus Unternehmen geleitet und sollen den Studierenden die Möglichkeit bieten, in einem kleineren oder größeren Plenum über den Stand ihres Projekts zu sprechen und zur Beantwortung projektspezifischer Fragen die kollektive Intelligenz der Studiengruppe zu nutzen. Transferarbeiten werden neben klassischen Klausuren zur Wissensabfrage eingesetzt. Dabei seien Transferarbeiten besser zur Wissensabfrage und damit zur Qualifizierung geeignet, da bei ihnen geprüft werden könne, ob die Inhalte des jeweiligen Seminars tatsächlich verstanden worden sind: »Die Transferarbeit soll dokumentieren, wie der Studierende die Lehrinhalte einer Seminareinheit in seinem Projekt bzw. Unternehmen konkret um- und einsetzen kann.« (SHB RPO: §6)

Ziel all der eben genannten Elemente ist die Aneignung von Qualifikationen bei den Studierenden, also das Erwerben von »klar zu umreißende[n] Komplexe[n] von Wissen im engeren Sinne, Fertigkeiten und Fähigkeiten, über die Personen bei der Ausübung beruflicher Tätigkeiten verfügen müssen, um anforderungsorientiert handeln zu können.« (Erpenbeck, Sauter 2007a)[47]

Das so Gelernte über Theorien, Methoden, Trends etc. wird hiernach vor dem Hintergrund der eigenen Arbeitsinhalte zunächst reflektiert und sodann konkret angewendet. Durch diesen unmittelbaren Transfer und dem so initialisierten Erfahrungslernen wird das Gelernte noch einmal vertieft. Die Studierenden müssen diesen Transfer eigenverantwortlich in offenen Situationen und unter Unsicherheit leisten. Durch diese Rahmenbedingungen werden wiederum die Kompetenzentwicklung systematisch gefordert und gefördert.

18 | Wissen, Qualifikation, Kompetenz im Projekt-Kompetenz-Studium

Während des gesamten Studiums an der SIBE kann der Studierende auf die Expertise von und Beratung durch Fach- wie auch Projektdozenten zurückgreifen. Im projektgebenden Unternehmen wird der Studierende unterstützt durch einen Business Mentor, welcher meist der im Unternehmen Vorgesetzte (mit akademischer Qualifikation) ist.

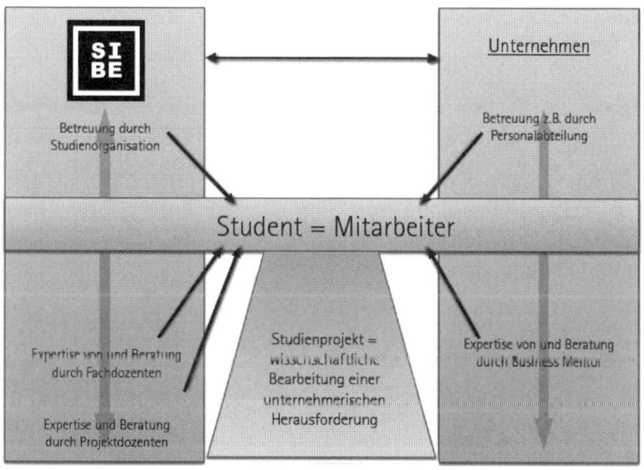

19 | formale Integration durch integrative Betreuung

Sowohl der Transfer wie auch die eigene Kompetenzentwicklung werden in schriftlichen Arbeiten dokumentiert. In den Projektstudienarbeiten, welche das Unternehmensprojekt betreffen, sollen die Studenten dokumentieren, wie die jeweilige Ausgangssituation, die Rahmenbedingungen, die Ziele des Projektes bzw. des Projektabschnittes und die gewählte Strategie definiert werden, wie sich der Maßnahmeneinsatz auf das Projekt ausgewirkt hat und welchen Erfolg und Nutzen das Unternehmen durch das Projekt erzielen konnte. In den Projektstudienarbeiten, welche die eigene Kompetenzentwicklung betreffen, sollen die Studierenden vor dem Hintergrund einer wissenschaftlich fundierten Diagnostik (siehe weiter unten) ihre Kompetenz- und auch ihre Persönlichkeitsentwicklung reflektieren. Alle Studienarbeiten haben dabei den Charakter einer anwendungsbezogenen Dokumentation, welche wissenschaftlichen Standards genügen muss – obgleich freilich die Dokumentation der eigenen Kompetenzentwicklung etwas freier verfasst sein kann. Dergestalt werden neben der methodisch-wissenschaftlich korrekten Erarbeitung des Projektes die Umsetzung der Problemlösung und das erzielte Ergebnis bewertet.

47 Obschon die Zielsetzung »Erwerb von Qualifikation« freilich nur analytisch von der hiernach folgenden Zielsetzung »Entwicklung Kompetenz« betrachtet werden kann.

Einen Schwerpunkt der Prüfungsleistungen bilden die so genannten »Projektstudienarbeiten« (PSA): »Die PSA stellt Lösungen der unternehmensrelevanten Projektaufgabenstellung dar. Dabei soll der Studierende die Methoden und Erkenntnisse des Studiums um- und einsetzen.« (SHB RPO: §5) Die PSA werden in Lerntandems oder Lerngruppen sowie mit den Fach- und Projektdozenten der SIBE und den Business Mentoren im jeweiligen Unternehmen besprochen und schließlich an der Hochschule und im Unternehmen präsentiert und verteidigt.

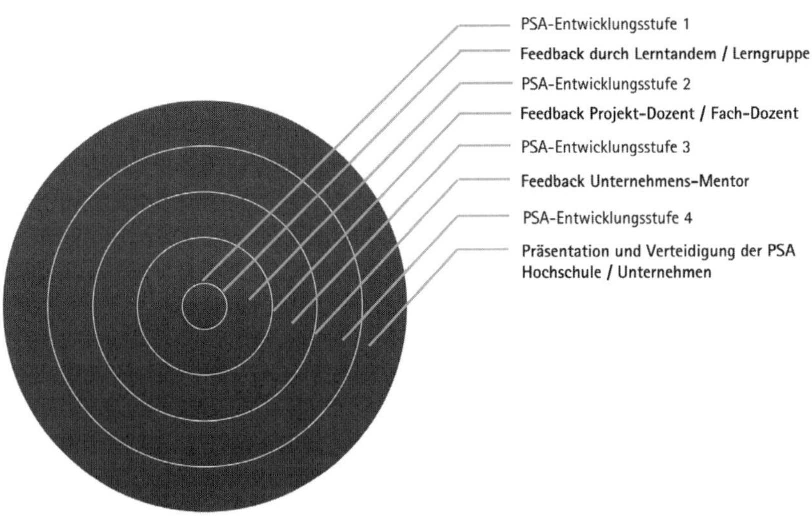

20 | Idealtypische Entwicklung einer Projektstudienarbeit (PSA)

Die Projektstudienarbeiten sind somit auch ein wichtiges Mittel der Kontrolle der Zielerreichung. Darüber hinaus sind die Studenten dazu angehalten den Projektstatus monatlich festzuhalten. Durch die kontinuierlich durchgeführte Analyse der projektspezifischen Ist-Situation und Rahmenbedingungen können die Projektzielsetzung sowie die erarbeiteten Projektstrategien kontrolliert und gegebenenfalls angepasst werden.

Neben den Projektstudienarbeiten bilden freilich die Master-Thesis sowie deren Verteidigung einen weiteren Schwerpunkt der Prüfungsleistungen: »Die Thesis ist eine praxisorientierte, wissenschaftlich aufbereitete und unternehmerisch relevante Konzeption und Abschlussdokumentation, in der das im Studium erworbene Wissen und die erlernten Fähigkeiten auf ein Projekt aus dem beruflichen Umfeld des Studierenden angewendet werden. Die Thesis soll zeigen, dass der Studierende in der Lage ist, eine Problemstellung seines Unternehmens selbständig und methodisch zu bearbeiten. Das Projekt wird in der Regel bei Studienbeginn mit dem Studierenden, dem Projektgeber und einem Prüfer der SHB definiert.« (SHB RPO: §9) Die Verteidigung der Master-

Thesis ist ebenso projektspezifisch und hat folgenden Charakter: »In dieser Prüfung präsentieren die Studierenden zu Beginn in zusammenfassender Form ihre Projektarbeit. Im Sinne der umfassenden Ausbildung werden im Prüfungsgespräch übergreifende Zusammenhänge auf Basis des Projektes im Vordergrund stehen, wobei die Prüfer berechtigt sind, Fragen zu stellen.« (SHB RPO: §11) Das Projekt steht sowohl bei der Master-Thesis wie auch bei der Abschlussprüfung inhaltlich und darüber hinaus formal im Mittelpunkt. Dies geschieht, indem bei der Bewertung der Master-Thesis folgende Personen beteiligt sind: »Die Thesis wird von einem Prüfer der SHB und einem ebenfalls als Prüfer bestellten Vertreter des Projektgebers bewertet.« (SHB RPO: §12) Analog hierzu gehören dem Prüfungsausschuss bei der Abschlussprüfung in der Regel folgende Personen an: »1. eine vom Präsidenten bestellte Lehrkraft (Vorsitz der Prüfung), 2. der als Prüfer bestellte Betreuer der SHB, 3. der als Prüfer bestellte Betreuer beim Projektgeber [also der Projektbetreuer im jeweiligen Unternehmen].« (SHB RPO: §11) Bei der Benotung der jeweiligen Prüfungsleistungen zählt die Stimme der jeweils Beteiligten je gleich.[48]

Der Prozess von multimodaler Wissensaneignung, Transfer und Kontrolle wiederholt sich somit bis zur letzten Prüfung des Studiums. Formal stellt sich das PKS der SIBE daher wie folgt dar.

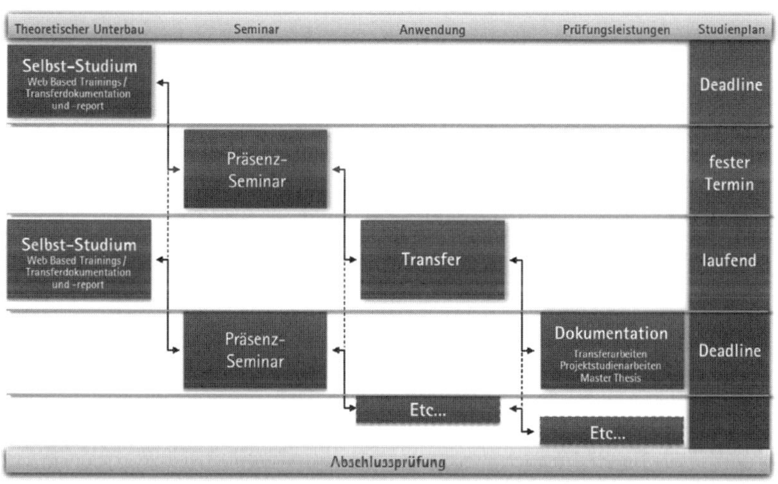

21 | Formaler Ablauf des Projekt-Kompetenz-Studiums an der SIBE (I)

48 Gleichwohl soll durch bestimmte Maßnahmen gesichert werden, dass die jeweiligen Abschlussarbeiten nicht nur einen unternehmerischen Nutzen besitzen, sondern auch wissenschaftlichen Standards genügen. So gilt z. B. bei der Master-Thesis: »Die Thesis wird von einem Prüfer der SHB und einem ebenfalls als Prüfer bestellten Vertreter des Projektgebers bewertet. Ist nicht sichergestellt, dass eine nach praktischen und wissenschaftlichen Anforderungen kompetente und unabhängige Begutachtung der Thesis erfolgen kann, so muss die Thesis von einem zweitem Prüfer der SHB bewertet werden.« (SHB RPO: §12)

Wissen eignen sich die Studierenden bereits vor den Seminaren im Selbststudium in Form von Pre-Readings oder dem Blended Learing (u. a. Web Based Training) an. Darüber hinaus steht der E-Campus als Plattform für die Diskussion mit dem Lerntandem-Partner bzw. der Lerngruppe zur Verfügung.

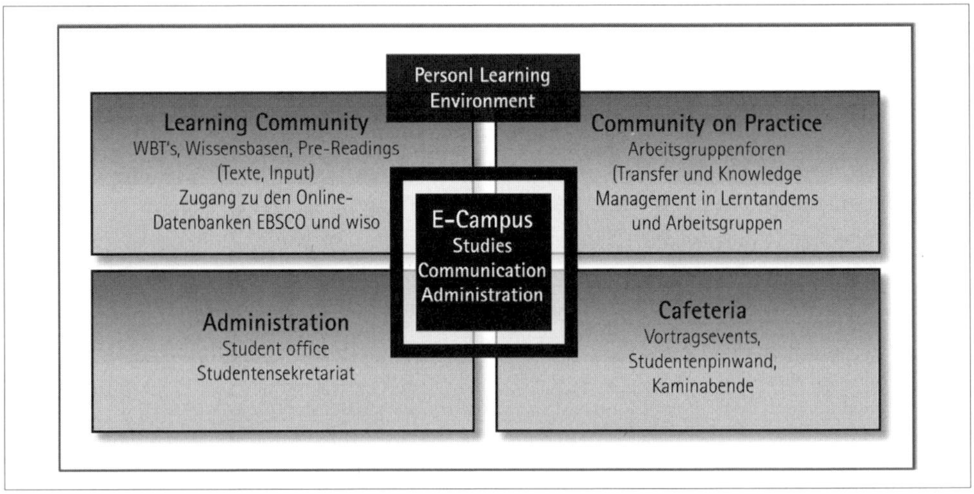

22 | E-Campus

Im zweiten Schritt wird dieses Wissen in den Seminaren vertieft und z. B. durch Fallstudien und eigene Projektbeispiele bereichert, die eine Anwendung des gelernten Wissens erfordern und der Qualifikationsentwicklung dienen. Nach dem Seminar werden die Studierenden zur Anwendung des erarbeiteten Wissens und des Seminarinhalts auf das eigene unternehmerische Projekt angehalten. Durch den Transfer von Wissen und Qualifikation in reale Situationen erfolgt der Kompetenzaufbau. Diese Entwicklungen werden schließlich in Studienarbeiten dokumentiert.

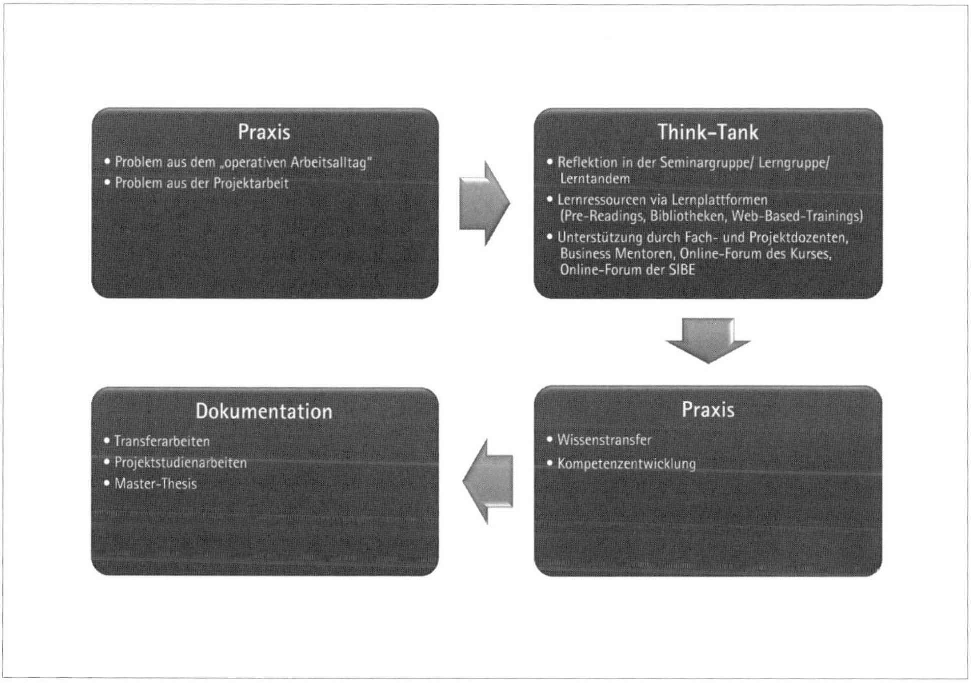

23 | Formaler Ablauf des Projekt-Kompetenz-Studiums an der SIBE (II)

Die eben beschriebene formale und inhaltliche Integration des Unternehmensprojekts und des »hidden projects« der Kompetenzentwicklung soll im Folgenden anhand der Studiengänge »Master of Arts in General Management« und »Master of Science in International Management« beschrieben werden. Das Profil der einzelnen Studiengänge soll dabei auf der Grundlage der jeweiligen Akkreditierungsgutachten der FIBAA (Foundation for International Business Administration Accrededation) aufgezeigt werden. (FIBAA 2010b-c)

3.4.2.1 MASTER OF ARTS IN GENERAL MANAGEMENT

Der nicht-konsekutive Studiengang richtet sich an Absolventen aller Studienrichtungen aus Universitäten, Fachhochschulen, Berufsakademien und anderen Hochschulen. Insbesondere Hochschulabsolventen aus den Bereichen Geistes- und Sozialwissenschaften, Jura oder solche mit technisch-, naturwissenschaftlichen Abschlüssen können durch das Projekt-Kompetenz-Studium (PKS) eine fachlich breit angelegte Basis für ihren beruflichen Einstieg auf Führungsebenen in unterschiedlichen Geschäftsfeldern und Positionen in Wirtschaft und Gesellschaft erwerben. Studierende mit wirtschaftswissenschaftlichem Hintergrund vertiefen und erweitern ihr theoretisches Wissen praxisnah und umsetzungsorientiert.

Die weiter oben beschriebene formale und inhaltliche Integration des Unternehmensprojekts und des »hidden projects« der Kompetenzentwicklung erfolgt bei diesem Studiengang auf folgende Weise:

> *Mit den Auftaktseminaren zu den Managementgrundlagen werden die Grundlagen für das gesamte M.A.-Studium gelegt. Die Studierenden erhalten einen umfassenden Überblick über die wichtigsten betriebswirtschaftlichen Modelle und Management-Methoden/-Instrumente der Gegenwart. Darauf aufbauend wird die Methodik des Projektmanagements vermittelt, die die Studierenden dazu in die Lage versetzen soll, die Zielsetzung ihres unternehmerischen Projektes klar zu definieren und das Projekt für die übrigen zwei Jahre zu strukturieren und zu operationalisieren. Wenn Projektziel und Vorgehensplan feststehen, folgen die Seminare, die das notwendige Know-how für die Durchführung einer Markt- und Potentialanalyse vermitteln (z. B. Market Research, Competition Analysis, Information Management). Daran schließen sich Seminare zum Strategiemanagement an. Hierzu zählen z. B. die Seminare Management of Strategies, Business Strategy, Corporate Strategy, Growth and Globalisation Strategy, Organizational Management und Quality Management, die die Frage beantworten, wie die unternehmerischen Ziele erreicht werden sollen. Vor diesem Hintergrund folgen Seminare zu dem Themenfeld Marketing and Sales, die aufzeigen, wie der zuvor definierte Markt erreicht werden soll. Wenn all diese Parameter feststehen, wird in den Seminaren zu Accounting & Corporate Finance der Frage nachgegangen, wie sich die finanziellen Rahmenbedingungen des Projektes gestalten. Flankiert wird das gesamte Curriculum von Seminaren zur personalen Entwicklung (Personality, Development of Competencies) und es findet seine Abrundung durch das Seminar International Management mit der Auslandsstudie in Kooperation mit einer Partnerhochschule in einem Wachstumsmarkt.*
>
> *Das Studienprogramm qualifiziert in zwei Richtungen systematisch: zum einen werden durch Vermittlung von »Soft Skills« Führungspotenziale (wie Personale Entwicklung, Führung, Kompetenzentwicklung usw.) geweckt bzw. gestärkt und zum anderen sorgen Fachseminare (wie Strategy, Marketing und Finance) dafür, dass die wichtigsten betriebswirtschaftlichen Kompetenzfelder aufgebaut werden.*
>
> *Den entsprechenden Meilensteinen des Curriculums stehen insgesamt fünf Projektstudienarbeiten als Prüfungsleistung gegenüber, die den Transfer aus den Seminaren wissenschaftlich fundiert in die Praxis gewährleisten. Die Abfolge der Projektstudienarbeiten 1-4 entspricht der Logik eines Business-Planes, so dass die Studierenden zugleich eine Dokumentation ihrer Studien- und Projektergebnisse sowie eine Entscheidungsgrundlage für ihre Partnerunternehmen ausarbeiten. Darauf aufbauend wird die Master Thesis als schriftlicher Teil der Abschlussprüfung als das gesamte Projekt umfassende Kompendium erstellt. Darüber hinaus wird als Projektstudienarbeit 5 ein Competence Development Plan verfasst, der die Ergebnisse der KODE®-/KODE®X-*

Tests (siehe weiter unten in dieser Arbeit) einbezieht und die weitere persönliche Entwicklung der Studierenden skizziert. (SIBE 2009b)

3.4.2.2 MASTER OF SCIENCE IN INTERNATIONAL MANAGEMENT

Der Studiengang soll auf der Basis breiter wirtschaftswissenschaftlicher Kenntnisse international orientiertes Management-Know-how vemitteln.[49] Flankiert durch das so genannte Projekt-Kompetenz-Studium (PKS) soll den Absolventen der Zugang zu zukünftigen Führungspositionen in unterschiedlichen Geschäftsfeldern und Positionen in Wirtschaft und Gesellschaft ermöglicht werden.

Die weiter oben beschriebene formale und inhaltliche Integration des Unternehmensprojekts und des »hidden Projects« der Kompetenzentwicklung erfolgt bei diesem Studiengang auf folgende Weise:

Zunächst werden die Grundlagen der Außenwirtschaft und des internationalen Managements gelegt, um die globalen Interdependenzen aufzuzeigen und ein ordentliches Fundament für die globalen Geschäftsaktivitäten zu legen. Darauf aufbauend wird die Methodik des Projektmanagements vermittelt, die die Studierenden in die Lage versetzen soll, die Zielsetzung ihres unternehmerisches Projektes klar zu definieren (Management von Zielen) und das Projekt für die übrigen zwei Jahre zu strukturieren und zu operationalisieren. Wenn Projektziel und Vorgehensplan feststehen, folgen Seminare, die das notwendige Know-how für die Durchführung einer Markt- und Potenzialanalyse vermitteln. Daran schließen sich Seminare zum Strategiemanagement der internationalen Unternehmung an. Hierzu zählen z. B. die Seminare Strategien des internationalen Managements, Internationales Organisationsmanagement und Internationales Qualitätsmanagement, die die Frage beantworten, wie die unternehmerischen Ziele erreicht werden sollen. Vor diesem Hintergrund folgen Seminare zu dem Themenfeld Marketing und Vertrieb, die aufzeigen, wie der zuvor definierte Markt erschlossen werden soll. Wenn all diese Parameter feststehen, wird in den Seminaren zum Finanzmanagement der Frage nachgegangen, wie sich die finanziellen Rahmenbedingungen des Projektes gestalten, bevor es die Frage zu beantworten gilt, welche weiteren Märkte im Sinne der Internationalisierung angestrebt werden können. Flankiert wird das gesamte Curriculum von Seminaren zur personalen Entwicklung für die Studierenden bzw. die Projektverantwortlichen.

49 Eine ausführliche Darstellung dieses Studiengangs findet sich bei Kisgen 2010. Vgl. dazu auch Kisgen 2007.

Den entsprechenden Meilensteinen des Curriculums stehen insgesamt sechs Projektstudienarbeiten als Prüfungsleistung gegenüber, die den wissenschaftlich fundierten Transfer aus den Seminaren in die Praxis gewährleisten. Die Abfolge der Projektstudienarbeiten entspricht der Logik eines Business Planes, so dass die Studierenden zugleich eine Dokumentation ihrer Studien- und Projektergebnisse sowie eine Entscheidungsgrundlage für ihre Partnerunternehmen ausarbeiten. Darauf aufbauend wird die Master Thesis als schriftlicher Teil der Abschlussprüfung als das gesamte Projekt umfassende Kompendium erstellt.

Darüber hinaus werden die Studierenden systematisch auf Forschungslücken im internationalen Management aufmerksam gemacht bzw. die Studierenden stoßen mit ihren Fragestellungen, die sich zwangsläufig aus der Transferarbeit ergeben, auf Forschungslücken (bspw. Zielprozess, Marktdefinition, etc.).

Neben dem Aufbau der wichtigsten betriebswirtschaftlichen Kompetenzfelder durch die Fachseminare und Projektstudienarbeiten sorgt das Studienprogramm darüber hinaus durch die systematische Entwicklung von »Soft Skills« für die kontinuierliche Weiterentwicklung der Studierenden. In Seminaren wie Führung und Persönlichkeit sowie in den halbjährlich stattfindenden Veranstaltungen fördert die SIBE die Kompetenzentwicklung der Teilnehmer/innen. (SIBE 2009c)

3.4.3 VORGESCHALTETE UND BEGLEITENDE DIENSTLEISTUNGEN

Die vorgeschalteten und begleitenden Dienstleistungen des PKS-Studiums der SIBE (Personaldienstleisungen und Kompetenzmessungen) werden von der SAPHIR Holding übernommen (Steinbeis Associate Partner of Human International Resources), einem Transferunternehmen, das sich unter dem Dach der SHB befindet.

24 | Die Organisation des Transferunternehmens SAPHIR

3.4.3.1 PERSONALDIENSTLEITUNGEN DURCH SAPHIR-DEUTSCHLAND GMBH

SAPHIR Deutschland GmbH (im Folgenden abgekürzt mit SAPHIR Dtl.) unterstützt zum einen Unternehmen mit DIN-zertifizierten[50] Personalauswahlprozessen bei der Rekrutierung, Auswahl und Bindung von Akademikern[51] Zum anderen unterstützt SAPHIR Dtl. angehende bzw. junge Akademiker durch Karriereberatung, Coaching und vor allem durch die Vermittlung von projektgebenden Unternehmen für das Projekt-Kompetenz-Studium.

SAPHIR Dtl. übernimmt für die SIBE kurzum all jene Personaldienstleistungen, welche dem Studium an der SIBE vorgeschaltet sind: Der Zweck von SAPHIR Dtl. ist, Studienbewerber und projektgebende Arbeitgeber zu einem Vertragsabschluss für ein Beschäftigungsverhältnis im Rahmen eines Projekt-Kompetenz-Studiums zusammen zu führen.

Die Personaldienstleistungen von SAPHIR Dtl. stellen zusammen mit dem Studium der SIBE ein ganzheitliches Angebot dar für Unternehmen und Studenten. Daher verwundert es nicht, dass sich die Zielgruppen von SAPHIR Dtl. analog zu denen der SIBE ergeben: SAPHIR Dtl. unterstützt zum einen Unternehmen bei der Suche, Auswahl, Vermittlung und Bindung von Mitarbeitern im Rahmen eines Projekt-Kompetenz-Studiums an der SIBE.[52] Zum anderen unterstützt SAPHIR Dtl. Bewerber für das PKS der SIBE bei ihrer Suche nach bzw. Vermittlung an kooperierende Unternehmen. Dabei ist das Angebot von SAPHIR Dtl. analog zu jenem der SIBE durch folgende Spezifika gekennzeichnet: Auf Unternehmensseite richtet sich das Angebot an Unternehmen jeglicher Größe und aller Branchen. Das Angebot richtet sich darüber hinaus an alle Unternehmensbereiche und umfasst dabei fast alle Themengebiete. Auf Studentenseite richtet sich das Angebot von SAPHIR Dtl. an junge Nachwuchskräfte mit akademischem Hintergrund und ca. bis zu fünf Jahren Berufserfahrung.

---

50 Das (eignungs-)diagnostisches System von SAPHIR einschließlich der eingesetzten Verfahren (KODE®, KODE®X, Assessmentcenter und Interview) wurden am 24.3.2009 mit der ComCheck DIN 33430 von einem unabhängigen Institut geprüft. Mit der DIN 33430 soll die Qualität von Eignungsbeurteilungen gesichert und Transparenz in den eignungsdiagnostischen Markt gebracht werden. Sie enthält Qualitätsstandards für den gesamten Personalauswahlprozess.

51 Während sich SAPHIR Deutschland auf den deutschen bzw. deutschsprachigen Markt konzentriert, ist der Gegenstand der SAPHIR International GmbH die internationale Rekrutierung, Vermittlung und Betreuung von Führungskräften und Nachwuchsführungskräften.

52 Mitarbeiter mit bzw. über die Studienprogramme der SIBE zu rekrutieren, ist eine der möglichen Optionen, die SAPHIR anbietet. Daneben gibt es noch die Optionen, Alumni der SIBE oder rein extern zu rekrutieren. (http://www.saphir-deutschland.de)

Mit der Gründung von SAPHIR Deutschland reagiert man v. a. auf folgende Herausforderungen: (Vgl. im Folgenden Rominger 2009: 221)

EINBRUCH DER BEWERBERZAHLEN Wie Befragungen in den letzten Jahren immer wieder bestätigen, sieht sich ein Großteil der Unternehmen in Deutschland von einem Fach- und Führungskräftemangel bedroht (Bienzeisler, Bernecker 2008: 11). Seit etwa Anfang des Jahres 2007 melden auch die Kooperationsunternehmen der SIBE, dass die Anzahl der Bewerbungen im Vergleich zu den Vorjahren extrem zurückgegangen ist, in manchen Bereichen um bis zu 75%. Davon betroffen sind sowohl die eingehenden Bewerbungen auf ganz normale Stellen als auch Initiativbewerbungen und Bewerbungen auf Praktika- und Diplomarbeiten – unabhängig von Unternehmensgröße und Branche. Auch wenn sich dieser Trend momentan hauptsächlich auf Mittelständler auswirkt, bestätigen auch Großkonzerne, dass die vormalige Flut von Bewerbungen stetig abebbt.

FEHLENDE »TALENTE-MENTALITÄT« Obschon die Zahlen und Trends alarmierend sind und mittlerweile die mediale Aufmerksamkeit immer größer wird, ist das Bewusstsein für das Problem besonders in den Fachabteilungen von Unternehmen noch relativ gering. (Kienbaum 2006: 7) Die Konzepte, die sich hinter Schlagworten wie »Talent-Management«, »Employer Branding« und »Talent-Relationship-Management« verbergen, sind zwar vielfach auf dem besten Weg fester strategischer Bestandteil in den Human Ressources-Abteilungen zu werden. Allerdings werden diese handlungsleitenden Strategien eben teilweise nicht im operativen Tagesgeschäft der Fachabteilungen umgesetzt, die »Talente-Mentalität« nur sporadisch gelebt. So scheinen viele Führungskräfte die Talent-Management-Strategie ihres Unternehmens nicht aktiv zu leben. (Hewitt Associates 2008). Die wohl gravierendsten Gründe sind wohl, dass Managern hierfür die nötige Zeit und/oder das nötige Wissen fehlen, sich ausreichend um vorhandene und zukünftige Talente zu bemühen. (Ebd.)

Auf oben genannte Herausforderungen von Unternehmen reagiert SAPHIR Dtl. durch folgendes Geschäftsmodell: (Vgl. im Folgenden Rominger 2009: 235f.)

GEZIELTE PROAKTIVE REKRUTIERUNG VON AKADEMIKERN Zur Rekrutierung von Akademikern setzt SAPHIR Dtl. zum einen eine Vielzahl klassischer und moderner Elemente der Marketing-Kommunikation ein (Web 2.0-Marketing, Hochschulmarketing etc.). Der Fokus liegt auf dem Dialogmarketing, einer Sonderform des Direktmarketings. Beim Dialogmarketing werden zum einen Inhalt und Form der Marketingmaßnahmen auf die Interessen und Bedürfnisse der Zielgruppe abgestimmt. Zum anderen vollzieht sich – im Gegensatz zu anderen eher monologischen Formen der Marketingkommunikation – im Regelfall ein Dialog mit dem Kunden. Im Rahmen der Rekrutierung könne durch die Fokussierung auf das Dialogmarketing eher gewährleistet werden, dass die Angesprochenen durch Rück- und Verständnisfragen die Botschaften besser verstehen. Zudem versprächen der Aufbau einer Beziehung und eine gewisse emotionale Verbundenheit in der Rekrutierung in einer zunehmend anonymisierten Welt einen großen Vorteil

z. B. gegenüber der bloßen Schaltung von Stellenanzeigen.[53] Das Dialogmarketing ist in der Regel zum einen aufwändiger als andere Formen der Marketingkommunikation, da eben keine großen Massen angesprochen werden können, sondern das Gespräch mit dem einzelnen Individuum in den Mittelpunkt rückt. Es verwundert daher nicht, dass diese Form des Marketings Unternehmen vielfach überfordert, sei es beim klassischen Produktmarketing wie auch beim Marketing im Rahmen der Rekrutierung von Mitarbeitern. Genau an dieser Stelle setzt SAPHIR Dtl. an, indem v. a. folgende Dienstleistungen angeboten werden:

- Suche nach Bewerbern in Lebenslaufdatenbanken (»Talentpool«): SAPHIR Dtl. verfügt über eine eigene Bewerberdatenbank. Die Beziehungen zu den Kandidaten aus dieser Datenbank werden gemäß dem Dialogmarketing gepflegt. Der Vorteil dieser Vorgehensweise liegt darin, dass – aus Sicht der Bewerber – die Kandidaten schnell und zeitnah vermittelt bzw. – aus Sicht der Unternehmen – offene Positionen schnell und zeitnah besetzt werden können. Besonders bei kritischen oder schwierig zu besetzenden Positionen wird darüber hinaus auch über andere Datenbanken gesucht.[54] Über diesen Weg wird zudem das Potenzial des passiven Bewerbermarktes erschlossen, das bedeutet: Es werden auch Kandidaten kontaktiert, die momentan nicht aktiv. a.f Jobsuche sind, aber grundsätzlich Wechselbereitschaft zeigen.
- Direktansprachen: In der Rekrutierung werden Direktansprachen immer wichtiger. Diese werden sowohl am Telefon als auch direkt am Campus sowie v. a.E-Mail oder sozialer Netzwerke im Internet vollzogen. Auch hier wird das Potenzial des passiven Bewerbermarktes weiter ausgeschöpft.
- Headhunting: Im Einzelfall und v. a. bei kritischen Positionen werden gezielt Kandidaten aus bestimmten Fachgebieten angesprochen.
- Messen: Unternehmen werden von SAPHIR Dtl. auf Recruiting-Messen (z. B. der Absolventenkongress in Köln, aber auch kleinere Messen an Hochschulen) mitvertreten, d. h. deren Stellenangebote dort auch vermarktet. Auf Wunsch werden Unternehmen an ihren eigenen Messeständen durch SAPHIR Dtl.-Mitarbeiter und Informationsmaterial unterstützt.
- Gemeinsame Recruiting-Events: Gegebenenfalls werden von SAPHIR Dtl. vor Ort, also in den Unternehmen selbst Auswahlverfahren für die Master-Studiengänge der SIBE durchgeführt. Solche Veranstaltungen werden für die Zielgruppen Praktikanten, Diplomanden, Bacheloranden und eigene Mitarbeiter durchgeführt.

53 Diesen Zustand versucht sich übrigens auch ein gelebtes Talent Relationship Management zu Nutze zu machen.

54 Im Jahre 2006 gaben in einer Studie rund 70% der befragten Kandidaten an, ihren Lebenslauf bereits in einer Datenbank hinterlegt und frei geschaltet zu haben oder zumindest planen, dies zu tun. In der gleichen Studie gaben auf Unternehmenseite lediglich 17% der Befragten an, Lebenslaufdatenbanken selbst oder über Partner für ihre Rekrutierungsprojekte zu nutzen. (Eckhardt, König, Keim, Weitzel, Villa, von Westarp 2006)

- Netzwerke und Empfehlungsmarketing: Empfehlungen haben insgesamt einen sehr starken Einfluss auf das Verhalten von Bewerbern. So treffen Kandidaten ihre Entscheidungen zum einen zügiger und zum anderen wird die Entscheidung für ein Stellenangebot wahrscheinlicher. Als Multiplikatoren und damit mögliche Sender von Empfehlungen stehen SAPHIR Dtl. das SHB- und SIBE-Netzwerk u. a. bestehend aus Studierenden und Alumni zur Verfügung.[55]

BEWERBERMANAGEMENT AUS EINER HAND SAPHIR Dtl. übernimmt als interner Personaldienstleister der SIBE das vollständige Bewerbermanagement: Auswahl, Rekrutierung und Vermittlung von Studierenden für die Projekt-Kompetenz-Studiengänge der SIBE. Angesichts der beiden Kooperationspartner der SIBE Unternehmen und Studierende bietet SAPHIR Dtl. zwei komplementäre Formen von Personaldienstleistungen an:

- Für Unternehmen agiert SAPHIR Dtl. als Personalvermittler: SAPHIR Dtl. akquiriert offene Stellenangebote für das PKS der SIBE bei Unternehmen, fertigt ein Besetzungsbild an, gleicht dieses mit vorhandenen Interessenten in der internen Bewerberdatenbank ab und/oder sucht gezielt extern nach Kandidaten. Um für Unternehmen die Komplexität des Rekrutierungsprozesses zu reduzieren, erhalten diese vorselektierte Bewerbungsunterlagen von Kandidaten, die bereits ein Auswahlverfahren durchlaufen haben. Bei der nachfolgenden Auswahl eines geeigneten Kandidaten können sich Unternehmen auf die Ergebnisse von wissenschaftlich fundierten und DIN-zertifizierten Testverfahren stützen.
- Für Studienbewerber agiert SAPHIR Dtl. gewissermaßen als »privater Arbeitsvermittler«: Um für Studienbewerber die Komplexität des Bewerbungsprozesses zu reduzieren, bietet SAPHIR Dtl. ihnen Einzel- und Gruppenberatung, Karriereberatung- und Coaching sowie v. a. die direkte Vermittlung an Unternehmen, die mit der SIBE im Rahmen des PKS kooperieren.

Zusammengefasst bedeutet dies, dass SAPHIR Dtl. versucht, das jeweils richtige Unternehmen mit dem jeweils richtigen Kandidaten zusammen zu bringen, welche zusammen mit der SIBE im Rahmen eines PKS miteinander kooperieren. Um dies zu erreichen, verwendet SAPHIR Dtl. v. a. folgende Instrumente:

AUSWAHLVERFAHREN SAPHIR Dtl. setzt beim Auswahlprozess auf eine Kombination mehrerer qualitativer als auch quantitativer Verfahren der Personaldiagnostik. Der Schwerpunkt der Auswahlinstrumente liegt vor allem auf Verfahren zur Kompetenzmessung. Hierdurch soll eine valide und systematische Standortbestimmung der Potenziale und der Leistung des Studienbewerbers erreicht werden. Diese Verfahren sind v. a. die von John Erpenbeck et al. entwickelten Instrumente KODE® und KODE®X (siehe nächstes Kapitel). Auf der Grundlage dieser Verfahren ist das gesamte Auswahlverfahren von SAPHIR Dtl. aufgebaut, d. h. Bewerbungsunterlagenanalyse, Assessmentcenter, Interview u. a. Verfahren, die bei Studienbewerbern angewandt werden, sind in eine methodologische Ganzheit eingebettet.

DOKUMENTATION DER BEWERBERKOMPETENZEN Die Dokumentation der Ergebnisse des Auswahlverfahrens erfolgt je nach Wunsch des Unternehmens in verschiedensten Präzisionsgraden. Folgende Instrumente stehen dabei zur Verfügung:

- Bewerbungsunterlagen zur Dokumentation des Wissens und der Qualifikationen
- kurzes Gutachten zur zusammenfassenden Darstellung des Wissens und der Qualifikation sowie erste Aussagen über Kompetenzen, die über qualitative Methoden ermittelt wurden
- ausführliches Gutachten zur zusammenfassenden Darstellung des Wissens und der Qualifikationen, sowie Aussagen über Kompetenzen, die über quantitative Methoden ermittelt werden.
- Gutachten über KODE® und KODE®X

Matching von Soll- und Ist-Kompetenzprofilen: In einem ersten Schritt wird von SAPHIR Dtl. in Zusammenarbeit mit dem jeweiligen Unternehmen (Fach- und/oder Personalabteilung) das Wunschprofil erfasst, welches ein potenzieller Bewerber haben sollte. Je nach Wunsch des Unternehmens können dabei unterschiedliche Möglichkeiten zur Erfassung der Profile angewandt werden: einfache Erfassung von Anforderungsprofilen; gemeinsame Entwicklung von Anforderungs- und Kompetenzprofilen mittels KODE®X; systematische Entwicklung von Kompetenzprofilen mittels KODE®X unter Berücksichtigung von Unternehmensstrategien. Im nächsten Schritt erfolgt der Abgleich des Soll-Profils (aus dem Anforderungsprofil des Unternehmens) mit dem Ist-Profil der Kandidaten.

3.4.3.2 KOMPETENZMESSUNGEN DURCH SAPHIR KOMPETENZ GMBH

Der wachsenden Bedeutung von Kompetenzen gewahr, wendet die SIBE konsequent und systematisch Kompetenzmessverfahren an und zwar vor und während des Studiums – optional auch nach dem Studium. Nur bei den Dingen, die gemessen werden können, kann auch valide eine Aussage über Status quo sowie Veränderung festgestellt werden oder anders gesagt: Nur wer weiß, wo er steht, kann tatsächlich wissen, ob, wie und in welche Richtung er sich weiter bewegt. Diese Messung des eigenen kompetenten Standpunkts und Verlaufs erfolgt an der SIBE v. a. durch die beiden Messverfahren KODE® und KODE®X.[56] Die Durchführung dieser Messungen werden dabei von der SAPHIR Kompetenz GmbH übernommen. (Vgl. hierzu Keim, Wittmann 2009)

55 Da der Einfluss weiter verstärkt wird, wenn der Sender der Mitteilung eine gewisse Ähnlichkeit zum Empfänger der Nachricht aufweist, spielen aktuelle und ehemalige Masterstudenten eine große Rolle.

56 Zur weiteren Darstellung des Verfahrens KODE® siehe Heyse 2010; zur weiteren Darstellung des Verfahrens KODE®X siehe Heyse und Erpenbeck 2007a. Zur wissenschaftlichen Beurteilung bezüglich Reliabilität und Validität dieser beiden Messverfahren siehe Heyse, Erpenbeck 2010.

KODE® ist die Abkürzung für Kompetenz-Diagnostik und Entwicklung. Dieses Verfahren wurde Mitte der 1990er entwickelt und basiert auf vieljährigen theoretischen und empirischen Arbeiten von John Erpenbeck und Volker Heyse sowie den gestalterischen Lösungen von Horst G. Max. (Erpenbeck, Heyse und Max 2004 und 2007) KODE® sei nach Angaben der Entwickler ein objektivierendes Einschätzungsverfahren für den Vergleich von Kompetenzausprägungen; bei diesem Messverfahren würden die Einschätzungsergebnisse quantifiziert und gegebenenfalls in zeitlicher Entwicklung verglichen. KODE® habe die Gesamtheit der Grundkompetenzen im Blick und knüpfe methodologisch an klassische Satzergänzungs- und Multiple-Choice-Verfahren an. (Vgl. Heyse 2010: 77) Die Auswertung bei KODE®-Kompetenztests besteht aus einer differenzierten Betrachtung der vier so genannten Meta-Kompetenzfelder bzw. Grundkompetenzen (Erpenbeck, Rosenstiel 2007: 490):

P – Personale Kompetenz
Fähigkeit, sich selbst gegenüber klug und kritisch zu sein, produktive Einstellungen, Werthaltungen und Ideale zu entwickeln

A – Aktivitäts- und Handlungskompetenz (unternehmerische Kompetenz)
Fähigkeit, alles Wissen und Können, alle Ergebnisse sozialer Kommunikation, alle persönlichen Werte und Ideale auch wirklich willensstark und aktiv umsetzen zu können)

F – Fachlich-Methodische Kompetenz
Fähigkeit, mit fachlichem und methodischem Wissen gut ausgerüstet, schier unlösbare Probleme schöpferisch zu bewältigen

S – Sozial-Kommunikative Kompetenz
Fähigkeit, sich aus eigenem Antrieb mit anderen zusammen- und auseinander zu setzen. Kreativ zu kooperieren und zu kommunizieren

KODE® sei nach Angaben der Entwickler dabei weltweit das erste Analyseverfahren, das

- die vier menschlichen Grundkompetenzen direkt messe
- sich konkret und konsequent auf die moderne Selbstorganisationstheorie gründe (u. a. Hermann Haken und im weiteren Sinne Ilya Prigogine und Humberto R. Maturana)
- auf den fundamentalen Managementarbeiten von Peter Drucker, Fredmund Malik und Gilbert J.B. Probst gründe
- konkret auf Kompetenzentwicklung und nicht nur auf Kompetenzfeststellung ausgerichtet sei
- Personen, Teams und Unternehmen exakt und unter einem gemeinsamen Blickwinkel zu analysieren gestatte. (Vgl. Heyse 2010: 77–78)

Das KODE®-Verfahren erlaube differenzierte Aussagen dazu, wie der Einzelne an die Lösung von Problemen herangeht und welche individuellen (bisher möglicherweise unerkannten) Potenziale tatsächlich vorhanden sind. Über den so genannten Kompetenz-Atlas werde ersichtlich, wo die

Stärken und Schwächen einer Person liegen. Hierzu werden die vier Grundkompetenzen ihrerseits noch einmal differenziert in insgesamt 64 Teilkompetenzen, welche sowohl zur Formulierung von Anforderungen als auch zur Beschreibung von Fähigkeiten herangezogen werden können.

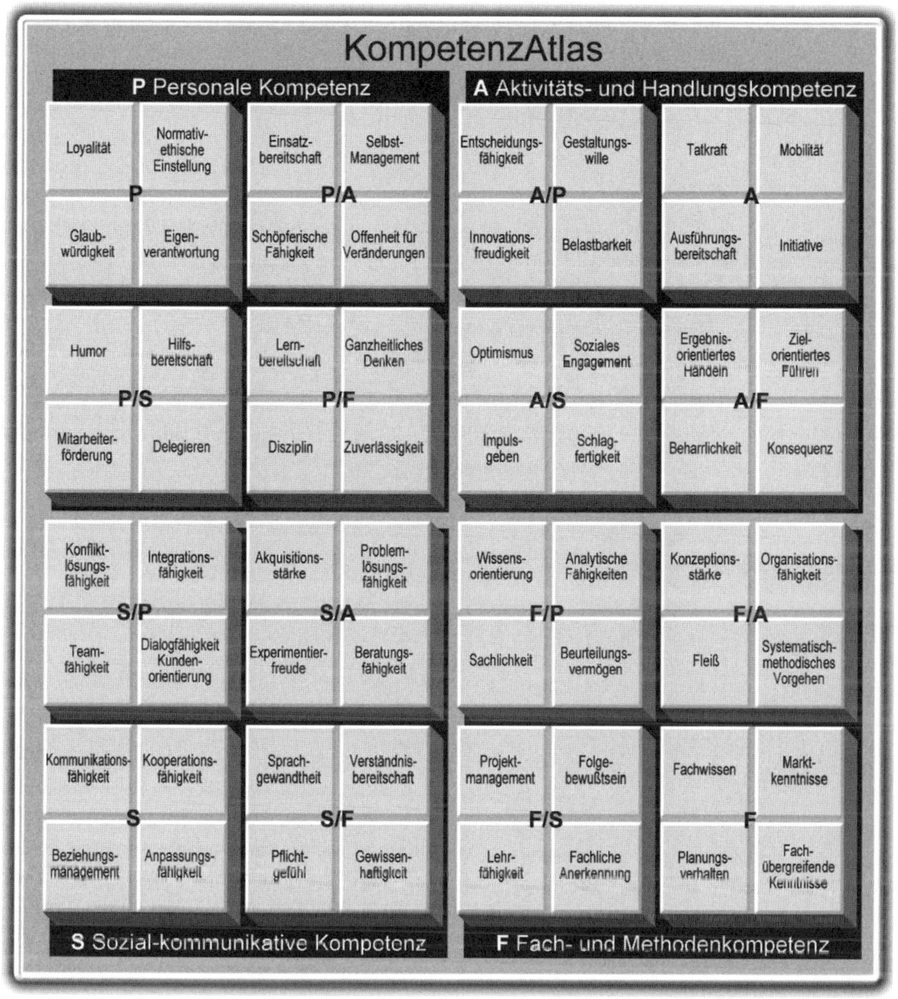

25 | KODE®-Kompetenz-Atlas

Die 64 Teilkompetenzen des Kompetenz-Atlas sind mit präzisen Definitionen unterlegt, z. B.:

- **AKQUISITIONSSTÄRKE**
  Geht auf Kunden und Interessenten aktiv und initiativreich zu; versteht und beeinflusst andere durch intensive und kontinuierliche Kommunikation. Entwickelt spezifische Lösungsvorschläge und vermittelt das Gefühl der vollen Einbeziehung der Personen, auf die sich seine Arbeit bezieht. Erkennt schnell Wesentliches und setzt sich dafür selbstständig ein, kann Personen und Kontakte nach ihrer Bedeutsamkeit priorisieren. Stellt sich auf Besonderheiten seines Gegenübers ein; beendet Gespräche mit konkreten Vereinbarungen (weiteres Vorgehen, Termine etc.)

- **EINSATZBEREITSCHAFT**
  Setzt sich selbstlos und verantwortungsbewusst für gemeinsame Unternehmens- und Arbeitsziele sowie im Privatleben ein. Stellt hohe Forderungen an die eigenen Anstrengungen und die der Mitarbeiter. Wirkt durch sein Handeln für andere als Vorbild. Kann andere zu tatkräftigen Handlungen bewegen.

Der Status quo der jeweiligen Ausprägung der Kompetenzen wird dabei in normalen Alltagssituationen (unter günstigen Bedingungen) sowie in besonders schwierigen Situationen mit Stress und Konflikten (unter ungünstigen Bedingungen) betrachtet.

Die KODE®-Systematik stellt die Person und deren Grundkompetenzen in den Vordergrund. An der SIBE wird der KODE® in Form einer Selbsteinschätzung eingesetzt, welche per Online-Fragebogen von Studienbewerbern abgegeben werden muss. Komplementär hierzu werden an den so genannten auf der Methodologie des KODE® Fremdeinschätzungen generiert durch Bewerbungsunterlagenanalyse, Assessmentcenter, Interview u. a. Verfahren.[57] Zusammengenommen bilden diese beiden Einschätzungen die Grundlage dafür, ob und inwieweit ein Bewerber für ein Studium an der SIBE geeignet ist.[58] Dementsprechend muss der KODE® vor Aufnahme des Studiums von Bewerbern bearbeitet werden.

Das KODE®X-Verfahren dient der Erkundung von unternehmensstrategischen Kompetenzanforderungsprofilen, von anforderungs- bzw. aufgabenspezifischen Kompetenz-Sollprofilen sowie von Kompetenzpotenzialen der Mitarbeiter und Führungskräfte. (Heyse, Erpenbeck 2007) Prinzipiell werden beim KODE®X aus den oben genannten 64 Teilkompetenzen des KODE®-KompetenzAtlas 12–16 strategisch wichtigen Kompetenzen ermittelt; dieser Vorgang wird Anforderungsanalyse bezeichnet. Hiernach erfolgt die Festlegung von Sollprofilen für Tätigkeiten- bzw. Positionen. Intervalle geben die erwünschte Lage der Kompetenzausprägung (»Sollkorridor«) an.

Anschließend werden die Einschätzungen bezüglich der jeweiligen Ausprägung der abgefragten Kompetenzen erhoben anhand einer Einschätzungsskala von »weniger ausgeprägt« (1) bis »übermäßig ausgeprägt« (12). Durch die Möglichkeit Selbst- und Fremdeinschätzungen (z. B.

durch Führungskraft oder Kommilitonen) miteinander zu kombinieren, kann der KODE®X eine Grundlage bilden bei der Analyse von Selbst- und Fremdbild.

Aus eigenen Erfahrungen und den Anforderungsprofilen für Führungskräfte von Großunternehmen wurden an der SIBE 16 Teilkompetenzen ermittelt, die zur Ausübung einer Management-Funktion notwendig sind (Vgl. Faix, Schulten, Auer 2009: 157): ergebnisorientiertes Handeln, Loyalität, analytische Fähigkeiten, Problemlösungsfähigkeit, Initiative, Zuverlässigkeit, Entscheidungsfähigkeit, Gestaltungswille, Kommunikationsfähigkeit, Einsatzbereitschaft, ganzheitliches Denken, Konfliktlösungsfähigkeit, Teamfähigkeit, Akquisitionsstärke, Belastbarkeit, Innovationsfreudigkeit.

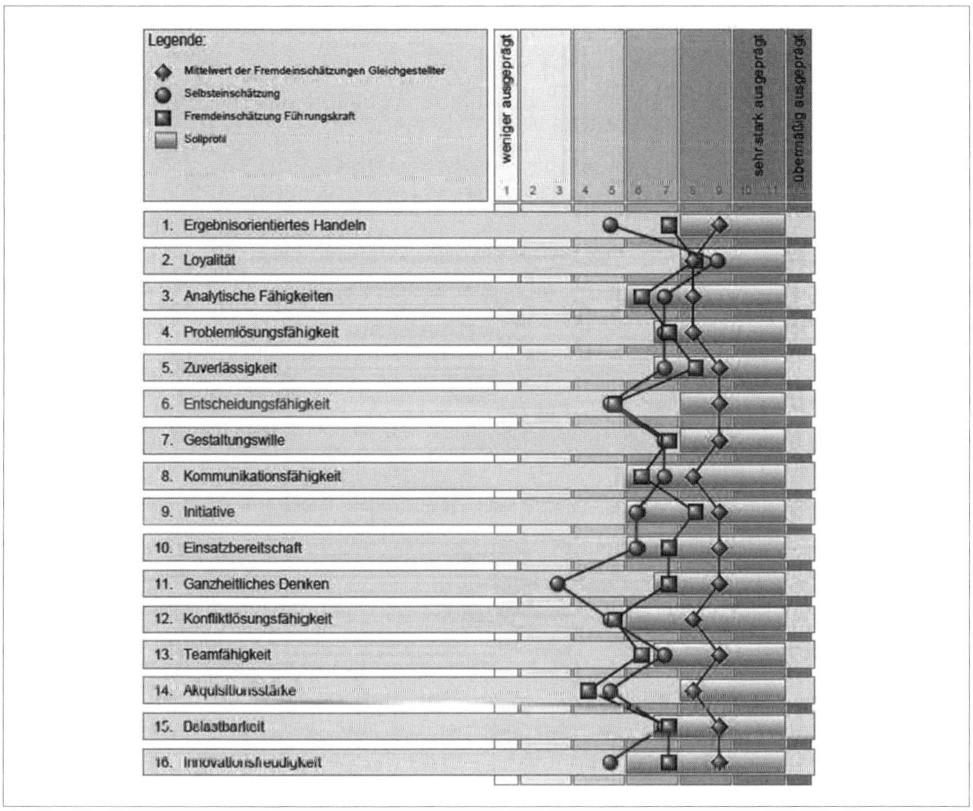

26 | KODE®X der SIBE, kumulierte Ergebnisse (Beispiel)

57 Diese Fremdeinschätzungen finden vor, während und nach den so genannten »Auswahltagen« statt, welche von SAPHIR für die SIBE abgehalten werden.

58 Wie bereits angemerkt, ist auf der Grundlage dieses Verfahrens das gesamte Auswahlverfahren von SAPHIR aufgebaut.

Zusätzlich erhält jeder Studierende eine Darstellung der Streuung der verschiedenen Einschätzungen.

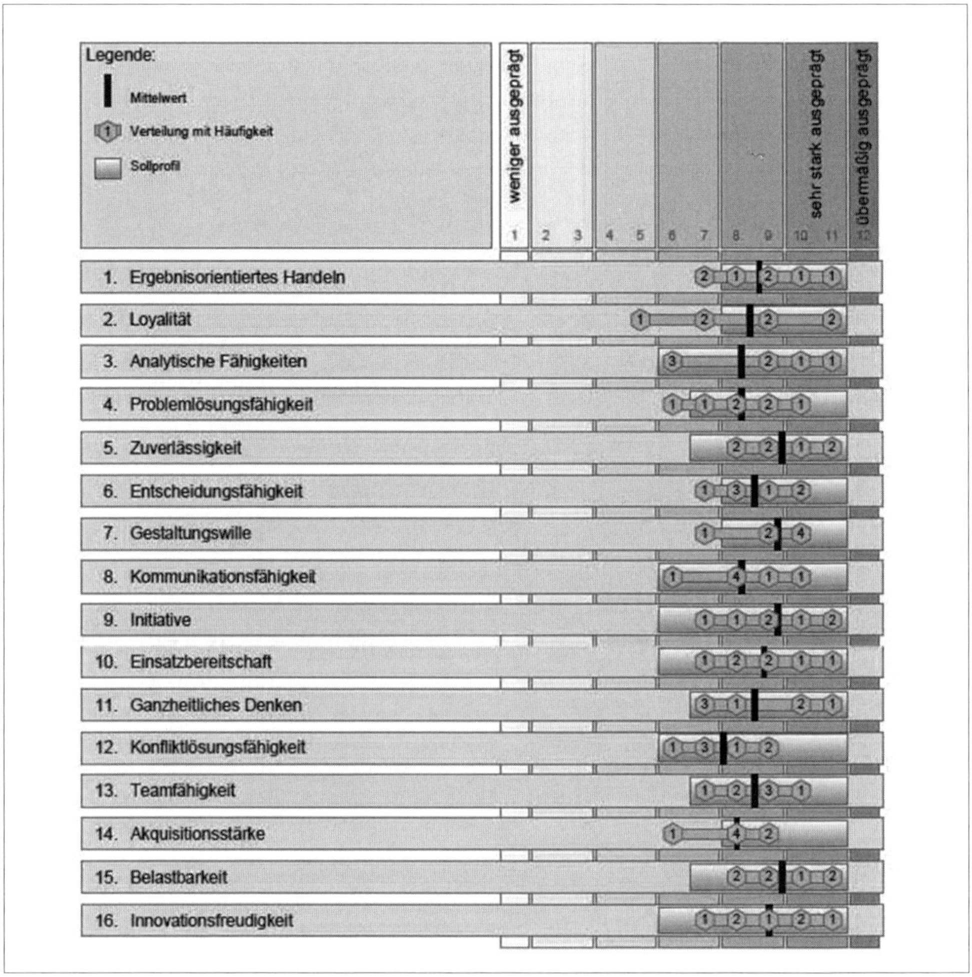

27 | KODE®X der SIBE, Verteilung der Einschätzungen mit Mittelwert (Beispiel)

Während des Studiums finden drei KODE®X-Erhebungen statt. Zusammen mit dem KODE®-Test vor Beginn des Studiums und den zugehörigen Seminaren und Prüfungsleistungen sind (erste) Erfolgskontrollen sowie fortlaufend Neudefinitionen der Ist-Situation und eine Änderung der Strategie möglich. Durch die Kontrollen und die gegebenenfalls notwendigen Anpassungen soll der Erfolg des »hidden project« der Kompetenzentwicklung befördert werden. Der Erfolg dieses Projekts wird dabei an der SIBE durch folgende Kennzahlen definiert: Am Ende des Studiums

- befindet sich der Studierende bezüglich der Ausprägung aller 16 Teilkompetenzen des SIBE- KODE®X im Sollkorridor,
- stimmen das Fremd- und Selbstbild des Studierenden überein.[59]

Zum Abschluss des Studiums gibt ein Zertifikat Auskunft über die tatsächliche Ausprägung der Kompetenzen des Absolventen im Rahmen des Soll-Kompetenzkorridors. Auf Wunsch des Absolventen kann seine Kompetenzentwicklung auch über sein Studium hinaus nachvollzogen werden.

ZUSAMMENFASSUNG UND SCHLUSS

Joseph A. Schumpeter, definierte Innovationen als »the doing of new things or the doing of things, that are already done, in a new way«. Es geht also bei Innovationen darum, sich ein zukünftiges Anderes und/oder Besseres nicht nur vorzustellen, sondern dieses in die Tat umzusetzen. Eine der kürzesten und prägnantesten Definitionen des Begriffs »Innovation« könnte daher auch lauten: »Innovation is an idea in action«. (Hans-Jürgen Quadbeck-Seeger)

Den Rahmen zu bieten, in dem Ideen zu »ideas in action« werden, in dem Menschen also Ideen realisieren – auf diese Formel lässt sich das Prinzip des so genannten Projekt-Kompetenz-Studiums (PKS) der Steinbeis-Hochschule Berlin (SHB) verkürzen. Das Projekt-Kompetenz-Studium ist eine besondere Ausgestaltung eines dualen berufsintegrierten Studiums. Der Kerngedanke dieses Studiums ergibt sich durch die beiden Begriffe »Projekt« und »Kompetenz«: Im Zentrum aller SHB-Studiengänge steht ein Projekt, das durch den Studenten während seines Studiums in Zusammenarbeit mit einem Unternehmen bzw. einer Organisation realisiert wird. Die Projekte sind dabei mehr als ein der Theorie begleitender Praxissteil; die Projekte bilden integrale Transferinstrumente zwischen Theorie und Praxis: Sie stellen während des Studiums sicher, dass die Studierenden das zunächst noch fachallgemeine, mitunter abstrakt akademische Wissen in Handlungen innerhalb einer ganz spezifischen unternehmerischen Umwelt transferieren. Dieses Übertragen und Umsetzen von Wissen im Angesicht einer konkreten und dabei zutiefst dynamischen Situation wird in den so genannten Projektstudienarbeiten sowie der abschließenden Thesis dokumentiert. Es ist genau dieses aktive Momentum des Transferierens und des begleitenden und/oder nachfolgenden Reflektierens durch die Studienarbeiten, durch welches schließlich Kompetenzen entwickelt werden.
Das PKS ist das Alleinstellungsmerkmal der SHB. Da die Hochschule aus wirtschaftlich unabhängigen Instituten »besteht«, haben diese ihrerseits das Prinzip des PKS weiter ausdifferenziert. Das folgende Bild beschreibt die Ausgestaltung des PKS des Instituts School of International Business and Entrepreneurship (SIBE):

59 Vom jeweils gesamten Kurs wird dabei ein Comittment eingefordert, dass alle Kursteilnehmer diese Ziele erreichen.

Im engeren Sinne würde sich ein Studium vor allem auf den Teil »Theorie« beschränken, d. h. auf die Gesamtheit der Wissensvermittlung während des Studiums (Seminare, Selbstlernphasen). Durch die besondere Struktur des PKS der SIBE kommen zur »Theorie« die Teile »Besinnung« und »Projekt« hinzu. Der Teil »Reflexion« bedeutet die Besinnung über Entwicklung, Bedürfnisse und Ziele. Der Teil »Projekt« bedeutet die Gesamtheit der Projektarbeit, d. h. alle Projektphasen (inklusive Erarbeitung von Lösungen für das zugrunde liegende unternehmerische Problem, Umsetzen dieser Lösungen und Projektdokumentation) sowie alle praktischen Phasen des Studiums (Kolloquien, Projekttage etc.).

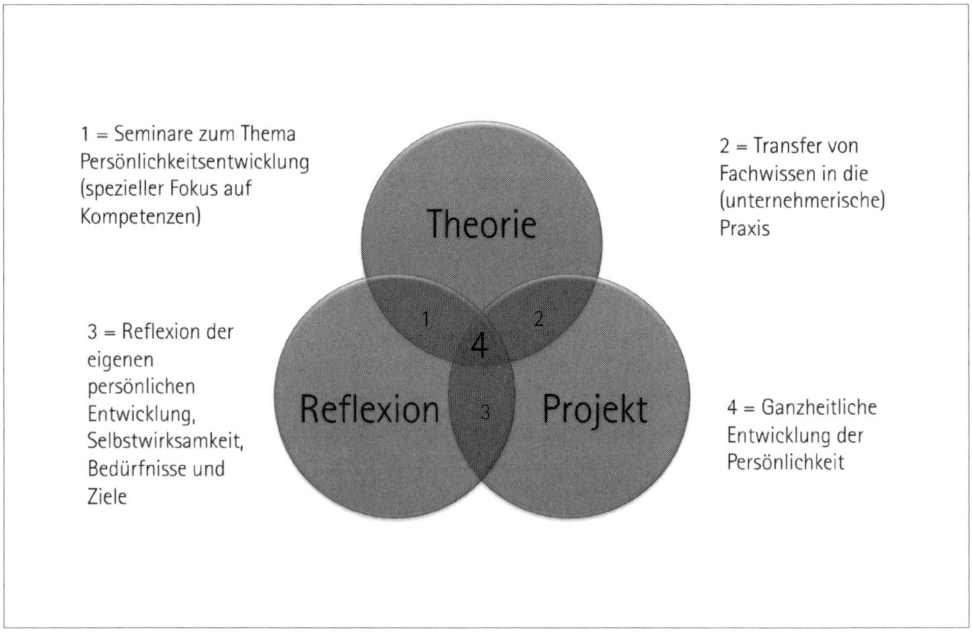

28 | Gesamtüberblick PKS der SIBE (in Anlehnung an den Begriff »personale Entwicklung« nach Faix, Rütter, Wollstadt 1995

Die Schnittmenge zwischen Theorie und Reflexion (1) wird gebildet durch die Seminare zum Thema »Persönlichkeitsentwicklung« und anderen Veranstaltungen (regelmäßig stattfindende Symposien wie der »Stuttgarter KompetenzTag« und die Vorlesungsreihe des »Studium Generale« zum Themenkomplex Persönlichkeit, Bildung und Unternehmertum).

Die Schnittmenge zwischen Theorie und Projekt (2) bedeutet einen beidseitigen konkreten Wissenstransfer zwischen Studium und unternehmerischer Praxis. Dieser Transfer wird von der SIBE durch die besondere inhaltliche wie auch formale Integration des Projekts gewährleistet.

Die Schnittmenge zwischen Reflexion und Projekt (3) bedeutet, dass man seine eigene Persönlichkeitsentwicklung im und durch den unternehmerischen Alltag bewusst erkennt. Diese Metaebene wird zum einen geschaffen durch die regelmäßig stattfindenden Kompetenztests; zum anderen vollzieht sich dieses Hinter-sich-selbst-und-alles-andere-Treten durch die Reflexion des Projekts, also durch ein Überlegen, was man vollbringen kann und vollbracht hat. Zu diesen Reflexionen gehört auch, dass man erst und nur durch die konkrete Erfahrung des Management-Alltags sich darüber bewusst wird, ob dies für einen selbst wirklich der richtige Weg ist, ob eine solche Karriere den eigenen Bedürfnissen und Zielen entspricht.

Das synergetische Zusammenwirken aller drei Elemente (4) ermöglicht schließlich eine ganzheitliche Bildung (zu) einer »schöpferischen Persönlichkeit« (Vgl. dazu Faix, Mergenthaler 2010):

- **UNTERNEHMERISCHES WISSEN**
  Durch das Curriculum, welches sich an der Logik eines Businessplans orientiert, lernt der Studierenden die interdisziplinären Aspekte einer Unternehmung kennen. Durch den Kontakt mit Studierenden, die einen anderen akademischen und/oder kulturellen Hintergrund haben, baut der Studierende sein allgemeines und interkulturelles Wissen aus.

- **UNTERNEHMERISCHES KOMPETENZPROFIL**
  Auf der Grundlage des im Studium vermittelten Wissens realisiert der Studierende ein Innovationsprojekt, d. h. er sieht sich einer herausfordernden, noch nie dagewesenen unternehmerischen Problemstellung gegenüber, an der er sich abarbeiten und seine Kompetenzen entwickeln kann. Sowohl das »Abarbeiten« wie auch die Kompetenzentwicklung werden systematisch und wissenschaftlich begleitet, d. h.: Der Studierende wird im Rahmen seines Studiums durch verschiedenste Mechanismen zu einer ständigen Auseinandersetzung mit sich selbst und schließlich Demonstration seiner selbst angeregt, sei es durch die Dokumentation und Verteidigung seiner Projektperformanz in Hochschule und Unternehmen, sei es durch die Kompetenzmessverfahren. Dem Studierenden werden durch das Feedback auf sein konkretes Tun, seine Projektarbeit (z. B. durch die PSA und Mitarbeitergespräche mit dem Business Mentor) sowie durch die Kompetenztests auf zweifache Weise objektivierte Informationen zur Verfügung gestellt, wie seine Kompetenzentwicklung verläuft und wo eventuell noch Entwicklungsbedarf besteht.

- **UNTERNEHMERISCHES TEMPERAMENT**
  Durch die ambitionierten Ziele, welche einem Innovations-Projekt eigen sind, muss der Studierende seinen Bequemlichkeitsbereich verlassen.

- **UNTERNEHMERISCHER CHARAKTER**
  Durch das regelmäßige Feedback der Kommilitonen, Vorgesetzten und Dozenten in Bezug auf die personale Entwicklung und den Verlauf des Projekts, wird die Selbstreflexion des Studierenden unterstützt und Selbst-Bewusst-Sein entwickelt. Der Studierende muss sein Projekt im Unternehmen, wie auch vor den Kommilitonen regelmäßig verteidigen und übt so, sich und seine Arbeit zu präsentieren. Zudem muss er zur erfolgreichen Umsetzung seines Projektes seine Ziele verschiedensten Anspruchs- und Zielgruppen verkaufen. Dies macht ihn letztendlich mündig. Verantwortungs-Bewusst-Sein wird durch die Arbeit in Gruppen und Teams im Unternehmen, wie im Studium unterstützt. Der Studierende muss neben seinen eigenen Zielen auch die der Gruppe bzw. die des Teams, des Kollegen, Vorgesetzten und Dozenten bedenken.

- **ANSEHEN**
  Der Studierende muss den Nutzen seines Projekts für das Unternehmen deutlich machen und sich somit Ansehen verschaffen.

- **CHARISMA**
  Der Studierende muss im Unternehmen mit Überzeugung für das eigene Projekt werben und dabei Charisma beweisen.

- **AUTORITÄT**
  Indem der Studierende erfolgreich ein Innovations-Projekt umsetzt, liefert er seiner Gemeinschaft (Vorgesetzte, Mitarbeiter, Kunden etc.) einen nachhaltigen Nutzenbeitrag. Hierdurch gewinnt er auf »natürlichem« Wege an Autorität.

Kurzum: Die Integration von Innovationsprojekt und Kompetenzentwicklung hat zur Folge, dass sowohl das Unternehmen wie auch der Studierende profitieren können: Das Unternehmen kann zum einen systematisch und über einen relativ langen Zeitraum beurteilen, wie groß das Potenzial des Studierenden ist und ob er zum Unternehmen passt. Zum anderen wird durch die erfolgreiche Bewältigung eines Innovationsprojekts der Erfolg des Unternehmens nachhaltig gesichert und ausgebaut. Der Studierende kann sich unter relativ geschützten und dennoch zutiefst wirklichen Bedingungen an einem innovativen Vorhaben versuchen. Dergestalt wird dem Studierenden die Möglichkeit gegeben, sein Potenzial (zu) einer schöpferischen Persönlichkeit (weiter) zu verwirklichen und so auch seine Karriere (weiter) voran zu bringen. Sowohl die Entwicklung des Projekts wie auch die Entwicklung der Persönlichkeit werden durch die in das Studium in-

tegrierten Institutionen kontrolliert (Projektseminararbeiten etc. für das Projekt, Kompetenztests etc. für die personale Entwicklung). Durch die fortlaufende Möglichkeit der Reflexion der Aspekte Ist-Situation, Rahmenbedingungen, Ziele und Strategien bei der Projekt- und Persönlichkeitsentwicklung und der daraus entstehenden Dynamik ergäbe sich – freilich mit aller idealtypischer Übertreibung – folgende vierfache Entwicklungsdynamik:
Der Bildungsprozess, den SIBE durch ihr Bildungsmodell ermöglichen will, lässt sich idealtypisch so zusammenfassen: Studierende an der SIBE arbeiten sich an einem Innovationsprojekt ab und vollbringen eine Innovation. Die Studierenden verstehen und entfalten durch dieses Abarbeiten jene impliziten und expliziten Elemente, welche zur Schaffung eines Neuen oder Besseren gehören, d. h. sie begreifen und entwickeln jene Bestandteile, die eine schöpferische Persönlichkeit hat, eben jene unternehmerisch-spezifische Ausprägung der Seelenbestandteile Wissen, Kom-

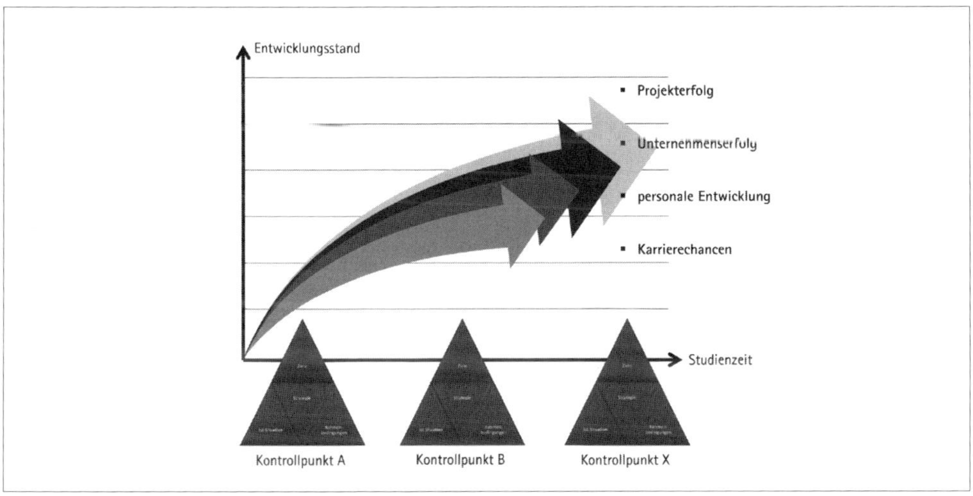

29 | Entwicklungen beim PKS der SIBE (idealtypischer Verlauf)

petenz, Temperament, Charakter, Werte. Innovationen sind die Bedingung für den nachhaltigen Erfolg eines Unternehmens und daher erbringen die Studierenden, indem sie eine Innovation vollbringen, ihrer Sozietät (ihrem Unternehmen) einen großen Nutzenbeitrag. Durch diese Leistung wird dem Studierenden Wertschätzung entgegengebracht. In den Augen der anderen ist er nun eine schöpferische Persönlichkeit, besitzt Ansehen, Charisma und Autorität.

Letztlich dient dieses Abarbeiten und Vollbringen sowie das Begreifen und Entwickeln der Bildung eines umfassenden Selbstbewusstseins und Selbstvertrauens: Mit einem laut gedachten »ICH« soll der Studierende sagen können: ICH weiß, wer wirklich ich bin, denn ich habe gesehen, dass und wie ich handle. Und ICH weiß, dass andere mich auch so sehen. ICH weiß, was ich wirklich zu leisten vermag, denn ich habe ein großes Vorhaben umgesetzt, etwas Großes durchgezogen. Und ICH weiß, dass ich dies jederzeit wiederholen kann.[60] Dieses Selbstbewusstsein gibt Menschen das Selbstvertrauen, dass ihre Zukunft nicht vom Wohl und Wehe anderer abhängt. Die Bildung (zu) einer schöpferischen Persönlichkeit, bedeutet letztlich, »die subjektive und objektive Kontrolle [zu] optimieren« d. h. etwas in sich zu entwickeln, was dazu befähigt »im Sinne der eigenen Interessen auf die eigene Arbeits- und Lebenssituation Einfluss nehmen zu können« (Baitsch & Frei, 1980, S. 30). Die Möglichkeit des Abarbeitens und Vollbringens sowie des Begreifens und Entwickelns, welches das Studium der SIBE im Idealfall mit sich bringt führt dazu, dass die Studierenden Zuversicht und jenes Gefühl von Sicherheit bilden, dass man für sich selbst aus eigener Kraft sorgen, dass man aus einem eigenen Wissen, Können und Wollen erfolgreich sein kann.

Darüber hinaus gilt unseres Erachtens: Diese Zuversicht und dieses Gefühl von Sicherheit sollten auch und vor allem dafür genutzt werden, sich nicht nur ideell, sondern auch rechtlich selbstständig zu machen, d. h. den Schritt zum eigenen Unternehmen und zu eigenen Unternehmungen zu wagen. Volkswirtschaften brauchen für die nachhaltige Sicherung der Wettbewerbsfähigkeit nicht nur fähige Angestellte, sondern auch fähige Unternehmer.

60 Sowohl das Bewusstsein wie auch die Entwicklung dieses Vertrauens werden von der SIBE unterstützt durch die verschiedenen Kompetenztests sowie durch die obligatorische Zielvereinbarung, dass sich der Studierende am Ende des Studiums bezüglich seiner Kompetenzen im Sollbereich des KODE®X befindet.

ANHANG

LITERATUR

ADECCO INSTITUTE (2009): Die Demografische Fitness Umfrage 2008: Demografische Fitness deutscher Unternehmen in Zeiten der Krise. http://institute.adecco.com/Research/Articles/Documents/2008_Germany_German_DieDemografische.pdf>

ALBERTI, GÜNTER VON (2007): Ferdinand Steinbeis und die Gewerbeförderung im Königreich Württemberg. 4. überarb. Auflage. http://www.steinbeis-hochschule.de/fileadmin/content/Historie/121674-ferdinand-steinbeis.pdf

ALESI, B./SCHOMBURG, H./TEICHLER, U. (2010): Humankapitalpotenziale der gestuften Hochschulabschlüsse in Deutschland: Weiteres Studium, Übergang in das Beschäftigungssystem und beruflicher Erfolg von Bachelor- und Master-Absolventen. In: Studien zum deutschen Innovationssystem Nr. 13/2010.

AUER, M. (2007): Transferunternehmertum. Stuttgart.

BAITSCH, C./FREI, F. (1980). Qualifizierung in der Arbeitstätigkeit. Bern.

BECKER, J. (1998): Marketing-Konzeption. München.

BERGER, N. (2007): Entwicklung einer Recruitingstrategie für Bachelorstudenten und –absolventen (unveröffentlichte Studienarbeit an der Steinbeis-Hochschule Berlin). Herrenberg.

BERLINER KOMMUNIQUE (2003): »Den Europäischen Hochschulraum verwirklichen«. Kommuniqué der Konferenz der europäischen Hochschulministerinnen und -minister am 19. September 2003 in Berlin. www.bologna-berlin2003.de/pdf/Communique_dt.pdf

BIENZEISLER, B./BERNECKER, S. (2008), »Fachkräftemangel und Instrumente der Personalgewinnung – Kurzstudie im Umfeld technischer Unternehmen«, Stuttgart.

BLEICHER, K. (2004): Das Konzept integriertes Management: Visionen – Missionen – Programme. Frankfurt a.M.

BLK – BUND-LÄNDER-KOMMISION FÜR BILDUNGSPLANUNG UND FORSCHUNGSFÖRDERUNG (2003): Perspektiven für die duale Bildung im tertiären Bereich. Bonn. (= Materialen zur Bildungsplanung und Forschungsförderung Heft 110)

BLUMENTHAL, I. (2009): Genese des Projekt-Kompetenz-Studiums der Steinbeis-Hochschule Berlin (SHB) am Beispiel der School of International Business and Entrepreneurship (SIBE). In: Faix, W.G./Auer, M. (Hrsg.): Talent. Kompetenz. Management. Berlin. S. 175–217.

BCG – BOSTON CONSULTING GROUP (2010): Creating People Advantage 2010. How Companies can adapt their HR-Practises for volatile Times. http://www.bcg.de/images/file61338.pdf

DGFP (2004): DGFP-Bertelsmann-Studie »Wunschprofil Attraktive Arbeitgeber«. <www.arbeitgeber-attraktivitaet.de>

DOSENBACH, F. H./FAIX, W. G./HOFMANN, L./STULLE, P. K. (1992): Bildungskrise? Bildungskrise! Konzepte zur Gegensteuerung. In: Beiträge zur Gesellschafts- und Bildungspolitik, Institut der deutschen Wirtschaft, 10/1992.

ECKHARDT, A./KÖNIG, W./KEIM, T./WEITZEL, T./VILLA, D./WESTARP, F. VON (2006): »Bewerbungspraxis 2007 – Eine empirische Untersuchung mit über 11.000 Stellensuchenden im Internet«. 2006.

ERPENBECK, J. (2004): Was kommt? – Kompetenzentwicklung als Prüfstein von E-Learning. In: Hohenstein, A.; Wilbers, K. (Hrsg.): Handbuch E-Learning. Köln 2004, S. 1–21.

ERPENBECK, J./HEYSE, V./MAX, H. (2004): Kompetenzen erkennen, bilanzieren und entwickeln. New York, München, Berlin.

ERPENBECK, J./HEYSE, V./MAX, H. (2007a): Kompetenz-Management. Methoden, Vorgehen, KODE®, KODE®X im Praxistest. New York, München, Berlin.

ERPENBECK, J./HEYSE, V./MAX, H. (2007b): Die Kompetenzbiografie. Wege der Kompetenzentwicklung. Münster.

ERPENBECK, J./ROSENSTIEL L. VON (Hrsg.) (2003). Handbuch Kompetenzmessung. Stuttgart.

ERPENBECK, J. / ROSENSTIEL L. VON (Hrsg.) (2007): Handbuch Kompetenzmessung, 2. Auflage. Stuttgart.

ERPENBECK J. / SAUTER, W. (2007a): Kompetenzentwicklung im Netz. New Blended Learning mit Web 2.0. Köln.

ERPENBECK J. / SAUTER, W. (2007b): Eine Lernrevolution bahnt sich ihren Weg. http://www.blended-solutions.de/fileadmin/pdf/Eine_Lernrevolution_bahnt_ sich_ihren_Weg_2_07.pdf

FAIX, W.G: / KURZ, R. / WICHERT, F. (1995): Innovation zwischen Ökonomie und Ökologie. Landsberg / Lech.

FAIX. W.G. (1995a): Der Erfolgsfaktor »Handlungskompetente Mitarbeiter und Führungskräfte«. In: Faix, W.G. / Rütter, T. / Wollstadt, E. (Hrsg.): Führung und Persönlichkeit: personale Entwicklung. Landsberg / Lech, S. 11–22.

FAIX. W.G. (1995b): Das Aufbaustudienseminar Personale Entwicklung (ASPE). In: Faix, W.G. / Rütter, T. / Wollstadt, E. (Hrsg.): Führung und Persönlichkeit: personale Entwicklung. Landsberg / Lech, S. 23–34.

FAIX, W.G. (2008): Die Unternehmensentwicklung zu Wachstum und Globalisierung. In: Faix, W.G. / Schulten, A. / Djalali, A. / Hammer, C.P. / Golisch, C. (Hrsg.): Management von Wachstum und Globalisierung. Best Practice Band 3. Stuttgart, S. 17–71.

FAIX, W. G. / HOFMANN, L. / BUCHWALD, C. / WETZLER, R. (1989): Der Mitarbeiter in der Fabrik der Zukunft. Qualifikation und Weiterbildung. In: Beiträge zur Gesellschafts- und Bildungspolitik, Institut der deutschen Wirtschaft, 2 / 1989.

FAIX, W. G. / LAIER, A. (1989): Soziale Kompetenz. In: Beiträge zur Gesellschafts- und Bildungspolitik, Institut der deutschen Wirtschaft, 10 / 1989.

FAIX, W. G. / LINDNER-VOGT, K. / ARNOLD, D. / MANNCHEN, K. / WIDMANN, JOSEFINA (1989): »Synergie-Effekte. Weiter bildungs-Projekt fördert Technologie- und Know-How-Transfer«. In: Materialfluß, April 1989.

Faix, W.G. / Laier, A. (1991): Soziale Kompetenz. Das Potenzial zum unternehmerischen und persönlichen Erfolg. Wiesbaden.

Faix, W.G. / Buchwald, C. / Wetzlar, R. (1991): Skill-Management: Qualifikationsplanung für Unternehmen und Mitarbeiter. Wiesbaden.

Faix, W.G. / Buchwald, C. / Wetzler, R. (1994): Der Weg zum schlanken Unternehmen. Landsberg.

Faix, W.G: / Kurz, R. / Wichert, F. (1995): Innovation zwischen Ökonomie und Ökologie. Landsberg / Lech.

Faix, W. G. / Rütter, T. / Wollstad, E. (1995): Persönlichkeit und Führung. Personale Entwicklung, Landsberg / Lech.

Faix, W. G. / Laier, A. (1996): Soziale Kompetenz. Wettbewerbsfaktor der Zukunft, 2. Auflage, Wiesbaden.

Faix, W.G. / Zywietz, T. / Schulten, A. (2003): Going International. Erfolgsfaktoren im Auslandsgeschäft. Stuttgart.

Faix, W.G. / Kisgen, S. / Lau, A. / Schulten, A. / Zywietz, T. (2006): Praxishandbuch Außenwirtschaft. Erfolgsfaktoren im Auslandsgeschäft. Wiesbaden.

FAIX, W.G. / MERGENTHALER, J. (2009): War for Talents. In: Faix, W.G. / Auer, M. (Hrsg.): Talent. Kompetenz. Management. Band 1. Berlin, S. 13–77.

FAIX, W.G. / MERGENTHALER, J. (2010): Die schöpferische Kraft der Bildung. Über Innovation, Unternehmertum, Persönlichkeit und Bildung. Stuttgart.

FAIX, W.G. / SCHULTEN, A. (2009): Das Projekt-Kompetenz-Studium der Steinbeis-Hochschule Berlin (SHB). In: FAIX, W.G. / AUER, M. (Hrsg.): Talent. Kompetenz. Management. Band 1. Berlin, S. 137–174.

FIBAA (2010a): Akkreditierungsgutachten »Master of Arts in (General) Management«. http://www.fibaa.de/dokumente/progakkred_k2h/M_Berlin_ SHB_451_KB.pdf

FIBAA (2010b): Akkreditierungsgutachten »Master ob Business Administration«. http://www.fibaa.de/dokumente/progakkred_k2h/M_Berlin_ Steinbeis_722_KB.pdf

FIBAA (2010c): Akkreditierungsgutachten »Master of Science in International Management«. http://www.fibaa.de/dokumente/progakkred_k2h/M_Berlin_ SHB_450_KB.pdf

FISHMAN, C. (2006): The War for Talent. http://www.fastcompany.com/magazine/16/mckinsey.html

FRIEDRICHS, S. (2008): Steinbeis 1983–2008.
http://www.steinbeis-hochschule.de/fileadmin/content/Historie/119045-2008-08-13-steinbeis-83-08.pdf

HAMM-BRÜCHER, H. (1972): Unfähig zur Reform? Kritik und Initiativen zur Bildungsreform, München.

HEWITT ASSOCIATES (2008): »Talent Survey 2008. Building the Talented Organisation«. London.

HESSISCHE BERUFSAKADEMIE (2010): Mustervertrag Arbeitgeber.
www. hessische-ba.de/fileadmin/ba/downloads/MusterausbildungsvertragBA.pdf

HEYSE, V. / ERPENBECK, J. (1997): Der Sprung über die Kompetenzbarriere. Bielefeld.

HEYSE, V. / ERPENBECK, J. (2007): Kompetenzmanagement: Methoden, Vorgehen, Kode und KodeX im Praxistest. Münster.

HEYSE, V. / ERPENBECK, J. (2010): Qualitätsanforderungen an KODE®. In: Heyse, V. / Erpenbeck, J. / Ortmann, S. (Hrsg.): Grundstrukturen menschlicher Kompetenz. Praxiserprobte Konzepte und Instrumente. Münster, S. 21–54.

HEYSE, V. (2010): Verfahren zur Kompetenzermittlung und Kompetenzentwicklung. KODE® im Praxistest. In: Heyse, V. / ERPENBECK, J. / ORTMANN, S. (Hrsg.): Grundstrukturen menschlicher Kompetenz. Praxiserprobte Konzepte und Instrumente. Münster, S. 55–99.

HIPPACH-SCHNEIDER U. / KRAUSE, M. / WOLL, C. (2007): Berufsbildung in Deutschland. Kurzbeschreibung. Cedefop Panorama series; 136. Luxemburg. http://www.bibb.de/dokumente/pdf/Berufsbildung-im-Netz.pdf

IBM (2008): IBM Global CEO Study. Das Unternehmen der Zukunft. www.ibm.com/services/de/bcs/html/ceostudy.html

KAMPER, D. (2000): Denken mit zerbrochenem Kopf. Das Vermächtnis Georg Batailles – eine Skizze mit Korrolarien. In: V. Borsò, B. Goldammer (Hrsg.): Moderne(n) der Jahrhundertwenden. Spuren der Moderne(n) in Kunst, Literatur und Philosophie auf dem Weg ins 21. Jahrhundert. Baden-Baden: Nomos, 2000, S. 94–98.

KANT, I.: Kritik der praktischen Vernunft. In: Ders.: Werke in zwölf Bänden. Heraus gegeben von Wilhelm Weischedel. Frankfurt am Main: Suhrkamp, 1977, Band 7.

KEIM, S. / WITTMAN, P. (2009): Instrumente zur Kompetenzermittlung- und messung. In: Faix, W.G. / Auer, M. (Hrsg.): Talent. Kompetenz. Management. Band 1. Berlin, S. 415–441.

KEIM, S. / ERPENBECK, J. / FAIX, W.G. (2010): Der Poffenberger KODE®X. Die Entwicklung des Kompetenzmessverfahrens KODE®X an der School of International Business and Entrepreneurship. In: Faix, W.G. / Auer, M. (Hrsg.): Talent. Kompetenz. Management.Global. Lokal. Band 2. Berlin, S. 401–435.

KIENBAUM (2006): »Kienbaum-HR-Strategie-Studie 2006 – Strategie und Organisation des Human Resource Managements im deutschsprachigen Raum«.

KISGEN, S. (2007): Der Aufbau des Master of Science in International Management an der Steinbeis-Hochschule, Herrenberg.

KISGEN, S. (2010): Kompetenzmanagement mit dem Master of Science in International Management der SIBE. In: Faix, W.G. / Auer, M. (Hrsg.): Talent. Kompetenz. Management. Global. Lokal. Band 2. Berlin, S. 163–261

KMK (2005): Qualifikationsrahmen für Deutsche Hochschulabschlüsse. www.hrk.de/de/download/dateien/QRfinal2005.pdf

KONEGEN-GRENIER, C. / WERNER, D. (2001): »Duale Studiengange an Hochschulen«. Köln.

KORDEY, N / KORTE, W.B. (2006): Auswirkungen des demographischen Wandels auf Unternehmen und mögliche Maßnahmen zur Sicherung der Beschäftigung älterer Arbeitnehmer.
www.empirica.biz/publikationen/documents/No01-2006_active.pdf

KORÖLUS, F. (2000): Strategiepapier zum Executive MBA in Deutschland, Stuttgart.

MCKINSEY & COMPANY (2001): The War for Talent. Organization and Leadership Practice.
autoassembly.mckinsey.com/html/downloads/articles/War_For_Talent.pdf

OELSNITZ, D. VON / STEIN, V. / HAHMANN, M. (2007): Der Talente-Krieg. Personalstrategie und Bildung im globalen Kampf um Hochqualifizierte. Bern u. a.

O. V. (2002a): Die Lieblinge der Top-Talente. Zusammenfassung der Ergebnisse der Access-Young-Professional-Studie. http://www.manager-magazin.de/koepfe/artikel/0,2828,182316,00.html

PANOKE, E. (2003): Existenzgründung als Lebensperspektive. In: Walterscheid, K. (Hrsg.): Entrepreneurship in Forschung und Lehre. Festschrift für Klaus Anderseck. Hagen.

PWC (2008): Pro 50 – Arbeit mit Zukunft. Ist Ihr Unternehmen fit für den demografischen Wandel? http://www.pwc.de/fileserver/EmbeddedItem/Studie_Pro50.pdf?docId=e504480b63aba32&componentName=pubDownload_hd

O.V. (2002b): Employer of Choice – Untersuchung der Ansprüche von Schülern, FH-Studenten und Young Professionals an Arbeit und Arbeitgeber in Österreich. www.emberger-partner.com/cms/wp-content/uploads/.../employer-of-choice_studie-attraktive-arbeitgeber-2002-embergertriconsult.pdf

O.V. (2005): Was Studenten über ihre Zukunft denken. http://www.manager-magazin.de/koepfe/karriere/0,2828,345522,00.html

O.V. (2006): Is Europe Ready For The Millennials? Innovate To Meet The Needs Of The Emerging Generation. http://www.ffpress.net/Kunden/XER/Downloads/XER87000/XER87000.pdf

O.V. (2007): Employer Branding 2007. http://zelos.zeit.de/angebote/employer_branding/Empl_Branding_Summary_07.pdf

O.V. (2008b): Aktueller Stand und Trends im Talente-Management. In: HR-Business Excellence Magazin 2 (2008), S. 6–7. http://www.gekeassociates.com/fileadmin/user_upload/BEX_MAGAZIN/BEX_02-2008_einzeln.pdf

ROMINGER, B. (2009): Battle for Competencies – Kompetenzträger rekrutieren und auswählen im War for Talents. In: Faix, W.G. / Auer, M. (Hrsg.): Talent. Kompetenz. Management. Band 1. Berlin, S. 219–264.

SHB (GO): Grundordnung der Steinbeis Hochschule Berlin vom 07.06.1999. http://www.steinbeis-hochschule.de/fileadmin/content/promotion/78409-go.pdf

SHB (RSO): Rahmenstudienordnung der Steinbeis Hochschule Berlin vom 01.12.2009 http://www.steinbeis-hochschule.de/fileadmin/content/promotion/94243-rso.pdf

SHB (RPO): Rahmenprüfungsordnung der Steinbeis Hochschule Berlin vom 01.02.2010 http://www.steinbeis-hochschule.de/fileadmin/content/promotion/94244-RPO.pdf

SHB (2009): Wissen.Transfer.Anwendung. http://www.steinbeis-hochschule.de/fileadmin/content/Steinbeis_Publikation/132950.pdf

SIBE (2009b): Fragen- und Bewertungskatalog (FBK) zur Akkreditierung des Studiengangs »Master of Business Administration« durch die FIBAA. (interne Quelle)

SIBE (2009b): Fragen- und Bewertungskatalog (FBK) zur Akkreditierung des Studiengangs »Master of Arts in Management« durch die FIBAA. (interne Quelle)

SIBE (2009c): Fragen- und Bewertungskatalog (FBK) zur Akkreditierung des Studiengangs »Master of Science in International Management« durch die FIBAA. (interne Quelle)

STEINBEIS AKADEMIE FÜR UNTERNEHMENSFÜHRUNG (Hrsg.): Executive MBA Programm, Herrenberg.

STW (1983): Steinbeis-Stiftung für Wirtschaftsförderung: StW gemeinnützige Stiftung bürgerlichen Rechts 1971, Satzung 1983.

STW (1995): Jahresbericht 1994, Stuttgart.

STW (2010): LF-002-Steinbeis-System. (Interne Quelle aus dem Informationssystem der Steinbeis-Stiftung)

VATER, G. (2003): War for Talents!? In: Lobning, H. / Schwendenwein, J. / Zwacek, L. (Hrsg.): Beratung in der Veränderung. Grundlagen, Konzepte, Beispiele. Wiesbaden, S. 245–255.

WEBER, M. (1920): Gesammelte Aufsätze Religionssoziologie 1. Tübingen, 1988.

WEBER, H. / MERX, V. (2005): Dualität im Wandel der Zeit. In: Bund-Länder-Kommision für Bildungsplanung und Forschungsförderung (Hrsg.): Weiterentwicklung dualer Studienangebote im tertiären Bereich. Bonn. (=Materialen zur Bildungsplanung und Forschungsförderung Heft 132)

WALTERSCHEID, K. (1998): Entrepreneurship als universitäre Lehre. www.fernuni-hagen.de/GFS/pdf/entrepreneurship_lehre.pdf

WERLE, K. (2008): Wir sind dann mal weg. In: manager magazin 6, S. 134.

ABBILDUNGEN

AUTOREN-
BIOGRAFIEN

PROF. DR. MICHAEL AUER

Geboren am 20.04.1961 in Radolfzell.

Vorstand Steinbeis-Stiftung, Geschäftsführer Steinbeis Technologietransfer und Professor für Management Steinbeis-Hochschule Berlin.

Elektrotechnik-Studium an der Universität Stuttgart (1982–1987, Dipl.-Ing.). Entwicklungsingenieur der Rheinmetall Forschung GmbH am Technologiezentrum Nord (TZN) Unterlüß (1987–1989). Seit 1990 in unterschiedlichen Funktionen bei Steinbeis tätig: Referent des Vorstandsvorsitzenden und Regierungsbeauftragten für Technologietransfer Prof. Dr. Dr. h.c. mult. J. Löhn (bis 1994), Leiter Zentrale (ab 1994), Qualitätsbeauftragter (bis 1999), Geschäftsführer Steinbeis-Hochschule Berlin GmbH (1999–2007), Geschäftsführer Steinbeis-Verwaltungs GmbH – Komplementärin der Steinbeis GmbH & Co. KG für Technologietransfer (ab 2000), Professor für Management Steinbeis-Hochschule Berlin (ab 2002), seit 2004 Vorstand Steinbeis-Stiftung. Berufsbegleitendes Wirtschaftsingenieur-Studium an der Süddeutschen Hochschule für Berufstätige Lahr (1991–1994, Dipl.-Wirtsch.-Ing. (FH)). Berufsbegleitendes Forschungsprojekt zum Unternehmertum und Technologietransfer am Institut für Angewandte Betriebswirtschaftslehre und Unternehmensführung der Universität Karlsruhe bei Prof. Dr. habil. H. G. Gemünden und Promotion an der Universität Karlsruhe (1997–2000, Dr. rer. pol.).

Publikationen und Vortragstätigkeiten in den Bereichen Wissens- und Technologietransfer, Academic Entrepreneurship/Transferunternehmertum und Selbstmanagement.

NINA DZIATZKO, M.A

Nina Dziatzko, M.A. studierte Internationale Wirtschaftsbeziehungen in Freiburg und Paris. Seit Mai 2009 ist sie akademische Mitarbeiterin an der Hochschule Esslingen und betreut die Bewerber, Studierende und Alumni des M.Sc. Innovationsmanagement. Sie promoviert in Lille und Saarbrücken in interkulturellem Bewerbermanagement.

PROF. DR. JOHN ERPENBECK

Geboren am 29.4.1942 in Ufa (Baschkirien) als Kind der Schriftsteller Fritz Erpenbeck und Hedda Zinner.

1945 Rückkehr nach Deutschland. Nach dem Abitur Studium der Physik, später mit der Spezialisierung Biophysik, Diplom 1965. 1968 Promotion zum Dr. rer. nat. mit einer Arbeit zum Thema »Gegenstromdiffusion in flüssiger Phase mit anschließender Zirkulationsvervielfachung«. Tätigkeit als Experimentalphysiker am Institut für Biophysik der Akademie der Wissenschaften zu Berlin. Von 1971 bis Juli 1973 wissenschaftlicher Mitarbeiter im Ministerium für Wissenschaft und Technik, Bereich Kernforschung/Kosmosforschung. Von August 1973 bis 1990 als wissenschaftlicher Mitarbeiter am Zentralinstitut für Philosophie der Akademie der Wissenschaften zu Berlin, beschäftigt mit philosophischen, historischen und wissenschaftstheoretischen Problemen der Psychologie kognitiver, emotional-motivationaler und volitiver Prozesse. 1978 Habilitation zum Dr. sc. phil. mit der Arbeit »Erkenntnistheorie und Psychophysik kognitiver Prozesse«. 1984 Ernennung zum Professor. 1991–1995 im Forschungsschwerpunkt Wissenschaftsgeschichte und Wissenschaftstheorie der Förderungsgesellschaft wissenschaftliche Neuvorhaben mbH (Max-Planck-Gesellschaft) zu analogen Fragestellungen tätig. 1993/1994 als Research Professor am Center for Philosophy of Science, Pittsburgh. 1995–1998 Professor an der Universität Potsdam, Arbeitsgruppe Wissenschaftskommunikation. 1998–2000 wissenschaftlicher Mitarbeiter, 2000–2007 Leiter des Bereichs Grundlagenforschung im Projekt Lernkultur Kompetenzentwicklung (ABWF/QUEM). Ab 2007 Lehrstuhl Wissens- und Kompetenzmanagement an der SIBE (School of International Business and Entrepreneurship), Herrenberg. Von 1959 bis heute Veröffentlichung einer Vielzahl literarischer und wissenschaftlicher Werke.

PROF. DR. WERNER G. FAIX

geb. am 21.08.1951 in Gärtringen/Württemberg.

Lehrstuhl für Unternehmens- und Personalführung an der Steinbeis-Hochschule Berlin (seit 1999); Gründer, geschäftsführender Direktor und Gesellschafter der School of International Business and Entrepreneurship GmbH (SIBE) der Steinbeis-Hochschule Berlin mit derzeit 7 Transfer-Instituten und über 800 Studierenden in Master-Projekt-Kompetenz-Studiengängen im Bereich Management. Geschäftsführender Gesellschafter der SAPHIR Holding GmbH, einem Unternehmen der Steinbeis-Hochschule Berlin im Verbund der Steinbeis-Stiftung. Seit 1993 Leiter der Steinbeis Akademie für Unternehmensführung.

Chemie-Ingenieur-Studium an der Fachhochschule Aalen (Dipl.-Ing. (FH) 1973). Studium der Chemie und der Biochemie an der Universität Ulm (Dipl.-Chem. 1978) und Promotion zum Dr. rer. nat. (1981) auf dem Gebiet der Reinststoff-Forschung/Spurenanalytik in Kooperation mit dem Max-Planck-Institut für Metallforschung und dem Kernforschungszentrum Karlsruhe. An der Universität Ulm wissenschaftlicher Angestellter und Strahlenschutzbeauftragter (1978–1982). Von 1982 bis 1995 Mitarbeiter der IBM Deutschland, Manager in verschiedenen Bildungs-, Personalentwicklungs- und Führungskräfteentwicklungsfunktionen, zuletzt Direktor der IBM Bildungsgesellschaft. Lehrbeauftragter an der Universität Stuttgart (1988–1996), der Freien Universität Berlin (1990–1992) und der Universität Heidelberg (1995–1996) und von 1996 bis 1999 stv. Leiter des Zentrums MBA der Donau-Universität Krems (A). Umfangreiche Publikations- und Vortragstätigkeit in den Bereichen Spurenanalytik, Halbleitertechnologie, Technologiemanagement, Unternehmensführung, Außenwirtschaft, Führungskräfteentwicklung, Entrepreneurship und Personale Entwicklung.

PROF. DR. STEPHAN FISCHER

Dr. Stephan Fischer ist Professor an der Hochschule Pforzheim. Er bildet mit einigen Kollegen das Human Resources Competence Center und lehrt in den Studiengängen Betriebswirtschaft/Personalmanagement (Bachelor) und Human Resources Management and Consulting (MBA) sowie an der Universität Heidelberg. Als Direktor des TDS Institut für Personalforschung im HRCC der Hochschule Pforzheim forscht er im Bereich nachhaltiges HRM. Zudem ist er Aufsichtsrat der O&P Consult AG in Heidelberg.

PROF. DR. JOACHIM HASEBROOK

Prof. Dr. Joachim Hasebrook hat Psychologie und Informatik studiert. Er promovierte an der Universität Gießen und habilitierte in angewandter Informatik an der Technischen Universität Graz über Lern- und Informationssysteme für organisationales Lernen.

An der ISNM International School of New Media der Universität zu Lübeck war er als Professor für E-Learning & Work Design sowie als akademischer Direktor tätig.

Von 2007 bis 2009 war er Professor für Betriebliches Informationsmanagement an der WHL. Seit 2008 ist er Senior Manager bei zeb/rolfes.schierenbeck.associates, Deutschlands führender Spezialberatung im Bereich der Banken und Finanzdienstleistungen.

Seit 2009 ist Joachim Hasebrook Inhaber des Lehrstuhls für Human Capital Management an der School of Management and Innovation (SMI) der Steinbeis-Hochschule Berlin.

PROF. DR. HELMUT HAUSSMANN

Prof. Dr. Helmut Haussmann studierte Wirtschafts- und Sozialwissenschaften in Tübingen, Hamburg und Nürnberg und promovierte an der Friedrich-Alexander-Universität Erlangen-Nürnberg. Seine politische Karriere begann er 1975 im Stadtrat in Bad Urach, gleichzeitig war er Kreisvorsitzender der FDP Reutlingen.

Als Mitglied des Deutschen Bundestages (1976–2002), wirtschaftspolitischer Sprecher der FDP Bundestagsfraktion (1980–1984) und Generalsekretär der Bundes-FDP übernahm er schließlich 1988 das Bundesministerium für Wirtschaft, das er bis 1991 leitete.

Von 1991 bis 2002 war er Europapolitischer Sprecher der FDP im Deutschen Bundestag.

Seit 1991 ist er Mitglied im Außenwirtschaftsbeirat der Bundesregierung sowie im Board der Asia-Europa-Foundation (ASEF) Singapur. Seit 2001 ist er Vorsitzender des Beirates von GEMINI Executive Search GmbH und gehört seit 1991 zum Führungskreis der Capgemini Deutschland Holding GmbH, weist eine Honorar-Professur am Lehrstuhl für Internationales Management an der Friedrich-Alexander-Universität Erlangen-Nürnberg und der Universität Tübingen auf und ist derzeit Mitglied in verschiedenen nationalen und internationalen Beiräten und Aufsichtsräten.

Seit April 2011 ist er Direktor des in Nürnberg ansässigen Steinbeis-Transfer-Instituts für Unternehmensführung und Internationalisierung der School of International Business and Entrepreneurship.

PROF. DR. DR. H. C. WOLFGANG HUBER

Professor Dr. Dr. h.c. Wolfgang Huber ist einer der profiliertesten Theologen Deutschlands. Er bekleidete von 1994 bis 2009 das Amt des Bischofs der Evangelischen Kirche Berlin-Brandenburg. Sechs Jahre lang, von 2003 bis 2009, war er Ratsvorsitzender der Evangelischen Kirche in Deutschland (EKD) und damit oberster Repräsentant von 24,5 Millionen Menschen evangelischen Glaubens.

Im Juni 2010 wurde er vom Bundeskabinett erneut in den Deutschen Ethikrat berufen, ein Gremium, dem er bereits von 2001 bis 2003 angehört hatte.

Wolfgang Huber widmet sich heute vor allem der Wertevermittlung in Wirtschaft und Gesellschaft sowie seinen Aufgaben als Hochschulprofessor für Systematische Theologie an der Berliner Humboldt-Universität und in Heidelberg, als Publizist und im Rahmen ehrenamtlicher Projekte. Schwerpunkte liegen dabei in den Bereichen Wirtschaftsethik, Bildung und Bioethik. Er hält Vorträge und berät namhafte Institutionen aus Wirtschaft, Politik, Medien und Gesellschaft sowie Führungskräfte in ethischen und religiösen Fragen.

LARA JABLONOWSKI

Lara Jablonowski hat Psychologie mit dem Schwerpunkt Arbeits-, Organisations- und Gesundheitspsychologie an der Radboud Universität Nijmegen in den Niederlanden studiert. Sie begann während ihres Studiums als Praktikantin bei der Unternehmensberatung zeb/rolfes.schierenbeck.associates in dem Bereich Human Capital Management. Dort schrieb sie ihre empirische Masterarbeit zum Thema Personalmanagement in mittelständischen Kreditinstituten in Deutschland, Österreich und der Schweiz mit dem Titel »Effectiveness of HRM from a Performance Perspective: Integrating HR and Line Managers' Perceptions«. Momentan arbeitet sie unter anderem an einem Innovations.fitness.check für Asset Manager.

MARLENA KOPPENDORFER

Marlena Koppendorfer arbeitet im Bereich der strategischen Kommunikation.

Geboren 1984, studierte sie Germanistik und Angewandte Linguistik an der Universität Innsbruck und engagierte sich parallel dazu in Gremien österreichischer Universitäten und im aufgabenspezifischen Einzelcoaching von Studenten. Seit 2010 arbeitet sie für Roland Berger Strategy Consultants, das einzige globale Beratungsunternehmen mit europäischen Wurzeln, im Bereich Global Marketing. Ihr Tätigkeitsbereich umfasst die strategische Kommunikation im Kontext globaler Brand- und Entscheiderpositionierung sowie globaler Marketingprojekte mit Ausrichtung auf das Top-Management.

DIPL.-GERMANIST JENS MERGENTHALER, MBA

Jens Mergenthaler, geboren 1976 in Bamberg.

Bereits während seiner Schulzeit war er mehrere Jahre als Assistent einer Marketingabteilung tätig. Nach dem Abitur absolvierte er ein Volontariat in einer Werbeagentur. Anschließend studierte er Germanistik, Journalismus und Soziologie an der Otto-Friedrich-Universität Bamberg. Er legte den Schwerpunkt seines Studiums auf eine fachübergreifende Erforschung der Themenkomplexe Persönlichkeit und Identität. In seiner Abschlussarbeit befasste er sich mit dem interdisziplinären Diskurs über das Phänomen der multiplen Persönlichkeit. Studienbegleitend absolvierte er ein Management-Training speziell für Geisteswissenschaftler.

Bereits während des Studiums sammelte er sowohl an Hochschulen wie auch in der Kommunikationsbranche berufliche Erfahrungen. Nach dem Studium arbeitete er mehrere Jahre als Lehrbeauftragter an Hochschulen und als freier Journalist. Während dieser Zeit befasste er sich mit verschiedensten Aspekten der menschlichen Psyche wie auch der Möglichkeit der menschlichen Erkenntnis. Derzeit arbeitet er an Büchern über das Seelenkonzept von Aristoteles und über die sozio-historische Gebundenheit menschlicher Erfahrung.

Berufsintegriert absolvierte er ein MBA-Studium an der School of International Business and Entrepreneurship. Er legte den Schwerpunkt seines Studiums auf eine fachübergreifende Erforschung der Themenkomplexe Innovation, Unternehmertum, Bildung und Persönlichkeit. In seiner Masterthesis beschäftigte er sich mit der Frage, wie die Bildung (zu) einer »schöpferischen Persönlichkeit«, d. h. zu einem innovativ denkenden und handelnden Menschen beschaffen sein könnte. Derzeit ist er an dieser Hochschule als Projektleiter für wissenschaftliche Projekte sowie als Studienkoordinator für Promotionen tätig. Nebenberuflich ist er als Dozent an Hochschulen tätig. An der LMU München promoviert er über das Thema »Leadership Education«.

PATRICIA MEZGER, M.A., MBA

Patricia Mezger, geboren im Jahre 1975, studierte Kommunikationswissenschaften mit den Nebenfächern Jura und Psychologie an der Ludwig-Maximilian-Universität in München. Direkt an das Studium schloss sich eine Presse-Ausbildung und dreijährige Redakteurs-Tätigkeit bei den RTL- und RTL2-Nachrichten in Köln an.

Im Jahre 2002 wechselte sie zur Capitol Event GmbH (Musical-Theater-Dachverband: Musical Dome, Köln; Capitol Theater, Düsseldorf; Starlight Express Theater, Bochum) als Marketing-Leitung. Neben der zentralen Marketingverantwortung realisierte und koordinierte sie sowohl die komplette Pressearbeit als auch das Sponsoring zu potentiellen Geschäftskunden.

Im März 2005 wurde ihr an der School of International Business and Entrepreneurship (SIBE) der Steinbeis-Hochschule Berlin der Aufbau des Bereichs »Marketing / PR und Kommunikation« übertragen – parallel bzw. berufsintegriert dazu begann sie dort ihr Aufbaustudium, das sie 2007 mit dem Titel Master of Business Administration (MBA) abschloss. Im selben Jahr übernahm sie die Leitung des SIBE-Standortes in Berlin.

Parallel dazu bekleidet sie seit 2010 das Amt des Director SAPHIR Master Programs bei der Personalvermittlung SAPHIR, einem Tochterunternehmen der SIBE. Weiterhin ist sie für die Redaktion der vorliegenden Edition »Kompetenz. Persönlichkeit. Bildung. Band 3« verantwortlich.

PROF. DR. HANSJÖRG NEUBERT

Prof. Dr. Hansjörg Neubert (geb. 1941) studierte Wirtschafts- und Sozialwissenschaften an den Universitäten Saarbrücken, Kiel und Göttingen (Diplom 1967). Er schloss ein Aufbaustudium der Erziehungswissenschaften an den Universitäten Göttingen und Konstanz (Lizenziat 1970) sowie einen einjährigen Studien- und Forschungsaufenthalt an der Stanford University/USA (Master of Arts 1972) an. Neubert promovierte 1975 an der Universität Konstanz.

Er hatte Forschungs- und Lehrtätigkeiten an den Universitäten Konstanz, Tübingen und Stanford inne. Seit 1976 ist er Professor für Theorie der Erziehung und des Unterrichts an der Freien Universität Berlin.

Seine Forschungsschwerpunkte sind:

- Pädagogische Theoriebildung, Wissenschaftstheorie
- Lehrerforschung und Lehrerbildung
- Gruppenpädagogik und Beratung (Coaching)

Über mehrere Jahre war Neubert im Bereich betrieblicher Führungsschulung (IBM Deutschland) und Organisationsentwicklung tätig. Seit 1997 leitet er Seminare am Eidgenössischen Hochschulinstitut für Berufsbildung in Bern und an der Pädagogischen Hochschule Zürich zu den Themen Lehrkompetenzen, Schul/Organisationsentwicklung, Lehrercoaching.

PROF. DR. JULIAN NIDA-RÜMELIN

Prof. Dr. Julian Nida-Rümelin (geb. 1954) entstammt einer Münchner Künstlerfamilie. Er studierte in den Jahren 1975 bis 1980 Philosophie, Physik, Mathematik und Politikwissenschaft in München und Tübingen, 1983 wurde er in Philosophie bei dem Wissenschaftstheoretiker Wolfgang Stegmüller promoviert, war dann wissenschaftlicher Assistent in München und habilitierte dort 1989.

Nach einer Gastprofessur in den USA übernahm Nida-Rümelin zunächst (1991–1993) einen Lehrstuhl für Ethik in den Bio-Wissenschaften an der Universität Tübingen und dann (1993–2003) einen Lehrstuhl für Philosophie an der Universität Göttingen. Zum Sommersemester folgte er einem Ruf auf den Lehrstuhl für Philosophie und politische Theorie am Geschwister-Scholl-Institut für Politikwissenschaft in München, dessen Direktor er in den Jahren 2004 bis 2007 war. Zum Sommersemester 2009 wechselte er an einen Lehrstuhl für Philosophie am Seminar für Philosophie der Ludwig-Maximilians-Universität München.

In den Jahren 1998 bis 2000 war Nida-Rümelin Kulturreferent der Landeshauptstadt München und in den Jahren 2001 und 2002 als Kulturstaatsminister Mitglied der Bundesregierung.

Nida-Rümelin ist Mitglied der Berlin-Brandenburgischen Akademie der Wissenschaften und der Europäischen Akademie der Wissenschaften, er ist Honorarprofessor an der Humboldt-Universität Berlin (Institut für Philosophie) und Kuratoriumsvorsitzender des Deutschen Studienpreises. Im September 2008 wurde er zum Präsidenten der Deutschen Gesellschaft für Philosophie (2009–2011) gewählt.

TORSTEN OLTMANNS

Torsten Oltmanns (geb. 1964) studierte Volkwirtschaft an der Universität Köln und wurde parallel dazu an der Kölner Journalistenschule zum Redakteur für Wirtschaft und Politik ausgebildet.

Heute arbeitet Torsten Oltmanns als Partner und Global Marketing Director bei Roland Berger Strategy Consultants in Hamburg und London. Er verantwortet das Marketing der 36 Büros der Unternehmensberatung in 25 Ländern und berät Unternehmen und den öffentlichen Sektor in Fragen der strategischen Positionierung.

Torsten Oltmanns ist Lehrbeauftragter für »Marketing & Kommunikation« an der Universität Innsbruck und »Visiting Fellow« der Universität Oxford.

DR. DAVID RYGL

Dr. David Rygl hat nach seinem Studium der Betriebswirtschaftslehre an der Friedrich-Alexander-Universität Erlangen-Nürnberg am Lehrstuhl für Internationales Management (Prof. Dr. Dirk Holtbrügge) promoviert. Er ist Habilitand und externer Lehrbeauftragter an diesem Lehrstuhl.

Dr. Rygl ist Dozent für Strategisches und Internationales Management an der School of International Business and Entrepreneurship (SIBE) der Steinbeis-Hochschule Berlin. Er leitet das Steinbeis Transferinstitut für Unternehmensführung und Internationalisierung in Nürnberg.

Seine Forschungsschwerpunkte bilden das Internationale Personalmanagement, Strategisches Management und Internationalisierung von kleinen und mittleren Unternehmungen.

Er hat zahlreiche Projekt- und Forschungsaufenthalte u. a. in Mittel- und Osteuropa, China und Russland absolviert. Seit März 2007 ist er Partner bei der Beratungsgesellschaft global management competence in Nürnberg. Zu seinem Verantwortungsbereich zählt die Beratung zahlreicher in- und ausländischer Unternehmen mit dem Schwerpunkt Emerging Markets.

Seit April 2011 ist er Direktor des in Nürnberg ansässigen Steinbeis-Transfer-Instituts für Unternehmensführung und Internationalisierung der School of International Business and Entrepreneurship.

DIPL. BETRIEBSWIRT (FH), M. SC. JENS SCHMITT

Aktuelle Position:
geschäftsführende Leitung CONTACT-AS e. V. (Gründungsinitiative der Hochschulen Neckar-Fils zur Förderung von Existenzgründungen aus der Hochschule).

Station davor u. a.:
Ministerium für Ernährung und Ländlichen Raum Baden-Württemberg.

PROF. DR. MICHAEL SCHÖNHUTH

Prof. Dr. Michael Schönhuth hat in Marburg, Basel und Freiburg Ethnologie, Soziologie und Geografie studiert. Er promovierte 1989 mit einer vergleichenden Arbeit zu Hexereivorstellungen in Europa und Afrika.

Vor seiner Habilitation 2002 zum Spannungsfeld zwischen Ethnologie, Entwicklung und Partizipation war er an verschiedenen Völkerkundemuseen tätig, leitete einen Werbemittelvertrieb, lehrte an der Universität Kassel Kulturanthropologie und war langjähriger Chefredakteur und Mitherausgeber der Zeitschrift »Entwicklungsethnologie«.

Seit den 1990er Jahren berät Michael Schönhuth staatliche und nichtstaatliche Kultur- und Entwicklungsinstitutionen in den Bereichen partizipative Verfahren (v. a. im Bereich Netzwerkanalyse), Kultur und Entwicklung, Interkulturelle Kompetenz und Diversity Management.

Derzeit leitet er an der Universität Trier mehrere Teilprojekte zur Netzwerkforschung im Landesexzellenzcluster Gesellschaftliche Abhängigkeiten und Soziale Netzwerke und ein Projekt zur Remigrationsforschung im Sonderforschungsbereich 600 »Fremdheit und Armut« an der Universität Trier. Er fungiert als Vizesprecher des Clusters und ist Vorstandsmitglied des Forschungszentrums Europa.

Michael Schönhuth ist seit 2010 Professor für Ethnologie – Schwerpunkt Kulturelle Vielfalt und Entwicklungsprozesse an der Universität Trier.

ANDREAS STEINWANDT, M.SC.

Andreas Steinwandt, M.Sc. ist akademischer Mitarbeiter am Institut für Marketing und Entrepreneurship (IME) der Hochschule Esslingen. Dort studierte er im Bachelorstudiengang Internationale Technische Betriebswirtschaft und im Masterstudiengang Innovationsmanagement. Im Rahmen seiner Master Thesis bei der IBM erarbeitete er ein Strategiekonzept zur innovationsförderlichen Gestaltung von Industrie-Hochschul-Interaktionen.

PROF. DR. DR. H.C. (KNUTD) DIETMAR VAHS

Studium der Volks- und Betriebswirtschaftslehre an der Universität Tübingen und der McIntire Business School der University of Virginia, Va. (USA); Abschluss: Diplom-Kaufmann (1986).

1989
Promotion zum Dr. rer. pol. an der Universität Tübingen.

1989–93
Tätigkeit in der Daimler-Benz AG und der Mercedes-Benz AG.

1993
Ruf auf eine Professur für Allgemeine Betriebswirtschaftslehre, insbesondere Organisation, Change Management und Innovationsmanagement an der Hochschule Esslingen; dort seit 1998 Leiter des Instituts für Change Management und Innovation (CMI).

seit 2011
Academic Director des Studienganges Master of Science in Innovation and Technology Management der SIBE/Steinbeis University.

Zahlreiche Veröffentlichungen und Vorträge zu den Themen Organisation, Prozessmanagement, Change Management, Unternehmensführung und Innovationsmanagement.

Tätigkeit als Unternehmensberater, Trainer und Coach auf den Gebieten Unternehmensorganisation, strategisches Management, Veränderungs-, Prozess- und Innovationsmanagement (bisher über 100 Projekte in Profit- und Nonprofit-Unternehmen unterschiedlicher Größenordnungen und Branchen).

PROF. DR. KONRAD ZERR

Konrad Zerr (Dipl. Kfm., Prof. Dr. rer. pol.) ist seit 1996 Professor für Marketing an der Hochschule Pforzheim. Praktische Erfahrungen sammelte er in Marketing- und Vertriebspositionen der Pharma- und Markenartikelindustrie. Seine gegenwärtigen Forschungsschwerpunkte beinhalten Themen aus dem Bereich der Marktforschung, der Kommunikation, insbesondere zu Formen und Wirkung nicht klassischer Kommunikationsinstrumente sowie aus dem Bereich des Dienstleistungsmarketings.

Er ist Autor zahlreicher Publikationen und wurde für seine wissenschaftlichen Leistungen mehrfach ausgezeichnet.

Außerdem leitet Konrad Zerr das Steinbeis-Beratungszentrum Marketing – Intelligence – Consulting.

DIPL.-KULTURWIRTIN INEKE BLUMENTHAL, M.SC.

Ineke Blumenthal ist 1984 in Bremen geboren. Nach ihrem Abitur in Rostock studierte sie in Passau und Aix en Provence Sprachen-, Wirtschafts- und Kulturraumstudien mit Schwerpunkt auf dem frankophonen Kulturraum. Sie war als Stipendiatin des DAAD in der Vertretung des Freistaats Bayern in Québec tätig und verfaßte ihre Diplomarbeit über den Ausgang und die Ursachen der Québecer Generalwahlen 2007.

Seit 2009 ist sie an der School of International Business and Entrepreneurship (SIBE) tätig. Zeitgleich absolvierte sie den berufsintegrierten Master of Science in International Management. Heute verantwortet sie den Aufbau und die Betreuung von Unternehmenskooperationen im Steinbeis-Transfer-Institut Strategic Corporate Relations.

VANESSA HOCHREIN, M.A., MBA

Frau Vanessa Hochrein wurde 1980 in München geboren und ging nach ihrem Abitur für einige Zeit nach Südamerika bevor sie ihr Studium an der LMU in München begann.

Die Praxisphasen während ihres Magister Studiums der Ethnologie, Psychologie und Wirtschaftsgeographie verbrachte sie im Ausland (Italien, Irland, Thailand). Nebenbei war sie Vorsitzende zweier Vereine, die sie während ihrer Schulzeit mitgegründet hatte.

Nach Abschluß des Studiums arbeitete sie einige Zeit für das Goethe Institut in Australien, bevor sie berufsintegriert ihr MBA-Studium an der SIBE aufnahm. Seit 2008 ist sie bei der SAPHIR Deutschland GmbH als Projektleiterin angestellt.

DIPL.-THEOL. ANNETTE HORNE

Annette L. Horne, geb. 1967, studierte evangelische Theologie in Wuppertal, Münster und Heidelberg.

Nach einer Zusatzqualifkation in Personal- und Organisationsentwicklung und Tätigkeiten in der Personalentwicklung namhafter internationaler Unternehmen begann sie ihre Arbeit als Projektleiterin für internationale Qualifzierungsprojekte bei der Steinbeis-Stiftung für Wirtschaftsförderung.

Von dort wechselte sie im Jahr 2000 zur Steinbeis-Hochschule Berlin, wo sie zunächst für das Transfer-Institut Akademie für Unternehmensführung und später die School of International Business and Entrepreneurship (SIBE) arbeitete. Neben Vertrieb und Marketing von internationalen Geschäftsentwicklungsprogrammen in Deutschland war sie vor allem für die Rekrutierung internationaler Teilnehmer und die Entwicklung internationaler Kooperationspartner in den Ländern Brasilien, Russland, Indien, China und Osteuropa verantwortlich.

Seit Januar 2011 leitet sie das Büro der SIBE in San Diego, CA, USA.

Mehr über Annette Horne finden Sie auf LinkedIn unter www.linkedin.com/in/annettehorne.

DR. GERHARD KECK

geb. 1963.

Studium der Volkswirtschaftslehre und Soziologie an der Universität Stuttgart. Abschluss als Magister Artium. Promotion in Wirtschafts- und Sozialwissenschaften (Dr. rer. pol.).

Seit 1994 Projektleiter bei der Steinbeis-Stiftung für Wirtschaftsförderung. Von 1995 bis 2001 Wissenschaftlicher Mitarbeiter an der Akademie für Technikfolgenabschätzung (Center of Technology Assessment). Seit 2004 Direktor an der Steinbeis-Hochschule Berlin.

Lehrbeauftragter an der Fachhochschule Pforzheim (bis 1998), an der Donau-Universität Krems/Österreich (bis 2001) und an der Universität Stuttgart. Seit 1999 Dozent und Studiengangsleiter für MA- und MBA-Programme (General Management) an der Steinbeis-Hochschule Berlin.

Zahlreiche Beratungsprojekte zu Projektmanagement, Teamentwicklung und Führungskräfteentwicklung in mittelständischen Unternehmen.

Publikationen und Vortragstätigkeit in den Bereichen „Kommunikations- und Konfliktlösungsansätze bei der Diskussion um Chancen und Risiken technischer Innovationen" sowie „Methodologische Aspekte der Risikoanalyse und Technikbewertung".

DIPL.-KFFR. (FH) SABINE SAX, MBA

Frau Sabine Sax wurde 1979 in Würzburg geboren und ging nach ihrem Abitur an die Fachhochschule der Wirtschaft in Bergisch Gladbach um dort im dualen System Betriebswirtschaftslehre zu studieren.

Ihre Praktikumsphasen verbrachte sie teilweise im Ausland (Griechenland, Spanien) und nahm nach dem Studium die Aufgabe als Filialleiterin bei der Tchibo GmbH an.

2006 wechselte Frau Sax zur Lidl Vertriebs-GmbH und Co. KG und betreute dort als Verkaufsleiterin fünf Filialen.

Bevor sie ihr MBA-Studium an der SIBE aufnahm, war sie in Peking / China als Personalvermittlerin und Trainerin in einem chinesischen Unternehmen beschäftigt. Ihr MBA-Studium absolvierte sie bei der SAPHIR Deutschland GmbH und ist seit Mitte 2010 fest an der SIBE angestellt.

NOTIZEN